Irina Schmiedel

POMPA E INTELLETTO

PHOENIX. MAINZER KUNSTWISSENSCHAFTLICHE BIBLIOTHEK

Herausgegeben von
Matthias Müller, Elisabeth Oy-Marra und Gregor Wedekind

Band 3

Irina Schmiedel

POMPA E INTELLETTO

FORMEN DER ORDNUNG UND INSZENIERUNG BOTANISCHEN WISSENS IM SPÄTEN GROSSHERZOGTUM DER MEDICI

DE GRUYTER

Gedruckt mit freundlicher Unterstützung des Förderungs- und Beihilfefonds Wissenschaft der VG Wort sowie der Geschwister Boehringer Ingelheim Stiftung für Geisteswissenschaften.

ISBN 978-3-11-044815-3
e-ISBN (PDF) 978-3-11-051996-9
e-ISBN (EPUB) 978-3-11-051866-5

LIBRARY OF CONGRESS CATALOGING-IN-PUBLICATION DATA
A CIP catalog record for this book has been applied for at the Library of Congress.

BIBLIOGRAFISCHE INFORMATION DER DEUTSCHEN NATIONALBIBLIOTHEK
Die Deutsche Nationalbibliothek verzeichnet diese Publikation in der Deutschen Nationalbibliografie; detaillierte bibliografische Daten sind im Internet über http://dnb.dnb.de abrufbar.

Einbandabbildung: Bartolomeo Bimbi: *Kürbis von San Francesco*, 1711, 95 × 138,5 cm, Florenz, Museo di Storia Naturale, Sezione Botanica (Ausschnitt)
Reihenlayout und Satz: Andreas Eberlein, aromaBerlin
Druck und Bindung: Hubert & Co. GmbH & Co. KG, Göttingen

♾ Gedruckt auf säurefreiem Papier
Printed in Germany

MIX
Papier aus verantwortungsvollen Quellen
FSC® C016439
FSC www.fsc.org

www.degruyter.com

INHALT

1 **1. EINLEITUNG**

11 **2. ZWISCHEN BOTANISCHER WISSENSCHAFT UND FÜRSTLICHER REPRÄSENTATION: GÄRTEN UND IHRE ‚KATALOGE'**

13 2.1 Das Casino della Topaia und Bartolomeo Bimbis gemalter Garten

2.1.1 Natur und Kunst in Cosimos *museo delle ville*

2.1.2 Flora und Fauna erleben: la Topaia und l'Ambrogiana

2.1.3 Politische Repräsentation im Grünen: la Topaia und Castello

58 2.2 Neue Pflanzen für Pisa und Florenz: die *Giardini dei Semplici*

2.2.1 Ein botanisches Prestigeprojekt: die Publikation des *Catalogus plantarum horti Pisani* (1723)

2.2.2 Wissenschaft vs. Repräsentation? Der Fall der *Nova plantarum genera* (1729)

2.2.3 Anstelle eines Ausblicks: die *Società Botanica Fiorentina* und der *Catalogus plantarum horti Caesarei Florentini* (1748)

92 2.3 Ortswechsel: am Hof des Sonnenkönigs

108 2.4 Orte und ihre Konnotationen: die Formulierung territorialer und intellektueller Ansprüche

115 **3. DARSTELLEN, BESCHREIBEN, ORDNEN, VERMITTELN: DAS ZUSAMMENSPIEL VON BILD UND TEXT**

118 3.1 Panorama: klarer Blick – verschwimmende Grenzen

126 3.2 Namen und Daten, Formen und Farben: die Gemälde von la Topaia

3.2.1 Vorläufer I: Gerolamo Pinis Blumengemälde und die Florilegien des frühen 17. Jahrhunderts

3.2.2 Vorläufer II: Einblattdrucke und Kuriositätensammlungen

3.2.3 Vorläufer III: die *Bizzarria* und Lorenzo Magalottis *Fiori e Frutte fuori d'ordine*

3.2.4 Sehen und Lesen: zur Rezeption der Werke Bimbis

3.2.5 Birnen: Bimbis Gemälde und Michelis Handschriften

3.2.6 Jasmin: Bimbis Gemälde und der *Hortus Pisanus*

165 3.3 Wandernde Bilder und Texte: die Kataloge der botanischen Gärten

3.3.1 Der Beitrag Michelis und ein Text Danty d'Isnards

3.3.2 Tillis Londoner Zeichnungen und die niederländischen Kollegen

3.3.3 Repräsentation und/oder Klassifikation?

3.3.4 Blumen und Früchte

3.3.5 Kuriositäten

3.3.6 Zusammenfassung und Vorausschau

200 3.4 Gattung und Art: Pflanzenklassifikation in Michelis *Nova Genera*
3.4.1 Pilze: zur Vorbereitung der Bildtafeln
3.4.2 *Marchantia*: zur inhaltlichen Struktur und zum Verhältnis zwischen Bild und Text
3.4.3 Vergleiche und Verweise: vom Umgang Michelis mit (Bild-)Quellen
3.4.4 Die Formulierung wissenschaftlich-analytischer Ansprüche im Bild

229 3.5 Zu viel Information!? Ordnung in der Bilderflut

241 4. FORTUNA, DER FÜRST UND DIE FREUNDE: NETWORKING IN DER FRÜHEN NEUZEIT

250 4.1 Der großherzogliche Hof I: Bartolomeo Bimbis Aufstieg zum „pittore eccellente nei fiori, nelle frutte e negli animali"

259 4.2 Der großherzogliche Hof II: Pier Antonio Michelis ‚Dienstantritt' als *Botanico del Granduca*

275 4.3 (Frühe) Helfer und Freunde: zum Aufbau von Michelis Netzwerk
4.3.1 Vallombrosa
4.3.2 Lokale und internationale Kontakte: von Giuseppe del Papa zu William Sherard
4.3.3 Zur Entstehung der *Nova Genera* – ein Perspektivwechsel

296 4.4 Neue Horizonte: zum Ausbau von Michelis Netzwerk
4.4.1 Weitere lokale und internationale Kontakte: die Subskribenten der *Nova Genera*
4.4.2 Ein neuer Gönner? Boerhaave – Bassand – Prinz Eugen von Savoyen

318 4.5 Networking und Patronage: Möglichkeiten, Grenzen und ein erneuter Blick nach Frankreich

329 5. SCHLUSSBETRACHTUNG

335 FARBTAFELN

353 LITERATURVERZEICHNIS

373 ABKÜRZUNGEN

375 DANK

377 ABBILDUNGSNACHWEISE

381 REGISTER

1. EINLEITUNG

> Quantunque volte alle sì varie e ammirabili produzioni della Natura pongo mente, parmi che ella abbia voluto non solo far pompa delle sue immense ricchezze, ma che all'umano intelletto volenteroso d'apprendere abbia porta [sic!] materia ben degna d'impiegare le speculazioni sue più sublimi.[1]

So lauten die ersten Zeilen eines Vortrags über Zitrusfrüchte, der *Lezione accademica della storia degli agrumi*, den der Florentiner Mediziner Giovanni Domenico Civinini am 19. August 1733 vor der *Società Botanica Fiorentina* hielt.[2] Neben die repräsentative Pracht der Reichtümer der Natur lässt Civinini ihre Eigenschaft treten, den menschlichen Intellekt und Wissensdurst zu entfachen – und dies in sämtlichen Bereichen: „Le acque, gl'insetti, le novelle sorte di piante, e l'altre opere naturali, sono la materia delle vostre [savissimi Accademici] inchieste gloriose [...]".[3] In der Folge richtet sich das Augenmerk des Redners ganz auf die Welt der Pflanzen bzw. der verschiedenen Zitrusfrüchte, die in Florenz und der Toskana bestens gediehen:

> Non m'allontanerò dunque dalla terra, e sceglierò per soggetto dell'incolto mio ragionamento le piante. [...] Ma di tutti i pregevoli alberi, che la superficie adornano della terra, principalmente ho impreso a favellar degli Agrumi, come di quelli che fanno delle nostre delizie, non piccola parte, e del nostro terreno il principale ornamento.[4]

Gemäß der ersten Fassung des Manuskripts werden die zahlreichen fremdsprachlichen Zitate im Fließtext stets direkt kommentiert und erläutert. Deutsche Übersetzungen wurden nachträglich in die entsprechenden Anmerkungen eingefügt. Sofern nicht anders gekennzeichnet („Übersetzung nach [...]") stammen diese Übersetzungen von der Autorin. Keine Übersetzung ins Deutsche erfolgt, wenn das Zitat lediglich in einer Anmerkung vorkommt bzw. wenn eine Übersetzung nicht zum Verständnis des Zitats notwendig erscheint (etwa bei den oft mehrgliedrigen lateinischen Bezeichnungen von Pflanzen, bei Verweisen auf Autoren und deren Werke etc.).

1 Civinini 1734, S. 9 („Wann immer ich meine Gedanken auf die so verschiedenartigen und bewundernswerten Hervorbringungen der Natur richte, scheint es mir, als habe sie nicht nur die Pracht ihrer immensen Reichtümer zur Schau stellen wollen, sondern dem menschlichen Geist in seiner Wissbegierde zudem die Grundlage seiner erhabensten Forschungen geliefert.").

2 „Silentio praetereundum non est, Io. Dominicum Civininum Med. D. die XIX. Aug. eiusdem Anni [MDCCXXXIII], in consessu Societatis pronunciasse Dissertationem suam de Natura & Viribus Malorum Limoniarum, Citriarum, & Aurantiarum, quam deinde publici iuris fecit." Targioni Tozzetti 1748, S. LI. Zu Civinini, der selbst Mitglied der 1716 gegründeten *Società Botanica Fiorentina* war, vgl. Tongiorgi Tomasi/Willis 2009, S. 139.

3 Civinini 1734, S. 10 („Die Wasser, die Insekten, die neuen Sorten von Pflanzen sowie die anderen Werke der Natur sind Gegenstand Eurer ruhmreichen Untersuchungen [...]").

4 Civinini 1734, S. 10f. („Ich werde mich demnach nicht von der Erde entfernen und wähle die Pflanzen als Gegenstand meiner wenig kundigen Überlegungen. [...] Doch von all den vortrefflichen Bäumen,

Der hier nur angedeuteten Freude an den immergrünen Pflanzen mit ihren aromatischen Blüten und Früchten entsprach in der Tat ein wahres Zitrusfieber, das sich über die Grenzen der Toskana und Italiens hinaus mit dem Sammeln und Austauschen seltener und ungewöhnlicher Spezies, dem Bau von Orangerien sowie nicht zuletzt in der Literatur- und Kunstproduktion niederschlug.[5] Die Kulturgeschichte jener Pflanzen war den zeitgenössischen Autoren stets ein Anliegen und auch Civinini widmete sich in seiner *Lezione accademica* der Leitfrage, ob die seinerzeit bekannten Arten mit jenen gleichzusetzen seien, die die antiken Autoren beschrieben hatten.[6] Solche Fragen stellten sich für nahezu alle Arten von Pflanzen und auch Tieren. Verwirrungen um eindeutige Zuordnungen und Bezeichnungen waren an der Tagesordnung, wie Civinini aus einer, modern gesprochen, kulturhistorischen Perspektive am Beispiel der *agrumi* darlegt.[7] Einer stets größer werdenden Fülle an Arten und Varietäten suchte man auf ganz verschiedene Weise gerecht zu werden, wobei das Spannungsfeld zwischen *pompa* und *intelletto* fast immer den passenden Rahmen liefern sollte.

In ihrer ausführlichen Auseinandersetzung mit der Frage, ob und inwiefern sich die Begriffe sowie die dahinter stehenden Konzepte von *Art* und *Science* in ihrer Wechselbeziehung analog zu *Renaissance* und *Scientific Revolution* verstehen lassen, erläutert Pamela Smith, dass die Dinge der Natur für die Menschen des 16. und 17. Jahrhunderts zunehmend zu materiell wie intellektuell aufgeladenen Ressourcen wurden. Pflanzen, Tiere und dergleichen konnten die Grundlage zur Produktion von Alltags- und Luxusgütern oder selbst begehrte Konsumobjekte sein. Vor allem aber wurden sie vermehrt zu Quellen sozialer wie intellektueller Positionierung.[8] Diese Phänomene lassen sich direkt bei Civinini nachvollziehen, der die „varie e ammirabili produzioni della Natura" gleich zu Beginn seiner Rede entsprechend nobilitiert. Auf einen Zusammenhang zwischen bildender Kunst und zeitgenössischen Entwicklungen vor allem in der Landwirtschaft, ansatzweise jedoch auch in den botanischen Wissenschaften, wies bereits Norbert Schneider in einem Beitrag über *wirtschafts- und sozialgeschichtliche Aspekte des Früchtestillebens* hin. Die Herausbildung jener Gattung sei nicht zuletzt durch sich in der frühen Neuzeit verändernde Bedingungen der Produktion, des Marktes sowie des Konsums agrarischer Güter

die die Erdoberfläche schmücken, möchte ich vor allen Dingen von den Zitrusgewächsen sprechen; sie sind es, die keinen geringen Teil unserer Freuden ausmachen und in höchstem Maße zur Zierde unserer Ländereien beitragen.").

5 Zu einem Überblick über die Thematik vgl. Tagliolini/Azzi Visentini 1996, Freedberg/Baldini 1997, Nürnberg 2011 sowie unter den Traktaten des 17. und beginnenden 18. Jahrhunderts besonders Ferrari 1646 und Volkamer 1708.

6 „[...] se gli Alberi degli Agrumi menzionati dagli antichi, sieno gli stessi che i nostri; donde sieno venuti: e quando furono trasportati in Italia." Civinini 1734, S. 12.

7 Einen Eindruck liefert bereits die Eröffnung der Diskussion: „Ed in primo luogo son nominati da Teofrasto e da altri antichi Naturalisti, i Pomi di Media, d'Assiria e di Persia, i quali se ben diversi di nome, tutti vengono a dire una medesima cosa." Civinini 1734, S. 12.

8 Smith 2008, S. 433.

zurückzuführen, was sich in entsprechender Weise auf ihren kulturellen (hier in erster Linie ästhetischen) Stellenwert auswirke.[9]

Sprechende Beispiele eines solchen Stellenwertes, die darüber hinaus einen lebendigen Eindruck toskanischen Zitrusfiebers zu Zeiten Civininis vermitteln, sind die prächtigen Gemälde verschiedener Arten und Varietäten von Zitrusfrüchten, die der Stillleben- und Tiermaler Bartolomeo Bimbi aus Settignano zu Beginn des 18. Jahrhunderts für Cosimo III. de' Medici schuf (Taf. I). Der Großherzog ließ die insgesamt vier großen Tafeln (mit den beachtlichen Maßen von 174 × 234 cm) gemeinsam mit dutzenden weiteren jener suggestiven Pflanzenportraits Bartolomeo Bimbis im Casino della Topaia nahe der berühmten Villa di Castello bei Florenz unterbringen. Neben der bildlichen Darstellung von Zitronen, Kürbissen, Pilzen und dergleichen sind es fast immer auch kurze Texte und zwischengeschaltete Ziffern, die die Betrachter von Bimbis Gemälden etwa über die Bezeichnung der entsprechenden Spezies unterrichten. Ein ganz ähnliches Miteinander von Bild und Text lässt sich in den handschriftlichen Hinterlassenschaften des Florentiner Botanikers Pier Antonio Micheli nachvollziehen. Ein Beispiel von vielen sind die skizzenhaften Aquarellzeichnungen von Zitrusfrüchten, denen stets Name und Wuchsort beigegeben sind: „3. Limon Salvatico / Era nel Giardino dei Semplici" (Taf. II). Die Ziffer „3" erlaubt darüber hinaus die Zuordnung zu einer ausführlicheren Beschreibung der jeweiligen Spezies an anderer Stelle innerhalb des gleichen Bandes.

Dieser zunächst nur sehr knappe Einblick in die Produktion Bimbis und Michelis zeigt, dass sich *Art* und *Science* um 1700 durchaus auf den gleichen Gegenstand beziehen konnten. Die beiden Bereiche scheinen sich zudem gegenseitig zu bedienen und zu bedingen. Eine Voraussetzung hierfür mag in Smiths These der Erneuerung und Herausbildung von Kunst und Wissenschaft bereits im 16. Jahrhundert durch eine intellektuelle Aufwertung des Handwerks auf der einen und eine zunehmende Bedeutung nicht zuletzt handwerklicher Praxis für den Erwerb theoretischen Wissens auf der anderen Seite zu sehen sein.[10] Jenes Konzept der *artisanal epistemology* fand gerade in der Forschungsliteratur über frühneuzeitliche Sammlungen regen Anklang,[11] wobei die Kunst- und Wunderkammer des 16. und 17. Jahrhunderts fast schon traditionell als Ort spielerischer Freude, intellektueller Gelehrsamkeit sowie der Repräsentation gesellschaftlichen Status gilt.[12] Das Verschmelzen von künstlerischer Praxis und, anachronistisch gesprochen, wissen-

9 Vgl. Schneider 1979.

10 Vgl. Smith 2008, S. 432f. sowie ausführlich Smith 2004. Die Autorin bezieht sich nicht zuletzt auf Edgar Zilsel, der in seiner Studie über die *sozialen Ursprünge der neuzeitlichen Wissenschaft* (1942) und einigen weiteren Schriften die zunehmenden Wechselwirkungen zwischen theoretisch und praktisch fundiertem Wissen (oder auch den freien und den mechanischen Künsten) umfassend analysiert hat; vgl. Zilsel 1976, bes. S. 49–65.

11 Vgl. etwa Felfe in Felfe/Lozar 2006, S. 17f.

12 Stellvertretend für eine ganze Reihe an Literatur sei hier verwiesen auf Impey/MacGregor 1985, Schnapper 1988, Bredekamp 1993, Findlen 1994, Grote 1994, Daston/Park 1998, Roth 2000, Smith/Findlen 2002, Evans/Marr 2006, Felfe/Lozar 2006, Böhme 2011.

schaftlicher Theorie in einzelnen Objekten oder ganzen Sammlungsgefügen lässt diese wie selbstverständlich zum Gegenstand kunst-, kultur- und wissenschaftshistorischer Befragung werden. Die Weiterentwicklung und zumeist Distanzierung von einem in der Regel enzyklopädisch angelegten Sammlungs- und Wissensmodell in der Kunst- und Wunderkammer resultierte in zunehmenden Tendenzen der Spezialisierung nicht nur der Sammlungen, sondern naturgemäß auch der Sammelnden. Das beliebte Zitat von Adalbert Stifter, das Sammeln gehe der Wissenschaft stets voraus,[13] macht die enge Verbindung deutlich, in der die Begriffe und Konzepte von Sammeln und Wissen nach wie vor gesehen werden. In seinem Schlussbeitrag in Anke te Heesens und Emma C. Sparys vielbeachtetem Band mit dem Titel *Sammeln als Wissen* (bezeichnenderweise beginnt die Einleitung mit jenem Stifterzitat) geht Nicholas Jardine auf den Trend einer „Neuformulierung der Wissenschaftsgeschichte durch die Kulturgeschichte“ ein,[14] zu deren Hauptcharakteristika das Einbeziehen historischer Sammlungspraktiken gehöre. Jardine geht dabei weniger von einer bald vorübergehenden Modeerscheinung aus als vielmehr von einem langlebigen Phänomen, das er vor allem in der wachsenden Bedeutung der Geschichte des Wissens und der Wissenschaften für andere historische Disziplinen sieht.[15] Mag die Schwierigkeit solch einer Verschränkung von Wissenschafts- und Kulturgeschichte (leicht könnte man weitere ‚-geschichten‘ anfügen, wie die der Kunst, der Philosophie etc.) auch oft darin liegen, sie innerhalb eines klaren theoretischen Gefüges zu betreiben, bietet sie dennoch weit reichende Möglichkeiten, historische Wissens- und Erkenntnisstrukturen zu erforschen. Darunter fällt etwa die Untersuchung von Funktion und Bedeutung unterschiedlicher Netzwerke, innerhalb derer die jeweiligen Protagonisten – Herrscher, Künstler, Handwerker, Gelehrte etc. – agierten.[16]

Die vorliegende Studie leistet eine Zusammenschau von kunst-, kultur- und wissenschaftshistorischen Aspekten am Beispiel der Botanik, genauer der Organisation und (Re-)Präsentation botanischen Wissens in Florenz und der Toskana vom ausgehenden 17. bis in die erste Hälfte des 18. Jahrhunderts – in Epochenbegriffen gesprochen also vom Spätbarock bis zur Frühaufklärung. Die Frage nach der Auswahl von Ort und Zeit lässt verschiedene Antworten zu, die zusammen genommen die Spezifität der Florentiner Situation herausstellen.

13 „Das Sammeln geht der Wissenschaft immer voraus; das ist nicht merkwürdig, denn das Sammeln muß ja vor der Wissenschaft sein; aber das ist merkwürdig, daß der Drang des Sammelns in die Geister kömmt, wenn eine Wissenschaft erscheinen soll, wenn sie auch noch nicht wissen, was diese Wissenschaft enthalten wird.“ Ketelsen 1990, S. 102, te Heesen/Spary 2001, S. 7.

14 Jardine 2001, S. 200.

15 Vgl. Jardine 2001, bes. S. 200–204.

16 Zu den *Problemen* und *Aussichten* des kulturwissenschaftlichen Ansatzes vgl. Jardine 2001, S. 208–220., bes. S. 208, 216.

Der vorletzte Großherzog der Medicidynastie, Cosimo III. (1642–1723), dessen lange Regierungszeit über 50 Jahre währte,[17] blieb weniger wegen seiner politischen Verdienste in Erinnerung als vielmehr durch seine in den Biographien des 18. Jahrhunderts und der älteren Forschungsliteratur durchweg als übertrieben bewertete Frömmigkeit. Hinzu kam eine weitere, von Zeitgenossen und in der Folgeliteratur eher positiv konnotierte Eigenschaft des Fürsten: sein Interesse an den Dingen der Natur, allen voran seltenen Tieren und Pflanzen sowie schmackhaftem Obst und Gemüse. Dementsprechend soll sich Cosimo nach einer von seinem Leibarzt verordneten vegetarischen Diät ernährt haben, ein schwer zu verifizierender Umstand, der nicht selten als ausschlaggebend für sein langes Leben gewertet wurde.[18] Alle drei Kinder aus seiner Ehe mit Marguerite Louise d'Orléans, einer Nichte Ludwigs XIV., sowie sein Bruder Kardinal Francesco Maria (1660–1711) blieben ohne Nachkommen, so dass der zunächst wie sein Onkel für die Kardinalslaufbahn vorgesehene zweitgeborene Sohn Gian Gastone (1671–1737) der letzte Medicigroßherzog sein sollte. Das nahende Ende der seit Cosimo I. fast 200 Jahre andauernden Herrschaft über die Toskana muss den verbliebenen Familienmitgliedern spätestens seit dem frühzeitigen Tod von Cosimos erstgeborenem Sohn Ferdinando 1713 stets präsent gewesen sein, was für Politik und Gesellschaft im Großherzogtum kaum ohne Folgen bleiben konnte. Wie wirkte sich diese Aussicht auf die staatlichen kultur- und wissenschaftspolitischen Initiativen aus? Lässt sich eine Anbindung an gewisse Familientraditionen ausmachen oder eher eine Abkehr bzw. gar Vernachlässigung derselben? Werden gesteigerte repräsentative Ansprüche und sich rückbeziehende, zugleich aber in die Zukunft weisende legitimatorische Bestrebungen der Schaffung eines langfristigen Andenkens sichtbar?

Eine direkte Verbindung zwischen fürstlicher Repräsentation und der Förderung von Kunst, Kultur und Wissenschaften war an den Höfen der frühen Neuzeit eher die Regel als eine Ausnahmeerscheinung. Im Zusammenhang mit der Florentiner Medicidynastie wecken die Begriffe Wissenschaft und Repräsentation einige ganz bestimmte Assoziationen: man denke an Galileo Galileis Entdeckung der Jupitertrabanten und ihre Widmung an Cosimo II. oder das Wirken der *Accademia del Cimento* unter der Schirmherrschaft von dessen Sohn Leopoldo de' Medici, einem Onkel Cosimos III.[19] Ein eindrucksvolles Beispiel für die repräsentative und zugleich (um bei diesem anachronistischen Terminus zu bleiben) wissenschaftliche Inszenierung der Pflanzenwelt in der Toskana ist die

17 Cosimo III. regierte insgesamt von 1670 bis 1723.

18 Zu Cosimo III. und den *ultimi Medci* vgl. etwa Galluzzi 1781, Bd. 4 und Diaz 1976 (IV. *Il tramonto di una dinastia*), die insgesamt ein eher negatives Bild vermitteln. Unbedingt hinzuweisen ist auf Acton 1958 und Lankheit 1962, deren Arbeiten einen objektiveren Zugang widerspiegeln (vgl. auch die einführenden Beiträge in Detroit 1974: Harold Acton: „Nota sugli ultimi Medici", S. 15–17; Klaus Lankheit: „Firenze sotto gli ultimi Medici", S. 19–24). Ausführliche Informationen über Politik, Wirtschaft und Gesellschaft, Religion, Kunst und Kultur unter Cosimo III. liefert der Tagungsband Angiolini 1993; zu Kunst- und Kulturpolitik vgl. zudem Rudolph 1973, Goldberg 1983.

19 Zu Galilei (allgemein und am toskanischen Hof) vgl. Biagioli 1999, Heilbron 2010. Zur *Accademia del Cimento* (und die Rolle des Hofes) vgl. Galluzzi 1981, Findlen 1993, Tribby 1991, Florenz 2001.

Gründung der botanischen Gärten in Pisa und Florenz unter Cosimo I. Mitte des 16. Jahrhunderts, wobei der Pisaner *Giardino dei Semplici* und sein Pendant in Padua als erste universitäre Einrichtungen ihrer Art in Europa gelten.[20]

Demgegenüber erscheint die Toskana der *ultimi Medici* kaum als ein weithin sichtbarer Leuchtturm der Wissenschaften. Weder verknüpft man Zeit und Ort mit den Namen einzelner herausragender Gelehrter noch mit einer international anerkannten Vereinigung wie der *Académie Royale des Sciences* in Paris oder der *Royal Society* in London, hatte doch die *Accademia del Cimento* bereits 1667 nur zehn Jahre nach ihrer Gründung ihre Aktivitäten eingestellt. Die erwähnte Leidenschaft Cosimos III. für Blumen, Früchte und dergleichen lässt bereits vermuten, dass ihm die botanischen Gärten sowie das dichte Netz suburbaner Villen einen besonders geeigneten Rahmen zur Entfaltung seiner Interessen und zur Repräsentation seiner Herrschaft boten.

Das Feld der frühneuzeitlichen Botanik erscheint geradezu prädestiniert für künstlerische und zugleich wissenschaftliche Auseinandersetzungen. So verwundert es kaum, dass sich diese Gleichzeitigkeit in der Toskana Cosimos III. und über seine Zeit hinaus in einer bemerkenswerten Materialfülle niederschlägt. Dabei ist nicht nur auf die schiere Quantität, sondern vor allem auch die Qualität der Produktionen, ihre Verschiedenheit und die doch immer wieder deutlich werdenden Zusammenhänge, hinzuweisen. Der vergleichende Blick auf einen zunächst sehr disparat erscheinenden Korpus – die Gemälde Bartolomeo Bimbis, die Handschriften Pier Antonio Michelis, die 1723 bzw. 1748 gedruckten Kataloge der beiden toskanischen botanischen Gärten, zu deren Erstellung Micheli einen erheblichen Beitrag leistete, sowie seine einzige eigenständige Publikation (*Nova plantarum genera*, Florenz 1729) – lässt die vielfachen Wechselwirkungen zwischen Kunst und Wissenschaft deutlich werden. In diesem Kontext ergeben sich weitere Fragen – etwa nach den Kriterien, die ein Werk zu erfüllen hatte, um der fürstlichen Repräsentation am Hofe Cosimos III. dienlich zu sein. Welche Möglichkeiten und Grenzen bot die großherzogliche Protektion für Künstler und Gelehrte wie Bimbi und Micheli? Um jene drei Personen, ihre Interessen und Aktivitäten lässt sich ein weit verzweigtes Netzwerk ausmachen, das sich von lokalen Bauern und Pflanzenhändlern über die unmittelbaren Maler- und Botanikerkollegen, die Angehörigen des großherzoglichen Hofes bis in die internationale Adels- und Gelehrtengesellschaft erstreckt. Dies erlaubt nicht zuletzt eine Positionierung der toskanischen Situation innerhalb eines übergeordneten zeitlichen und räumlichen Kontextes.

Um die verschiedenen Auffassungen und Ansprüche eines Umgangs mit botanischem Wissen in Florenz um 1700 sowie darüber hinaus herauszustellen, ist die vorliegende Arbeit in drei Teile gegliedert. Den Anfang bildet die Auseinandersetzung mit den konkreten Orten botanischen Wissens, namentlich dem Casino della Topaia im Verbund

20 Zu den toskanischen botanischen Gärten, deren frühe Geschichte, von der Gründung bis ins ausgehende 16. Jahrhundert, nicht ganz unumstritten ist, s. Kapitel 2.2.

mit einigen anderen Villen der Medici (Kapitel 2.1) und den beiden botanischen Gärten in Pisa und Florenz (Kapitel 2.2). Pflanzen galten an jenen Orten sowohl der Freude als auch dem Nutzen der Besucher, bei denen es sich um kleine private Gruppen (in la Topaia) oder auch größere öffentliche Kreise (in den botanischen Gärten) handeln konnte.[21] Umkodiert in Ölgemälde oder gedruckte Bücher traten jene Orte auch in abstrahierter Form in Korrespondenz mit Besuchern, Betrachtern und Lesern. Eine Integration botanischen Wissens in die höfische Gesellschaft und das öffentliche Leben im Großherzogtum konnte also auf unterschiedliche Art (in den Gärten selbst und ihren ‚Katalogen') erfolgen. Nicht nur im Falle der Gartenkataloge, die sich naturgemäß auf einen bestimmten Ort beziehen, auch bei der Gemäldesammlung von la Topaia fällt eine Form von ortsbezogener Repräsentativität auf, die dezidierte territoriale und intellektuelle Ansprüche formuliert. Katalogisiert wird der botanische Reichtum des florierenden Großherzogtums Toskana, der durch die Präsenz von seltenen exotischen Pflanzen oftmals weit über dessen Grenzen hinauswies. Zum Zwecke der Demonstration von politischer Macht und Reichweite konnte die Protektion von Künsten und Wissenschaften eine wichtige Rolle in der Repräsentationsmaschinerie eines Staates einnehmen, wie ein Exkurs an den Hof Ludwigs XIV. in Versailles zeigt (Kapitel 2.3). Jene Betrachtungen lassen die toskanische Situation in einem weiteren Zusammenhang erscheinen und machen Parallelen aber auch Unterschiede hinsichtlich der Konzepte und Mechanismen fürstlicher Repräsentation und Wissenschaftsförderung deutlich. Nicht zuletzt wird die Frage nach der Vereinbarkeit solcher Ansprüche aufgeworfen, die sich angesichts so verschiedenartiger Werke wie Michelangelo Tillis *Hortus Pisanus* und Pier Antonio Michelis *Nova Genera* vielleicht am deutlichsten formuliert (bes. Kapitel 2.2.1/2.2.2).

Im anschließenden Teil wird die Aufmerksamkeit von den Katalogen als Abstraktionen bestimmter Orte auf ihre tatsächlichen Inhalte und Strukturen gelenkt, wobei das Zusammenwirken von Bild- und Textelementen und die dadurch generierte Informativität der Werke im Mittelpunkt stehen. Bimbis prächtige Stillleben, Michelis handschriftliche Aufzeichnungen und Skizzen in unterschiedlichen Vollendungsgraden sowie die verschiedenen botanischen Buchpublikationen Tillis und Michelis lassen vielfältige Traditionsstränge sichtbar werden, zeigen jedoch stets übergeordnete Tendenzen und wechselseitige Einflüsse auf. Eingehende Analysen und Vergleiche ausgewählter Beispiele aus den genannten Werkgruppen stellen wiederholt die Dynamik von Bild- und Textbestandteilen heraus, die dabei unterschiedliche epistemische Funktionen übernehmen können. Bimbis, Tillis und Michelis Bild-Text-Kataloge dokumentieren, transportieren und kommunizieren botanisches Wissen. Auch auf rein formaler Ebene scheinen sie sich im Spannungsfeld zwischen Freude und Nutzen, Wissenschaft und Repräsentati-

21 Dabei ist selbstverständlich von einer eingeschränkten Öffentlichkeit auszugehen, zu der neben Studenten, Professoren und Gärtnern etwa Ärzte und Apotheker, Besucher aus lokalen Bürger- und Adelskreisen sowie nicht zuletzt internationale Gesandte und Bildungsreisende gehörten.

on oder, mit den Worten Civininis, *pompa* und *intelletto* zu bewegen. Der Diskurs um die Rolle von Bildern und Texten als Vermittler von Informationen über die Natur wirft einmal mehr sowohl kunst- als auch wissenschaftshistorisch relevante Fragen auf. Um die exemplarischen Analysen der Kapitel 3.2–4 in einen erweiterten Kontext zu stellen, setzen sich zwei weitere Kapitel, zunächst einleitend und schließlich zusammenfassend, mit den historischen Rahmenbedingungen sowie einigen theoretischen Überlegungen auseinander. Kapitel 3.1 nähert sich der Thematik von der kunsthistorischen Seite und widmet sich den Gattungen des Stilllebens und der naturalistischen Zeichnung als Wissensträger und -vermittler. Unter Berücksichtigung der Arbeiten Svetlana Alpers' und Claudia Swans richtet sich das Augenmerk gerade auf die textuellen, oftmals auch schematisierenden Eigenschaften verschiedener Bilder.[22] All jene Bilder erfüllten ganz unterschiedliche Funktionen, vom Zusammenstellen möglichst lückenloser Reihen über das Herausstellen bemerkenswerter Besonderheiten bis hin zur Darstellung komplexer Ordnungsmuster und Klassifizierungsmerkmale. Gerade letzteres verlangte in der Regel eine Entfernung vom ‚natürlichen Sehbild' und eine damit einhergehende Abstrahierung von Bild und nicht selten auch Text.[23] Ob es sich um eine reine Inventarisierung (etwa der Bestände eines Gartens, der Flora einer bestimmten Region oder eines ganzen Landes) handelte oder ob man die Klassifizierung einer Gruppe von Pflanzen im Sinn hatte, mit der stets wachsenden Anzahl bekannter Arten und Varietäten seit dem 16. Jahrhundert wurden diese Aufgaben zunehmend komplex, um nicht zu sagen kaum handhabbar. In einer Rückschau auf die vorangegangenen Analysen und in direkter Korrespondenz mit der eben skizzierten Heranführung hinterfragt Kapitel 3.5 die (sich verändernde) Rolle von Bildern zur Schaffung von Ordnung und (klassifizierenden) Strukturen, wobei stets auch auf das Verhältnis zu entsprechenden Texten eingegangen wird. Die wissenschaftshistorische Forschung (darunter Brian Ogilvies Charakterisierung der Botanik des 16. und beginnenden 17. Jahrhunderts als ‚beschreibende Wissenschaft' oder Staffan Müller-Willes Blick auf die Verzahnung von Text, Bild und Diagramm im Zuge des in der Zeit um 1700 Fahrt aufnehmenden klassifikatorischen Diskurses)[24] offenbart dabei zahlreiche Analogien zu den zuvor angeführten kunsthistorischen Forschungsansätzen. Die toskanischen Beispiele fügen sich passgenau in diesen Rahmen ein. Dabei liefern die oft auch über die einzelnen Werke hinaus miteinander korrespondierenden Bild- und Textelemente nicht nur botanisches Wissen in seinen verschiedensten Facetten, sondern erlauben auch Rückschlüsse auf die Voraussetzungen und unmittelbaren Umstände der Entstehung jener ‚Kataloge'.

22 Alpers 1985, Swan 2002 und 2005.

23 Vgl. hierzu auch Lechtreck 2000.

24 Ogilvie 2003 und 2006, Müller-Wille 2002.

Diesen Faden aufnehmend widmet sich der letzte Teil der Arbeit den Netzwerken und Aktionsräumen der ‚Katalogautoren', deren Gemälde und Buchpublikationen als Ergebnisse differenzierter Patronagebeziehungen und Austauschpraktiken erscheinen, was neben den Werken selbst auch Briefkorrespondenz und biographisches Material deutlich werden lassen. Im Mittelpunkt der Befragung stehen die Möglichkeiten und Grenzen großherzoglicher Unterstützung und daran geknüpfte Ansprüche am Beispiel des Malers Bartolomeo Bimbi und des Botanikers Pier Antonio Micheli. Beide agierten innerhalb eines höfischen Umfelds, in dem botanisches Wissen eng mit fürstlicher Repräsentation verquickt war, was sich in unterschiedlicher Art und Weise auf ihre Karrieren auswirken sollte (s. Kapitel 4.1/4.2). Während Bimbi mit seinen nicht weniger dekorativen als dokumentarischen Stillleben nicht ausschließlich bei Cosimo III., sondern ebenfalls bei dessen Nachkommen sowie anderen Angehörigen des Hofes reüssierte, waren Micheli bei der Ausübung seiner Arbeit bald diverse Schwierigkeiten beschieden. Lief das höfische Ideal einer vielfach orts- und traditionsgebundenen Repräsentativität konträr zu einer botanischen Wissenschaft, wie sie Micheli vertrat? Oder waren es eher bzw. zusätzlich andere Faktoren, die ihm im Weg standen? Ein umfassender Einblick in den Werdegang, die Arbeitsumstände und das komplexe soziale Netzwerk des Florentiner Botanikers soll dahingehende Fragen zu klären versuchen (s. Kapitel 4.3/4.4). Anhand verschiedener Beispiele wird gezeigt werden, wie Michelis *Networking* auf die Etablierung eines möglichst breit angelegten Kreises von Informanten und Unterstützern abzielte. Den wohl vollständigsten und dabei komprimiertesten Eindruck jener Kontaktvielfalt vermitteln die *Nova Genera* von 1729, ein Werk, dessen Druck vielmehr der internationalen (und lokalen) *scientific community* zu verdanken war als der *Stamperia Granducale*. Wie hat man in diesem Zusammenhang das Fehlen einer toskanischen Institution zur Förderung der Wissenschaften wie der 1667 aufgelösten *Accademia del Cimento* zu bewerten? Und welchen Stellenwert besaß die durch Micheli mitbegründete *Società Botanica Fiorentina*? Sicherlich nicht denjenigen einer *Royal Society* oder einer *Académie des Sciences*! Abschließend soll der Blick auf jene beiden Vereinigungen institutioneller Wissenschaftsförderung gelenkt werden, wobei insbesondere auf das Wirken des französischen Botanikers Joseph Pitton de Tournefort eingegangen wird, dessen Klassifikationssystem Micheli als erklärtes Vorbild diente. Wissenschaft und Repräsentation, Schönheit und Nutzen, Anwendungsorientiertheit und theoretische Reflexion schlossen sich in diesem Fall alles andere als aus, vielmehr bedingten sie einander in erheblichem Maße (s. Kapitel 4.5).

Die Situation in der Toskana der *ultimi Medici* war bei weitem nicht gegensätzlich, in vielerlei Hinsicht jedoch anders gelagert. Dieses ‚Andere' wird nicht zuletzt gerade angesichts der Karrieremuster und Vernetzungspraktiken oder, allgemeiner gefasst, der Handlungs(spiel)räume Bimbis und Michelis als ganz verschieden operierenden Spezialisten auf dem Gebiet der Botanik offenbar. Klaren Unterschieden in der Ausdehnung und der Greifbarkeit jener Netze und Räume zum Trotz lassen sich doch immer wieder Gemeinsamkeiten feststellen, die auf eine mehr oder weniger enge Verzahnung der

Arbeit des Malers und des Botanikers hinweisen. Innerhalb wie außerhalb der bereits vielbeschworenen Überschneidung von Bimbis und Michelis Aktionsräumen liegt ein weites, sich auf verschiedene Kanäle und Kontakte stützendes Geflecht von Netzen, das seiner (zumindest partiellen) Entwirrung harrt und (wenn auch nur in Teilen greifbar) vielfältige Aussagen bezüglich eines Zustands und Stellenwerts botanischen Wissens im späten Großherzogtum der Medici zu liefern vermag. Dabei spielen längst nicht nur die beteiligten Personen eine Rolle, sondern auch mit ihnen verbundene Orte (etwa Gärten und Sammlungen), die Objekte der Begierde selbst (namentlich die vielen verschiedenen Bäume und Sträucher, Früchte und Blumen etc.), entsprechendes Bild- und Textmaterial sowie eine Vielzahl weiterer Faktoren, die in ihrem ganz unterschiedlichen Charakter jenem Wissensgeflecht Gestalt und Stabilität verleihen.

2. ZWISCHEN BOTANISCHER WISSENSCHAFT UND FÜRSTLICHER REPRÄSENTATION: GÄRTEN UND IHRE ‚KATALOGE'

> E se tra le glorie di Ercole non fu la minore l'aver trapiantati i cedri nella Grecia dagli orti africani delle Esperidi, così tra le glorie del Serenissimo mio signore rifulge ancora quella di far nobilmente mantener provveduti d'ogni pianta straniera i giardini di Firenze e di Pisa, non già per un vano e curioso diletto, ma per lo solo benefizio di coloro che investigano e scrivono le diverse nature e proprietà delle piante.[1]

Mit diesen Worten charakterisiert der großherzogliche Leibarzt Francesco Redi (1626–1697) in seinem Brieftraktat an den jesuitischen Universalgelehrten Athanasius Kircher (1602–1680) die beiden toskanischen botanischen Gärten. Die Beschreibung von Aussehen und Eigenschaften einer aus Brasilien nach Florenz gelangten exotischen Frucht und das Lob Cosimos III. als Protektor der Wissenschaften und Künste führen zu dieser Textstelle hin, die einem geläufigen Topos folgend den zeitgenössischen Herrscher mit dem antiken Helden Herkules vergleicht und im weiteren Verlauf gerade die intellektuelle Funktion der botanischen Gärten unterstreicht. Ein solcher Vorzug objektiver Wissenschaftlichkeit gegenüber eher subjektiven Erfreuens und Staunens entspricht dabei dem Gesamttonus der *Esperienze intorno a diverse cose naturali*.[2]

Redis *benefizio* und *diletto* oder Civininis *intelletto* und *pompa* (s. S. 1) lassen sich in vielerlei Hinsicht in Analogie zu dem Begriffspaar Wissenschaft und Repräsentation verstehen. Gerade im Hinblick auf die Inszenierung der Pflanzenwelt erscheint das Zusammenspiel solcher Konzepte von herausragender Bedeutung. Bartolomeo Bimbis Biograph Francesco Saverio Baldinucci (1663–1738) führt den Garten und die Gemäldesammlung von la Topaia wie folgt ein:

1 Redi 1671 (1741), S. 33 („Und wenn es nicht die geringste unter den ruhmreichen Taten des Herkules war, die Zitronen [eigentlich Zitronatzitronen] aus den afrikanischen Gärten der Hesperiden nach Griechenland überführt zu haben, so findet diese noch in den Taten meines durchleuchtigen Herrn ihren Widerschein, der die Gärten von Florenz und Pisa auf noble Weise mit jedweder fremdländischen Pflanze ausstatten lässt und dies nicht etwa zur bloßen, die Neugier befriedigenden Freude, sondern allein zum Nutzen derjenigen, die das Wesen und die Eigenschaften der Pflanzen untersuchen und beschreiben.").

2 In direkter Bezugnahme auf Kirchers *China illustrata* von 1667 (vgl. etwa Redi 1671 (1741), S. 73) stellt Redi dessen Inszenierung des Mythischen und Wunderbaren anhand zahlreicher, ganz verschiedener Beispiele „certezza di scienza" (Redi 1671 (1741), S. 27) als verifizierte „esperienza" gegenüber. Zu den Werken und Auffassungen Redis und Kirchers vgl. auch Findlen 1993, 1994 (bes. S. 196f.) und 2004 (hier vor allem *Section V: The Global Shape of Knowledge*); zur Bedeutung von Redis *Esperienze* für die Kultur- und Wissenschaftspolitik im Großherzogtum vgl. außerdem Tosi 1993.

> Avendo poi la stessa Altezza Reale di Cosimo III fabbricato un bel casino in luogo detto „la Topaia" e posto sopra l'eminenze delle famose vigne della Real Villa di Castello – per dar luogo al suo riposo, in caso che avesse voluto far gita intorno alle medesime – sì come questo luogo era ed è ripieno di tutte le sorti di frutte, d'agrumi, d'uve e di fiori che finora si sono potute trovare, sì di naturali, come anche di stravaganti e bizzarri aborti della natura, così volle che restasse tutto adorno di quadri rappresentanti al vivo le stesse cose.[3]

Während hier der *villeggiatura*-Gedanke, das Rasten und Ruhen, im Vordergrund stehen, wird der Garten auf ganz ähnliche Weise wie bei Redi charakterisiert: ausgestattet mit jedweder fremdländischen Frucht („provveduti d'ogni pianta straniera") auf der einen und voll von sämtlichen Sorten, die bis dato aufzufinden waren („ripieno di tutte le sorti [...] che finora si sono potute trovare"), auf der anderen Seite. Dabei erfährt der Garten von la Topaia eine Art Dopplung durch Bartolomeo Bimbis Gemälde („quadri rappresentanti al vivo le stesse cose"), die den Pflanzenreichtum des Anwesens und der großherzoglichen Ländereien in einer ebenso abundanten Bildersammlung im Inneren des Casino fortsetzen. Dass diese Werke nicht nur das Auge des zeitgenössischen Betrachters erfreuen, sondern auch dessen Geist belehren sollten, wird im Folgenden zu zeigen sein. Wendet man sich wiederum den botanischen Gärten zu, findet Bimbis gemalter Katalog von la Topaia eine Entsprechung in zwei umfangreichen gedruckten Gartenkatalogen: Michelangelo Tillis *Catalogus plantarum horti Pisani* (Florenz 1723) und Pier Antonio Michelis posthum erschienenem *Catalogus plantarum horti Caesarei Florentini* (Florenz 1748).

Doch worin begründen sich die Analogien zwischen so unterschiedlichen Werken wie den Gemälden Bimbis und den Druckwerken Tillis und Michelis? Zunächst eint sie der Anspruch, botanisches Wissen festzuhalten und zu vermitteln. Die Inszenierung dieses Wissens diente nicht zuletzt einer umfang- und traditionsreichen ortsbezogenen Repräsentationsoffensive zur Glorifizierung des Hauses Medici (und im Falle des Florentiner Gartenkatalogs darüber hinaus). Der Schlüssel zu solch einer intellektuell aufgeladenen politischen Repräsentativität scheint stets in der offenkundigen Ortsbezogenheit jener gemalten und gedruckten Kataloge zu liegen. Um diese These verständlicher zu machen und verifizieren zu können, widmen sich die folgenden Ausführungen dem Casino della Topaia und den botanischen Gärten in Pisa und Florenz als exemplarischen Orten botanischen Wissens und seiner Repräsentation in der Toskana. Ein Blick auf die

3 Baldinucci 1725–30 (1975), S. 247 („Nun hatte Seine Königliche Hoheit Cosimo III. an einem Ort, der ‚la Topaia' genannt wurde und oberhalb der berühmten Weinberge der fürstlichen Villa von Castello lag, ein schönes Casino erbauen lassen, das als Rückzugsort dienen sollte, wenn er Lust verspürte, jene [Weinberge] zu durchstreifen. Dieser Ort war und ist voll von allen Sorten Obst, Zitrusfrüchten, Weintrauben und Blumen, die man nur finden kann; und sie wachsen dort in ihren natürlichen Formen wie auch als außergewöhnliche und sonderbare Abarten der Natur. So wollte er [Cosimo III.], dass dort alles mit Gemälden ausgeschmückt werde, die jene Dinge nach dem Leben präsentieren.").

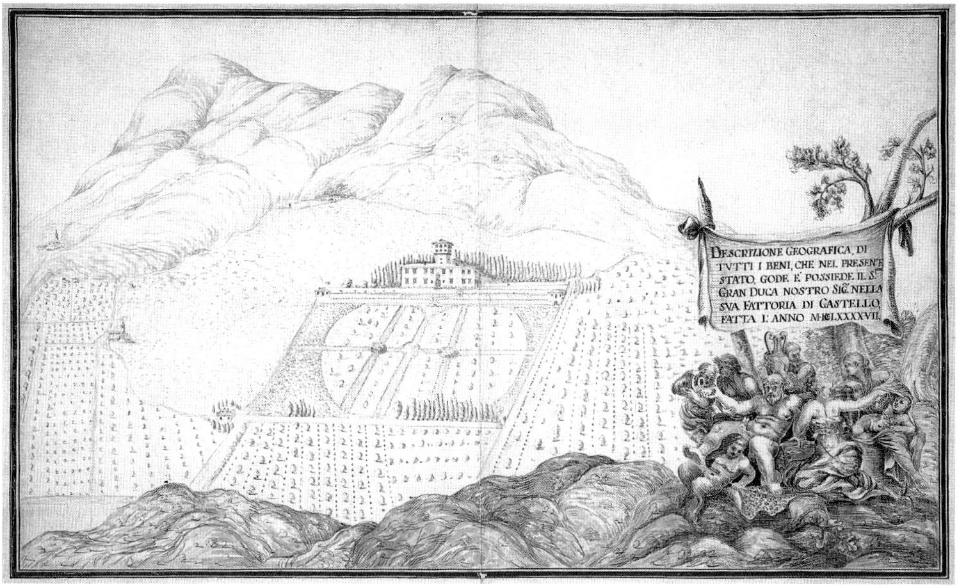

1 Villa della Petraia, in: *Descrizione geografica di tutti i beni che [...] possiede il S.r Gran Duca [...] nella sua fattoria di Castello*, 1797, Florenz, Archivio di Stato.

Gemäldesammlung von la Topaia und die beiden gedruckten Gartenkataloge zeigt dabei unterschiedliche Strategien der medialen Umkodierung jener Orte auf. Neben dem *Hortus Pisanus* und dem *Hortus Florentinus* wird mit Michelis *Nova plantarum genera* (Florenz 1729) eine weitere Publikation eingeführt, die in großen Teilen andere Ansprüche und Bezüge aufweist.

Auf all jene Werke und Werkgruppen wird im Verlauf der Arbeit wiederholt und unter Berücksichtigung verschiedener Gesichtspunkte zurückzukommen sein. Somit dient jener erste Teil über die Gärten und ihre ‚Kataloge' nicht zuletzt der Schaffung von Grundlagen für sich im zweiten und im dritten Teil anschließende Analysen und Kontextualisierungen.

2.1 Das Casino della Topaia und Bartolomeo Bimbis gemalter Garten

Eine Zeichnung der Villa della Petraia aus dem Jahre 1697 vermag es, dem heutigen Florenzbesucher einen Eindruck von der abgeschiedenen Lage des Casino della Topaia an den Ausläufern des Monte Morello zu vermitteln (Abb. 1). Der flache Baukörper schmiegt sich an die dahinter aufragenden Berge, der schmale, lang gestreckte Gartenbereich vor dem Casino und die Skulptur des heiligen Fiacre sind aus der Ferne gut zu erkennen. Eine Inschrift bezeichnet die Ansicht als Darstellung der zum großherzoglichen Landsitz Castello gehörenden Güter („Descrizione geografica di tutti i beni che nel presente stato gode e possiede il S:[erenissi]mo Gran Duca nostro Sig.[nore] nella sua Fattoria di Castello fatta l'anno MDCLXXXXVII."). Jene ist auf einem aufgespannten Tuch zwischen zwei spärlich bewachsenen Bäumen zu lesen, die einem fröhlichen Bacchusgelage als Hintergrund dienen. Der Gott des Weines mag auf die „famose vigne della Real Villa di Castello" anspielen, die auch Francesco Saverio Baldinucci in der Vita Bartolomeo Bimbis hervorhebt (s. S. 12).

Heute werden die drei nahe beieinander liegenden suburbanen Villen zwischen Florenz und Sesto Fiorentino unterschiedlich genutzt. Während Castello seit 1972 Sitz der *Accademia della Crusca* ist und in la Petraia ein Museum über die wechselvolle Geschichte der Villa eingerichtet wurde, befindet sich la Topaia in Privatbesitz.[4] Als mit Abstand kleinste der drei Residenzen galt sie seinerzeit als zu Castello gehöriges Gartencasino. Entsprechend spärlich fällt sowohl die Quellenlage als auch die Auseinandersetzung in der Forschungsliteratur des vergangenen Jahrhunderts aus. Ein gesteigertes Interesse an Bartolomeo Bimbi und seinen Gemälden rückte schließlich auch Casino und Garten von la Topaia vermehrt in den Blickpunkt der kunsthistorischen Forschung.[5]

Cosimo I. de' Medici (1519–1574) ließ die kleine Villa Mitte des 16. Jahrhunderts an Stelle eines Vorläuferbaus errichten.[6] Der Ort außerhalb des Stadtzentrums und doch nicht zu fern ab, um ihn innerhalb weniger Stunden erreichen zu können, wurde bereits vor dem Erwerb von Castello im Jahre 1477 durch die Söhne Pierfrancesco de' Medicis (also den jüngeren Zweig der Familie, aus dem die großherzogliche Dynastie hervorgehen sollte) für sein angenehmes und gesundes Klima gerühmt. Edward Wright, der die Villen in Castello und Pratolino sowie den Palazzo Pitti auf ihre Nutzung im 16. Jahrhundert hin untersuchte, führt einige Zitate von Zeitgenossen an, die den rekreativen Charakter des Ortes am Fuße des Monte Morello „in the most agreeable and temperate air under these our [Florentine] skies" unterstreichen.[7] Der Aufenthalt an der frischen und sauberen

4 Einen Überblick über die mediceischen Villen in der Toskana bietet Lapi Ballerini 2003; zu den Villen von Castello und la Petraia ausführlich vgl. Acidini Luchinat/Galletti 1992.

5 Zu Bartolomeo Bimbi vgl. Baldini 1982, Meloni Trkulja/Tongiorgi Tomasi 1998, Cesena 2001, Poggio a Caiano 2008, Hubert 2008, Turin 2016. Auch das Interesse an den Stilllebensammlungen der Medici (Chiarini 1997, Florenz 1998) und die Einrichtung des *Museo della Natura Morta* in der Villa Medici in Poggio a Caiano (Casciu 2007, Casciu 2009) führten zu einem wachsenden Interesse an den Werken Bimbis und dem Casino della Topaia.

6 Grundlegend zu la Topaia vgl. Alidori 1995, S. 41–43, Lapi Ballerini 2003, S. 90f. Zur Baugeschichte und Ausstattung vgl. Spinelli 2003, S. 97–103, Acanfora 2007, Spinelli 2008.

7 Wright 1996, S. 36; zitiert aus einem Brief Niccolò Martellis vom 1. März 1542 (im Original: „[...] castello [...] lontano dalla città non più che due miglia, dove e' vedrà un disegno d'un palazzo eccelso posto nel più vago e dilettevol luogo che imaginar si possa e nella più dolce e temperata aria che sia sotto questo nostro cielo, con una pianura fertile dinanzi, che l'occhio non si può tanto allungare che non gli resti ancora da veder più [...]" Martelli 1916, S. 21).

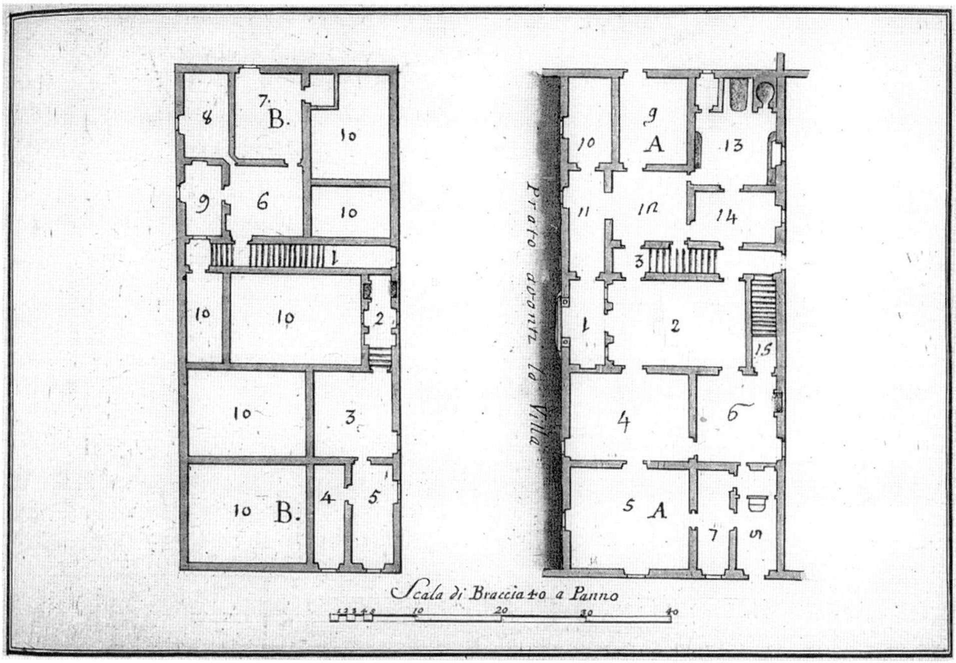

2 Casino della Topaia (Grundriss der Innenräume), Prag, Staatsarchiv.

Luft wurde vorzugsweise vor den Mahlzeiten mit Spaziergängen komplettiert, auf die die Anlage des Gartens von Castello, seine Wege, Bepflanzungen und Ausblicke, ausgerichtet waren.[8]

Zu Zeiten Cosimos I. beherbergte das Casino della Topaia solch illustre Gäste wie die Schriftsteller und Historiker Benedetto Varchi (1503–1565) und Scipione Ammirato (1531–1601). Vor allem in Varchis Beitrag zur *Questione della lingua*, der in den Jahren vor seinem Tod verfassten Dialogsammlung mit dem Titel *L'Ercolano*, finden sich zahlreiche Verweise auf la Topaia. Schon im einleitenden Dialog zwischen Monsignore Vincenzio Borghini und Messer Lelio Bonsi wird die „villa sopra Castello" als Wohnort des Autors mit einer Rasenfläche vor dem Gebäude („pratello, ch'è dinanzi alla casa"), Garten („orto") und kleiner Terrasse über einer Loggia mit wunderschöner Aussicht („terrazzino sopra una loggetta con maravigliosa, e giocondissima veduta") vorgestellt.[9]

Nachdem das Casino della Topaia über ein Jahrhundert hinweg vorwiegend als Gästehaus genutzt wurde, ließ Cosimo III. die kleine Residenz durch den Ersten Hofarchitekten

8 Vgl. Wright 1996, S. 37–40.
9 Varchi 1804, Bd. 1, S. 6.

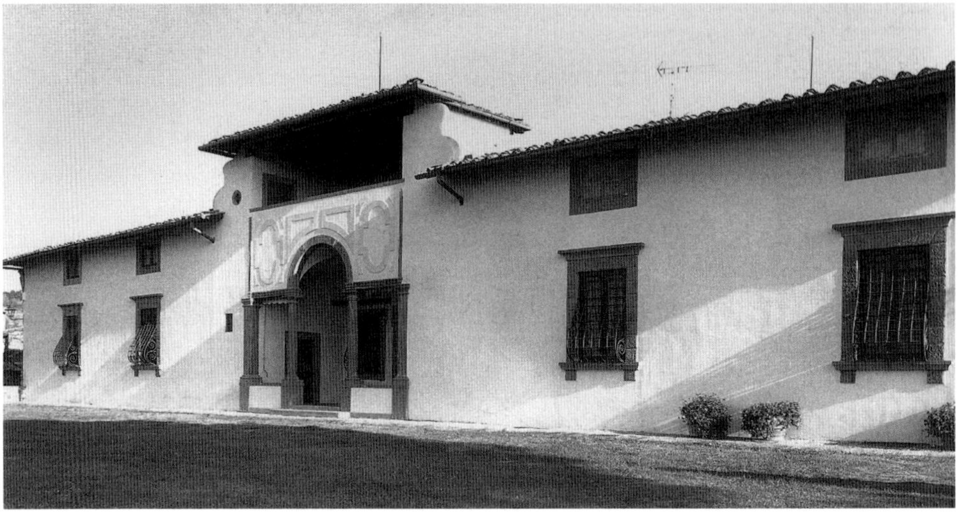

3 Casino della Topaia (Außenansicht).

Giovan Battista Foggini (1652–1725) restaurieren und erweitern. Die Umbaumaßnahmen erstreckten sich etwa von 1690 bis 1696 und betrafen vor allem den Eingangsbereich mit dem dahinter liegenden Salon, die Privatgemächer mit Sakristei und Kapelle (Abb. 2, Nr. 1–2, 4–8 im Erdgeschoss) sowie das Äußere des Gebäudes (Abb. 3).[10]

Die Betrachtung verschiedener Pläne aus dem 18. Jahrhundert erlaubt Rückschlüsse auf die Gestaltung des Gartens von la Topaia. Eine weitere Zeichnung aus dem Prager Staatsarchiv vermittelt einen Eindruck von der Lage der kleinen Residenz inmitten der großherzoglichen Forst- und Weinanbaugebiete (Abb. 4). Der Gartenbereich erscheint durch eine Mauer von den umliegenden Ländereien abgetrennt, wobei einzelne Durchbrüche als Zugänge zu den Rasenflächen um das Gebäude herum auszumachen sind. Der Rasenplatz vor dem Casino nimmt etwa den gleichen Raum wie der Bau selbst ein. Linkerhand, zu den bewaldeten Gebieten hin, erstreckt sich eine weitere Rasenfläche über die gesamte Breite von Casino und vorgelagertem Rasenplatz. Zwei separate Gärten lassen sich zudem klar voneinander unterscheiden. Der schmale Streifen hinter dem Casino scheint durch seine Lage zum ansteigenden Hang vor neugierigen Blicken verborgen zu sein. Durch eine keilförmige begrünte Fläche, in der sich eine kleine Grotte verbirgt, ist er von der oberhalb entlang führenden Straße geschieden. Dieser *giardino segreto*, der dem von Varchi beschriebenen „orto" entsprechen könnte, ist in vier symmetrisch angelegte Beete unterteilt. Ein Grund- und Aufrissplan des „Casino e Podere della Topaia" aus dem

10 Spinelli 2003, S. 97.

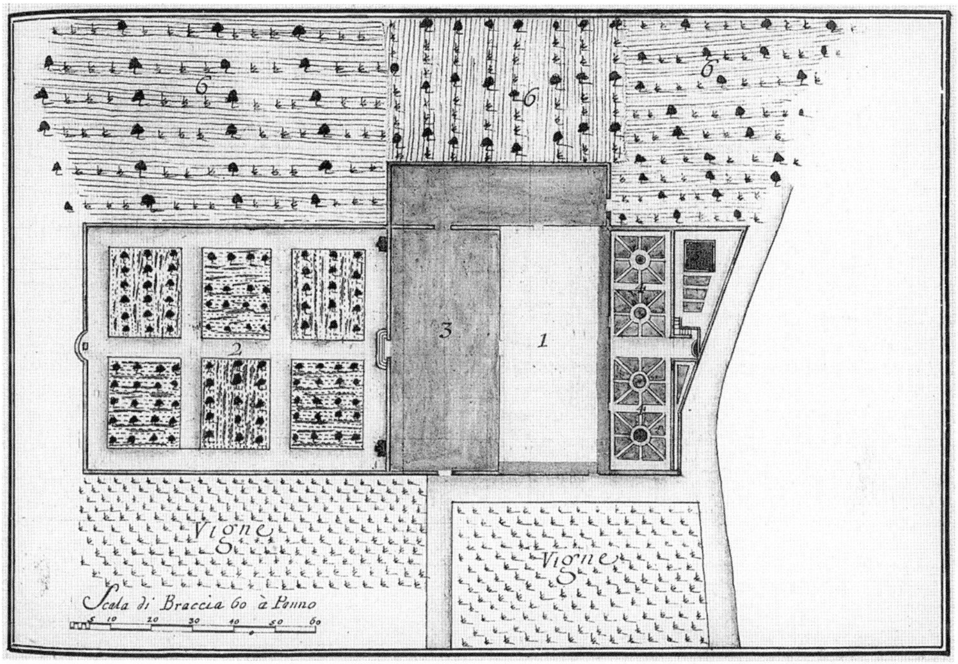

4 Casino della Topaia (Grundriss des Anwesens), Prag, Staatsarchiv.

Florentiner Staatsarchiv (Abb. 5) bezeichnet den Garten als „Giardinetto con Spartimenti di Erbette odorate". Diesem kleinen und abgeschiedenen Garten mit duftenden Kräutern und Blumen entspricht ein weitläufiger und weitaus exponierter angelegter „Giardinetto di Frutti Nani" unterhalb des Rasenplatzes vor dem Gebäude. Die Statue des heiligen Fiacre (Abb. 6), die in einem Halbrund am Scheitel des Gartens steht und weithin zu sehen ist, bildet eine Weg- und Blickachse mit der Eingangsloggia des Casino. Links und rechts des Weges erstrecken sich je drei rechteckig angelegte Pflanzbereiche für die *frutti nani*, klein gehaltene und dennoch ertragreiche Obstbäumchen, die Bimbis Bildern und seiner Biographie nach zu urteilen der Stolz von la Topaia gewesen sein müssen. Oftmals wird der Früchtegarten explizit als „Giardino de' Peri" – also als Garten mit Birnbäumen – bezeichnet und Bimbis Gemälde der 115 sorgfältig nach Reifezeiten geordneten Birnenvarietäten (Taf. III) lässt einen lebendigen Eindruck davon entstehen, auf welche botanische Fülle die damaligen Besucher von la Topaia treffen konnten.[11]

11 Die Bezeichnung „Giardino de' Peri" findet sich etwa auf zwei ähnlichen Grundrisszeichnungen in der *Biblioteca Nazionale Centrale* in Florenz und der Österreichischen Nationalbibliothek in Wien; vgl. Poggio a Caiano 2008, S. 27, 45.

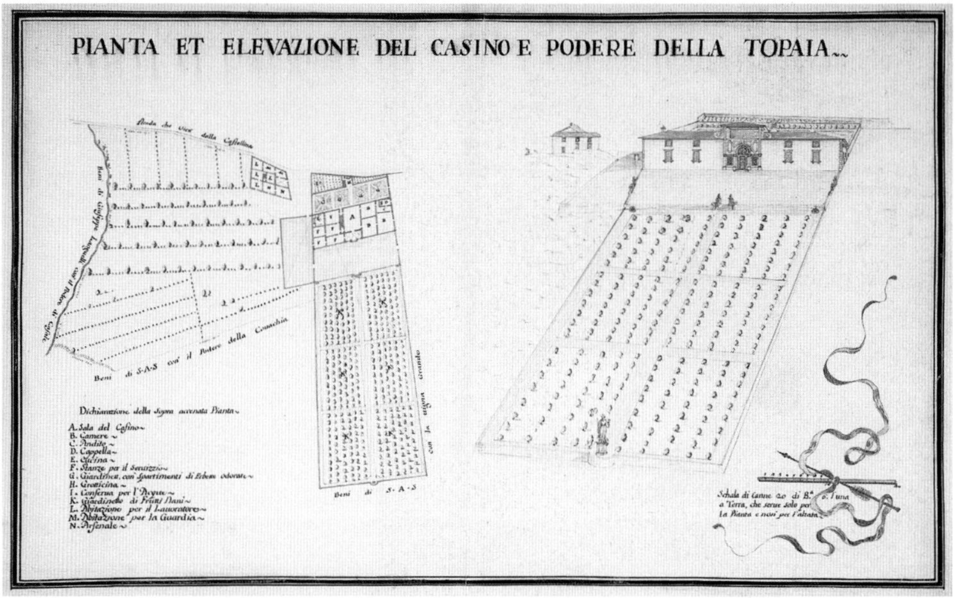

5 Grund- und Aufriss des Casino und der Ländereien von la Topaia, 18. Jh., Florenz, Archivio di Stato.

Für die nachfolgenden Betrachtungen ist neben dem Garten vor allem die innere Ausstattung des Casino della Topaia von Bedeutung. Während die mit höchster Wahrscheinlichkeit von Giovan Battista Foggini geleiteten architektonischen Arbeiten nicht durch entsprechende Quellen belegt werden können, finden sich einige Zahlungsanweisungen, die den Fortgang der Dekoration der Innenräume und die Vollendung der Gartenbereiche veranschaulichen.[12] In den Jahren 1696/97 wurden Zahlungen für die Ausführung von Stuckdekor sowie für den Einbau und die Bemalung von Wandschränken, Türen und Fensterläden geleistet. 1696 wurde die kleine Grotte im Blumengarten hinter dem Casino vollendet und ihr strukturelles Pendant am Scheitelpunkt des Früchtegartens aufgestellt, wie die Inschrift auf dem Sockel des heiligen Fiacre besagt. Bezeichnenderweise gilt der Eremit Fiacrius von Meaux als Schutzherr der Gärtner.[13] Ein Stich aus dem Jahre 1600 von Raphael Sadeler nach Marten de Vos im *Gabinetto Disegni e Stampe degli Uffizi* zeigt den Heiligen beim Einbringen der Ernte in einem gepflegten und wohlgeordneten Gemüsegarten inmitten eines lichten Waldes (Abb. 7).[14] Die Marmorskulptur von la Topaia

12 Vgl. Acanfora 2007, Spinelli 2008, S. 19–21.

13 Vgl. *Vollständiges Heiligenlexikon*, hrsg. von Johann Evangelist Stadler, Augsburg 1858 (1975), Bd. 2; *Lexikon der christlichen Ikonographie*, hrsg. von Engelbert Kirschbaum und Wolfgang Braunfels, Rom [u.a.] 1968–1976, Bd. 6.

14 Florenz 1990, S. 59.

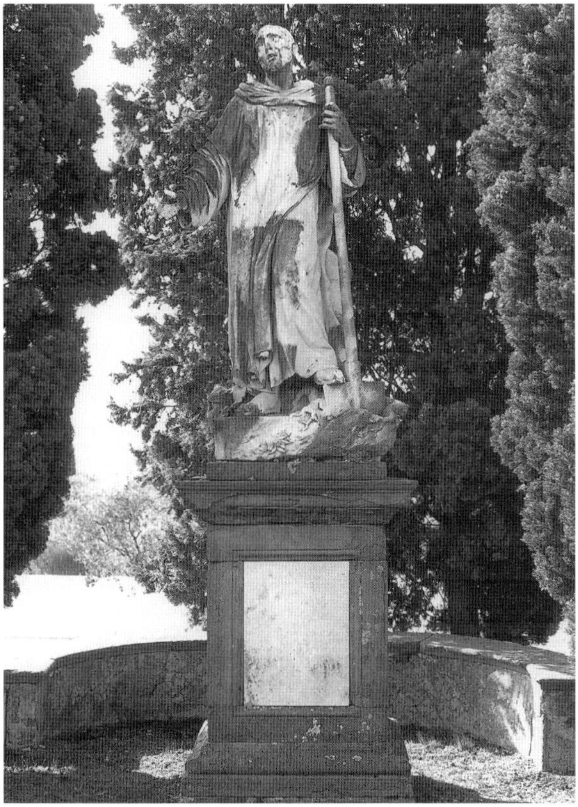

6
Giuseppe Piamontini: Statue des heiligen Fiacre, Casino della Topaia.

ist sehr wahrscheinlich dem Florentiner Bildhauer Giuseppe Piamontini (1664–1742) zuzuschreiben. Während Sadelers Fiacre bei der Arbeit und in eleganter Rückansicht dargestellt ist, stützt sich sein steinernes Pendant auf einen langen Spaten, der in die als aufgebrochenes Erdreich gestaltete Seite der Plinthe vordringt. Die Sockelinschrift gibt die Geschichte des Heiligen wieder, dessen in Frankreich verbreiteter Kult durch die Ehefrau Ferdinandos I., Christina von Lothringen (1565–1636), in die Toskana eingeführt wurde.[15] Fiacre soll der Sohn des schottischen Königs Eugen IV. gewesen sein. Nachdem er als Einsiedler in die Gegend von Meaux gezogen war, übergab ihm Bischof Faro ein Waldstück und als Fiacre die Erde mit seinem Stab berührte, verwandelte sich

15 Spinelli 2008, S. 24f. (die lateinische Inschrift ist in Anm. 35 wiedergegeben). Christina von Lothringen beauftragte Alessandro Allori mit der Ausführung eines Altarbildes für die Sakristei von Santo Spirito. Der heilige Fiacre ist hier als Heiler und Kräuterkundiger wiedergegeben. Haltung, Blick und Gestik erinnern stark an die Statue von la Topaia. Laut einer Inschrift wurde Alloris Gemälde exakt 100 Jahre zuvor, im Jahre 1596, in Santo Spirito untergebracht. Hubert 2008, S. 218, Fig. 21.

der Wald in einen Garten. Nach dem Tod des Heiligen im Jahre 670 gelangten seine Reliquien in die Kathedrale von Meaux. Rund 1.000 Jahre später sollte Cosimo III. den Bischof von Meaux um den Erwerb von Reliquien eben dieses Heiligen ersuchen, um sie in der Kapelle von la Topaia unterzubringen. Hans Hubert verweist hierzu auf die Briefkorrespondenz des Bischofs, Jacques Bénigne Bossuet, und stellt sicher, dass die Reliquien im Jahre 1696 nach Florenz überführt wurden.[16] Allem Anschein nach liefen die Arbeiten in und um la Topaia 1696/97 auf Hochtouren. Im Sommer 1697 wurde die kleine Residenz mit Möbeln, Teppichen, Geschirr und dergleichen ausgestattet, es wurden weitere Ausmalungsarbeiten in den Innenräumen durchgeführt und die Festlichkeiten zu Ehren des heiligen Fiacre, die Cosimo III. auf den 27. August festlegte, scheinen so etwas wie ein feierlicher Abschluss der Arbeiten, eine Einweihung des neu gestalteten Gartencasinos gewesen zu sein. Riccardo Spinelli verweist auf eine entsprechende Rechnung des *festaiolo* Michelangelo Consigli vom 3. September 1697, aus der hervorgeht, dass für die Feierlichkeiten Dekorationsapparate und diverse Stoffe angemietet wurden.[17] Das Fest des heiligen Fiacre wurde jährlich begangen und wird sicherlich einem etwas größeren Besucherkreis Zugang zu einem der beliebtesten Rückzugsorte des Großherzogs gewährt haben, als dies an gewöhnlichen Tagen der Fall gewesen sein mag.

Die Konzentration auf eine Repräsentation der botanischen Vielfalt und Fülle fand nicht nur in den Gartenbereichen und Ländereien um la Topaia sowie selbstverständlich in der Gemäldesammlung, die nachfolgend im Fokus der Betrachtungen stehen wird, ihren Ausdruck. Der Schutzheilige des Ortes steht im wahrsten Sinne des Wortes in engster Verbindung mit der Welt der Pflanzen und des Gartenbaus. Piamontini scheint genau den Moment einzufangen, in dem der Stab bzw. Spaten des Heiligen den Boden berührt und durch göttliche Wundertätigkeit einen Garten entstehen lässt. Auch die Dekoration der Innenräume von la Topaia stand ganz im Zeichen botanischen Reichtums. Die Obst- und Blumenmotive des Stuckdekors kehrten in den Ausmalungen von Türflügeln, Fensterläden und dergleichen wieder. Dank einer Zahlungsanordnung des *guardaroba* Attilio Incontri konnte Elisa Acanfora die Maler Rinaldo Botti und Andrea Landini als Urheber der malerischen Ausstattung von la Topaia identifizieren.[18] Botti war etwa zeitgleich in la Petraia beschäftigt, wo Cosimo III. die *Cappella Nuova* und an diese angrenzende Räumlichkeiten freskieren ließ.[19] Die verschiedenen bei Spinelli und Acanfora zitierten Dokumente lassen darauf schließen, dass die Innenausstattung von la Topaia hinter die Bildersammlung zurücktreten sollte. Sie bildete gewissermaßen den geeigneten Rahmen für die Inszenierung der Gemälde Bartolomeo Bimbis. Die Ausmalungen nahmen keine Wandflächen ein, sondern lediglich sekundäre Raumteile. Elemente figürlichen Dekors

16 Hubert 2008, S. 218f., 224, Anm. 31.

17 Spinelli 2008, S. 21, Anm. 21.

18 Acanfora 2007, S. 126f. (das Dokument ist in Anm. 324 abgedruckt).

19 Vgl. Bastogi 2007a. Botti und Landini arbeiteten zudem in der nahen Villa di Castello; vgl. hierzu Spinelli 2007, S. 44–49.

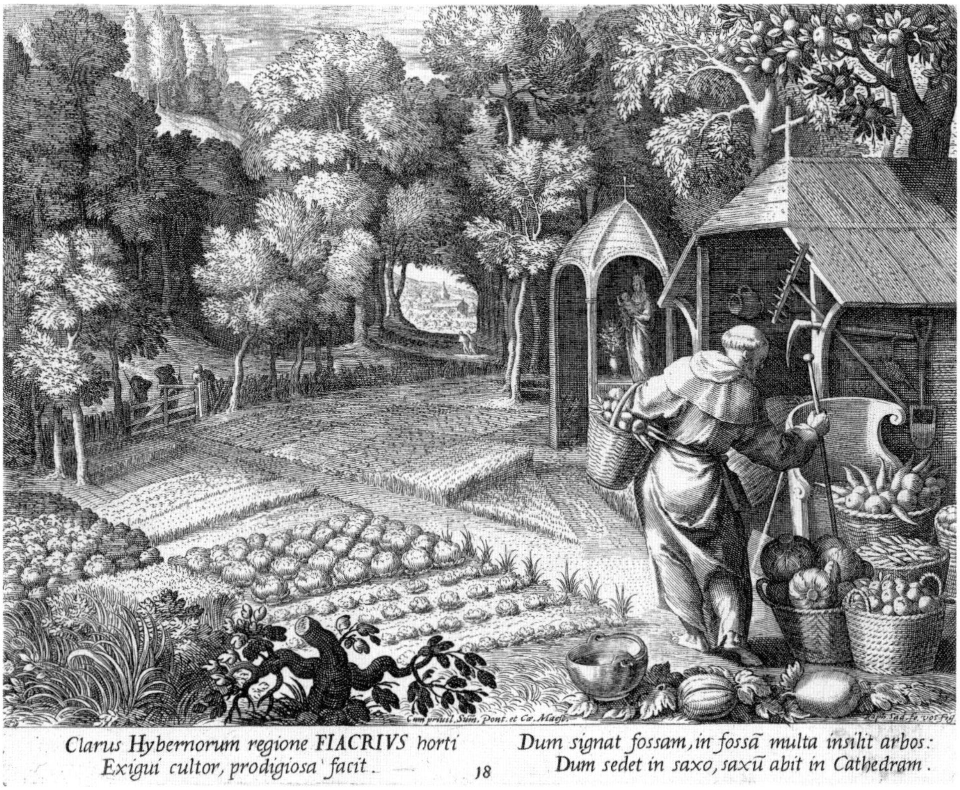

7 Raphael Sadeler nach Marten de Vos: San Fiacrius, 1600, Amsterdam, Rijksmuseum.

mögen sich auf den Bereich von Kapelle und Sakristei beschränkt haben. Während man möglicherweise von einem dem heiligen Fiacre gewidmeten Altarbild ausgehen kann, weiß man von einer 1706 nach la Topaia gelangten Serie 18 kleiner Bilder auf Pergament, die die Arbeiten der Trappisten, Angehörige eines reformierten, besonders strenge Regeln befolgenden Zweigs der Zisterzienser, darstellten und sicherlich für den Kapellen- oder Sakristeibereich bestimmt waren.[20] Noch heute befindet sich in la Topaia eine bemalte Flügeltür (Abb. 8), die vermutlich Zugang zur Kapelle gewährte. Eine fingierte Goldplatte zeigt die Personifikation des Glaubens, die in die Kontemplation des ihr durch zwei Putten dargebotenen Kreuzes versunken ist. Die von Voluten gerahmte Platte, welche den Eindruck des fingierten Edelmetalls unterstreichen, ist von üppigen, diverse Früchte

20 Casciu 2008, S. 36. Zur Niederlassung einer Gruppe von Mönchen aus Notre-Dame de la Trappe in der Badia di Buonsollazzo im Mugello auf Wunsch Cosimos III im Jahre 1705 vgl. Spinelli 1993.

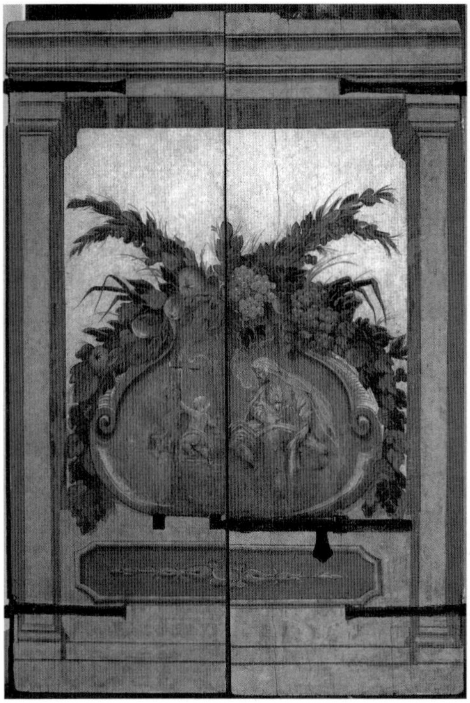

8

Rinaldo Botti: Bemalte Tür mit Allegorie des Glaubens, 1697, Casino della Topaia.

tragenden Zweigen hinterfangen.[21] Der Früchtedekor setzte sich auch in den geschnitzten und vergoldeten Rahmen einiger Gemälde (Abb. 9) und dem prunkvollen Leuchter fort, der ehemals den Salon des Casino zierte und heute im Palazzo Pitti zu sehen ist. Diese aufwendigen Schnitzarbeiten können dem niederländischen Holzbildhauer Vittorio Crosten zugeschrieben werden.[22] Somit schien sich die Welt der Pflanzen den Besuchern von la Topaia in jedem kleinen Detail zu offenbaren. Stefano Casciu führt einige Dokumente der *Guardaroba Medicea* an, die die Gestalt des Mobiliars für das Gartencasino genauer beschreiben; Blumen-, Früchte- und Tierdekor fand sich auch auf den Atlasbezügen der Bänke und Intarsienarbeiten der Tische sowie auf einer Uhr wieder, deren Holzkassette mit Blumen und Vögeln in verschiedenen Farben („fiori e uccelli di diversi colori") ausgeschmückt war.[23]

Auf vielfache Weise wird deutlich, wie Garten und Ausstattung von la Topaia Kulisse und Rahmen für die exklusive Bildersammlung werden sollten, die Cosimo III. innerhalb

21 Spinelli 2008, S. 21.

22 Vgl. Mosco 1991 und 2007, S. 72–73, 230–239, Casciu 2008, S. 32 sowie S. 28–30, Fig. 20–23.

23 Casciu 2008, S. 31f.

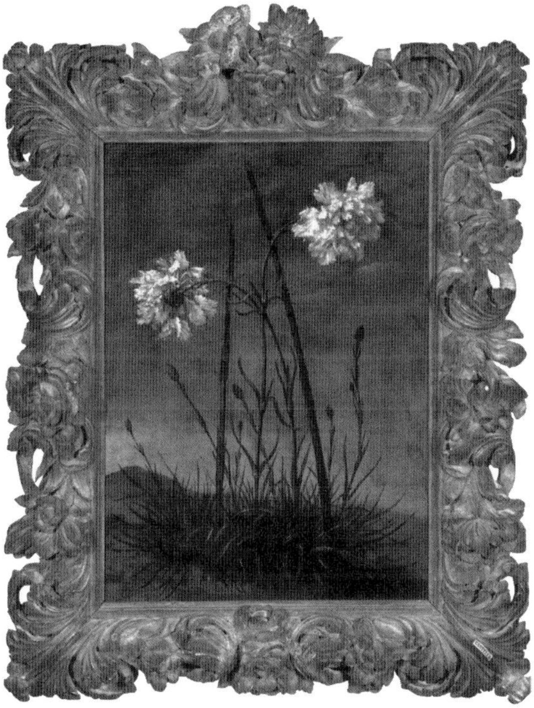

9

Bartolomeo Bimbi: Zwei riesige Nelken (mit Rahmen von Vittorio Crosten), 1700, 63,5×43,5 cm, Poggio a Caiano, Museo della Natura Morta.

von knapp drei Jahrzehnten im Inneren der kleinen Villa zusammentragen ließ. Im Anschluss an die kurze Einführung des Ortes oberhalb der Weinberge von Castello, voll von sämtlichen Früchten und Blumen, die seinerzeit aufzufinden waren (s. S. 12), geht Francesco Saverio Baldinucci auf die „quadri rappresentanti al vivo le stesse cose" ein:

> [...] non solo perché in caso della mancanza delle piante originali, restassero sempre vive nella memoria di ciaschedun dilettante le forme e colori d'ogni specie de' frutti loro, ma eziandio perché noti si facessero distintamente i veri nomi, già variamente confusi, delle medesime, colle loro copie e iscrizioni. Per la qual cosa non capitò mai frutta forestiera e stravagante che Sua Altezza Reale non la mandasse subito a farne fare il ritratto al Bimbi, per collocarsi poi in detto casino, col dovuto e destinato ordine, al luogo suo.[24]

24 Baldinucci 1725–30 (1975), S. 247 („[...] nicht nur, damit bei einem Fehlen der tatsächlichen Pflanzen jedem ihrer Liebhaber die Formen und Farben all ihrer Früchte gegewärtig seien, sondern auch um ihre tatsächlichen Bezeichnungen, über die große Uneinigkeit herrschte, durch Wiedergaben und Inschriften festzulegen und bekannt zu machen. Aus diesem Grund ließ Seine Königliche Hoheit jede fremdlän-

Baldinucci unterstreicht die Platzhalterfunktion der Gemälde. Die fehlende Präsenz der tatsächlichen Pflanzen – etwa bedingt durch Tages- oder Jahreszeit, auf Grund der Tatsache, dass ein gemaltes Exemplar nicht direkt vor der Tür, in einem der Gärten von la Topaia wuchs oder schlicht weil man sich gerade im Inneren aufhielt – konnte durch entsprechende Bilder kompensiert werden. Dabei sollten sich dem Betrachter nicht nur Form und Farbe der abgebildeten Spezies einprägen, sondern („colle loro copie e iscrizioni“) auch die jeweiligen Bezeichnungen, über die bekanntermaßen selten Einigkeit herrschte. Aus diesen Gründen habe Cosimo III. jegliche fremdländische oder außergewöhnliche Frucht dem Blumen- und Früchtemaler Bartolomeo Bimbi überbringen lassen, damit dieser sie ‚portraitieren‘ möge, um sie schließlich in der ihr bestimmten (An-)Ordnung, an ihrer statt („col dovuto e destinato ordine, al luogo suo“) in la Topaia unterbringen zu können. Jener Passus aus Bimbis Vita betont eine nahezu wissenschaftliche Lehrfunktion der Bilder an sich sowie ihrer Hängung, die sich nach einer bestimmten, leider kaum rekonstruierbaren Ordnung gerichtet zu haben scheint. Die Beschreibung der Bilder für la Topaia nimmt den größten Raum in Bartolomeo Bimbis insgesamt eher kurzer Vita ein und allein die Anzahl an Gemälden, die dem heutigen Bestand und der Dokumentenlage nach zu urteilen überaus zahlreich gewesen sein müssen, lassen die Gemäldesammlung von la Topaia, die wahrlich eine Art Katalog der toskanischen Pflanzenwelt darstellt, als Bimbis Hauptwerk erscheinen. Im Anschluss an den vorangehend zitierten Passus beschreibt Baldinucci einige der Bilder – etwa einen riesigen Kürbis mit einem Gewicht von 167 Pfund („una grossissima zucca di libbre centosessantasette“[25]) (Taf. VI) oder einen riesigen Trüffel von runder Form und etwa handbreiter Größe („un grossissimo tartufo, di forma sferica e grossa circa un palmo di diametro“[26]) (Taf. VII). Baldinucci schließt seine Ausführungen zu la Topaia mit einem dem Malerkollegen Anton Domenico Gabbiani in den Mund gelegten Lob Bartolomeo Bimbis, der sich Cosimo III. gegenüber geäußert haben solle, „[...] che né Tiziano né Raffaello né alcun pittore del mondo che avesse voluto far frutte e fiori, mai non sarebbe arrivato a fargli in quella forma e così bene [...]“.[27] Daran schließt die Frage nach der Bewertung von Natur und Kunst in la Topaia an. Waren die Schönheit und botanische Fülle des Ortes selbst für dessen Beliebtheit verantwortlich oder vielmehr die Gemälde Bimbis, die Baldinucci zufolge eine große Schar von Besuchern angezogen haben sollen?

dische und außergewöhnliche Frucht sofort zu Bimbi bringen, damit er sie portraitieren möge, um sie sodann an ihrer statt und in der für sie vorgesehenen Ordnung in besagtem Casino unterzubringen.“).

25 Baldinucci 1725–30 (1975), S. 247.

26 Baldinucci 1725–30 (1975), S. 248.

27 Baldinucci 1725–30 (1975), S. 249 („[...] dass es weder Tizian noch Raffael noch sonst irgendeinem Maler auf der Welt jemals gelungen wäre, Früchte und Blumen in dieser Form und Perfektion zu malen, [...]“).

> E quindi è che quella fran [sic!] fama che gode questo fortunato paese di Castello, lascia in dubbio se deva attribuirsi più all'amenità e rara dovizia del medesimo che al valore di questo nostro singolare pittore, che tanto ornamento gl'apportò colle sue pitture: per vedere le quali non vi è dilettante e professore o nazionale o forestiero, che a questo luogo, molto di buona voglia e con somma curiosità, non si porti, e con altrettanto di sodisfazione d'averlo veduto non se ne parta.[28]

Leider sind bislang keine Quellen bekannt, die verraten würden, wer jene Liebhaber und Gelehrten, Einheimischen und Fremden gewesen sein mögen, die Bimbis Werke vor Ort mit großer Neugier und Begeisterung betrachtet haben könnten. Ein entscheidender Hinweis auf die Frequentierung der kleinen Residenz ist sicherlich in den jährlich stattfindenden Feierlichkeiten zu Ehren des heiligen Fiacre zu sehen. Zudem kann der Botaniker Pier Antonio Micheli als einer der gesicherten Besucher von la Topaia identifiziert werden. Seine handschriftlichen Aufzeichnungen bezeugen vielfach, wie gut Micheli die toskanischen Ländereien mitsamt den großherzoglichen Gärten gekannt haben muss. So stößt man unter seinen Hinterlassenschaften etwa auf die „Lista di tutti gli Agrumi, che sono dipinti ne' quattro Quadri del Casino della Real Villa di Castello e della Topaia".[29] Bimbis vier großformatigen Gemälden mit insgesamt 116 Varietäten von Zitrusfrüchten entsprechend offenbart Michelis *Lista di Agrumi* Zeichnungen und Namenslisten der Früchte, die auf den jeweiligen Bildern zu sehen sind. Durch Beischriften lässt sich gar die Hängung der vier Gemälde im Inneren des Casino rekonstruieren. Die „Figurine di agrumi che sono nel primo quadro e delle quali è qui appresso riferito il nome" (Abb. 10) sind der dazugehörigen Liste zufolge auf dem „Quadro, che corrisponde al muro della Sagrestia" zu sehen (Taf. I). Entsprechende Verweise auf den anderen drei Listen („[...] al muro della sala da parte di sopra", „[...] al muro della loggietta dalla parte del salone per di sotto", „[...] al muro del prato di fiori"[30]) erlauben eine Lokalisierung der vier Gemälde in den Raum mit der Nummer 4 auf dem Grundrissplan des Prager Staatsarchivs (Abb. 2).[31]

28 Baldinucci 1725–30 (1975), S. 249f. („Und so bleibt es zweifelhaft, ob der große Ruhm, dessen sich die glückselige Gegend von Castello erfreut, eher der Schönheit und dem seltenen Überfluss jenes Ortes geschuldet ist oder vielmehr der Bedeutung unseres einzigartigen Malers, der durch seine Gemälde in solch hohem Maße zu dessen Zierde beitrug. Um jene [Gemälde] zu sehen, begaben sich Liebhaber und Gelehrte, Einheimische und Fremde mit großer Lust und höchster Neugier an jenen Ort, um ihn, nachdem sie ihn gesehen hatten, mit ebensolcher Befriedigung wieder zu verlassen.").

29 BB Florenz, ms. Micheli 48, c. 206r–218v („Liste aller Zitrusfrüchte, die auf den vier Gemälden des Casino der fürstlichen Villa von Castello und la Topaia gemalt sind"); vgl. hierzu Ragazzini 1993, S. 75, Nepi in Poggio a Caiano 2008, S. 120f.

30 BB Florenz, ms. Micheli 48, c. 216r, 217r, 218r. („Darstellungen der Zitrusfrüchte des ersten Gemäldes, deren Bezeichnungen nachfolgend aufgeführt sind" – „Gemälde an der Wand zur Sakristei"; „[...] an der Wand zur oberen Seite des Saals"; „[...] an der Wand zur Loggia und der unteren Seite des Saals"; „[...] an der Wand zur Rasenfläche").

31 Vgl. Casciu 2008, S. 34.

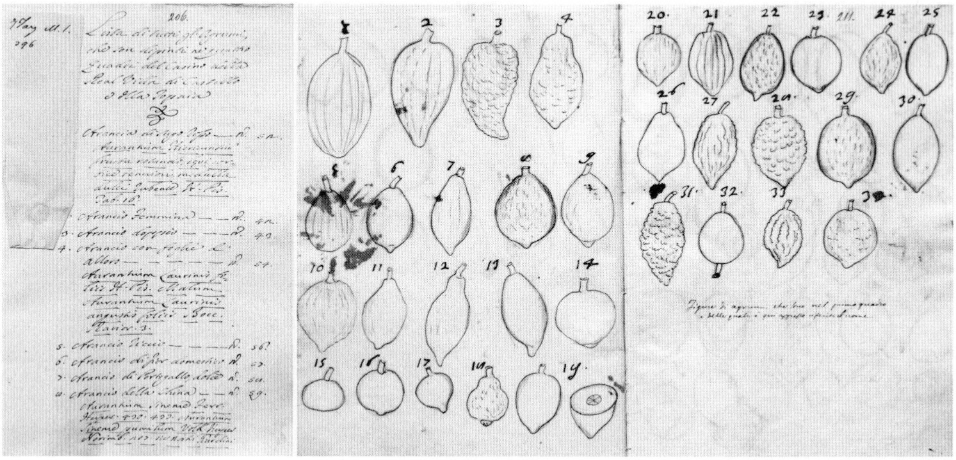

10 *Lista di tutti gli Agrumi, che sono dipinti ne' quattro Quadri del Casino della Real Villa di Castello e della Topaia*, in: *Enumeratio quarundam Plantarum [...] tomus IX*, Florenz, Biblioteca Botanica dell'Università, ms. Micheli 48, c. 211r, 215r.

Die von Stefano Casciu zusammengetragenen Auswertungen zahlreicher Dokumente der *Guardaroba Medicea* vermitteln einen umfassenden Einblick in die Ausstattungskampagne des Casino della Topaia unter Cosimo III. de' Medici. Von den 1690er Jahren bis 1723, dem Todesjahr des Großherzogs, gelangten über 80 Gemälde fast ausschließlich botanischer Sujets und vorwiegend von der Hand Bimbis nach la Topaia.[32] Die Sammlung muss also stetig gewachsen und gelegentlich auch umstrukturiert worden sein. Leider fehlen entsprechende Inventarlisten oder gar Zeichnungen, die über Hängung und Ordnung der Werke in den einzelnen Gemächern des Casino Aufschluss geben könnten. Casciu merkt an, dass die Verantwortung über die Ausstattung der Villen von Castello, la Petraia, la Topaia wie auch Careggi einem einzelnen *guardaroba*, Uberto Ricoveri, oblag. Gerade im Falle von la Topaia seien die Angaben in den Dokumenten häufig recht knapp und ließen nicht auf die ursprünglich intendierte Lokalisierung von Mobiliar und Gemälden in bestimmten Räumlichkeiten schließen[33] – ein Umstand, der mit der geringen Größe des Casino und dadurch ohnehin beschränkten Unterbringungsmöglichkeiten zu erklären sein mag. Der thematische Fokus auf die Vielfalt und Fülle der Natur, vor allem der Pflanzenwelt, ist jedoch nicht von der Hand zu weisen, auch wenn die wenig präzise

32 Casciu 2008, S. 40–43. Gerade in den ersten Jahren gelangten einige Stillleben der von Cosimo III. sehr geschätzten Niederländer Otto Marseus van Schrieck, Jan Davidsz de Heem und Willem van Aelst nach la Topaia; vgl. dazu auch Casciu 2008, S. 32f.

33 Casciu 2008, S. 29.

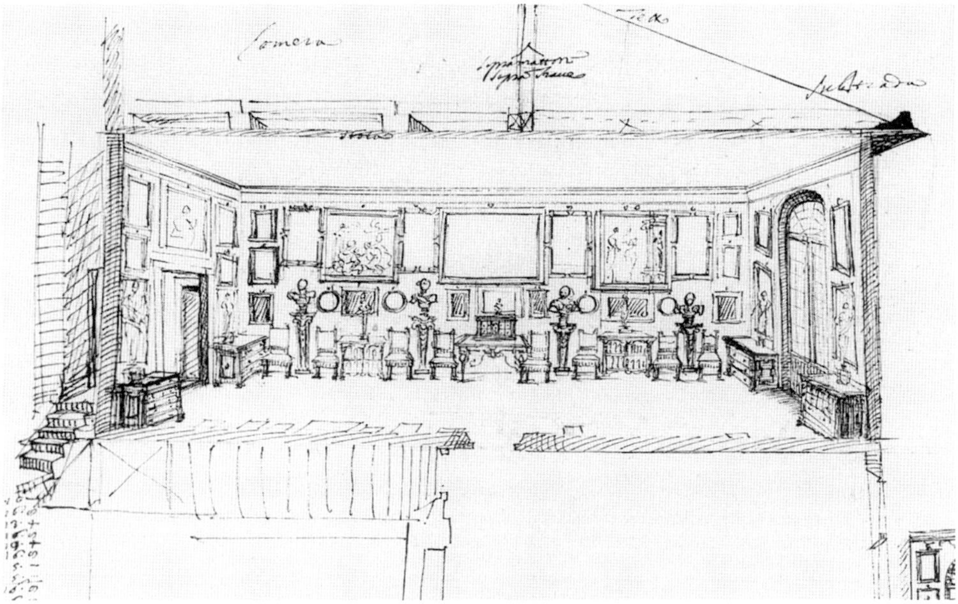

11 Diacinto Maria Marmi: Skizze für die Ausstattung eines Saals mit Mobiliar, Skulpturen und Gemälden, Florenz, Gabinetto Disegni e Stampe degli Uffizi.

Quellenlage keine genaue Rekonstruktion erlaubt. In seinen Ausführungen zu Vittorio Crostens üppigem Leuchter mit Früchtedekor vermutet Enrico Colle, dass das Ausstattungsprogramm von la Topaia auf Diacinto Maria Marmi (1625–1702) zurückgehen könnte.[34] Als *guardaroba* des Palazzo Pitti war Marmi in erster Linie für die Hauptresidenz der Medici in Florenz zuständig, erarbeitete jedoch auch Entwürfe für die Ausstattung zahlreicher weiterer Paläste, Villen, Kapellen und dergleichen.[35] Ein umfangreicher Fundus an Zeichnungen Marmis und seine bereits 1662/63 verfasste *Norma per il guardaroba del Gran Palazzo nella città di Fiorenza* zeigen den engen Zusammenhang zwischen Architektur, Mobiliar, Gemälden und Skulpturen auf.[36] Ob Marmi möglicherweise in Zusammenarbeit mit Foggini für die Neugestaltung des Casino della Topaia unter Cosimo III. verantwortlich war, bleibt im Dunkeln. Erhellend sind jedoch einige Zeichnungen Marmis (Abb. 11, 12), die zumindest eine Vorstellung davon vermitteln, auf welche Weise Gemälde, verschiedene Möbel und Dekorationselemente in einem repräsentativen Saal oder einem kleineren Kabinett miteinander in Korrespondenz treten konnten. Zweifels-

34 Colle 1997, S. 254.
35 Vgl. Laura Traversi: „MARMI, Diacinto (Giacinto) Maria", in: DBI, 70 (2007).
36 Barocchi/Gaeta Bertelà 1990, S. 9.

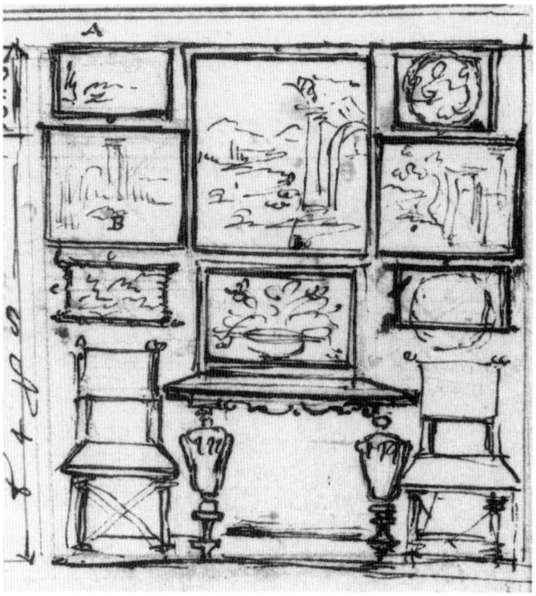

12

Diacinto Maria Marmi: Skizze für die Dekoration einer Wand mit Mobiliar und Gemälden, Florenz, Gabinetto Disegni e Stampe degli Uffizi.

ohne war auch in la Topaia solch ein Zusammenwirken anzutreffen. Die zurückhaltende architektonische Formensprache des Casino, der dezente Stuckdekor im Inneren und die ebenfalls zurückgenommene Ausmalung schufen gemeinsam mit Möbeln, Stoffen und Crostens Schnitzarbeiten einen passenden Inszenierungsrahmen, fast eine Art Beet, für Cosimos Sammlung botanischer Meisterwerke in Öl auf Leinwand.

2.1.1 Natur und Kunst in Cosimos *museo delle ville*

In einem Statusbericht über die Erforschung der Sammlungspraktiken der Medici im 17. Jahrhundert charakterisiert Elena Fumagalli den vorletzten Großherzog der Dynastie als Vorantreiber einer umfassenden Neuordnungskampagne der Familiensammlungen sowohl in den Uffizien als auch in den verschiedenen Villen, allen voran la Topaia, l'Ambrogiana, Careggi und Castello. Dort habe er hauptsächlich Gemälde botanischer und zoologischer Sujets zusammenführen lassen. Durch seine ausgedehnten Reisen in den 1660er Jahren sei er zudem in besonderem Maße von der holländischen und flämischen Malerei eingenommen gewesen, was in zahlreichen nordischen Genrebildern und Stillleben deutlichen Niederschlag findet.[37] Cosimos Geschmack und seine Sammlungsin-

37 Vgl. hierzu auch Della Monica 1997, S. 208–213.

teressen scheinen auch die letzten verbleibenden Familienmitglieder, etwa den Bruder des Großherzogs, Kardinal Francesco Maria (1660–1711), beeinflusst zu haben. Dieser soll dem Beispiel von Cosimos *museo delle ville* folgend im zur Villa di Lapeggi gehörigen Casino di Lilliano eine Sammlung von Gemälden botanischer und zoologischer Sujets bedeutender Blumen-, Früchte- und Tiermaler wie Andrea Scacciati, Bartolomeo Ligozzi, Pandolfo Reschi oder Mario de' Fiori zusammengetragen haben.[38]

Welche Faktoren sind es, die Cosimos *museo delle ville* kennzeichnen und bestimmen? In welchem erweiterten Kontext sind Einrichtungen dieser Art zu sehen und welche Vergleichsbeispiele gibt es? Was macht gerade die Villa oder das oft etwas abgelegene Gartencasino zum passenden Ort solcher Sammlungen? Und welche Rolle spielen dabei Konzepte wie das Zusammenspiel von *beneficio* und *diletto*, Wissenschaftlichkeit und Repräsentativität, *intelletto* und *pompa*?

Bereits 1973 stellte Stella Rudolph Cosimos dezidiert öffentlich-offizieller Repräsentation an den unmittelbaren Orten der Herrschaft (in den Uffizien und im Palazzo Pitti) das Hegen persönlicher, privater Interessen gegenüber: „il vero diletto di Cosimo" manifestiere sich im „dogma cattolico" und den „fenomeni naturali". Als Orte dieser „interessi autentici" führt sie nachfolgend die Villen, namentlich das Casino della Topaia und die Villa dell'Ambrogiana, an.[39] Steht Cosimos Naturinteresse gerade in la Topaia klar im Vordergrund, ist der Aspekt der Spiritualität dennoch nicht zu vernachlässigen. Der heilige Fiacre wacht über Gottes Schöpfung und das florierende Großherzogtum Toskana. Auf Wunsch Cosimos III. ließen sich zudem zahlreiche Mönchs- und Nonnenorden in der Toskana nieder. Neben den Mönchen aus Notre-Dame de la Trappe (s. Anm. 2.20) war beispielsweise schon 1678 eine Gemeinschaft von Alcantarinern, Angehörigen eines aus Spanien stammenden reformierten Zweigs des Franziskanerordens, in die Toskana gekommen, für die der Großherzog in Montelupo Fiorentino, in unmittelbarer Nachbarschaft zur Villa dell'Ambrogiana, einen Konvent errichten ließ.[40] Als beliebter Jagdsitz und möglicherweise Unterbringungsort eines Naturalienkabinetts beherbergte die Villa zudem eine umfangreiche Sammlung an Jagd- und Tierstücken, ein großer Teil derer ebenfalls Bartolomeo Bimbi zuzuschreiben ist. Natur und Kunst ließen sowohl in la Topaia als auch in l'Ambrogiana bemerkenswerte spezialisierte Sammlungen entstehen, deren Inszenierung als wesentlicher Teil einer sämtliche Sinne umfassenden Repräsentationsstrategie gewertet werden kann. Die Kenntnis und das zu Eigen machen der Natur als klare Herrschaftsmetapher wurde in Cosimos *museo delle ville* mit spirituellen Konnotationen und den Annehmlichkeiten der *villeggiatura* angereichert. Dadurch entstand ein komplexes Konzept fürstlichen Selbstverstehens und Repräsentierens. Während Flora

38 Fumagalli 2001, S. 247f. Zum Casino di Lilliano und seiner Ausstattung vgl. Della Monica 1997, S. 291–295, Maccioni 2007.

39 Rudolph 1973, S. 221–225.

40 Spinelli 1993, S. 363, Bastogi 2007, S. 60, Della Monica 2008, S. 46.

und Fauna nach dem Horaz'schen Grundsatz des *delectare* und *prodesse* inszeniert wurden, kann der Fokus auf in der Toskana beheimatete oder dorthin gelangte Spezies als Definition des großherzoglichen Einflussbereichs, als Demonstration sich in natürlichen Reichtümern manifestierender Macht und Verantwortung verstanden werden. Hierbei spielen sowohl dynastische Traditionen als auch individuelle Interessen des Souveräns eine tragende Rolle. Solche Repräsentationsansprüche kommen nicht erst bei Cosimo III. oder Ludwig XIV. (s. Kapitel 2.3) zum Tragen. In seinen (gerne als erste museumstheoretische Schrift bezeichneten) *Inscriptiones vel tituli theatri amplissimi* von 1565 schrieb bereits Samuel von Quiccheberg (1529–1567) der idealtypischen fürstlichen Kunst- und Wunderkammer die klare Funktion der politisch-territorialen Repräsentation zu. So werden in der ersten von insgesamt fünf exemplarischen Klassen einer solchen Sammlung neben Bildern der christlichen Heilsgeschichte sowie der Familie des fürstlichen Sammlers selbst, neben Landkarten und Stadtansichten, Modellen von Gebäuden und Maschinen, Dokumenten von Schlachten und Festen („irgendwie in einem Bild ausgedrückt") auch „Große Tierbilder" aufgeführt:

> [...] zum Beispiel recht seltene gezeichnete Hirsche, Wildschweine, Löwen, Bären, Biber und Fische, ebenso Süßwasserfische wie Meeresfische, und was immer die Heimat des Gründers außerhalb des gemeinen Nutzens an Bedenkenswertem hervorbringt, beziehungsweise woran es ihr im Gegenteil vielleicht gebricht, so daß es gemalt wegen seiner Seltenheit in Wertschätzung gehalten werde.[41]

All jene den zehn Überschriften (*Inscriptiones*) der ersten Klasse zugeordneten Objekte stehen in direktem Bezug zur Herrschaft und zum territorialen Einflussbereich des sammelnden Fürsten, in diesem Falle Albrecht V. Herzog von Bayern (1528–1579).[42] Oft fungiert bei Quiccheberg gerade das Medium des Bildes als Träger und Vermittler solcher allumfassenden Besitz-, Kenntnis- und Herrschaftsansprüche – eine Rolle, die auch im weiteren Verlauf der Geschichte kaum an Bedeutung verlieren sollte.

2.1.2 Flora und Fauna erleben: la Topaia und l'Ambrogiana

Der nachfolgende Passus aus Giovanni Targioni Tozzettis toskanischen Reisebeschreibungen aus der Mitte des 18. Jahrhunderts weckt Assoziationen, die an die Ausstattung einer frühneuzeitlichen Kunst- und Wunderkammer nach der Beschreibung Quiccheberg (s. o.) denken lassen:

41 Roth 2000, S. 45.
42 Vgl. Roth 2000, S. 40–47, 232–235.

> Nella Regia Villa dell'Ambrogiana osservai tra gli altri preziosi Arredi, moltissimi Quadri, ne' quali sono effigiate al naturale centinaia di rarissime specie d'Animali, sì volatili, che quadrupedi. Tra questi sono due Mostri di Vitella, ed uno di Pecora, ciascuno con due capi, colla memoria del quando, e dove nacquero, e quanto vissero. Oltre agli Animali, vi sono i ritratti di alcuni Frutti di grandezza insolita, e mostruosa. Tutti questi Quadri fatti fare dalla Gloriosa Memoria del Granduca Cosimo III, formano una raccolta pregiabilissima in Istoria Naturale [...][43]

Wie in la Topaia waren es Gemälde, die dem Besucher der Villa dell'Ambrogiana eine Vorstellung zahlreicher, besonders seltener wie auch in Größe oder monströser Form bemerkenswerter Spezies der Tier- und Pflanzenwelt vermittelten. Targioni Tozzettis Charakterisierung der Sammlung von l'Ambrogiana fügt sich in Baldinuccis Schilderungen des *museo delle ville* ein. Den umfangreichen Ausführungen zu la Topaia lässt Bimbis Biograph nur einen kurzen Abschnitt zur Ausstattung des großherzoglichen Jagdschlosses am Ufer des Arno folgen:

> Oltre alle molte sopraccennate cose fece in più tempi, per il Serenissimo Granduca Cosimo, più ritratti di pesci, d'uccelli e d'altri animali domestici e salvatici, che servirono per la Real Villa dell'Imbrogiana.[44]

Während sich Bimbi in den Gemälden von la Topaia dem hauseigenen Garten und den botanischen Besonderheiten der großherzoglichen Ländereien widmet, lässt er in l'Ambrogiana eine entsprechende Katalogisierung der toskanischen Tierwelt entstehen. Bilder von Haus- und Wildtieren, seltenen und anderweitig bemerkenswerten Spezies, erbeuteten und lebendigen Tieren ergänzen bzw. erweitern die Funktion der Villa als Ort der Jagd und des Experiments. Die ersten Werke Bimbis für l'Ambrogiana sind in die Jahre

43 Targioni Tozzetti 1751, S. 32 („In der fürstlichen Villa von l'Ambrogiana sah ich neben anderen kostbaren Gegenständen sehr viele Gemälde, auf denen hunderte von seltenen Tierarten, sowohl Geflügel als auch Vierfüßer, nach der Natur abgebildet sind. Darunter gibt es zwei missgestaltete Kälber und ein Lamm, jeweils mit zwei Köpfen und mit der Angabe, wann und wo sie geboren wurden und wie lange sie lebten. Abgesehen von den Tieren gibt es dort Portraits einiger Früchte von außergewöhnlicher Größe und Missgestalt. All diese Gemälde, die von Großherzog Cosimo III. in Auftrag gegeben wurden, bilden eine äußerst wertvolle naturhistorische Sammlung [...]").

44 Baldinucci 1725–30 (1975), S. 250 („Über die zahlreichen erwähnten [Gemälde] hinaus schuf er [Bimbi] für Seine Durchlaucht Großherzog Cosimo zu unterschiedlichen Zeiten mehrere Portraits von Fischen, Vögeln und anderen Haus- wie Wildtieren, die für die fürstliche Villa von l'Ambrogiana bestimmt waren."). Allerdings beschreibt Baldinucci an verschiedenen Stellen zahlreiche Tierstücke Bimbis, die nach l'Ambrogiana gelangten, darunter den „[...] bellissimo pappagallo, di grossezza poco minore d'una gallina e meraviglioso per la sua stravaganza [...] sta sopra un ferro, tiene sotto di sé una cassetta dentrovi noci, mandorle e nocciuole e molte perine moscadelle, per denotare il cibo di cui ordinariamente si pasceva." Baldinucci 1725–30 (1975), S. 245.

1708/09 zu datieren, während der größte Teil aus den Jahren 1715–23 stammt.[45] Es ist denkbar, dass bereits in den letzten Jahrzehnten des 17. Jahrhunderts einige Jagd- und Tierstücke in der Villa untergebracht worden waren und dass die bestehende Sammlung um 1720 schließlich eine umfangreiche Erweiterung durch Bartolomeo Bimbi erfuhr. Mit dem *salone grande* im zweiten Geschoss und anderen Gemächern im *piano nobile* scheinen zahlreiche Räume mit Gemälden Bimbis ausgestattet gewesen zu sein (Abb. 13).[46] Denkt man an die Bilderfülle in den nur vier Gemächern des wesentlich kleineren Casino della Topaia, liegt es mehr als nahe, dass in l'Ambrogiana neben Bimbis Gemälden verschiedene Werke anderer Künstler zu sehen gewesen sein müssen. Nach Stefano Casciu verzeichnen entsprechende Inventare über 70 Gemälde zoologischer Sujets für l'Ambrogiana, wovon etwa die Hälfte erhalten bzw. identifizierbar ist.[47] Giovanni Targioni Tozzetti nennt in seiner zuvor zitierten Reisebeschreibung neben dem „Celebre Fiorista" Bimbi etwa die Blumen- und Tiermaler Andrea Scacciati und dessen Sohn Pietro Neri Scacciati als Urheber jener Werke.[48]

Nachdem Ferdinando I. de' Medici die Villa 1574 von der Familie Ambrogi gekauft hatte und sie in den Jahren 1587–90 von einer einflügeligen, links und rechts von zwei Türmen begrenzten, zu einer vierflügeligen, festungsartig anmutenden Anlage hatte ausbauen lassen, geriet die Residenz im Laufe des 17. Jahrhunderts zunächst in Vergessenheit.[49] Unter Cosimo III. erfuhr die Villa dell'Ambrogiana schließlich nicht nur durch die umfassende Gemäldesammlung eine enorme Aufwertung, sondern vor allem durch den Bau des Alcantarinerkonvents in unmittelbarer Nähe.[50] Die Konventsgebäude waren über einen gedeckten Gang vom hinteren Teil der Villa aus zu erreichen, dem Bereich, in dem sich auch die repräsentativen Gemächer mit der Gemäldesammlung befanden. Möglicherweise wurde zu jener Zeit auch das so genannte *Gabinetto d'Istoria Naturale* eingerichtet. Informationen über jenes 1677 gegründete Kabinett, das einer Art Bühne für Francesco Redis Sektionen und Experimente an Tieren (vielleicht mit einer angeschlossenen Präparatesammlung) gleichgekommen sein mag, sind trotz wiederholter Erwähnung in der Forschungsliteratur leider überaus spärlich. Im offiziellen Führer zu den Villen der Medici wird in einem kurzen Abschnitt über „Cosimo III e la scienza della natura" auf eine Loggia in der Villa verwiesen, die der Großherzog 1677 für die Unterbringung des Kabinetts habe errichten lassen.[51] Zuvor äußerte sich Marilena Mosco über l'Ambrogiana, die Alcantariner und das von Francesco Redi geleitete *Gabinetto*. Letzteres habe sich in

45 Vgl. Meloni Trkulja in Meloni Trkulja/Tongiorgi Tomasi 1998, S. 191–217.

46 Alderighi 2001, S. 118, 120, Anm. 26, Casciu 2008, S. 37.

47 Casciu 2008, S. 37.

48 Targioni Tozzetti 1751, S. 32. Ein großer Teil der Gemälde Bimbis, der Scacciati und anderer Maler für die Villa dell'Ambrogiana befindet sich heute im *Museo della Natura Morta*; vgl. Casciu 2009.

49 Zu Architektur und Ausstattung der Villa dell'Ambrogiana vgl. Vasić Vatovec 1984, Alderighi 2001, Bastogi 2007, S. 60–64.

50 Vgl. hierzu Delli 1998.

51 Lapi Ballerini 2003, S. 112.

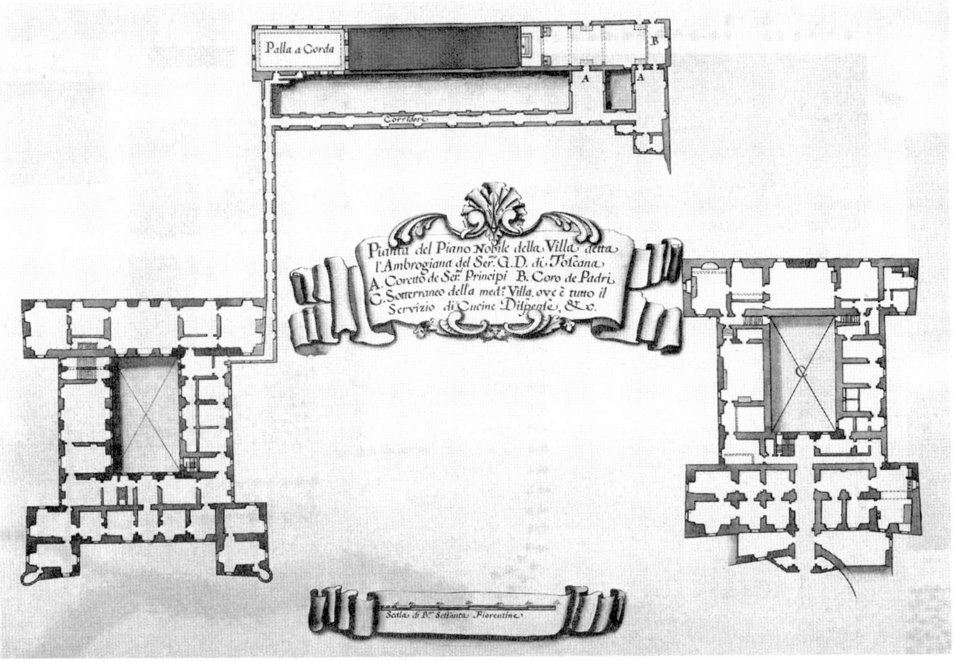

13 *Pianta del Piano Nobile della Villa detta l'Ambrogiana del Ser.mo G.D. di Toscana A. Coretto de Ser.mi Principi B. Coro de Padri C. Sotterraneo della med:a Villa [...]*, in: *Piante de' palazzi, giardini, ville et altre fabbriche dell'Altezza Reale del Sereniss. Gran Duca di Toscana, fatte da Giuseppe Ruggieri Architetto dell'Anno 1742*, Florenz, Biblioteca Nazionale Centrale.

der als Verbindung zwischen Villa und Konventsgebäuden fungierenden Loggia befunden.[52] Die Unterbringung des Kabinetts in einer Loggienarchitektur käme der Vorstellung von einer theaterähnlichen Inszenierung der Experimente Redis nahe, doch werden an beiden Stellen keine Quellen angeführt, die dies bezeugen oder nahe legen würden. Der schmale „corridore" selbst, der mit einem umfangreichen Lebenszyklus Christi in 120 kleinen Tafeln ausgestattet war,[53] scheint kaum Raum für eine solche Einrichtung geboten haben. Eher könnte man sich den für das „Pallacorda"-Spiel (eine Art Tennis) vorgesehenen Bereich, auf dem Grundriss links des dunkel eingefärbten „Orto dei Padri", oder die längsrechteckige Fläche vor Spielfeld, Garten und Kirche als einen solchen Ort des Experiments vorstellen.[54] Weder in Redis Schriften noch in seiner umfangreichen

52 Mosco 1985, S. 12.
53 Delli 1998, S. 70.
54 Ein Grundriss des Erdgeschosses der Villa und des angeschlossenen Konvents mit den entsprechenden Beschriftungen findet sich bei Delli 1998, S. 54.

Briefkorrespondenz und den zahlreichen Versuchsprotokollen, die sich heute zum größten Teil in der *Biblioteca Marucelliana* in Florenz befinden, scheinen direkte Hinweise auf das *Gabinetto d'Istoria Naturale* festzumachen zu sein. Ilaria Della Monica und Hans Hubert verweisen in ihren sorgfältig recherchierten Beiträgen jeweils auf Riguccio Galluzzis *Istoria del Granducato di Toscana* von 1781.[55] Doch geht aus der entsprechenden Textstelle nicht hervor, dass sich jenes Kabinett tatsächlich in der Villa dell'Ambrogiana befand:

> Ad insinuazione del Redi [Cosimo III] intraprese a formare un Gabinetto d'Istoria naturale, e tutti i missionari dell'Indie e d'America furono incaricati di procurarli le più rare e scherzose produzioni della natura tanto d'Oriente che d'Occidente. Questa nobile curiosità finì nel G. Duca subito che cessò di vivere il Redi principale promotore di essa.[56]

Redis eigene Aussagen vermitteln den Eindruck, als sei er als großherzoglicher Leibarzt unentwegt mit dem Hofstaat des Großherzogs unterwegs gewesen. Die verkehrstechnisch günstige Lage der Villa dell'Ambrogiana auf dem Weg von Florenz nach Pisa und Livorno, der Konvent sowie die Jagd- und Fischgründe machten sie zu einem beliebten und häufig aufgesuchten Ort der Rast für die höfische Gesellschaft. Einer Art Tagebuch Redis, dem *Libro di ricordi*, und anderen Dokumenten zufolge hielt sich der Großherzog mitsamt Gefolge stets in den Herbst- und Wintermonaten in der Villa auf:

> A dì 21 gennaio 1696 ab Incarnatione. Oggi lunedì è uscito l'ordine che venerdì prossimo 25 gennaio la Corte deve partire di Firenze, per essere venerdì sera all'Ambrogiana e sabato sera 26 a Pisa, a fare le cacce [...] dove ancora io andrò al solito, a servire il Serenissimo Granduca Cosimo Terzo, mio Signore.[57]

55 Della Monica 1997, S. 215f., 236, Anm. 52, Hubert 2008, S. 205, 222, Anm. 3.

56 Galluzzi 1781, Bd. 4, S. 409 („Auf Anregung Redis begann er [Cosimo III.] ein naturhistorisches Kabinett einzurichten und sämtliche Missionare in Indien und Amerika wurden beauftragt, dafür die seltensten und wundersamsten Hervorbringungen der Natur sowohl des Orients als auch des Okzidents zu beschaffen. Dieses edle Interesse des Großherzogs erlosch sofort nach Redis Tod, der der größte Förderer jener Neugier gewesen war."). An anderer Stelle wird Redi im Zusammenhang mit einem „Museo d'Istoria naturale" genannt, doch fehlt auch hier jeglicher Hinweis zur Villa dell'Ambrogiana: „Quindi è che da esso [Cosimo III] ad insinuazione e secondo il gusto del Redi fu completato un Museo d'Istoria naturale insigne per la rarità, e stimabile per il prezzo." Galluzzi 1781, Bd. 4, S. 244.

57 Redi 1647–1696, S. 156 („Am 21. Januar 1696 nach Christi Geburt. Heute, am Montag, erging die Anordnung, dass der Hof am nächsten Freitag, den 25. Januar, Florenz verlassen solle, um am Freitagabend in l'Ambrogiana und am Samstagabend, den 26., in Pisa zu sein, um zur Jagd zu gehen [...], wohin auch ich mich wie gewöhnlich begeben werde, um meinem Herrn, Seiner Durchlaucht Großherzog Cosimo III., zu Diensten zu sein."); außerdem am 7. November 1693: „Ricordo come il dì 4 novembre 1693, essendo io con la Corte alla villeggiatura all'Ambrogiana [...] Ricordo come questo giorno suddetto [7. November], con la Corte, tornai a Firenze dalla villeggiatura dell'Ambrogiana." Redi 1647–1696, S. 131; und am 18. Oktober 1695: „Martedì, festa di San Luca, partii da Firenze con la Corte per andare a far villeggiatura dell'Am-

Verschiedene Briefe bestätigen den Eindruck des pausenlosen Reisens und zur Verfügung Stehens. Am 14. Oktober 1685 schrieb Francesco Redi etwa an Lorenzo Bellini:

> Ma caro il mio signor Bellini fra pochi giorni mi convien partire con la Corte alla villa dell'Ambrogiana. Dall'Ambrogiana Dio sa dove dobbiamo andare. E dove andremo, staremo poco; e di lì a Pisa. Da Pisa a Livorno. Da Livorno a Pisa. Da Pisa all'Ambrogiana. Dall'Ambrogiana alla Petraia.[58]

Das gleiche Bild ergibt sich fünf Jahre später in einem Brief Redis an Giuseppe Lanzoni vom 25. Januar 1689:

> Son già alcuni giorni che mi trovo con la Corte del Sereniss. Granduca mio Sig. qui a queste Cacce di Pisa [...] Ma credo che ciò sarà [a Firenze] fra qualche settimana, perché dopo queste Cacce di Pisa, si suol andare a Livorno, dopo di Livorno si suol andare a far la Settimana Santa, e la Pasqua di Resurrezione alla Villa dell'Ambrogiana, e poscia si suol tornare a Firenze.[59]

Der Ablauf der großherzoglichen Reisen scheint stets der gleiche gewesen zu sein. Während man sich in den Sommermonaten in Florenz und den suburbanen Villen aufhielt, reiste man im Winter bevorzugt nach Pisa und Livorno, wobei man häufig Villen wie Artimino, l'Ambrogiana oder Cerreto Guido besuchte.[60] Wenn Redi als *archiatra* und *scienziato-cortigiano* auch den Wünschen und Gepflogenheiten des Großherzogs und seines unmittelbaren Umfelds unterworfen war, so genoss er dennoch Privilegien und Freiheiten, die seine Forschungen um ein Vielfaches erleichterten. Paula Findlen zitiert einen in der Villa dell'Ambrogiana verfassten Brief an den Gelehrten und Vertrauten Jacopo del Lapo von 1681. Redi stünden so viele Tiere zur Verfügung, wie er wolle, und der Groß-

brogiana [...] Ricordo che dal Sig. Pagatore del Serenissimo Gran Duca son pagato della mia provvigione di cinquanta scudi il mese, son pagato, dico, per tutto il mese di ottobre 1695." Redi 1647–1696, S. 148f.

58 Zitiert nach http://www.francescoredi.it/ – *Francesco Redi, scienziato e poeta alla Corte dei Medici, ideato e curato da Walter Bernardi* („Aber mein lieber Herr Bellini, innerhalb weniger Tage muss ich mit dem Hof zur Villa dell'Ambrogiana aufbrechen. Weiß Gott, wohin wir von l'Ambrogiana aus weiterfahren. Und wo immer wir uns hinbegeben werden, verweilen werden wir nur kurz; und von dort nach Pisa, von Pisa nach Livorno, von Livorno nach Pisa, von Pisa nach l'Ambrogiana, von l'Ambrogiana nach la Petraia.").

59 Redi 1811, S. 198f. („Bereits seit einigen Tagen weile ich mit dem Hof meines Herrn, Seiner Durchlaucht dem Großherzog, hier in den Jagdgründen von Pisa [...] Doch denke ich, dass ich in wenigen Wochen dort [in Florenz] sein werde, denn nach den Jagdgesellschaften in Pisa reisen wir für gewöhnlich weiter nach Livorno; nach Livorno verbringen wir die Heilige Woche und das Osterfest in der Villa dell'Ambrogiana, um sodann nach Florenz zurückzukehren.").

60 Findlen 1993, S. 51f. Bei diesen Reisen handelte es sich um eine bestehende Tradition. Daniela Mignani zitiert einige Briefe Ferdinandos I. sowie Tagebuchauszüge von Angehörigen des großherzoglichen Hofes, die den gleichen Eindruck vermitteln. Die Reiseziele wurden in der Regel von den Jagdmöglichkeiten und den jeweils herrschenden klimatischen Bedingungen bestimmt; vgl. Mignani 2004, S. 18f.

herzog habe aus Neapel einen großen Vorrat an Vipern liefern lassen, der ihm „wonderful experiments" ermögliche.[61] Aus den zitierten Textstellen geht hervor, dass Redis Experimente, in der Villa dell'Ambrogiana sowie anderen Orten, in engem Zusammenhang mit der großherzoglichen *villeggiatura* und dabei vor allem der Jagd standen. Bei der Beschreibung eines nach heutigen Empfindungen Grauen erregenden Experiments mit gehirn- bzw. kopflosen Schildkröten in den *Osservazioni intorno agli animali viventi* (1684) findet dieser Eindruck weitere Bestätigung: „Quando cominciai a far queste Osservazioni, la Corte di Toscana trattenevasi alle deliziose cacce dell'Ambrogiana [...]"[62]; es folgt der Bericht über eine scherzhafte Unterhaltung Redis mit dem Marchese Cammillo Coppoli, die Redis Versuchsreihe dahingehend beeinflusst habe, dass er den Tieren den gesamten Kopf entfernte. Die häufige Anwendung rhetorischer Mittel wie das Einbetten von Konversationen und Anekdoten in Redis Beschreibungen unterstreichen die Rolle des Gelehrten als *scienziato-cortigiano* sowie das Interesse der Angehörigen der höfischen Gesellschaft an einem sowohl Staunen als auch Grauen erregenden Spektakel der Naturgeschichte.

Wenn sich das Gesamtbild einer Inszenierung der Tierwelt in l'Ambrogiana auch nicht genau rekonstruieren lässt, so mutet eine Gemäldesammlung verschiedenster zoologischer Sujets und ein fest installiertes oder eher immer wieder dort Einzug haltendes Kabinett der Naturgeschichte, in dem anatomisch-zoologisches Wissen durch die autorisierte Person des großherzoglichen Leibarztes für das höfische Publikum erfahrbar gemacht und scheinbar unmittelbar am Objekt herausgefunden wurde, doch wie eine entschiedene Verdichtung von spezifischen Informationen an. Jener inmitten der großherzoglichen Jagd- und Fischgründe gelegene Ort bot ähnlich wie la Topaia mit seinem von Weinbergen umgebenen Garten einen geeigneten Rahmen zur Schau einer spezialisierten Sammlung von Gemälden naturalistischer Sujets und der damit einhergehenden Möglichkeit, Flora und Fauna nicht nur im Bild, sondern auch in der wirklichen Natur zu erleben. Dass beide Villen gleichsam als Orte der Spiritualität wahrgenommen werden können, mag in der Tat Cosimos persönlichen Interessen und Wünschen entsprochen haben. Im Gegensatz zur Villa dell'Ambrogiana wird das kleinere und etwas abgeschieden gelegene Casino della Topaia äußerst selten in Briefen, Reiseberichten und anderen zeitgenössischen Texten erwähnt. Die Präsenz einer größeren Gesellschaft, wie sie häufig in l'Ambrogiana zugegen war, ist für die kleine Residenz nicht anzunehmen. Das Gefolge des Großherzogs konnte in Castello oder la Petraia untergebracht werden, während la Topaia für Cosimo III. wohl vor allem als intimer Ort des Rückzugs und der Kontemplation fun-

61 Findlen 1993, S. 51 (im Original: „[...] Ho animali da osservare quanti io voglio, e di più è comparsa quì al Gran Duca una gran cassa di vipere da Napoli; ed io ogni giorno ne stazzono qualcuna, e vi ho fatta qualche bella esperienza, che tanto più mi è stata cara, quanto di questa stagione io non avea mai maneggiate vipere pigliate di fresco: dove che queste, che ora son venute di Napoli, furono tutte prese di settembre, e nel principio di ottobre. [...]" Redi 1825, S. 46).

62 Redi 1684 (1741), S. 79 („Als ich mit diesen Beobachtungen begann, hielt sich der toskanische Hofstaat in den ausgezeichneten Jagdgründen von l'Ambrogiana auf [...]").

gierte. Zu diesem Aspekt der Einsamkeit und Abgelegenheit passt die Widmung des Ortes an den heiligen Fiacre, einen Eremit aus königlichem Hause und Gärtner Gottes. An dieser Stelle sei auf ein weiteres, bislang vernachlässigtes Detail der inneren Ausstattung des Casino hingewiesen. Hans Hubert führt die beiden auf Stuckkartuschen zu lesenden Inschriften im großen Saal von la Topaia an: „Latitiae Cosmus Dator", das doppeldeutig als „Cosimo/Der Kosmos als Spender der Glückseligkeit" gelesen werden kann, und „Regia Manu Sunt Sata", ein direkter Verweis auf die Sockelinschrift der Heiligenstatue („Regia Manu Satas") und mehrfach konnotiert; „von königlicher Hand gesät" kann sich auf die Gemäldesammlung, den Garten und die umliegenden Ländereien beziehen, auf die Legende des heiligen Fiacre sowie auf Gottes gesamte Schöpfung.[63] Auch die von Casciu erwähnte Bilderserie der Arbeiten der Trappisten von Buonsollazzo (s. S. 21) fügt sich in diesen spirituellen Kontext ein. Edward Wright schrieb in seinen *Observations made in travelling through France, Italy etc.* (London 1730) über die „*La Trap*-Monks" in der Nähe von Pratolino, dass sie ungewöhnlich strengen Regeln zu folgen hatten:

> They eat neither Flesh nor Fish, but live upon Roots and Herbs; and, at the beginning of their Institution, drank nothing but Water; but they died so fast with that Extremity of Abstinence, that now they drink Wine, to correct the Coldness of their Diet. [...]
> We had Herbs and Roots in great variety; among the rest was Beet-root, dress'd with Oil, which was the principal Dish, and tasted very well. They had also some Plates of Eggs dress'd for us; but these are not allow'd to themselves, except when they travel; and then they may eat Fish likewise. [...]
> They are to work at Gardening, or other rural Labour three Hours in the Day.
> Tho' their Life be a continual Abstinence, they have likewise set Fasts at appointed times.[64]

Aus den Reisebeschreibungen geht hervor, dass Wright den Konvent selbst besucht hat und es ist denkbar, dass sich auch Cosimo hin und wieder persönlich in der Badia di Buonsollazzo aufhielt. Die absolute Askese und die streng vegetarische Diät der Mönche sowie die Konzentration auf Garten- und Landbau rücken die Trappisten von Buonsollazzo in greifbare Nähe zum Casino della Topaia, seinem Schutzheiligen sowie seiner inne-

63 Hubert 2008, S. 219.

64 Wright 1730, S. 430f. („Sie essen weder Fleisch noch Fisch, sondern leben von Wurzeln und Kräutern. Ganz zu Beginn, nach der Einrichtung ihres Ordens, tranken sie nichts außer Wasser, doch durch diese extreme Enthaltsamkeit starben sie so schnell, dass sie nun Wein trinken, um ihre karge Nahrung auszugleichen. [...] Wir bekamen Kräuter und Wurzeln in großer Vielfalt, darunter mit Öl servierte Rote Bete als Hauptgericht, was sehr schmackhaft war. Man hatte auch einige Schalen mit Eiern für uns vorbereitet; doch diese dürfen sie nicht selbst essen, es sei denn sie befinden sich auf Reisen, wenn ihnen auch erlaubt ist, Fisch zu sich zu nehmen. [...] Sie sind verpflichtet, drei Stunden am Tag im Garten zu arbeiten oder andere landwirtschaftliche Arbeiten zu verrichten. Obwohl ihr Leben einer ständigen Enthaltsamkeit entspricht, sind zusätzliche Fastenzeiten vorgesehen.").

ren und äußeren Ausstattung. Ilaria Della Monica bewertet die Gemäldesammlungen von la Topaia und l'Ambrogiana als Ausdruck der Spiritualität Cosimos und Lob der Schöpfung Gottes.[65] Angesichts der bereits deutlich gewordenen an verschiedenen Formen von *benefizio* und *diletto* orientierten Interessen an der Pflanzen- und Tierwelt kann man sich nicht auf eine solche Interpretation beschränken. Doch eine klare spirituelle Konnotation der beiden Sammlungen ist sowohl durch die Orte ihrer Unterbringung als auch durch ihre jeweiligen Inhalte nicht von der Hand zu weisen. Della Monica bezieht sich vor allem auf die Schriften des Jesuitenpaters und Beichtvaters Cosimos, Paolo Segneri (1624–1694). In *L'incredulo senza scusa* (Florenz 1690), einer Abhandlung über das Erkennen des rechten Glaubens und der Schöpfung Gottes, finden sich zahlreiche Vergleiche des Glaubens („fede") mit den Dingen der Natur. Gleich im allerersten Satz heißt es:

> Nulla con maggiore studio coltivano i giardinieri nelle lor piante che la radice. Questa innaffiano, questa impinguano, questa amano di internar sempre più nel suolo, perchè sia forte. Beati però i fedeli, se tutti con ansia simile coltivassero in sè la radice di ogni loro felicità, che è la fede![66]

Auf diese Wurzel-Metapher folgt einige Seiten darauf der klare Verweis auf Gottes Schöpfung in der Natur, eine Stelle an die sich wiederum eine Metapher des Glaubens anschließt:

> Nel resto chi fa che il cedro dia pomi così odoriferi? Sicuramente non è quel giardiniere che lo piantò, che lo potò, che adacquollo. È Dio, che dentro il vivifica con vigore a lui solo noto [...][67]

In Kapitel XI – *La considerazione della terra c'innalza a conoscere Dio* – werden nach den Früchten auch die Blumen als Spiegel der Schöpfung genannt („[...] ciascuno di quei fiori veniva a significare quanto più bello fosse di loro quel Dio che gli avea creati [...]"[68]) und in den Kapiteln XII–XIII folgen die *Testimonianze che rendono di Dio gli animali*. Segneris Ausführungen stehen somit ganz im Zeichen der *Constitutiones* des Jesuitenordens, in denen unter anderem daran gemahnt wird, die Naturwissenschaften („Scientiae naturales") mit

65 Vgl. Della Monica 1992, 2008.

66 Segneri 1838, S. 1 („Es gibt nichts, das die Gärtner an ihren Pflanzen mit größerer Sorgfalt pflegen als die Wurzel. Sie wässern sie, sie nähren sie, sie möchten, dass sie immer tiefer in den Boden eindringt, damit sie stark wird. Wie selig doch die Gläubigen, wenn sie die Wurzel all ihres Glücks, das im Glauben liegt, mit ähnlicher Sorge hegten.").

67 Segneri 1838, S. 9 („Denn wer lässt den Zitronenbaum [eigentlich Zitronatbaum] solch wohlriechende Früchte tragen? Sicherlich nicht der Gärtner, der ihn pflanzte, stutzte und wässerte; sondern Gott, der ihn mit der allein ihm eigenen Kraft belebt [...]").

68 Segneri 1838, S. 84 („[...] jede dieser Blumen zeigt, wieviel schöner noch als sie selbst jener Gott ist, der sie geschaffen hat [...]").

Sorgfalt zu betreiben und sie gebildeten Lehrern („Praeceptores") anzuvertrauen, um die Herrlichkeit von Gottes Schöpfung zu offenbaren.[69]

Ein solcher, scheinbar das Spannungsfeld zwischen Wissenschaft und Repräsentation verlassender Exkurs erscheint notwendig und gewinnbringend, um die Bedeutung der Spiritualität für Cosimos Selbstverständnis als Herrscher herauszustellen. Wissenschaft, sofern vereinbar mit den Regeln des Glaubens, bleibt Teil des Herrschaftskonzepts und Repräsentation findet zweifelsohne statt. Das Akkumulieren von Dingen, in diesem Falle von gemalten Naturportraits, die Konzentration auf Fülle und Vielfalt, auf Besonderheit, Außergewöhnlichkeit und Monstrosität machen la Topaia und l'Ambrogiana zu reich bestückten Galerien der Naturgeschichte. Doch geht es nicht (nur) um die Natur um ihrer selbst willen; Flora und Fauna spiegeln sowohl Gottes Schöpfung als auch Cosimos eigene Herrschaft über die Toskana wider. Gleiches gilt für die frühneuzeitlichen Kunst- und Wunderkammern, die leicht als Vorläufer solcher spezialisierten Sammlungen naturhistorischer Ausrichtung festzumachen sind.[70] Zu einer Zeit, in der sich die Grenzen der realen Welt in sämtliche Richtungen ausweiteten, konnte die im Mikrokosmos des Sammlungsraums abstrahierte Welt für Kenntnis, Verständnis und Beherrschung dieser Welten stehen. Die bereits mehrfach erwähnten Tendenzen zur Spezialisierung platzieren la Topaia und l'Ambrogiana in den sammlungstheoretischen Diskurs der Zeit.[71] Es war kein geringerer als Galileo Galilei, der sich in der berühmten Ariosto-Tasso-Debatte zu Gunsten Ariosts äußerte und dessen Dichtung mit einer königlichen Galerie verglich, während Tassos *Gerusalemme liberata* und das „studietto" weniger schmeichelhafte Worte erfuhren:

> Mi è sempre parso e paro, che questo poeta sia nelle sue invenzioni oltre tutti i termini gretto, povero e miserabile; e all'opposito, l'Ariosto magnifico, ricco e mirabile: e quando mi volgo a considerare i cavalieri con le loro azzioni e avvenimenti, come anche tutte l'altre favolette di questo poema, parmi giusto d'entrare in uno studietto di qualche ometto curioso, che si sia dilettato di adornarlo di cose che abbiano, o per antichità o per rarità o per altro, del pellegrino, ma che però sieno in effetto coselline, avendovi, come saria a dire, un granchio petrificato, un camaleonte secco [...] e così, in materia di pittura, qualche schizzetto di Baccio Bandinelli o del Parmigianino, e simili altre cosette; ma all'incontro, quando entro nel 'Furioso', veggo aprirsi una guardaroba, una tribuna, una galleria regia, ornata di cento statue antiche de' più celebri scultori, con

69 Della Monica 2008, S. 48 und im Original (*Constitutiones Societatis Iesu, Pars Quarta, Cap. XII. De scientiis, quae tradendae sunt in universitatibus societatis*): „3. Sic etiam quoniam Artes, vel Scientiae naturales ingenia disponunt ad Theologiam, et ad perfectam cognitionem et usum illius inserviunt, et per se ipsas ad eundem finem juvant; qua diligentia par est, et per eruditos Praeceptores, in omnibus syncere honorem et gloriam Dei quaerendo, tractentur." Rivington 1838, S. 54.

70 Einen Schlüssel zum zeitgenössischen Verständnis von Kunst- und Wunderkammern liefern etwa Quicchebergs *Inscriptiones vel tituli theatri amplissimi* (s. S. 30).

71 Vgl. Tosi 1993, Bastogi 2007.

infinite storie intere, e le migliori, di pittori illustri, con un numero grande di vasi, di cristalli, d'agate, di lapislazari e d'altre gioie, e finalmente ripiena di cose rare, preziose, maravigliose, e di tutta eccellenza.[72]

Den vorangehend skizzierten Begebenheiten und auch Galileos Erläuterung einer „galleria regia" entsprechend bezeichnet Karl-Siegbert Rehberg Sammlungen als Herrschaftsspiegelung. Herrschaft und Wissen vereinen sich im prestigeträchtigen Vorgang des Sammelns und die gesammelten Objekte können zum Träger und Vermittler von Wissen werden[73] – gleichsam legitimiert durch die fürstliche Kustodie.

2.1.3 Politische Repräsentation im Grünen: la Topaia und Castello

Herrschaftsspiegelung kann selbstverständlich auf ganz verschiedene Art und Weise ablaufen und zum Ausdruck kommen: in Festen und Hofzeremoniellen, in Besuchen und Geschenken, in Akademien der Künste und der Wissenschaften, in Werken der Architektur, der bildenden und angewandten Künste, Büchern und Bibliotheken, Gärten und Ménagerien etc. Dabei können die Konzepte von Herrschaft und Wissen zu unterschiedlichen Graden miteinander verschmelzen. Die verschiedenen Strategien der Repräsentation können sich an unterschiedliche Adressatenkreise wenden und unterschiedliche Feinziele verfolgen. So beschreibt Chandra Mukerji den französischen Barockgarten etwa als Indikator von Wohlstand, Macht und eines hohen sozialen Status, als eine Art gesellschaftliches *must have*. Mit seinen Statuen, Wasserspielen und Bepflanzungen sei er ein Ort der Bewahrung des klassischen Erbes sowie der Einfuhr und Schau von Neu-

72 Galilei 1899, S. 69 („Die Erfindungen dieses Dichters [Tasso] erschienen mir (und erscheinen mir noch immer) stets überaus karg, dürftig und erbärmlich und die des Ariost dagegen prachtvoll, reich und bewundernswert. Wenn ich mich den Rittern mit ihren Taten und Erlebnissen sowie auch all den anderen Geschichten dieses Epos [der ‚Gerusalemme Liberata'] zuwende, kommt es mir vor, als betrete ich das Studio irgendeines kleinen Mannes mit Vorliebe für Kuriositäten, der sich darin gefallen hat, es mit Dingen auszustaffieren, die etwas Seltsames haben, entweder aufgrund ihres Alters oder ihrer Seltenheit oder aus einem anderen Grund, die aber faktisch bloß ein Bric-à-brac sind – ein versteinerter Krebs, ein getrocknetes Chamäleon [...] und was Malerei betrifft, ein paar kleine Skizzen von Baccio Bandinelli oder Parmigianino sowie ähnliche andere Dinge. Wenn ich dagegen den ‚[Orlando] Furioso' aufschlage, sehe ich, wie sich vor mir ein Schatzhaus öffnet, ein Festsaal (tribuna), eine königliche Galerie, geschmückt mit Hunderten klassischer Statuen von den berühmtesten Meistern, mit zahllosen vollständigen historischen Bildern (den besten, von den hervorragendsten Meistern), mit einer großen Menge von Vasen, Kristallen, Achaten, Lapislazulis und anderen Juwelen, voll von allem, was selten, kostbar, bewundernswert und vollkommen ist." Übersetzung angelehnt an Panofsky 2012, S. 35f.). Abgesehen von seinen *Considerazioni al Tasso*, die den zitierten Vergleich enthalten, verfasste Galilei einen Kommentar zu Ariosts *Orlando furioso*, den er ob seiner stilistischen Klarheit und Überzeugungskraft bevorzugte; vgl. hierzu Panofsky 1954 und in deutscher Übersetzung ders. 2012, S. 17, 32–40, außerdem Heilbron 2010, S. 16–23.

73 Rehberg 2006, S. XIII.

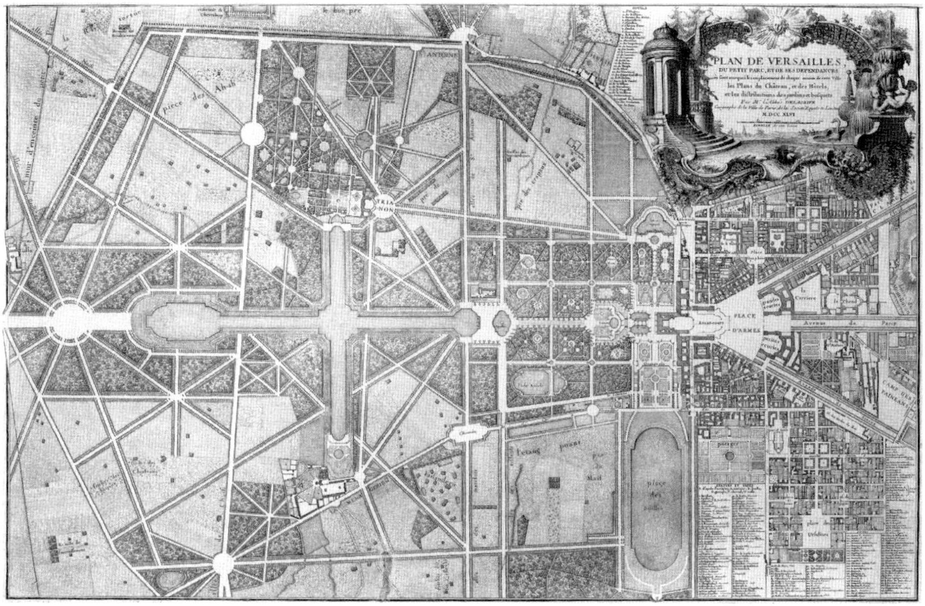

14 Jean Delagrive: *Plan de Versailles, du petit parc, et de ses dependances*, 1746, Châteaux de Versailles et de Trianon © bpk / RMN – Grand Palais.

em: von technischen Errungenschaften und allen voran seltenen Pflanzen.[74] Gerade der Handel mit exotischen und seltenen Pflanzenspezies lässt den Garten zu einem Ort des Sammelns und Repräsentierens *par excellence* werden. Hier schwingt wiederum die Konnotation eines Beherrschens oder Besitzens der Natur mit, die auch Kenntnis und Wissen über sie birgt. Mukerji bezeichnet die französischen Gärten als *living maps*, in denen die Fähigkeit des Kontrollierens und Manipulierens der Natur erfahrbar gemacht wird.[75] Diese Karten-Metapher liegt nahe, denkt man an die überaus zahlreichen gestochenen Gartenansichten und Grundrisse (u. a. Abb. 14, 36, 42). Das Motiv der Landkarte impliziert zudem das Anzeigen eines bekannten und beherrschten, sozusagen eines zu Eigen gemachten Gebiets. Natürlich sind die französischen Barockgärten nicht als isoliertes Phänomen zu betrachten. Sie fügen sich unmittelbar in ein Davor, Danach und ein Anderswo ein. So bestehen etwa gewisse Überschneidungen zu den italienischen Gärten des Manierismus, wie nachfolgend zu sehen sein wird.

Da die *villeggiatura* fester Bestandteil des höfischen Lebens war, liegt es nahe, dass die suburbanen Villen gleichsam Orte der fürstlichen Repräsentation waren. Lage und Funk-

74 Mukerji 1993, S. 440; vgl. hierzu auch Hyde 2002, 2005.
75 Mukerji 1993, S. 441–444.

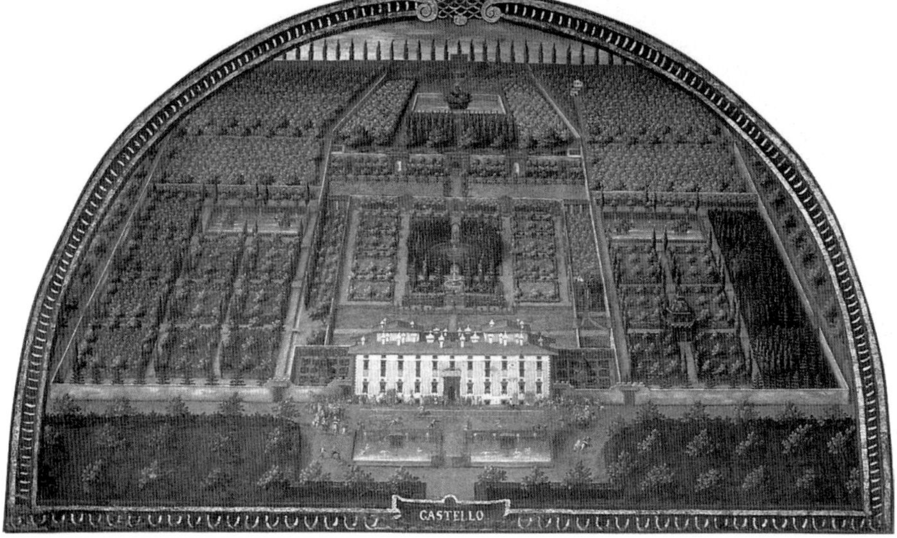

15 Giusto Utens: Villa und Garten von Castello, 1598/99, 147 × 233 cm, Florenz, Museo di Firenze com'era.

tion der einzelnen Villen, die die Medici seit dem 15. Jahrhundert in der Toskana erbauen ließen, kauften oder konfiszierten, schufen unterschiedliche Voraussetzungen für deren Nutzung und Rolle innerhalb der großherzoglichen *villeggiatura*. Unter den ersten drei Großherzögen, Cosimo I., Francesco I. (1541–1587) und Ferdinando I. (1549–1609) mehrte sich der Besitz an Villen in der zweiten Hälfte des 16. Jahrhunderts noch einmal enorm. Zudem wurde der Palazzo Pitti erworben und zur herrschaftlichen Stadtresidenz mit dem dahinter liegenden Boboligarten ausgebaut. Ein Überblick über sämtliche Neuerwerbungen, Bautätigkeiten und Ausstattungskampagnen an bzw. in den verschiedenen Stadtresidenzen, Villen und dazugehörigen Gartenanlagen seit dem 16. Jahrhundert würde an dieser Stelle zu weit führen. Es sei stellvertretend auf den berühmten Villenzyklus des flämischen Malers Giusto Utens verwiesen (Abb. 15, 16). Ferdinando I. ließ die insgesamt 14 Lunetten mit den Darstellungen einzelner Villen in den Jahren 1598/99 für die Villa in Artimino anfertigen. Der Eintritt in die *sala delle ville* vermittelte dem Besucher einen Eindruck der Vielzahl an Landsitzen der großherzoglichen Familie.[76] Die angeführte Kartenmetapher greift auch hier in gewisser Weise, lässt Utens' malerischer Rundumschlag doch eine Idee des um 1600 durch die Medici beherrschten toskanischen Territoriums entstehen.[77]

76 Zu Utens' Villenzyklus vgl. Mignani 2004, überblicksmäßig auch Bertsch 2012, S. 183–185.

77 Vgl. hierzu auch Ribouillault 2011, S. 211f.

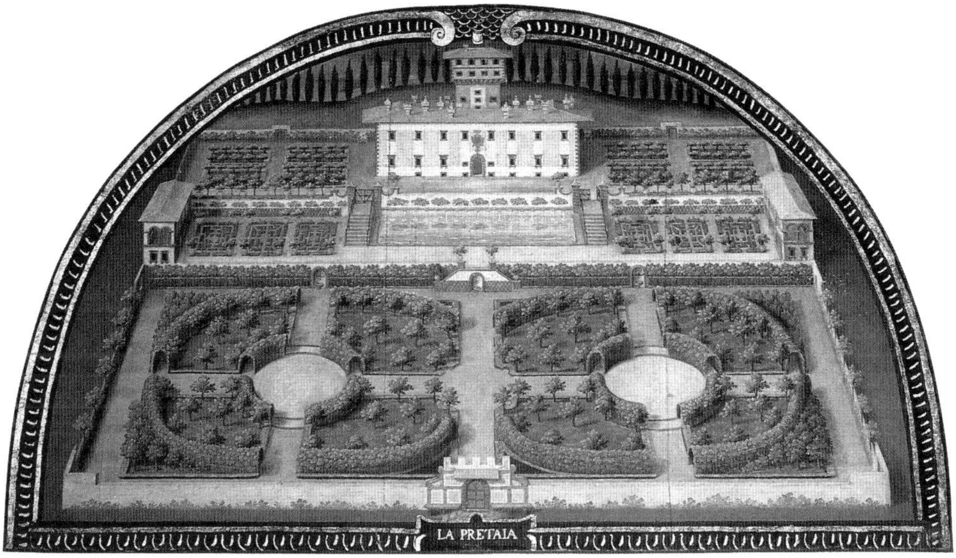

16 Giusto Utens: Villa und Garten von la Petraia, 1598/99, 137 × 230 cm, Florenz, Museo di Firenze com'era.

Ein besonderer Stellenwert unter den Villen der Medici kam bekanntermaßen der Villa di Castello zu, die mit la Topaia und der nahe gelegenen Villa della Petraia nahezu eine örtliche Einheit bildet. Unmittelbar nach seinem Aufstieg zum Herzog der Toskana 1537 begann Cosimo I., die seit 1477 im Besitz der jüngeren Linie der Medici befindliche Villa ausbauen zu lassen.[78] Die Arbeiten konzentrierten sich auf die Gartenbereiche, in denen Cosimo ein umfangreiches Programm zur Verherrlichung und Veranschaulichung der eigenen Herrschaft realisieren zu lassen beabsichtigte. Dieses Programm hatte zugleich Zwecken der Legitimierung und der Traditionsanbindung an die ältere Linie der Medici zu dienen. Seine heutige Gestalt erhielt der Garten von Castello im Wesentlichen unter Cosimo I. und Ferdinando I., auf dessen Initiative auch die Ausgestaltung des Gartens der benachbarten Villa della Petraia zurückgeht.[79] In der Vita Tribolos (eigentlich Niccolò Pericoli, 1497–1550) beschreibt Giorgio Vasari den Garten von Castello und das Projekt des Florentiner Bildhauers und Architekten für

78 Zum Aufstieg des jüngeren Zweigs der Familie zur großherzoglichen Dynastie im 16. Jahrhundert vgl. grundlegend Diaz 1976 (*I. L'avvento del principato; II. Cosimo I e il consolidarsi dello Stato assoluto*).

79 Zum Garten von Castello unter Cosimo I. und Ferdinando I. vgl. Acidini Luchinat/Galletti 1992, S. 41–62, 67–77. Die Anlage des Gartens von la Petraia (wie auch von l'Ambrogiana) wurde wesentlich von der Gestalt des Gartens der Villa Medici auf dem Pincio beeinflusst, die Ferdinando in seiner Zeit als Kardinal in Rom erwarb; vgl. Acidini Luchinat/Galletti 1992, S. 151–165.

dessen Ausgestaltung.[80] Die Rekonstruktion des ursprünglichen Programms basiert im Wesentlichen auf Vasaris Ausführungen und seiner Erläuterung eines auf Benedetto Varchi zurückgehenden ikonographischen Schemas für das untere, hinter der Villa gelegene Gartenparterre. Varchi, der seinerzeit möglicherweise im Casino della Topaia in unmittelbarer Nähe zur Villa residierte (s. S. 15), scheint für den so genannten „giardin grande del laberinto"[81] eine Art Rahmung in Form von Loggien und Nischen mit verschiedenen Statuen vorgesehen zu haben (Abb. 17). Denkt man sich die Brunnen mit Giambolognas *Fiorenza* und Ammanatis Herkules und Antaeus-Gruppe im Zentrum,[82] erscheinen Stadt und Herrscher von den personifizierten Jahreszeiten in den vier Ecken des Gartens, den beiden Florenz nährenden Flüssen Arno und Mugnone an der Stirnseite und den Tugenden des Fürsten und seiner Familie auf der rechten sowie deren Folgen für den prosperierenden Staat auf der linken, gegenüber liegenden Seite umgeben:

> Voleva dunque [il Tribolo] ed a così fare l'aveva giudiziosamente consigliato messer Benedetto Varchi [...] che nelle teste di sopra e di sotto andassino i quattro tempi dell'anno, cioè Primavera, State, Autunno e Verno, e che ciascuno fusse situato in quel luogo dove più si truova la stagion sua. All'entrata in sulla man ritta [...] dovevano andare sei figure, le quali denotassino e mostrassero la grandezza e la bontà della casa de' Medici, e che tutte le virtù si truovono nel duca Cosimo [...] voleva il Tribolo che all'incontro della Iustizia, Pietà, Valore, Nobiltà, Sapienza, e Liberalità, fussero quest'altre in sulla man manca [...] cioè Leggi, Pace, Arme, Scienze, Lingue e Arti. E tornava molto bene, che in questa maniera le dette statue e simulacri fussero, come sarebbono stati, in su Arno e Mugnone, a dimostrare che onorono Fiorenza.[83]

Vasari wie auch verschiedene Reisende betonen das Verfügbarmachen und die ikonographische Bedeutung des Wassers in Castello. Ein Großteil der Skulpturen scheint als

80 Vasari 1973, Bd. 6, S. 71–85. Zu Tribolos Aktivität als Bildhauer, Architekt und Ingenieur vgl. Aschoff 1967, Pieri 2001. Nach Tribolo und Davide Fortini hatte auch Vasari selbst für einige Jahre die Leitung über die Arbeiten am Garten von Castello inne, wie etliche Briefe an Cosimo I. aus den Jahren um 1560 bezeugen; vgl. Frey/Vasari 1923, S. 520f., 578, 594, 613, 623, 626, 668f.

81 Vasari 1973, Bd. 6, S. 83.

82 Zum Herkules und Antaeus-Brunnen vgl. Acidini Luchinat/Galletti 1992, S. 93–99. Zur *Fiorenza*, die 1788 in den Garten von la Petraia überführt wurde, vgl. Acidini Luchinat/Galletti 1992, S. 191–200.

83 Vasari 1973, Bd. 6, S. 83f. („Auf den klugen Rat Messer Benedetto Varchis [...] wollte er [Tribolo] oben und unten an den Stirnseiten die vier Jahreszeiten aufstellen, also Frühling, Sommer, Herbst und Winter, und jede Statue an dem zu ihrer Jahreszeit passendsten Ort platzieren. Rechts vom Eingang [...] waren [...] sechs Figuren vorgesehen, welche die Größe und Güte des Hauses Medici und alle Tugenden Herzog Cosimos zum Ausdruck bringen sollten [...] Tribolo [wollte] auf der linken Seite gegenüber von Gerechtigkeit, Barmherzigkeit, Tapferkeit, Vortrefflichkeit, Gelehrsamkeit und Großzügigkeit Gesetz, Frieden, Waffen, Wissenschaften, Sprachen und Künste aufgestellt sehen. Dabei fügte es sich sehr gut, daß diese Standbilder oberhalb von Arno und Mugnone stehen und damit zum Ausdruck bringen sollten, daß sie Florenz Ehre machen." Übersetzung nach Vasari 2010, S. 51).

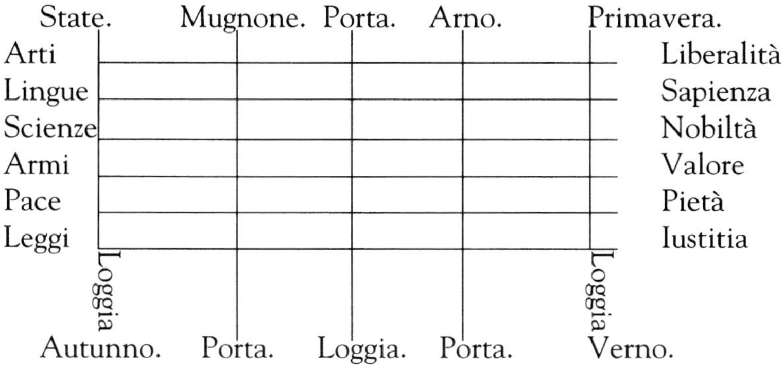

17
Benedetto Varchis Schema des ikonographischen Programms für den Garten von Castello aus Giorgio Vasaris *Vita del Tribolo*.

Bestandteil eines Brunnens oder Wasserspeier-Ensembles geplant gewesen zu sein. Das kanalisierte Wasser aus der nahe gelegenen Zisterne (*La Castellina* – daher der Name Castello) und von der etwas höher als Castello gelegenen Villa della Petraia wurde auf seinem Weg den Hang hinab über verschiedene Brunnenanlagen und Reservoirs, Gräben und Beete durch den Garten bis ins Tal zum Arno hin geleitet.[84] Im oberen Gartenbereich, dem vornehmlich mit Zypressen bewachsenen *selvatico*, befindet sich das große Wasserbecken mit Bartolomeo Ammanatis frierendem Apennin.[85] Der schmale Streifen unterhalb des *selvatico* und oberhalb des *giardino grande* wird von der so genannten *limonaia* eingenommen. Hier konnten zahlreiche Zitrusfrüchte im Sonnenlicht und von den Winden geschützt wachsen:

> [...] e questo giardino aveva a essere tutto pieno d'aranci, che vi avrebbono avuto ed averanno, quanto che sia, commodo luogo, per essere dalle mura e dal monte difeso dalla tramontana ed altri venti contrari.[86]

Die *limonaia*, wo man noch heute die unterschiedlichsten Varietäten von Zitrusfrüchten bewundern kann, ist zum Hang hin von einer hohen Mauer begrenzt. In die Mitte dieser Mauer ist die *Grotta degli Animali* einbeschrieben, deren zahlreiche Bewohner ehemals als Wasserspeier fungierten.[87]

84 Vasari beschreibt die Wasserversorgung für den Garten von Castello, die zunächst durch Piero di San Casciano und später durch Tribolo geplant und ausgeführt wurde; vgl. Vasari 1973, Bd. 6, S. 71–73, 76f., 81. Zu den unterirdischen Gängen und Wasserleitungen von Castello vgl. auch Galletti 2001.

85 Acidini Luchinat/Galletti 1992, S. 130f.

86 Vasari 1973, Bd. 6, S. 75 („Dieser Garten sollte ganz mit Orangenbäumen bepflanzt werden, die dort, durch die Mauern und den Berg vor dem Nordwind und anderen schädlichen Winden geschützt, eine geeignete Lage finden sollten und auch finden werden." Übersetzung nach Vasari 2010, S. 34).

87 Vgl. hierzu Acidini Luchinat/Galletti 1992, S. 109–123.

Schon ohne die Würdigung eines jeden Details des ikonographischen Programms wird man der politischen Wirkmächtigkeit des Gartens von Castello gewahr. Die verschiedensten Protagonisten aus den Bereichen der Kunst und Natur, darunter diverse Statuen, Wasser, Zitrusfrüchte etc., tragen und vermitteln diese Botschaft im Zusammenspiel: Kunst und Natur stehen gemeinsam im Dienste der Medici, oder genauer im Dienste der Herrschaft jener jüngeren Linie der Familie, die 1569 zu großherzoglichem Rang aufsteigen sollte und zu Beginn der Arbeiten in Castello Mitte des 16. Jahrhunderts nach der territorialen und repräsentativen Konsolidierung ihrer Macht strebte.

Wenn Chandra Mukerji am Ende ihrer Ausführungen über die *French formal gardens* darauf hinweist, dass die Gärten seit den 1640er Jahren grundsätzlich öffentlich zugänglich waren, dass sie nicht nur ästhetische, sondern auch politisch-ökonomische Modelle lieferten und die Natur sowohl Bühne als auch Akteur der Repräsentation des französischen Staates war,[88] stellt man sich Ähnliches für den Garten von Castello vor. Die erwähnte Öffentlichkeit mag hier nicht das einfache Volk gewesen sein, sondern vornehmlich wohlhabende Bildungsreisende, Gesandte und Diplomaten. Wie sich verschiedenen Reiseberichten des 16. und 17. Jahrhunderts entnehmen lässt, besuchte man in der Florentiner Gegend mit Vorliebe die Villen und Gärten von Pratolino und Castello. Die bekanntesten Schilderungen des letzteren Ortes stammen sicherlich von Michel de Montaigne (1533–1592), der seine Reisen der Jahre 1580/81 in einem Tagebuch festhielt, das jedoch erst 1774 gedruckt wurde. Gleich zu Beginn der drei Castello gewidmeten Seiten stellt Montaigne klar: „La maison n'a rien qui vaille; mais il y a diverses pieces de jardinage [...]“[89] – es ist nicht die Villa an sich, sondern der Garten, der den Reisenden interessiert und der nachfolgend im Detail beschrieben wird: die Lage am Hang, die ansteigenden längs und die ebenen quer verlaufenden Wege, die Bepflanzung („[...] tous abres odoriferans, come cedres, ciprès, orangiers, citronniers, & d'oliviers [...]“[90]), die raffinierten Wasserspiele, Brunnen, Statuen und Grotten. Neben der Brunnenstatue des Apennin und der Wasser speienden Herkules und Antaeus-Gruppe beschreibt Montaigne „[...] un cabinet entre les branches d'un abre tous-iours vert [...] Là se fait aussi la musicque d'eau [...]“[91] sowie die *Grotta degli Animali* („[...] une belle grotte, où il se voit toute sorte d'animaus represantés au naturel, randant qui par bec, qui par l'aisle, qui par l'ongle ou l'oreille ou le naseau, l'eau de ces fontenes.“[92]).

88 Mukerji 1993, S. 457.

89 Montaigne 1774, S. 112 („Das Gebäude ist nicht besonders hervorzuheben, doch gibt es verschiedene Gartenbereiche [...]“).

90 Montaigne 1774, S. 113 („[...] sämtliche wohlriechende Bäume, wie Zitronatbäume, Zypressen, Orangen-, Zitronen- und Olivenbäume [...]“).

91 Montaigne 1774, S. 114 („[...] ein Kabinett zwischen den Ästen eines immergrünen Baumes [...], wo auch Wassermusik erklingt [...]“).

92 Montaigne 1774, S. 115 („[...] eine schöne Grotte, in der man sämtliche nach dem Leben dargestellte Tiere sieht, die hier mit dem Schnabel oder den Flügeln, dort mit den Krallen, den Ohren oder der Schnauze das Wasser der Brunnen versprühen.“). Auf dem Rückweg, der den Reisenden im Frühjahr wieder über

Einen ganz ähnlichen Eindruck vermittelt der spätere Ulmer Stadtbaumeister und Architekturtheoretiker Joseph Furttenbach (1591–1667) in seiner wesentlich kürzeren Beschreibung von Castello.[93] Nach einer über 20-seitigen Auseinandersetzung mit der Stadt Florenz und ihren Sehenswürdigkeiten folgt, „was ausserhalb Florenz zu sehen" ist. Unter den „Adeliche Palläst und Villaggi" erwähnt Furttenbach, der sich zu Beginn des 17. Jahrhunderts über zehn Jahre in Italien aufhielt, *Careggia* („sampt einem Lustgarten / darinn ein grosse Summa Pomerantzen und Limonen Bäum"[94]), *Pratollina* mit seinen zahlreichen kunstvollen Grotten und dazwischen:

> Castello, das ist Ihr Hochfürstl. Durchl. des Großhertzogs von Florenz villa, allda auch ein schöner Pallast und Garten / darinn ein ganzer Wald von lauter Zypressenbäum / auch ein Weiher / in der mitten desselben ein Insul / so ein gar wilder Felsen ist / darob ein Wasser Gott sitzt [...] Vor hinüber hats ein grotta, darinn wird Orpheus, sampt einer grossen Anzahl Thier umb ihn her gesehen / und alles mit so grosser Menge Spritzwerck angestellt / daß wol keiner ungetaufft / wie fleissig er sich auch fürsicht / heraus kompt. Im Garten unter einer mit Laubwerck uberzognen Cupula, thut man allerley schöne Auffsätz / an umblauffenden Sternen / Cron / Haspel / und in die Höhe Werffung eines Ey / sampt viel kurtzweiligen Wasserspielen sehen.[95]

Künstlerviten und Reisebeschreibungen, Utens' Lunettendarstellung oder auch ein Rundgang durch den heutigen Garten von Castello lassen den Eindruck einer virtuosen Beherrschung und Bespielung der Natur entstehen. Gestein und Gewässer, Flora und Fauna verschmelzen mit der landschaftlichen Umgebung und der Villen- und Gartenarchitektur zu einer konzeptuellen Einheit, die in Castello seit dem ausgehenden 16. Jahrhundert keine großartigen Veränderungen erfuhr. Die skulpturale und architektonische Ausstattung der Gärten von Castello und la Petraia war im 17. Jahrhundert weitgehend abgeschlossen.[96] Dokumente der *Guardaroba Medicea* lassen den Eingang diverser Gemälde und Ausstattungsstücke in Castello, la Petraia und la Topaia nachvollziehen. Die lange Zeit

Florenz und seine Umgebung führte, sollte Montaigne seine Begeisterung über die zuvor im Winter besuchte Villa Castello ein wenig zügeln; denn wie so häufig geschehen, entsprach die Realität nicht den zuvor erweckten Erwartungen; vgl. Montaigne 1774, S. 273, 275.

93 Joseph Furttenbach war selbst Besitzer eines Gartens mit Grotten und Wasserspielen sowie einer Kunstkammer in seinem Stadthaus in Ulm, das er in der *Architectura privata* (Augsburg 1641) ausführlich beschrieb; vgl. hierzu Grötz 1999. Zur Bedeutung seiner Reisen durch Italien und des daraufhin gedruckten *Newen Itinerarium Italiae* vgl. Zaugg 2013, zu Furttenbachs Kunst- und Rüstkammer vgl. Siebenhüner 2013.

94 Furttenbach 1627, S. 104.

95 Furttenbach 1627, S. 104f.

96 Zur Innenausstattung und zu einzelnen Ausmalungskampagnen in Castello und la Petraia unter Christina von Lothringen, der Ehefrau Ferdinandos I., und deren viertgeborenem Sohn Don Lorenzo de' Medici vgl. Bastogi 2005, Spinelli 2006, 2006a, 2006b. Zu den Arbeiten in den beiden Villen unter Cosimo III. und Vittoria della Rovere s. Anm. 2.19.

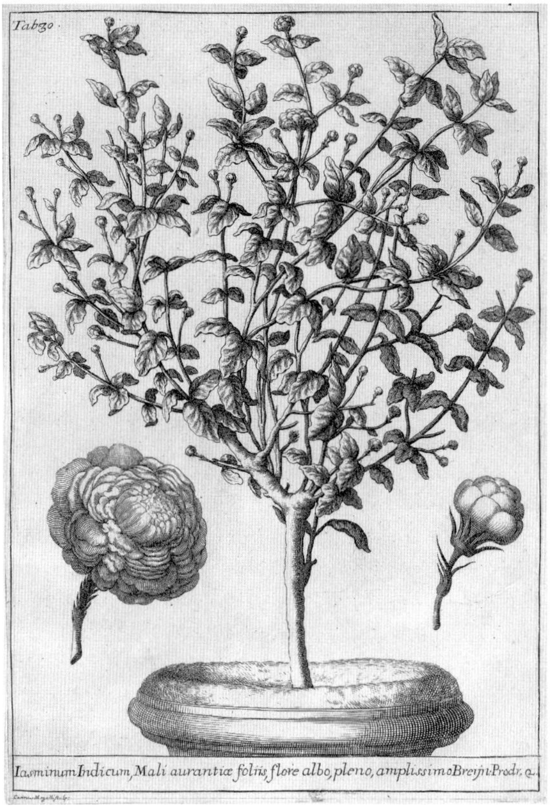

18

Jasminum Indicum, in: Michelangelo Tilli: *Catalogus plantarum horti Pisani* (1723), Tab. 30.

durch die Forschungsliteratur geisternde Annahme, in Castello sei um 1700 analog zu den Früchten in la Topaia und den Tieren in l'Ambrogiana eine Sammlung von Blumenstillleben untergebracht gewesen, findet dabei keine klare Bestätigung.[97] Die Ausgestaltung mit Fresken, Gemälden, Mobiliar sowie skulpturalem Dekor im Innenraum wie auch im Garten ist auf Grund der den Objekten eigenen Langlebigkeit und Materialität besser dokumentiert als die botanische Ausstattung der Gartenbereiche von Castello, la Petraia und la Topaia. Neben Vasari und Montaigne ist es vor allem Pierre Belon (1517–1564), der sich in seinen Reisebeschreibungen ausführlich über die im Garten von Castello vorkommenden Pflanzen äußert. Der französische Botaniker und Zoologe besuchte Castello zwischen 1546 und 1549. In *Les remonstrances sur le default du labur et culture des plantes, et la cognoissance d'icelles* (Paris 1558) nennt Belon hauptsächlich Bäume und Sträucher wie Zypressen, Buchs, Lorbeer, Schneeball und weitere immergrüne Gewächse, Kaktusfeigen

97 Casciu 2008, S. 38.

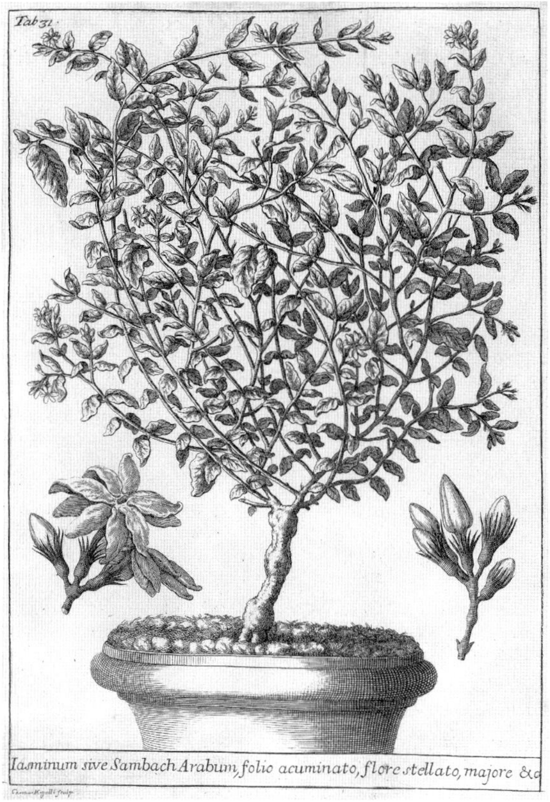

19

Jasminum sive Sambach Arabum, in: Michelangelo Tilli: *Catalogus plantarum horti Pisani* (1723), Tab. 31.

(„figuiers d'Indie"), Platanen sowie natürlich Zitrusfrüchte („Citronniers, Limmoniers et Ponciers"), zudem Tannen, Eichen, Rhododendren, Efeu etc., wobei er auch den jeweiligen Standort der Pflanzen angibt und die architektonische Ausgestaltung des Gartens würdigt.[98]

Einen Eindruck von den Pflanzenbeständen der großherzoglichen Gärten und Ländereien vermitteln auch die Handschriften Pier Antonio Michelis und der Pisaner Gartenkatalog von 1723. So wird *der Eintrag zu Jasminum Indicum Mali Aurantiae foliis, flore albo, pleno, amplissimo* etwa von einem längeren Textabschnitt begleitet, in dem festgehalten ist, dass 34 Jahre zuvor einige seltene exotische Pflanzen aus Goa nach Pisa in den botanischen Garten gelangten. Unter diesen Pflanzen befanden sich neben Ananas- und Zimtpflanzen auch zwei Jasminvarietäten, denen darüber hinaus zwei separate Kupferstichtafeln gewidmet sind (Abb. 18, 19):

98 Belons Ausführungen zu Castello aus den *Remonstrances* sind abgedruckt bei Heikamp 1967, S. 61f.

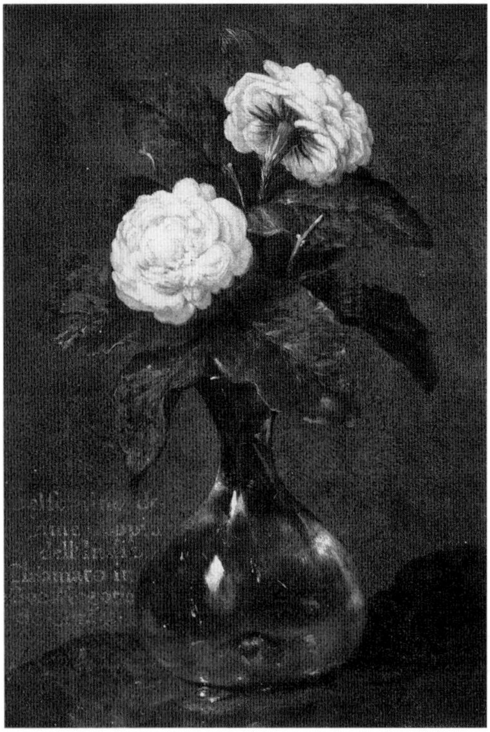

20

Bartolomeo Bimbi: *Mugherino del Granduca*, 1702, 25,5 × 17,5 cm, Poggio a Caiano, Museo della Natura Morta.

[...] tantummodo Jasminum Indicum Mali Aurantii foliis [...] & Jasminum, sive Sambach Arabum, folio acuminato, flore stellato, majore, albo, odoratissimo, vulgò Mugarino H. Maur. cum vividis radicibus inveni; Hoc flore simplici quamvis odore suavissimo, & per Italiam inde solo Mugherini nomine ubique diffusum, attamen venustate, ac fragrantiâ alteri cedit. Primum Jasminum [Jasminum Indicum] flore plenissimo nemini datum, in Europa: namque ex Horto Pisano statim ac refectum, in Mediceum, ac ornatissimum Castelli Viridarium translatum, ibi adhuc, & hyeme in hybernaculis conservatur, & estate ità florescit [...][99]

99 Tilli 1723, S. 87 („[...] nur die Sorten *Jasminum Indicum* [...] und *Jasminum* oder *Sambach Arabum* [...] für gewöhnlich *Mugarino* [...] habe ich mit lebendigen Wurzeln vorgefunden. Die Blüten jener letztgenannten Varietät sind einfach, dabei jedoch von besonders süßem Duft und über Italien hat sie sich darauf überall unter dem Namen *Mugherino* verbreitet, auch wenn sie in Schönheit und Duft hinter der anderen Varietät zurücksteht. Jener erstgenannte Jasmin [*Jasminum Indicum*] mit den gefüllten Blüten wurde niemandem in Europa weitergegeben. Die Pflanze wurde sogleich aus dem Garten in Pisa in den prächtigen Garten von Castello überführt, wo sie seither zur Winterzeit in einem Treibhaus bewahrt wird und zur Sommerzeit in folgender Weise blüht [...]").

Die prachtvollen Pflanzen überwinterten in einem eigens für sie gebauten Treibhaus, der *stufa dei mugherini* im heutigen *giardino segreto*,[100] und ein blühender Zweig der an diesem Ort streng gehüteten Jasminart wurde auf Grund seines außergewöhnlichen Reichtums an Blütenblättern von Bartolomeo Bimbi diesmal zur Unterbringung in der Villa di Castello portraitiert (Abb. 20).[101]

Der Passus aus dem *Hortus Pisanus* bestätigt nicht nur die Präsenz der Jasminpflanzen in Castello, er gibt auch Auskunft über ihre Gestalt und die Entstehung des Namens *mugherino* oder *mugarino* (von *muschio*, dt. *Moschus*), den die zweite genannte Varietät auf Grund des Dufts ihrer Blüten erhielt und der sich zusammen mit der Pflanze von der Toskana ausgehend ausbreitete. Eine solche Verzeichnung und Festlegung der Namen und die damit einhergehende Verbreitung der Bezeichnungen, der Pflanzen selbst oder auch nur der Kenntnis über dieselben und deren Besitzer ist ein wesentliches Charakteristikum der gedruckten und gemalten Kataloge der botanischen Gärten und des Casino della Topaia. Auch Francesco Saverio Baldinucci hält in Bimbis Vita fest, dass die Namen der verschiedenen Früchte und Blumen, über die eben keine Einigkeit herrschte („[...] i veri nomi, già variamente confusi [...]"), mittels der Bilder und ihrer Inschriften Verbreitung finden sollten.[102] Solche Be- und Verzeichnungspraktiken, die sich im Falle der genannten Kataloge auf in der Toskana beheimatete oder in die Toskana gelangte, oftmals in irgendeiner Form bemerkenswerte Spezies beziehen, können als Begleiterscheinungen oder Ergebnisse dezidierter Beherrschungs- und Verfügungsvorgänge gewertet werden.[103] Wiederum ist der Status des Besitzens eng mit dem des Wissens verbunden. Was man besitzt, das kennt man und diese Kenntnis kann zu unterschiedlichen Zwecken in verschiedene Medien übertragen, transportiert und rezipiert werden.

Dabei gilt es, anzumerken, dass solche Formen des Dominierens der Natur, sei es in einem Garten, einem Text, einer Kunst- oder Naturaliensammlung, aus der Beherrschten nicht notwendigerweise eine passiv Erduldende machen. Die Natur mischt mit, durch die staatliche Verfügung wird sie gewissermaßen zur politischen Verbündeten.[104] Nicht nur

100 Acidini Luchinat/Galletti 1992, S. 78f.

101 Vgl. Della Monica in Meloni Trkulja/Tongiorgi Tomasi 1998, S. 90f. Hier ist auch die umfangreiche Inschrift auf der Rückseite des nur 25,5 × 17,5 cm messenden Bildes wiedergegeben. Die *mugherini* gehen dem Text zufolge auf ein Geschenk des Königs von Portugal an Cosimo III. aus dem Jahre 1688 zurück. Das in zwei Ansichten („in due vedute") portraitierte Exemplar Bimbis wurde am 22. August 1702 im Garten von Castello gefunden und besaß 160 Blütenblätter sowie zahlreiche weitere, die auf Grund ihrer Kleinheit nicht mehr zu zählen waren.

102 Baldinucci 1725–30 (1975), S. 247.

103 Vgl. hierzu Schiebinger 2007, S. 90f.

104 Mukerji 1993, S. 459, Anm. 21. Die Autorin verweist an dieser Stelle auf Bruno Latours *Science in Action*. Das Rezept zum wissenschaftlichen Erfolg (wie auch zum politischen, zum wissenschaftspolitischen Erfolg etc.) basiere nicht zuletzt auf dem Auffinden, dem Mobilisieren und Kontrollieren von Verbündeten, wobei es sich um Personen, Dinge, Sachverhalte und vieles mehr handeln kann. Latour bemüht in seiner Studie die verschiedensten „allies", so auch den „[...] sometimes faithful and sometimes fickle ally [...]" – die Natur. Latour 1987, S. 94. Zu Latours Studie vgl. auch Shapin 1988.

die *French formal gardens*, gerade auch der Garten von Castello ist ein Paradebeispiel für ein solches Bündnis der fürstlichen Herrschaft mit der Natur. Die Lage Castellos unweit der Stadt, dabei aber im Herzen suburbaner Rekreation („[...] the west part [of Florence] full of stately groves and pleasant meadows, beautified with more than a thousand houses and country palaces of note, belonging to gentlemen of the town [...]"[105]) schafft hierfür optimale Voraussetzungen. Der Ort ist sowohl von der Stadt als auch vom Umland aus gut zu erreichen. Neben Angehörigen des Hofes sind es vor allem ausländische Bildungsreisende, die umfangreich Zeugnis von den Besonderheiten des Ortes ablegen. Das von Vasari beschriebene und in Teilen auch am heutigen Bestand nachzuvollziehende Programm lässt kaum eine andere Interpretation zu als die einer Indienstnahme der Natur zu Repräsentations- und Legitimierungszwecken. Nicht nur die geographischen Begebenheiten, die Felsen des Apennin und die Wasser des Arno und des Mugnone, sondern auch Flora und Fauna tragen aktiv zur Glorifizierung der Stadt Florenz und der Herrschaft der Medici bei. An die 40 heimische wie auch exotische, zum größten Teil einträchtig nebeneinander verweilende Tiere bevölkern die Grotte an der Stirnseite der beiden unteren Gartenbereiche (Abb. 21), wo sie ehemals die Wasser der Florentiner Flüsse versprühten. Ob die Eintracht der Tiere auf das ursprüngliche Musizieren eines Orpheus zurückzuführen ist, den Joseph Furttenbach in seiner Beschreibung erwähnt, oder eher einer das Paradies oder Ovids Goldenes Zeitalter evozierender Idee entspringt, bleibt unbestimmt.[106] Eine besondere Rolle, sowohl für das in Castello allgegenwärtige Motiv des Wassers als auch für die Harmonie unter den anwesenden Tieren, scheint das Einhorn in der zentralen Gruppe zu spielen. Dem Fabelwesen und seinem charakteristischen Horn wurden Wasser reinigende und somit die durstigen, wilden Tiere einende Eigenschaften zugesprochen.[107] Ebenso kann die Erschließung des Wassers in Castello oder auch auf der Piazza della Signoria mit dem prestigeträchtigen Bau des Neptunbrunnens als ein Verdienst des Großherzogs angesehen werden, das dem Motiv des Einhorns würdig ist. Dabei ist das Einhorn nicht das einzige Assoziationen weckende Tier; in der gleichen Tiergruppe sieht man einen Löwen, der an den *Marzocco* als Wahrzeichen von Florenz denken lässt. Der Keiler in der rechten Gruppe erinnert an die antike Skulptur, die Cosimo I. 1560 von Papst Pius IV. als Geschenk erhielt und die Pietro Tacca später als Vorlage für die Bronzefigur des so genannten *Porcellino* dienen sollte, während sich das Nashorn in der linken Gruppe an Albrecht Dürers berühmtem Holzschnitt orientiert.[108] Claudia Lazzaro betont weiterhin

105 Evelyn 1901, Bd. 1, S. 89 („[...] [die Gegend] westlich [von Florenz], voll von stattlichen Gehölzen und erquicklichen Auen, geschmückt mit mehr als tausend Häusern und berühmten Landsitzen, die den Edelleuten aus der Stadt gehören [...]").

106 Zu den verschiedenen Deutungsmöglichkeiten der Grottenausstattung sowie weiterführender Literatur vgl. Lazzaro 1995, S. 331, Anm. 7.

107 Lazzaro 1995, S. 210.

108 Detaillierte Abbildungen der verschiedenen Tiergruppen finden sich bei Acidini Luchinat/Galletti 1992, S. 115–121, 124–128.

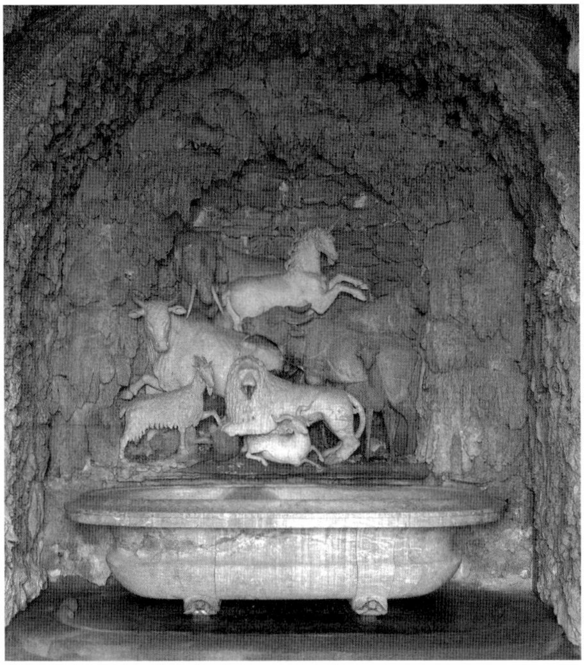

21

Grotta degli Animali (zentrale Gruppe), Garten der Villa di Castello.

die Präsenz der Sternzeichentiere Cosimos I. und Francescos I. (Steinbock und Widder in der zentralen Gruppe) sowie die Anlehnung einiger Tiere an bestimmte ikonographische Vorlagen, die teilweise von einer tatsächlichen Präsenz einzelner bemerkenswerter Tiere (etwa der Giraffe oder des Elefanten) in Florenz oder am Hofe der Medici-Päpste Leo X. und Clemens VII. in Rom zeugen. Nicht selten fungierten exotische Tiere oder besonders wertvolle Züchtungen von Pferden, Hunden etc. als Staatsgeschenke, was den Tieren eine prestigeträchtige und repräsentative Funktion verlieh.[109] Ähnliches kann für Pflanzen gelten, denkt man an die streng gehüteten Jasminvarietäten Cosimos III., deren Mutterpflanzen der Großherzog durch den König von Portugal erhalten hatte. Lazzaro verweist auf Andrea del Sartos *Tribut an Caesar* (1521) in der *sala di Leone X* der Villa in Poggio a Caiano, wo Caesar an Stelle Lorenzos des Prächtigen die Gaben des Sultans von Ägypten (darunter eine Giraffe, einen Löwen, Ziegen und Papageien) empfängt. Die Giraffe kehrt mit einigen Kamelen und anderen Tieren in Giorgio Vasaris *Tribut an Lorenzo den Prächtigen* (1546) im Palazzo Vecchio wieder.[110] Exotische Tiere als Tribut an die Identifikationsfigur

109 Zu Giraffe, Elefant und einem Nashorn, das während der Einschiffung nach Rom verstarb, vgl. Lazzaro 1995, S. 219–222.

110 Lazzaro 1995, S. 223–225, Abbildungen S. 22 (10.21), S. 224 (10.22).

des Kaisers oder an den Fürsten selbst unterstreichen Autoritäts- und territoriale Herrschaftsansprüche, wobei die Konnotation des Kennens und Wissens durch den Status des Besitzens mitschwingt. Ganz ähnlich verhält es sich bei den zahlreichen Tieren der *Grotta degli Animali*, die bei den Besuchern verschiedene Assoziationen wecken konnten.

Im Bereich unmittelbar vor der Grotte befand sich der so genannte *giardino degli agrumi* mit den unterschiedlichsten Varietäten von Zitrusfrüchten. In Vasaris Beschreibung (s. S. 44) war dieser Bereich zwar geplant aber noch nicht angelegt. Auf Utens' Lunettendarstellung hingegen sieht man sowohl die *spalliere* entlang der Mauern als auch zahlreiche *agrumi in vaso* am Wegrand (Abb. 15). Die goldgelben und orangefarbenen *melaranci*, die in der Regel als Spalierpflanzen und Träger von veredelnden Pfropfungen dienten,[111] erinnern in ihrer runden Form an die *palle* des Familienwappens der Medici. Zudem soll der Legende nach Herkules, der in Castello als Bezwinger des Riesen Antaeus zugegen ist, die *pomi d'oro* aus dem am westlichen Ende der Welt gelegenen Garten der Hesperiden geraubt und nach Griechenland gebracht haben. Der prominentesten toskanischen Umsetzung dieses Themas begegnet man wiederum in der *sala di Leone X* in Poggio a Caiano. Beauftragt von Francesco I. de' Medici vollendete Alessandro Allori die Ausmalung des repräsentativen Saals.[112] Gegenüber von Jacopo Pontormos Lunettendarstellung mit Vetumnus und Pomona (um 1520–1525) fanden Herkules und Fortuna im Garten der Hesperiden (1578–1582) ihren Platz (Abb. 22). Grünende Zweige und eine Fülle an Früchten sind bei den Darstellungen dieser beiden Sujets selbstverständlich. Die Gottheiten der Jahreszeiten und der Gärten und Früchte sowie der Held Herkules als Identifikationsfigur des Herrschers begleitet von Fortuna kurz vor dem erfolgreichen Raub der goldenen Früchte sind die Repräsentanten der blühenden Herrschaft schlechthin. Auch Francesco Redi bedient sich der Legende des herkulischen Früchteraubs, wenn er Cosimo III. mit dem griechischen Helden gleichsetzt, um den Reichtum der toskanischen botanischen Gärten mit fremdländischen Pflanzen zu beschreiben (s. S. 11). Zitrusfrüchte im Großherzogtum der Medici – ob im Garten wachsend, als ikonographisches oder literarisches Motiv – mögen sich auf eine gewisse Tradition der Kultivierung von *agrumi* innerhalb der Familie bezogen haben,[113] außerdem auf das Familienwappen mit den *palle* und den antiken Helden Herkules, der mit einer entsprechenden Geschichte als überaus passende Identifikationsfigur für die Großherzöge gelten kann.[114]

111 Acidini Luchinat/Galletti 1992, S. 72. Bei den *melaranci* handelt es sich um Bitterorangen oder Pomeranzen (*Citrus aurantium*).

112 Zur malerischen Ausstattung der Villa in Poggio a Caiano, allen voran der *sala di Leone X*, vgl. Kliemann in Kliemann/Rohlmann 2004, S. 232–257.

113 Vgl. hierzu Galletti 1996, 1996a.

114 Vgl. hierzu (mit einem unmittelbaren Bezug zu Alloris Lunettenfresko von Poggio a Caiano) Kliemann 1976, S. 83–85. Darüber hinaus verweist der Autor auf ein im Anhang abgedrucktes Lobgedicht von Petrus Borgaeus auf Cosimo I. (*Ad Cosmum Medicem, Magnum Ducem Etruriae*, Kliemann 1976, S. 259–265), in dem unter anderem beschrieben wird, wie Herkules die Zitrusfrüchte nach Italien brachte und sie Eingang in das Wappen der Medici fanden.

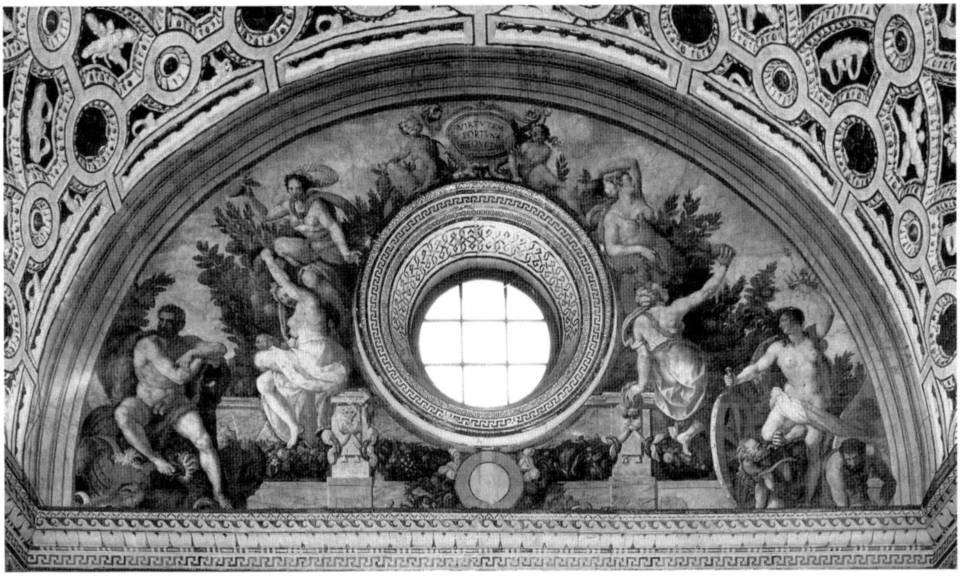

22 Alessandro Allori: Lunettenfresko mit Herkules und Fortuna, 1578–1582, Poggio a Caiano, Villa Medici, sala di Leone X.

Das Beispiel der Zitrusfrüchte illustriert, genauso wie die Motive der verschiedenen Tiere, auf welche Weise Flora und Fauna im Garten von Castello ihren Anteil zur Legitimierung und Zurschaustellung der neu erworbenen Macht des jüngeren Familienzweigs der Medici beitragen konnten. Der Bezug auf eine Tradition impliziert nicht selten eine Steigerung (etwa an Zitrusfrüchten in der *limonaia*), Bündelung (etwa an versammelten Tieren in der Grotte) oder andersartige Abstraktion, die allesamt den historischen Rückbezug deutlich machen, dabei jedoch selbst Neues, Besonderes und Nachahmenswertes sein wollen.

Zu Zeiten Cosimos III. mögen die Gärten der Villen an den Ausläufern des Monte Morello in einem ähnlichen Zustand gewesen sein wie um 1600, als Giusto Utens den Lunettenzyklus für die *sala delle ville* in Artimino schuf. Während Teile des Gartens von Castello wohl von Beginn an zur Kultivierung von Zitrusfrüchten vorgesehen waren, sollten die den Baukörper flankierenden Gartenbereiche der Villa della Petraia dem Anbau so genannter *alberi nani da frutto* dienen, durch Beschneidung besonders klein gehaltene, dabei aber dennoch ertragreiche Obstbäumchen.[115] Die Mauern bedeckende *spalliere*, ein *frutteto nano* (möglicherweise mit einer Konzentration auf Birnenvarietäten) sowie duftende Kräuter und Blumen sind auch für die Gartenbereiche von la Topaia anzuneh-

115 Acidini Luchinat/Galletti 1992, S. 157f.; vgl. auch Pozzana 1990. S. 36–39, 181–186 (Agostino del Riccio: *De' frutteti nani*, BNCF, ms. Targioni 56).

men, die mit der umfangreichen Restaurierung des Casino unter Cosimo III. in neuem Glanz erstrahlt haben müssen. Die Lage am Hang garantiert schon für die Villen und Gärten von Castello und la Petraia einen weiten Blick über die Ebene des Arno und darüber hinaus. Als nördlicher Abschluss des *selvatico* von Castello war ursprünglich eine Loggia geplant, die jedoch nicht zur Ausführung kam. Beeindruckender als der von Vasari beschriebene Blick von jener Stelle aus muss die Aussicht vom noch höher gelegenen Casino della Topaia auf die unterhalb liegenden Villen und ihre Gärten, die umgebenden Ländereien mit Weinreben und Olivenhainen und das Umland gewesen sein:

> [...] una loggia, che salendo parecchi scaglioni scopriva nel mezzo il palazzo, i giardini, le fonti, e tutto il piano di sotto ed intorno, insino alla ducale villa del Poggio a Caiano, Fiorenza, Prato, Siena e ciò che vi è all'intorno a molte miglia.[116]

Der Blick vom Standort des heiligen Fiacre oder von der loggienartigen Balkonöffnung oberhalb des Eingangsbereichs des Casino aus über die Toskana, über die Villen und Gärten von Castello und la Petraia mit ihrer repräsentativen skulpturalen und botanischen Ausstattung korrespondierte mit der visuellen Erfahrung des Gartens und der Gemäldesammlung von la Topaia. Was man im Inneren der kleinen Residenz auf prächtigen Ölbildern bewundern und erlernen konnte, auf das konnte man im Freien verweisen: mögen es die Birnenvarietäten im *frutteto nano* direkt vor der Tür gewesen sein (Taf. III), die *agrumi* von Castello (Taf. I), der Kürbis aus Pisa (Taf. VI) oder der Trüffel von Castel Leone (Taf. VII), sie alle waren gewissermaßen Früchte der Herrschaft der Medici; und dieses florierende Territorium war sowohl mit dem Blick des Kunst- und Gartenliebhabers als auch mit dem Blick des in die Ferne schauenden, das Auge schweifen lassenden Innehaltenden und Kontemplierenden zu erfassen.

Hier kehrt Mukerjis Assoziation der Gärten als *living maps* wieder (s. S. 41), wobei sich zu den Aspekten der Kontrolle und Manipulation der der Rekreation gesellt. Der Aufenthalt im Grünen, an der frischen und sauberen Luft galt, der Gesundheit dienlich und Krankheiten vorbeugend, als eine Art Kur. Die körperliche und geistige Erholung in Villa und Garten umfasste Ruhe und moderate Anstrengungen, Zerstreuung und Kontemplation sowie die sanfte Stimulation aller fünf Sinne. Um Luftzufuhr und fließendes Wasser zu garantieren, lagen solche Zentren suburbaner Rekreation, wie Castello und seine Umgebung, idealerweise an windgeschützten Hängen – ein leichtes An- und Abfallen der Spazierwege im Garten und die weite Sicht in die

116 Vasari 1973, Bd. 6, S. 76 (Anm. 1: Siena konnte man von dieser Stelle aus nicht sehen. Möglicherweise ist an Stelle von Siena die Ortschaft Signa gemeint.) („[...] [eine] Loggia [...], zu der man über etliche Stufen hinaufsteigen und in ihrer Mitte den Blick auf den Palast, die Gärten, Brunnen, die darunterliegende Ebene, das Umland bis hin zur herzoglichen Villa von Poggio a Caiano und darüber hinaus bis Florenz, Prato und Signa und ihre Umgebung über viele Meilen hinweg genießen würde." Übersetzung nach Vasari 2010, S. 34).

Ebene inklusive.[117] Sehen, ob nah oder fern, und Spazieren zur geistigen und körperlichen Rekreation funktionierte nicht nur im Garten, sondern auch in der Gemäldegalerie.[118] Nicht nur die Natur, sondern auch die Kunstsammlung als Umgebungs- und Erfahrungsort vermochte es, therapeutische Funktionen zu übernehmen – so etwa das Lindern melancholischer Stimmungen, wie Robert Burton in *The Anatomy of Melancholy* (1621) ausführt.[119] Wenn Kunst beispielsweise in der Skulpturensammlung im Garten Teil der Naturerfahrung werden konnte, so war umgekehrt gleiches möglich und die malerische Landschafts- und Naturdarstellung fand als illusionistischer Ausblick oder gerahmtes Ölgemälde vermehrt Eingang in umfangreiche Kunstsammlungen beherbergende Villen wie auch Stadtresidenzen, wobei nicht nur das Beschauen der Bilder, sondern auch die Aussicht aus Fenstern oder einer Loggia verbunden mit dem Umherwandeln im Raum ein erholsamer, Geist und Körper wohltuender Akt sein konnte.[120] Nach Frances Gage ist gerade der medizinisch-therapeutische Aspekt von Giulio Mancinis *Considerazioni sulla pittura* (1619–21) bislang kaum gewürdigt worden, obgleich der Autor seinerzeit praktizierender Arzt in Rom war und sich in seinen sammlungstheoretischen Ausführungen gewisse Verweise auf zeitgenössische medizinisch-therapeutische Praktiken finden.[121]

Denkt man wiederum an Florenz, Cosimo III. und die Gemäldesammlung von la Topaia, so scheint dort genau ein solches Konzept verwirklicht worden zu sein. Die Bilder evozieren den Aufenthalt in der Natur und vermitteln zugleich Kenntnisse über dieselbe. Im Freien setzt sich dieses Erlebnis fort; die umliegende Natur lässt sich mit allen Sinnen direkt erfahren und genießen. Der Gang durch die Gartenbereiche, ein Besuch der umliegenden Ländereien sowie der Gärten der nahe gelegenen Villen von Castello und la Petraia vermittelt nicht nur eine Vielzahl an botanischen Besonderheiten und atemberaubende (oder angesichts des gesunden Klimas eher Atem spendende) Ansichten und Ausblicke, sondern auch eine Idee fürstlichen Selbstverständnisses in Form von offenkundiger politischer Repräsentation in Castello und zurückgezogener Spiritualität in la Topaia. Körper und Geist konnten an einem solchen Ort zweifelsohne sowohl Ruhe als auch Zerstreuungen verschiedenster Art finden und die Vorstellung, eine Sammlung von Gemälden bemerkenswerter botanischer Sujets gehe nicht zuletzt auf die Tatsache zurück, dass Cosimos Leibarzt, Francesco Redi, dem Großherzog auf Grund eines Gallenleidens eine ausschließlich vegetarische Diät auferlegt habe,[122] erscheint gar nicht so abwegig (s. S. 245).

117 Vgl. Wright 1996, S. 35–42.

118 Vgl. Gage 2008, S. 1168, 1171–1173. Die Autorin bezieht sich auf die Ausführungen des englischen Geistlichen und Gelehrten Robert Burton (1577–1640) und des Sieneser Arztes Giulio Mancini (1559–1630), bei denen die Kunstsammlungen der römischen Gesellschaft im Mittelpunkt stehen.

119 Vgl. Gage 2008, S. 1171f.

120 Vgl. Gage 2008, S. 1186–1189.

121 Gage 2008, S. 1201; zu dieser Thematik vgl. umfassend dies. 2016.

122 Rudolph 1973, S. 223.

2.2 Neue Pflanzen für Pisa und Florenz: die *Giardini dei Semplici*

Weniger dem Wohl von Geist und Körper durch bloßes Anschauen und Umhergehen als eher dem Studium des Nutzens von Pflanzen als Heilmittel waren die *Giardini dei Semplici* gewidmet, deren Einrichtung in Pisa und Florenz, wie die der vorangehend beschriebenen großherzoglichen Villengärten, im Wesentlichen in die zweite Hälfte des 16. Jahrhunderts fiel. Auch wenn es sich bei den botanischen Gärten von Pisa, Padua, Bologna, Montpellier, Leiden etc. um universitäre Einrichtungen handelte, erfüllten die Gärten dennoch nicht ausschließlich Studiums- und Lehrfunktionen.[123] Neben seltenen Pflanzen beherbergten sie oftmals umfangreiche Kunst- und Naturaliensammlungen, was sie zum Anziehungspunkt für reisende Gelehrte und Sammler werden lies. Dort wachsende oder gesammelte Besonderheiten verliehen den Gärten somit die Universität und die Stadt, den Staat und das Herrscherhaus glorifizierende repräsentative Funktionen, wie Redis Passus aus den *Esperienze intorno a diverse cose naturali* von 1671 bereits deutlich machte (s. S. 11). Redi erwähnt die Ausstattung der Gärten von Pisa und Florenz durch Cosimo III. mit sämtlichen fremdländischen Arten zum primären Nutzen all jener, die die Pflanzen und ihre Eigenschaften untersuchen, was längst nicht bedeuten muss, dass die bloße Neugier und Freude („[...] il vano e curioso diletto [...]") stets ausgeblendet blieb.[124]

Aus der heutigen Perspektive lässt sich feststellen, dass die Gärten eine – sich zwar wandelnde – Multifunktionalität behalten haben. In der Mitte des 17. Jahrhunderts beschrieb John Evelyn die Sammlung und den Garten von Pisa folgendermaßen:

> Hence, we went to the College, to which joins a gallery so furnished with natural rarities, stones, minerals, shells, dried animals, skeletons, etc. as is hardly to be seen in Italy. To this the Physic Garden lies, where is a noble palm tree, and very fine waterworks.[125]
>
> In the gallery of curiosities is a fair mummy: the tail of a sea-horse; coral growing on a man's skull; a chariot automaton; two pieces of rock crystal, in one of which is a

123 Zum Aufkommen und zur Funktion botanischer Gärten im 16. und 17. Jahrhundert vgl. u. a. Prest 1981, Tjon Sie Fat/de Jong 1991 (*Part I: The World of Clusius. Gardens and Botanic Gardens in Europe in the 16th Century*, hier vor allem die Beiträge von Tjon Sie Fat, de Jong und Tongiorgi Tomasi/Garbari), Tongiorgi Tomasi 2005.

124 Ganz ähnlich äußerte sich fast 100 Jahre zuvor Pierre Belon in den *Remonstrances* (s. S. #48f.) bzw. der lateinischen Fassung *De neglecta cultura stirpium* (Antwerpen 1589, S. 64) über den Pisaner Garten: „Cosimo dei Medici duca di Firenze ordinò di costruire un orto anche nella sua Università pisana, che cura con grandi spese, e l'affidò espressamente a uomini di scienza a vantaggio di coloro che vi si recano per apprendere la scienza [...] in questo si possono vedere e riferire molte rare e eccellenti piante, ciascuna delle quali non si trova altrove in Italia."; zitiert nach Garbari 1991, S. 282 (übersetzt ins Italienische).

125 Evelyn 1901, Bd. 1, S. 88 („So begaben wir uns zur Universität, an die eine Galerie anschließt, die so voll von seltenen Naturobjekten, von Steinen, Mineralien, Muscheln, getrockneten Tierpräparaten, Skeletten etc. ist, wie man es in Italien kaum zu sehen bekommt. Dort liegt auch der botanische Garten, wo sich ein edler Palmenbaum und ausgezeichnete Wasserspiele finden.").

drop of water, in the other three or four small worms; two embalmed children; divers petrifications, etc. The garden of simples is well furnished, and has in it the deadly yew, or taxus, of the ancients; which Dr. Belluccio, the superintendant, affirms that his workmen cannot endure to clip for above the space of half an hour at a time, from the pain of the head which surprises them.[126]

Es entsteht der Eindruck, als sei es vor allem die *gallery of curiosities* gewesen, die den Reisenden interessierte. Im *Elysium Britannicum* widmet Evelyn dem *Philosophico-Medicall Garden* hingegen ein eigenes kurzes Kapitel.[127] Er zählt verschiedene Funktionen des *Medical Garden* auf, „[...] which is indeede the most naturall, usefull and Philosophicall [...]":

[...] we have by this means enlarged our roome & opportunities for new & rare experiments for enfranchising strange plants & civilizing the wild & rude; for the easier knowledge of Physical Simples, for the culture {& entertainment} of forreigne plants, for the composition of medicines & the use of the Family & lastly (by all these) for the contemplation of Nature & the accomplishment of our Elysium.[128]

Es folgen beispielhafte Erläuterungen und Anleitungen zur Anlage und Bepflanzung botanischer Gärten. Angesichts Evelyns umfassender Kenntnisse der europäischen Gartenkultur des 17. Jahrhunderts vermag der Passus über die Funktionen des *Medical Garden* ein getreues Bild über Nutzen und Wahrnehmung solcher Einrichtungen im ausgehenden 17. Jahrhundert zu entwerfen. Einer weiten Spanne an Benutzern und Besuchern entsprachen verschiedene Interessen und Gründe, die Gärten aufzusuchen: seien es Kuriositätenkabinette, Wasserspiele, seltene und exotische Pflanzenarten, das Studieren sowie Beschaffen von Heilpflanzen oder auch das Naturerlebnis an sich. Briefe, Reisebeschreibungen und zahlreiche weitere Dokumente bestätigen diesen Eindruck für die beiden toskanischen botanischen Gärten. Anlässlich der Gründung des ersten Pisaner Gartens

126 Evelyn 1901, Bd. 1, S. 182f. („In der Kuriositätengalerie gibt es eine schöne Mumie, den Schwanz eines Seepferdes, eine Koralle, die auf einem menschlichen Schädel wächst, einen automatisch betriebenen Wagen, zwei Stücke von Bergkristall, von denen einer einen Wassertropfen und der andere zwei oder drei kleine Würmer umschließt, zwei einbalsamierte Kinder, diverse Fossilien etc. Der botanische Garten ist gut ausgestattet und beherbergt auch die todbringende Eibe, oder Taxus, wie sie die Alten nannten; Dr. Bellucci, der Vorsteher des Gartens, versichert, dass seine Mitarbeiter es wegen der Kopfschmerzen, die sie befallen, nicht aushalten, den Baum länger als eine halbe Stunde am Stück zu beschneiden.").

127 Vgl. Evelyn 2001, S. 103–110.

128 Evelyn 2001, S. 103 („[...] der in der Tat der natürlichste, nützlichste und lehrreichste [Garten] ist [...] wir haben durch diese Mittel unseren Raum und unsere Möglichkeiten für die Durchführung neuer und seltener Experimente, für den Anbau außergewöhnlicher Pflanzen und die Zähmung des Wilden und Derben erweitert, zudem für den einfacheren Erwerb von Kenntnissen über Heilkräuter, für die Kultivierung von {und das Vergnügen an} fremden Pflanzen, für die Zusammensetzung von Medikamenten sowie den Nutzen [der Pflanzen] für die Familie und letztlich durch all das für die Kontemplation der Natur und die Vollendung unseres Elysiums.").

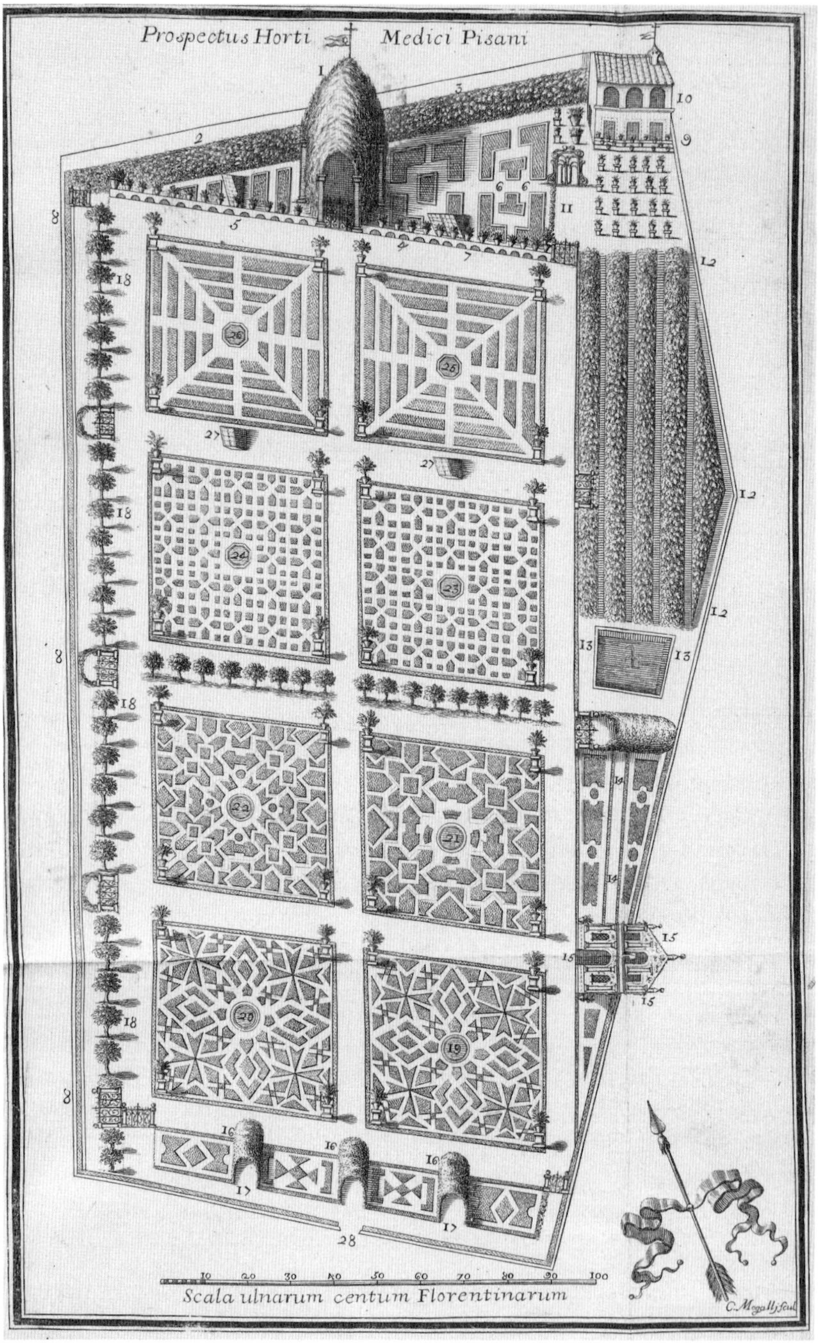

23 Grundriss des botanischen Gartens in Pisa, in: Michelangelo Tilli: *Catalogus plantarum horti Pisani* (1723).

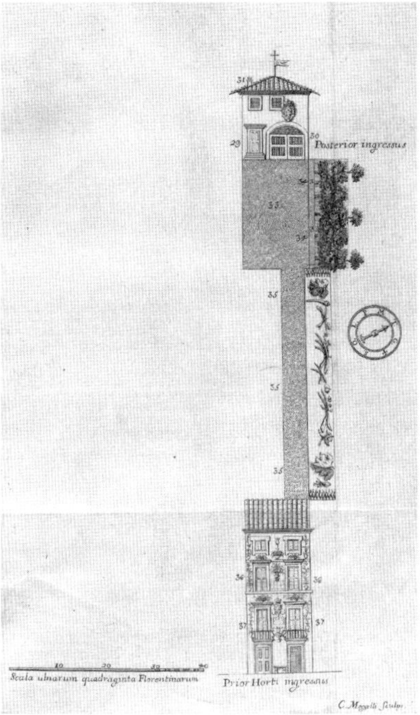

24

Fassadenaufriss des botanischen Gartens in Pisa, in: Michelangelo Tilli: *Catalogus plantarum horti Pisani* (1723).

1544/45 schrieb Luca Ghini am 4. Juli 1545 an Pier Francesco Riccio, Majordomus Cosimo I. de' Medicis, „[...] farò un giardino, che serà di piacere a S.[ua] E.[ccellenza] et d'utile alli scolari [...]".[129] Die bereits bekannten Aspekte des Erfreuens und zugleich von Nutzen Seins kehren immer wieder. Die Beschreibung im *Itinerarium Italiae* (Köln 1602) bezieht sich bereits auf den dritten und noch heute bestehenden Garten in der via Santa Maria, den Ferdinando I. ab 1591 von Giuseppe Casabona einrichten ließ (Abb. 23, 24).[130] Dieser Garten beherbergte auch die vielfach erwähnte und beschriebene *galleria*:

129 ASF, Mediceo 1171, cc. 256f.; zitiert nach Garbari 1991, S. 277 („[...] ich werde einen Garten anlegen, der Seiner Exzellenz zur Freude gereichen und den Studenten von Nutzen sein wird [...]"). Zur Gründung des ersten Pisaner Gartens und damit einhergehenden Datierungsfragen vgl. Garbari/Tongiorgi Tomasi 1991, S. 15–18, 25, Anm. 1, außerdem Tchikine 2013, der auf der Basis neuer Archivfunde und einer Revision der vorangegangenen Forschungsergebnisse die frühe Geschichte nicht nur des Pisaner, sondern auch des Florentiner Gartens in ein neues Licht rückt (s. Anm. 2.143). Zu dem aus Imola stammenden Arzt und Botaniker Luca Ghini (1490–1556), dem ersten *prefetto* des Gartens und Inhaber der *cattedra dei semplici*, vgl. Garbari 1991a, S. 29–33.

130 Zu den drei aufeinander folgenden Pisaner Gartengründungen durch Luca Ghini (1544), Andrea Cesalpino (1563) und Giuseppe Casabona (1591) vgl. Garbari/Tongiorgi Tomasi 1991, zusammenfassend Tongiorgi Tomasi 2005, S. 98–100 sowie wiederum Tchikine 2013. Zu Giuseppe Casabona, eigentlich Joseph Goedenhuize (gest. 1595) vgl. Garbari 1991a, S. 38–44 und ausführlich Tongiorgi Tomasi/Garbari 1995.

> Il Giardino del Granduca serve di comodo e di utilità agli studiosi di medicina; in esso sono disposti con ottimo ordine molte piante e rari frutti esotici [...] Nell'edificio contiguo al Giardino sono conservati ed esposti moltissimi scheletri di animali esotici, di coccodrilli, così come di serpenti e pesci rari e meravigliosi, e molti altri che altrove non è possibile vedere.[131]

Zahlreichen, oft recht ausführlichen Berichten zufolge stand die erwähnte Sammlung im Blickpunkt der Besucher des Gartens. Kurze Zeit nach Evelyn reiste sein Landsmann John Raymond nach Pisa. Sein Rundgang durch die Stadt führte ihn auch zum „Physitians garden",

> [...] which is more for use then delight; although there be good walks, & water-works that well washt us, yet for the most'tis cover'd with simples, outlandish Plants and the like. Joyning to it is a gallery very commodious for Medecinall things, it abounding with all curiosities of Nature, as foreign creatures, Stones, Mineralls, and whatsoever strange the farthest Indies produce.[132]

Der Bewertung des Gartens als eher dem Nutzen denn der Zerstreuung zugedacht folgt eine kurze Beschreibung jener umfassenden „gallery" mit ihren bemerkenswerten Objekten. Zwischen 1725 und 1745 bezeichnet Georg Christoph Martini den Pisaner Garten als etwas vernachlässigt aber dennoch eines Besuches wert, woran sich eine ausführliche Beschreibung der Pflanzen und gesammelten Naturalien anschließt.[133] Und ein Brief, den der schwedische Mineraloge Johann Jacob Ferber am 9. Juni 1772 aus Livorno an den Baron de Born schickte, bezeugt das Interesse des Naturforschers an der Pisaner Naturaliensammlung.[134] Die Präsenz solcher Sammlungen in unmittelbarem Zusammenhang

131 *Itinerarium Italiae*, Köln 1602, S. 112; zitiert nach Garbari 1991, S. 289 („Der Garten des Großherzogs dient der Annehmlichkeit sowie dem Nutzen der Gelehrten der Medizin. Darin sind viele Pflanzen und seltene exotische Früchte in perfekter Ordnung angelegt [...] In dem Gebäude neben dem Garten werden zahlreiche Skelette exotischer Tiere aufbewahrt und ausgestellt: Präparate von Krokodilen sowie seltenen und wundersamen Schlangen und Fischen und vielen anderen Tieren, die andernorts nicht zu sehen sind.").

132 Raymond 1648, S. 21f. („[...] der botanische Garten, der mehr dem Nutzen als der Zerstreuung dient; auch wenn es dort schöne Wege und Wasserspiele gibt, an denen wir uns labten; doch den größten Teil nehmen Heilkräuter, fremdländische Pflanzen und dergleichen ein. Daran schließt eine sehr geräumige Galerie für medizinisch relevante Dinge an, die voll von sämtlichen Kuriositäten der Natur ist, wie fremden Kreaturen, Steinen, Mineralien und was auch immer das ferne Indien an seltenen Dingen hervorbringt.").

133 „Il Giardino de' Semplici o Orto officinale, per il quale i granduchi si prodigarono moltissimo in passato, è ora alquanto trascurato; merita comunque una visita. Si passa per un lungo atrio, sopra il quale si trova la camera dei Naturalia. [...] Nell'orto officinale si trova ancora un altro alto albero, tutto fitto di rami [...]" (s. auch Anm. 2.155) Georg Christoph Martini: *Reise durch Toskana*, III, cc. 70f., *Archivio di Stato di Lucca*; zitiert nach Garbari 1991, S. 314f. (übersetzt ins Italienische).

134 Ferber 1776, S. 433–435. Interessanterweise findet der „jardin de botanique [...] vaste & bien entretenu" mit seiner „collection d'histoire naturelle" Eingang in Ferbers *Lettres sur la minéralogie* (Straßburg 1776), während er in seinen *Travels through Italy* (London 1776) nicht erwähnt wird.

mit einem botanischen Garten oder auch einem anatomischen Theater war keine Seltenheit. Sie dienten nicht nur der Unterhaltung interessierter und neugieriger Besucher, wie die zahlreichen angeführten Briefe und Reisebeschreibungen vermittelt haben mögen, sondern auch didaktischen Zwecken im Universitätsbetrieb.[135] Neben einer Liste von Objekten, die der *prefetto* Francesco Malocchi der Sammlung in nur zwei Monaten (Juli bis September 1599) beifügte,[136] existiert ein umfassendes Inventar der Pisaner *galleria* aus dem Jahre 1626 und somit zeitlich vor der Zusammenstellung von Gartenkatalogen (1635, 1662 und schließlich 1723),[137] was wiederum den hohen Stellenwert und das Interesse an der Sammlung bezeugt.[138] Von ihrer Einrichtung gegen Ende des 16. Jahrhunderts bis zu den Besuchen Martinis und Ferbers sowie darüber hinaus war die Pisaner *galleria* einigen Veränderungen unterworfen.[139]

Der Florentiner *Giardino dei Semplici* besaß keine angegliederte Kunst- und Naturaliensammlung. Auch stellt sich die Geschichte des Gartens von seiner Gründung kurz nach Pisa im Jahre 1545 bis über die Zeit der Medici hinaus anders dar, wenn auch gewisse Parallelen zur Geschichte des dortigen Gartens bestehen. Der Pisaner *Giardino dei Semplici* wurde im Zuge der Wiedereröffnung und Neustrukturierung der Universität (1543) gegründet, die erst 1535 auf Grund eines Mangels an Lehrkräften geschlossen worden war.[140] Im Rahmen gezielter kultur- und wissenschaftspolitischer Bemühungen strebte Cosimo I. de' Medici eine umfassende Reform der Universität an und versuchte, namhafte Gelehrte wie Andreas Vesalius oder Leonhart Fuchs nach Pisa zu holen. Die Universität

135 Vgl. Hunt 1985, Schupbach 1985, de Jong 1991, Tongiorgi Tomasi 1991, S. 158–173, Tongiorgi Tomasi 2005, S. 108–115. Entsprechende Einrichtungen gab es etwa in Padua, Leiden (auch im Zusammenhang mit dem anatomischen Theater) oder Montpellier. Zu Sammlungen und öffentlichen Sektionen in anatomischen Theatern vgl. Rupp 1990, Huisman 2009, bes. S. 49–56.

136 Vgl. Garbari 1991, S. 284–289. Zu Francesco Malocchi als *prefetto* vgl. Garbari 1991a, S. 46f.; zu seiner Bedeutung für die Pisaner *galleria* vgl. Tongiorgi Tomasi 1991, S. 162.

137 Im 17. Jahrhundert wurden zwei Kataloge des Pisaner Gartens angelegt. In den *Notizie degli aggrandimenti delle scienze fisiche accaduti in Toscana* ist der von Pietro Dionisio Veglia zusammengestellte *Catalogo di Piante che si coltivano nel Giardino de' Semplici di Pisa l'A. 1635* abgedruckt; Targioni Tozzetti 1780, Bd. 3, S. 243–250, vgl. auch Garbari 1991a, S. 56. Im gleichen Band der *Aggrandimenti* erwähnt der Autor Tommaso Belluccis *Plantarum index horti Pisani* (Florenz 1662), ein Leopoldo de' Medici gewidmetes, sehr seltenes Büchlein im Taschenformat, das auf Grund seiner sehr knappen Bezeichnungen eher von didaktischem als von wissenschaftlichem Nutzen war, jedoch einen Eindruck des damaligen Bestands des Gartens vermittelt; Targioni Tozzetti 1780, Bd. 3, S. 96f., vgl. hierzu auch Garbari 1991a, S. 57f.

138 Das *Inventario della Galleria* ist abgedruckt bei Garbari 1991, S. 292–308; die Gliederung mit Angaben wie „Nel Andito di Terreno", „Nel Portone del Giardino" etc. lässt auf die Inszenierung der Gegenstände im Raum schließen. Anhand von späteren Inventaren (Veglia 1634, Bellucci 1673 und Tilli 1686) lässt sich das weitere Schicksal der Sammlung verfolgen; Tongiorgi Tomasi 1991, S. 187.

139 1672 überführte der dänische Anatom und Mineraloge Nicolaus Steno, der ein Mitglied der *Accademia del Cimento* war, eine Vielzahl von Objekten nach Florenz; Tongiorgi Tomasi 1991, S. 188. Im Jahre 1752 wurde die alte *galleria* durch einen noch heute bestehenden Bau für die erwähnte Sammlung, die *fonderia* und die *farmacia*, ersetzt; Garbari 1991a, S. 73f. Heute ist ein großer Teil der ursprünglichen Sammlung im *Museo di Storia Naturale di Calci*, außerhalb von Pisa, untergebracht.

140 Ciano 1980, S. 487.

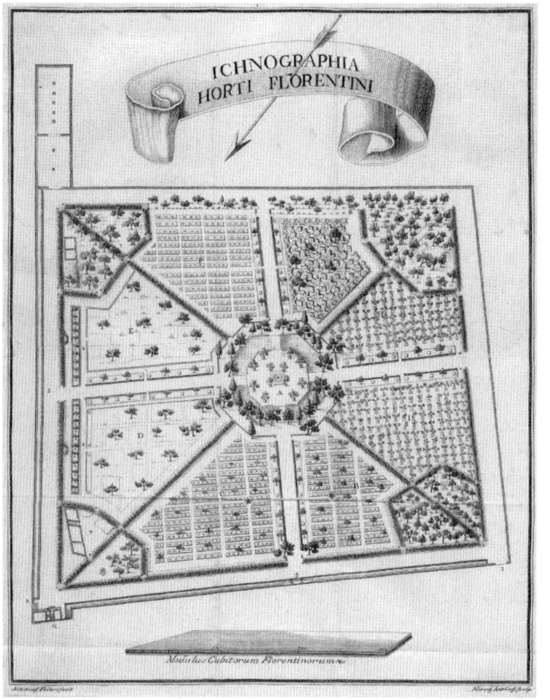

25
Grundriss des botanischen Gartens in Florenz, in: Pier Antonio Micheli: *Catalogus plantarum horti Caesarei Florentini* (1748).

sollte schnell wieder zu internationalem Ansehen gelangen und nicht zuletzt unter Cosimos direktem Einfluss stehen. Neben der Universität in Pisa wurden auch die Florentiner Lehrstühle beibehalten. Wenn diese auch seit dem ausgehenden 15. Jahrhundert für die *lettere umane* vorgesehen waren, so wurde dennoch auch in Florenz nach den Plänen Tribolos ein botanischer Garten eingerichtet (Abb. 25). Paolo Galluzzi betont die Prestige- und Propagandafunktion der beiden toskanischen *Giardini dei Semplici,* die er nicht zuletzt als Konkurrenzprojekte zu Padua sieht.[141] Der Florentiner Garten sei vor allem als Kompensation bzw. Komplettierung der Pisaner Ausstattungsoffensive zur Erneuerung der Universität gegründet worden, was der toskanischen Hauptstadt trotz geringerer universitärer Bedeutung dennoch entsprechende Ressourcen zusichern und den Medizinstudenten aus Florenz auch in den vorlesungsfreien Sommermonaten zu Hause die Mög-

141 Galluzzi 1980, S. 195f. Es ist nicht abschließend zu klären, ob die Gründung des Gartens von Pisa oder Padua letztlich die erste war. Fest steht, dass der erste Lehrstuhl für Botanik innerhalb der Fakultät für Medizin 1533 in Padua eingerichtet wurde, gefolgt von Bologna 1534. Den Bologneser Lehrstuhl hatte Luca Ghini inne, der zehn Jahre später nach Pisa gehen sollte; Morton 1981, S. 120f. Zur Geschichte der Pisaner Universität im 16. Jahrhundert vgl. Diaz 1976, S. 203–206, Schmitt 1983, Davies 2009. Zum Paduaner Garten vgl. Minelli 1995.

lichkeit des Studiums bieten sollte.[142] Der über 100 Jahre später verfassten Beschreibung des Florentiner Gelehrten und Geschichtsschreibers Ferdinando del Migliore zufolge zeichnete sich der von Tribolo entworfene und in der Folge von Luca Ghini ausgestattete Garten wiederum sowohl durch „utilità" als auch durch „bellezza" aus:

> Fù adunque questo Giardino ordinato da quel Principe [Cosimo I.], per il fine predetto, portante ne' Sudditi studio, e cognizione utilissima di Piante medicinali, quali procurò da Paesi lontani sù la direzione d'Uomini valentissimi, ed in ispecie di M. Luca Ghini [...]
> La bellezza poi di questo Giardino, accompagnata dalla predetta utilità, consiste nello scompartimento del Terreno, ingegnosamente fatto in varie Figure Matematiche, quelle, che essendo necessarie per separare, e destinguere, l'una dall'altra qualità de' Semplici, ne porta il Serlio molti disegni, con modo di fargli, che si son messi in opera in Viridarij famosi congiunti alle Fabbriche di Palazzi, per parte de' loro adornamenti. Vien questo separato, e destinto in quattro parti da Viali, o Strade coperte di Lauro a mezza botte [...], sboccano sur un'Isoletta a ottagono, costituita con simetria, e grazia nel mezzo di esso, dove vedesi una gran Vasca, o Vivaio, in cui corre un' Acqua per Canale, fin dal Mugnone, Fiume che bagna le radici de' Monti di Fiesole, dalla parte Meridionale, che vi fa mostra alzata in alto sur un Aloè di rame.[143]

142 Vgl. etwa Fabbri 1963, S. 61f., Cellai 2009, S. 84, die sich beide auf Chiarugi 1953 und letztlich Targioni Tozzetti 1748 (s. S. 66) beziehen.

143 del Migliore 1684, S. 238f. („Nun war dieser Garten auf Geheiß jenes Fürsten [Cosimo I.] zu besagtem Zweck angelegt worden [um die Pflanzen nicht nur aus Büchern, sondern auch im Original studieren zu können] und brachte den Untergebenen die nützlichsten Kenntnisse über verschiedene Heilpflanzen ein, die er [Cosimo I.] auf Anweisung verständiger Männer und gerade in der Person des Herrn Luca Ghini aus fernen Ländern beschaffen ließ [...] Die von jenem Nutzen begleitete Schönheit des Gartens besteht in der sinnreichen Gliederung des Geländes in geometrische Formen, die notwendig sind, um die Eigenschaften der Heilkräuter voneinander trennen und unterscheiden zu können; [Sebastiano] Serlio hat viele solcher Zeichnungen und Anleitungen angefertigt, wie sie in berühmten Palastgärten zur Ausführung kamen, um selbige zu schmücken. Dieser [Garten] ist von lorbeergedeckten Alleen in vier Teile gegliedert [...]; sie münden in eine mit Anmut und Sinn für Symmetrie angelegte achteckige Insel, in deren Mitte sich ein großes Wasserbecken befindet. Dieses wird von Süden her über einen Kanal mit Wasser aus dem Mugnone gespeist, einem Fluss, der in den Bergen von Fiesole entspringt; bekrönt ist das Becken von einer kupfernen Aloepflanze."). Tatsächlich ist del Migliores *Firenze città nobilissima illustrata* die erste historische Quelle, die eine Verbindung zwischen dem Pisaner Botanikprofessor Luca Ghini und dem Florentiner Garten herstellt. Nach Tchikine 2013 wurde der Florentiner *Giardino delle Stalle* erst 1587/88 unter Giuseppe Casabona zu einem botanischen Garten im engeren Sinne, während er seit seiner Gründung durch Cosimo I. in erster Linie als „pleasure garden" gedient habe – eine Funktion, die der Garten weiter (wahrscheinlich viel mehr als sein Pisaner Pendant) beibehalten sollte, wie nicht zuletzt del Migliores Beschreibung von 1684 verdeutlicht. Bezüglich des bzw. der verschiedenen Pisaner Gärten kommt Tchikine zu dem Schluss, dass der botanische Garten auch dort erst seit der dritten Gründung 1591/92 (wiederum durch Casabona) als fester institutioneller Bestandteil der Universität galt, wobei nicht zu leugnen ist, dass das direkte Studium von Pflanzen in einem botanischen Garten bereits zuvor zum Studienalltag gehörte (s. etwa Anm. 2.124).

Francesco Redis Aussagen über die toskanischen botanischen Gärten unter Cosimo III. können auch auf ihren Gründer Cosimo I. bezogen werden. Wenn der Plan einer Expedition „nelle Indie" zur Beschaffung von neuen Pflanzen seinerzeit auch nicht zur Ausführung kam, so scheinen die Gärten doch zeitgenössischen und späteren Berichten zufolge nicht nur Heilpflanzen, sondern auch solche von anderem Nutzen oder besonderer Außergewöhnlichkeit beherbergt zu haben.[144] Etwa 200 Jahre nach den beiden Gartengründungen schrieb Giovanni Targioni Tozzetti über Cosimo I.: „[...] è stato il primo di tutti a pensare di ampliare Lo Scibile Bottanico colle Piante del nuovo mondo; so che poi da tanti potentissimi Monarchi è stato seguito [...]".[145]

All dies findet sich auch in Targioni Tozzettis *Praefatio* zu Pier Antonio Michelis Katalog des Florentiner Gartens, den ersterer seinem Lehrer zu Ehren 1748, rund zehn Jahre nach dessen Tod, in ergänzter Form publizierte. Das umfangreiche Vorwort gibt die Geschichte des Gartens und der botanischen Wissenschaften im Großherzogtum Toskana – oder eine traditionsbildende Konstruktion derselben – wieder. So wird Cosimo I. das Verdienst zugesprochen, in Pisa den Lehrstuhl für die *Rei Herbariae* und einen entsprechenden Garten gegründet zu haben, was dem Venezianischen Senat als Beispiel dienen sollte.[146] Bald darauf habe der Großherzog in Florenz, unter anderem zum Nutzen der Studenten in den „Ferias Academicas", einen weiteren botanischen Garten einrichten lassen:

> [...] alium Publicum Hortum Medicum Florentiae in Urbe Principe fundavit, elegantia paucis comparandum, in quo tamquam Naturae Vegetantis compendio, Regiis sumptibus colerentur Plantae variarum Regionum propriae, & quarum frequentior usus est apud Medicos. [...] Candidati per Ferias Academicas in celeberrimo Florentino D. Mariae Novae Valetudinario Clinicae sedulam operam navantes, & Chirurgi, ac Pharmacopoei saluberrimarum Artium tyrocinia deponentes, per ocium [otium], opportune tempore, & magno laboris compendio Fruticum Herbarumque formas, variationes, & facultates in Horto Florentino addiscere possent, & deinde in publicam utilitatem illas usurpare.[147]

144 Vgl. Cellai 2009, S. 87. Dies findet Bestätigung bei Tchikine 2013 und in einem weiteren, noch unpublizierten Aufsatz des Autors: „Economics of paradise. The Giardino dei Semplici in Florence, 1587–1783", wobei sich die Datierung auf die Funktion des *Giardino delle Stalle* als botanischer Garten bezieht und ausdrücklich auch auf die vier Jahrzehnte vor 1587 eingegangen wird.

145 BNCF, *Le Selve di G. Targioni Tozzetti*, Striscia 189, vol. VI; zitiert nach Cellai 2009, S. 87 („[...] er war der erste von allen, der im Sinn hatte, das botanische Wissen um die Pflanzen der Neuen Welt zu erweitern, was sodann von vielen mächtigen Monarchen aufgegriffen wurde [...]").

146 „Hic enim inter ipsa Imperii primordia, difficillimisque temporibus, Pisanam Academiam istaurare aggressus, Rei Herbariae Cathedram in ea constituit, & Veneti Amplissimi Senatus exemplum sequutus, Publicum Hortum fundavit [...]" Targioni Tozzetti 1748, S. XIV.

147 Targioni Tozzetti 1748, S. XIVf. („[...] in der Hauptstadt Florenz gründete er [Cosimo I.] einen weiteren öffentlichen botanischen Garten, der in seinem Geschmack nahezu unvergleichbar ist. Einem Abriss der belebten Natur gleich werden dort durch die fürstlichen Mittel die eigentümlichsten Pflanzen der unterschiedlichen Erdteile gehegt, von welchen die Mediziner häufig Gebrauch machen. [...] So können

Im gleichen Zuge nennt Targioni Tozzetti die toskanischen Lustgärten („elegantioribus Etruriae Viridariis") mit ihrer Natur und Kunst einenden Ausstattung („Topiariis enim Porticibus", „pulvillos daedaleos", „Colossaeis *Aesculapii*, & *Dioscoridis* marmoreis" etc.), während er in einer Fußnote auf Tribolo und Buontalenti, die Gärten von Castello und Boboli und die entsprechenden Ausführungen Vasaris und Filippo Baldinuccis verweist.[148] In den zeitgenössischen Berichten wird oftmals nicht strikt zwischen Villengärten und botanischen Gärten bzw. den Merkmalen und Funktionen jener Gartentypen unterschieden. Pierre Belon inspizierte die Pflanzenarten in Castello, als befände er sich an einem Ort des Studiums, John Evelyn bewunderte die „very fine waterworks" in Pisa und Ferdinando del Migliore verglich die Schönheit des Florentiner *Giardino dei Semplici* mit der Anlage kunstvoller Lustgärten.

Die botanischen Gärten dienten also sowohl dem Studium als auch dem Lustwandeln und der Rekreation, wenn auch in geringerem Maße, als dies in anderen Gärten der Fall gewesen sein mag. Sie zogen Besucher aus dem In- und Ausland an und erfüllten nicht zuletzt wichtige repräsentative Funktionen.

Wie sich die Integration der botanischen Gärten in den Universitätsbetrieb vollzog und welche weiteren Aktivitäten mit ihrem Unterhalt verbunden waren, kann an dieser Stelle nur angerissen werden. Von zentraler Bedeutung für die Rekonstruktion der toskanischen Geschichte von Gartenbau und Botanik sind die Handschriften des Florentiner Dominikanerpaters Agostino del Riccio (1541–1598). Über den durch Giuseppe Casabona neu eingerichteten Pisaner Garten schreibt er:

> [...] ci vanno gl'honorati studenti insieme con i signori Dottori a ragionare di quelle virtù di quelle piante et insieme vedere la loro bellezza [...]
> Egli [Casabona] poi per voler dare la maggior satisfatione allo onorato Studio Pisano chiamò un suo compatriota fiammingo, messer Daniello [Froeschl] mio carissimo, et egli dette ordine bello che egli dipignesse tutti i semplici et piante rare del Giardino in fogli imperiali, ma le dipignesse quando erano fiorite, acciò che si cognoscessino da tutti quelli che erono in Pisa e da altri per i tempi da venire che venissero allo Studio della detta Città [...][149]

die Studenten, die in den akademischen Ferien in der berühmten Florentiner Heilanstalt von Santa Maria Nuova eifrig ihrer Arbeit nachgehen, und die Chirurgen und Pharmazeuten, die dort ihre Ausbildung in den Heilkünsten ablegen, im Florentiner Garten mit Muße, zur gelegenen Zeit und mit wenig Aufwand die Gestalt, die Arten und Eigenschaften der Sträucher und Kräuter erlernen und diese daraufhin zum Wohle der Öffentlichkeit anwenden."). Bei der *Scuola di S. Maria Nuova* handelte es sich um eine Art weiterführende Ausbildungsstätte für jene Mediziner, die in ihrem Fach unterrichten wollten; vgl. hierzu Panconesi 1991.

148 Targioni Tozzetti 1748, S. XVf.

149 Agostino del Riccio: *Agricoltura sperimentale*, BNCF, ms. Targioni Tozzetti 56/2, I, cc. 75–77; zitiert nach Garbari 1991, S. 279 („[...] dorthin begeben sich die ehrenwerten Studenten gemeinsam mit den Herren Doktoren, um über die Eigenschaften jener Pflanzen zu diskutieren und zugleich deren Schönheit zu be-

Zum einen wird hier die Funktion des Gartens als Ort des Lernens und Lehrens unterstrichen, zum anderen kehrt wieder, was wir bereits aus der späteren Vita Bartolomeo Bimbis von Francesco Saverio Baldinucci kennen. Der Augsburger Miniaturmaler Daniel Froeschl (1563–1613) sollte die Pflanzen des Gartens in voller Blüte malen, damit diese auch sämtlichen späteren Besuchern vor Augen geführt werden konnten. Inwiefern Froeschls Aquarelle sowie die Werke zahlreicher weiterer Künstler dabei für die Lehre genutzt wurden, bleibt schwer zu klären; der reiche Korpus an Zeichnungen und Stichen naturalistischer Sujets der Pisaner Universitätsbibliothek vermag jedoch, deren Bedeutung und Wertschätzung zu bezeugen. In den *Entrate e Uscite del Giardino dei Semplici* sind zudem einige Aufträge oder Zahlungen für entsprechende Zeichnungen dokumentiert – etwa wenn am 27. Januar 1606 festgehalten wird, dass „Achille Soli pittore pisano lire dieci tanti sono per dieci piante dipinte per servizio del Giardino che era necessario fare dipingere" erhält.[150] Künstler wie Froeschl, jener Achille Soli oder Filippo Paladini aus Pistoia wurden von Casabona oder Malocchi vor Ort beschäftigt, andere begleiteten die Forscher auf Reisen (etwa Georg Dyckman, der für Casabona auf dessen Expedition nach Kreta zeichnete) und Malocchis Nachfolger, Giovanni Rocchi aus Florenz, fertigte selbst verschiedene Zeichnungen an.[151]

Jenes Bildmaterial, das die Bestände des Gartens, die heimische oder auch fremdländische Flora dokumentierte und katalogisierte, konnte in der universitären Praxis, wie Sammlungen gepresster getrockneter Pflanzen (*orti secchi*) oder Bücher (etwa verschiedene Ausgaben von Dioskurides' *De materia medica*), als Lehr-, Lern- und Identifikationshilfe dienen. Schon Luca Ghini bediente sich eines Herbariums sowie Zeichnungen zu Unterrichts- und Korrespondenzzwecken.[152] Ein durch seinen Schüler und Nachfolger Andrea Cesalpino angelegtes Herbarium befindet sich noch heute im *Museo Botanico* in Florenz.[153] Während sich Giuseppe Casabona wohl hauptsächlich der Anlage und Ausstattung des dritten Pisaner Gartens widmete, ist für Francesco Malocchi eine umfangreichere Lehrtätigkeit bezeugt. Obgleich er keinen Lehrstuhl innehatte, leitete der Florentiner Minoritenbruder die Studenten beim Auffinden von Pflanzen in der Umgebung – auf so genannten *erborizzazioni* – an.[154] Sowohl auf Casabona als auch auf Malocchi geht eine große Anzahl von Zeichnungen botanischer und zoologischer Sujets für den Pisaner Garten zurück.

wundern [...] Da er der ehrwürdigen Universität zu Pisa einen großen Gefallen tun wollte, rief Casabona einen seiner flämischen Landsmänner, Herrn Daniel Froeschl, den ich sehr schätze, zu sich und beauftragte ihn, alle Kräuter und seltenen Pflanzen des Gartens im Imperialformat [60 × 80 cm] zu malen; doch solle er sie in voller Blüte malen, damit sie von all jenen, die in Pisa weilten oder auch in Zukunft an die Universität jener Stadt kommen würden, gesehen werden konnten [...]").

150 Zitiert nach Garbari 1991, S. 216 („[...] der Pisaner Maler Achille Soli [erhält] zehn Lire für zehn gemalte Pflanzen, die zum Nutzen des Gartens gemalt werden mussten [...]").

151 Vgl. hierzu Tongiorgi Tomasi 1991, S. 132–140, 144–152.

152 Garbari 1991a, S. 33.

153 Zu Andrea Cesalpino vgl. Garbari 1991a, S. 34–38, Moggi 2008.

154 Garbari 1991a, S. 47; verweist auf Giovanni Calvi: *Commentarium inserviturum Historiae Pisani Vireti Botanici Academici*, Pisa 1777, S. 89f. und ein Dokument im Pisaner Staatsarchiv (ASP, Università 518, c.n.n.),

Über 100 Jahre später beschrieb Georg Christoph Martini anlässlich seines Besuchs einige Zeichnungen seltener Pflanzen.[155] Um welche Zeichnungen genau es sich dabei gehandelt haben könnte, ist unklar. Dennoch enthüllt Martinis Beschreibung ihre Funktion als Platzhalter inmitten einer Sammlung von echten Pflanzen, sehr wahrscheinlich in dem kleinen Treibhaus, das rechts oben auf dem Gartengrundriss zu sehen ist (Abb. 23). Mit Sicherheit wurden solche Bilder auch den Pisaner Studenten zugänglich gemacht, doch mögen diese in erster Linie mit entsprechenden Büchern und den erwähnten Katalogen (s. Anm. 2.137) gearbeitet haben. Antike wie auch zeitgenössische Werke zur Pflanzenkunde existierten oft in unterschiedlichen Ausgaben und Übersetzungen.[156] Dabei dienten kleinformatige und in ihrem Inhalt teilweise abgekürzte Versionen häufig zu Studienzwecken. Sie konnten mitgenommen werden und erleichterten die Identifikation vor Ort. So erschienen etwa eine deutsche und eine lateinische Ausgabe von Leonhart Fuchs' *De historia stirpium* im Oktavformat (Basel 1545), ausgestattet mit den berühmten Holzschnitten (Abb. 26, 27) und nur wenig Text. Wie Fuchs selbst im entsprechenden Vorwort angibt, konnten diese von den Studenten der Kräuterkunde („herbariae rei studiosis") zu Vergleichszwecken auf Exkursionen genutzt werden.[157] Auch der von Giovanni Targioni Tozzetti erwähnte *Plantarum index horti Pisani* (Florenz 1662) Tommaso Belluccis mag solchen Zwecken gedient haben, wenn er auch ohne ikonographischen Apparat auskam.[158]

demzufolge der „semplicista dello Studio", Marco Cornacchini, und der „Prefetto del Giardino", Francesco Malocchi, sich mit den Studenten „a marina" begeben hätten, „per cercare piante e per inseniare loro molte cose necessarie come obrigo mio [del Malocchi] e per portarne per servito del giardino"; zitiert nach Pisa 1980, S. 551, C.IV.57.

155 „In una piccola serra di questo giardino si trovano diverse piante rare ed esotiche come una Aloe di Goa, grande la metà di quella Americana. La superficie superiore ed inferiore delle foglie è ricoperta di spine. Sul disegno si vede [...] una pianta indiana, che il giardiniere chiamò Fico d'India con fogli di Scolopendola. Le sue foglie non sono più spesse di quello del Lauro Ceraso [...] Alcune rare Didimali sul ricordato disegno [...] sono vari steli senza foglie intrecciati l'uno con l'altro. Il vaso 3 ci mostra un Cereus triangolaris che il giardiniere chiamò Eoforbio triangolare. [...] Al n. 5 un'Aloe Binesfoglio alta non più d'un dito, di un delicato verde mare, con i bordi delle foglie contornati di sottili aghetti. Infine un albero del Caffè, alto due braccia, con alcuni frutti. Questi assomigliano alle ciliegie e contengono ciascuno due chicchi."; zitiert nach Garbari 1991, S. 314f. (s. Anm. 2.133).

156 Vgl. Garbari 1991a, S. 27–29 sowie zur Bedeutung von Abschriften und Übersetzungen klassischer Werke als Handbücher für das Studium der Botanik in Mittelalter und Renaissance ausführlich Meier Reeds 1976 und 1991.

157 Kusukawa 2007, S. 222; vgl. im Original: „[...] cum eius operis propter suam molem ac magnitudinem, non nisi domi usus esse possit, de ratione aliqua mihi cogitandum fuit, qua efficerem ut herbariae rei studiosis ita consulerem, ut peregrinantes etiam ac deambulantes haberent quibus cum nativas herbas rure inventas conferrent." Fuchs 1545, ohne Seitenangabe („Epistola nuncupatoria"), bzw. in der einem allgemeineren Kreis gewidmeten deutschsprachigen Ausgabe: „[...] darmit auch denen so solche der kreüter abbildung gern bey sich zu der zeit sie spacieren gon [...] hab ich diß handtbüchlin darinnen aller der kreüter so im ersten theyl meins Kreüterbuchs begriffen contrafaytung in kleinere form und gestalt gezogen [...] das ein yetlicher seiner noturfft nach bey sich füglich haben unnd tragen kündt in truck lassen auß gon." Fuchs 1545a, ohne Seitenangabe („[...] dem Leser dieses büchlins [...]").

158 Giovanni Targioni Tozzetti bezeichnet die Namen der verzeichneten Pflanzen als so kurz und oberflächlich, dass der Katalog lediglich zu Unterrichtszwecken gedient haben könne, was auch der Grund für die

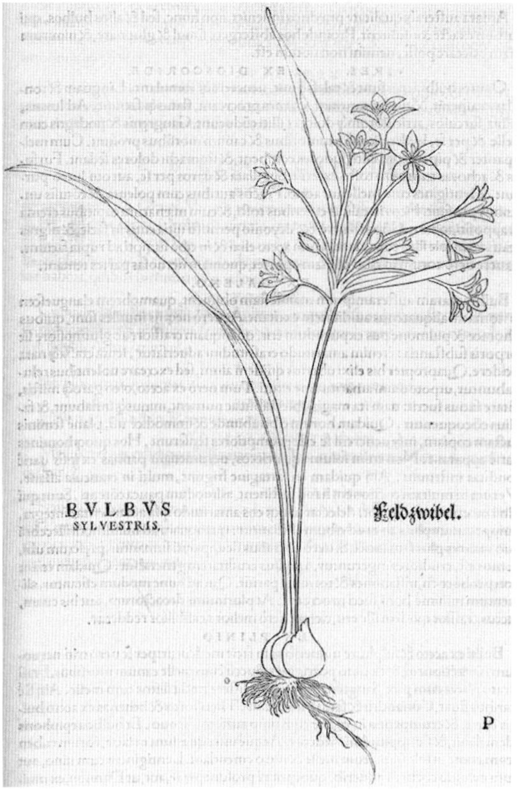

26 *Bulbus sylvestris/Feldzwibel*, in: Leonhart Fuchs: *De historia stirpium* (1542), S. 169.

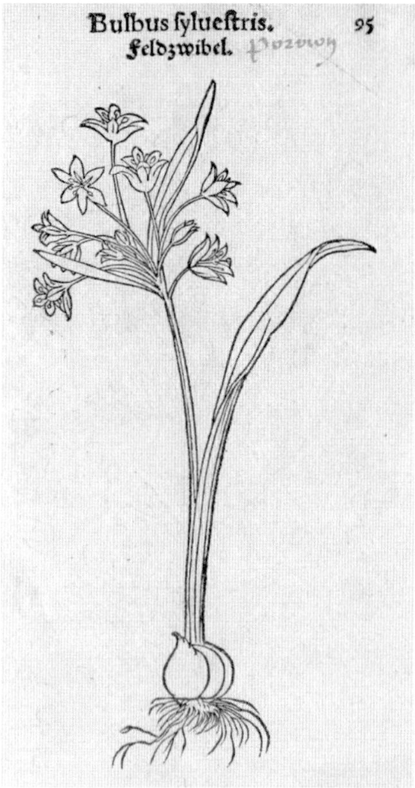

27 *Bulbus sylvestris/Feldzwibel*, in: Leonhart Fuchs: *Primi de stirpium historia commentariorum tomi vivae imagines* (1545), S. 95.

Die verzeichneten Pflanzen befanden sich zudem im Garten selbst oder es existierten zumindest getrocknete Exemplare bzw. Zeichnungen, was eine direktere Identifikation ermöglichte als dies auf einer Expedition in die Natur der Fall war.

In diesem Zusammenhang sind zwei sehr frühe gedruckte Gartenkataloge aus Padua (1591) und Leiden (1601) interessant. In einer Zeit, in der der bildhaften Pflanzendarstellung sehr wohl eine gewisse Bedeutung beigemessen wurde, wie etwa anhand der vielen Zeichnungen für den Pisaner Garten deutlich geworden ist,[159] verzichteten diese Publikationen auf botanische Holzschnitte oder Stiche zu Gunsten einer grundrissartigen Wiedergabe der Beete (Abb. 28) und deren Abstraktion in Form von entsprechenden Tabellen

geringe Auflage und das kleine Format gewesen sei; vgl. Targioni Tozzetti 1780, Bd. 3, S. 96.

159 Diese Thematik findet im zweiten Teil der Arbeit eine ausführlichere Behandlung.

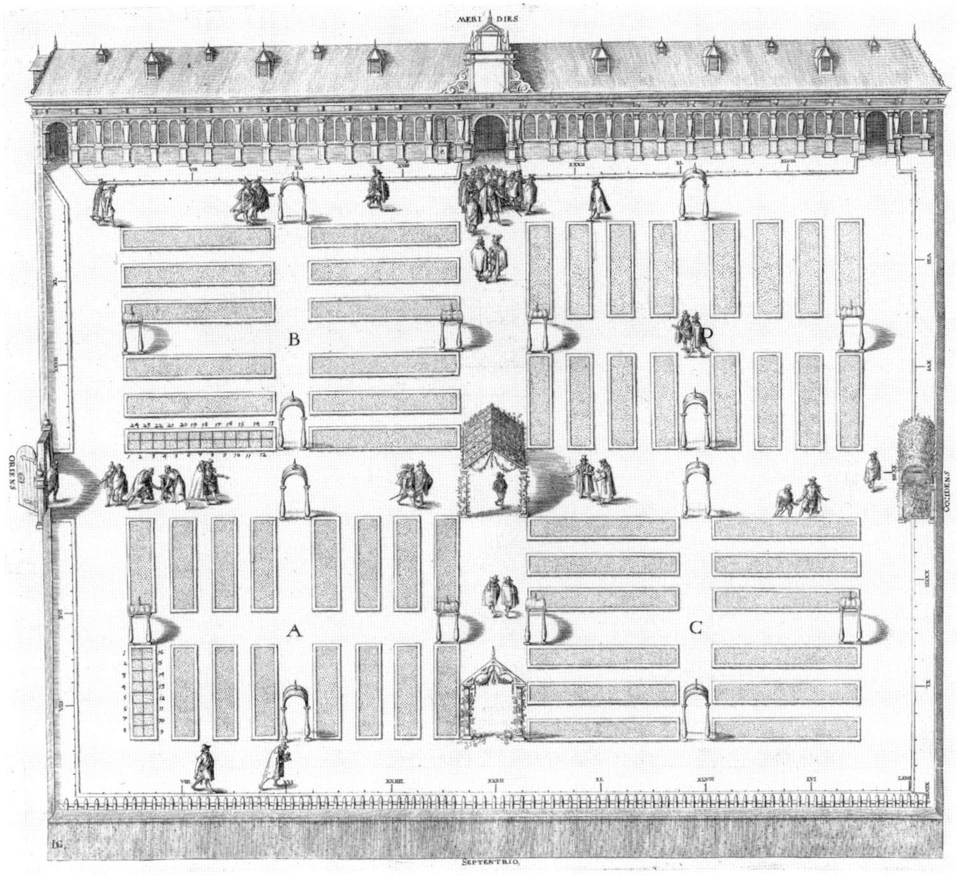

28 Jacques de Gheyn II: Grundrissmuster des botanischen Gartens in Leiden, in: Pieter Paaw: *Hortus publicus Academiae Lugduno-Batavae* (1601), Amsterdam, Rijksmuseum.

(Abb. 29). Eine alphabetische Liste der in den Gärten wachsenden Pflanzen findet sich jeweils am Ende des Katalogs und die integrierten Tabellen bieten Raum für die Namen der Pflanzen und andere Anmerkungen. Wie bereits Titel und Untertitel von Girolamo Porros Paduaner Katalog (Venedig 1591) verlauten lassen (*L'horto de i semplici di Padova, ove si vede primieramente la forma di tutta la pianta con le sue misure: & indi i suoi partimenti distinti per numeri in ciascuna arella, intagliato in rame. Opera, che serve mirabilmente alla memoria de gli studiosi*), galt das Werk als eine Art mnemotechnischer Leitfaden durch den Garten und besaß dadurch einen besonderen didaktischen Wert. Pieter Paaws *Hortus publicus Academiae Lugduno-Batavae* (Leiden 1601) folgt dem Paduaner Vorbild. Paaw, der seinerzeit dem nur acht Jahre zuvor durch Carolus Clusius gegründeten botanischen Garten

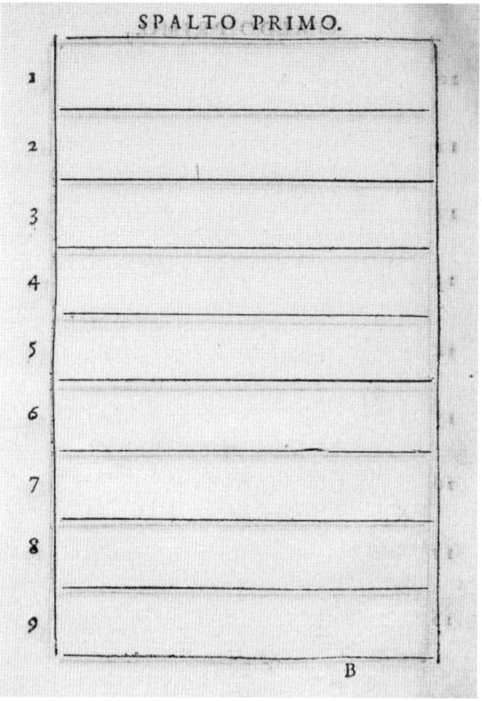

29

Tabelle, in: Girolamo Porro: *Horto de i semplici di Padova* (1591).

vorstand, erläutert die Nutzung des Katalogs in einem Vorwort an die studentische Jugend (*Studiosae Iuventuti*). Der dem Band beigegebene Gartenplan des Zeichners und Kupferstechers Jacques de Gheyn II. (1565–1629) galt der Orientierung und Zuordnung der einzelnen Tabellen, die die Studenten im Zuge ihrer Ausbildung angehalten waren, selbst auszufüllen.[160] Die beiden Kataloge sind sehr eng mit den jeweiligen Gärten und ihrer Funktion als Orte botanischen Wissens und seiner Vermittlung verknüpft. Sie bilden eine Art interaktive Karte, mit deren Hilfe sich die Gärten bis ins Detail erschließen lassen.[161]

Einen anderen Aufbau und damit auch andere Funktionen weisen die über 100 Jahre später erstellten Kataloge der Gärten von Pisa und Florenz auf. Auch sie enthalten Gartenpläne (Abb. 23–25) und alphabetische Listen von Pflanzen, wobei letztere ihren Hauptbestandteil ausmachen. Ergänzt durch Verweise auf andere Autoren oder den Fin-

160 Paaw 1601, *Studiosae iuventuti*; vgl. hierzu auch Swan 2008 und Grämiger 2016 sowie zum botanischen Garten in Leiden Tjon Sie Fat 1991, de Jong 1991.

161 Auf die einem nunmehr deutlich gewordenen Topos folgenden Charakterisierungen der Gärten von Padua und Leiden als Orte des Nutzens und der Freude, die in den jeweiligen Einleitungen der beiden Kataloge anhand von verschiedenen Worten und Wendungen zum Ausdruck kommen, soll an dieser Stelle nicht weiter eingegangen werden.

der einer Pflanze selbst sowie nicht selten Beschreibungen und Erläuterungen (etwa im Falle des *Jasminum Indicum*, s. S. 50) fallen diese Listen sehr ausführlich aus – anders als in den Katalogen Porros, Paaws, Veglias und Belluccis. Wahrscheinlich waren diese neuen Publikationen weniger für die Lehre und das Memorisieren der einzelnen Standorte von Pflanzen im Garten als vielmehr zu repräsentativen Zwecken vorgesehen, zumal beide Kataloge im wesentlich größeren Folioformat gedruckt wurden.[162] Aus Briefen und Reisebeschreibungen des 18. Jahrhunderts geht zudem hervor, dass Gelehrte und Naturforscher wie Johann Caspar Goethe, Johann Jacob Ferber oder Joseph Jérôme de Lalande den Pisaner Katalog kannten.[163]

Vielleicht eigneten sich die beiden Kataloge aus der ersten Hälfte des 18. Jahrhunderts besser zur Vermittlung eines Eindrucks der Gärten von Pisa und Florenz als dies die Kataloge aus der Zeit um 1600 im Falle der Gärten von Padua und Leiden vermochten. In letzteren wird auf geschickte Art und Weise mit Tabellen und Namen operiert, was zwar eine genaue Lokalisierung der aufgelisteten Pflanzen innerhalb der Beete erlaubt, doch auch eine ungefähre Vorstellung des jeweiligen Gartens und gewisse botanische Kenntnisse voraussetzt. Eine Gemeinsamkeit aller vier Kataloge sind die sorgfältig ausgeführten Grundrisse der jeweiligen Einrichtung, die dem Leser auch bei fehlender Kenntnis des Gartens ein Bild desselben vermitteln bzw. im Nachhinein die Erinnerung an diesen hervorrufen können. Die offensichtliche Lehrfunktion der beiden frühen Kataloge, die in den Einleitungen dezidiert festgehalten wird, tritt in den späteren Publikationen zu Gunsten der Adressierung an einen breiteren Leserkreis erheblich zurück. Verschiedene Aspekte wie die teils ausführlichen Beschreibungen der aufgelisteten Arten und Varietäten, gestochene Tafeln, auf denen einige Spezies abgebildet sind, längere erläuternde Texte, wie Giovanni Targioni Tozzettis Einleitung des Florentiner Katalogs oder der ebenfalls dort abgedruckte *Discorso sopra l'Istoria Naturale* Antonio Cocchis rücken die Kataloge nicht nur in den Blickpunkt eines breiten Fachpublikums, sondern auch von zahlreichen interessierten Laien.

Bevor im zweiten Teil der Arbeit auf das Zusammenwirken von Text und Bild zur Erzeugung und Vermittlung botanischen Wissens in jenen mit den toskanischen *Giardini dei Semplici* in Verbindung stehenden Publikationen eingegangen wird, sollen diese zunächst kurz vorgestellt werden. Im Mittelpunkt der folgenden wie auch der späteren Auseinandersetzungen stehen Michelangelo Tillis *Catalogus plantarum horti Pisani* (Florenz 1723)

162 Soweit nachvollziehbar ist, wurden die zuvor genannten Kataloge im Oktavformat gedruckt.

163 Die entsprechende Stelle aus Goethes *Viaggio in Italia* findet sich auf S. 144; Ferber schrieb an den Baron de Born: „Le jardin de botanique est vaste & bien entretenu; Mr. Le docteur Tilly, professeur de botanique & d'histoire naturelle, y demeure; il est connu par le *Hortus Pisanus*, qu'il a publié." Ferber 1776, S. 433; ganz ähnlich äußert sich der französische Mathematiker und Astronom in seiner *Voyage en Italie*: „Ce jardin a été célèbre entre les mains de Michel-Auguste Tilli, qui a donné le catalogue raisonné des plantes qu'on y cultivoit (1). [Text der entsprechenden Fußnote:] (1) *Catalogus Plantarum Horti Pisani* [...] in-fol. avec 50 planches en taille-douce." Lalande 1790, Bd. 2, S. 398.

CATALOGUS

PLANTARUM HORTI PISANI

AUCTORE

MICHAELE ANGELO TILLI

E CASTRO FLORENTINO

In Pisano Athenæo Simplicium Lectore Ordinario

ET EJUSDEM HORTI CUSTODE

NEC NON

Regiæ Societ. Londinensis, ac Acad. Botanicæ Florentinæ Socio

SUB AUSPICIIS R. C.

COSMI III.

M. E. D.

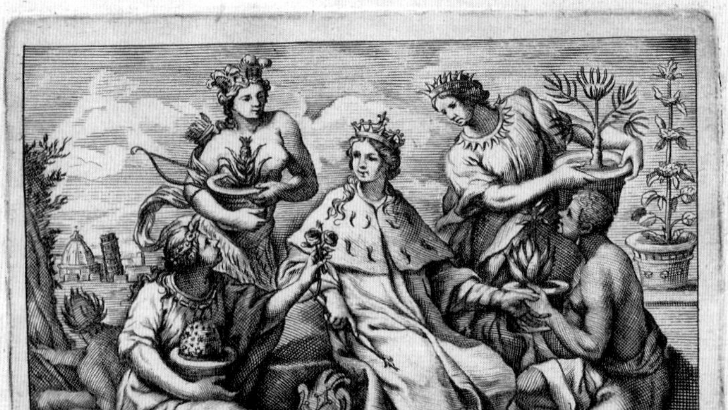

FLORENTIÆ. M.DCC.XXIII.

Typis Regiæ Celsitudinis. Apud Tartinium & Franchium. *Super. Permissu.*

30 Titelblatt, Michelangelo Tilli: *Catalogus plantarum horti Pisani* (1723).

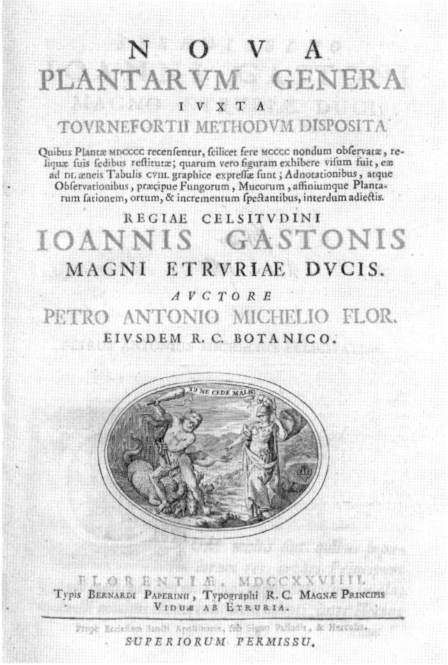

N O V A
PLANTARVM GENERA
IVXTA
TOVRNEFORTII METHODVM DISPOSITA

Quibus Plantæ MDCCCC recensentur, scilicet fere MCCCC nondum observatæ, reliquæ suis sedibus restitutæ; quarum vero figuram exhibere visum fuit, eæ ad DL æneis Tabulis CVIII. graphice expressæ sunt; Adnotationibus, atque Observationibus, præcipue Fungorum, Mucorum, affiniumque Plantarum sationem, ortum, & incrementum spectantibus, interdum adiectis.

REGIAE CELSITVDINI
IOANNIS GASTONIS
MAGNI ETRVRIAE DVCIS.
AVCTORE
PETRO ANTONIO MICHELIO FLOR.
EIVSDEM R. C. BOTANICO.

FLORENTIÆ. MDCCXXVIIII.
Typis Bernardi Paperinii, Typographi R. C. Magnæ Principis Viduæ ab Etruria.

Prope Ecclesiam Sancti Apollinaris, sub Signo Palladis, & Herculis.
SUPERIORUM PERMISSU.

31 Titelblatt, Pier Antonio Micheli: *Nova plantarum genera* (1729).

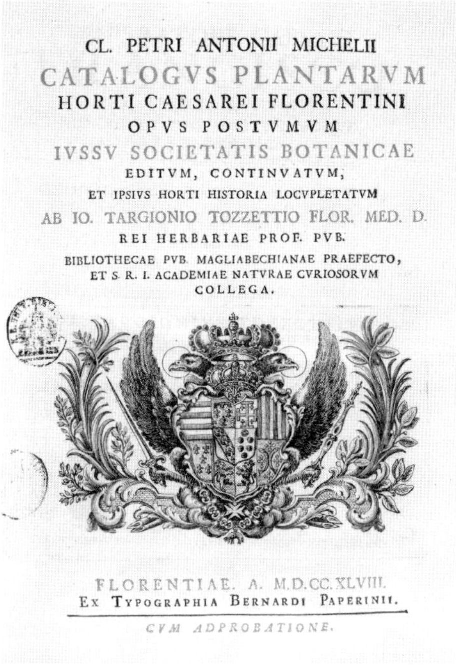

CL. PETRI ANTONII MICHELII
CATALOGVS PLANTARVM
HORTI CAESAREI FLORENTINI
OPVS POSTVMVM
IVSSV SOCIETATIS BOTANICAE
EDITVM, CONTINVATVM,
ET IPSIVS HORTI HISTORIA LOCVPLETATVM
AB IO. TARGIONIO TOZZETTIO FLOR. MED. D.
REI HERBARIAE PROF. PVB.
BIBLIOTHECAE PVB. MAGLIABECHIANAE PRAEFECTO,
ET S. R. I. ACADEMIAE NATVRAE CVRIOSORVM
COLLEGA.

FLORENTIAE. A. M.D.CC.XLVIII.
Ex Typographia Bernardi Paperinii.

CVM ADPROBATIONE.

32 Titelblatt, Pier Antonio Micheli: *Catalogus plantarum horti Caesarei Florentini* (1748).

(Abb. 30) und Pier Antonio Michelis *Nova plantarum genera iuxta Tournefortii methodum disposita* (Florenz 1729) (Abb. 31). Als Ausblick und zur Komplettierung findet auch Michelis *Catalogus plantarum horti Caesarei Florentini* (Florenz 1748) (Abb. 32) Berücksichtigung. Giovanni Targioni Tozzetti erweiterte Michelis Aufzeichnungen nach dessen Tod und konnte den Florentiner Katalog schließlich mit Hilfe der *Società Botanica Fiorentina* publizieren. Neben Grundlagen zu Inhalt und Funktion der genannten drei Publikationen werden die näheren Umstände ihrer Entstehung betrachtet.

Michelis *Nova Genera* scheinen zunächst wenig mit den botanischen Gärten und ihrer Katalogisierung zu tun zu haben, doch wird sich zeigen, dass gerade Michelis Person aufs Engste mit den beiden Gärten, ihrer Geschichte und den beiden Katalogen verknüpft ist. Der *Hortus Pisanus* und die *Nova Genera* erscheinen dabei als zwei miteinander konkurrierende Projekte, mit denen unterschiedliche Inhalte und Ziele verfolgt wurden. Wissenschaft und Repräsentation wie gewissermaßen auch *benefizio* und *diletto* bilden auch hier den passenden Rahmen der Betrachtungen.

Der *Hortus Florentinus* schließlich spiegelt in seiner Gesamtheit – Cocchis *Discorso*, Michelis Listen und Targioni Tozzettis umfangreicher Einleitung und Erweiterung der

Listen – einige kulturelle wie wissenschaftspolitische Entwicklungen im Laufe der ersten Hälfte des 18. Jahrhunderts wider. Bereits im Jahre 1718 hatte Cosimo III. die Verwaltung und Instandhaltung des botanischen Gartens in Florenz auf die zwei Jahre zuvor gegründete *Società Botanica Fiorentina* übertragen, eine Gesellschaft vorwiegend interessierter Laien, deren ‚botanischer Leiter' Pier Antonio Micheli war. Jener hielt Einzelheiten zur Übergabe des Gartens an die botanische Gesellschaft in seinen Handschriften fest, wo es unter anderem heißt:

> La Società Botanica piglierebbe a mantenere il giardino delle Stalle per rimetterlo in parte Alluso [all'uso] de Semplici per Benefizzio Pubblico, Come era prima comprese le seguenti proposizioni Spolliato che fusse [fosse] delli Agrumi Eccetto la Spalliera de Limoni e si contenterebbe per assegnamento di tal mantenimento de Ducati 270 Consueti darsi Annualmente dalla parte di solo Ducati Trenta dallo Scrittoio di S.A.R.e che in fatto sono ducati 300 [...] Conccesso quanto sopra si rimanda la d:[ett] a Società darà A.S.R.e Tutto il frutto che vi sara in d.[ett]o Giard:[in]o [...][164]

Abgesehen von der finanziellen Regelung fallen zwei Aspekte besonders ins Auge: der Anbau von Heilkräutern („Semplici") zum Nutzen der Bevölkerung („per Benefizzio Pubblico") und die Herausgabe sämtlicher Früchte („Tutto il frutto") an den großherzoglichen Hof. Fast scheint ein utilitaristischer, ja ökonomischer Anspruch intellektuelle und repräsentative Werte zu überstrahlen.[165] Demgegenüber vermochte es der Pisaner Garten offenbar, seine Reputation als traditionsreicher Ort des Lehrens und Lernens sowie der internationalen Bekanntheit beizubehalten, wozu der um 1720 bald gedruckte *Hortus Pisanus* einen nicht unbedeutenden Beitrag leisten sollte.

164 BB Florenz, ms. Micheli 14, c. 102r („Die *Società Botanica* würde den Unterhalt des *Giardino delle Stalle* übernehmen, um dort zum Teil wieder Heilkräuter zum Wohle der Öffentlichkeit anzupflanzen, wie es auch zuvor der Fall gewesen war, die nachfolgenden Vorschläge eingeschlossen und, wie gehabt, ohne die Zitruspflanzen mit Ausnahme der Zitronenspaliere. Für den Unterhalt des Gartens würde sich die *Società Botanica* mit einer Zuwendung von jährlich 270 Dukaten aus den Kassen der Partei und 30 Dukaten aus dem Besitz Seiner Königlichen Hoheit des Großherzogs, also insgesamt 300 Dukaten, begnügen [...] Wie oben angeführt, wird die Gesellschaft Seiner Königlichen Hoheit jegliche Früchte liefern, die in besagtem Garten gedeihen [...]").

165 Zur Geschichte des Florentiner Gartens unter der *Società Botanica* vgl. Baccarini 1904, Cellai 2012 sowie den noch unpublizierten Aufsatz von Tchikine (s. Anm. 2.144), der bezüglich einer Versorgung des Hofes mit Früchten und Blumen durch die *Società Botanica* Auszüge aus den Aufzeichnungen der Gesellschaft zitiert, so etwa (13. Januar 1725): „Usi ogni maggior diligenza in mandare ogni mattina al Palazzo [Pitti] alla Camera di S[ua] A[ltezza] R[eale] [Gian Gastone de' Medici] secondo il solito fiori, frutti, pomi, agrumi, e cedrati, e altro [...]" BB Florenz, ms. 97, c. 23v/24r.

2.2.1 Ein botanisches Prestigeprojekt: die Publikation des *Catalogus plantarum horti Pisani* (1723)

Das Erscheinungsjahr des *Catalogus plantarum horti Pisani* war zugleich das Todesjahr von Cosimo III.; der Großherzog hatte sowohl seinen jüngeren Bruder Francesco Maria (1660–1711) als auch seinen erstgeborenen Sohn Ferdinando (1663–1713) überlebt, die beide kinderlos verstorben waren. Auch Cosimos lebende Nachkommen, Anna Maria Luisa und Gian Gastone, blieben ohne Nachkommen. All diese Tatsachen deuteten auf ein baldiges Ende der Dynastie hin. Natürlich ist es unangebracht die Publikation des *Hortus Pisanus* in einem besonderen Zusammenhang mit dem Ableben des Großherzogs und dem drohenden Ende der mediceischen Herrschaft über die Toskana zu sehen. Dennoch scheinen die zeitlichen Umstände kein gänzlich unerheblicher Faktor gewesen zu sein, was die Drucklegung verschiedener Bücher im Florenz der 1720er Jahre betrifft.

Mit dem Pisaner Gartenkatalog und seiner Entstehung sind vor allem zwei Namen verbunden. Der Mediziner und Botaniker Michelangelo Tilli (1655–1740) hatte seit 1685 den Lehrstuhl für Botanik an der Universität in Pisa und die Leitung des *Giardino dei Semplici* inne.[166] Seit 1708 war der Autor des *Hortus Pisanus* Mitglied der *Royal Society* in London – dorthin gelangten schließlich auch drei Bände mit Aquarellzeichnungen verschiedener Pflanzen aus dem Pisaner Garten, unter denen sich zahlreiche Vorlagen für die gestochenen Tafeln des Katalogs befinden (s. S. 175).[167] Pier Antonio Micheli (1679–1737) stand seit 1706 in den Diensten Cosimos III. und war in erster Linie mit der Suche nach Pflanzen für die botanischen Gärten in Pisa und Florenz betraut.[168] Ohne ein Universitätsstudium (typischerweise der Medizin) absolviert zu haben, hatte er sich seine botanischen Kenntnisse eigenständig sowie vor allem durch die Hilfe und Vermittlung einiger Mönche des Klosters von Vallombrosa angeeignet. Durch weitere Bekanntschaften, etwa zu William Sherard, gelang es Micheli, sein Netzwerk auszuweiten (s. ausführlich Kapitel 4.3). Als Gehilfe Tillis im Pisaner Garten und durch zahlreiche botanische Streifzüge und Erkundungsreisen trug Micheli erheblich zur Zusammenstellung des Katalogs

166 Zu Michelangelo Tilli vgl. Garbari 1991a, S. 65f., Tongiorgi Tomasi 1991, S. 189f.

167 Zu den drei Bänden (*Specimen Plantarum, quae in Horto Medico Sapientiae Pisanae locisque finitimis extant Michael Angelus Tilli Simplicium Lector Ordinarius, et Custos; nec non Regiae Societatis Londinensis Socius hic Exhibet*, 1712/1714/1730, Library and Archives NHM London, Banksian mss., drawings cupb'd 17 shelf B&C) vgl. neben Tongiorgi Tomasi 1991, S. 192–196 auch dies. 1988 und 2000.

168 Targioni Tozzetti 1858, S. 50. Giovanni Targioni Tozzettis Vita ist die umfangreichste und wertvollste Quelle zu Michelis Leben und Werk, wenn auch nicht immer ganz objektiv. Die späteren Ergänzungen Antonio Targioni Tozzettis und vor allem des Herausgebers Adolfo Targioni Tozzetti machen den Text zu einem wahren Fundus der toskanischen wie auch der internationalen Botanikgeschichte des 18. Jahrhunderts. Zu Micheli vgl. auch Negri 1938, Nepi in Poggio a Caiano 2008, S. 116–121.

bei. Beim Lesen stößt man immer wieder auf den Namen Michelis, der als Finder und Übermittler eines großen Teils der aufgelisteten Pflanzen gewürdigt wird.[169]

Nachdem an verschiedenen Stellen bereits ein Eindruck von der Zusammensetzung des *Hortus Pisanus* vermittelt wurde und sich genauere inhaltliche Vergleiche und Analysen im zweiten Teil der Arbeit anschließen werden (s. Kapitel 3.3), soll hier lediglich kurz der Aufbau des Katalogs skizziert werden. Dem Titelblatt (Abb. 30) und einem Portrait Michelangelo Tillis folgen der Grundrissplan des Gartens und die Fassadenaufrisse der Eingangsgebäude (Abb. 23, 24); entsprechende Legenden bezeichnen die dort wiedergegebenen Teile des Gartens.[170] Es folgen ein kurzer Widmungstext an Cosimo III., ein ebenso kurzer Text an den Leser und ein vierseitiges Literaturverzeichnis, woran sich der eigentliche alphabetisch geordnete Katalogteil mit insgesamt 50 Kupferstichen anschließt. Vor einem knappen Appendix und einer kurzen Liste mit Korrekturen am Ende sind Briefe zweier Fachkollegen Tillis abgedruckt.[171]

Die alphabetische Ordnung, die Nennung von synonymen Bezeichnungen sowie der Bezug auf viel beachtete zeitgenössische Autoren scheinen dem erwünschten Praxisbezug zu entsprechen, wie Tilli selbst in seinem Vorwort an den Leser formuliert („[...] tum a Chirurgis, tum a Pharmacopolis facillimè percipiantur [...]"[172]) und Adolfo Targioni Tozzetti in einer Anmerkung zu Tillis Werk in der Vita Michelis erläutert.[173] Die Adressierung an Chirurgen und Pharmazeuten schließt dabei nicht die eingehenden Beschreibungen einiger besonderer und bemerkenswerter Pflanzen aus (etwa der Kaffeepflanzen, der Jasminvarietäten aus Goa u.v.a.), wie Targioni Tozzetti ebenfalls betont. Praxisorientierung, medizinischer Nutzen und darüber hinausgehende Informationen sowie ein hoher ästhetischer Wert, betrachtet man das sorgfältig gedruckte Schriftbild und die schönen gestochenen Pflanzendarstellungen, mögen die Hauptanliegen des *Hortus Pisanus* gewesen sein. Dieser erfuhr in der Geschichte der Botanik keine durchweg positive Bewertung. Fabio Garbari zitiert Gaetano Savi, der etwa 100 Jahre nach Tilli die Leitung über den botanischen Garten innehatte: all die verzeichneten Varietäten und häufigen Dubletten vermittelten einen Eindruck von weitaus mehr Spezies als sich tatsächlich im dortigen Garten befunden hätten; zudem hätten einige der aufgelisteten Pflanzen kaum ohne

169 Allein auf der dritten Seite wird an vier Stellen auf Micheli verwiesen (*Acer Orientalis, Acer Minor, Acetosa Apula, Acetosa Garganica*). Michelis eigene Aufzeichnungen blieben größtenteils unpubliziert. Seine handschriftlichen Hinterlassenschaften befinden sich fast vollständig in der *Biblioteca Botanica* der Universität in Florenz. Den Zugang zu diesem äußerst umfangreichen Material erleichtert Stefania Ragazzinis Katalogisierung der insgesamt 72 Bände. Die Autorin weist außerdem auf einige Handschriften Michelis in der *Biblioteca Nazionale Centrale* in Florenz hin; vgl. Ragazzini 1993, S. XIII.

170 Vgl. Tongiorgi Tomasi 1991, S. 196–198.

171 Dabei handelt es sich um einen sehr langen Brief von Giulio Pontedera aus Padua (s. Anm. 4.168) sowie eine kurze anerkennende Nachricht von Luigi Ferdinando Marsigli aus Bologna, der es bedauert, Tilli bei seinem Besuch in Pisa nicht persönlich angetroffen zu haben; vgl. Tilli 1723, S. 177–184 und 185.

172 Tilli 1723, S. vii („[...] um Chirurgen und Pharmazeuten das Verständnis zu erleichtern [...]").

173 Vgl. Targioni Tozzetti 1858, S. 118, Anm. 1.

weiteres in Pisa kultiviert werden können. Weitere Stimmen lassen gar verlauten, dass manche Pflanzen überhaupt nicht existiert hätten.[174] Wie dem auch sei, es liegt nahe, dass die Katalogisierung über die Grenzen des eigentlichen Gartens hinausging, wie schon das Beispiel des *Jasminum Indicum* von Castello (s. S. 49–51) gezeigt hat. Eine Schau nicht nur der Bestände eines einzigen botanischen Gartens, sondern auch der botanischen Kenntnisse der Zeit, eine Dokumentation von weit verzweigten internationalen Kontakten und durchgeführten Expeditionen vermittelt ein Bild von wissenschaftlichem Erfolg und Zugehörigkeit zur *scientific community*. Garbari unterstreicht die Bedeutung, die der Beschaffung von neuen Arten und Varietäten für die botanischen Gärten zukam.[175] Wie bereits beschrieben handelte es sich hierbei nicht selten um ausgesuchte Zier- oder auch Nutzpflanzen, die in nicht unerheblichem Maße zur Reputation einer solchen Einrichtung über die Landesgrenzen hinaus beitragen konnten.

Wieder ist es Giovanni Targioni Tozzetti, der ein Bild von der Entstehung des *Hortus Pisanus* entwirft und dabei die Wichtigkeit unterstreicht, die dem Projekt seinerzeit beigemessen wurde. Letztere schien gerade für Micheli zum Problem zu werden, der die Publikation seines eigenen Werks zurückstellen musste. Eine Anmerkung Adolfo Targioni Tozzettis lässt erahnen, wie durchgängig Giovanni die oft mühsame Arbeit seines Lehrers für den Pisaner Garten und Katalog sowie die Schwierigkeiten zwischen Micheli und Tilli thematisiert: „Il Micheli prese molta parte alla pubblicazione del catalogo dell'Orto di Pisa siccome già si è potuto osservare, e come anco più sarà in seguito manifesto."[176] Entsprechende Stellen finden sich etwa in einem zitierten Brief des Pharmazeuten und Botanikers Gian Girolamo Zannichelli aus Modena[177] oder in einer Anmerkung aus der Feder Giovanni Targioni Tozzettis:

> Tanto più che il Tilli, o piuttosto l'istesso Micheli a c. 9 dell'Hortus pisanus disse: ‚Anno 1710. Semen huius Alyssi cum suprascriptis nominibus, a collectionibus Michelianis in Gargano Apuliae monte […]'[178]

Nicht nur solche Reisen, auch die zahlreichen Kontakte sowohl Michelis als auch Tillis, etwa zu Caspar Commelijn in Amsterdam, um an dieser Stelle nur einen von vielen zu nennen, waren der Erstellung der Pisaner Katalogs zuträglich. Gerade auf den Namen jenes Commelijn und des botanischen Gartens von Amsterdam als Herkunftsort einer

174 Vgl. Garbari 1991a, S. 70; der Verweis auf Gaetano Savi bezieht sich auf dessen *Notizie per servire alla storia del Giardino e Museo della I. e R. Università di Pisa*, Pisa 1828, S. 40.

175 Vgl. Garbari 1991a, S. 66.

176 Targioni Tozzetti 1858, S. 119, Anm. 1 („Wie wir bereits nachvollziehen konnten und wie sich in der Folge noch vermehrt zeigen wird, hatte Micheli großen Anteil an der Publikation des Pisaner Gartenkatalogs.").

177 Targioni Tozzetti 1858, S. 47.

178 Targioni Tozzetti 1858, S. 73, Anm. 1 („Wie Tilli, oder vielmehr Micheli selbst, auf Seite 9 des *Hortus Pisanus* schreibt: ‚1710. Der Samen dieses Steinkrauts mit den oben angegebenen Namen kommt aus Michelis Sammlung und stammt aus dem Garganogebirge in Apulien […]'.").

bung zahlreicher neuer Pflanzenarten sowie die Etablierung einiger neuer Gattungen in Tourneforts System. Von besonderem Interesse wird die Liste der Subskribenten sein, die insgesamt sechs Seiten umfasst und darauf hinweist, dass mindestens ein weiterer Teil in Planung war. Dem eigentlichen Hauptteil gehen das übliche Autorenverzeichnis sowie die *Approbationes*, sozusagen die Druckfreigabe, voraus.

Die Gliederung des knapp 200-seitigen Hauptteils orientiert sich an Tourneforts Einteilung von Pflanzen (und Pilzen!) in insgesamt 22 Klassen.[184] Die wichtigsten Klassifikationseinheiten in diesem System sind – selbstredend – die *genera* (Gattungen), denen die entsprechenden Arten untergeordnet sind. Neben der Verwendung überlieferter Gattungsnamen ‚tauft' Micheli diese Einheiten (vor allem dann, wenn es sich eben um neue, also *nova genera* handelt) gerne mit den Namen seiner Freunde und Finanziers – etwa *Targionia*, nach Cipriano Antonio Targioni, Onkel Giovanni Targioni Tozzettis.[185] Die Gattungen werden kurz charakterisiert, genauso wie die jeweiligen Arten, deren Angabe in der Regel um den Fundort und/oder einen Literaturverweis ergänzt ist sowie auch häufig durch weitere Anmerkungen und Beobachtungen („Adnotationibus, atque Observationibus"), wie der Text auf dem Titelblatt verlauten lässt. Zwischen dem Text- und Bildteil befinden sich drei Indizes: Gattungen, Namen und Namen in der Volkssprache sowie ein sehr kurzer Appendix.

Wie schon der Titel verdeutlicht, beziehen sich Michelis *Nova Genera* weniger auf einen bestimmten Ort als der *Hortus Pisanus* oder der wesentlich später publizierte *Hortus Florentinus*, wenn diese beiden in ihrem Inhalt auch über die jeweiligen Gärten hinausweisen. Häufige Florenz- und Toskanabezüge sind auch den *Nova Genera* eigen, da Michelis botanische Erkundungstouren ihn zumeist in die unmittelbare Umgebung führten und die beschriebenen Gattungen und Arten nicht selten Frucht dieser Expeditionen waren, wie anhand der kurzen erläuternden Texte nachvollziehbar wird. Auch ein Großteil von Michelis Subskribenten stammte aus dem toskanischen Umfeld. Nicht nur die Liste am Anfang des Werks, eine Vielzahl an Gattungsnamen und die Unterschriften der gestochenen Tafeln erinnern an diese, sondern immer wieder auch kürzere Textpassagen, wie im Falle des Lehrers und Wegbegleiters Bruno Tozzi (1656–1743), Abt von Vallombrosa und Namensgeber der Gattung *Tozzia*.[186] Auf diese Art und Weise werden Bezüge zu vielen verschiedenen Orten eröffnet. Die Herkunft der Pflanzen und vor allem der zahlreichen Unterstützer Michelis, die ganz unterschiedlichen Milieus entstammten, unterstreichen die Stellung des Autors innerhalb des internationalen Gelehrtennetzwerks der Zeit. Die umfangreiche erhaltene Briefkorrespondenz und die ausführlichen Berichte Giovanni, Antonio und Adolfo Targioni Tozzettis bestätigen diesen Eindruck. Es scheint Micheli

184 Zu Joseph Pitton de Tournefort und seinem Werk s. S. 101, 322–326.

185 Micheli 1729, S. 3. Dies lässt sich auch auf dem entsprechenden Stich nachvollziehen (Tab. 3), der Cipriano Antonio Targioni „Medic. Prof. et Socii Acad. Bot. Flor" in der Unterschrift nennt.

186 Vgl. Micheli 1729, S. 19f.

gelungen zu sein, mit bescheidenen Mitteln, einiger Mühe und der Unterstützung seines über die Grenzen der Toskana hinwegreichenden Netzwerks einen nicht unbedeutenden Beitrag zu den klassifikatorischen Bemühungen der Zeit geleistet zu haben.

Dieser kurze Überblick lässt nicht nur offensichtliche Gemeinsamkeiten zwischen Tillis *Hortus Pisanus* und Michelis *Nova Genera* – das Suchen und Finden, das Verzeichnen und Bezeichnen neuer Pflanzen – deutlich werden, sondern auch klare Unterschiede. Letztere betreffen unter anderem die Gliederung der Werke (alphabetisch vs. systematisch nach Tournefort), ihr Bildmaterial, ihre Funktionen und Bezüge und nicht zuletzt ihre Entstehungsgeschichte. Diese einzelnen Aspekte werden im Verlauf der Arbeit wieder aufgenommen und weiter analysiert. Zum zwischenzeitlichen Abschluss sei eine Frage formuliert, eine Vermutung geäußert und ein Blick über den Tellerrand gewagt. Was waren die Gründe für diese völlig unterschiedlichen Entstehungsumstände der beiden botanischen Publikationen? Die Gründe waren natürlich überaus vielgestaltig; doch ist nicht ein wichtiger Aspekt in dem unterschiedlichen Charakter der Werke zu sehen? Es scheint naheliegend, dass zu Beginn der 1720er Jahre zu Gunsten von ortsbezogener Repräsentation und zu Ungunsten eines wissenschaftlichen Beitragens zu einem aktuellen Thema innerhalb der internationalen Botanik entschieden wurde. Der Katalog des botanischen Gartens der Universität zu Pisa übernimmt solch eine Funktion, indem er den geschichtsträchtigen Garten im Medium der gedruckten Publikation repräsentiert. Jener Katalog sowie der Garten selbst rekurrieren auf ein Tradition gewordenes Interesse der großherzoglichen Familie an Gartenbau und Botanik seit Cosimo I. de' Medici.

Bezeichnenderweise wurde gerade 1723 ein weiteres Werk veröffentlicht, das in engem Zusammenhang mit der Toskana und ihrer Geschichte sowie mit der Herrschaft der Medici zu sehen ist, die sich auch als *Duces Etruriae* verstanden: Thomas Dempsters *De Etruria Regali libri septem*. Dempsters Manuskript war etwa 100 Jahre alt, als es der junge englische Adelige, Thomas Coke (1697–1759), später Earl of Leicester, um 1716 gemeinsam mit anderen Handschriften während eines Aufenthalts in Florenz kaufte. Bald nach Beendigung seiner *Grand Tour* beabsichtigte er, das Werk Cosimo III. zu Ehren zu publizieren, wobei Coke selbst für die Finanzierung der Unternehmung sorgte, sozusagen als Dank für des Großherzogs Gastfreundschaft und Unterstützung. Durch die Zusammenarbeit mit dem Senator und Antiquar Filippo Buonarroti,[187] der *Stamperia Granducale* und einer Gruppe von Kupferstechern konnte *De Etruria Regali* um einen ikonographischen Apparat (Abb. 33, 34) sowie einen umfangreichen Kommentarteil ergänzt und 1723/1724 in zwei Bänden gedruckt werden.[188] Sowohl Dempster als auch Coke verstanden ihr Werk als

187 Zur Person Buonarrotis vgl. Armando Saitta: „BUONARROTI, Filippo", in: DBI, 15 (1972). Filippo Buonarroti war zudem Mitglied der *Società Botanica Fiorentina* und einer von vielen Subskribenten der *Nova Genera* (s. S. 281) sowie Präsident der 1728 gegründeten *Accademia Etrusca di Cortona*; vgl. hierzu Verga 1985.

188 Vgl. hierzu Cristofani 1983, S. 15–31, Prinzi 1985.

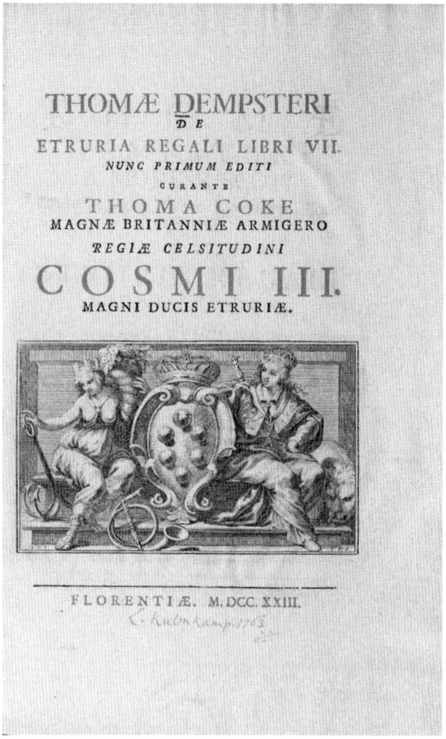
THOMÆ DEMPSTERI
DE
ETRURIA REGALI LIBRI VII.
NUNC PRIMUM EDITI
CURANTE
THOMA COKE
MAGNÆ BRITANNIÆ ARMIGERO
REGIÆ CELSITUDINI
COSMI III.
MAGNI DUCIS ETRURIÆ.
FLORENTIÆ. M.DCC.XXIII.

33

Titelblatt, Thomas Dempster: *De Etruria Regali* (1723), Herzog August Bibliothek Wolfenbüttel: Ud 4° 41.

Hommage an die Medici als Erben der alten Etrusker.[189] Wenn Coke das Florieren der Künste auf das *Ingenium* der Vergangenheit zurückführt und der *Etrusca solertia* einen großen Anteil daran zuschreibt, wird eine Form ‚lokalpatriotischen Antiquarismus' genährt, der die Entwicklung der archäologischen Wissenschaften im Verlauf des 18. Jahrhunderts prägen sollte.[190] Vieles deutet zudem darauf hin, dass zwischen botanischen und antiquarischen Studien ein gewisser Zusammenhang bestand, wie die Interessen einzelner Gelehrter (Buonarroti war bei weitem nicht der einzige) oder ganzer Gelehrtenkreise zu zeigen vermögen. In Cortona etwa stand die Gründung der *Società Botanica* (1754) in unmittelbarem Zusammenhang mit dem Wirken der *Accademia Etrusca*, zu deren Schwerpunkten bereits lange zuvor das Studium der Naturgeschichte, vor allem der Botanik, gehört hatte und deren Mitglieder oft in enger Verbindung zur *Società Botanica Fiorentina* standen.[191] 1755 wurde auch in Cortona ein botanischer Garten (natürlich nach dem

189 Vgl. Cristofani 1983, S. 22f., Prinzi 1985, S. 121, Verga 1985, S. 23f.
190 Vgl. Momigliano 1950, S. 285f., 304f.
191 Vgl. hierzu Tosi 1984, Tongiorgi Tomasi/Tosi 1985.

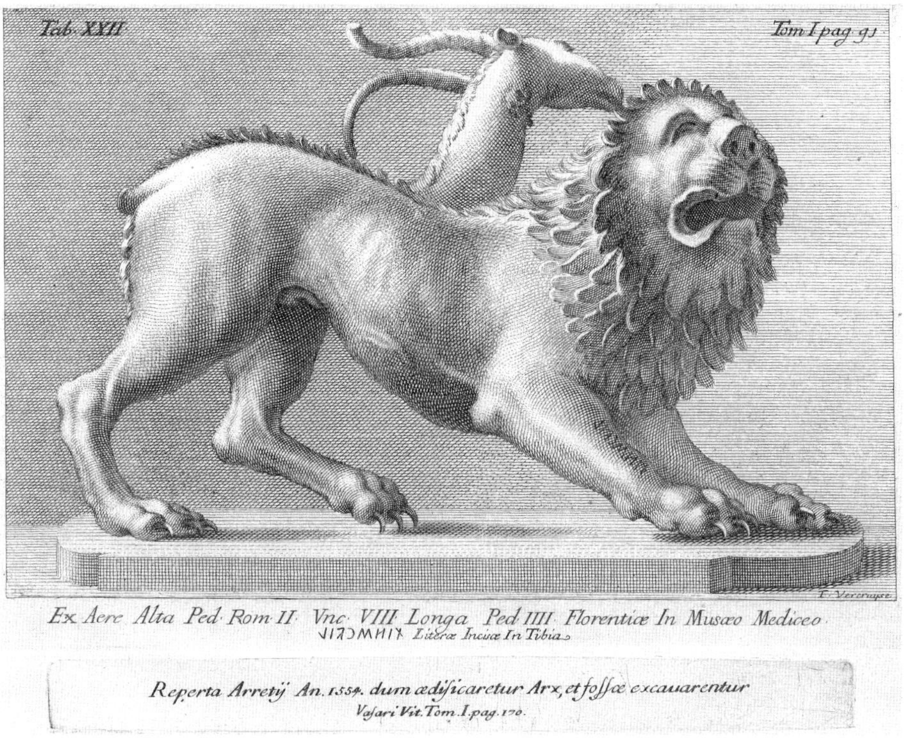

34 Etruskische Skulptur (*Chimera d'Arezzo*), in: Thomas Dempster: *De Etruria Regali* (1723), Tab. XXII , Herzog August Bibliothek Wolfenbüttel: Ud 4° 41.

Vorbild von Pisa und Florenz) eröffnet und bereits 1732 hatten Micheli und sein Schüler einige Zeit in der Stadt verbracht, um die Naturaliensammlung der Akademie neu zu ordnen.[192] Lenkt man die Aufmerksamkeit zurück auf die 1723/24 publizierten Werke – den *Hortus Pisanus* und die *Etruria Regalis* –, erscheinen diese, ihren ganz unterschiedlichen Entstehungsumständen zum Trotz, als Ergebnisse einer gemeinsamen Traditions- und Repräsentationslinie. Dabei mag man sich fragen, ob die nahezu zeitgleiche Veröffentlichung jener inhaltlich zwar sehr verschiedenartigen Werke eine Art verlegerischer Coup von Seiten der *Stamperia Granducale* gewesen ist, um die Konstruktion einer nachhaltigen ‚Medici-Memoria' zu befördern.

192 Zum botanischen Garten der *Società Botanica di Cortona* vgl. Tongiorgi Tomasi/Tosi 1985, S. 195–197; zu Michelis Aufenthalt in Cortona und der Neuordnung jener insgesamt aus drei Abteilungen („reperti archeologici e naturalistici" sowie einer Bibliothek) bestehenden Sammlung der *Accademia Etrusca* vgl. Tongiorgi Tomasi/Tosi 1985, S. 190.

2.2.3 Anstelle eines Ausblicks: die *Società Botanica Fiorentina* und der *Catalogus plantarum horti Caesarei Florentini* (1748)

Der *Hortus Florentinus*, auf den nun noch ein kurzer Blick geworfen werden soll, entstand unter anderen Voraussetzungen als die beiden Publikationen Tillis und Michelis der 1720er Jahre. 1748 war die Herrschaft der Medici über die Toskana zu Ende gegangen. Der letzte Großherzog, Gian Gastone, war 1737 verstorben und die letzte Erbin, Anna Maria Luisa, sechs Jahre später, im Jahre 1743. Es ist ihr Verdienst, dass die Kunstschätze der Medici weitestgehend in Florenz geblieben sind. Durch den so genannten *patto di famiglia* vermachte Anna Maria Luisa die Familiensammlungen der Stadt und verfügte, dass diese dort zu bleiben hatten.[193] Das Großherzogtum Toskana unterstand nun Franz Stephan von Lothringen (1708–1765), der seit 1737 unter dem Namen Francesco II. Großherzog der Toskana war.[194]

Auch Pier Antonio Micheli war 1737 in Folge einer kräftezehrenden Reise gestorben. Sein Nachlass ging in den Besitz Giovanni Targioni Tozzettis über, der in einem rund 100-seitigen Anhang zu Michelis Vita eine Vorstellung von dessen Umfang vermittelt. Targioni Tozzetti beabsichtigte, einen weitaus größeren Teil der Arbeit seines Lehrers zu veröffentlichen als den Florentiner Gartenkatalog, doch blieb es bei diesem Werk, das mit Unterstützung der *Società Botanica Fiorentina* gedruckt werden konnte.

Auf die *Società Botanica Fiorentina* wurde bereits an verschiedenen Stellen hingewiesen.[195] 1716 hatten sich die Mediziner Sebastiano Franchi und Niccolò Gualtieri, der Geistliche und Rechtsgelehrte Giuseppe Gaetano Moniglia sowie der Botaniker Pier Antonio Micheli zusammengetan, um sich dem Studium der Pflanzen zu widmen und einen öffentlich zugänglichen Garten in der via Boffi anzulegen.[196] Die Gruppe vergrößerte sich schnell um weitere Mitglieder, darunter etwa Cipriano Targioni, die Senatoren Filippo Buonarroti (s. Anm. 2.187), Pandolfo Pandolfini und Ferrante Capponi oder Carlo Strozzi. Der Anklang, den die noch junge botanische Gesellschaft gefunden hatte, und das Gewicht einiger bedeutender Mitglieder mögen dazu geführt haben, dass Cosimo III. ihr 1718 die Unterhaltung des botanischen Gartens übertrug, was mit der Zahlung eines jährlichen Budgets von 350 *scudi* (nach Michelis Notizen nur 300 *scudi*, s. S. 76) verbunden war.[197] Gerade für Micheli, der schon einige Jahre zuvor vom Gehilfen zum Leiter des

193 Zu Anna Maria Luisa de' Medici, zum *patto di famiglia* und der Bedeutung der letzten Medici als Auftraggeberin und Kunstsammlerin vgl. Casciu 2006.

194 Zur Herrschaft des Hauses Lothringen über das Großherzogtum Toskana vgl. grundlegend Diaz 1997.

195 Zu ausführlichen Informationen mit Hinweisen auf zahlreiche Quellen zur Geschichte der *Società Botanica Fiorentina* vgl. Baccarini 1904, Arrigoni 1988.

196 Zu Franchi und Gualtieri vgl. Targioni Tozzetti 1858, S. 33, Anm. 1, S. 35, Anm. 1; zu Moniglia vgl. Carla Sodini: „MONIGLIA, Giuseppe Gaetano", in: DBI, 75 (2011). Die via Boffi befand sich in der Nähe der Porta San Pier Gattolini (heute Porta Romana) in Florenz. Targioni Tozzetti 1858, S. 86, Anm. 1.

197 Zu den Entwicklungen innerhalb der ersten Jahre vgl. Baccarini 1904, S. 229–234, Arrigoni 1988, S. 166f. Ersterer entnimmt die Summe von 350 *scudi* jährlich den *Diarii der Società Botanica* (270 *scudi* aus dem

Giardino delle Stalle aufgestiegen war, scheinen sich durch die Gründung der *Società Botanica* und die Übertragung des Gartens an dieselbe einige Vorteile ergeben zu haben.[198] Abgesehen von einem höheren Gehalt und der Möglichkeit zur Ausbildung eines Schülers profitierte Micheli von den großherzoglichen Zahlungen zur Unterhaltung des Gartens:

> [...] profittò della premura colla quale in quei tempi la Società Bottanica si faceva un dovere di riempire di belle e rare piante il Real Giardino de' Semplici, stato affidato alla di lei cura. A spese adunque della Società Bottanica, o per dir meglio, col denaro che il Principe aveva assegnato alla Società per il mantenimento del Giardino, il Micheli fece dal 1724 fino al 1736 diversi viaggi bottanici [...][199]
> Il denaro necessario per le spese del viaggio [nel Veneto], fu somministrato al Micheli, parte dalla cassa dello Studio di Pisa, parte da quella della Società Bottanica.[200]

Während die *Società Botanica* Micheli zur Wahrung und Durchsetzung seiner beruflichen Interessen diente, war sie anderen eine Plattform zum intellektuellen und kulturellen Austausch. Die Vorstellung des Gartens als Ort nachmittäglicher Zusammenkünfte und gelehrter Konversation, bei denen die Florentiner Intelligenz und Prominenz zugegen war, liegt durchaus nahe. Dabei ist anzumerken, dass solche Veranstaltungen erst ab einem späteren Zeitpunkt formellen Charakter angenommen zu haben scheinen. Baccarini führt als erstes Beispiel Domenico Civininis am 19. August 1733 gehaltene Rede mit dem Titel *Se gli agrumi menzionati dagli antichi sieno gli stessi che i nostri, e quando questi a noi sieno venuti* an (s. S. 1).[201] Ein Stich des *Giardino delle Stalle* von Leonardo Frati, wenn auch erst aus dem Jahre 1759 (Abb. 35), lässt die evozierte Idee des Gartens als Bühne des öffentlichen Lebens lebendig werden.[202]

Die Publikation des *Hortus Florentinus* fällt nun genau zwischen diese beiden Daten. Anders als im Pisaner Gartenkatalog von 1723 stehen hier nicht nur die Pflanzen des Gartens im Mittelpunkt, auch der Geschichte desselben und der botanischen Wissenschaften in der Toskana, dem Wirken der *Società Botanica* und dem allgemeinen Studium der

ufficio della Parte, 80 *scudi* aus dem *scrittoio delle possessioni reali*). Diese stellen wahrscheinlich eine zuverlässigere Quelle dar als Michelis Notiz, die einem Protokoll ähnlich sehr schnell geschrieben worden zu sein scheint und viele durchgestrichene Passagen aufweist.

198 Vgl. hierzu auch Baccarini 1904, S. 230f.

199 Targioni Tozzetti 1858, S. 186f. („[...] er profitierte von der Sorgfalt, mit der sich die *Società Botanica* zu jener Zeit der Ausstattung des in ihre Obhut übergebenen fürstlichen botanischen Gartens mit schönen und seltenen Pflanzen annahm. So kam es also, dass Micheli auf Kosten der *Società Botanica*, oder vielmehr mit dem Geld, das der Fürst der Gesellschaft für den Unterhalt des Gartens zugewiesen hatte, von 1724 bis 1736 verschiedene botanische Reisen unternahm [...]").

200 Targioni Tozzetti 1858, S. 232 („Das notwendige Geld für die Reise ins Veneto hatte Micheli zum Teil aus den Mitteln der Universität zu Pisa und zum Teil aus jenen der *Società Botanica* erhalten.").

201 Baccarini 1904, S. 235.

202 Zu Leonardo Frati und seiner, an eine theatrale Architektur erinnernde Darstellung des botanischen Gartens, die als Vorlage für die Gestaltung der Mitgliedsurkunde dienen sollte, vgl. Tosi 1984, S. 231–239.

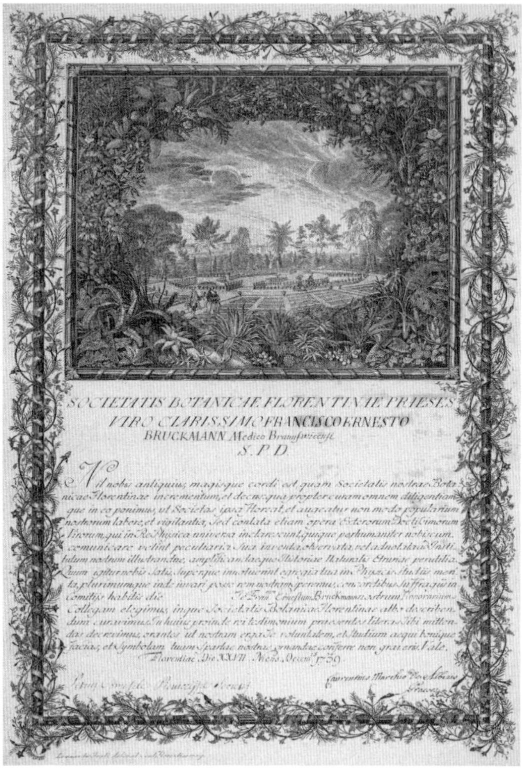

35

Societatis botanicae florentinae [...], Darstellung des botanischen Gartens in Florenz von Leonardo Frati, Mitgliedsurkunde der *Società Botanica Fiorentina*, Herzog August Bibliothek Wolfenbüttel: Graph. A2: 49.

istoria naturale bzw. der *scienze naturali* wird große Bedeutung beigemessen. Der Katalog von 1748 ist natürlich nicht mehr einem Mitglied aus dem Hause Medici gewidmet, sondern Francesco II. von Lothringen, wie aus dem siebenseitigen Widmungstext Giovanni Targioni Tozzettis und der Darstellung des Wappens auf dem Titelblatt hervorgeht. Es folgt die lange *Praefatio qua Caesarei horti medici Florentini historiam complectitur.* Auf über 50 Seiten liefert Giovanni Targioni Tozzetti umfangreiche Informationen rund um den Florentiner Garten und die toskanischen botanischen Wissenschaften innerhalb der 200 Jahre von der Gründung der beiden botanischen Gärten bis hin zur Publikation des Florentiner Katalogs. Besonderes Augenmerk gilt dabei der *Società Botanica Fiorentina* und der Person Pier Antonio Michelis. Nicht unbedeutend ist auch Antonio Cocchis *Discorso sopra l'Istoria Naturale*, der einzige italienischsprachige Text innerhalb des gesamten Katalogs. Wie der Zusatz der Überschrift verrät, hatte Cocchi seine Rede am 2. September 1734 anlässlich einer Neueinrichtung der *Società Botanica* in Florenz gehalten („[...] letto da lui publicamente in Firenze in occasione del ristabilimento della Società Botanica Fiorentina

[…]").[203] Der *Discorso* ist ein Plädoyer nicht nur für das Studium der Botanik, sondern der *scienze naturali* im Allgemeinen: „[…] le matematiche, la mecanica, l'astronomia, l'istoria naturale, l'anatomia, e la chimica, e molti altri bellissimi studi, nella non curanza de' quali principalmente consiste la barbarie delle nazioni."[204] Cocchi betont nicht nur den Nutzen, sondern auch die Freude, die aus dem Studium der Naturwissenschaften resultiere: „Onde è manfesto che le naturali e scientifiche ricerche […] contribuiscono più di tutti gli studi all'umana felicità".[205]

Auf diese einleitenden Teile folgt der eigentliche Katalog.[206] An ein Literaturverzeichnis und einen gestochenen Gartenplan (Abb. 25) schließt sich nach nunmehr bekanntem Muster Michelis alphabetische Liste verschiedener Pflanzen an. Die einzelnen Spezies werden kurz charakterisiert und mit Verweisen auf andere Autoren versehen. Hin und wieder werden synonyme Bezeichnungen oder weiterführende Erläuterungen angegeben, letzteres jedoch seltener als im Pisaner Katalog. Ein erwähnenswerter Sonderfall innerhalb des Katalogs sind die Vertreter der Gattung *Graminum*. Micheli unterteilt die Gräser der Tournefort'schen Systematik folgend in verschiedene Gruppen (*Ordo I–IX*), denen er sodann die entsprechenden Arten zuordnet (Abb. 83).[207] Auf Michelis Listen folgt Targioni Tozzettis Appendix. Unter den jeweiligen Seitenangaben ergänzt der Schüler die Eintragungen des Lehrers und fügt an einigen Stellen weitere Pflanzen hinzu, was durch die Zusätze „subiunge" bzw. „adde" verdeutlicht wird.[208] Im Gegensatz zu seinem Pisaner Vorgänger ist der Florentiner Katalog mit einem wesentlich reduzierten Apparat an Abbildungen ausgestattet. Michelis Auflistungen werden von nur sieben Tafeln begleitet, die ausgewählten Spezies vorbehalten gewesen zu sein scheinen (Abb. 79, 80).

Die Absicht, in Inhalt und Anspruch an den *Hortus Pisanus* anzuknüpfen, ist kaum verkennbar. Mit der ausführlichen historischen Abhandlung Giovanni Targioni Tozzettis und Cocchis *Discorso sopra l'Istoria Naturale* wird der *Hortus Florentinus* außerdem zum offensichtlichen Repräsentationsmedium der *Società Botanica Fiorentina*, die 1748 nunmehr seit 30 Jahren Kuratorin des *Giardino delle Stalle* war. Der Person Michelis kommt dabei in gewisser Weise eine Konnektorenrolle zu. Im Laufe seines Lebens war Micheli in beiden Gärten tätig und in die Zusammenstellung beider Kataloge involviert; nicht zuletzt war er einer der Begründer der *Società Botanica*. Es ist anzumerken, dass sowohl die Gesellschaft als auch der Garten im Laufe des 18. Jahrhunderts einigen Veränderungen unterworfen

203 Cocchi hielt seine Rede allerdings nicht im Garten, sondern in der „Aula Veteris Palatii", wie wiederum Giovanni Targioni Tozzetti berichtet. Targioni Tozzetti 1748, S. LII.

204 Cocchi 1734, S. LXXIV („[…] die Mathematik, die Mechanik, die Astronomie, die Naturgeschichte, die Anatomie, die Chemie und viele weitere schöne Studien, deren Vernachlässigung einem nationalen barbarischen Akt gleichkommt.").

205 Cocchi 1734, S. LXXI („Dadurch wird offenbar, dass die Erforschung der Natur und der Wissenschaften […] mehr als alles andere zur menschlichen Glückseligkeit beiträgt […]").

206 Zu Cocchis *Discorso* sei an dieser Stelle auf weitere Ausführungen am Ende dieses Kapitels verwiesen.

207 Vgl. Micheli 1748, S. 42–46.

208 Micheli 1748, S. 107.

waren. Die Öffnung gegenüber anderen Bereichen der Naturgeschichte über die Botanik hinaus manifestiert sich bereits in Cocchis *Discorso*. In einer ausführlichen Anmerkung zur *Società Botanica* und ihrer Geschichte erläutert Adolfo Targioni Tozzetti in Michelis Vita: „[...] si allargò il campo di studio dell'Accademia, ragione per cui questa, il 15 di Gennaio 1734, ebbe nuove leggi, nuovi socii, e titolo nuovo di Società filosofica fiorentina."[209] Diese Umstände beschreibt auch Giovanni Targioni Tozzetti in seiner *Praefatio*.[210] An dieser Stelle weist er bereits auf Cocchis nachfolgend abgedruckten *Discorso* hin: „Eam Orationem, quae Societatis propositum luculenter exprimit, ipse Cl. Cocchius mecum perhumaniter communicavit, & ut in calce Praefationis huius ederem permisit."[211] In den darauf folgenden Jahren scheint die Aktivität der Gesellschaft jedoch stetig abgenommen zu haben. Unter Francesco II. von Lothringen gab es weitere Reformversuche, doch das Anliegen, die *Società Botanica* auf eine Ebene mit den wissenschaftlichen Sozietäten von Paris und London zu heben, schien nicht zu gelingen und schließlich wurde sie im Jahre 1783 in die 1753 gegründete agrarökonomisch orientierte *Accademia dei Georgofili* inkorporiert.[212]

Wenn Adolfo Targioni Tozzetti die *Académie Royale* in Paris und die *Royal Society* in London anführt, mit denen die *Società Botanica* in Florenz zu ihrer Zeit nicht gleichziehen konnte, so fällt im Gegensatz zu Paris und London vor allem eines sofort auf. Während die beiden wissenschaftlichen Vereinigungen nördlich der Alpen seit ihrer Formierung und Anerkennung in der zweiten Hälfte des 17. Jahrhunderts durchgehend aktiv waren, hat man es in Florenz mit einem Kontinuitätsbruch zu tun. Seit der Auflösung der *Accademia del Cimento* im Jahre 1667, die gemeinsam mit der *Académie Royale des Sciences* und der *Royal Society* immer wieder als eine der bedeutendsten frühen wissenschaftlichen Sozietäten genannt wird, herrschte in Florenz ein gewisses Vakuum der groß angelegten institutionalisierten Produktion und Koordination von naturhistorisch relevantem Wissen. Auch die *Società Botanica Fiorentina* widmete sich zunächst lediglich der Botanik, eine breitere Neuorientierung erfolgte erst knapp 20 Jahre nach ihrer Gründung. Antonio Cocchis *Discorso* legt Zeugnis von dieser Neuausrichtung ab und es wird durchweg deut-

209 Targioni Tozzetti 1858, S. 87, Anm. 1 („[...] das Feld der Studien innerhalb der Akademie vergrößerte sich, weshalb sie am 15. Januar 1734 neue Grundsätze, neue Mitglieder und den neuen Namen *Società filosofica fiorentina* erhielt.").

210 Targioni Tozzetti 1748, S. LIf. Adolfos Anmerkung (Targioni Tozzetti 1858, S. 86–88) ist eine Zusammenfassung und zeitliche Ergänzung der Ausführungen Giovannis zur *Società Botanica Fiorentina* (Targioni Tozzetti 1748, S. XLIV–LXII).

211 Targioni Tozzetti 1748, S. LII („Jene Rede, die das Vorhaben der Gesellschaft klar zum Ausdruck bringt, hat mir der berühmte [Antonio] Cocchi, mit der Erlaubnis sie am Ende dieses Vorworts zu veröffentlichen, höflichst überlassen.").

212 Vgl. Targioni Tozzetti 1858, S. 87, Anm. 1 („Per virtù di queste [altre leggi] si voleva che la Società risorgesse dallo stato, in cui, malgrado il favore sovrano, era caduta, e si mettesse sul piede di quelle di Parigi e di Londra, che parevano primeggiare in Europa. Ma [...] fu accolto con favore il progetto della riunione di essa alla Accademia dei Georgofili [...]"). Zur Geschichte der *Società Botanica Fiorentina* ab der Mitte des 18. Jahrhunderts bis zu ihrer Auflösung vgl. zudem Baccarini 1904, S. 237–246, Arrigoni 1988, S. 169–173.

lich, wie der Redner das Studium der *scienze naturali* zu nobilitieren sucht. Gegen Ende seiner Rede merkt er gar an:

> Se la famosa accademia del Cimento si fosse mantenuta, e la successione di quei grandi ingegni che la fondarono non si fosse interrotta, voi non avreste dovuto avere il pensiero di formar queste leggi.[213]

Auf die zuvor bereits zitierte Passage über Nutzen und Erquicklichkeit der „naturali e scientifiche ricerche“ (s. S. 89) lässt Cocchi die Erläuterung berühmter Beispiele folgen – von der Erleichterung der Schiffsnavigation durch den Gebrauch von Kompassen zur Erfindung des Schießpulvers über die Entdeckung des Blutkreislaufs durch Harvey mit Hilfe von anatomischen Sektionen und Beobachtungen durch das Mikroskop hin zu „[...] la diligenza usata principalmente dal nostro Redi sulla generazione degl' insetti [...]“.[214] Anhand solcher Erkenntnisse und Entdeckungen, so wendet sich Cocchi anschließend an seine Zuhörer, „[...] voi ben vedete che nulla forse può tanto meritare la publica gratitudine quanto il promovere e coltivare le scienze naturali.“ Es folgt die Aufzählung der verschiedenen Bereiche der *scienze naturali*, deren Vernachlässigung einem barbarischen Akt gleichkomme (s. S. 89).

> Ed al contrario ove i lumi di queste scienze discendono fino agli artisti, quivi necessario è che si trovi l'abbondanza, la magnificenza e l'erudito lusso e che vi si creino le ricchezze di tutti gli altri beni producitrici.[215]

Eine solche, dem Geiste des 18. Jahrhunderts entsprechende Inszenierung der Naturwissenschaften als Motoren der Gesellschaft ist nicht verwunderlich. Das Wohl der Öffentlichkeit und des Staates ist sowohl Folge als auch Voraussetzung für das Florieren von Wissenschaften und mit diesen in Verbindung stehenden Künsten, während die Missachtung der Studien im Umkehrschluss zu gesellschaftlichem Verfall führe.

213 Cocchi 1734, S. LXXXII („Würde die berühmte *Accademia del Cimento* noch bestehen und wäre die Folge jener großen Geister, die sie begründet hatten, nicht unterbrochen worden, so hättet Ihr nicht darüber nachdenken müssen, diese Grundsätze aufzustellen.“). Ganz am Ende geht Cocchi (allerdings nur knapp und andeutungsweise) auf die großen Gelehrtengesellschaften in Frankreich und England ein: „[...] le accademie delle scienze con tanto fervore si coltivano, io non dirò solamente ne' beati regni di Francia e d'Inghilterra e tra potenti popoli del settentrione, ma in alcune Italiche città ancora [...]“ Cocchi 1734, S. LXXXV.

214 Vgl. Cocchi 1734, S. LXXI–LXXIII („[...] die Sorgfalt, mit der allen voran unser [Francesco] Redi die Fortpflanzung der Insekten untersuchte [...]“).

215 Cocchi 1734, S. LXXIV („[...] Ihr seht sehr wohl, dass vielleicht nichts so sehr den Dank der Öffentlichkeit verdient wie die Unterstützung und die Ausübung der Naturwissenschaften. [...] Und wo im Gegensatz dazu das Licht der Wissenschaft bis zu den Künstlern hinabscheint, dort trifft man notwendigerweise auf Überfluss, Pracht und gelehrten Prunk sowie dort auch sämtliche anderen materiellen Güter in großer Fülle geschaffen werden.“).

Eine enge und besonders instrumentelle Verzahnung von Wissenschaften und Künsten mit der Staatsmacht ereignete sich im Verlauf des 17. Jahrhunderts in Frankreich unter Ludwig XIV. und seinem Minister Jean-Baptiste Colbert. Auf einen Teilaspekt solcher Vorgänge wurde bereits in Kapitel 2.1.3 eingegangen. Gärten wie Versailles waren als *living maps* Indikatoren der territorialen sowie soziokulturellen Reichweite königlicher Macht. Im anschließenden Kapitel soll dieses Bild ausgeweitet werden, um die toskanischen Vorgänge zu kontextualisieren. Auch auf die Frage zu den erwähnten Kontinuitäten bzw. Diskontinuitäten institutioneller Wissenschaftsförderung und -produktion wird zurückzukommen sein.

2.3 Ortswechsel: am Hof des Sonnenkönigs

Am Hof des Sonnenkönigs spielten die Dinge der Natur zwischen Wissenschaft und Repräsentation gleichwohl eine herausragende Rolle. Um die folgenden Betrachtungen einzuleiten, soll mit Madeleine de Scudéry (1607–1701) zunächst eine beredte Protagonistin des Versailler Hoflebens zu Wort kommen. Auf ihrem Spaziergang durch Versailles besichtigen das Fräulein von Scudéry, Célanire, die schöne Fremde, und ihre Verwandten, Glicère und Telamon, unter anderem die königliche Ménagerie:

> Le dessein de cette ménagerie, reprit Telamon, me fait souvenir d'Alexandre, qui aprés avoir appris tant de choses importantes de son excellent precepteur, luy donna ensuite moyen d'étudier avec soin la nature de tous les animaux, & de faire cette belle Histoire naturelle qu'il a laissée à la posterité. Vous avez raison, repris-je; & vous y pouvez ajoûter que le Roi a établi des Academies particuliéres pour l'étude des choses de cette espéce, qu'il fait travailler avec beaucoup de dépense à des lieux propres à observer les astres, afin de faire voir qu'on peut encherir sur les connoissances des anciens, & perfectionner toutes les Sciences, & tous le Arts sous son regne. Telamon en estant demeuré d'accord, nous entrâmes alors dans la cour de la ménagerie, où l'on voit un pavillon, d'une symmetrie particuliére, ayant un escalier au milieu, & aprés l'avoir monté, & passé un avant-cabinet assez propre, on entre dans un grand cabinet à huit faces, qui a sept croisées, & un corridor de fer doré audehors, qui regne tout à l'entour. De ce corridor on voit sept cours différentes, remplies de toutes sortes d'oiseux & d'animaux rares. Leurs peintures sont dans le cabinet, comme pour preparer à ce qu'on va voir, ou pour en faire souvenir après l'avoir vû.[216]

216 Scudéry 1669, S. 93–95 („‚Der Plan dieser Menagerie,' sagte Telamon, ‚ruft in mir die Erinnerung an Alexander wach: Nachdem er so viele wichtige Dinge von seinem Lehrer erfahren hatte, gab er ihm anschließend die Gelegenheit, die Natur aller Tiere sorgfältig zu studieren und jene schöne Naturgeschichte abzufassen, die er der Nachwelt hinterlassen hat.' ‚Sie haben recht', gab ich zur Antwort, ‚und Sie können noch hinzusetzen, daß der König Spezialakademien zum Studium solcher Dinge eingerichtet hat und daß er mit großen Kosten besondere Orte erbauen läßt, wo man die Gestirne beobachten kann.

Die zitierte Passage, an die sich eine genauere Beschreibung der architektonischen Gestaltung und der tierischen Bewohner der Ménagerie anschließt,[217] ist besonders reich an Informationen über das Verhältnis zwischen Natur, Wissensproduktion und fürstlicher Repräsentation.[218] Sie umreißt die entsprechenden Gegebenheiten zur Zeit Ludwigs XIV. und zeigt nicht zuletzt klare Parallelen zu den Vorgängen in der Toskana Cosimo III. de' Medicis auf.[219]

Den allgegenwärtigen Topoi des Antikenbezugs folgend, stellt Scudéry eine Verbindung zwischen Alexander dem Großen und dem Sonnenkönig her.[220] Während die Nachwelt Ersterem Aristoteles' Naturgeschichte der Tiere verdanke, vermochten die Akademien unter Ludwig XIV. die Errungenschaften der Antike sowohl in den Wissenschaften als auch in den Künsten auszudehnen. Nahezu frappierend erscheint die Ähnlichkeit zwischen Scudérys Charakterisierung der Tiergemälde im Pavillon der Ménagerie und Francesco Saverio Baldinuccis Ausführungen über die Gemälde Bartolomeo Bimbis im Casino della Topaia (s. S. 12, 23). Der Wert, den die beiden Autoren den jeweiligen Bildern zusprechen, ist im Grunde der gleiche. Innerhalb eines architektonischen Raumes kommt dem Medium des gemalten Naturportraits die Funktion zu, vorwegnehmend oder rückwirkend zum tatsächlichen, in der Regel visuellen Naturerlebnis in Bezug zu treten.

Die heute nicht mehr existierende Ménagerie von Versailles wurde in den Jahren 1662/63 von Louis Le Vau (1612–1670) erbaut und vereinte funktionale Elemente zur Haltung und Schau von Tieren mit barocker Residenzarchitektur (Abb. 36). Zahlreiche Berichte und Beschreibungen bezeugen, dass sich die Ménagerie in der Zeit um 1700 großer Popularität erfreute.[221] Die Tiere dienten der Unterhaltung des Hofes und zugleich der Repräsentation des Herrschers, was wie gewohnt in verschiedenen Abstraktionsgraden und Inszenierungsarten geschehen konnte. An dieser Stelle sollen zwei Formen dieser wissenschaftlich-künstlerischen Auseinandersetzungen kurz vorgestellt werden.

So wird man erkennen, daß man die Kenntnisse der Alten übertreffen und daß man alle Wissenschaften und Künste unter seiner Regierung perfektionieren kann.‘ Telamon war damit einverstanden, und wir betraten nun den Hof der Menagerie, wo man einen Pavillon von besonderer Symmetrie sieht. Er besitzt im Zentrum eine Treppe, und nachdem man hinaufgestiegen und in ein recht anständiges Vorkabinett eingetreten ist, kommt man in ein großes achtseitiges Kabinett, das sieben Fenster und einen äußeren Umgang aus vergoldetem Eisen hat, der ganz herumläuft. Von diesem Umgang aus sieht man sieben verschiedene Höfe, die mit allen Arten von Vögeln und seltenen Tieren gefüllt sind. Ihre Bilder sind im Kabinett, so als sollte man auf das, was man sehen wird, vorbereitet werden, und als sollte man daran erinnert werden, nachdem man es gesehen hat.“ Übersetzung nach Krause 2002, S. 63).

217 Scudéry 1669, S. 95–98.

218 Zu Scudérys Novelle und ihren erzählerischen, galant-gelehrten Architekturbeschreibungen vgl. Krause 2002 (zur Indienstnahme der Natur und den vielfältigen Bezugsmöglichkeiten auf verschiedenen Sinnesebenen in der Ménagerie äußert sich die Autorin etwa auf den Seiten 115 oder 122).

219 Zum Hof Ludwigs XIV. und seiner Nachfolger als (repräsentativer) Ort der Wissenschaften vgl. einleitend Saule 2010.

220 Gerade in den frühen Jahren seiner Herrschaft wurde der Vergleich Ludwigs XIV. mit Alexander dem Großen regelrecht kultiviert; vgl. Hyde 2005, S. 18.

221 Zur Ménagerie von Versailles Mabille 1974, Delieuvin 2008, Mabille/Pieragnoli 2010, Pieragnoli 2010.

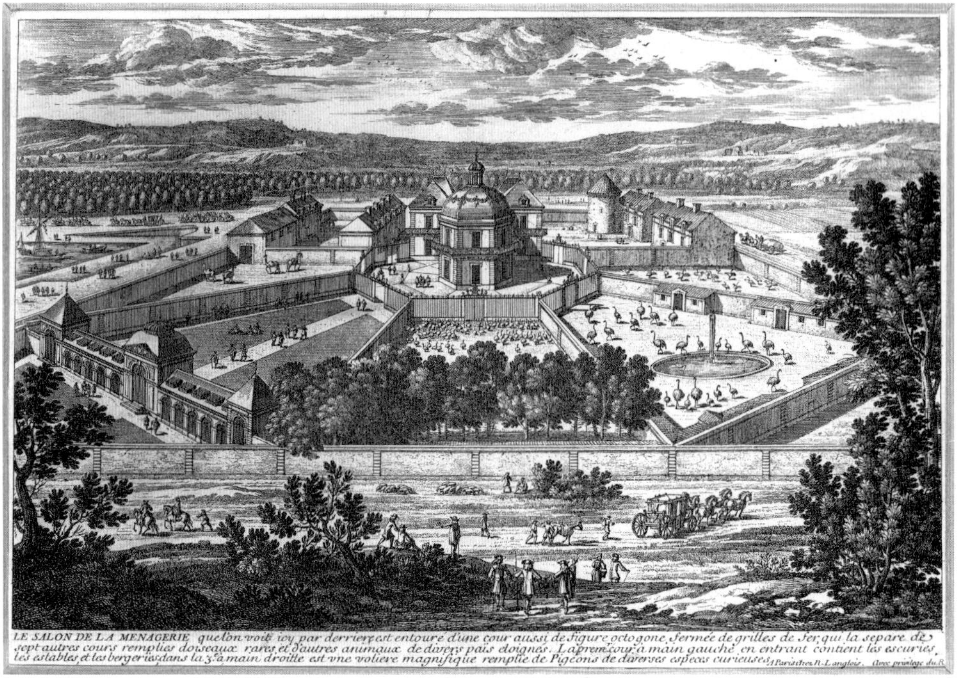

36 Adam Perelle: *Vue perspective de la ménagerie de Versailles*, Châteaux de Versailles et de Trianon © bpk / RMN – Grand Palais.

Die Tiergemälde an den Wänden des Kabinetts im oberen Geschoss des Pavillons, die Madeleine de Scudéry geradezu Neugier erweckend andeutet, gehen auf den flämischen Maler Nicasius Bernaerts (1620–1678), einen Schüler des Antwerpener Stillleben- und Tiermalers Frans Snyders, zurück und entstanden in den Jahren nach der Fertigstellung der Ménagerie zwischen 1664 und 1668. Insgesamt 49 Ölbilder waren auf sieben Wandflächen des oktogonalen Raumes verteilt. Je drei Tierportraits übereinander, darunter etwa Biber (Abb. 37) und Schildkröte, flankierten in die Wände eingelassene Türen, die den Besuchern einen Ausblick auf die echten Tiere im Freien und Zugang auf den rund um den Pavillon führenden Balkon gewährten. Je ein weiteres Gemälde mit dem tatsächlichen Ausblick nachempfundenen szenischen Darstellungen befand sich als Supraporte über den sieben Türen (Abb. 38).[222] Über die achte Seite des Oktogons war der Zugang zu dieser exquisiten Aussichtsplattform gesichert, die nicht nur für das Beobachten der Tiere

222 Bei Abb. 38 handelt es sich um eine 3D-Rekonstruktion. Mabille/Pieragnoli 2010 liefern zahlreiche weitere anschauliche virtuelle Rekonstruktionen der Ménagerie. Zur Ausstattung des Pavillons mit den Gemälden Nicasius Bernaerts' ausführlich Delieuvin 2008.

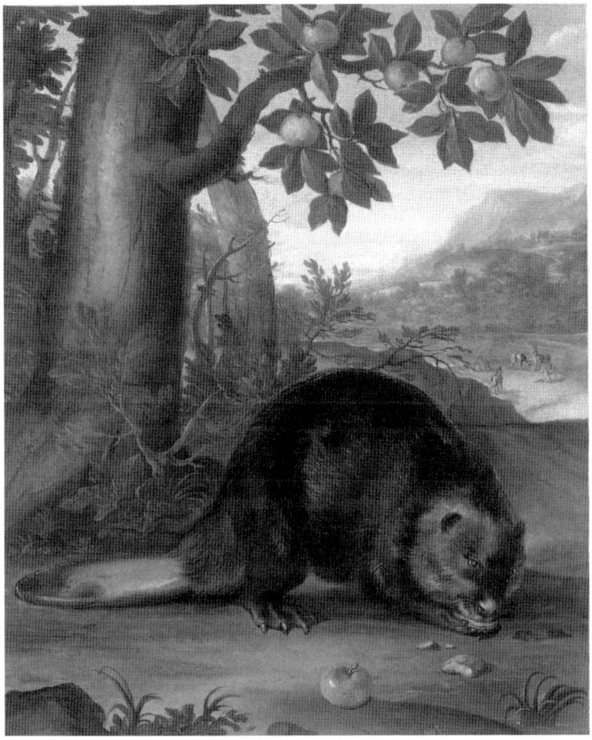

37
Nicasius Bernaerts: Biber, 1664–68, Paris, Musée du Louvre © bpk / RMN – Grand Palais.

vorgesehen war, sondern auch Raum für Festlichkeiten bot.[223] Die Art der Korrespondenz der echten Tiere im Freien mit den gemalten Tieren im Inneren, die offensichtliche Dokumentations- und zugleich Dekorationsfunktion der Bilder Bernaerts' sowie die aufkommenden Konnotationen eines Ortes wie der Ménagerie mit den Aspekten des Erfreuens und zugleich des Belehrens gemahnen stark an die späteren Gemäldesammlungen von la Topaia und l'Ambrogiana, auch wenn der Bezug zu dem, was quasi direkt vor der Tür lag, in Cosimos *museo delle ville* nicht so ausgeprägt sein sollte wie dies in der Ménagerie von Versailles der Fall war.[224]

Einer anderen Form der Auseinandersetzung mit den Tieren des Sonnenkönigs begegnet man, wenn man sich dem Wirken der 1666 auf Initiative Jean-Baptiste Colberts gegründeten *Académie Royale des Sciences* zuwendet. Nach Scudéry nahezu das Mäzena-

223 Vgl. hierzu Mabille/Pieragnoli 2010, S. 28f.
224 Ein architektonisches, wenn auch ganz anders geartetes Pendant zur Ménagerie fand sich am anderen Ende der Querachse des *Grand Canal*. Die Bauten und Gärten des Trianon als exquisiter Rückzugsort des Königs und Tempel ewigen Frühlings werden am Ende des Kapitels besprochen (s. S. 104–107).

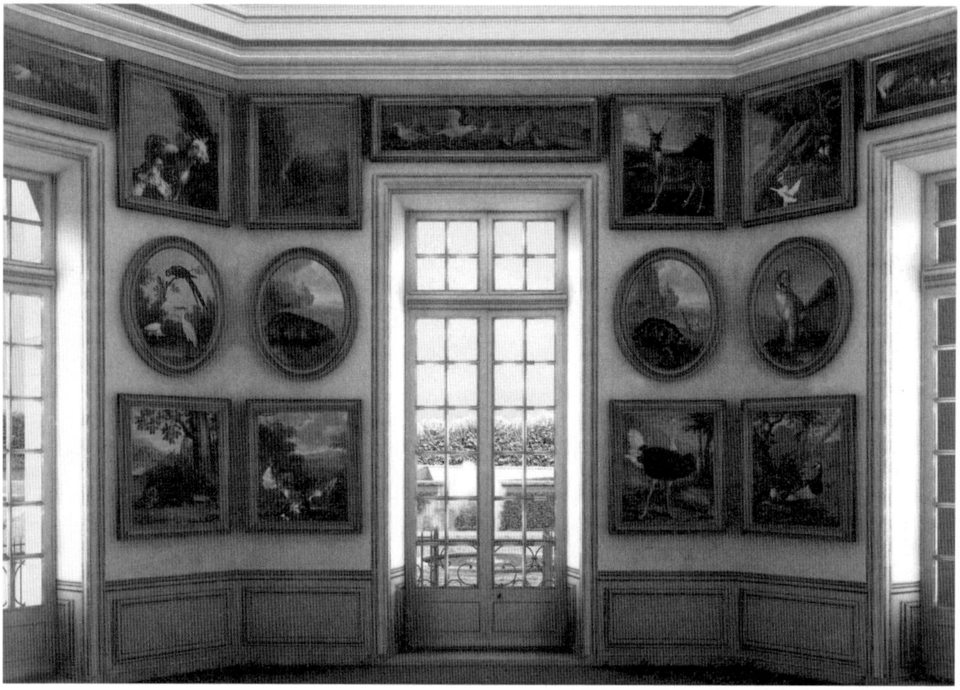

38 Rekonstruktion des Inneren der Ménagerie.

tentum Alexanders des Großen übertreffend wandte Ludwig XIV. große Summen zur Etablierung und Unterstützung staatlicher Akademien auf und so verwundert es nicht, wenn diese zugleich zu den wichtigsten Propagandainstrumenten des Herrschers gehörten. In den 1670er Jahren druckte die *Imprimerie du Roi* sechs Werke der *Académie des Sciences*, worunter sich zwei Ausgaben der *Mémoires pour servir à l'histoire naturelle des animaux* (1671 und 1676) befanden.[225] Es waren die Tiere aus den Ménagerien von Versailles und Vincennes, die den Wissenschaftlern der Akademie, allen voran Claude Perrault (1631–1688), als Untersuchungsobjekte dienten.[226] Die beiden Bände enthalten Beschreibungen und Erläuterungen dieser Tiere: in der ersten Ausgabe findet man 17 Beschreibungen von 16 verschiedenen Arten, die erweiterte zweite Ausgabe war mit 31 Beschreibungen von 29

225 Neben den *Mémoires pour servir à l'histoire des plantes* sind dies Werke über die Vermessung der Erde, über Mathematik und über die Pendeluhr von Christian Huygens. Guerrini 2010, S. 383.

226 Während in Versailles vorwiegend Vögel und andere eher kleine Tiere untergebracht waren, gab es in Vincennes auch große Wildtiere wie Löwen und Elefanten; vgl. Milovanovic 2009, S. 266, Pieragnoli 2010, S. 111, Guerrini 2010, S. 387. Zu den anatomischen Studien der Akademie vgl. neben Guerrini 2010 auch Schmitt 2010, S. 116f.

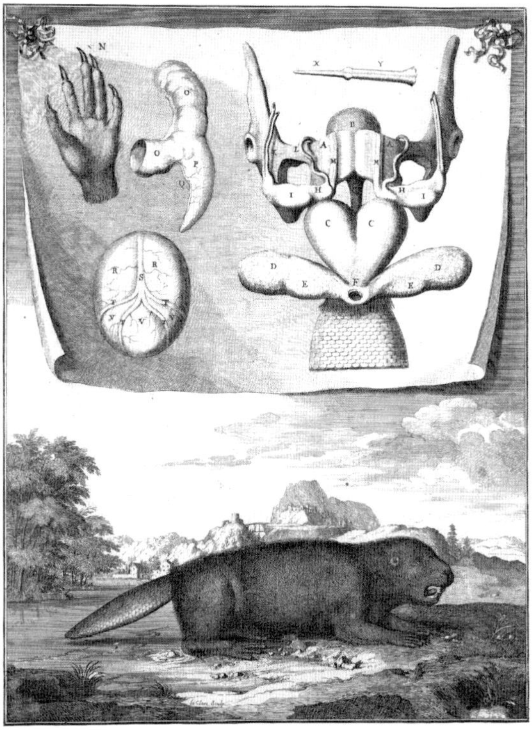

39

Biber, in: Claude Perrault: *Mémoires pour servir à l'histoire des animaux* (1671).

Arten entsprechend umfangreicher. Die Texte stehen in enger Korrespondenz mit ganzseitigen Bildern, die das jeweilige Tier in einer ideellen Landschaft zeigen, wobei die Szenerie im oberen Teil auf kontrastive Art und Weise von den analytisch dargestellten Ergebnissen der anatomischen Sektion des Tieres überblendet wird. Neben kleinen Tieren wie Biber (Abb. 39) und Schildkröte, die auch Bernaerts für das Versailler Kabinett malte (Abb. 37), trifft man etwa auf den Löwen, der als erste Art die Reihe eröffnet.[227] Hintergründe und Anspielungen der *Histoire des animaux* sind vielfältig. Seltene Tiere als diplomatische Geschenke waren traditionelle Macht- und Herrschaftssymbole (s. S. 53f.). Ihr Besitz ist eng mit gängigen Topoi wie dem Zähmen der wilden Natur oder dem Wissen über und Beherrschen von fremden Erdteilen verknüpft. All dies wird durch die Arbeit der Akademie umkodiert und in Werken wie der *Histoire des animaux* medialisiert. Wissenschaftsförderung und fürstliche Repräsentation wirken wie so häufig eng zusammen und dieses Zusammenwirken war als erklärtes Ziel der Gründung der *Académie des Sciences* von Anfang an Programm. Die Auflage der kostspieligen Publikationen war mit

227 Guerrini 2010, S. 388f. mit Abbildung.

200 Exemplaren nicht wirklich hoch und eine weite Verbreitung von Wissen somit kaum intendiert.[228] Vielmehr scheint sich das Projekt in die unmittelbaren Repräsentationsvorgänge am Hofe Ludwigs XIV. einzufügen, die Colbert im Laufe der 1660er Jahre um die Komponente einer groß angelegten Förderung der Künste und Wissenschaften zu erweitern wusste. Die anschließenden Publikationen der 1670er Jahre können als eine Art medienwirksame Konsolidierung der Patronagebeziehungen zwischen dem König und seinen Wissenschaftlern gesehen werden. Kunstwerken gleich schienen diese Bücher zunächst eher einen erlauchten Kreis ansprechen zu wollen,[229] bevor 1688 (und 1702 in zweiter Auflage) eine englische Übersetzung von Alexander Pitfield erschien und erst 1733 eine kleinformatigere französischsprachige Ausgabe.[230]

Am Beispiel der Tiere Ludwigs XIV. und der mit ihnen in direkter Verbindung stehenden Orte (wie der Ménagerie) oder indirekter verbundenen Institutionen (wie der *Académie des Sciences*) wird einmal mehr deutlich, wie die Ergebnisse künstlerischer und wissenschaftlicher Auseinandersetzung mit einem bestimmten Thema Bestandteil fürstlicher Repräsentation sein können. Wieder stehen Orte und ihre Kataloge im Dienste der Herrschaft und formen Wissen zu einer politischen Aussage.

Besonders hinterfragenswert erscheint in diesem Kontext die Rolle der *Académie des Sciences*.[231] Neben der *Royal Society* in London ist es die Pariser Institution, die durch die Jahrhunderte hindurch immer wieder als herausragendes Beispiel unter den wissenschaftlichen Akademien der frühen Neuzeit genannt wird (so zu sehen etwa bei Antonio Cocchi oder Adolfo Targioni Tozzetti, s. S. 90f. [Anm. 2.212, 2.213]). In der Toskana fehlte eine solche Institution zu Zeiten Cosimos III. weitestgehend und die *Royal Society* erfüllte am königlichen Hof nicht annähernd die politisch instrumentierte Funktion wie dies in Frankreich der Fall war (s. S. 320f.). Eine Bürokratisierung der Künste und Wissenschaften, wie sie Colbert zur Konsolidierung der Herrschaft seines Königs vorantrieb, ist ein nunmehr zum Topos gewordenes Charakteristikum der Regierungszeit Ludwigs XIV.[232] Die Institutionalisierung der Gelehrtengesellschaft, ihre Finanzierung und die daraus resultierende direkte Assoziation des Königs mit ‚seinen' Wissenschaftlern war ein wohlbedachter Schachzug Colberts. Ein Blick auf Sébastien Le Clercs berühmt gewordenes Frontispiz der *Histoire des animaux* (Abb. 40) von 1671 genügt, um sich ein Bild von dieser Assoziation zu machen. Die erdachte Szene zeigt den Sonnenkönig mit seinem Minister und anderen Gönnern bei einem Besuch in den Räumen der Akademie. Die bedeuten-

228 Guerrini 2010, S. 389f.

229 Die wenigen Exemplare wurden nicht verkauft und nur ausgesuchte Personen erhielten vom König selbst oder der Akademie eine Kopie als Geschenk. Guerrini 2010, S. 390.

230 Guerrini 2010, S. 403f.

231 Einen Überblick über die Gründung und die frühe Geschichte der Akademie liefert Hahn 2010 (zugleich sei auf die ausführliche Monographie Hahn 1971 hingewiesen); vgl. außerdem Lux 1990 sowie vor allem die einleitenden und zusammenfassenden Kapitel in Stroup 1990.

232 Vgl. hierzu Burke 1993, S. 67–78.

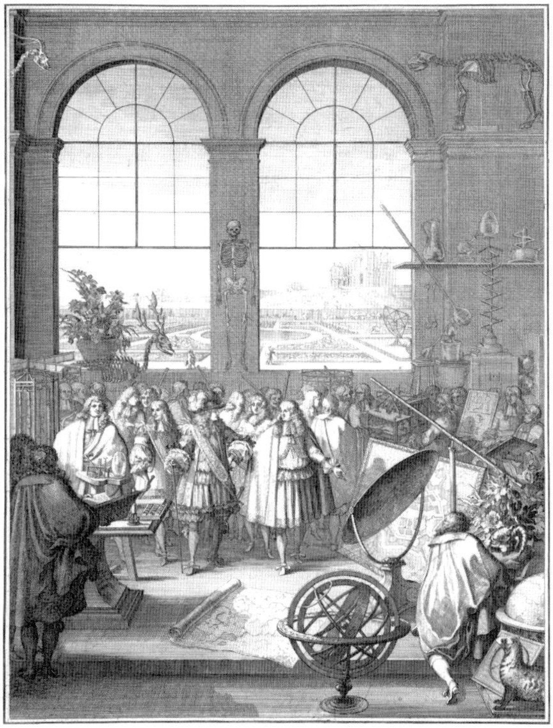

40

Frontispiz von Sébastien Le Clerc (Ludwig XIV. und seine Minister beim Besuch der *Académie Royale des Sciences)*, Claude Perrault: *Mémoires pour servir à l'histoire des animaux* (1671).

den Besucher sind umgeben von den Wissenschaftlern selbst sowie den Instrumenten und Ergebnissen ihrer Arbeit – zu sehen sind die Skelette verschiedener Tiere und das eines Menschen, Architekturmodelle und -zeichnungen, Instrumente zur Beobachtung des Himmels, zur Vermessung der Erde und vieles mehr. Zwei große Fenster geben den Blick auf das Observatorium und den *Jardin des Plantes* frei, zwei weitere zentrale Orte des Wissens und seiner Repräsentation innerhalb des Patronagekosmos des Sonnenkönigs.[233]

Während das Observatorium 1667, im Jahr unmittelbar nach der Gründung der Akademie, erbaut wurde, existierte der *Jardin des Plantes* schon seit 1635.[234] Seine Anlage geht auf die Zeit Ludwigs XIII. (1601–1643) und den Arzt und Botaniker Guy de la Brosse (1586–1641) zurück. Neben den Namen zahlreicher Wissenschaftler, darunter Joseph

233 Zu Le Clercs Stich und der Rolle der *Académie des Sciences* in der Patronagepolitik Colberts vgl. Stroup 1990, S. 3–10, 221–226. Alice Stroup untersucht die Vorgänge in der Akademie, die „both royal and scholarly expectations" (S. 3) vereinte, am Beispiel der Botanik (s. Kapitel 4.5).

234 Vgl. hierzu Vezin 1990, S. 16–19, Brygoo 1999, bes. S. 67f., Deligeorges 2004, S. 2 5, Laissus 2010, S. 46–49.

Pitton de Tournefort, ist der *Jardin des Plantes* eng mit der *Collection des Vélins*, verknüpft.[235] Ihren Ursprung hat die stetig weitergeführte Sammlung von Aquarell- und Gouachezeichnungen vorwiegend botanischer Sujets auf besonders feinen Pergamentbögen in der Leidenschaft Gaston d'Orléans' (1608–1660) für Kunst und Botanik. Unmittelbar nach der Einrichtung des *Jardin des Plantes* in Paris ließ der Bruder Ludwigs XIII. in Blois ebenfalls einen botanischen Garten anlegen, der sich schnell großer Berühmtheit erfreute. Anders als in Paris und vor allem Montpellier diente jener Garten keinen medizinischen, sondern vielmehr floristisch-ästhetischen Zwecken. Nach Gastons Tod im Jahre 1660 wurde der Garten von Blois aufgelöst und die kostbaren Pflanzen nach Paris überführt. Auch die *Collection des Vélins*, die zu diesem Zeitpunkt fünf Bände zu je 50 bis 60 Bögen umfasste, gelangte nach Paris in die *Bibliothèque du Roi*. Seit 1645 hatte Gaston den Miniaturmaler Nicolas Robert (1614–1684) beschäftigt, dem die Pflanzen von Blois als Vorlagen für seine Zeichnungen gedient hatten. Nicht nur die Pflanzen selbst und ihre Bilder, auch Robert wurde als *Peintre ordinaire du roi pour la miniature* nach Paris ‚übernommen'.[236] Die Stelle des königlichen Miniaturmalers wurde auch in den Jahrzehnten nach Roberts Tod im Jahre 1685 immer wieder besetzt und die *Collection des Vélins* wuchs beständig weiter. Auf Jean Joubert (1643–1707) folgte dessen Schüler Claude Aubriet (gest. 1742), der eng mit Tournefort zusammen arbeitete. 1635 wurde die Stelle Aubriets wiederum an dessen Schülerin Madeleine de Basseporte (1701–1780) übertragen.[237]

Diese Form der „official botanical art in France"[238] eröffnet ein weiteres Mal das gewohnte Spannungsfeld zwischen Wissenschaftlichkeit und Repräsentativität, wobei soziale und politische Implikationen eine tragende Rolle spielen.[239] Ein Blick auf das weite Spektrum, innerhalb dessen Künstler wie Robert und Aubriet tätig waren, hilft, diese Situation zu verdeutlichen. Roberts Visitenkarte für den Eintritt in die Dienste Gaston d'Orléans' war die *Guirlande de Julie* (vor 1641), ein Werk höfischer Galanterie, das der Marquis de Montausier für seine Angebetete Julie d'Angennes zusammenstellen lies. Nicolas Robert zeichnete die einzelnen Blumen zu einer Sammlung von Madrigalen verschiedener Dichter, die Julies Tugenden durch den floralen Vergleich zu preisen wussten.[240] Die

235 Vgl. Vezin 1990, S. 20–28, Brygoo 1999, S. 75–77.

236 Zu Nicolas Robert und der Geschichte der *Collection des Vélins* vgl. außerdem Blunt/Stearn 1994, S. 114–123.

237 Vgl. Vezin 1990, S. 25–27, Blunt/Stearn 1994, S. 123–126 sowie ausführlich zu Claude Aubriet Hamonou-Mahieu 2010.

238 Blunt/Stearn 1994, S. 126.

239 Zur Funktion von Blumen innerhalb der Herrschaftsikonographie Ludwigs XIV. vgl. Hyde 2005, Kapitel 5 (*Cultivating the King*) sowie zu einem knapperen Überblick dies. 2002. Darüber hinaus, von der Botanik auf die gesamte Natur und Umwelt als formbare Akteure innerhalb der soziopolitischen sowie militärischen Repräsentationsstrategien des Sonnenkönigs, vgl. Mukerji 1997 sowie zusammenfassend dies. 1993 und 2002.

240 Blunt/Stearn 1994, S. 118f., Hyde 2002a, S. 82 und dies. 2005, S. 108–110. Das Manuskript befindet sich in der *Bibliothèque nationale de France* (ms. fond français N.A.F. 19142); vgl. Frain/Montausier 1991.

Arbeit im Umfeld der Gärten von Blois und Paris sowie der Austausch mit Botanikern wie Robert Morison (1620–1683) oder Denis Dodart (1634–1707) mögen dazu geführt haben, dass sich Robert zusehends für die wissenschaftliche Komponente der Pflanzendarstellung interessierte. So war es unter anderem Robert, der die Stichvorlagen für die *Mémoires pour servir à l'histoire des plantes* von 1676 lieferte.[241] Zu jener Zeit stand Robert längst in den Diensten Ludwigs XIV., unter dem die *Collection des Vélins* nahezu eine Institution der bildlichen Dokumentation von Pflanzen und Tieren geworden war. Eine Vorstellung von der Größenordnung dieser umfassenden Sammlung liefert Aline Hamonou-Mahieu. Kurz vor Roberts Tod zählte diese 18 Bände mit insgesamt 924 Zeichnungen (darunter 289 Exemplare ornithologischer und botanischer 635 Sujets) und Jean Joubert fügte der Sammlung an die 1.600 weitere *vélins* hinzu.[242] Als Aubriet nach Jouberts Tod 1707 königlicher Miniaturmaler wurde, hatte er bereits die Stichvorlagen für Joseph Pitton de Tourneforts *Élémens de botanique ou méthode pour connoître le plantes* (Paris 1694) geliefert, die in der lateinischen Erweiterung, den *Institutiones rei herbariae* (Paris 1700), weite Verbreitung finden sollten. Außerdem hatte Aubriet den Botaniker auf seine berühmte Levantereise begleitet,[243] wo er unzählige Zeichnungen von Pflanzen, Tieren etc. anfertigte.[244] Für die *Collection des Vélins* schuf Aubriet viele Darstellungen exotischer und neu entdeckter Pflanzen, was sicherlich seiner Nähe zu Tournefort, Sébastien Vaillant (1669–1722) und anderen Botanikern zuzuschreiben ist. Neben den Bezeichnungen gibt Aubriet auf seinen Bildern häufig Literaturverweise an, wie etwa bei der Kakaofrucht (Abb. 41), die mit Blättern und Blüten, einem Querschnitt sowie mit herausgelösten Bohnen dargestellt ist und auf Carolus Clusius' *Exoticorum libri decem* (1605) zu verweisen scheint. Solche ‚wissenschaftlichen' Aspekte der Zeichnungen selbst sowie Tendenzen, mit der Sammlung ein umfassendes Panorama der Tier-, vor allem aber der Pflanzenwelt zu schaffen, führten bald auch dazu, die bestehenden Bände aufzulösen und die Darstellungen botanischer Sujets nach Tourneforts Klassen und Gattungen zu ordnen.[245] Tourneforts Ordnung bestand auch im *Jardin des Plantes* selbst und wer mit den Arbeiten des Botanikers vertraut

241 Blunt/Stearn 1994, S. 121f. Der schottische Arzt und Botaniker Robert Morison, Verfasser des *Hortus Regius Blesensis* und der *Historia Plantarum Universalis Oxoniensis*, hielt sich zwischen 1650 und 1660 in Blois auf. Brygoo 1999, S. 72. Denis Dodart war seit 1671 Mitglied der *Académie des Sciences* und seine *Mémoires pour servir à l'histoire des plantes* (s. Anm. 4.202) erschienen im Rahmen eines größeren Projekts zur Naturgeschichte der Pflanzen; vgl. hierzu Laissus/Monseigny 1969, Stroup 1990, S. 65–88. Neben Nicolas Robert lieferten Abraham Bosse und Louis-Claude de Chatillon Stichvorlagen für das Projekt; vgl. Laissus/Monseigny 1969, S. 211–213 sowie zu einem Einblick in die Bilderfülle des Projekts Paris 2008.

242 Hamonou-Mahieu 2010, S. 33.

243 Die Bekanntheit jener Reise rührt nicht zuletzt von der Veröffentlichung des Reiseberichts einige Jahre nach Tourneforts Tod; vgl. Tournefort 1717.

244 Zur Zusammenarbeit zwischen Aubriet und Tournefort vgl. Hamonou-Mahieu 2010, S. 85–109.

245 Zu den Veränderungen innerhalb der *Collection des Vélins* im 18. Jahrhundert vgl. Hamonou-Mahieu 2010, S. 36–45.

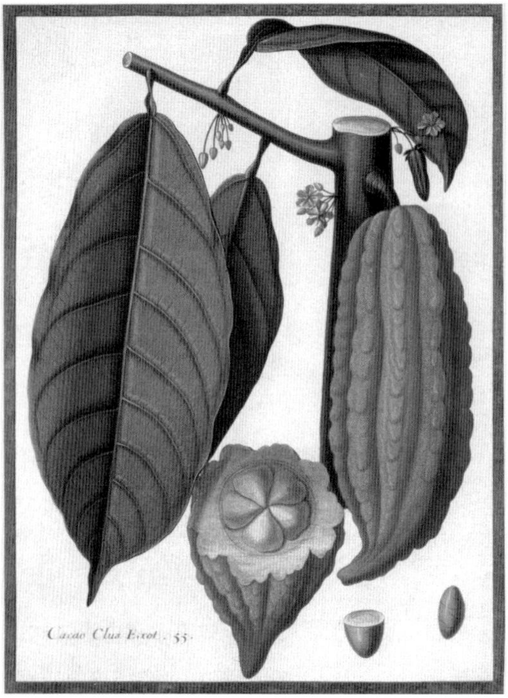

41

Claude Aubriet: Kakaofrucht, Paris, Muséum national d'Histoire naturelle.

war, konnte im Garten sowie in den botanischen Bänden der *Collection des Vélins* lesen, wie in den *Élémens de botanique* bzw. den *Institutiones rei herbariae*.[246]

Anstatt die Geschichte der *Collection des Vélins* und die Bedeutung der Systematik Tourneforts für die Entwicklung der Botanik im Verlauf des 18. Jahrhunderts weiter zu skizzieren, sei an dieser Stelle ein Schnitt und ein Schritt zurück ins 17. Jahrhundert getan. Ludwigs Großprojekt Versailles (Abb. 14) sowie andere Initiativen in Paris und darüber hinaus – von den verschiedenen Akademiegründungen bis zur Erschließung Frankreichs durch zahlreiche Kanäle und Festungsbauten, um ein grobes Panorama zu umreißen – stehen für unterschiedliche, miteinander verwobene Strategien der Legitimation, Konsolidierung und Repräsentation königlicher Herrschaft. Antoine Schnapper spricht der Architektur die Hauptrolle innerhalb der politischen Propagandamaschinerie des Sonnenkönigs zu. Er schließt seine Ausführungen über den König als Sammler mit der entsprechenden Aussage „[...] building a Versailles was a greater expression of magni-

246 Zu Joseph Pitton de Tournefort sei neben Hamonou-Mahieu 2010, S. 85–109 vor allem auf die Beiträge in Becker 1957 verwiesen (darunter R. Dughi: „Tournefort dans l'histoire de la botanique", S. 131–185 und J.F. Leroy: „Tournefort et la classification végétale", S. 187–205).

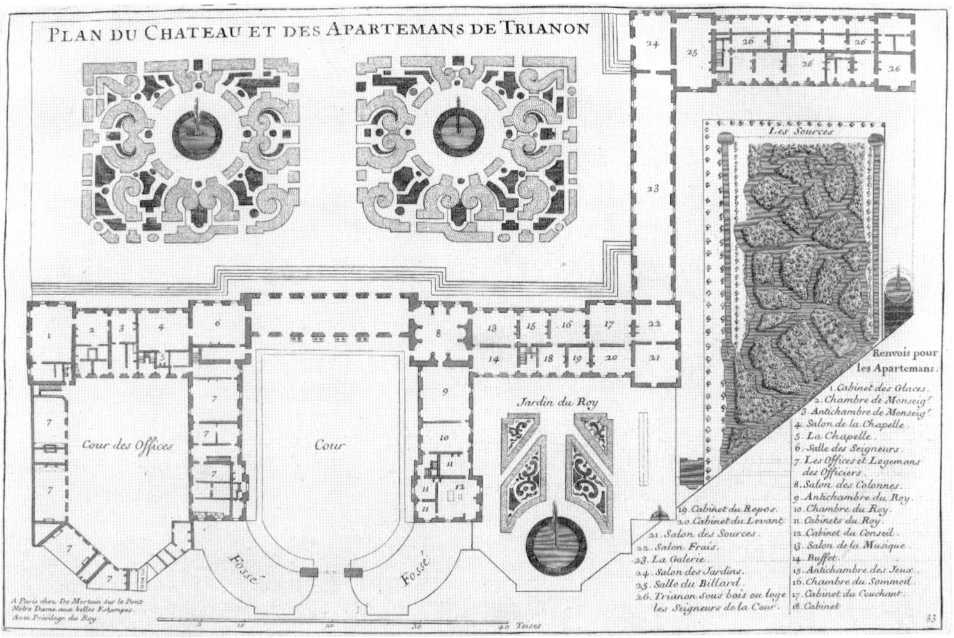

42 *Plan du Château et des Appartements de Trianon*, in: *Plans, Profils et Élévations du Château de Versailles*, Châteaux de Versailles et de Trianon © bpk / RMN – Grand Palais / Gérard Blot.

ficence than owning all the Titians in the world [...]".[247] Versailles bildet zweifelsohne die Spitze all jener mit Ludwig XIV. in Verbindung stehenden Repräsentationsvorgänge, doch kommen dort wie auch anderswo ganz verschiedene ‚Mitspieler' zusammen. Die unterschiedlichen Elemente und Akteure in Form von Architektur und Objekten der bildenden Kunst, Akademien und mit diesen in Verbindung stehenden Werken sowie vieles andere mehr lassen sich nicht so einfach differenzieren und hierarchisieren. Besonders eng mit den Grundsätzen politischer Herrschaft ist die Besetzung entsprechender Orte, die Kontrolle des eigenen bzw. zu Eigen gemachten Territoriums verbunden. Die Herrschaft des Souveräns bezieht sich nicht alleine auf sein Volk, sondern vor allen Dingen auch auf die ihn umgebende Natur. Das Formen und Dominieren derselben erlaubt Aussagen, die einen wesentlichen Teil der fürstlichen Repräsentation ausmachen, was am Beispiel Versailles besonders deutlich wird.[248] Über das königliche Schloss an sich hinaus sind es viele weitere Faktoren – die Ingenieursleistungen, die die Fortführung des Bauvorhabens erst ermöglichten, die Gartenanlagen mit ihren Skulpturen und Wasserspielen (Taf. IX),

247 Schnapper 1988a, S. 202.
248 Vgl. hierzu Mukerji 1997 sowie dies. 1993 und 2002.

Wege und Straßen, weitere Bauten wie die Ménagerie (Abb. 36) oder das Trianon (Abb. 42), die Ausstattung all dieser Innen- und Außenräume mit Kunst, Mobiliar, Pflanzen, Tieren etc., dort stattfindende Zeremonielle und Feste sowie nicht zuletzt die Bindungskraft und Ausstrahlung, die Versailles als Ganzes ausübte –, die in ihrer Gesamtheit die politischen Aussagen des Ortes Versailles und der Hofhaltung des Sonnenkönigs formulierten.

Auf die *French formal gardens* – allen voran Versailles – als *living maps* wurde bereits eingegangen. In diesen interaktiven Landkarten eines Herrschaftsgebietes kommen verschiedene Akteure zum Zug und es werden unterschiedliche Aussagen getroffen (s. Kapitel 2.1.3, bes. S. 40f., 51f. [Anm. 2.104]). Ziel dieses kurzfristigen Ortswechsels nach Paris und Versailles ist es, eine konkretere Vorstellung der erwähnten *natural allies* zu vermitteln. Die Ménagerie, ihre Bewohner und deren Bilder, die Beschäftigung mit Tieren, Pflanzen und vielen anderen Dingen innerhalb der *Académie des Sciences*, botanische Raritäten wie Gaston d'Orléans' Pflanzen in Blois, die Gründung des *Jardin des Plantes* in Paris durch Ludwig XIII., die ‚Übernahme' dieser Einrichtungen und der mit ihnen in Zusammenhang stehenden Sammlungen auf Initiative Colberts, die Arbeit der königlichen Miniaturmaler und vieles mehr zeigen, welche Wege diese Indienstnahme der Natur am Hof des Sonnenkönigs beschreiten konnte.

Abschließend sei der Blick von der eingangs erwähnten Ménagerie über die Querachse des *Grand Canal* hinweg zu Ludwigs ‚Tempel der Flora' – der Anlage des Trianon – gelenkt (Abb. 42). Mukerji und vor allem Hyde charakterisieren das königliche Lustschloss mit seinen Gärten als ‚den' Ort floraler Repräsentation in Versailles.[249] Während die Ménagerie gleich zu Beginn der Erweiterungen von Versailles in den frühen 1660er Jahren angelegt wurde, entstand das *Trianon de Porcelaine* ab 1670 und wurde im Laufe der 1680er Jahre durch das *Trianon de Marbre* ersetzt.[250] Als Versailles um 1678 zum ständigen Regierungssitz Ludwigs XIV. geworden war, verfügte die gesamte Anlage über zahlreiche Verwaltungs- und Wohngebäude in der Nähe des Schlosses sowie über Rückzugsorte eher exklusiv-privaten Charakters in den weitläufigen Gartenbereichen. Diese Gärten und die mit ihnen in direkter Verbindung stehenden Gebäude waren die Orte, an denen der Natur die Aufgabe der politischen Repräsentation des Souveräns zukam. Mukerji bezeichnet den Garten als Ort der Kontrolle über die Natur. Die Pflanzen fungierten nicht nur zur Verherrlichung des Königs, sie waren auch als Metapher der politischen Reichweite desselben zu verstehen und so waren die Gärten als *living maps* und *cultural inventory* zu lesen.[251] Doch es soll nicht der Eindruck entstehen, als ließen sich die Pflanzen als *natural allies* nur zu territorialen, nahezu militärisch anmutenden Zwecken rekrutieren. Orte wie das

249 Vgl. Mukerji 1997, S. 277–279, Hyde 2002 und 2005, S. 149–157, 170–180. Dem entspricht quasi als Ort Früchte und vor allem Gemüse (also in erster Linie Nutzpflanzen) betreffender Repräsentation der zwischen 1678 und 1683 von Jean-Baptiste de La Quintinie angelegte *Potager du Roi*; vgl. hierzu Mukerji 1997, S. 167–171 sowie ausführlich dies. 2016.

250 Zu einem knappen Zeitplan der Bauvorhaben vgl. Hyde 2005, S. 147, 149, 151–155.

251 Vgl. Mukerji 1997, S. 179–181.

Trianon oder das nahe gelegene Schloss von Marly waren dem privaten Rückzug und den sinnlichen Freuden des Königs und seinen nächsten Günstlingen vorbehalten. Und die Zahlen der dorthin gelieferten Pflanzen sprechen für sich.[252] Die verschiedensten duftenden und vor allem zu unterschiedlichen Zeiten blühenden Blumen bildeten den Rahmen für die exklusiven Feste des Königs sowie die Treffen mit den Mätressen Madame de Montespan, mit der die *Porcelaine*-Anlage in Verbindung gebracht wird, und später – mit Bau der *Marbre*-Anlage – Madame de Maintenon. Aufzeichnungen und Berichte von Colbert und Félibien, Le Nôtre und Le Rouge bestätigen den Eindruck andauernden Frühlings in den Trianon-Gärten. Colbert persönlich schien gerade in den ersten Jahren Sorge über die Ausstattung der Anlage getragen zu haben. So findet man vom 24. Oktober 1674 folgende Notiz in seinen Aufzeichnungen:

> Visiter souvent Trianon, voir que Le Bouteux ayt des fleurs pour le Roy pendant tout l'hyver [...] Il faut me rendre compte toutes les semaines des fleurs qu'il aura. Visiter souvent Trianon et prendre garde que toutes les réparations soyent bien faites.[253]

Félibien fasst den Eindruck ewigen Frühlings in suggestiverer Weise zusammen:

> Ce palais fut regardé d'abord, de tout le monde, comme un enchantement; car n'ayant été commencé qu'à la fin de l'Hyver il se trouva fait au Printemps, comme s'il fût sorty de terre avec les fleurs des Jardins qui l'accompagnent.[254]

Dem entsprechen die Beschreibungen Le Nôtres und Le Rouges des kleinen privaten *Jardin du Roy*, der mit dem Bau des *Trianon de Marbre* angelegt wurde und zu jeder Jahreszeit eine blühende Pflanzenvielfalt offenbarte (Abb. 42).[255]

Berichte über Feierlichkeiten, wie Bankette, Theater- und Ballettaufführungen zeigen zudem, dass die Gärten von Versailles nicht selten als Kulisse für Veranstaltungen verschiedener Art dienten.[256] Auch die Gärten und Gebäude der Trianon-Anlage wurden für solche groß angelegten Festivitäten genutzt. 1674 fand im Zuge der Feierlichkeiten des Sieges

252 Vgl. etwa Hyde 2005, S. 149f.

253 Jean Baptiste Colbert: *Ordres et règlements pour les bâtiments de Versailles*, in: *Lettres et instructions de Colbert*, Bd. 5; zitiert nach Hyde 2005, S. 273, Anm. 78 („Häufiger Besuch von Trianon, um zu sehen, ob [Michel] Le Bouteux [der königliche Blumengärtner] während des ganzen Winters Blumen für den König hat [...] Jede Woche muss darüber Bericht erstattet werden, welche Blumen es gibt. Häufiger Besuch von Trianon, um dafür Sorge zu tragen, dass alle Arbeiten erledigt werden.").

254 André Félibien: *La Description du château de Versailles*, Paris 1694, S. 84f.; zitiert nach Hyde 2005, S. 273, Anm. 72 („Zunächst wurde dieser Palais von aller Welt für einen verwunschenen Ort gehalten, denn kaum war das Ende des Winters angebrochen, so fand man sich im Frühling wieder, als wäre dieser von den Blumen der Gärten begleitet aus der Erde hervorgetreten.").

255 Vgl. Hyde 2005, S. 156, 274, Anm. 92, 93.

256 Vgl. Hyde 2005, S. 167–179.

über die Niederländer in der Franche-Comté ein Konzert im Hof des *Trianon de Porcelaine* statt.[257] Im Januar 1689 wurde im *Trianon de Marbre* zu Ehren des siegreichen *Dauphin* das Ballett *Le Palais de Flore* aufgeführt. Flora selbst krönte die Rückkehrer – mitten im Winter – mit Blumengirlanden aus ihrem Palast. So heißt es im Einführungstext des Stücks:

> Le Palais de Flore & le Printemps eternel qui jusques à present n'avoient esté que dans l'imagination des Poëtes, se trouvent veritablement icy. Le Theatre de Trianon ne sçauroit avoir de plus superbe decoration que Trianon mesme. [...] on découvre ces Fontaines, ces Jardins, & ces Parterres toujours remplis de toutes sortes de fleurs. On ne se souvient plus qu'on est au milieu de l'Hiver, ou bien l'on croit avoir esté transporté tout d'un coup en d'autres Climats, quand on voit ces delicieux objects qui marquent si agreablement la demeure de Flore.[258]

Im Jahr zuvor war das neu erbaute *Trianon de Marbre* im Prolog der Oper *Zéphire et Flore* selbst zum evozierten Schauplatz geworden. Die Theaterbühne repräsentierte das neue Trianon mit seinen Gärten, welches von keinem geringeren als Zephir selbst als schönster Ort seines Reichs hervorgehoben wurde.[259]

Den Ovid'schen Metamorphosen-Themata, die die Grenzen zwischen Mensch und Natur verschwimmen lassen und Gedanken an ein Goldenes Zeitalter ewigen Friedens und Frühlings heraufbeschwören, begegnete man auch im Inneren des Palastes. Hyde zählt 78 Gemälde mythologischer Sujets auf, 51 Landschaftsdarstellungen, nur fünf Bilder mit religiösem Thema und 28 Blumenstillleben, die zur Unterbringung im *Trianon de Marbre* vorgesehen waren.[260] Die Blumengemälde Blain de Fontenays und Antoine Monnoyers waren auf unterschiedliche Räume verteilt und entsprechen in ihrem Stil der prunkvollen Fülle französischer Stilllebenmalerei des ausgehenden 17. Jahrhunderts (Taf. VIII). Assoziationen mit dem Reichtum an Blumen und Früchten der direkt vor der Tür liegenden Gärten waren bei ihrer Betrachtung zweifelsohne Programm und die ebenfalls reich vertretenen mythologischen Sujets scheinen den privaten, von den Regierungsgeschäften distanzierten Charakter der ‚Zeitlosigkeit' des Trianon zu unterstreichen. In

257 Hyde 2005, S. 174f. mit Abbildung.

258 Michel Richard Delalande: *Le Palais de Flore dansé à Trianon devant Sa Majesté le 5 janvier 1689*, in: *Receuil des sujets et paroles d'une partie des ballets, dansez devant sa Majesté*, Paris 1709; zitiert nach Hyde 2005, S. 282, Anm. 224 („Das Palais der Flora und des ewigen Frühlings, wie es bislang nur in der Vorstellung der Dichter existiert hatte, befindet sich wahrhaftig hier. Das Theater des Trianon könnte keine größere Zierde besitzen als Trianon selbst. [...] man findet dort Brunnen, Gärten und Parterres, die stets voll von allen Sorten Blumen sind. Man vergisst, dass man sich mitten im Winter befindet, oder glaubt, mit einem Mal in andere klimatische Gefilde versetzt worden zu sein, wenn man diese feinen Dinge sieht, die auf solch angenehme Weise das Reich der Flora auszeichnen.").

259 Hyde 2005, S. 179.

260 Zur Ausstattung des Trianon mit Gemälden vgl. Hyde 2005, S. 179–181 sowie ausführlich Schnapper 2010.

weitaus direkterer und zu Zeiten Ludwigs XIV. hochaktueller Korrespondenz mit den Gärten von Versailles ist ein Großteil der erwähnten Landschaftsbilder zu sehen. Wie durch Fenster werden den Betrachtern verschiedene Ausblicke auf die Gartenanlagen präsentiert, die stets von Menschen bevölkert und den Regeln der Symmetrie folgend als Bühne sozialen Lebens und kartenhafte Dokumente königlichen Territoriums inszeniert werden (Taf. IX).

Der Exkurs an den Hof Ludwigs XIV. von der Ménagerie zum Trianon und den mehr oder weniger mit diesen Orten in Verbindung stehenden Auseinandersetzungen mit Tieren und Pflanzen im Rahmen verschiedener Maßnahmen der königlichen Kunst- und Wissenschaftsförderung eröffnet einen Einblick in die Repräsentationsmaschinerie des Sonnenkönigs. Der dominierten und domestizierten Natur kommt hierin eine herausragende Rolle zu und wieder trifft man auf exponierte Orte, an denen die verschiedenartigen Kenntnisse über Tiere, Pflanzen etc. auf unterschiedliche Art und Weise medialisiert und zum Sprechen gebracht werden. Gebäude, Bilder, Beschreibungen und Erinnerungen, Feste, Theaterstücke und vieles mehr treten in Korrespondenz zu den Gartenanlagen, Tieren und Pflanzen in Versailles und darüber hinaus. Sie setzen sich zu einem Prisma vielfältiger Reflexionen der Herrschaft des Sonnenkönigs über sein Territorium zusammen, das durch ihn selbst und seinen Minister Colbert, seine Wissenschaftler, Gärtner und Künstler beherrscht, erforscht, umgeformt und inszeniert wird. Hierbei ist anzumerken, dass auch der Blick auf Paläste und Gärten, die verschiedenartigen Repräsentationsstrategien und Initiativen zur Förderung von Künsten und Wissenschaften an anderen Höfen lohnenswert wäre – so etwa auf die Sammlungen und (garten-)architektonischen Projekte Wilhelms III. von Oranien-Nassau (seit 1672 Statthalter der Niederlande und von 1689 bis 1702 als William III. König von England) und seiner Gemahlin Mary II.[261] –, doch soll das facettenreiche Beispiel Ludwigs XIV. an dieser Stelle genügen.

261 Einen Einblick liefern die Ausstellungskataloge New York 1979 (hier etwa J.G. van Gelder: „The Stadholder-King William III as collector and Man of Taste", S. 31–39) und Apeldoorn 1988. Den ‚architektonischen Kontext' im niederländischen Raum bilden die Schloss- und Gartenanlagen von Honselaarsdijk, Soestdijk und vor allem Het Loo; vgl. Haley 1990 und darüber hinaus de Jong 1990. Zur Ausstattung der drei Schlösser mit Gemälden des Tiermalers Melchior d'Hondecoeter vgl. Rikken 2008, S. 38–44, zu Wilhelms Menagerien und Vogelvolieren, die dem Maler offenbar als Orte des Studiums dienten, Rikken 2008, S. 48f. Eine zeitgenössische Beschreibung des Schlosses und der Gartenanlagen von Het Loo liefert Harris 1699 (1974); so werden etwa die vielen verschiedenen Blumen in den Gärten erwähnt („The Beds and Parterres [...] contain variety of Flowers, which successively blow according to the Seasons of the Year. In the Spring there is a variety of the finest Tulips, Hyacinths, Ranunculi [...] In the Summer there are double Poppies of all colours [...] In the Autumn, the Sun-Flower [...] On the Walls of these Gardens do grow great variety of most excellent Fruit, as the best Peaches, Apricocks, Cherries [...]"; Harris 1699 (1974), S. 43) und in *Chap. VI. Of the Voliere, or Fowl-Garden* „[...] an Aviary, wherein are kept curious Foreign, or Singing Birds. [...] two other Houses [...] for Ducks, Pigeons, Poultry, &c. [...]"; Harris 1699 (1974), S. 68. In England sollten Wilhelm und Mary für den Umbau von Hampton Court verantwortlich sein; vgl. Worsley/Souden 2005, S. 61–80. Nach Hampton Court gelangten nicht zuletzt auch Pflanzen aus den niederländischen Residenzen sowie aus der Sammlung des 1688 verstorbenen Sammlers, Gartenbesitzers und Beraters Wilhelms III., Gaspar Fagel. Darüber hinaus ließ Wilhelm Fagels kostbare exotische

2.4 Orte und ihre Konnotationen: die Formulierung territorialer und intellektueller Ansprüche

Wenn das stets frühlingshafte Trianon für Ludwig XIV. verschiedene Arten des privaten Rückzugs von den offiziellen Regierungsgeschäften in Versailles ermöglichte, so entstehen schnell ähnliche Vorstellungen von den Aufenthalten Cosimos III. in la Topaia. Hier wie dort sorgten Flora oder der heilige Fiacre für andauerndes Blühen und Gedeihen, während sich der Souverän von seinen Pflichten als Staatsmann befreit dem *otium* widmen konnte. Dennoch spielten Blick(en), Herrschen und Wissen an beiden Orten eine wichtige Rolle.[262] Die Anlage des Trianon war fest in die Weg- und Blickachsen der Gärten von Versailles einbezogen – dies nicht zuletzt auch durch die gemalten Gartenansichten im Inneren, die durch ihren symmetrischen Aufbau und die klare ästhetische Bildsprache bestechen (Taf. IX). Von dort aus konnte der König sowohl den monumentalen Mikrokosmos seines Reiches überblicken, als er auch durch Blicke von außerhalb des Trianon dortselbst wahrgenommen werden konnte.

In der Toskana scheinen die verschiedenen Facetten politischer Repräsentation weniger an einem Ort konzentriert gewesen zu sein, als dies am Hofe Ludwigs XIV. der Fall war.[263] Der Palazzo Pitti, die Villa dell'Ambrogiana und das Casino della Topaia wären nicht im Laufe eines eintägigen Spaziergangs zu erschließen; dieser Vergleich sei erlaubt, auch wenn das Trianon zur Zeit von Scudérys *Promenade* noch gar nicht existierte und die toskanischen Villen nicht ohne weiteres als Pendants zu Ménagerie und Trianon gesehen werden können. L'Ambrogiana und la Topaia befanden sich jedoch an strategisch wichtigen Stellen innerhalb des Großherzogtums. Während erstere auf dem viel frequentierten Weg zwischen Florenz und Pisa lag, war das Casino della Topaia als Dépendence von Castello, der vielleicht bedeutendsten Villa der Medici-Großherzöge, quasi in doppeltem Sinne Rückzugsort von den städtischen Regierungsgeschäften. Von la Topaia aus konnte Cosimo III. die Gärten und Ländereien von Castello und la Petraia überschauen sowie den Blick in die Ferne schweifen lassen. Auch war la Topaia von weit her an der hoch aufragenden Skulptur ihres Schutzpatrons, des heiligen Fiacre, zu erkennen. Die Privatheit des Ortes spiegelt sich in der geringen Anzahl an zeitgenössischen Berichten wider, die man

Pflanzen von Stephan Cousijns zeichnen und in einem repräsentativen Band zusammenfassen (*Hortus Regius Honselaerdicensis*, BNCF, ms. Pal. 6.B.B.8.f); vgl. Hierzu Oldenburger-Ebbers 2000, S. 318, S. 320f. (Abbildungen), Den Hartog/Teune 2002, bes. S. 200–202. Allein dieser kurze Überblick zeigt, dass barocke Residenz- und Gartenarchitektur, Sammlungen echter sowie gemalter oder gezeichneter Tiere und Pflanzen etc. auch im Falle von William und Mary zu einer repräsentativen, territoriale wie intellektuelle Ansprüche formulierenden Einheit verschmelzen.

262 Auf den Zusammenhang zwischen Blicken und Beherrschen in der barocken Gartenkunst gehen etwa Baier/Reinisch 2006 ein.

263 Hier ist jedoch anzumerken, dass es auch außerhalb von Versailles bedeutende Orte gab, die eng mit der Herrschaft des Sonnenkönigs und deren Repräsentation in Verbindung standen, darunter Marly, die Tuilerien und den Louvre oder Vincennes, um nur einige wenige zu nennen.

über la Topaia kennt. Abgesehen von einigen Dokumenten und Zahlungsanweisungen zu Bau und Ausstattung des Casino, der Vita Bartolomeo Bimbis und den Zeichnungen und Listen von Bimbis Zitrusfrüchten in den Handschriften Pier Antonio Michelis ist nichts bekannt. Tatsächlich scheint la Topaia für Cosimo III. ein Ort wahren privaten Rückzugs gewesen zu sein, an dem die Tugenden des heiligen Fiacre herrschten: Einsamkeit, Spiritualität und ein ausgeprägtes Interesse für Gartenbau und Botanik. Mit Sicherheit wurden der Garten und das Innere der kleinen Residenz auch ausgewählten Besuchern zugänglich gemacht, doch blieb dies wohl eher die Ausnahme.

Ungleich häufiger als über la Topaia wurde stets über die Villa und den Garten von Castello berichtet. Nun rührte die Bekanntheit von Castello gerade im ausgehenden 17. und beginnenden 18. Jahrhundert weniger von der Anlage des Gartens und dessen ikonographischem, die Herrschaft der Medici glorifizierendem Programm als vielmehr von seiner Ausstattung mit seltenen Pflanzen. Vom botanischen Standpunkt aus gesehen schien Castello neben dem *Viridarium Boboli* der interessanteste der großherzoglichen Villen- und Palastgärten gewesen zu sein, was die Wahl des Casino della Topaia als Ort einer Sammlung botanischer Gemälde äußerst naheliegend macht. Die zeitgenössische botanische Literatur würdigt Cosimo III. als Natur- und vor allem Gartenliebhaber, der sich seinerzeit um die Ausstattung der toskanischen Gärten mit vielerlei Blumen, Früchten und Kräutern verdient machte. Das Lob Francesco Redis aus dem Jahr 1671 (s. S. 11) findet Bestätigung in den *Nova Genera* von 1729, wenn Micheli in der Widmung an Gian Gastone de' Medici über dessen Vater verlauten lässt:

> Cosmus III. Pater tuus tot elegantissimos Hortos, quibus, & Regia in Urbe Domus, nitidaeque tuae Villae instructae sunt, & florum suavitate, & pomorum deliciis omnis generis, & remediorum auxilis ditavit, petitis ex omni regione Plantis, insignium Herbariorum eius aetatis opera usus, Philippi Donninii, cuius est montis Baldi iter ineditum, & Pauli Bocconii celebris rerum naturalium indagatoris, qui Descriptiones rariorum Plantarum, & Observationes naturales, aliosque libros eius munificentia adiutus conscripsit, Regioque nomini dedicavit.[264]

Oft ist es gerade der Garten von Castello, der in direktem Zusammenhang mit den botanischen Gärten in Pisa und Florenz genannt wird. Auf die kostbare Jasminvarietät, die

264 Micheli 1729, *Serenissimo Ioanni Gastoni [...]* („Euer Vater, Cosimo III., hat viele der geschmackvollen Gärten, mit denen der fürstliche Palast in der Stadt und Eure schönen Villen ausgestattet sind, um süße Blumen, genussvolle Früchte jeder Art und hilfreiche Heilmittel bereichert, indem er nach Pflanzen aus allen Erdteilen strebte. Er machte Gebrauch von den Werken der angesehensten Botaniker seiner Zeit, wie Filippo Donnini, dessen Reise zum Monte Baldo unveröffentlicht blieb, und Paolo Boccone, dem berühmten Naturforscher, der die *Descriptiones rariorum Plantarum* [*Icones & descriptiones rariorum plantarum Siciliae, Melitae, Galliae, & Italiae*] und *Observationes naturales* [*Museo di fisica e di esperienze variato, e decorato di osservazioni naturali*] sowie weitere Bücher mit Hilfe seiner [Cosimos] Freigebigkeit verfasst und seinem königlichen Namen gewidmet hat.").

aus dem Pisaner Garten ins „ornatissimum Castelli Viridarium" überführt und von Bartolomeo Bimbi mit einem Portrait bedacht wurde, ist bereits eingegangen worden (s. S. 49–51). Neben diesem finden sich in Tillis Katalog von 1723 zahlreiche weitere Verweise auf Castello und einige andere Gärten. Mit Michelis *Nova Genera* verhält es sich ebenso. Viele der verzeichneten Pflanzen scheint der Botaniker des Großherzogs in Castello, vor allem aber im Boboligarten gefunden zu haben. Die botanische Relevanz der Gegend von Castello kommt auch in der letzten der drei Publikationen zum Ausdruck. Die *Yuca Indica arborea* ist mit einer vergleichsweise langen Beschreibung bedacht sowie mit einer von insgesamt nur sieben Bildtafeln (Abb. 80). Abgesehen von Castello war die besagte Pflanze im Garten des Krankenhauses von Siena sowie in den botanischen Gärten von Pisa und Florenz zu finden.[265]

Wenn Villengärten wie Castello oder Boboli nicht selten Wissen tragende und übermittelnde Funktionen übernahmen, so konnten die botanischen Gärten quasi in umgekehrter Weise zur Entspannung und Unterhaltung ihrer Besucher beitragen. Die vielen verschiedenen zeitgenössischen Berichte stellen jene *utile et dulce*-Aspekte der *Giardini dei Semplici* heraus (s. S. 58–65). So endet die ausführliche Schilderung der „[...] bellezza poi di questo Giardino [di Firenze] [...]" Ferdinando del Migliores mit der Beschreibung des durch die Wasser des Mugnone gespeisten Brunnens in der Mitte des Gartengevierts, der von einer kupfernen Aloepflanze bekrönt gewesen sein soll.[266] Metallene und steinerne, gemalte und gedruckte Bilder vermittelten die Funktionen dieser Gärten weiter. Sie abstrahierten, lenkten den Blick ab bzw. in eine andere Richtung und gaben denen, die sie sehen konnten, Lesarten vor. Bimbis gemalter Katalog von la Topaia sowie Tillis und Michelis gedruckte Kataloge der *Giardini dei Semplici* unterstützen den Eindruck der Villen und Gärten als Orte botanischen Wissens und fürstlicher Repräsentation, welche sich nicht zuletzt in der Demonstration territorialer Ansprüche manifestiert. Wie am Beispiel Frankreichs deutlich geworden ist, können hier ganz verschiedene Akteure zusammenwirken und die *natural allies* des Sonnenkönigs lassen sich zu vielschichtigen machtpolitischen Aussagen vereinen.

Eine Formulierung territorialer und intellektueller Ansprüche durch die Dinge der Natur wird auch in la Topaia mit den umgebenden Gärten und Ländereien von Castello und la Petraia sowie in der Villa und den großherzoglichen Jagdgründen von l'Ambrogiana mehr als deutlich. Das Wandeln durch die Gartenanlagen, die Betrachtung der botani-

265 „Huius Yucae arbor satis procera conspicitur in praedio quodam prope Regiam Villam Castelli, Aliae insuper in Horto Nosocomii Senensis in Horto Pisano, & in Horto Nostro." Micheli 1748, S. 102. Targioni Tozzetti verweist bereits in der *Praefatio* auf jene Pflanze sowie den Garten von Castello (Targioni Tozzetti 1748, S. LII) und kommt im Appendix noch einmal auf die Art zurück, wenn er in einer – stark an Bimbis Gemälde erinnernden – Ergänzung anmerkt: „YUCAE 2. subiunge. Tab. VII. Exhibet Plantae huius folia, flores, & fructus. Spica florifera venustissima, quam An. 1740. examinavimus 307. floribus onusta erat, in ramulos 33. distributis." Targioni Tozzetti in Micheli 1748, S. 185.

266 del Migliore 1684, S. 239.

schen und zoologischen Bilder wie auch ein praktisches Erfahren dieser Wissenschaften (etwa bezeugt durch Redis Aufzeichnungen, s. S. 32–36) umschließt die Konzepte von Blicken, Herrschen und Wissen. Die suburbanen, von der Natur getragenen Repräsentationsformen umfassen die Erschließung des toskanischen Territoriums quasi im Sehen und Gehen, das Dominieren und Domestizieren der heimischen und fremdländischen Natur sowie das Gewinnen und Verbreiten von Kenntnissen über dieselbe. Solche Ambitionen werden zeitgleich etwa auch in den *Giardini dei Semplici* verfolgt, die stets mit neuen Spezies ausgestattet werden sollten. Michelis Reisen und seine Korrespondenz mit der internationalen Gelehrtengesellschaft standen im Zeichen der Beschaffung neuer Pflanzen und des Austauschs von Wissen. So schien der Pisaner Katalog von 1723 gar über das Ziel hinauszuschießen und neben den tatsächlich im Garten vorhandenen Pflanzen zahlreiche weitere Arten und Varietäten aufzulisten, um ein möglichst komplettes und komplexes Bild der botanischen Fülle jener traditionsreichen Institution botanischen Wissens zu vermitteln.

Während die Gemäldesammlung von la Topaia ihren Schwerpunkt in der Inszenierung einer toskanischen botanischen Vielfalt hat, sind es in den *Giardini dei Semplici* und ihren Katalogen vor allem die exotischen Arten, auf die man ein besonderes Augenmerk zu richten schien. Redi und Micheli betonen die Ausstattung der Gärten durch das Interesse und die Großzügigkeit Cosimos III. mit Pflanzen von überall her (s. S. 11, 109). Und immer wieder sind es Arten wie der *Jasminum Indicum*, die *Eugenia Indica* oder die *Yuca Indica*, die die toskanischen *living maps* – durchaus dem internationalen Zeitgeist entsprechend – weit über die Grenzen des großherzoglichen Territoriums auszudehnen suchten. Die überaus vielseitige Assoziationen weckende Kartenmetapher lässt sich nicht nur auf Gärten und ihre Ausstattung, sondern auch auf Bilder von Tieren, Pflanzen und Landschaften anwenden. Denkt man zurück an die frühe Zeit des Großherzogtums der Medici und die Gärten des Cinquecento, findet man sich schnell in der *sala delle ville* von Artimino wieder (s. S. 42). So beschreibt Denis Ribouillault Utens' Lunettenzyklus als Veranschaulichung einer zentralisierten politischen und administrativen Einheit.[267] Die vielgestaltigen Villen sind die Akteure dieser Einheit, die das Territorium der Medici umfasst. Die Verschiedenheit von Zeit und Umständen ihrer Entstehung, ihrer Gestalt, ihrer Lage und ihrer Funktion im Großherzogtum wird durch die einheitliche Formsprache und Farbgebung der Gemälde nivelliert. In seiner Auseinandersetzung mit Bildern von Gärten (vornehmlich als Fresken oder an den Wänden angebrachten Ölgemälden in den Villen selbst) und in der Aufwertung derselben vom Dokument zum Monument verweist Ribouillault auf Paolo Cortesis Werk *De Cardinalatu* von 1510. Die Abhandlung des römischen Humanisten ist als Leitfaden für das Verhalten von Kardinälen und Kardinalsanwärtern zu sehen und birgt eine Fülle von Informationen über das Leben im Umfeld des

267 Ribouillault 2011, S. 211f.

päpstlichen Hofes um 1500.[268] Einen wichtigen Teil nimmt die Beschreibung des idealen Kardinalspalastes ein, in der auch die malerische Ausstattung desselben eine – zwar untergeordnete – Rolle spielt.[269] Cortesis Ausführungen über die *Ornamenta interiora* des Palastes enden mit der Ausgestaltung der *aestivorum tricliniorum* (den *summer rooms* nach Kathleen Weil-Garris' und John D'Amicos Übersetzung):

> The more subtle a mathematical concept (subtilior mathematica ratio) a painting displays, the more learned (litteratior) the picture will appear. For instance there could be a painting something like a hydraulic or cthesibian machine the which [representation] permits more subtle reasoning [by the viewer]. [...] And likewise there is no less delight to the learned in a painted picture of the world (pinax) or the depiction (descriptio) of its parts which have recently become known through the daring circumnavigation[s] accomplished by our people [...] And the same holds true for paintings done from life (zographiae describendae ratio) which show the different characteristics of various creatures. The rarer the creature shown in the painting, the more the zeal for novelty should be praised. And in this genre we recommend the depiction of riddles (aenigmata) and fables (apologi). Their interpretation sharpens the intelligence and [inspection of] their learned representation fosters the cultivation of the mind.[270]

Die malerische Auseinandersetzung mit Wissen und Wunder über die Natur im weitesten Sinne schärft nach Cortesis Vorstellung den Intellekt des Betrachters. Ribouillault spricht derselben mnemotechnische und didaktische Funktionen zu und überträgt diese auf die bildhafte Darstellung von Gärten wie in Artimino oder im *salone* der Villa d'Este in Tivoli.[271] Gemalte Gartenansichten wie Utens' Lunettenzyklus oder die Bilder verschiedener französischer Maler für das *Trianon de Marbre* sind dabei zugleich Rezeptionsvorgaben und ‚Sehhilfen' für etwas, das nicht einfach mit dem Blick des Umhergehenden wahrzunehmen ist. Orte, die über ein weites Territorium verteilt sind, werden an einem Ort medialisiert und dabei in einer Perspektive gezeigt, die an frühneuzeitliche Vorläufer von Satellitenbildern denken lässt. Gleiches gilt für die prächtigen Gartenansichten des Trianon. Die nach den miteinander verschmelzenden Regeln der Kunst und Mathematik angelegten Gärten waren in ihrer Perfektion wenn überhaupt nur von wenigen Punkten

268 Cortesis Werk ist in drei Teile gegliedert. Das erste Buch ist dem Bildungskanon kirchlicher und anderer Eliten gewidmet, das zweite beschäftigt sich mit dem Leben als Kardinal im weitesten Sinne (von Haus und Haushaltung bis zu offiziellen und privaten Beziehungen), während die politischen Pflichten, die das Amt mit sich bringt, Thema des dritten Buches sind. Weil-Garris/D'Amico 1980, S. 51.

269 Vgl. Weil-Garris/D'Amico 1980, S. 60f. Cortesi scheint den Nutzen von bildender Kunst vor allem in der Vermittlung von Moralvorstellungen und der Erfüllung von Propagandazwecken zu sehen.

270 Weil-Garris/D'Amico 1980, S. 94–97.

271 Vgl. hierzu Ribouillault 2005 sowie darüber hinausgehend ders. 2013.

aus zu überblicken.[272] So kam den gemalten Ansichten eine unterstützende und vermittelnde Funktion in der Erschließung der königlichen Gärten zu.

Auch die gemalten und gedruckten Kataloge der toskanischen Gärten bringen in Bild und Text Dinge von verschiedenen Orten zusammen. Sie eröffnen dabei Sichtweisen und Lesarten, die botanische Wissenschaft mit fürstlicher Repräsentation vereinen und sich sowohl mit *benefizio* als auch mit *diletto* assoziieren lassen. Auf unterschiedliche Art und Weise erzeugen und vermitteln sie Wissen über die Natur, die als Gottes Werk, als politischer Handlungsraum, als historische Kulturlandschaft oder als Ausdehnungsraum einer zunehmenden Ökonomisierung und wissenschaftlichen Spezialisierung menschlichen Lebens wahrgenommen werden kann.

272 Zur ‚Mathematisierung der Gartenkunst' im Barock vgl. Baridon 1998, Baier/Reinisch 2006, Remmert 2004 und 2016.

3. DARSTELLEN, BESCHREIBEN, ORDNEN, VERMITTELN: DAS ZUSAMMENSPIEL VON BILD UND TEXT

Intellektuelle Gehalte wie mnemotechnische und didaktische Funktionen, die Paolo Cortesi 1510 etwa Gemälden raffinierter mechanischer Instrumente, ferner Erdteile oder seltener Tiere und Pflanzen zuschrieb (s. S. 111f.), spielten auch 200 Jahre später noch eine Rolle. Baldinuccis bereits zitierter Passus aus der Vita Bartolomeo Bimbis verdeutlicht, dass die Bilder all jener Früchte und Blumen in la Topaia auch bei einem Fehlen der tatsächlichen Pflanzen die Erinnerung an ihre Formen und Farben festhalten und zudem mittels Inschriften ihre Bezeichnungen verbreiten sollten (s. S. 23). Auf Konzepte eines Dokumentierens und Vermittelns von Wissen im Zusammenhang mit einzelnen bzw. mehreren Bildern oder Objekten der Natur, oft gepaart mit der Erweckung von Neugier und Staunen, stößt man in der frühen Neuzeit mit einer gewissen Regelmäßigkeit.[1] Die dritte Klasse in Quicchebergs *Inscriptiones vel tituli theatri amplissimi* (s. S. 30) umfasst die drei Reiche der Natur (Tiere, Pflanzen, Mineralien) mitsamt ihren Besonderheiten, sowohl *in natura* als auch in bildkünstlerische Medien übertragen.[2] Der Bologneser Naturforscher Ulisse Aldrovandi (1522–1605) trug in seiner Sammlung neben einem umfangreichen Schatz an Naturalien einen bemerkenswerten Korpus an Zeichnungen zusammen, die als Platzhalter und Vermittler der tatsächlichen Objekte dienten (Abb. 55, 57).[3] Nicht weniger bedeutend ist Cassiano dal Pozzos (1588–1657) *Museo Cartaceo* (Abb. 59), dessen Zusammenstellung eng mit dem Wirken der römischen *Accademia dei Lincei* verbunden ist.[4] All diese Sammlungen vereint sowohl ein Interesse für das Zusammenstellen von Reihen zur Demonstration der herrschenden Artenvielfalt als auch das Herausstellen von Außergewöhnlichkeiten.

1 Vgl. hierzu etwa Daston/Park 1998, Smith/Findlen 2002, Evans/Marr 2006.

2 „Wundersame und recht seltene Tiere [...] sowohl in Teilen als auch nicht durch Beschädigung verletzt [...] Gegossene Tiergestalten: aus Metall, Gips, Ton und beliebigen durch Kunstfertigkeit geschaffenen Stoffen. [...] Samen, Früchte, Gemüse, Körner und Wurzeln [...] wegen der Vielfalt der Natur und der Verschiedenheit der Bezeichnungen. [...] Kräuter, Blumen, kleine Äste, Zweige, Rinden, Hölzer [...] getrocknet [...] aus Metall gegossen oder aus Seide gewebt oder nach der neuen Kunst gezeichnet." Roth 2000, S. 55, 57 (vgl. hierzu Roth 2000, S. 238–241).

3 Zu Ulisse Aldrovandi und seiner Sammlung vgl. Olmi 1992, S. 21–117, Findlen 1994, S. 17–31, Bologna 2001, Alessandrini/Ceregato 2007. Ein Großteil der Zeichnungen und handschriftlichen Hinterlassenschaften Aldrovandis ist in digitalisierter Form zugänglich, so auch die *Tavole acquerellate di Ulisse Aldrovandi*: http://www.filosofia.unibo.it/aldrovandi/pinakesweb/main.asp?language=it

4 Zu Cassiano dal Pozzos ‚Papiermuseum' und der *Accademia dei Lincei* vgl. Freedberg 2002, S. 15–64 sowie darüber hinaus Haskell 1989, London 1993, Biella 2001 und die ab 1996 erschienenen von Arthur MacGregor und Francis Haskell herausgegebenen Bände *The Paper Museum of Cassiano dal Pozzo. A Catalogue Raisonné* (darunter Freedberg/Baldini 1997).

Carol Gibson-Wood erläutert die Bedeutung von Zeichnungen naturalistischer Sujets in der akkurat geordneten Sammlung von William Courten (1642–1702),[5] über die John Evelyn etwa schrieb:

> [...] a collection as I had never seene in all my travels abroad, either of private gentlemen or princes. It consisted of miniatures, drawings, shells, insects, medailes, natural things, animals [...] all being very perfect and rare in their kind, especialy his bookes of birds, fish, flowers, and shells, drawn and miniatur'd to the life. He told us that one book stood him in £ 300; it was painted by that excellent workman whom the late Gaston Duke of Orleans emploied. This gentleman's whole collection, gather'd by himselfe travelling over most parts of Europe, is estimated at £ 8000.[6]

Die überaus kostspieligen Bilder Nicolas Roberts („[...] that excellent workman whom the late Gaston Duke of Orleans emploied [...]") und Guillaume de Toulouses wurden nicht ausschließlich in Buchform aufbewahrt, sondern auch gerahmt und hinter Glas präsentiert.[7] Freunde Courtens, wie die Mitglieder der *Royal Society* Martin Lister und John Ray, lobten jenen für die freie Zugänglichkeit und Nutzbarmachung seiner Sammlung.[8] Besonders erhellend im Hinblick auf die wissenschaftliche Nützlichkeit von Bildern ist in diesem Zusammenhang die Korrespondenz zwischen Ray und Tancred Robinson. Der Austausch zwischen den beiden Naturforschern führte etwa dazu, dass der mit Robinson in Frankreich weilende Courten dem zu jener Zeit an der *Historia Piscium* (Oxford 1686) arbeitenden Ray Präparate und von Nicolas Robert angefertigte Bilder einer heimischen Entenart zur Verfügung stellte.[9]

5 Vgl. Gibson-Wood 1997. Courten entstammte einer wohlhabenden englischen Kaufmannsfamilie und hatte über einen Zeitraum von zwei Jahrzehnten in seinem Wohnhaus eine enzyklopädische Sammlung zusammengetragen, die er einem breiten Besucherkreis zugänglich machte. Nach Courtens Tod ging die Sammlung in den Besitz Hans Sloanes und schließlich des *British Museum* über. Zu Courtens Sammlung vgl. auch Collet 2007, S. 209–268.

6 Evelyn 1901, S. 505 („[...] eine Sammlung, wie ich sie auf all meinen Reisen ins Ausland weder bei Privatpersonen noch bei Fürsten je gesehen hatte. Sie beinhaltete Miniaturen, Zeichnungen, Muscheln, Insekten, Medaillen, Objekte der Natur, Tiere [...], allesamt in äußerster Vollendung und einzig in ihrer Art, vor allen Dingen seine Bände mit nach dem Leben gezeichneten Vögeln, Fischen, Blumen und Muscheln. Er berichtete uns, dass ihn eines der Bücher, das von jenem herausragenden Künstler gemalt worden war, den der späte Gaston Herzog von Orléans beschäftigt hatte, 300 Pfund gekostet habe. Die gesamte Sammlung dieses Herren, die er selbst auf seinen Reisen durch fast ganz Europa zusammengetragen hatte, wird auf 8.000 Pfund geschätzt.").

7 Gibson-Wood 1997, S. 66.

8 Zur Bedeutung der Sammlung Courtens für die zeitgenössische Naturforschung und zur Einstellung des Sammlers derselben gegenüber vgl. Collet 2007, S. 254–268.

9 Vgl. hierzu Gibson-Wood 1997, S. 68, 70 (Fig. 4), Collet 2007, S. 256f. Zur von John Ray vollendeten und Francis Willughby begonnenen *Historia Piscium* vgl. Kusukawa 2000. Jener Tancred Robinson sollte einer der zahlreichen britischen Subskribenten von Michelis *Nova Genera* sein (s. hierzu S. 291 [Anm. 4.132]), ihm wird auf der Bildtafel 65 gedacht: „Auspiciis Tancredi Robinson Med: Regii Reg. Soc. Sodalis".

Der kurze Exkurs nach England unterstreicht die Funktion botanischer und zoologischer Zeichnungen, die in Sammlungen sowohl in gebundenen Büchern als auch gerahmt an den Wänden aufbewahrt und präsentiert wurden sowie sie zu Korrespondenz- und Forschungszwecken ausgeliehen und vervielfältigt werden konnten. Zudem wird eine Vorstellung der Bedeutung nationaler wie internationaler Netzwerke zwischen Naturforschern, Sammlern und Künstlern vermittelt – ein Netzwerk, an dem auch Pier Antonio Micheli teilhatte, der wie Courten mit Hans Sloane, William Sherard und vielen anderen Gelehrten seiner Zeit korrespondierte. Jenes Netzwerk sollte Micheli vor allem für die Zusammenstellung und Veröffentlichung der *Nova Genera* von Nutzen sein (s. Kapitel 4.2/4.3), über deren *Prima Idea* Giovanni Targioni Tozzetti schrieb:

> [...] esortato dagli amici, concepì la grandiosa idea di correggere ed ampliare il metodo turneforziano [...] Avrete veduto sopra dai riportati squarci di lettere del Sherard che fino del 1717 il Micheli aveva in ordine alcuni nuovi generi, i quali si esibiva il Sherard di fargli pubblicare nelle Transizioni d'Inghilterra. Tali generi io credo che più che altro fossero di Funghi, Agarici, ed altri affini, giacchè fra i suoi manoscritti ho trovato quattro diversi distesi di operetta concernente i caratteri generici con figure, e una disposizione metodica di molte specie di esse piante.[10]

Die Zeichnungen, auf die Targioni Tozzetti im letzten Satz hinweist, schienen nicht darauf abzuzielen, die lebenswirkliche Gestalt einer einzelnen Art zu dokumentieren, sondern gerade die wesentlichen Merkmale herauszustellen, die zur Bestimmung der übergeordneten Einheit der Gattung von Bedeutung waren. Davon ausgehend konnte eine methodische Zusammenstellung der zugehörigen Arten erfolgen. Bilder fungierten also nicht lediglich als wirklichkeitsgetreue Dokumentationen natürlicher Vielfalt (wie etwa in Courtens „[...] bookes of birds, fish, flowers, and shells, drawn and miniatur'd to the life [...]"), sondern auch als Abstraktionshilfen derselben zur Etablierung übergeordneter Systeme.

Auf die Möglichkeiten und Grenzen von Bildern in frühneuzeitlichen Ordnungs- und Klassifizierungspraktiken wird zurückzukommen sein (s. Kapitel 3.5). Zunächst soll jedoch hinterfragt werden, wie die verschiedenartigen Bilder (oft im Zusammenhang mit Texten) all diese unterschiedlichen Funktionen erfüllen konnten. Welche weiteren

10 Targioni Tozzetti 1858, S. 144 („[...] von seinen Freunden ermutigt, ersann er die großartige Idee, die tournefortsche Methode zu verbessern und zu erweitern [...] Wie man den angeführten Abrissen aus Briefen [William] Sherards entnehmen konnte, hatte Micheli seit 1717 einige neue Gattungen zusammengestellt, die Sherard sich bereit erklärt hatte, in den englischen *Transactions* [der *Royal Society*] zu veröffentlichen. Ich gehe davon aus, dass es sich bei diesen Gattungen vor allem um *Fungus*, *Agaricus* und ähnliche handelte, da ich unter seinen [Michelis] Handschriften vier verschiedene Schriften gefunden habe, die sich ihren Gattungsmerkmalen mit entsprechenden Abbildungen und einer systematischen Einteilung vieler Arten jener Pflanzen widmen.").

Konnotationen erschließen sich dem Betrachter und/oder Leser? Welche Strukturen und Strategien enthüllen die einzelnen Medien und welche Bezüge lassen sich zwischen ihnen herstellen? Zum Einstieg in die Thematik sei im Folgenden auf einige theoretische Grundlagen und damit verbundene Überlegungen zur bildlichen Naturdarstellung eingegangen. Die anschließenden Analysen ausgewählter Beispiele aus den ‚Bild-Text-Katalogen' Bimbis, Tillis und Michelis erlauben nicht nur Rückschlüsse auf die jeweilige Art der Aufbereitung und Vermittlung von Information, sie zeigen auch direkte Beziehungen zwischen den zunächst so unterschiedlich anmutenden Werken auf. Nicht selten setzt sich die Dynamik bildlich und textlich tradierten Wissens dabei über scheinbare Gattungs- und Disziplingrenzen hinweg, was an vielen Stellen zu einer Verquickung von kunst- und wissenschaftshistorisch relevanten Fragestellungen führt.

3.1 Panorama: klarer Blick – verschwimmende Grenzen

Die engen Zusammenhänge zwischen einer Auseinandersetzung mit Pflanzen und Tieren in der Stilllebenmalerei und anderen vordergründig dekorativ orientierten Kunstgattungen auf der einen und in den Bereichen der so genannten ‚naturwissenschaftlichen Illustration' auf der anderen Seite sind längst zu anerkannten und weit verzweigten Forschungsmeinungen geworden. Neben weiteren Faktoren von Antikenrezeption und Naturnachahmung bis zu sich etablierenden Absatzmärkten und Sammlerinteressen wird die Herausbildung der Gattung des Stilllebens im 17. Jahrhundert seit den 1980er Jahren durchweg mit den zeitgenössischen Entwicklungen in Gartenbau, Botanik und Zoologie in Verbindung gebracht.[11] Selbstverständlich ist die Stilllebenmalerei in sich ebenso wenig homogen wie etwa die Gattungen des Historien- oder Landschaftsbildes und so liegt es nahe, dass nicht all ihre Facetten mit den gleichen Voraussetzungen und Wechselbeziehungen erklärt werden können. Allein das bildliche Sujet der Pflanze eröffnet ein überaus breites Spektrum an Darstellungs- und Assoziationsmöglichkeiten.

Nachfolgend sollen mit Svetlana Alpers und Claudia Swan vor allem Ansätze zum Tragen kommen, die die textuellen Gehalte und Lesarten bestimmter Bilder herauszustel-

11 Einen Überblick über Geschichte und Ausprägungen der Gattung vermitteln Schneider 1989, Ebert-Schifferer 1998 sowie die Ausstellungskataloge Münster 1979, Wien 2002, München 2002, Frankfurt 2008, Hamburg 2008. Zum Stillleben in Italien vgl. grundlegend Zeri/Porzio 1989 (zur Thematik eines Zusammenspiels von Kunst und Naturforschung vor allem Giuseppe Olmis Beitrag „Natura morta e illustrazione scientifica"). Die Literatur zur sowohl kunst- als auch wissenschaftshistorischen Relevanz des Naturstudiums in der frühen Neuzeit ist mittlerweile sehr umfassend; vgl. neben Olmi (1982, 1989, 1992) und Tongiorgi Tomasi (1983, 1984, 1988 etc.) etwa die Beiträge in Ellenius 1985, Shirley/Hoeniger 1985, Prinz/Beyer 1987, Mazzolini 1993, Jones 1998, Olmi/Tongiorgi Tomasi 2000 und O'Malley 2008; außerdem Swan (1995, 2002, 2005), Smith (1999, 2002, 2004), Leonhard (2010, 2011, 2013) sowie jüngst Felfe 2015. Darüber hinaus ist weiterhin Alpers 1985 (erstm. 1983) wegweisend, deren Inhalte und Thesen bis heute aufgegriffen und weiterbearbeitet wurden; vgl. etwa die Beiträge in Leuker 2012.

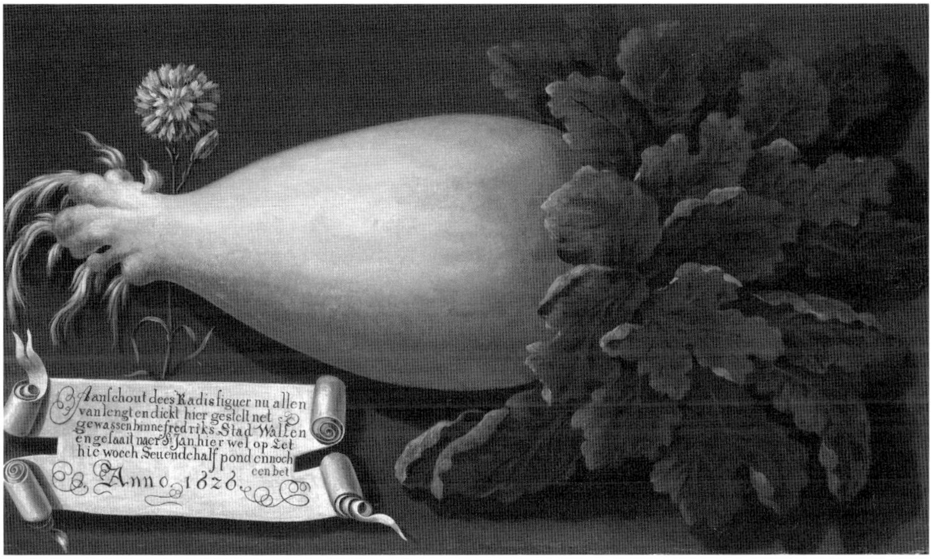

43 Rettich aus Frederickstaat, 1626, 53,5 × 87,5 cm, Amsterdam, Rijksmuseum.

len suchen. Dabei kann es sich um tatsächliche Textversatzstücke handeln, wie im Falle des riesigen Rettichs aus Frederickstaat von über siebeneinhalb Pfund („[...] sevendchalf pond en noch een bet [...]“) aus dem Jahre 1626 (Abb. 43),[12] oder um text- bzw. tabellenartig lesbare Strukturen der Bilder selbst, etwa in den Blumenstillleben Jacques de Gheyns II. (Taf. X).[13]

Alpers' These der verschwimmenden Grenzen zwischen Kartographie und Landschaftsmalerei auf Grund von kulturell bedingten Wahrnehmungsmustern und Sehgewohnheiten im Holland des 17. Jahrhunderts, die von einer allgemeinen Durchdringung der dortigen Kunst und Kultur mit Bild- und Textstrukturen getragen seien, lässt sich (auch über die Grenzen der Niederlande hinweg) in ähnlicher Weise auf die Wahrnehmung und Verbildlichung der Pflanzenwelt übertragen.[14] In beiden Bereichen der Auseinandersetzung mit der Natur als Sujet können Formen und Funktionen auf vielfache Art variieren und sich gegenseitig beeinflussen. So stellt Alpers etwa heraus, dass das Genre der ‚geographischen Illustration‘ im 16. Jahrhundert erheblich expandierte (ganz ähnlich der botanischen und zoologischen Illustration) und die Ausführung von Karten, Plänen und dergleichen im Laufe des 17. Jahrhunderts vermehrt verdienten Künstlern,

12 Vgl. hierzu Alpers 1985, S. 308f.
13 Vgl. hierzu Swan 2002, S. 128–130.
14 Vgl. Alpers 1985, Kapitel 4: *Kartographie und Malerei in Holland*, bes. S. 213–225.

etwa Pieter Saenredam oder Gaspar van Wittel, übertragen wurde.[15] Nicht selten wurde die Karte selbst zum repräsentativen Bildnis eines ‚portraitierten Territoriums' und konnte, wie es Werken der bildenden Kunst eigen ist, unterschiedliche Aussagen vermitteln. Auch dies lässt an kostbare Tier- und Pflanzenzeichnungen wie die *Collection des Vélins* (s. S. 99–102) denken, um nur ein Beispiel von vielen zu nennen. Schließlich greift Alpers das Genre der topographischen Stadtansichten heraus, das sie als beispielhaft für die Überführung eines Motivschatzes aus dem Medium der Zeichnung in das der Malerei sieht, ein in der Regel aufwertender Umwandlungsprozess (da aufwendiger), wie er sich in der holländischen Kunst an verschiedenen Beispielen vollzogen habe.[16] Und schon ist man bei den verschiedenen Ausprägungen der Landschafts-, der Tier- und Pflanzenmalerei angelangt. So ist es auch als gattungsübergreifendes Phänomen zu sehen, wenn die Autorin der holländischen Malerei das Anliegen zuspricht, „Wissen und Information über die Welt" auf einer Art Karte (dem Bild) zusammenzutragen.[17] Unweigerlich denkt man an Gemälde wie Jan van Kessels *Erdteile* oder die *Elemente* und *Sinne* von Jan Brueghel d. Ä., was sogleich eine Brücke von Holland nach Flandern schlägt.[18] Jener ‚Blumenbrueghel' arbeitete auch für Kardinal Federico Borromeo in Mailand, einen Stilllebensammler der ersten Stunde.[19] Oft unterrichtete der Maler den Mäzen bereits durch Briefe über seine Werke. So sei er etwa von Antwerpen nach Brüssel gereist, um einige exotische Blumen nach der Natur („del natural") zu malen, die der Kardinal sicher sowohl wegen ihrer Natürlichkeit als auch wegen ihrer Schönheit und Seltenheit („[...] tanta per la naturalleza come anco delle bellezza et rarita de vario fiori [...]") schätzen werde.[20] Brueghels Zeilen geben Auskunft über Wert und Aussagegehalt eines solchen Gemäldes, wobei neben der offenkundigen Schönheit auch die Konnotation einer gewissen Nützlichkeit bzw. gelehrten

15 Vgl. Alpers 1985, S. 225–230.

16 Alpers 1985, S. 264. Die Sonderrolle, die Alpers gerade Holland zuspricht, hat sicher eine gewisse Berechtigung, etwa auf Grund von spezifischen sozioökonomischen Faktoren wie der relativ freien Verfügbarkeit von Landstücken, ihrer Nutzung, Vermessung und gegebenenfalls Kartierung; vgl. Alpers 1985, S. 257–259. Dennoch hat Alpers' These einer hier in aller Kürze mit den Schlagworten empirisch, (visuell) beschreibend und in gewisser Weise anti-ikonographisch zusammengefassten Ausnahmekunst und -kultur Hollands zunächst zu heftigen Kontroversen geführt, bevor sie zunehmend aufgegriffen wurde und an anderen Orten, zu anderen Zeiten und in anderen Bereichen weitere Grenzverwischungen sichtbar gemacht werden konnten. Es ist anzumerken, dass der niederländische Raum zwar von großer Bedeutung für die Entwicklung von Gattungen wie der Landschafts-, der Genre- und Stilllebenmalerei war, sich jene Gattungen jedoch etwa zeitgleich von verschiedenen Zentren ausgehend entwickelten und gegenseitig beeinflussten.

17 Alpers 1985, S. 219.

18 Vgl. hierzu die Ausführungen und Abbildungen in Schneider 1989, S. 64–69, 159–169, zu Brueghels Sinneszyklen Cremona 1996, S. 16–19, 40 (Fig. 15), 122–124 und zu van Kessels Erdteilen Baadj 2013.

19 Zu Federico Borromeo als Auftraggeber und Sammler von Stillleben und Landschaftsbildern vgl. Jones 1988 und 1993.

20 Swan 1995, S. 258f. (Zitat nach S. 360, Anm. 35).

Informativität mitzuschwingen scheint.[21] Dem entspricht Aldrovandis Beurteilung einer „pittura delle cose naturali", die „vaghezza" und „utilità" miteinander vereine und bei exzellenter Ausführung Wissen über fremde und ferne Arten zu vermitteln im Stande sei.[22]

Grundsätzlich ist die Autorität von Bildern, Wissen über das Dargestellte zu vermitteln, kaum in Frage zu stellen, von einer nahezu universellen Einsetzbarkeit jener schönen und nützlichen naturalistischen Zeichnungen (z. B. Abb. 41, 55, 57, 59) kann man jedoch nicht ausgehen. Probleme ergaben sich spätestens bei dem Versuch, immer mehr bekannte Spezies und immer ausführlicher werdende Informationen auf Basis solcher Bilder zu klassifizieren.[23] Gerade im Bereich der Botanik verlangte die voranschreitende Spezialisierung nach einer entsprechenden Bildpraxis und -theorie. Eine gewisse Abstrahierung vom ‚natürlichen Sehbild' und das Herausstellen von spezifischen Charakteristika waren die Folge.[24] Schrift und Schriftlichkeit spielen in diesem Prozess eine herausragende Rolle. Es gilt, die epistemischen Funktionen sich ändernder Bild- und Textarten anhand von Referenzsystemen miteinander zu verknüpfen; der Verweischarakter von Bildern findet oftmals eine Steigerung in tabellen- und textartigen Strukturen, während ein beschreibender Text etwa durch stetig reduzierte Bezeichnungssysteme zu einer Art kodifiziertem Bild verdichtet werden kann, was zu der noch heute Gültigkeit besitzenden binären Nomenklatur Linnés führte.[25] Bildtafeln wie Georg Ehrets *Methodus plantarum sexualis* (Taf. XI) in Linnés *Systema naturae* (Leiden 1735) oder die Blütendetails unterschiedlicher Pflanzengattungen (Abb. 44) in Michelis *Nova Genera* verdeutlichen diese Entfernung von einer am ‚natürlichen Sehbild' orientierten Darstellungsweise, einer *ad vivum*-Repräsentation der Natur (s. hierzu Kapitel 2.5).

Alpers und Swan zeigen, dass Bild, Text und Diagramm auch vor Tournefort, Micheli und Linné vielfältige Verbindungen eingehen konnten, was sich nicht nur in den Bereichen der Natur- bzw. der Wissenschaftsgeschichte, sondern auch darüber hinaus in der Kunst- und Kulturgeschichte vollzog. Anhand der Werke Jacques de Gheyns II. (gest. 1629) und seiner Zeitgenossen Carolus Clusius und Pieter Paaw stellt Swan den Verweischarakter zwischen beschreibenden Texten der Naturgeschichte sowie in verschiedenartigen Tabellenformen und Bildarten aufbereiteten Informationen heraus.[26] De Gheyns Stich des botanischen Gartens in Leiden (Abb. 28), seine Blumenvasen (Taf. X) und die Zeichnung eines Kugelfisches in zwei Ansichten mit beschreibendem Text aus dem *Rijksmuseum* in Amsterdam spielen dabei ebenso eine Rolle wie Clusius' bildliche und textliche

21 Vgl. hierzu auch Oy-Marra 2011, S. 68–70, die anhand der Gemälde Jan Brueghels und dessen Korrespondenz mit Kardinal Borromeo den selektiven, oftmals sehr komplexen Prozess der Entstehung solcher Werke unterstreicht.

22 Swan 1995, S. 259f.; vgl. darüber hinaus auch Olmi 1992, S. 24–32.

23 Vgl. hierzu Freedberg 2002, S. 349–366.

24 Vgl. Lechtreck 2000.

25 Vgl. hierzu Müller-Wille 2002.

26 Vgl. Swan 2002.

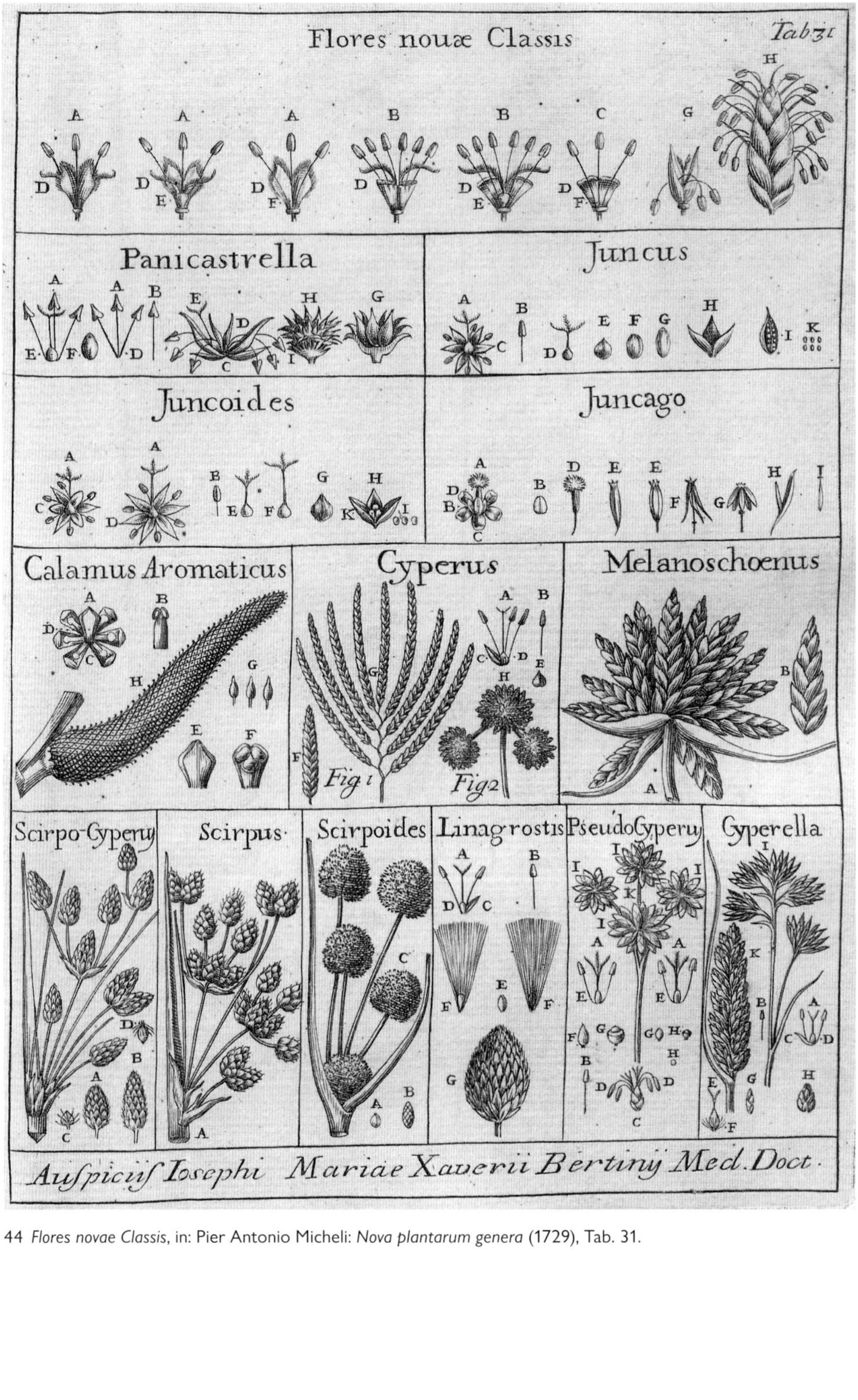

44 *Flores novae Classis*, in: Pier Antonio Micheli: *Nova plantarum genera* (1729), Tab. 31.

Auseinandersetzung mit jenem überaus populären Bewohner frühneuzeitlicher Kunst- und Wunderkammern in den *Exoticorum Libri decem* (Leiden 1605) oder Paaws *Hortus publicus* (Leiden 1601). Für letzteren war auch de Gheyns gestochener Gartengrundriss gedacht, der zusammen mit den enthaltenen Listen und Rastern eine genaue Kenntnis und Zuordnung der dortigen Pflanzenvielfalt erlaubte (s. S. 70–72). Solch eine tabellenhafte Darlegung botanischer Wissensbestände, die auch für Werke wie Matthias Lobelius' *Kruydtboeck* (Antwerpen 1581) oder Caspar Wolfs Auseinandersetzung mit den Hinterlassenschaften Conrad Gessners charakteristisch war, scheint greifbaren Widerhall in der sich herausbildenden Gattung des Blumen- und Früchtestilllebens zu finden.[27] Diese ‚rasternden' Eigenschaften, die nah an Alpers' *mapping impulse* heranreichen, machen das ‚botanische Bild' nicht nur zu einem schönen Augenschmaus, sondern auch zu einem überaus nützlichen schematischen Wissensvermittler.

Die ‚Kataloge' Bimbis, Tillis und Michelis stellen passende Exempla der skizzierten Umstände rund um die botanische Praxis und Theorie dar. Sie lassen eine Vorstellung zeitgenössischer Wissenserzeugung, -vermittlung und -rezeption entstehen, liefern einen Eindruck botanischer Sammlungs- sowie Forschungsinteressen und stehen dabei in enger Verbindung mit den *ultimi Medici*. Ähnlich wie unter Ludwig XIV. (s. Kapitel 2.3) war die Natur, allen voran die Welt der Pflanzen, auch am Hofe Cosimos III. fest in die kunst-, wissenschafts- und territorialpolitischen Repräsentationsvorgänge eingebunden. Eine Institution wie die *Académie des Sciences* fehlte hingegen in der Toskana und es entsteht der nicht unberechtigte Eindruck, die programmatische Förderung der Wissenschaften im späten Großherzogtum der Medici habe nicht den Stellenwert wie ebendort im Verlauf des 17. Jahrhunderts oder zur gleichen Zeit in Frankreich besessen. Schon zuvor wurde die Frage aufgeworfen, ob im Falle des *Hortus Pisanus* und der *Nova Genera* zu Gunsten eines Projekts orts- und traditionsgebundener Repräsentativität entschieden wurde und Michelis Beitrag zu aktuellen und internationalen Anliegen der sich formierenden botanischen Wissenschaften dagegen hinten angestellt wurde (s. Kapitel 2.2.2). Die anschließenden Bild- und Textanalysen sowie der Blick auf Michelis Netzwerke (s. Kapitel 4.2–4) mögen diesbezüglich weitere Schlüsse ermöglichen. Fest steht, dass die toskanische Botanikgeschichte von der Einrichtung der ersten botanischen Gärten in Pisa und Florenz unter Cosimo I. bis hin zur Gründung der *Società Botanica Fiorentina* und darüber hinaus eng mit der Dynastie verbunden war. Dies findet breiten Niederschlag in den Widmungstexten und Vorworten der Publikationen der 1720er Jahre sowie in besonderem Maße in Giovanni Targioni Tozzettis ausführlicher *Praefatio* des *Hortus Florentinus*. Jenes traditionelle Interesse an Gartenbau und Botanik bedingte nicht zuletzt auch die zeitgenössische Kunstproduktion und Sammlungspraxis im Großherzogtum. Abgesehen von den Werken Bimbis zeugt eine ganze Reihe von Gemälden und Zeichnungen anderer Künstler von der Beliebtheit der Pflanzen- aber auch der Tierwelt als Bildsujet, was vor allem unter

27 Zu Lobelius und Wolf (*De Stirpium Collectione Tabulae*, Zürich 1587) vgl. Swan 2002, S. 122–128.

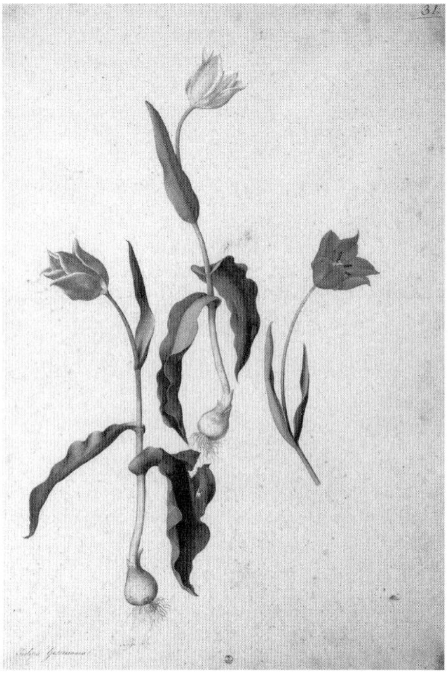

45

Jacopo Ligozzi: Tulpen, Florenz, Gabinetto Disegni e Stampe degli Uffizi .

Cosimos Vater Ferdinando II., Cosimo selbst sowie seinen Nachkommen in einer wahren ‚Stilllebensammelleidenschaft' kulminierte.[28] Das *Museo della Natura Morta* in Poggio a Caiano gewährt einen Einblick in den Motivschatz des Genres und die unterschiedlichen Vorlieben der verschiedenen Familienmitglieder als Sammler von Stillleben und Tierstücken. Die meisten Werke stammen von italienischen und niederländischen Künstlern,[29] wobei die größte (und eindrucksvollste) Präsenz dabei den Früchten, Blumen und Tieren Bartolomeo Bimbis zukommt, der über seine botanischen und zoologischen Gemälde für la Topaia und l'Ambrogiana hinaus zahlreiche weitere Werke für Cosimo III., für Ferdinando, Gian Gastone und Anna Maria Luisa de' Medici sowie für Auftraggeber außerhalb der großherzoglichen Familie schuf.

Bimbis Gemälde wurden wiederholt in eine Traditionslinie mit den Zeichnungen Jacopo Ligozzis (1547–1627) und Giovanna Garzonis (1600–1670) gestellt.[30] Alle drei Künstler sind mit einem großen Korpus an Werken in den Sammlungen der Medici vertreten.

28 Vgl. hierzu Chiarini 1997, Florenz 1998, Casciu 2009.

29 Darunter befinden sich Werke Margherita Caffis, Bartolomeo Ligozzis, Andrea und Pietro Neri Scacciatis; unter den Niederländern sind Willem van Aelst, Nicasius Bernaerts, Jan Davidsz. de Heem oder Otto Marseus van Schrieck vertreten, um nur einige von vielen Namen zu nennen.

30 Vgl. hierzu etwa Tongiorgi Tomasi 1990 sowie dies. in Washington 2002.

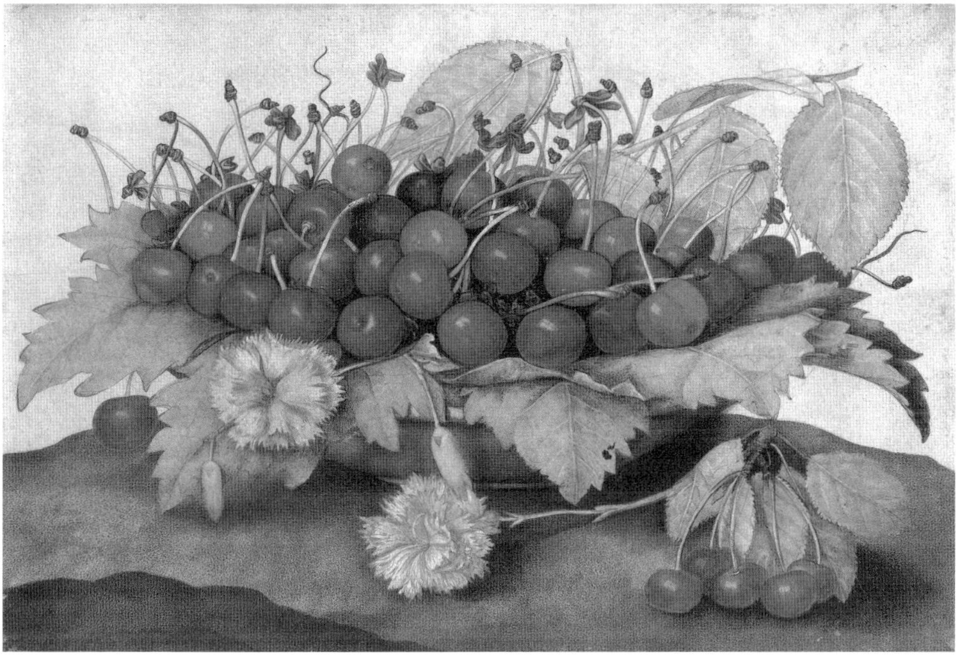

46 Giovanna Garzoni: Kirschen in einer Schale mit Weinlaub und Nelken, Florenz, Palazzo Pitti.

Im *Gabinetto Disegni e Stampe degli Uffizi* befinden sich insgesamt 143 der hochwertigen botanischen und zoologischen Aquarelle Ligozzis (Abb. 45), dessen Arbeit auch Gelehrte wie Ulisse Aldrovandi oder Agostino del Riccio sehr schätzten.[31] Erstmals erwähnt wurden die Zeichnungen für Francesco I. bzw. Ferdinando I. im Jahre 1619 in den Verzeichnissen der *Guardaroba Medicea* als ein zu 129 Seiten zusammengefasster Band, was einer gängigen Aufbewahrungs- und Präsentationsmethode solcher Bilder entsprach.[32] Die Florentiner Werke naturalistischer Sujets von Giovanna Garzoni reichen von den *carte di semplici*, die den Zeichnungen Ligozzis ähneln, dabei jedoch mehr als nur eine Spezies zeigen, über eine umfangreiche Serie von über 20 Früchtetellern (Abb. 46) bis

31 Zu Ligozzi und Aldrovandi vgl. Olmi 1992, S. 61–64. Agostino del Riccio betont etwa in seinem Traktat über den idealen fürstlichen Garten (*Del giardino di un re*) seine Freundschaft zu Ligozzi, wenn er über die Ausmalung der *Grotta dell'Apennino* in Pratolino mit Fischen und anderen Meerestieren berichtet: „[…] dipinto dal'eccellente pittore messere Iacopo Ligozzi con il quale tengho amistà non piccola […]" del Riccio 1981, S. 92.

32 Zu Jacopo Ligozzis botanischen und zoologischen Aquarellen vgl. Florenz 1961, Tongiorgi Tomasi 1993. Zur idealtypischen Aufbewahrung, Ordnung und Präsentation von Stichen und Zeichnungen in Bänden äußert sich etwa Giulio Mancini in den *Considerazioni sulla pittura* (1619–21); vgl. hierzu Bury 2003, bes. S. 79.

hin zu üppigen Blumenbouquets in kostbaren Porzellanvasen. Auftraggeber waren Ferdinando II. und dessen Frau Vittoria della Rovere sowie die Kardinäle Giovan Carlo und Leopoldo de' Medici. Ähnlich wie Ligozzi unterhielt Garzoni schon vor ihrer Arbeit für die großherzogliche Familie Kontakte zu Gelehrten wie Cassiano dal Pozzo und dem Umfeld der römischen *Accademia dei Lincei*. Garzonis *carte di semplici* und ihre Früchteteller lassen sich anhand von Inventarlisten mit der Ausstattung der Villa von Poggio Imperiale in Verbindung bringen.[33] Der chronologische Blick auf die Werke Ligozzis, Garzonis und Bimbis bestätigt Alpers' These der allmählichen Überführung eines Sujets von der meist kleinformatigen, portablen und nicht für jedermann sichtbaren Zeichnung hin zur aufwendigeren und repräsentativeren Ölmalerei. Damit sei nicht behauptet, das toskanische Blumen- bzw. Früchtestillleben sei erst kurz vor 1700 mit dem Werk Bartolomeo Bimbis zur Vollendung geführt worden. Vielmehr entwickelte sich eine bemerkenswerte Unterart innerhalb der Gattung und nahm dabei Elemente auf, die zuvor eher auf das Medium der Zeichnung beschränkt bzw. nur vereinzelt in die Domäne der Malerei eingedrungen waren. Inhaltliche Verwandtschaften zwischen den Werken der drei genannten Künstler sind offensichtlich – so auch die Nähe ihrer Arbeit zu den botanischen und hortikulturellen Diskursen der Zeit. Ebenso lassen sich Funktion und Aussage der Bilder auf den gemeinsamen Nenner des Erfreuens und Belehrens, des Dokumentierens und Repräsentierens von Vielfalt und Außergewöhnlichkeit zurückführen. Doch ein zweiter oder dritter Blick wirft weitere Fragen auf: woher kommt der Text auf Bimbis Gemälden? Wie verhält er sich zum Rest des Bildes und welche Verweise und Beziehungen eröffnen diese prächtigen Bild-Text-Ensembles in Öl?

3.2 Namen und Daten, Formen und Farben: die Gemälde von la Topaia

> Una Rama di Pere, chiamate di Gerusalemme, o pure d'Inghilterra staccata per Maraviglia dall'Albero piantato in un Orto d'una Casa vicina alla Nonziatina in Firenze, che del Mese di Settembre 1720: era con i fiori, e Frutti, come si vede.[34]

Diese Inschrift in schwarzem Text auf hellem Grund nimmt die rechte obere Ecke und damit ein knappes Zehntel eines Gemäldes ein, das – „come si vede" – den Zweig einer Birnenvarietät zeigt, der im Monat September zugleich Blüten wie auch Früchte trug (Taf. XII). Die offensichtliche Besonderheit von Bimbis Birnenzweig, der auf steinernem

33 Zu Giovanna Garzoni, ihren botanischen Zeichnungen und Stillleben vgl. Casale 1991, Meloni Trkulja/Fumagalli 2008, Tongiorgi Tomasi 2008.

34 „Ein Zweig eines Birnbaums, mit der Bezeichnung ‚di Gerusalemme' [aus Jerusalem] oder ‚d'Inghilterra' [aus England], der wegen seines wundersamen Wuchses von einem Baum im Garten eines Hauses nahe des [Convento della] Nonziatina in Florenz geschnitten wurde und der im Monat September 1720 zugleich Blüten und Früchte trug, wie hier zu sehen ist."

Grund drapiert mit der Andeutung von Bäumen und eines bewölkten Himmelsauschnitts im Hintergrund nahezu das gesamte Bildfeld einnimmt, springt dem Betrachter regelrecht ins Auge. Die mattgrünen makellosen Früchte liegen fast griffbereit auf der vorderen Abstufung des Untergrunds und die kleinen weißen Blüten leuchten noch aus den Tiefen des Bildes hervor. Wozu also die Inschrift mit dieser für uns fast ironisch anmutenden Formulierung? Den Teil der Geschichte, den die gemalten Blüten und Früchte nicht verraten, übernimmt der Text. Man erfährt zwei synonyme Bezeichnungen („pere, chiamate di Gerusalemme, o pure d'Inghilterra"), warum der Zweig vom Baum entfernt wurde („per Maraviglia") sowie wo und wann sich die Begebenheit zugetragen hatte. Eine schöne Anspielung auf das ‚Wo?' macht Bimbi in einem anderen seiner Gemälde für la Topaia (Taf. VI). Oberhalb des aufgeschnittenen Stücks eines Kürbis, „nata in Pisa nel Giardino di S. A. R. detto di S. Francesco l'Anno 1711 Pesava libbre 160"[35], zeigt sich am Horizont die verschwindend kleine Silhouette der Domkuppel und des schiefen Turmes. Die geradezu humorvolle Perspektivumkehrung scheint zu vermitteln, dass hier nicht die ehrwürdige monumentale Architektur, sondern die geringeren *prodotti della terra* im Blickpunkt stehen, wobei ‚gering' angesichts der Feldfrucht von über 50 Kilogramm als relativ zu sehen ist – ein Umstand, der die Darstellung erst motiviert hat. Der riesenhafte Kürbis, der nach Baldinuccis Ausführungen von zwei Trägern und einigen Schaulustigen zum Haus des Malers gebracht wurde (s. S. 251), füllt die gesamte Bildfläche aus und ist wiederum zum Greifen nah an den vorderen Rand gerückt. Die kleiner werdenden Bäume, die Ansicht der Stadt Pisa in der Ferne, die Berge dahinter und der von Wolken durchzogene Himmel verleihen dem Bild eine Tiefenwirkung, dass man sich geradezu über Ausdehnung und Lage des großherzoglichen Gartens von San Francesco unterrichtet fühlt.

Diese Einblicke in die Bildwelt der Sammlung von la Topaia lassen wiederum an Alpers' Ausführungen über ein Verständnis der Welt denken, das durch visuelles Darstellen bzw. Vorstellen vermittelt, erworben und bestätigt werden kann.[36] Um zunächst im holländischen Bereich zu bleiben, gewisse Traditionslinien zu ziehen und Vergleichsmöglichkeiten zu eröffnen, sei noch einmal auf den Rettich aus Frederickstaat (Abb. 43) hingewiesen. Bild und Text kommentieren und erklären einander. Im Gespann ergeben sie eine eindrückliche, teilweise gedoppelte Information. Die Aufmerksamkeit des Betrachters wird auf zweierlei Art und Weise beansprucht, was zugleich eine zweifache Verifikation erlaubt. Der anonyme Maler des Rettichs von 1626 verzichtet auf die szenische Einbettung des Objekts in eine Landschaft oder ein Interieur. Neben Knolle und Kartusche ist

35 „[...] gewachsen in Pisa im Garten von San Francesco im Besitz Seiner Königlichen Hoheit im Jahre 1711 mit einem Gewicht von 160 Pfund."

36 Alpers 1985, S. 213. Im Vorwort zur deutschen Ausgabe von Alpers' Studie setzt sich Martin Kemp mit dem Begriff und Konzept der ‚representation' auseinander. Der englische Ausdruck impliziert zugleich die ‚Darstellung' als auch die ‚Vorstellung' von etwas und „[...] umfasst die gesamte Sinnes- und Geistestätigkeit des Menschen und seinen so vermittelten Weltbezug [...]", wobei Bilder nur eine von vielen Repräsentationsformen darstellen; vgl. Kemp 1985, S. 18.

lediglich eine einzelne Nelke dargestellt, die zur Ausgewogenheit der Komposition sowie als Maßstab für die Größe des Rettichs dienen mag. Blumen sind die unbestrittenen Protagonisten eines Gemäldes von Jan Philips van Thielen (1618–1667) aus Mechelen bei Antwerpen (Abb. 47).[37] Der eindrucksvolle Tulpenstrauß bannt den Blick des Betrachters. Die auffälligen, rosarot-weiß gemusterten Blüten heben sich kontrastreich von den mattgrünen Stielen und Blättern sowie dem dunklen Hintergrund ab. Van Thielen lässt sein Werk auf andere Art und Weise sprechen als der Maler der Rettichknolle. Die Tulpen stehen in voller Pracht, während einige Rosen, die sich in der gleichen Vase befinden, die Köpfe hängen lassen und am Verblühen sind. Sie lenken den Blick auf die eher unscheinbare gläserne Vase auf einem nur angedeuteten Untergrund. Das Blatt Papier am linken Rand würde beinahe herunterfallen und der Aufmerksamkeit des Betrachters entgehen, stünde nicht ein geöffnetes Tintenfass darauf. Noch ist die Schreibfeder griffbereit und die acht nummerierten Bezeichnungen der dargestellten Tulpenvarietäten scheinen gerade erst notiert worden zu sein. Man muss ganz genau hinsehen, um die kleinen Nummern auf den Tulpenstielen ausmachen zu können, die eine Identifizierung der einzelnen Varietäten zulassen – darunter auch ein Exemplar der wertvollen *Semper Augustus*.[38] Das Blatt ist am oberen Rand eingerollt und verbirgt weitere Informationen über die dargestellten Tulpen, die hier weitestgehend für sich sprechen.

Die Beschreibung des prachtvollen Tulpenstraußes stellt ein weiteres Mal die Korrespondenzmöglichkeiten von Bild- und Textelementen in der Stilllebenmalerei heraus und betont die darin verschmelzenden beschreibenden und schematisierenden Elemente. Mit seinen Nummerierungen und Bezeichnungen scheint van Thielens Gemälde die Ausführungen Swans geradezu exemplarisch zu repräsentieren. Ähnliche Vorstellungen mögen etwa Carolus Clusius' bildhafte Beschreibungen verschiedener Tulpenvarietäten hervorgerufen haben, wobei der Botaniker selbst nicht jede Spezies aus der direkten Anschauung, sondern nicht selten gerade durch bildliche Darstellungen vermittelt beschrieb:

> Invenitur etiam alterum pumilionis Tulipae genus, quod mihi quidem conspectum non est: sed iconem suis coloribus expressam accipiebam anno millesimo quingentesimo sexto & nonagesimo, ab erudito viro Ioáne de Ionghe, Ecclesiaste middelburgensi in Mattiacis, additâ hac descriptione: Mitto ad te Tulipae cujusdam iconem, ad ipsius plante similtudinem expressam [...] Tota verò planta (quantum ex icone deprehendere potui) palmo major non est [...][39]

37 Vgl. Hamburg 2008, S. 162–164.

38 Zum niederländischen ,Tulpenfieber' und der höchstgehandelten Varietät *Semper Augustus* vgl. Cook 2007, S. 73–82 sowie ausführlich Goldgar 2007.

39 Clusius 1601, S. 148 (eine englische Übersetzung jener Textstelle [zitiert nach Claudia Swan] folgt in Anm. 3.40).

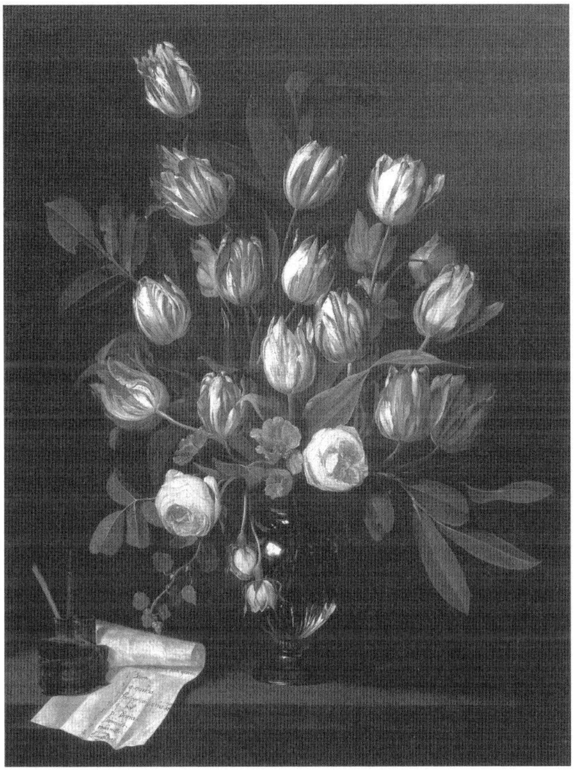

47

Jan Philips van Thielen: Tulpen, 88,9×67,6 cm, Privatbesitz.

Swans Erläuterungen und ihre über die vorangehend zitierte Stelle hinausgehende Übersetzung verdeutlichen die Bildhaftigkeit von Clusius' Tulpenbeschreibung und sein ausgeprägtes Interesse an den morphologischen Beschaffenheiten von Pflanzen.[40] Die unmittelbare oder über den ‚Umweg' des Bildes gewonnene Wahrnehmung diente als Grundlage

40 „Also another kind of dwarf tulips is found, which however, I have not seen. But I received a drawing in natural colors of it in the year 1596 from the learned Johan de Jonge, Minister at Middelburg, to which had been added the following description: 'I send you a picture of a certain tulip, drawn after the plant itself, that is so to say of natural size in regard to the plant as well as to the stalk, the flower, the leaves (which should have been drawn slightly longer and narrower) and the bulb, which I dug up in order to enable the artist to properly draw it. ...' The whole plant, then (as far as I have been able to gather from the drawing), is not bigger than the palm of a hand, producing four narrow, keeled leaves resembling those of the Montpellier tulip, from among which arises a little stalk of the height of an inch or a little higher, leafless (in contradiction to the habit of other tulips), purplish green, and carrying on its top a flower consisting of six segments, externally somewhat purplish, internally whitish, its center occupied by an oblong pistil fenced by six yellow little stamens. ... That it has flowered in April I deduce from the fact that my correspondent sent me the drawing by the beginning of May." Swan 2002, S. 120f.

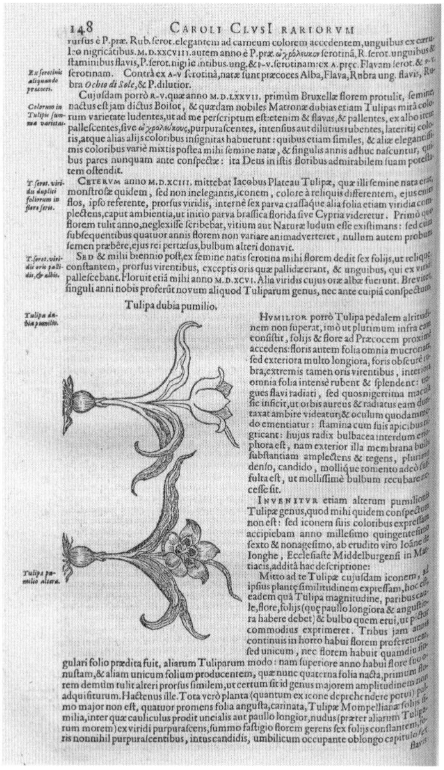

148 CAROLI CLVSI RARIORVM

rursus è P.præ. Rub. serot. elegantem ad carneum colorem accedentem, unguibus ex cæruleo nigricantibus. M.D.XXCVIII. autem anno è P.præ. ὠχρόλευκον serotinâ, R. serot. unguibus & staminibus flavis, P. serot. nigricantibus. ung. & P-V. serotinam: ex A. præc. Flavam serot. & P-V. serotinam. Contrà ex A-V serotinâ, natæ sunt præcoces Alba, Flava, Rubra ung. flavis, Rubra *Ochio di Sole*, & P. dilutior.

Ex serotinis aliquando præcoces.

Cujusdam porrò R-V. quæ anno M.D.LXXVII. primùm Bruxellæ florem protulit, semine nactus est jam dictus Boisot, & quædam nobiles Matronæ dubias etiam Tulipas mirâ colorum varietate ludentes, ut ad me perscriptum est: etenim & flavas, & pallentes, ex albo item pallescentes, sive ὠχρολεύκους, purpurascentes, intensius aut dilutius rubentes, lateritij coloris, atque alias alijs coloribus insignitas habuerunt: quibus etiam similes, & aliæ elegantissimis coloribus variè mixtis postea mihi semine natæ, & singulis annis adhuc nascuntur, quibus pares nunquam ante conspectæ: ita Deus in istis floribus admirabilem suam potestatem ostendit.

Colorum in Tulipis summa varietas.

CETERVM anno M.D.XCIII. mittebat Iacobus Plateau Tulipæ, quæ illi semine nata erat, monstrosæ quidem, sed non inelegantis, iconem, colore à reliquis differentem, ejus enim flos, ipso referente, prorsus viridis, internè sex parva crassaque alia folia etiam viridia complectens, caput ambientia, ut initio parva brassica florida sive Cypria videretur. Primò quo florem tulit anno, neglexisse scribebat, vitium aut Naturæ ludum esse existimans: sed cum subsequentibus quatuor annis florem non variare animadverteret, nullum autem probum semen præbêre, ejus rei pertæsus, bulbum alteri donavit.

T. serot. viridis duplici foliorum in flore serie.

SED & mihi biennio post, ex semine natis serotina mihi florem dedit sex folijs, ut reliquæ, constantem, prorsus virentibus, exceptis oris quæ pallidæ erant, & unguibus, qui ex viridi pallescebant. Floruit etiã mihi anno M.D.XCVI. Alia viridis cujus oræ albæ fuerunt. Breviter, singuli anni nobis proferũt novum aliquod Tuliparum genus, nec ante cuipiã conspectum.

T. serot. viridis oris pallidis, & albis.

Tulipa dubia pumilio.

Tulipa dubia pumilio.

HVMILIOR porrò Tulipa pedalem altitudinem non superat, imò ut plurimum infra eam consistit, folijs & flore ad Præcocem proximè accedens: floris autem folia omnia mucronata, sed exteriora multo longiora, foris obscurè rubra, extremis tamen oris virentibus, interiora omnia folia intensè rubent & splendent: ungues flavi radiati, sed quos nigerrima macula sic inficit, ut orbis aureus & radiatus eam duntaxat ambire videatur, & oculum quodammodo ementiatur: stamina cum suis apicibus nigricant: hujus radix bulbacea interdum eriophora est, nam exterior illa membrana bulbi substantiam amplectens & tegens, plurimo denso, candido, molliq́ue tomento adeò suffulta est, ut mollissimè bulbum recubare necesse sit.

INVENITVR etiam alterum pumilionis Tulipæ genus, quod mihi quidem conspectum non est: sed iconem suis coloribus expressam accipiebam anno millesimo quingentesimo sexto & nonagesimo, ab erudito viro Ioãne de Ionghe, Ecclesiaste Middelburgensi in Mattiacis, additâ hac descriptione:

Tulipa pumilio altera.

Mitto ad te Tulipæ cujusdam iconem, ad ipsius plantę similitudinem expressam, hoc est, eadem quâ Tulipa magnitudine, paribus caule, flore, folijs (quę paullo longiora & angustiora habere debet) & bulbo quem erui, ut pictor commodius exprimeret. Tribus jam annis continuis in horto habui florem proferentem, sed unicum, nec florem habuit quamdiu singulari folio prædita fuit, aliarum Tuliparum modo: nam superiore anno habui flore suo onustam, & aliam unicum folium producentem, quæ nunc quaterna folia nacta, primum florem demùm tulit alteri prorsus similem, ut certum sit id genus majorem amplitudinem non adquisiturum. Hactenus ille. Tota verò planta (quantum ex icone deprehendere potui) palmo major non est, quatuor promens folia angusta, carinata, Tulipæ Mompellianæ folijs similia, inter quæ cauliculus prodit uncialis aut paullo longior, nudus (præter aliarum Tuliparum morem) ex viridi purpurascens, summo fastigio florem gerens sex folijs constantem, foris nonnihil purpurascentibus, intus candidis, umbilicum occupante oblongo capitulo sex flavis

48

Tulipa dubia pumilio/Tulipa pumilio altera, in: Carolus Clusius: *Rariorum plantarum historia* (1601), S. 148.

der Kenntnis und der textlichen Beschreibung, welche wiederum eine Imagination der entsprechenden Spezies zuließ. Beigefügte Holzschnitte konnten jene Beschreibungen begleiten und so gemeinsam mit dem Text eine Vorstellung der entsprechenden Pflanzen generieren (Abb. 48).

Wenn Clusius (ungeachtet der zeitlichen und geographischen Distanz) im Falle einzelner durch bildhafte Übermittlung erfolgter Beschreibungen auch nicht von Gemälden wie jenen van Thielens oder Bimbis ausgegangen ist, so wird die Verwandtschaft zu solchen Werken dennoch deutlich. Wie die Arbeiten Jacques de Gheyns II. (wie auch Jacopo Ligozzis, Giovanna Garzonis etc.) zeigen, konnten Künstler zugleich verschiedenartige Interessen bedienen, ob diese nun eher dokumentarisch-wissenschaftlichen oder visuell-repräsentativen Zwecken dienten. In Bartolomeo Bimbis Gemälden für la Topaia mögen jene Interessen und Darstellungstraditionen zusammenkommen, die Bild- und Textelemente sinnreich kombinieren und die zudem einem gemeinsamen Entwicklungsstrang innerhalb der Kunst-, der Sammlungs- und der Naturgeschichte entspringen. Dass

Bimbis Werke wiederum zu erfreuen wie auch zu belehren gedachten, versteht sich unterdessen fast von selbst.

Für Cosimos „bel casino“ schuf Bimbi zwei Typen von botanischen Gemälden, die sich sowohl den Besonderheiten als auch der Vielfalt der toskanischen Pflanzenwelt widmeten. Gemälde wie der Trüffel von Castel Leone (Taf. VII), der blühende und Früchte tragende Birnenzweig (Taf. XII), der Kürbis aus Pisa (Taf. VI) und viele mehr dokumentieren einzelne außergewöhnliche Exemplare der unterschiedlichsten Früchte, Blumen oder Pilze.[41] Die zwölf eindrucksvollen Tafeln sämtlicher Varietäten verschiedener Obstsorten entwerfen ein Bild nahezu unglaublicher botanischer Fülle (u. a. Taf. I, III),[42] wobei der Maler in beiden Gruppen mit Textelementen arbeitete, um die Evidenz der Information zu steigern. Diese fast allen Gemälden der Sammlung gemeinsamen Textbestandteile werden auf unterschiedliche Art und Weise integriert. Doch auch die bildliche Inszenierung des ‚portraitierten‘ Objekts geschieht nicht immer auf die gleiche Weise. Seltener als die Darstellung im Freien ist das Interieur (Taf. III, VII). Hier kehren die stets gleichen Elemente wieder. Die Raumsituation ist nur angedeutet. Der Trüffel, die Birnen und etliche andere Früchte befinden sich in Schalen, auf Tellern, in Körben und seltener lose auf Tischplatten drapiert. Zurückgeschlagene Tischtücher und geraffte Vorhänge (meist in roter Farbe), angedeutete Säulen, Pilaster oder auch ein Fenster mit Ausblick komplettieren die Szenerie. Der Text offenbart sich fast immer am unteren Bildrand auf entrollten und entfalteten Papieren oder auf geschnitzten Kartuschen als Bestandteile der Tische. Bei der Darstellung im Freien liegen die Früchte hingegen meistens direkt auf der Erde (Taf. VI, XII, XV). Die Betrachterperspektive ist entsprechend niedrig gewählt und die Umgebung stets angedeutet, soweit es die Dimensionen der gemalten Objekte zulassen. Die kunstvoll geschnitzte Kartusche wird hier oft durch einen beschrifteten Stein ersetzt. Das ‚Portrait im Freien‘ erlaubt dem Künstler nicht nur die Darstellung geernteter Früchte, die dem Betrachter häufig angeschnitten und ess- bzw. zubereitungsfertig präsentiert werden, sondern auch scheinbar an Ort und Stelle wachsender Pflanzen, wie im Falle des imposanten Weizenstocks aus nur einem Korn (Taf. XIV) oder der insgesamt sechs Spaliere verschiedener Zitrusfrüchte und Weintrauben (Taf. I, Abb. 60).

Diese sehr knappe Vorstellung einiger Werke Bimbis für la Topaia, ihrer Sujets und Kompositionsschemata vermag lediglich, eine vage Idee des reichen Korpus an Gemälden zu vermitteln, die hier kaum in ihrer Fülle beschrieben und untersucht werden können. Einzelne Werke und kleinere Gruppen werden im Rahmen der Arbeit in verschiedenen Kontexten befragt, verglichen und analysiert. Bevor in den Kapiteln 3.2.5 und 3.2.6 näher auf Bimbis Birnen und einige Blumenportraits eingegangen wird, ist zunächst noch einmal auf die Frage nach den inhaltlichen und kompositorischen Vorläufern für Bimbis Gemälde zurückzukommen.

41 Vgl. hierzu Poggio a Caiano 2008.

42 Vgl. Spinelli in Casciu 2009, S. 58–61, 72–83, 104–111.

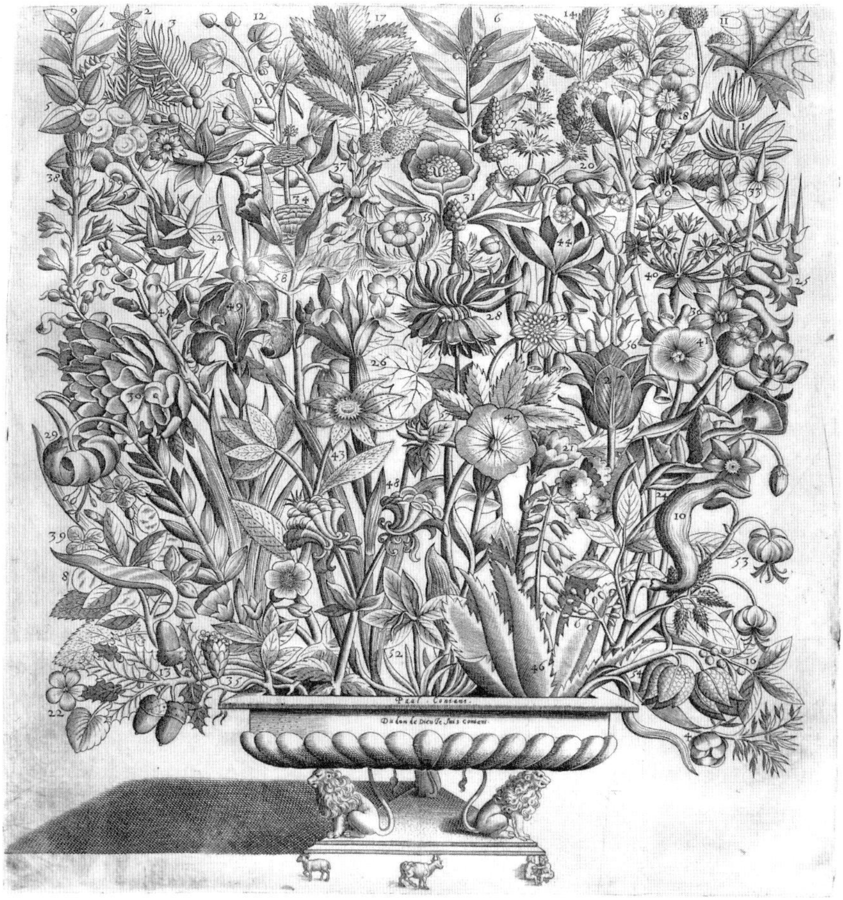

50 Verschiedene Blumen, in: Paul Contant: *Le jardin, et cabinet poetique* (1609).

Des simples estrangers eust deffilé nos yeux,
Eust d'un fecond amas des beautez de ce monde
Faict voir qu'il n'y a rien en l'air, feu, terre, & l'onde,
De plus rare & plus beau que les varietez,
Des simples eu l'on void venir de tous costés;[47]

47 Contant 1609, S. 36 („Wir haben fremde Pflanzen gesehen / Und die große Zahl der Schönheiten dieser Welt / Zeigt, dass es unter dem Himmelszelt [hier werden die vier Elemente Luft, Feuer, Erde und Wasser aufgezählt] / Nichts Selteneres und Schöneres gibt / Als all die Pflanzen, die man von überall kommen sieht.").

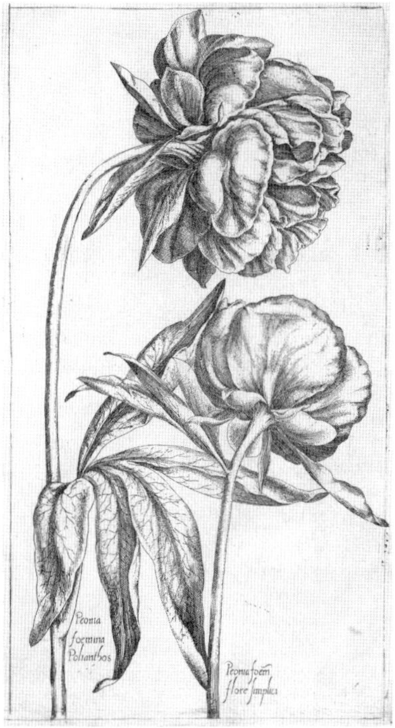

51

Peonia foemina Polianthos, in: Pierre Vallet: *Le jardin du Roy tres Chrestien Henry IV* (1608).

Excusant au parsus ma Muse qui n'aspire
A autre but sinon qu'à chanter & descrire
Les fleurs de mon Iardin, & de mon Cabinet
Les plus rares beautez que mon travail y met.[48]

Pinis Blumentafeln mögen sich tatsächlich an Contants Werk und dem darin enthaltenen Stich orientiert haben, wobei der Maler der Aufstellung des französischen Sammlers weitere Spezies hinzufügte. Zwei eigenhändige Kopien der Gemälde Pinis in der *Oak Spring Garden Library* in Upperville lassen vermuten, dass vielleicht noch weitere Kopien der Werke existierten, die als ‚gemalte Kataloge' weite Verbreitung fanden.[49]

Weite Verbreitung fanden in jedem Fall die zahlreichen zu Beginn des 17. Jahrhunderts publizierten Florilegien, die der Popularität der schönen und kostbaren Pflanzen

48 Contant 1609, S. 40 („Überdies möchte ich meine Muse verteidigen, / Die nichts anderes will, als all das zu besingen und zu beschreiben, / Was an Blumen in meinem Garten und in meiner Sammlung ist / Und mich an seltensten Schönheiten bei meiner Arbeit umgibt.").

49 Vgl. Tongiorgi Tomasi 1997, S. 63–66.

Rechnung trugen und schnell besondere Bedeutung als Vorlagenwerke für bildende Künstler erlangen sollten. Die aufwendig gearbeiteten Bücher richteten sich dabei nicht ausschließlich an Künstler, sondern in erster Linie an Gartenliebhaber und wohlhabende Sammler, konnten also zugleich als Sammlungs- und Handelskataloge dienen. Einige bedeutende Florilegien aus der Zeit um 1610 sind Pierre Vallets *Jardin du Roy tres Chrestien Henry IV* (Paris 1608), Theodor de Brys *Florilegium novum* (Oppenheim 1611/12), Emanuel Sweerts' *Florilegium amplissimum et selectissimum* (Frankfurt am Main 1612), Basilius Beslers *Hortus Eystettensis* (Eichstätt/Nürnberg 1613) und Crispijn van de Passes *Hortus floridus* (Arnheim 1614).[50] All diese Werke existieren in mehreren, teilweise erweiterten Auflagen. Die enthaltenen Stiche wurden vielfach rezipiert, wobei sie nicht zuletzt auch untereinander als Vorlagen dienten. Als Beispiel sei die „Peonia foemina Polianthos" Pierre Vallets erwähnt, die auch für Contant und Pini eine Rolle gespielt haben muss (Abb. 51). Die volle Blüte ist zur Seite geneigt und ihre Farbe wird von Vallet als „d'un bon rouge rose" beschrieben.[51] Vallets Pfingstrose kehrt in einem Werk des französischen Kupferstechers Nicolas Cochin von 1645 wieder, das sich mit dem Titel *Livre nouveau des fleurs tres util pour l'art d'orfevrerie, et autres* direkt an bildende Künstler und Kunsthandwerker wendet.[52]

3.2.2 Vorläufer II: Einblattdrucke und Kuriositätensammlungen

Die Beobachtungen rund um Gerolamo Pinis Blumentafeln und die Florilegien des 17. Jahrhunderts verdeutlichen, wie botanische Motive fixiert und übermittelt, rezipiert und interpretiert wurden. Wieder spielt nicht nur das Bild, sondern auch der Text eine Rolle, der gerade für den Künstler vor allem dann von Bedeutung ist, wenn weiterführende visuelle Eigenschaften wie Farbe oder Textur der Pflanzen beschrieben werden. Bartolomeo Bimbi schuf Zeit seines Lebens auch einen großen Korpus ‚traditioneller' Früchte- und Blumenstillleben, bei deren Ausführung er sich unter anderem an entsprechenden Vorlagenbüchern orientiert haben mag. Eigene Skizzen und Zeichnungen sowie eine wiederholte direkte Anschauung angesichts der zahlreichen ‚Portrait-Aufträge' für die Sammlungen der Medici werden den Motivschatz des Künstlers enorm bereichert haben.[53] Gerade für die Sujets der Gemälde von la Topaia ist nicht von der Arbeit mit Vor-

50 Zu den Florilegien der ersten Hälfte des 17. Jahrhunderts vgl. Tongiorgi Tomasi 1997, Kapitel 2, bes. S. 38–63.

51 Vallet 1623, S. 9. Andere Darstellungen findet man dagegen etwa bei Sweerts 1647, S. 64 („Poenia multiplex sanguinea") und van de Passe 1614, *Aestas horti floridi*, fol. 1 („Paeonia faemina maxima").

52 Zu Cochins *Livre nouveau des fleurs* vgl. Florenz 1990, S. 76f. sowie die Tafeln 42–47. Neben Vallets *Jardin du Roy* greift Cochin auf Daniel Rabels *Theatrum Florae* (Paris 1624) zurück. Als ‚Vorgänger' Nicolas Roberts hatte Rabel seinerzeit die ersten *vélins* für Gaston d'Orléans angefertigt.

53 So kehrt etwa das Motiv der bemerkenswerten Jasminblüte in Vorder- und Rückansicht (Abb. 20) in zwei anderen Gemälden Bimbis wieder (Meloni Trkulja/Tongiorgi Tomasi 1998, S. 92, 105), was auf eine entsprechende Skizze oder eigens angefertigte Vorlagenzeichnung schließen lassen könnte.

lagenbüchern auszugehen, da hier in der Regel einzelne bemerkenswerte Exemplare portraitiert wurden oder eine solche Vielzahl unterschiedlicher Varietäten einer bestimmten Art wiederzugeben war, dass eine direkte Anschauung wenn überhaupt nur durch relativ spezialisierte Vorlagen ersetzt oder ergänzt werden konnte. So ist etwa anzumerken, dass die bekannten Stiche aus Giovan Battista Ferraris *Hesperides* (Rom 1646) nicht als Muster für Bimbis Zitrusfrüchte zu identifizieren sind und sich auch sonst keine direkten Vorlagen für die Früchte und Blumen von la Topaia ausmachen lassen.[54] Auch wenn Inhalte, Konzepte und Kompositionsschemata der Werke auf gewisse Traditionen rekurrieren, kann man wohl mit Recht von ‚botanischen Portraits' sprechen. Die Auseinandersetzung mit der Vorlagenfrage und der Blick auf weitere, auf den ersten Blick ganz verschiedenartige Bild-Text-Ensembles (einzelne Gemälde, naturhistorische Publikationen, Florilegien etc.) zeigen jedoch vielfältige Zusammenhänge auf. Die künstlerische Beschäftigung mit der Natur (somit auch die Entwicklung der Gattung des Stilllebens im 17. Jahrhundert) ist in enger Verbindung mit naturalistisch orientiertem Sammeln in Kabinett und Garten sowie Interessen und Tendenzen innerhalb der sich allmählich spezialisierenden Naturforschung zu sehen.

Bimbis botanische Gemälde für Großherzog Cosimo III. fügen sich wie einzelne Puzzleteile in die beschriebenen Gegebenheiten ein. Wissenschafts-, Kunst- und Kulturgeschichte bilden einen passgenauen Rahmen. Die Erweiterung der Kenntnisse und die Dokumentation botanischer Artenvielfalt erfreuten sich ungebrochenen Interesses. Die Gattung des Stilllebens hatte sich über einen langen Zeitraum hinweg etabliert und verschiedene Ausprägungen entwickelt. Sammlungen wurden neu strukturiert und in zunehmendem Maße spezialisiert.[55] Doch gerade angesichts eines großen Teils der Gemälde Bimbis lässt sich nicht ohne weiteres von einem Ende der kunst- und wunderkammerhaften Freude am Kuriosen, Wundersamen und Monströsen sprechen. Riesige Kürbisse, enorm ertragreiche Getreidepflanzen, ungewöhnlich geformte Zitrusfrüchte und erst recht die zweiköpfigen Kälber und Lämmer, die Bimbi für die Sammlung der Villa dell'Ambrogiana malte, gehörten eher der Welt bemerkenswerter Kuriositäten als pre-linnéanischer Reihung und Ordnung an. Soweit es die zeitgenössischen Präparationstechniken zuließen, gehörten solche Objekte zu den typischen Bestandteilen frühneuzeitlicher Kunst- und Wunderkammern. Bemerkenswerte Dinge und Erscheinungsformen der Natur bzw. der Schöpfung Gottes erfuhren ab dem 16. Jahrhundert durch Chroniken, Einblattdrucke und dergleichen zudem eine gesteigerte bildliche wie textliche Dokumentation, Verbreitung und Interpretation. Die Zirkulation solcher Informationen, seien sie nun erfunden oder wahr, appellierte nicht nur an die Zeichengläubigkeit und Dämonen-

54 Es scheint, als wären in eher umgekehrter Weise die Gemälde Bimbis zu Vorlagen geworden, wie etwa anhand des Jasminbeispiels (s. S. 49–51 sowie Kapitel 3.2.6) oder der Tuschezeichnungen und Listen Michelis (s. S. 25 sowie Anm. 3.147) deutlich wird.

55 Zur Neuformierung und Spezialisierung von Kunst- und Naturaliensammlungen unter Cosimo III. vgl. Rudolph 1973, Tosi 1993.

furcht weiter Teile der Bevölkerung, sondern bediente auch die allgemeine Neugier und Lust am Sonderbaren. So äußerte bereits Aby Warburg über Albrecht Dürers Kupferstich einer seltsamen achtfüßigen Sau: „Das naturwissenschaftliche Interesse an der Erscheinung führt den Stichel [...]", wenn er Dürers Graphik mit deren Vorlage, einem Flugblatt des Humanisten Sebastian Brant aus dem Jahre 1496 vergleicht, der das Tier nach Art einer traditionellen Prophezeiung in den Dienst Kaiser Maximilians stellt.[56] Lorraine Daston und Katharine Park liefern in ihrer *case study* zahlreiche Beispiele für sowohl Grauen als auch Vergnügen erregende Monstren.[57] Die gleichen oder ähnliche Beispiele und Bilder tauchen oft in unterschiedlichen Medien und mit verschiedenen Konnotationen behaftet auf. Neben überlieferten Traditionen waren es nicht selten die politischen und religiös-kulturellen Gegebenheiten, die ein Monstrum zum Unglück bringenden Dämon oder zu einer skurrilen Laune der Natur werden ließen.[58] Populäre, weil portable Medien waren vor allem Chroniken und Flugblätter, die gerade im 16. und 17. Jahrhundert in großer Zahl gedruckt wurden. Am Beispiel des *Theatrum Europaeum* (Frankfurt am Main 1633–1738) stellt Helmar Schramm die bildhafte Sprache und Objektbezogenheit jener *Ausführlichen und Warhafftigen Beschreibung aller und jeder denckwürdiger Geschichten* heraus. Einer Art literarischen Kunst- und Wunderkammer gleich werden bemerkenswerte Dinge und Ereignisse dokumentiert und beschrieben – vordergründig in Text- jedoch auch in Bildform, die sich wiederum auf sinnige Art und Weise durchmischen und gegenseitig ergänzen.[59] Besonders weite und schnelle Verbreitung fanden entsprechende Berichte und Bildmotive durch die erwähnten Einblattdrucke. Das zeitgenössische Interesse an Außergewöhnlichkeiten aller Art kommt sozusagen als flächendeckendes Phänomen daher und die kulturhistorischen Voraussetzungen für eine Sammlung wie die der Gemälde Bartolomeo Bimbis für Cosimo III. de' Medici liegen auf der Hand.[60] Jenes Interesse an der Dokumentation von Vielfalt und Besonderheit wurde bereits von Francesco Saverio Baldinucci herausgestellt. Wenn Hans Hubert den Holzschnitt mit der Darstellung eines üppigen Weizenstocks von 1563 (Taf. XIII) oder den Stich eines zweiköpfigen Kalbs von 1696 aus der Erlanger Universitätsbibliothek zu Vergleichszwecken heranzieht,[61] ge-

56 Warburg (1920) 1979, S. 255 und die entsprechenden Abbildungen, S. 251f.; vgl. hierzu auch Gombrich 1981, S. 287–289 sowie zu Brants Flugblatt und dessen Deutung Wuttke 1994.

57 Vgl. Daston/Park 1998, S. 173–214.

58 Daston/Park 1998, S. 191.

59 Zum *Theatrum Europaeum* als Kunstkammer vgl. Schramm 2003a, S. 24–27. Den größten Teil des Inhalts nehmen jedoch (oftmals ebenfalls bebilderte) Berichte über Herrscher, Städte und Länder sowie historische Begebenheiten und Geschehnisse ein. Wundersame Erscheinungen aller Art, wie Missgeburten und Himmelszeichen, sind in diesen Kontext eingebettet. Einen Einblick in die inhaltliche Zusammensetzung und Vielfalt der Chronik liefert ebenfalls Schramm (mit angegebener Literatur), der eingangs erklärt, dass „das voluminöse Werk" darauf abziele, „den europäischen Raum zwischen 1618 und 1718 aus unterschiedlichen Perspektiven genau zu beobachten und zu verorten." Schramm 2003a, S. 13.

60 Zur sowohl geographische Räume als auch soziale Schichten übergreifenden Präsenz und Rezeption von Monstren, Naturwundern etc. äußern sich unter anderem Daston/Park 1998, S. 180f.

61 Hubert 2008, S. 215f., Erlangen 1999, S. 54f., 64f.

schieht dies nicht aus dem Versuch heraus, direkte Vorlagen zu benennen, sondern auf die Bedeutung und Verbreitung entsprechender Bild- (und Text-)Traditionen hinzuweisen, welche die Sammlung von la Topaia bei all ihrer Singularität besser verständlich machen. An dieser Stelle ist unbedingt auf Ingrid Fausts und Klaus Stopps Kataloge zoologischer bzw. botanischer Einblattdrucke und Flugschriften vor 1800 hinzuweisen, die einen überaus umfangreichen Korpus an entsprechenden Blättern (in erster Linie aus dem deutschsprachigen Raum) zugänglich machen.[62] Der größte Teil der botanischen Blätter ist Getreidepflanzen und Weinreben gewidmet, was nicht weiter verwundert, spielten jene in der Nahrungsmittelproduktion doch eine besondere Rolle. Das Erlanger Blatt mit der *Warhafften eigentlichen Abbildung des wunderbaren schönen Weitzenstocks von LXXII. halmen* von 1563 aus der Nähe von Straßburg wurde in einer deutschen sowie einer lateinischen Version gedruckt.[63] Die Beschreibung in Reimform klärt nicht nur über den Ort und die näheren Umstände des Wuchses der Pflanze und ihre genaue Beschaffenheit auf, sie vermittelt auch klare religiöse Botschaften: „Darneben ist sie auch ein lehr / Das sich der mensch zu Gott bekehr“. In einer unmittelbaren Nachzeichnung aus der Sammlung Leonhart Fuchs’ (gest. 1566) und einem Nachstich in Friedrich Wilhelm Schmucks drittem Band der *Fasciculi admirandorum naturae* (Straßburg 1682) tritt der beschreibende und moralisierende Text zurück und die bildliche Darstellung steht nahezu für sich.[64] Die tatsächliche Verbreitung der Blätter in deutscher und lateinischer Sprache kann schwerlich nachvollzogen werden, doch sprechen die Kopien Fuchs’ und Schmucks für sich und auch Johann Jacob Scheuchzer listet Thiebolt Bergers Druckschrift in seiner *Bibliotheca scriptorum historiae naturalis*.[65] Ähnlich wie bereits für die Florilegien des frühen 17. Jahrhunderts nachgezeichnet (s. Kapitel 3.2.1), deren Blumendarstellungen in anderen Druckwerken wie Sammlungskatalogen und Musterbüchern, in Stoffen, Gemälden etc. wiederzufinden sind, funktionierten jene Einblattdrucke bemerkenswerter Naturphänomene als ‚warburgsche Bilderfahrzeuge‘, indem sie Darstellungen und Vorstellungen jener Vorkommnisse verbreiteten und interpretierten. Für Bartolomeo Bimbis *stravaganti e bizzarri* mögen solche Druckerzeugnisse durchaus eine Rolle gespielt haben, wenn sie auch nicht als direkte Vorlagen dienten.[66] Bimbis Weizenstock (Taf. XIV) oder das Gemälde eines Kohls mit seltsamen Auswüchsen (Abb. 53) verraten die Nähe zu Blättern wie Bergers *Weitzenstock von LXXII. halmen* oder einer entsprechenden Kohlpflanze aus dem Jahre 1553 (Abb. 52). Auch der Nürnberger Druck liefert die religiös-moralische Botschaft gleich mit:

62 Faust 1998–2010, Stopp 2001.

63 Vgl. Stopp 2001, Bd. 1, S. 16–19.

64 Vgl. Stopp 2001, Bd. 1, S. 16 (und die entsprechenden Abbildungen, S. 18).

65 Scheuchzer 1751, S. 71f.

66 Gleiches gilt für Stiche in Publikationen wie Aldrovandis *Monstrorum historia* (Bologna 1642) und *Dendrologiae* (Bologna 1668) oder Ferraris *De florum cultura* (Rom 1633) und *Hesperides* (Rom 1646) sowie für Zeichnungen wie die Aquarelle Jacopo Ligozzis oder Giovanna Garzonis, die allesamt nicht als Vorlagen für Bimbis Gemälde zu identifizieren sind.

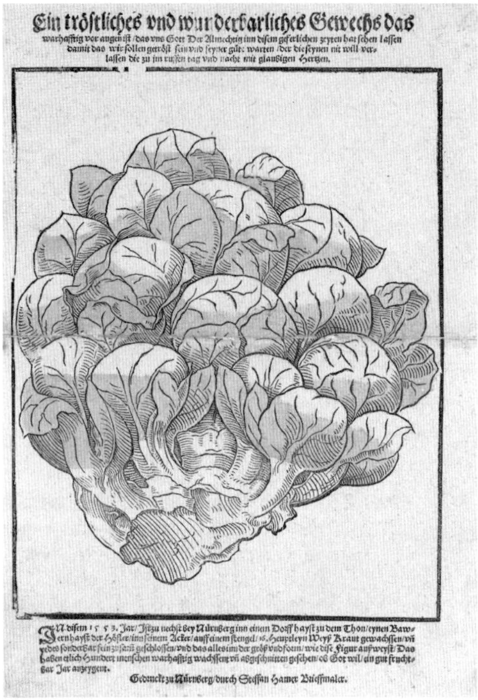

52

Ein tröstliches und wunderbarliches Gewechs [...] (Kohl mit seltsamen Auswüchsen), Nürnberg 1553, Zürich, Zentralbibliothek, Wickiana.

> Ein tröstliches und wunderbarliches Gewechs das warhafftig vor augen ist / das uns Gott Der Allmechtig inn disem geferlichen zeyten hat sehen lassen damit das wir sollen getröst sein und seyner güte warten / der die seynen nit will verlassen die zu jm ruffen tag und nacht mit glaubigen Hertzen.[67]

Bimbis Gemäldeinschriften verzichten auf solch explizite Aussagen. Rein formal setzt sich der Maler auf deskriptive Art und Weise mit dem Naturphänomen auseinander.[68] Ähnliche Interessen verfolgten Gelehrte der Naturgeschichte wie Leonhart Fuchs oder Ulisse Aldrovandi bereits im 16. Jahrhundert, wenn sie Flugschriften oder Chroniken als Quelle nutzten, dabei aber eher auf eine Dokumentation und Analyse des Naturwunders an sich als auf eine metaphorische Interpretation desselben abzielten. So finden sich bei Aldrovandi etwa Berichte über besonders ertragreiche Getreidepflanzen, ein Verweis auf

67 Stopp 2001, Bd. 2, S. 58f.

68 Für die Sammlung von la Topaia ist eher davon auszugehen, dass gewisse Rahmenbedingungen, vor allem die Reliquien und die weithin sichtbare Statue des heiligen Fiacre, Paolo Segneris Schriften und Cosimos ausgeprägte Spiritualität selbst eine religiöse Bedeutungsebene schufen (s. S. 18–21, 36–39).

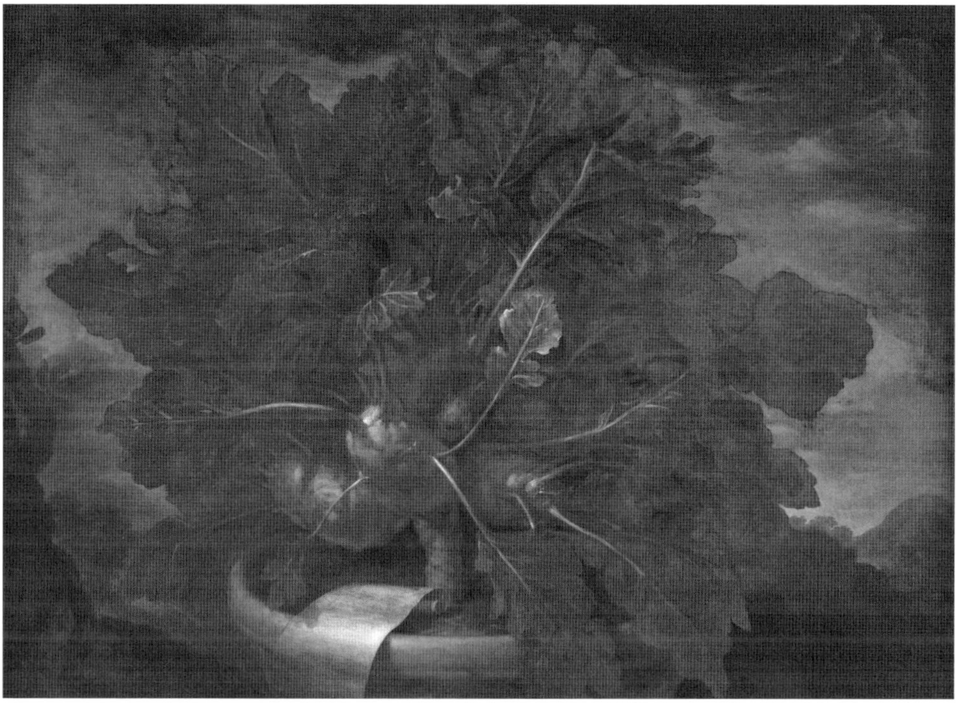

53 Bartolomeo Bimbi: Kohl mit seltsamen Auswüchsen, 1707, 87 × 116 cm, Florenz, Museo di Storia Naturale, Sezione Botanica.

die zuvor erwähnte Kohlpflanze aus Thon bei Nürnberg von 1553 oder eine seltsame bärtige Traube („uvas longis barbis"), die 1541 in der Nähe von Landau in der Pfalz gewachsen war (Abb. 54, 55).[69] Auf entsprechenden Flugblättern (Abb. 56) wurden die *wunderbarlichen Weintrauben mit Haren oder langen Bärten* häufig mit der Warnung vor übermäßigem Weingenuss verknüpft: „Es ist nicht die Natur fürwar / Das auf dem Wein solt wachsen Har [...] Das im ein Trunckner gar nicht acht / Sein grossen Namen ehr und pracht."[70] Die stets wiederkehrenden unmittelbar moralisierenden Botschaften sind dabei als Charak-

69 Vgl. Aldrovandi 1642, S. 666. Es ist hinzuzufügen, dass sich Aldrovandi nicht unbedingt direkt auf entsprechende Flugschriften bezog, sondern in erster Linie auf Conrad Lycosthenes' (Conrad Wolffharts) *Prodigiorum ac ostentorum chronicon*, Basel 1557; zu Lycosthenes' Werk vgl. Schenda 1961, Sp. 649–652. Durch Lycosthenes war Aldrovandi auch über die *Wundersau von Landser* unterrichtet (s. S. 138); vgl. Aldrovandi 1642, S. 615 („[...] Porcus bicorpor unico praeditus capite, natus anno salutis post millesimum, & quadringentesimum nonagesimo sexto [...] in [...] Lanser, ut recitat Licosthenes. [...] ut in icone II. conspicitur.") und 617 (Holzschnitt „II. Sus geminus unico capite").

70 Stopp 2001, Bd. 1, S. 252f.

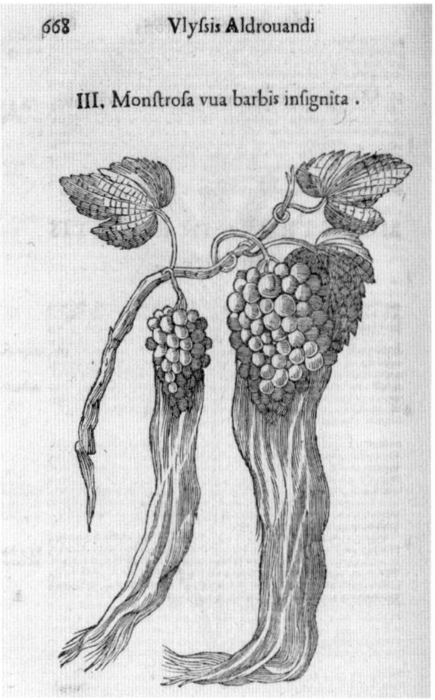

54 *Monstrosa Uva barbis insignita*, in: Ulisse Aldrovandi: *Monstrorum historia* (1642), S. 668.

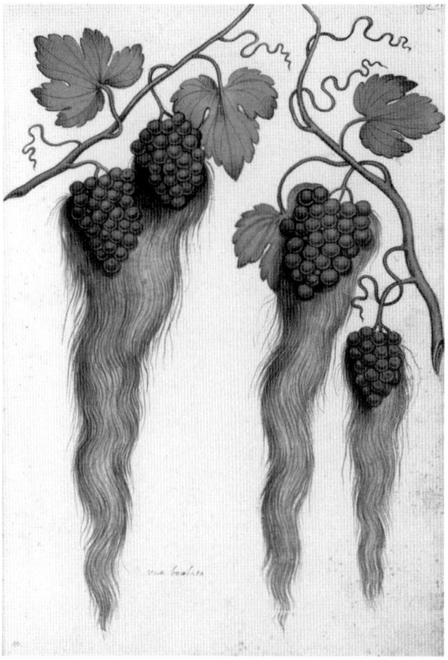

55 *Uva barbata*, in: Ulisse Aldrovandi: *Hortus Pictus*, vol. 9, c. 341, Bologna, Biblioteca Universitaria.

teristikum der Flugblattliteratur zu bewerten. Eine Erklärung hierfür lag nicht zuletzt in der Adressierung jener Druckerzeugnisse an möglichst weite Kreise der Bevölkerung, für die Zeichengläubigkeit und ein emblemhaftes Bild-/Textverständnis an der Tagesordnung waren, wobei auch zeitgenössische spirituell-gelehrte Diskurse eine Rolle spielten. Naturhistorisch relevante Informationen wurden auf diesem Wege mitvermittelt, standen aber nicht primär im Zentrum des allgemeinen Interesses.[71]

Die vorangegangenen Ausführungen sollen nicht darüber hinwegtäuschen, dass Chroniken und Flugschriften nur Teil eines Traditionsstrangs waren, der die Sammlung von la Topaia einzuordnen und zu verstehen hilft. Vielfalt und Seltenes waren auch Thema der zeitgenössischen naturhistorischen und gartenbaurelevanten Literatur. So birgt Aldrovandis Zeichnungssammlung eine Vielzahl farbiger Früchtedarstellungen (Abb. 57), die als Holzschnitte oft Eingang in seine (wie die *Monstrorum historia*) posthum veröffent-

71 Zur allgemeinen Funktion und Rezeption von Einblattdrucken vgl. etwa Christina Hofmann-Randalls Einleitungstext in Erlangen 1999; zur Bedeutung solcher Druckerzeugnisse in religiös-gelehrten Kreisen (am Beispiel der Sammlung Wick in Zürich) vgl. ausführlich Mauelshagen 2011; darüber hinaus sei noch einmal auf die Studien von Warburg 1920 (1979) und Daston/Park 1998 verwiesen.

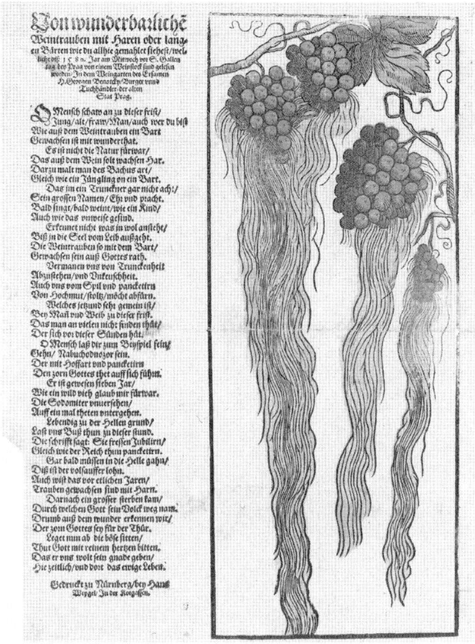

56 *Von wunderbarliche: Weintrauben mit Haren [...]*, Nürnberg 1580, Zürich, Zentralbibliothek.

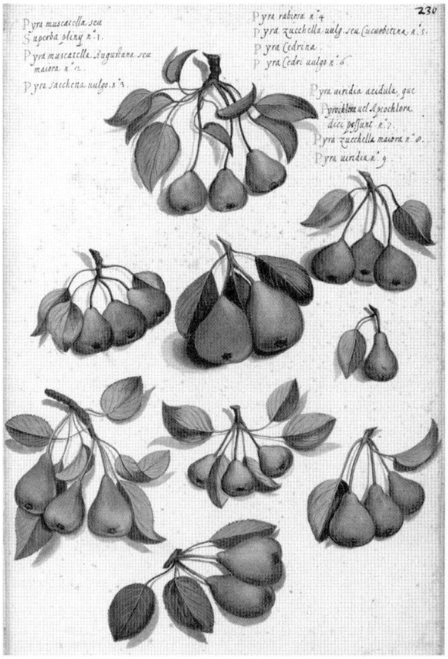

57 Birnen, in: Ulisse Aldrovandi: *Hortus Pictus*, vol. 10, c. 230, Bologna, Biblioteca Universitaria.

lichte *Dendrologiae* (Bologna 1668) fanden.[72] Auch Cassiano dal Pozzos *Museo Cartaceo* entsprang dem Bedürfnis einer visuellen Dokumentation der natürlichen Vielfalt sowie ihrer Besonderheiten und lieferte unter anderem die zeichnerischen Vorlagen für die Stiche von Zitrusfrüchten in Ferraris *Hesperides* (Rom 1646).[73] Einmal mehr wird hier die Bedeutung von Bildern als Vorlagenmaterial und die Möglichkeit ihrer Verknüpfung mit Text unterstrichen. Die Überführung der Zeichnungen in das gedruckte Medium ermöglichte eine andauernde Rezeption der Bilder (und Texte). So wurde Aldrovandis *Dendrologiae* gerade für das Studium der Pomologie zu einem wichtigen Referenzwerk, wie etwa Michelis Handschriften verraten (s. S. 156f.). Dort findet sich zudem eine ganze Reihe farbiger Zeichnungen nach Ferraris *Hesperides* sowie anderen zeitgenössischen Publikationen über Zitrusfrüchte, in denen man sich wiederum gerne an Ferraris Stichen orientierte, sofern nicht neue Varietäten dargestellt wurden.[74] Wie bereits dargelegt listete

72 Vgl. hierzu Baldini 1990.

73 Zu dal Pozzo und seinem *Museo Cartaceo* s. Anm. 3.4; zu den Zeichnungen von Zitrusfrüchten und deren Verwendung in Ferraris Publikation vgl. Freedberg/Baldini 1997.

74 Die Quellenfrage für die Zeichnungen in Michelis Handschriften ist durchaus interessant und nicht weniger komplex. Im Falle der Zitrusfrüchte richtete sich der Zeichner neben Stichen bekannter Publi-

und zeichnete Micheli auch die von Bimbi auf den vier großen Tafeln für la Topaia gemalten Zitrusfrüchte (s. S. 25), was die Kunstwerke als botanische Dokumentationsobjekte erscheinen lässt und diese erneut in einen erweiterten Kontext botanischen und (horti) kulturellen Interesses stellt.

3.2.3 Vorläufer III: die *Bizzarria* und Lorenzo Magalottis *Fiori e Frutte fuori d'ordine*

Als Abschluss der Gedanken über Vorlagen, Vorbilder und Voraussetzungen der Gemäldesammlung von la Topaia sei die Aufmerksamkeit auf zwei toskanische Beispiele gelenkt: die so genannte *Bizzarria*, eine merkwürdige Orangen-Zitronat-Mischform aus den 1640er Jahren, die seither immer wieder Anlass für verschiedene Formen der bildlichen und textlichen Auseinandersetzung bot,[75] und die Sammlung einiger „ritratti di fiori e di frutte fuori d'ordine" des großherzoglichen Diplomaten und Sekretärs der *Accademia del Cimento* Lorenzo Magalotti (1637–1712).[76]

Etwa 30 Jahre nachdem die seltsame Zitrusfrucht im Garten der Florentiner Familie Panciatichi gewachsen war, veröffentlichte der Mediziner und Botaniker Pietro Nati die *Florentina phytologica observatio de malo-limonia citrata-aurantia, vulgo la Bizzarria* (Florenz 1674). Im Widmungstext an *D. Lorenzo Panciatichi, Canonico Fiorentino* erklärt Nati seine Absicht, über Geschichte und Entstehungsumstände jenes wunderlichen Gewächses zu berichten, das nunmehr durch die Technik des Veredelns weit über die Grenzen der Toskana verbreitet sei.[77] Die ausführliche Beschreibung und Analyse wird durch einen Kupferstich komplettiert (Abb. 58), den Nati im Text quasi für sich selbst sprechen lässt:

> Ma che dire di più, se il Signor Baldassare Franceschini di Volterra, maestro di ogni genere di pittura in questo secolo, mi disegnò uno di questi pomi di forma più perfetta, intero e diviso per metà? Ed una volta disegnato, il signor Adriano Halluech, belga, incisore in rame lo riprodusse elegantemente col cesello meglio che colla penna?[78]

kationen (darunter Ferrari 1646 und Volkamer 1708) auch nach echten Früchten, die Micheli in Gärten und auf Märkten in und um Florenz fand oder die ihm überbracht wurden (Taf. II).

75 Vgl. vor allem Nati/Ragionieri 1929.

76 Zu Magalottis Sammlung vgl. Tosi 1993, S. 385f.; Tongiorgi Tomasi/Tosi 2001, S. 61f.

77 „Il nuovo pomo aureo nato per la prima volta nello amenissimo giardino della tua magnifica villa suburbana, che una volta suscitò l'ammirazione di tutta Toscana e che ora più largamente propagato per mezzo dello innesto merita il plauso universale di quasi tutto il mondo, già da tempo o illustrissimo e reverendissimo uomo, richiedeva uno scrittore piacevole che rendesse pubblica la sua notizia-storica e le ignote cause della sua origine." Nati/Ragionieri 1929, S. 17.

78 Nati/Ragionieri 1929, S. 43, 45 („Doch was soll man weiter sagen, wo doch der Herr Baldassare Franceschini aus Volterra, ein Meister in jeder Gattung der Malerei dieses Jahrhunderts, mir eine dieser Früchte in vollendetster Form, als Ganzes und in der Mitte geteilt, gezeichnet hat? Und wo der Herr Adrian Hael-

Die bildliche Darstellung schmälert Natis langen und präzisen Text in keinster Weise, dennoch wird die Bedeutung und Beweiskraft des Bildes klar betont und aus dem Vorwort an den Leser geht hervor, dass Nati, ausgehend von verschiedenen Bildern unterschiedlicher Pflanzen, ursprünglich eine weitaus umfangreichere Publikation vorschwebte.[79] Es blieb seinerzeit bei der *Bizzarria*-Publikation, die sich eines erheblichen Nachklangs erfreute.[80] Ein entsprechender Eintrag in der dritten Ausgabe des *Vocabolario della Crusca* von 1691 lautet: „Bizzarría si chiama una sorta d'agrúme, che è insieme in parte cedrato, e in parte arancia, e dicesi tanto del frutto, che dell'albero, che lo produce."[81] Mit der Frucht selbst verbreitete sich auch die Bezeichnung *Bizzarria*. Vor 1674 findet sie sich etwa in den Aufzeichnungen Francesco Redis, der als Mitglied der *Accademia della Crusca* zudem einer der Belegsammler für die von einem auf drei Bände erweiterte dritte Ausgabe des Wörterbuchs war. In einem Brief an Leopoldo de' Medici aus dem Jahre 1665 beschreibt Redi ein Exemplar aus dem Garten von Castello:

> Questa era una bizzarria esternamente fatta a strisce o a fette alternative irregolarmente di cedrato e d'arancia. La tagliai pel mezzo, e cercando una cosa, ne trovai un'altra, la quale io la credo un puro scherzo della natura messa in ruzzo dal caso. Voglio dire, che in vece di tagliare un sol pomo mi avvidi di averne tagliati tre incastrati a capello uno dentro dell'altro. Il primo pomo [...][82]

wegh aus Belgien, ein Kupferstecher, diese, als sie gezeichnet war, auf elegante Weise mit dem Stichel gar besser als mit der Feder reproduziert hat?").

79 „Io avevo fatto proposito di passare in rassegna in una descrizione di osservazioni fitologiche, per ordine alfabetico dei nomi e con figure, le specie di piante di ogni genere da me trovate nei giardini di Firenze e per lungo tempo osservate quando le mie occupazioni me lo permettevano [...] Mentre lavoravo di mente su questa modesta opera e le mani si accordavano col cervello e metteva insieme molte figure incise in rame adatte a quest'opera, per la morte dello eccellentissimo uomo Tommaso Bellucci [...] piacque al Serenissimo Cosimo Gran Duca di Toscana [...] di affidarmi il carico dello insegnamento e di prepormi al giardino dei semplici [...] non poteva trovare alcun tempo per proseguire il lavoro cominciato e tanto meno lo avrei potuto condurre a termine." Nati/Ragionieri 1929, S. 19. Zu Nati, der *Bizzarria*-Publikation und dem darüber hinausgehenden Projekt sowie zu seiner Aktivität als Vorsteher des Pisaner Gartens vgl. auch Garbari 1991a, S. 58–62, Tongiorgi Tomasi 1991, S. 182f.

80 Im 18. Jahrhundert erinnert unter anderem Domenico Maria Manni in *De florentinis inventis commentarium* an die *Bizzarria* und Natis Schrift: Kapitel XVIII *Ubi primaeva germinatio Mali Limoniae Citratae aurantiae, quae vulgo la Bizzarria*; vgl. Manni 1731, S. 33f. Für das 19. Jahrhundert ist etwa auf Savi 1833, S. 343 sowie Targioni Tozzetti 1825, S. 63f. mit der entsprechenden Bildtafel und ders. 1853, S. 222f. hinzuweisen.

81 *Vocabolario degli Accademici della Crusca. III Edizione*, Florenz 1691, Bd. 2, S. 227 („Als *Bizzarria* wird eine Sorte von Zitrusfrüchten bezeichnet, die teilweise Zitronatzitrone und teilweise Orange ist; die Bezeichnung steht sowohl für die Frucht als auch für den Baum, der sie hervorbringt.").

82 Redi 1811, S. 324 („Dies war eine *Bizzarria*, die äußerlich unregelmäßig abwechselnde Streifen oder Stücke von Zitronatzitrone und Orange aufwies. Ich zerteilte sie in der Mitte und während ich eine Sache suchte, stieß ich auf eine andere, die ich für eine wahre, rein durch Zufall hervorgebrachte Spielerei der Natur halte. Ich möchte damit sagen, dass ich, anstatt eine einzelne Frucht zu zerteilen, drei zerteilte Früchte vorfand, die einander umschlossen hatten. Die erste Frucht [...]").

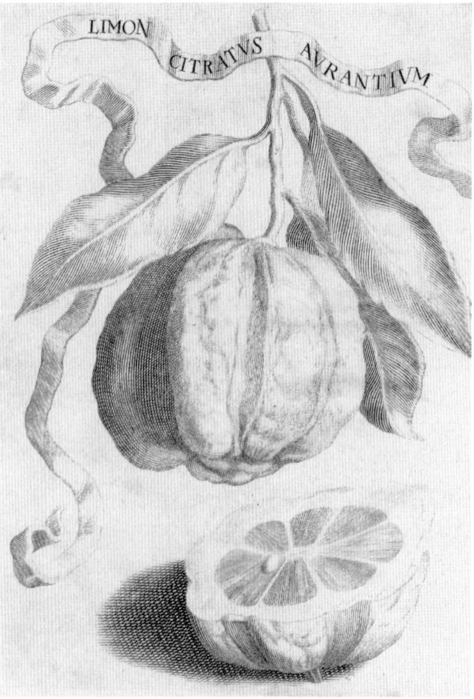

58 Adrian Haelwegh nach Baldassare Franceschini: *Limon citratus aurantium (Bizzarria)*, in: Pietro Nati: *Florentina phytologica observatio* (1674).

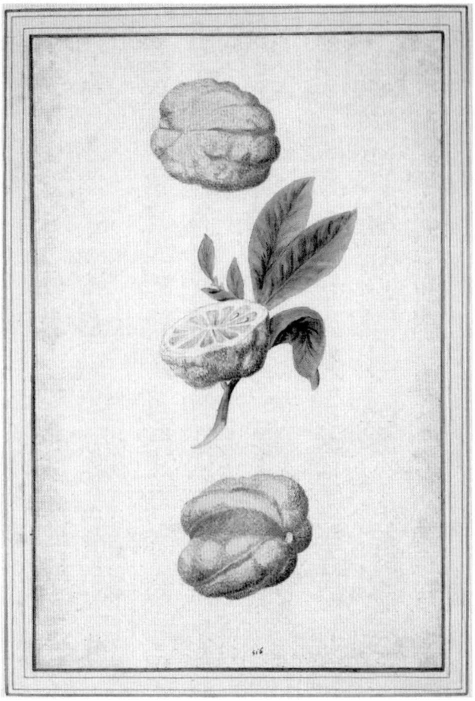

59 *Bizzarria*, Cassiano dal Pozzo, *Museo Cartaceo*, Windsor, RL 19366.

Es folgt die minutiöse und von Staunen begleitete Beschreibung der sezierten Frucht, die Redi folgendermaßen enden lässt:

> [...] questo è uno strano pomo. Che ne dice V.A.S.? Forse un fiore doppio ha partorito questo pomo? Ah che è più miglior consiglio il dire col sapientissimo Democrito, e replicarlo con Temistio, che in queste ed in infinite altre sue operazioni 'natura amat occultari'.[83]

83 Redi 1811, S. 325 („ [...] dies ist eine seltsame Frucht. Was meint Eure Hoheit dazu? Vielleicht hat eine doppelte Blüte diese Frucht hervorgebracht? Ach, wie könnte man es besser sagen, als mit den Worten des weisen Demokrit und der Antwort des Themistios, dass in dieser und unendlichen anderen Vorgängen die Natur beliebt verborgen zu werden.“). Den Brief zitiert auch der Florentiner Botaniker und Vorsteher des Pisaner Gartens Gaetano Savi (1769–1844) in seinen *Istituzioni botaniche* (Florenz 1833) auf S. 342, um das Phänomen der *Bizzarrie* zu erläutern. Jene Pflanzen entwickelten im Laufe ihres Lebens die verschiedensten Merkmale und besonders groß seien solche Unregelmäßigkeiten bei jenen seltsa-

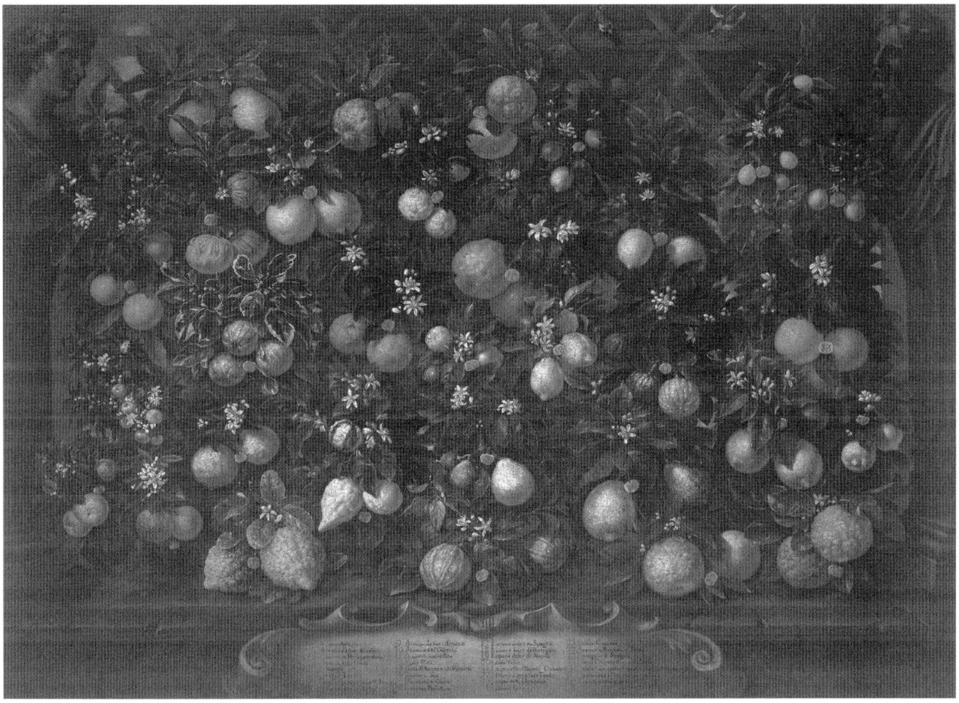

60 Bartolomeo Bimbi: Zitrusfrüchte, 1715, 174×233 cm, Poggio a Caiano, Museo della Natura Morta.

Neben dem von Redi verfolgten und gerade im höfisch-intellektuellen Diskurs fest verankerten Konzept der *meraviglia* springt die Visualität der Beschreibung ins Auge, die im Geiste leicht ein entsprechendes Bild zu evozieren vermag.

Um entsprechende Bilder ging es etwa in der Korrespondenz zwischen Cassiano dal Pozzo und Francesco Nardi, einem weiteren Florentiner Mediziner und Naturforscher. In einem Brief von 1652 bat dal Pozzo Nardi um eine Zeichnung der Früchte eines Baumes, der eine Art Mischung zwischen Orangen und Zitronaten bzw. beide Früchte zugleich produzierte. Jene sollte in dal Pozzos Band farbiger Zeichnungen von Zitrusfrüchten integriert werden.[84] Es liegt nahe, dass es sich bei diesen Exemplaren um *Bizzarrie* wie jene aus dem Garten der Panciatichi handelte, auch wenn deren Name nicht explizit genannt wird. Passende Zeichnungen finden sich außerdem in dal Pozzos *Museo Cartaceo* und

men Zitrusfrüchten, von denen die Bezeichnung schließlich auf andere Pflanzen übergegangen sei. Die *Bizzarria* der Panciatichi mag Savi zufolge das erste Exemplar gewesen sein, bei dem solche Merkmale unter Verwendung der entsprechenden Bezeichnung beobachtet und analysiert wurden; vgl. Savi 1833, S. 340–344.

84 Vgl. Freedberg 1997, S. 45.

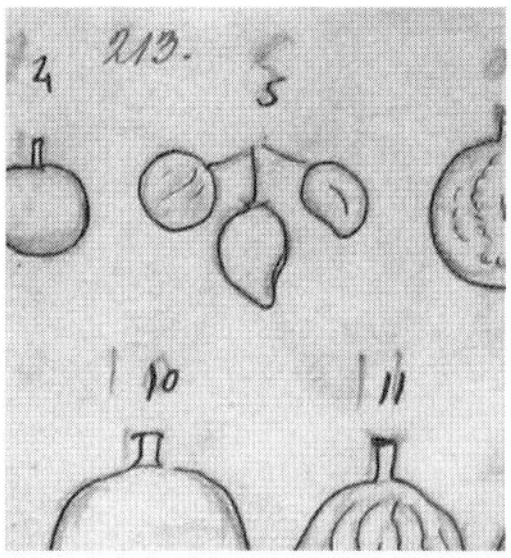

61

Bizzarria (Detail), *Lista di tutti gli Agrumi, che sono dipinti ne' quattro Quadri del Casino della Real Villa di Castello e della Topaia*, in: *Enumeratio quarundam Plantarum [...] tomus IX*, Florenz, Biblioteca Botanica dell'Università, ms. Micheli 48, c. 213r.

eine der beiden ähnelt sehr der Darstellung Volterranos bzw. Haelweghs (Abb. 59).[85] Jene am Beispiel der *Bizzarria* skizzierten Umstände sind ein weiteres Beispiel dafür, wie Bild und Text zusammenspielen und wandern, Traditionen begründen und Bezüge ermöglichen konnten. Natürlich verewigte auch Bartolomeo Bimbi die *Bizzarria* auf einer der vier großen Tafeln verschiedener Zitrusfrüchte (Abb. 60) – zu sehen im unteren Bereich der Tafel, etwas links der Mitte, oberhalb der Kartusche –, doch wählte er hier eine andere Form der Darstellung als seine Künstlerkollegen. An einem Zweig wachsen sowohl eine runde als auch eine unten spitz zulaufende Frucht. Ein Stück darüber scheint aus dem gleichen Zweig mit den rosaroten Blüten eine weitere, sehr kleine Frucht mit dunkelgrünen Streifen auf der hellgelben Oberfläche zu wachsen – dementsprechend fällt auch die Zeichnung Michelis aus (Abb. 61). Wenn Natis Schrift von 1674 für Bimbi eine Rolle spielte, so orientierte er sich nicht an Haelweghs Stich, sondern an Natis beschreibendem Text:

> [...] i frutti, la figura dei quali con costante triplice scherzo riproduce tre aspetti diversi in modo che uno si uniformi all'oro più ardente dell'Arancio, da un altro più pallido si rappresentato il Cedrato; l'ultimo più bello, mostri un pomo meravigliosamente fuso dei due; quindi troviamo in un solo albero una triplice differenza di pomi ed in un solo pomo due specie di frutti.[86]

Eine Art Vorbild für Cosimos Sammlung von la Topaia könnten diverse Gemälde aus dem Besitz Lorenzo Magalottis gewesen sein. Ein Brief Magalottis an Leone Strozzi vermittelt einen Eindruck der nur schwer zu rekonstruierenden Sammlung:

85 Vgl. Freedberg/Baldini 1997, S. 258–261.

86 Nati/Ragionieri 1929, S. 33 („[...] die Früchte bilden in fortwährendem dreifachen Spiel drei verschiedene Formen aus, deren eine dem glühenden Gold der Orange gleichkommt und deren andere in einem blasseren Farbton die Zitronatzitrone vertritt, während deren letzte und schönste eine Frucht zeigt, die auf wundersame Weise jene ersten beiden vereint; so finden wir an einem einzigen Baum drei verschiedene Früchte und in einer einzigen Frucht zwei verschiedene Arten.").

> […] nel rifrustare le mie Guardarobe, mi hanno dato negli occhi alcuni Ritratti di Fiori, e di Frutte fuori d'ordine: per esempio, un Giacinto di 136. Campanelle, che ebbe il Cardinal Gio. Carlo nel suo Giardino di Via della Scala ec.[87]

Auf das Portrait der Hyazinthe folgen:

> […] un garofano famoso nato in Fiandra della grandezza d'una peonia e di più fresco, un mogarino doppio stradoppio nato due anni sono nel giardino di Castello sopra 300 foglie, una albicocca nata quest'anno in quello della Vagaloggia di peso di cinque once e dieci danari, e per ultimo un gelsumino di Catalogna nato negli orti Magalottiani il mese passato di 17 foglie.[88]

Die kurzen Beschreibungen Magalottis lassen darauf schließen, dass die Werke den *stravaganti e bizzarri* Bartolomeo Bimbis durchaus ähnlich waren. Die Hyazinthe mit den 136 bzw. 135 Einzelblüten lässt sich mit der Beschreibung eines Gemäldes von Jacopo Giorgi, einem Schüler Cesare Dandinis, aus dem Jahr 1660 identifizieren, dass sich zunächst im Besitz Giovan Carlo de' Medicis befand und schließlich in die Sammlung Magalottis gelangte.[89] In Ermangelung konkreter vorhandener Werke, die Magalottis Auflistung entsprechen, lässt sich die tatsächliche Gestalt der Sammlung nur vermuten. Die Zugehörigkeit des *Cedro spongino* aus dem Umkreis Baccio del Biancos (Abb. 62) erscheint dabei durchaus naheliegend.[90] Ebenso liegt es nahe, davon auszugehen, dass die Auswahl besonders bemerkenswerter und kurioser Naturobjekte als Bildsujets schon unter Cosimos unmittelbaren Vorfahren gängige Praxis war. Vielleicht wurde diese Vorliebe gerade durch Cosimos Onkel Giovan Carlo vorangetrieben, demjenigen unter den Brüdern, der sich in besonderem Maße für Blumenmalerei und Gartenbau interessiert haben soll. Einen ersten (dokumentierten) Schwerpunkt mag diese Leidenschaft schließlich in der Sammlung Lorenzo Magalottis eingenommen haben, der sowohl mit

87 Targioni Tozzetti 1780, Bd. 3, S. 74 („[…] bei der Durchsicht meiner Kammern sind mir einige Portraits außergewöhnlicher Blumen und Früchte ins Auge gefallen, beispielsweise eine Hyazinthe mit 136 Glöckchen, die der Kardinal Giovan Carlo in seinem Garten in der via della Scala hatte, etc.").

88 *Lettere del conte Lorenzo Magalotti*, Florenz 1736, S. 117; zitiert nach Tosi 1993, S. 385f. („[…] eine gerühmte Nelke aus Flandern von der Größe einer Pfingstrose und von besonderer Frische, eine doppelte, ja gar mehrfach gedoppelte Sambacblüte, die vor etwa zwei Jahren im Garten von Castello gewachsen war, mit über 300 Blütenblättern, eine Aprikose von diesem Jahr aus dem Garten der Vagaloggia mit einem Gewicht von fünf Unzen und zehn *danari* [1 *danaro* entspricht dem 24. Teil einer Unze] sowie schließlich eine katalonische Jasminblüte vom vergangenen Monat aus den Gärten der Magalotti mit 17 Blütenblättern.").

89 Tongiorgi Tomasi/Tosi 2001, S. 61. Leider finden sich weder Hinweise auf die Herkunft des Zitats „[…] quadretto dove è dipinto un Diacinto di tre vedute di 135 Campanella in circa che dua in un vaso, et una che posa sopra un Tavolino coperto di velluto rosso […]" noch auf den Verbleib des Gemäldes.

90 Vgl. Tongiorgi Tomasi/Tosi 2001, S. 61f. Zu dem ehemals Bimbi zugeschriebenen Portrait des *Cedro spongino* vgl. Spinelli in Meloni Trkulja/Tongiorgi Tomasi 1998, S. 123.

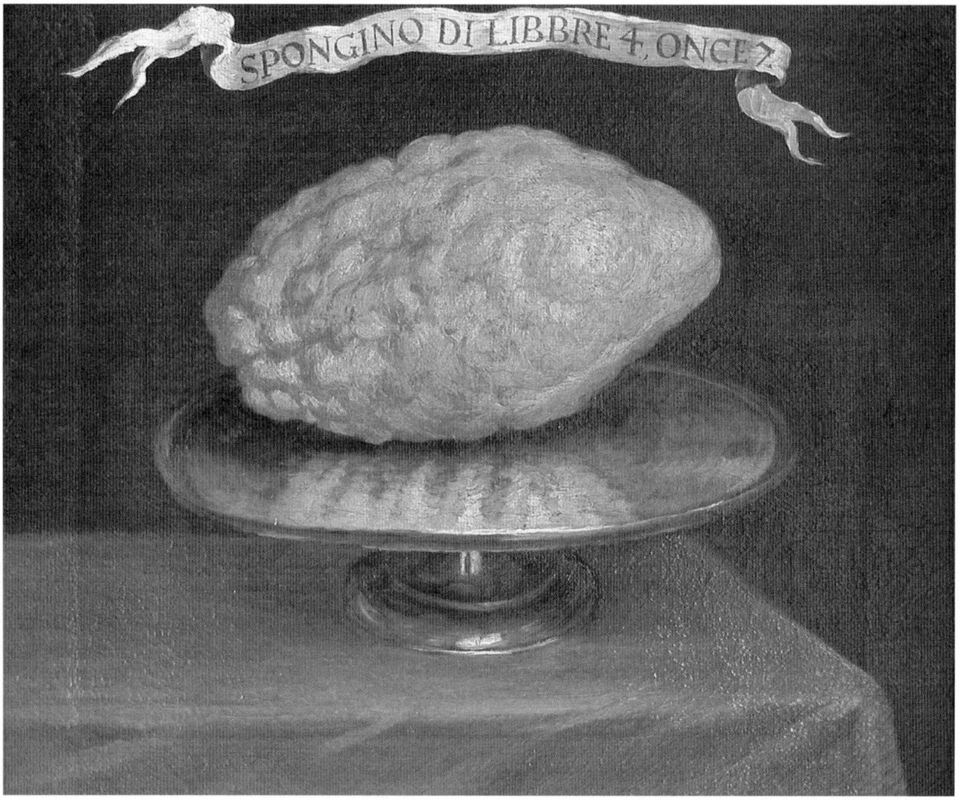

62 *Spongino di libbre 4. once 7.*, 43 × 38,5 cm, Florenz, Museo di Storia Naturale, Sezione Botanica.

Ferdinando II., Giovan Carlo und Leopoldo als auch mit Cosimo III. in Kontakt stand und eng mit deren Interessen vertraut war. Briefe wie derjenige Francesco Redis über die *Bizzarria* von Castello oder ein weiterer ebenfalls an Leopoldo de' Medici gerichteter Brief Magalottis „Sopra la meravigliosa stravaganza d'un Fiore"[91] bezeugen das durchgehend präsente Interesse an botanischen Kuriositäten im Umkreis des großherzoglichen Hofes von Florenz.

91 Magalotti 1756, S. 21–24 („Über die wundersame Außergewöhnlichkeit einer Blüte").

3.2.4 Sehen und Lesen: zur Rezeption der Werke Bimbis

Die vorangegangenen Auseinandersetzungen – von Alpers' und Swans Theorien und Thesen zur Naturdarstellung bis hin zu konkreten Beispielen wie Natis Schrift über die *Bizzarria* und Magalottis Sammlung bemerkenswerter botanischer Portraits – entwerfen ein vielschichtiges Bild von Grundlagen und Vorläufern der zahlreichen Gemälde Bartolomeo Bimbis für die Sammlung Cosimos III. im Casino della Topaia. Was Bimbis Werke von allem (bekannten) Vorausgegangenen abhebt, ist die besondere Fülle und ausgesuchte Pracht seiner Werke. Die Konzentration eines bestimmten Interesses an einem Ort, die gesteigerte Spezialisierung und Verdichtung der Sammlung und ihre Erweiterung durch entsprechende hortikulturelle und spirituelle Konnotationen zeugen von einer hohen, mit Wissen über die Pflanzenwelt aufgeladenen Repräsentativität. Auf die Bedeutung von Ort und Ortsbezogenheit der Sammlung wurde bereits eingegangen (s. Kapitel 2.1). An dieser Stelle sei auf die Gemälde von la Topaia an sich und die Frage nach Sichtweisen auf und Lesarten von Bild-Text-Ensembles dieser Art zurückgekommen.

Mit Pier Antonio Micheli ist ein einziger zeitgenössischer Rezipient der botanischen Gemälde Bartolomeo Bimbis greifbar. Die Zeichnungen und Listen Michelis legen zudem davon Zeugnis ab, dass der Botaniker die vier großen Tafeln 116 verschiedener Zitrusfrüchte nicht nur ‚gesehen', sondern auch ‚gelesen' hatte. Auch Francesco Saverio Baldinuccis ‚konstruierte' Betrachter – die *dillettanti*, *professori*, *nazionali* und *forestieri*, die la Topaia besuchten – ‚sahen' und ‚lasen' Bimbis Werke (s. S. 25). Um solche von Künstlern, Theoretikern etc. ‚konstruierten' Betrachter geht es Bettina Gockel, die sich mit der Wandlung von Auffassungen eines aus der Ferne und aus der Nähe Betrachtens von Bildern im ausgehenden 18. Jahrhundert auseinandersetzt und damit zeitgenössische Wahrnehmungstheorien und die Leistungen des menschlichen Auges verknüpft.[92] Die Ausweitung einer die Materialität künstlerischer Arbeit offenbarenden ‚Nahsicht' von Künstlern und Kennern auf einen breiteren Rezipientenkreis vollziehe sich erst in der zweiten Hälfte des 18. Jahrhunderts. Der Wechsel zwischen Fern- und Nahsicht spielt dabei traditionell mit den Konzepten von Illusion und Desillusion. So vermag ein nahes Herantreten an ein Ölgemälde, eine Skulptur oder ein großflächiges Fresko den scheinhaften Charakter einer aus der Ferne ‚täuschend echt' anmutenden Komposition zu entlarven – ein visueller Prozess, der in der Kunsttheorie der frühen Neuzeit kaum als positiv zu bewerten war, wie Gockel mit einem Verweis auf Martin Warnkes *Nah und Fern zum Bilde* unterstreicht.[93] Hinterfragt man die Rezeptionsvorgaben für die botanischen Gemälde Bimbis für Cosimo III., so ist mit Sicherheit von einer intendierten Wechselwirkung zwischen Fern- und Nahsicht auszugehen. Wenn der *al vivo*-Effekt bei einer näheren Betrachtung der Werke auch an Wirkkraft verlor, so offenbarten sich den Besuchern von la Topaia hier erläu-

92 Vgl. Gockel 2001.
93 Gockel 2001, S. 200, Anm. 6; vgl. zudem Warnke 1997, S. 11–13.

ternde Texte, die in der Regel über jene Dinge informierten, die mit malerischen Mitteln nicht ohne weiteres dokumentiert werden konnten. Das Sehen und Lesen der Sammlung von la Topaia erforderte also unterschiedliche Betrachterperspektiven. Während das einzelne Gemälde in seinem primär bildhaften, jedoch auch dezidiert textuellen Charakter sowohl aus einer gewissen Distanz als auch aus der unmittelbaren Nähe zu erfahren war, erschloss sich die Ordnung der Sammlung erst durch den umherschweifenden Blick. Bild und Text eröffneten dem Betrachter zudem vielfältige Bezüge, die über die architektonischen Grenzen des Casino hinauswiesen und den Blick auf die umliegenden Gärten und Ländereien lenkten. Diese ‚Blickstationen' scheint auch Baldinucci in seiner Beschreibung von la Topaia abzuschreiten.[94] Von den umliegenden Weinbergen und Gärten kommt Bimbis Biograph auf die „quadri rappresentanti al vivo le stesse cose" zu sprechen, gefolgt von den „veri nomi [...] e iscrizioni" (s. S. 12, 23), um schließlich auf das Ordnungsprinzip der Sammlung hinzuweisen. Bezüge, die Baldinucci nicht herstellt, sind solche zu verwandten Medien wie ähnlichen Gemälden und Zeichnungen anderer Künstler oder ganzen Sammlungen sowie botanischen oder gartenbaurelevanten Schriften (etwa Ferraris *Hesperides* oder Natis *Bizzarria*). Ob solcherlei Bezugnahmen intendiert waren oder nicht, präsent waren sie den Besuchern von la Topaia ganz gewiss. Mediale Anknüpfungspunkte und Brückenschläge verschiedener Art führten bei den Rezipienten sicherlich zugleich zu einer besonderen Anerkennung der Sammlung von la Topaia. Eine in Intensitäts- und Spezialisierungsgrad vergleichbare Gemäldesammlung ist nicht bekannt. Die gemeinsame Aufbereitung botanischen Wissens und fürstlicher Repräsentation funktioniert auf verschiedenen Ebenen – so auch im Medium jedes einzelnen Gemäldes selbst, wo Bild und Text verschiedene Wahrnehmungsgewohnheiten ansprechen und unterschiedliche Bezugsmöglichkeiten eröffnen. Die Frage, wie nun genau Wissen durch Bild und Text erzeugt und vermittelt wurde, ist nicht einfach und vor allem nicht pauschal zu beantworten. Sie hing im wörtlichen wie im übertragenen Sinne vom Betrachterstandpunkt ab. Eine Auswahl an Antwortmöglichkeiten liefert neben Pier Antonio Micheli und Francesco Saverio Baldinucci auch Madeleine de Scudéry, die Nicasius Bernaerts' Tiergemälde im Versailler Ménageriepavillon als ‚Vorbereitung auf' bzw. ‚Erinnerung an' den tatsächlichen Blick auf die jeweiligen Tiere vom umlaufenden Balkon des Pavillongebäudes beschreibt (s. S. 92f.). Solche Aspekte des Vorbereitens und Erinnerns, des Vorwegnehmens und Zurückverweisens lassen nicht nur die Gemälde Bernaerts' oder Bimbis, sondern auch die Zeichnungen Ligozzis und Garzonis, Roberts und Aubriets, die Schriften Ferraris, Natis und vieler anderer zugleich zu weiterführenden Voraussetzungen sowie zu sich rückversichernden Ergebnissen botanischer Aktivität werden. Dies soll nicht bedeuten, dass jegliche medialen Unterschiede zu nivellieren seien oder dass der Arbeit des Künstlers der gleiche erkenntnistheoretische Wert wie der des Wissenschaftlers zukomme. Jedoch lagen die Bereiche Kunst und Wissenschaft in der frühen Neuzeit bekanntermaßen nahe

94 Vgl. Baldinucci 1725–30 (1975), S. 247.

beieinander. Diese Form der gegenseitigen Überschneidung und Durchdringung lässt sich an nahezu allen vorangehend angeführten Beispielen ablesen.

Während sich Micheli auf Bimbis Zitrusfrüchte bezieht, hält letzterer den Namen des Botanikers in der Inschrift eines Gemäldes mit zwei riesenhaften Exemplaren eines Blumenkohls und einer Rettichrübe fest (Taf. XV):

> [...] Il famoso Ramolaccio, fù prodotto in un podere del Signor Marchese Corsi alla Fonte all'Erta, lo portò a Sua Altezza Reale Pier Antonio Micheli Botanico della medesima Altezza Sua Reale [Cosimo Terzo], e pesava libbre otto, e un oncia; Seguì l'uno [questo smisurato Cavolo], e l'altro nel Mese di Dicembre. dell'Anno 1706.[95]

Ob sich Bimbi und Micheli persönlich kannten, ist nicht dokumentarisch belegt. Der Name des Künstlers taucht nicht in Michelis umfangreichen Handschriften auf und abgesehen von den Zeichnungen und Listen der 116 Zitrusfrüchte ist kein unmittelbarer Bezug Michelis zu Bimbis Werken bekannt. Auch Giovanni Targioni Tozzetti erwähnt den Maler oder dessen Werke nicht in der ausführlichen Biographie seines Lehrers. Ein direkter Austausch zwischen den beiden kann daher, wenn überhaupt, nur angenommen werden. Die Lektüre der pomologischen Listen und Beschreibungen Michelis eröffnet zahlreiche Parallelen zu Bimbis zwölf Tafeln der unterschiedlichsten Früchtevarietäten sowie zu einzelnen Früchteportraits. Wenn dies auch nicht von einer direkten Kooperation zeugen muss, so lässt es doch auf die gleichen Voraussetzungen und Interessen schließen, die zumindest ab 1706 in der gemeinsamen großherzoglichen Auftraggeberschaft zusammenliefen (s. Kapitel 4.1). Nicht zuletzt trägt der Blick auf Michelis Handschriften dazu bei, Bimbis Gemälde nochmals fester zu verorten und zu verstehen. Neben der *Lista di tutte le Frutte chè giorno per giorno dentro all'Anno sono poste alla mensa dell'A.R.e del Ser:mo Gran Duca di Firenze*, einer nach ihren Reifezeiten geordnete Liste unterschiedlichster Früchtevarietäten, sind dies einzelne Bände der *Enumeratio quarundam Plantarum sibi per Italiam et Germaniam observatarum iuxta Tournefortii methodum dispositarum*.[96]

95 Zitiert nach Poggio a Caiano 2008, S. 90 („[...] der gerühmte Rettich wuchs auf den Ländereien des Herrn Marchese Corsi an der *Fonte all'Erta*; er wurde Seiner Königlichen Hoheit von Pier Antonio Micheli, dem Botaniker jener Seiner Königlichen Hoheit, überbracht; er wog acht Pfund und eine Unze [2,745 Kilogramm]; das eine wie das andere Ereignis hatte sich im Dezember des Jahres 1706 zugetragen.").

96 BB Florenz, mss. Micheli 25 und 40–49; vgl. hierzu auch Ragazzini 1993, S. 39–41, 63–78, Nepi in Poggio a Caiano 2008, S. 116–121.

3.2.5 Birnen: Bimbis Gemälde und Michelis Handschriften

Sowohl in der *Lista di tutte le Frutte* als auch im zehnten Band der *Enumeratio quarundam Plantarum* machen die Birnen mit jeweils über 200 verschiedenen Sorten den größten Anteil an verzeichneten Früchtevarietäten aus. In der *Enumeratio* kommt außerdem ein Katalog insgesamt 128 gezeichneter Birnenvarietäten hinzu (Taf. XVI).

Auch in la Topaia schienen gerade die Birnen (neben den Zitrusfrüchten) eine besondere Rolle einzunehmen, was möglicherweise auf einen entsprechenden *Giardino de' Peri* direkt vor dem Casino schließen lässt. In der Sammlung zeugen drei Gemälde Bimbis von den Besonderheiten einiger Exemplare sowie dem beachtlichen Varietätenreichtum jener Art (Taf. III, XII, XVII). Die Darstellung des zugleich Blüten und Früchte tragenden Zweiges der Varietät *di Gerusalemme* wurde bereits beschrieben (s. S. 126f.). Zwei entsprechende Exemplare sind unter den Winterfrüchten auf der Tafel mit den 115 unterschiedlichen Varietäten ganz vorne rechts am Bildrand zu sehen, was dem Besucher der Sammlung eine Zuordnung des wesentlich später entstandenen Gemäldes des *Ramo di Pere* erlaubte. Schwieriger fällt die Identifizierung und Zuordnung der nicht bezeichneten Varietät auf einem dritten Gemälde Bimbis aus dem Jahre 1717 (Taf. XVII). Befestigt an einer Mauer sind zwei besonders ertragreiche Zweige mit grünen rundlichen Früchten und Blättern zu sehen. Ein Wiedehopf, ein blühender Mirabilisstrauch und der Ausblick in eine hügelige Landschaft komplettieren die Szenerie. Von besonderem Interesse sind jedoch die Darstellungen im Vordergrund. An Stelle einer Inschrift sieht man neben einer geöffneten und einer geschlossenen Mirabilisblüte einige längs und quer aufgeschnittene Birnen, die den Blick auf das Kerngehäuse und das rosarote Fruchtfleisch preisgeben. Eine ‚Nahsicht' erlaubt hier nicht die Lektüre eines Textes, sondern ein Studium des Innenlebens der portraitierten Varietät und möglicherweise (zumindest dem Kenner) eine davon ausgehende Identifizierung.

Eine ungleich einfachere Identifizierbarkeit der dargestellten Früchte ermöglicht Bimbis großformatige Tafel insgesamt 115 verschiedener Birnenvarietäten (Taf. III), die sich dem Betrachter meist paarweise und in sämtlichen Grün-, Gelb-, Rot- und Brauntönen leuchtend in sechs Anhäufungen auf einer steinernen Tischplatte präsentieren. Bekannte Motive wie das zurückgeschlagene Tischtuch, der angedeutete geraffte Vorhang, die Architekturkulisse mit Ausblick ins Freie, der den Blick auf Baumwipfel und einen Himmelsausschnitt lenkt, runden die Darstellung im Hintergrund ab. Denkbar wäre die Unterbringung von Tisch und Früchten in einer Art Loggia, die sich zu einem Gartenbereich hin öffnet und möglicherweise um einen Baukörper herumführt, was die Lichtquelle aus der linken hinteren Ecke erklären könnte, zumal auch die Wolken rechts oben im Bild von dieser Seite angestrahlt werden. Eine im Relief gearbeitete Skulptur im Hintergrund, deren Schultern und Kopf auf Grund des gewählten Bildausschnitts nicht zu sehen sind, könnte mit dem Blumen tragenden Putto als Beifigur eine der gängigen Personifikationen im Kontext von Landwirtschaft und Gartenbau darstellen, doch bleibt die Antwort auch hier ungewiss. Weniger Rätsel als die Licht- und Raumsituation werfen die unbestrittenen Protagonisten des Gemäldes auf: die Birnen. Wie unschwer zu erkennen ist, entsprechen die sechs Gruppen ihren jeweiligen Reifezeiten: Juni, Juli, August, September, Oktober und Winter. Monat bzw. Jahreszeit sind nicht nur auf der ausladenden, wohl nachträglich restaurierten Legende zu lesen, sondern auch unmittelbar bei der entsprechenden Gruppe von Früchten: auf beigegebenen Schildchen, Blättern, dem Flechtwerk eines Korbes oder direkt auf der Tischplatte unterhalb der Winterfrüchte. Zudem ist jede einzelne Varietät mit einer kleinen Nummer versehen, mit deren Hilfe die Zuordnung der entsprechenden Bezeichnung auf der Legende möglich ist. Wie sieben weitere Tafeln mit verschiedenen Früchtevarietäten gelangten die Birnen im Jahre 1700 nach la Topaia.[97] Die Einteilung der portraitierten Früchte nach Reifezeiten lässt an Michelis *Lista* denken, bei deren Zusammenstellung der Botaniker ganz ähnlichen Prinzipien wie zuvor Bimbi folgte. Stefania Ragazzini nimmt an, dass Micheli die *Lista* in jungen Jahren zusammenstellte, um sich am Hofe Cosimos III. einen Namen zu machen (s. S. 260f.).[98] So schreibt auch Giovanni Targioni Tozzetti:

> [Cosimo III.] gradì di conoscerlo [Micheli], e non solamente gli permesse che qualche volta fosse ammesso alla sua real presenza nel tempo del pranzo, ma l'onorò anche di discorrer sulla natura dell'erbe [...] Più che altro i discorsi del Granduca col Micheli erano sulle varie specie di frutte, delle quali esso principe era molto dilettante, perchè stategli lodate come un mezzo per viver lungamente sano [...] Da ciò prese occasione il Micheli di fare un catalogo delle più pregiabili specie o varietà di esse frutte, e delle viti forestiere che si coltivavano nelle Regie Possessioni e vigne, e lo intitolò: Lista di tutte le frutte, che giorno per giorno dentro all'anno, son poste alla mensa del serenissimo Granduca di Toscana; ma successivamente lo andò ampliando colla giunta di nuovi frutti, di uve, e di agrumi che gli riuscì osservare in altri poderi, orti e giardini di Firenze e del suo contado.[99]

97 Casciu 2008, S. 41.

98 Ragazzini 1993, S. 39f.

99 Targioni Tozzetti 1858, S. 39f. („Cosimo III. wünschte, Michelis Bekanntschaft zu machen und er erlaubte ihm nicht nur, ab und an an der großherzoglichen Tafel zugegen zu sein, er beehrte ihn auch damit, mit ihm über das Wesen der Kräuter zu diskutieren [...] Meistens ging es in den Gesprächen zwischen dem Großherzog und Micheli um die verschiedenen Früchtevarietäten, von denen der Fürst sehr eingenommen war, da sie ihm als Mittel für ein langes und gesundes Leben angepriesen wurden [...] Dies nahm Micheli zum Anlass, einen Katalog der vorzüglichsten Arten und Varietäten dieser fremden Früchte und Reben, die auf den fürstlichen Landgütern und Weinbergen kultiviert wurden, zu erstellen. Er nannte ihn: Liste all jener Früchte, die Tag für Tag im Jahr auf die Tafel des Großherzogs der Toskana gebracht werden. Nach und nach begann er, dem Katalog neue Obstvarietäten, Weintrauben und Zitrusfrüchte hinzuzufügen, die er auf anderen Landgütern und in anderen Gärten in Florenz und Umgebung fand.").

Targioni Tozzettis Beschreibung macht nochmals deutlich, dass Michelis Werk dem gleichen Impuls einer Katalogisierung toskanischer botanischer Vielfalt entsprang wie Bimbis Tafeln der Früchtevarietäten für la Topaia. Unter den Monaten Mai bis November/Winter sind die Varietäten sämtlicher Früchte subsumiert, die zu jenen Zeiten in den toskanischen Gärten bzw. auf der großherzoglichen Tafel zu finden waren. Eine der eigentlichen Liste vorangehende zweiseitige Inhaltsübersicht vermittelt einen Eindruck dieser pomologischen Fülle.[100] Abgesehen von den Birnen, die wie bei Bimbi auf sechs verschiedene Monate verteilt sind, findet man Aprikosen, Kastanien, Kirschen, Feigen, Erdbeeren, Mandeln, Äpfel, Mispeln, Nüsse, Pflaumen, Trauben und vieles mehr. Ob man nun von einem direkten Austausch zwischen dem Botaniker und dem Maler ausgehen kann, bleibt unklar. Konzentriert man sich wiederum auf den Fall der Birnen, fällt auf, dass Micheli nahezu all jene Varietäten, die auf Bimbis Gemälde zu identifizieren sind, mit der gleichen Bezeichnung und unter dem gleichen Monat verzeichnet. Micheli fügt seiner Aufstellung noch einmal fast genauso viele Birnenvarietäten hinzu und eine genauere Lektüre der insgesamt über 200 Einträge lässt vermuten, dass der Botaniker seine Beschreibungen in der Regel von tatsächlichen Exemplaren ausgehend verfasste. Auf die Bezeichnung der Varietät in italienischer und lateinischer Sprache folgen ihre Beschreibung sowie gegebenenfalls synonyme Bezeichnungen und Verweise auf andere Autoren. Abschließend werden nähere Angaben zu Geschmack und Aroma sowie zur Reifezeit und seltener zum Wuchs- bzw. Fundort gemacht (etwa „del Fruttario nuovo di Boboli" oder „del fruttaiolo di S. Spirito"[101]). Eine präzise Herkunftsangabe fehlt fast durchweg bei den Varietäten, die auch auf Bimbis Gemälde zu sehen sind, so dass sich letztlich doch die berechtigte Frage nach einem eventuellen Vorbildcharakter des Gemäldes oder zumindest nach gemeinsamen Quellen stellt. Ein derart adäquates zeitgenössisches Verzeichnis toskanischer botanischer Fülle, das sowohl von Bimbi als auch von Micheli als Referenz genutzt werden konnte, ist nicht bekannt. Vielmehr wurde es durch die beiden erst geschaffen.[102] Bei Micheli finden sich leider an keiner Stelle Hinweise auf die Werke Bimbis oder eine denkbare gemeinsame Referenz. Es scheint, als habe Micheli neben den Früchten selbst vor allem die Werke seiner Botanikerkollegen, darunter Tournefort, Ray oder Aldrovandi, studiert. Und so ist es ein Holzschnitt aus Ulisse Aldrovandis *Dendrologiae*, auf den Micheli in der Beschreibung der *Cedrone* oder *Cedrona* verweist:

100 *Lista* (BB Florenz, ms. Micheli 25), c. 2r/v.

101 *Lista* (BB Florenz, ms. Micheli 25), c. 133v („[...] aus dem neuen Obstgarten von Boboli" [...]), 127r/v („[...] vom Obstverkäufer in Santo Spirito [...]").

102 So werden etwa in Antonio Targioni Tozzettis *Cenni storici sulla introduzione di varie piante nell'agricoltura ed orticoltura toscana* (Florenz 1853) immer wieder Bezüge sowohl zu Michelis Aufzeichnungen als auch zu Bimbis Gemälden hergestellt.

Pyra Garzignola, seu Patavina Aldrov. Dendr. 390.
Il Frutto sta da per se ritto, quale ha figura di piramide ed è lungo once tre e mezzo in quattro, di ventre largo due e due terzi, di base rotondetta, e col fiore molto in dentro, per il che siede bene, poco più, che a un terzo della sua altezza, dove è la parte più larga comincia per l'insù a restringersi a modo di piramide, e va a finire per lo più in una punta rotonda grossolana, giusto com'accade nella figura dell'Aldrovandi, dove è situato un picciuolo lunga da un oncia e mezzo in circa, il colore è per lo più da tutte le parti rosso.[103]

Michelis Beschreibung lässt sich sowohl in Aldrovandis entsprechendem Holzschnitt (Abb. 63) als auch in Bimbis Gemälde nachvollziehen, wo die *Cedrone* passenderweise unter den Augustfrüchten zu finden ist und auch ihre fast durchgehend rote Färbung zur Geltung kommt (Taf. IV). Was Micheli im frühen 18. Jahrhundert mit der *Lista* begann fand in den 1730er Jahren mit der *Enumeratio* eine nochmalige Steigerung.[104] Neben Listen und Beschreibungen sämtlicher anderer Pflanzen, die in insgesamt zehn Bänden nach Tourneforts 22 Klassen geordnet sind, findet man auch die Früchte aus der *Lista* wieder. Nicht nur Beschreibungen weiterer Varietäten, sondern auch eine Fülle von Zeichnungen kommen hinzu. Das Festmachen von Bezügen zwischen jenen Zeichnungen und den Beschreibungen Michelis, den Gemälden Bimbis sowie anderen relevanten Bild- und/oder Textsammlungen ließe sich nahezu endlos fortführen, doch der Hinweis auf die Zeichnung der *Cedrona, ò Sanguinale* (wieder eine andere synonyme Bezeichnung) soll an dieser Stelle genügen (Taf. V). Angesichts der vorangehenden Ausführungen können wir die leuchtend rote Frucht schon fast selbst identifizieren, die in ihrer Gestalt Michelis Beschreibung, Aldrovandis Holzschnitt oder Bimbis Gemälde geradezu zu entspringen scheint.

Auf gewisse Parallelen zwischen dem umfangreichen Korpus an Zeichnungen Aldrovandis sowie der posthum erschienenen *Dendrologiae* auf der einen und Michelis *Enumeratio* wie auch den Gemälden Bimbis auf der anderen Seite hat wiederholt Enrico Baldini hingewiesen.[105] All diese Bild-/Textkataloge sind der zeitgenössischen pomologischen Vielfalt gewidmet und stehen inhaltlich in einem engen Zusammenhang. So verwiesen Bimbis Gemälde im Casino della Topaia die Betrachter nicht nur auf die umliegenden

103 *Lista* (BB Florenz, ms. Micheli 25), c. 115v („*Pyra Garzignola*, oder *Patavina*, Aldrov[andi] Dendr[ologiae] 390. Die Frucht bleibt von selbst aufrecht stehen, sie hat eine pyramidenartige Form und misst in der Länge dreieinhalb bis vier Unzen, ihr breiter Leib zwei und zwei Drittel [Unzen]; die Basis ist rundlich mit weit eingezogener Blüte, wodurch die Frucht gut stehen bleibt; etwas über einem Drittel ihrer Höhe, wo sich ihre breiteste Stelle befindet, beginnt die Frucht sich nach oben hin pyramidenartig zu verjüngen und endet meist in einer runden plumpen Spitze, genau wie auf der Abbildung bei Aldrovandi zu sehen ist, auf der sie ein wenig, etwa eineinhalb Unzen, zu lang geraten ist; meistens ist sie gänzlich rot gefärbt."), vgl. auch *Enumeratio* (BB Florenz, ms. Micheli 25), c. 99v/100r (gleicher Text).

104 Zum Projekt der *Enumeratio* vgl. Ragazzini 1993, S. 63.

105 Baldini 1990, S. 73.

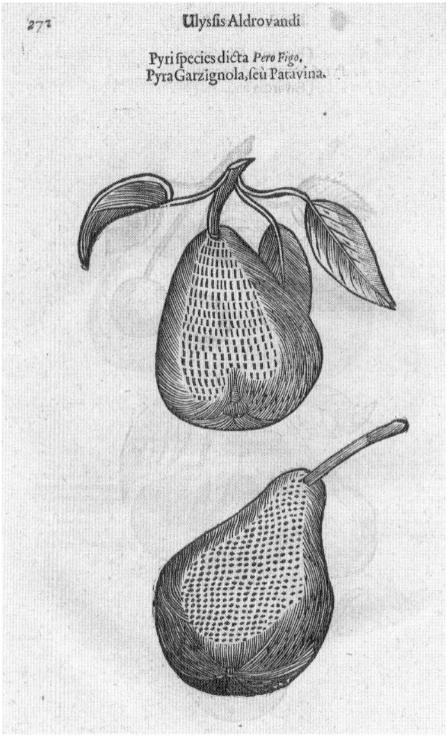

63

Pyra Garzignola, in: Ulisse Aldrovandi: *Dendrologiae* (1690), S. 272 (in der Erstausgabe von 1668, S. 390).

Gärten und Ländereien, wo die entsprechenden Früchte zu finden waren. Sie erlaubten auch zeitlich zurück- bzw. vorausweisende Referenzen. Man mochte sich an die Sammlungen, Kenntnisse und Publikationen im Umfeld eines Aldrovandi, eines dal Pozzo oder der toskanischen botanischen Gärten und ihrer verschiedenen Kustoden erinnert fühlen. Bimbis Werke bzw. das in ihnen dokumentierte Wissen spielten wiederum eine große Rolle für Micheli, den wohl bedeutendsten toskanischen Botaniker um 1700. Der Stellenwert, den dieses Wissen für Micheli und dessen Arbeit besaß, lässt sich etwa in der *Lista* oder der *Enumeratio* ablesen. Direkte oder indirekte Bezüge zu den Werken der Sammlung von la Topaia werden dabei, nicht zuletzt durch die Namenslisten und Tuschezeichnungen der 116 Zitrusfrüchte Bimbis, mehrfach deutlich. Auch im Verlauf des 18. und 19. Jahrhunderts gerieten die Gemälde nicht in Vergessenheit.[106] Der synchrone und unmittelbar auf

106 Rund zehn Jahre vor der Eröffnung des *Imperiale e Regio Museo di Fisica e Storia Naturale* im Jahre 1775, wohin ein Großteil der Werke Bimbis schließlich gelangen sollte, wies Giovanni Targioni Tozzetti in einem Bestandskatalog der Naturalien der *Galleria Imperiale* auf das Potential der über „Palazzi, Ville, e Giardini" verteilten „Prodotti vegetabili" hin, die an einem Ort vereint eine unvergleichliche Sammlung ergeben würden. Es folgt gar der Aufruf, die über die „Imperiali Ville di Careggi, della Topaia e dell'Ambrogiana"

das dargestellte Objekt bezogene Referenzcharakter, wie ihn Baldinucci für die Werke von la Topaia und Scudéry für ein vergleichbares Ensemble von Gemälden in der Ménagerie von Versailles beschreiben, lässt sich leicht auf eine diachrone Ebene übertragen und auf verschiedenartige Medien ausweiten. Der wahrnehmende Blick kann dabei durchaus variieren. Die tatsächlichen wie auch ‚konstruierten' Betrachter, ob sie nun sahen oder lasen und dabei bestimmte gedankliche oder auch verbale Transferleistungen erbrachten oder nicht, lassen sich schwerlich in einer einzigen Formel fassen.

Nicht zuletzt wurde gerade anhand des Beispiels der Birnenvarietäten einmal mehr die Text-, Bild- und Schemahaftigkeit der Gemälde Bimbis deutlich. Der Drang, die Natur zu ordnen, zu bezeichnen und zu klassifizieren findet hier Eingang in das Medium des großformatigen Ölgemäldes. Dies lässt die entsprechenden Werke ganz offensichtlich selbst zu Trägern und Vermittlern botanischen Wissens werden, die vielfältige Assoziationen wecken und verschiedene Funktionen erfüllen konnten.

3.2.6 Jasmin: Bimbis Gemälde und der *Hortus Pisanus*

Auch Bartolomeo Bimbis kleiner Tafel mit der Darstellung einer besonders prachtvollen Jasminblüte in Vorder- und Rückansicht (Abb. 20) war die Übermittlung in ein anderes Medium beschieden. Hier handelte es sich jedoch nicht nur um die Wiederaufnahme von Bezeichnungen oder die Erstellung schematischer Tuschezeichnungen, sondern um die exakte formale Übertragung in das Medium des Kupferstichs zur Publikation in Tillis *Hortus Pisanus* (Abb. 18). Bimbis kleinformatiges Gemälde von nur 25,5 × 17,5 cm aus dem Jahre 1702 zeigt die weißen Blüten mit ihren Blättern in einer gläsernen Vase vor dunklem Hintergrund. Blumen und Vase füllen die Bildfläche komplett aus. Links neben der Vase ist eine stark nachgedunkelte Inschrift zu lesen: „Gelsomino del Gimé doppio dell'Indie chiamato in Goa Mogorin del Curacao". Cosimo Mogallis Kupferstich des *Jasminum Indicum* gibt jedoch nicht die gesamte Komposition Bimbis wieder. Stattdessen ist ein kompletter Jasminstock in einem angedeuteten Topf zu sehen. Während auf der rechten Seite des Stammes eine Blütenknospe dargestellt ist, sieht man links eine prächtige entfaltete Blüte, die nahezu als spiegelsymmetrische Kopie der Jasminblüte Bimbis zu erkennen ist. Der kurze Text am unteren Rand der Tafel mit der Nummer 30 gibt, wie es dem Pisaner Gartenkatalog eigen ist, die ausführliche Bezeichnung der dargestellten

verteilten Gemälde, auf denen Blumen und Früchte „pregiabili per la loro rarità o per la loro grandezza, e figura prodigiosa" zu sehen seien, in jene Sammlung zu integrieren – ein Vorschlag, den der spätere Museumsdirektor Felice Fontana übernehmen sollte; vgl. hierzu Nepi 2008 (ebenso die zitierten Stellen (S. 55, 57) aus: Giovanni Targioni Tozzetti: *Catalogo delle Produzioni Naturali che si conservano nella Galleria Imperiale di Firenze...*, 1763, vol. III, c. 221, 222). Hinweise auf Bimbis Gemälde im Zusammenhang mit verschiedenen Früchtesorten und der Sammlung des *Museo di Fisica e Storia Naturale* finden sich zudem in Targioni Tozzetti 1853, S. 154 (Birnen), 219 (Zitrusfrüchte).

Varietät und eine entsprechende Referenz wieder: „Iasminum Indicum, Mali aurantiae folliis, flore albo, pleno, amplissimo Breijn. Prodr. 2." Wie genau sich die Wanderung des Blütenmotivs von Bimbis Gemälde in Mogallis Stich vollzog, lässt sich nur vermuten. Orientierte sich der Stecher direkt an dem kleinen Ölgemälde, das sich seinerzeit in der Villa di Castello befand, in deren Garten auch die entsprechenden Pflanzen kultiviert wurden? Oder wurde das Motiv möglicherweise über Zeichnungen vermittelt, die Bimbi vielleicht selbst in Umlauf gebracht haben könnte? Immerhin taucht die Vase mit den beiden Jasminblüten auch in anderen Gemälden Bimbis auf (s. Anm. 3.53). Die bemerkenswerten Blüten waren also schon für den Maler kein einmaliges Motiv und es ist denkbar, dass er selbst auf eigenhändige Zeichnungen als Vorlage zurückgegriffen haben könnte. Die bildlichen Darstellungen Bimbis und Mogallis (ergänzt um die oben angeführten kurzen erläuternden Texte) sind jedoch nur eine Seite der Medaille. Dreht man die kleine Tafel um oder blättert man in Tillis Katalog an die entsprechende Stelle, findet man sich mit einer regelrechten Informationsflut zu den dargestellten Pflanzen konfrontiert. Der Text auf der Rückseite von Bimbis Gemälde (Abb. 64) erläutert die Umstände um die Herkunft des „Gelsomino del Gimé doppio indiano chiamato in Goa Mogorin del Curacao". Die erste Pflanze gelangte 1688 als Geschenk des Königs von Portugal nach Florenz. Nachfolgend wird die Besonderheit des auf der Vorderseite dargestellten Exemplars herausgestellt, wie man es seit der Einfuhr der Varietät in die Toskana noch nie gesehen hatte („[...] non vedendosene alcuno in 14 anni, che è in Toscana [...]"). Die überaus exakte und ausführliche Beschreibung der Blüten lässt einen Eindruck davon entstehen, wie die Lektüre des Textes und das Betrachten des Bildes auf der einen und der anderen Seite der Tafel miteinander korrespondierten und sich in ihrem jeweiligen Aussagegehalt gegenseitig zu bestärken vermochten:

> La sua foglia è piccola, e bistonda, a differenza di quella del Gimé nostrale, che è lunghetta, ed alquanto puntata. Il fiore per la sua figura, e grandezza, e per la quantità delle foglie assomiglia il ranuncolo bianco doppio, e se ne vede talvolta de' così grandi, che coltone uno la mattina del 22 agosto 1702 nel Giardino di Castello del Ser.mo Gran Duca, ove questa pianta è singolare, pesò la sera a ore 24 danari 4 e g. 17, computato in detto peso il gambo lasciatogli lungo un dito traverso. Contate poi le sue foglie furono ... 160 della sua naturale grandezza, e distinte l'una dall'altra. Vi era ancora nel mezzo di d.[ett]o fiore un gruppo di foglie, che non si poterono contare per la loro piccolezza e per la difficoltà di separarle disieme. Ma che si poté giudicare con l'occhio, esser in maggior numero delle grandi già contate. Et essendo stato il più grosso gelsomino, che si sia colto, comandò S.A.R., che Bartolomeo Bimbi si dipignesse, come egli fece in due vedute, in questa tela.[107]

107 Zitiert nach Della Monica 2008, S. 52, Anm. 48 („Ihre Blütenblätter sind klein und rundlich, anders als die des heimischen Jasmins, die länglich und etwas spitz sind. In ihrer Form, Größe und der Anzahl

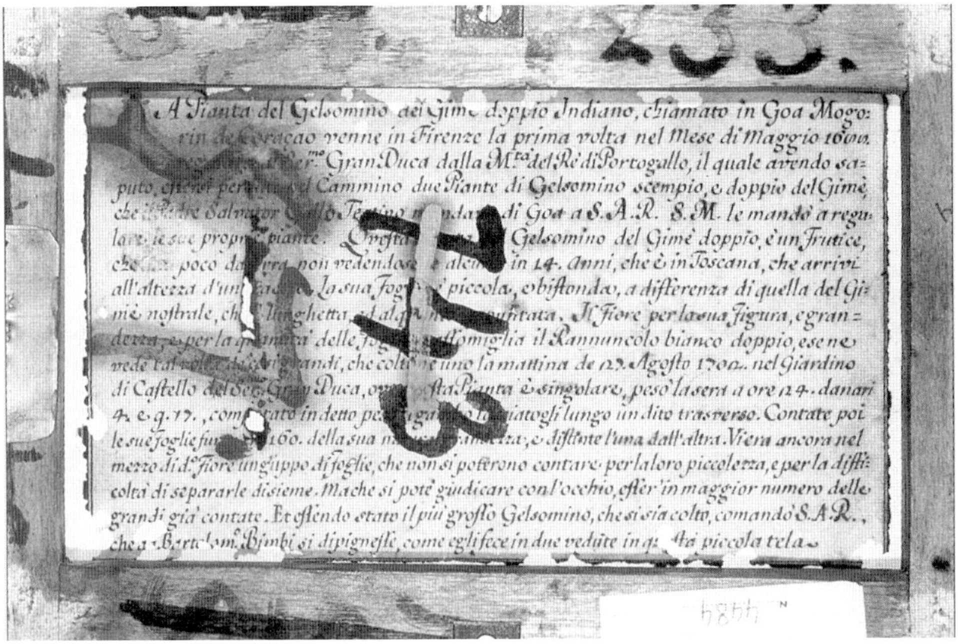

64 Bartolomeo Bimbi: *Mugherino del Granduca* (Rückseite der Tafel mit Text), 1702, 25,5 × 17,5 cm, Poggio a Caiano, Museo della Natura Morta.

Wie so häufig war die Außergewöhnlichkeit des dargestellten Exemplars der Grund dafür, dass Cosimo III. Bartolomeo Bimbi mit der Ausführung eines entsprechenden Gemäldes beauftragte. Der Text gibt nicht nur eine oberflächliche Beschreibung der Blüte wieder, er geht bis ins Detail und lässt den Leser quasi an ihrer Sektion teilhaben. Während das Abbild der Pflanze auf der Vorderseite einem herkömmlichen Blumenstillleben gleichkommt, liest sich der rückseitige Text wie der Bericht eines Anatomen. Künstlerische Ästhetik und wissenschaftliche Präzision treffen und ergänzen sich in diesem Werk auf beeindruckende Art und Weise. Einmal mehr erscheint der Garten von Castello mit sei-

der Blütenblätter ähnelt sie dem weißen doppelten Hahnenfuß und manchmal findet man solch große Blüten, wie die, die am Morgen des 22. August 1702 im großherzoglichen Garten von Castello gepflückt wurde, wo sie ausschließlich wächst. Am Abend um 24 Uhr wog sie 4 *danari* [1 *danaro* entspricht dem 24. Teil einer Unze] und 17 g. [Gramm], den fingerbreiten Rest des Stiels miteingerechnet. Die Anzahl der Blütenblätter, die von normaler Größe waren und sich voneinander scheiden ließen, betrug 160. In der Mitte von besagter Blüte fand sich noch eine Gruppe von Blättern, die sich auf Grund ihrer Kleinheit und der Unmöglichkeit sie voneinander zu trennen nicht zählen ließen; doch konnte man mit bloßem Auge feststellen, dass es mehr sein mussten als die großen bereits gezählten. Und da dies die größte Jasminblüte war, die je gepflückt worden war, ordnete Seine Königliche Hoheit an, dass Bartolomeo Bimbi sie malen möge, wie er es auf dieser Tafel in zwei Ansichten getan hat.“).

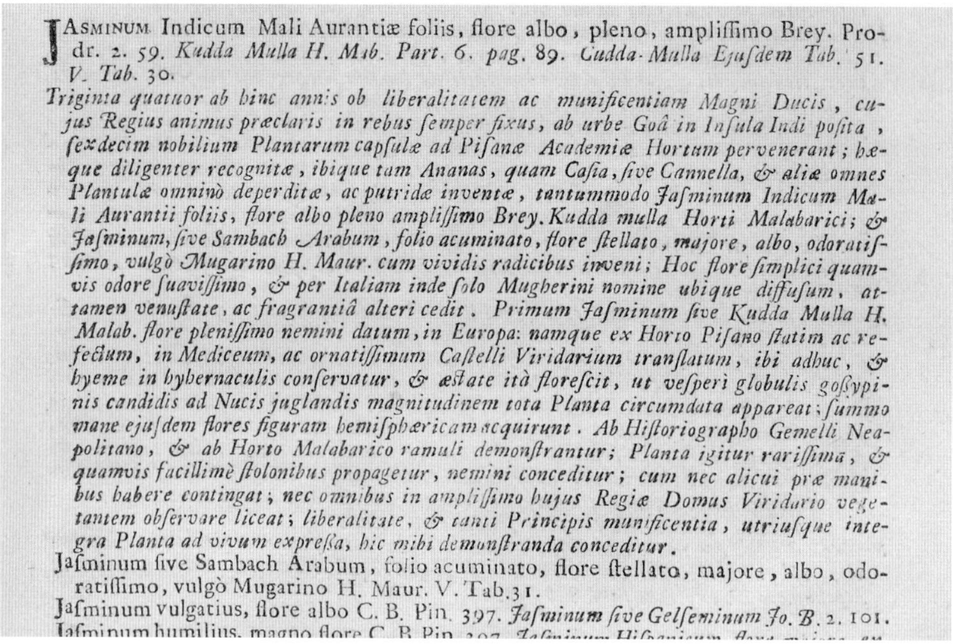
JASMINUM Indicum Mali Aurantiæ foliis, flore albo, pleno, amplissimo Brey. Prodr. 2. 59. *Kudda Mulla H. Mab. Part. 6. pag.* 89. *Cudda-Mulla Ejusdem Tab.* 51. *V. Tab.* 30.

Triginta quatuor ab hinc annis ob liberalitatem ac munificentiam Magni Ducis, cujus Regius animus præclaris in rebus semper fixus, ab urbe Goâ in Insula Indi posita, sexdecim nobilium Plantarum capsulæ ad Pisanæ Academiæ Hortum pervenerant; hæque diligenter recognitæ, ibique tam Ananas, quam Casia, sive Cannella, & aliæ omnes Plantulæ omninò deperditæ, ac putridæ inventæ, tantummodo Jasminum Indicum Mali Aurantii foliis, flore albo pleno amplissimo Brey. Kudda mulla Horti Malabarici; & Jasminum, sive Sambach Arabum, folio acuminato, flore stellato, majore, albo, odoratissimo, vulgò Mugarino H. Maur. cum vividis radicibus inveni; Hoc flore simplici quamvis odore suavissimo, & per Italiam inde solo Mugherini nomine ubique diffusum, attamen venustate, ac fragrantiâ alteri cedit. Primum Jasminum sive Kudda Mulla H. Malab. flore plenissimo nemini datum, in Europa: namque ex Horto Pisano statim ac refectum, in Mediceum, ac ornatissimum Castelli Viridarium translatum, ibi adhuc, & hyeme in hybernaculis conservatur, & æstate ità florescit, ut vesperi globulis gossypinis candidis ad Nucis juglandis magnitudinem tota Planta circumdata appareat; summo mane ejusdem flores figuram hemisphæricam acquirunt. Ab Historiographo Gemelli Neapolitano, & ab Horto Malabarico ramuli demonstrantur; Planta igitur rarissima, & quamvis facillimè stolonibus propagetur, nemini conceditur; cum nec alicui præ manibus habere contingat; nec omnibus in amplissimo hujus Regiæ Domus Viridario vegetantem observare liceat; liberalitate, & tanti Principis munificentia, utriusque integra Planta ad vivum expressa, hic mihi demonstranda conceditur.

Jasminum sive Sambach Arabum, folio acuminato, flore stellato, majore, albo, odoratissimo, vulgò Mugarino H. Maur. V. Tab. 31.

Jasminum vulgatius, flore albo C. B. Pin. 397. *Jasminum sive Gelseminum Jo. B.* 2. 101.

65 *Jasminum Indicum/Jasminum sive Sambach Arabum*, in: Michelangelo Tilli: *Catalogus plantarum horti Pisani* (1723), S. 87.

ner *limonaia* und der *stufa dei mugherini* als eine Art Labor der Naturgeschichte, wie bereits der Brief Francesco Redis an Leopoldo de' Medici von 1665 mit der Beschreibung der *Bizzarria* von Castello zeigte (s. S. 145f.). Nun stellt sich die Frage, ob der Text auf Seite 87 des *Hortus Pisanus* (Abb. 65) ein ähnliches Interesse an den Besonderheiten und der genauen morphologischen Beschaffenheit jener Jasminvarietät offenbart. Zunächst ist darauf hinzuweisen, dass der beschriebenen Tafel Cosimo Mogallis eine weitere ganz ähnliche Darstellung folgt (Abb. 19). Die Tafel mit der Nummer 31 zeigt einen Strauch sowie Knospen und Blüten einer weiteren Jasminvarietät („Iasminum sive Sambach Arabum, folio acuminato, flore stellato, majore &c"). Die Komposition entspricht genau der des *Jaminum Indicum* auf dem vorausgehenden Stich. Im Textteil sind die beiden Varietäten direkt hintereinander verzeichnet und in einem gemeinsamen Abschnitt näher beschrieben. Auch hier wird auf die Überführung der Pflanzen aus Goa vor 34 Jahren („Triginta quatuor ab hinc annis […]"), also dem Jahre 1688 entsprechend, hingewiesen. Es ist nicht ganz klar, ob die verzeichnete Varietät des *Jasminum Indicum* tatsächlich mit Bimbis *Gelsomino del Gimé* übereinstimmt oder ob es sich stattdessen um eine sehr ähnliche Varietät handelt. Die Bezeichnungen stimmen nicht gänzlich überein und während der Text auf Bimbis Gemälde berichtet, der König von Portugal habe dem Großherzog einige Pflanzen geschenkt, weil Cosimos „[…] due piante di gelsomino scempio, e doppio del Gimé […]" den Weg von Goa nach Florenz nicht überstanden hätten, verweist der Pisaner Katalog nicht auf den portugiesischen Monarchen, wohl aber auf die Tatsache, dass nicht alle Pflanzen, die von Indien in die Toskana verschifft wurden, die Reise unbeschadet überlebten:

> […] tantummodo Jasminum Indicum Mali Aurantii foliis, flore albo pleno amplissimo Brey. Kudda mulla Horti Malabarici; & Jasminum, sive Sambach Arabum, folio acuminato, flore stellato, majore, albo, odoratissimo, vulgò Mugarino H. Maur. cum vividis radicibus inveni;[108]

Daraufhin werden beide Varietäten näher beschrieben und ihre Besonderheiten erläutert:

> Hoc flore [Jasminum, sive Sambach Arabum] simplici quamvis odore suavissimo, & per Italiam inde solo Mugherini nomine ubique diffusum, attamen venustate, ac fragrantiâ alteri cedit. Primum Jasminum sive Kudda Mulla H. Malab. flore plenissimo nemini datum, in Europa: namque ex Horto Pisano statim ac refectum, in Mediceum, ac ornatissimum Castelli Viridarium translatum, ibi adhuc, & hyeme in hybernaculis conservatur, & aestate ità florescit, ut vesperi globulis gossypinis candidis ad Nucis juglandis magnitudinem tota Planta circumdata appareat; summo mane ejusdem flores figuram hemisphaericam acquirunt. Ab Historiographo Gemelli Neapolitano, & ab Horto Malabarico ramuli demonstrantur; Planta igitur rarissima, & quamvis facillimè stolonibus propagetur, nemini conceditur; cum nec alicui prae manibus habere contingat; nec omnibus in amplissimo hujus Regiae Domus Viridario vegetantem observare liceat; liberalitate, & tanti Principis munificentia, utriusque integra Planta ad vivum expressa, hic mihi demonstranda conceditur.[109]

108 Tilli 1723, S. 87 („[…] nur die Sorten *Jasminum Indicum* […] und *Jasminum* oder *Sambach Arabum* […] für gewöhnlich *Mugarino* […] habe ich mit lebendigen Wurzeln vorgefunden.").

109 Tilli 1723, S. 87 („Die Blüten jener letztgenannten Varietät [*Jasminum* oder *Sambach Arabum* […] für gewöhnlich *Mugarino*] sind einfach, dabei jedoch von besonders süßem Duft und über Italien hat sie sich darauf überall unter dem Namen *Mugherino* verbreitet, auch wenn sie in Schönheit und Duft hinter der anderen Varietät zurücksteht. Jener erstgenannte Jasmin [*Jasminum Indicum*] mit den gefüllten Blüten wurde niemandem in Europa weitergegeben. Die Pflanze wurde sogleich aus dem Garten in Pisa in den prächtigen Garten von Castello überführt, wo sie seither zur Winterzeit in einem Treibhaus bewahrt wird und zur Sommerzeit in folgender Weise blüht: Am Abend erscheint die ganze Pflanze von baumwollweißen, walnussgroßen Kugeln umgeben, am frühen Morgen nehmen die Blüten die Form einer Halbkugel an. Bei dem Neapolitanischen Geschichtsschreiber Gemelli und im *Hortus Malabaricus* werden nur einzelne Zweige gezeigt. Die seltene Pflanze wird niemandem weitergegeben, obwohl sie sich über Triebe leicht vermehren lässt. Weder wird es irgendwem zuteil, sie in den Händen zu halten, noch ist es jemandem erlaubt, sie in dem weitläufigen Garten dieses hoheitlichen Palastes [Villa di Castello] wachsen zu sehen. Doch der Edelmut und die große Freigebigkeit des Fürsten erlauben es mir, die eine wie auch die andere Pflanze hier als Ganzes und nach dem Leben abgebildet wiederzugeben.").

Im Gegensatz zu Bimbis Gemälde stehen hier nicht einzelne Exemplare, sondern die Varietäten an sich im Fokus der Betrachtungen. Allein ihre Seltenheit, ihre Schönheit und ihr Duft machen für den Autor des Textes ihre Besonderheit aus und es bedarf keines einzelnen außergewöhnlichen Exemplars, um ihre Bedeutung zu betonen. So wird etwa herausgestellt, wie die Bezeichnung *Mugherino* gemeinsam mit der herrlich duftenden Pflanze Verbreitung fand. Ein anderes Schicksal war dem *Jasminum Indicum* beschieden. Auf Grund ihrer Schönheit und Seltenheit wurde jene Varietät vom botanischen Garten in Pisa in den Garten von Castello überführt und streng behütet.[110] Zuletzt äußert sich der Autor zu den beiden Stichen Mogallis. Da bislang nur einzelne Zweige dieser seltenen Pflanzen dargestellt wurden und es nur wenigen vergönnt war, jene Pflanzen tatsächlich zu Gesicht zu bekommen, werden hier beide Varietäten in gesamter Ansicht und nach dem Leben dargestellt („[...] utriusque integra Planta ad vivum expressa [...]") wiedergegeben. Auch hier stehen Bild und Text in enger Korrespondenz zueinander und, wie sich noch zeigen wird, bietet gerade der Pisaner Gartenkatalog vielfältige Anhaltspunkte, dieses Bild-Text-Verhältnis zu analysieren.

Kommt man nun noch einmal auf den Vergleich zwischen Bimbis Gemälde und den entsprechenden Stellen aus dem *Hortus Pisanus* zurück, so fällt auf, dass sich der Unterschied zwischen den beiden Texten auch in den bildlichen Darstellungen niederschlägt. Bimbi widmet sich einer einzigen bemerkenswerten Blüte, die auf der Rückseite der Tafel minutiös beschrieben wird. Wie wir gesehen haben, gibt auch Mogalli diese Blüte wieder, die er von Bimbi kopiert zu haben scheint. Jedoch liegt der Fokus in den Stichen Mogallis weniger auf der einzelnen Blüte als auf der ganzen Pflanze. Anders als bei den Darstellungen der riesigen Nelken (Abb. 9) oder der Sonnenblume, die ähnlich wie die Jasminblüten eine bemerkenswerte Fülle von Blütenblättern aufweist,[111] entschied sich Bimbi hier gegen die Wiedergabe der gesamten Pflanzen, was sicherlich dadurch zu erklären ist, dass Jasmin in Strauchform wächst. Nichts desto trotz betont die Präsentation der Blüten bzw. der einzelnen Blüte in Vorder- und Rückansicht in der Vase und (ungeachtet ihrer natürlichen Wuchsform) nicht in der Erde die Einzigartigkeit eben jener einzelnen Blüte. Genau das bringt auch der rückseitige Text zum Ausdruck, um es ein letztes Mal zu drehen und zu wenden.

110 Vgl. hierzu auch Targioni Tozzetti 1853, S. 294f., der die im *Hortus Pisanus* abgedruckten Ausführungen skizziert und auch auf die weitere Geschichte der Pflanzen eingeht: „Una tal rigorosa privativa continovò per il corso di un poco più di un secolo, e finchè nel 1791, come ce lo racconta lo Zuccagni (3), l'immortale Pietro Leopoldo lasciò che a benefizio di tutti, ne fossero dati i nesti ed i margotti a chi gli ricercava. Allora fu che si sparsero in molti alri giardini le piante di questo famoso mugherino [...] Presso i giardinieri ebbe anche il nome di Nyctanthes etrusca per essere stato coltivato tanto tempo esclusivamente in Toscana." Stellvertretend für zahlreiche weitere Textstellen innerhalb des Werks wird hier gerade die kulturhistorische Relevanz von Antonio Targioni Tozzettis *Cenni storici* (s. Anm. 3.102) deutlich.

111 Bartolomeo Bimbi: Sonnenblume, 101 × 78 cm, Poggio a Caiano, Museo della Natura Morta; vgl. Casciu 2009, S. 154f.

3.3 Wandernde Bilder und Texte: die Kataloge der botanischen Gärten

Die vorangehend beschriebenen Kupferstiche der beiden Jasminvarietäten (Abb. 18, 19) zeigen, anders als die meisten der insgesamt 50 Tafeln des *Hortus Pisanus*, neben Darstellungen der einzelnen Blüten und Knospen zugleich die der gesamten Sträucher, worauf Tilli im entsprechenden Katalogeintrag dezidiert hinweist. Auf dem Großteil der Bildtafeln sind entweder nur einzelne Teile oder die gesamten Pflanzen mit Wurzeln aus dem Erdreich herausgelöst zu sehen, etwa im Falle des *Jasminum Arabicum* (Abb. 66) oder der *Iris Orientalis*, die mit den Nummern 32 und 33 direkt auf Mogallis eindrucksvolle Darstellungen der Jasminsträucher folgen. Einige andere Tafeln zeigen verschiedene Pflanzen nebeneinander, so sind auf der allerersten Tafel gleich drei Akazienvarietäten zu sehen (Abb. 67). Die unterschiedliche Art der Stiche in Tillis Katalog muss nicht weiter verwundern, doch scheint die Herkunft der einzelnen Bilder bzw. ihrer Vorlagen einer zusätzlichen Hinterfragung wert. Welche Rolle nehmen die Kupferstiche letztlich gegenüber dem Text, den Listen und Beschreibungen von Pflanzen, die den größten Teil der Publikation ausmachen, ein? Ausgewählte Beispiele erlauben Aussagen zu Fragen solcher Art, doch sei zunächst noch einmal auf die inhaltliche Struktur des Katalogs zurückzukommen. Eine Anmerkung Adolfo Targioni Tozzettis zu Michelangelo Tilli vermittelt einen Eindruck jenes Werks,

> [...] ornato di tavole molto belle, ed alcune lodevoli per esattezza d'insieme, ma senza figure analitiche. L'ordine delle piante nell'opera è alfabetico, la nomenclatura è quella di Bauhino, di Tournefort, di Rajo ec. coi sinonimi relativi, per la scelta dei quali avverte l'Autore stesso di avere tenuto in vista i più comuni e non i più classici, e ciò per giovare alla facilità degli studii dei chirurghi e dei farmacisti, pei quali il libro è destinato particolarmente. Non si debbono trascurare le osservazioni o notizie che spesso ricorrono in questa, come in tante altre simili opere di quel tempo, per alcune piante più singolari; e così vi si trova la istoria della importazione del Caffè, una nota sullo Xilaloe o legno Agalloco [...] del Mugherino di Goa, o del Granduca [...] venuto all'Accademia di Pisa sotto Cosimo III con altre piante rare [...][112]

112 Targioni Tozzetti 1858, S. 118, Anm. 1 („[...] mit sehr schönen Tafeln ausgestattet, von denen einige auf Grund ihrer stimmigen Gesamtkomposition hervorzuheben sind, jedoch ohne analytische Darstellungen. Die Pflanzen sind in alphabetischer Reihenfolge angeordnet, die Nomenklatur entspricht jener Bauhins, Tourneforts, Rays etc. und ist um Synonyme erweitert, für deren Auswahl der Autor angibt, die geläufigsten und nicht unbedingt die klassischen Bezeichnungen berücksichtigt zu haben, um den Chirurgen und Pharmazeuten, für die das Buch in erster Linie bestimmt ist, das Studium zu erleichtern. Nicht zu vernachlässigen sind die häufigen Beobachtungen und Anmerkungen über einige ausgewählte Pflanzen, wie sie in vielen ähnlichen Werken jener Zeit vorkommen; so findet man etwa die Geschichte der Einfuhr des Kaffees, eine Notiz über das *Xilaloe* bzw. Agallocheholz [...], Informationen über den Jasmin aus Goa bzw. den *Mugherino del Granduca* [...], der unter Cosimo III. gemeinsam mit anderen seltenen Pflanzen an die Universität zu Pisa gelangte [...]").

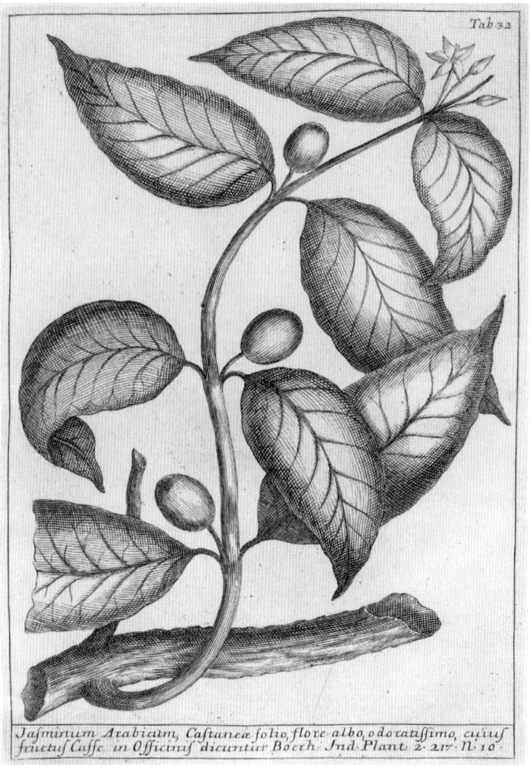

66

Jasminum Arabicum (Kaffee), in: Michelangelo Tilli: *Catalogus plantarum horti Pisani* (1723), Tab. 32.

Für einen Botaniker des 19. Jahrhunderts war der *Hortus Pisanus* mit seinen dekorativen Bildtafeln, seinem alphabetischen Ordnungsprinzip und seiner offenkundigen Anwendungsorientiertheit ein eher ‚unwissenschaftliches' Werk. Wichtiger als der Zugang zu medizinisch relevanten Informationen scheinen dabei bereits zur Entstehungszeit des Katalogs Berichte über verschiedene exotische Pflanzen und die Umstände ihrer Herkunft gewesen zu sein. Ruft man sich Francesco Redis kurze Charakterisierung der botanischen Gärten von Pisa und Florenz in den *Esperienze intorno a diverse cose naturali* in Erinnerung („[...] così tra le glorie del Serenissimo mio signore rifulge ancora quella di far nobilmente mantener provveduti d'ogni pianta straniera i giardini di Firenze e di Pisa [...]", s. S. 11), so muss die Kultivierung fremdländischer Pflanzen eine der erklärten Hauptaufgaben der großherzoglichen Gärtner gewesen sein. Ein solches ‚gärtnerisches Programm' findet sich in der Titelvignette des Katalogs (Abb. 30) nahezu verbildlicht. Umgeben von den Personifikationen der vier Erdteile thront die durch eine fünfte Frauengestalt verkörperte Stadt Pisa inmitten einer angedeuteten Gartenlandschaft. Als Zeichen ihrer Herrschaft trägt sie eine Krone, einen Hermelinumhang und ein Szepter in ihrer Rechten. Die öff-

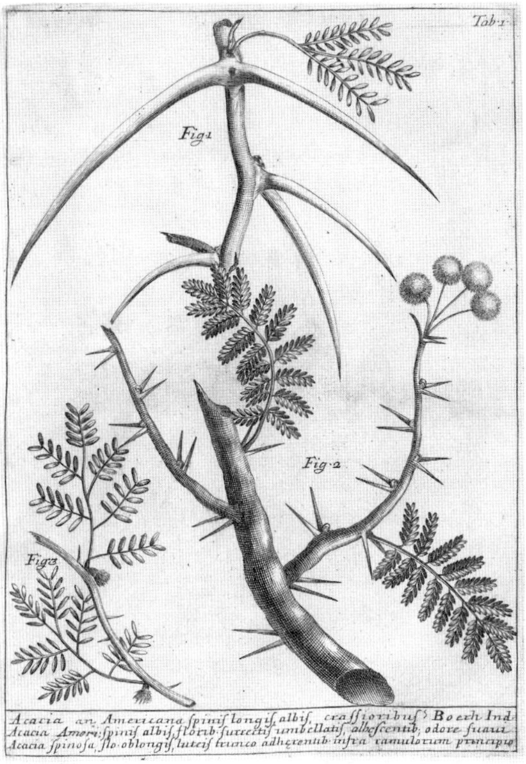

67
Acacia (versch. Varietäten), in: Michelangelo Tilli: *Catalogus plantarum horti Pisani* (1723), Tab. 1.

nende Geste der linken Hand scheint auf den fruchtbaren Garten bzw. die Gaben der ihr huldigenden Kontinente hinzuweisen. Dass es sich um Pisa und nicht etwa Florenz oder die Toskana handelt, wird durch das Stadtwappen auf dem felsenartigen Thron der Herrschenden sowie die Domkuppel und den schiefen Turm im Hintergrund verdeutlicht. Der etwas abseits lagernde Flussgott Arno am linken Bildrand komplettiert die Gruppe der Personifikationen. Fast ebenso wichtig sind die botanischen Raritäten, die Pisa von den Erdteilen dargebracht werden. Während die mit Federkrone, Bogen und einem Köcher mit Pfeilen ausgestattete Amerika der Herrschenden eine Ananaspflanze überreicht, hält ihr die dunkelhäutige und kurzhaarige Afrika eine blühende Aloe entgegen. Dem auf Seite 11 des Katalogs folgenden Eintrag zur Ananas ist kein Stich beigegeben. Ganz anders sieht das bei den zahlreichen auf den Seiten 6 bis 8 verzeichneten Aloearten und -varietäten aus. Gleich sieben aufeinander folgende Bildtafeln führen dem Leser bzw. Betrachter verschiedene, bis auf eine Ausnahme blühende Exemplare der beliebten Pflanzen vor Augen (s. S. 175–179).

3.3.1 Der Beitrag Michelis und ein Text Danty d'Isnards

Neben all diesen seltenen und fremdländischen Spezies verzeichnet der *Hortus Pisanus* jedoch auch zahlreiche heimische Pflanzen, deren Berücksichtigung im Wesentlichen auf die Bemühungen Pier Antonio Michelis zurückgehen mag. So schreibt sein Schüler Giovanni Targioni Tozzetti etwa, Micheli habe dem Katalog sämtliche von ihm entdeckte Pflanzen beigefügt, von denen ein großer Teil nie im Pisaner Garten wuchs bzw. wachsen konnte.[113] Die Durchsicht des Werks bestätigt Targioni Tozzettis auf den ersten Blick eher subjektiv anmutende Ausführungen an vielen Stellen. Auf den 175 Seiten Katalogtext ist die Nennung seines Namens kaum zu zählen und acht der 50 Kupferstichtafeln führen Micheli in der Bildunterschrift als Finder oder Vermittler der abgebildeten Spezies auf. Tafel 20 etwa zeigt neben vier Darstellungen von Bezoarwurzeln eine filigrane Zypergrasart (Abb. 68), „Cyperus Italicus, omnium minimus, locustis in capi subro collectis D. Micheli", wie die Bildunterschrift wiedergibt. Entsprechende Angaben finden sich im Katalogeintrag:

> Cyperus Italicus, omnium minimus, locustis in capitulo subrotundo collectis D. Micheli V. Tab. XX. Fig. 5.
> In Phocensi Palude Juxta locum il Ponte alle Calle dicto; sed rarus.[114]

Obwohl es sich um eine einheimische und eher unscheinbare Pflanze handelt, wird ihre Seltenheit betont. Ganz ähnlich verhält es sich etwa im Eintrag zur *Cachrys Germanica* (Tafel 18), einer Pflanze aus der Familie der Doldengewächse, die ebenfalls von Micheli auf einer seiner Reisen, diesmal über die Grenzen Italiens hinaus, aufgefunden wurde: „In Borussia, & in Silesia occurrit, sed rarò."[115] Micheli war auch der Übermittler der direkt darauf verzeichneten *Cachrys Orientalis*: „Crescit uberior in Nursinis montibus, & in Virgineo monte, non longè Neapoli, teste D. Micheli, a quo semine etiam accepi."[116] Ausführungen solcher Art sind über den gesamten Katalog hinweg überaus häufig. Es liegt nahe, dass nicht alle von Micheli und einzelnen anderen Botanikern übermittelte Pflanzen tatsächlich dauerhaft im botanischen Garten zu finden waren. Ein großer Teil von ihnen gelangte möglicherweise nie dorthin, was nicht nur Giovanni Targioni Tozzetti andeutet. Doch soll hier nicht versucht werden, den historischen Pflanzenbestand des

113 „[...] si prese la libertà d'empiere quel catalogo di piante da sè scoperte, la maggior parte delle quali non sono mai state, e mai potranno esser coltivate in quel Giardino di Semplici." Targioni Tozzetti 1858, S. 250 (das vollständige Zitat findet sich in Kapitel 2.2.2, S. 80).

114 Tilli 1723, S. 51.

115 Tilli 1723, S. 28 („Sie ist in Preußen und Schlesien zu finden, jedoch selten.").

116 Tilli 1723, S. 28 („Sie wächst zahlreich in den Bergen von Nursia und Montevergine, nicht weit von Neapel, wie von Herrn Micheli bezeugt, von dem ich auch den Samen erhalten habe.").

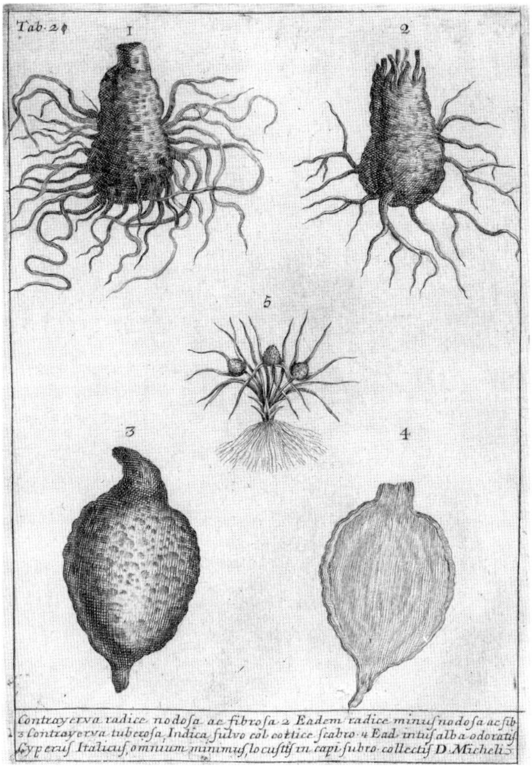

68

Cyperus Italicus u. a., in: Michelangelo Tilli: *Catalogus plantarum horti Pisani* (1723), Tab. 20 [21].

Gartens um 1700 zu rekonstruieren und anhand dessen eine kritische Revision des *Hortus Pisanus* durchzuführen.

Vor der Verlagerung des Fokus von eher gewöhnlichen, mittel- und südeuropäischen Spezies hin zu anderen, seltsamen und exotischen Exemplaren, seien zum Abschluss einige Überlegungen zu Bild und Text als Informationsträger am Beispiel verschiedener Taubnesseln angestellt.[117] Der Katalog verzeichnet insgesamt elf verschiedene Arten bzw. Varietäten. Die ersten sechs Einträge sind wenig bemerkenswert. Neben dem Namen, der eine stichwortartige Charakterisierung der jeweiligen Varietät einschließt („Lamium purpureum, fetidum, folio subrotundo, [...]“) und einem Literaturverweis, gegebenenfalls ergänzt um eine oder mehrere synonyme Bezeichnungen („[...] sive Galeopsis Dioscoridis C. B. Pin. 230. Galeopsis sive Urtica iners, folio, & flore minore Jo. B. 3. 323.“[118]), macht der Autor keine zusätzlichen Angaben.

117 Vgl. Tilli 1723, S. 92f. und Tab. 34, 35.
118 Tilli 1723, S. 92.

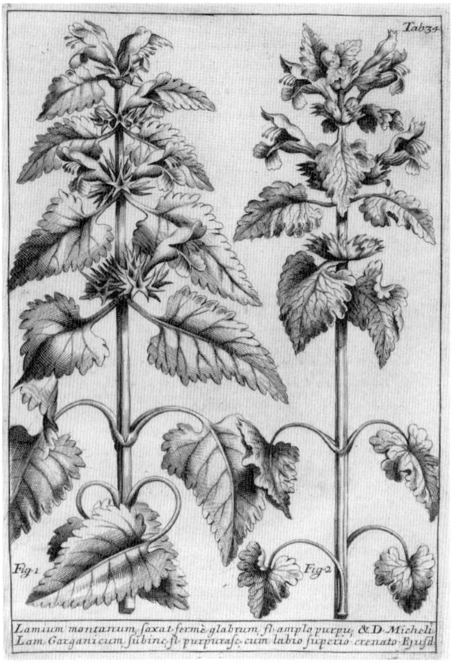

69

Lamium montanum/Lamium Garganicum, in: Michelangelo Tilli: *Catalogus plantarum horti Pisani* (1723), Tab. 34.

Besonders interessant sind die beiden folgenden Katalogeinträge – ebenso wie die entsprechende Tafel mit der Nummer 34 (Abb. 69), die beide Pflanzen in Ausschnitten wiedergibt. Wieder ist es Micheli, der in den Einträgen wie auch in der Bildunterschrift erwähnt wird: „Lamium montanum, saxat. fermè glabrum fl. amplo purpu; & D. Micheli / Lam. Garganicum, subinc. fl. Purpurasc. cum labio superio crenato Ejusd.“ Neben den Hinweisen auf die Wuchsorte und die entsprechende Bildtafel im Katalog geben die Einträge je eine synonyme Bezeichnung und den Verweis auf eine rezente Publikation aus der *Histoire de l'Académie royale des sciences* an:

> Lamium montanum, saxatile, fermè glabrum, flore amplo, purpureo, cum labio superiori crenato D. Micheli. Lamium Italicum, maximum flore purpureo, magno Ac. Acad. Paris. An. 1717. pag. 347. In Matesio Monte ad meridiem, & in Campoclarensi Valle, necnon in Montibus Nursinis. V. Tab. 34. fig. 1.
> Lamium Garganicum, subincanum, flore purpurascente, cum labio superiori crenato Ejusdem. Lamium Catariae folio, flore subpurpureo Ac. Acad. R. Paris An. 1717. pag. 351. In Castro S. Angeli, nec alibi in Gargano Monte inveniri dicit. V. Tab. 34. fig. 2.[119]

119 Tilli 1723, S. 92f.

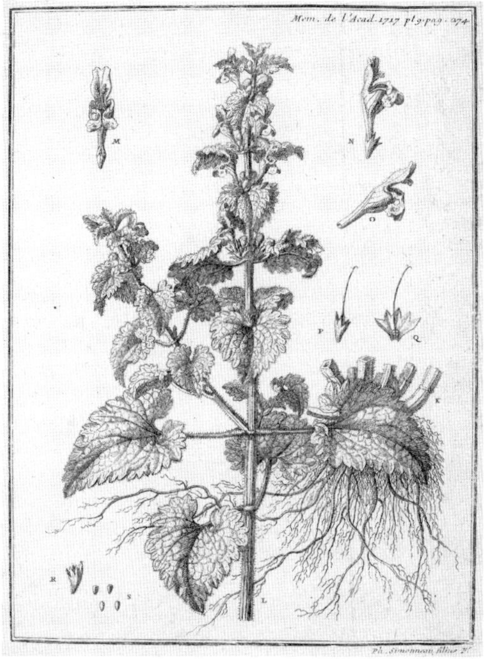

70

Lamium villosum, in: Antoine-Tristan Danty d'Isnard: *Description de deux nouvelles especes de Lamium, cultivées au Jardin du Roy*, in: *Histoire de l'Académie royale des sciences* (1717), Universitätsbibliothek Heidelberg.

Bei dem Text der Pariser Akademie von 1717 handelt es sich um die *Description de deux nouvelles especes de Lamium, cultivées au Jardin du Roy* des französischen Botanikers Antoine-Tristan Danty d'Isnard (1663–1743). In einer Art Vorwort erläutert der Autor zunächst die „confusion", die eine Entdeckung stets neuer Arten und Varietäten mit sich bringe. Um diese zu vermeiden, so Danty d'Isnard, müssten diejenigen, die sich ernsthaft der Botanik widmen, dafür Sorge tragen, „[...] de faire graver de bonnes figures de celles [plantes] qu'ils découvriront, & de les décrire avec tant d'exactitude, qu'en évitant la trop grande brieveté [...]".[120] Weiter unten bemängelt er die große Anzahl von Werken, in denen vermeintliche Neuentdeckungen lediglich benannt, dabei jedoch weder beschrieben noch abgebildet wurden.[121] Wie sollte man angesichts dessen feststellen, ob es sich tatsächlich um eine neue Spezies handelte? – „[...] mais comment s'en assurer!" Vor der je zwei- bis dreiseitigen Beschreibung der Pflanzen fasst Danty d'Isnard seine Ansprüche und Methoden nochmals wie folgt zusammen:

120 Danty d'Isnard 1717, S. 268 („[...] gute Abbildungen jener Pflanzen, die sie entdecken, stechen zu lassen und sie mit großer Genauigkeit zu beschreiben, ohne sich dabei zu kurz zu fassen [...]").

121 „[...] combien se trouve-t'-il de ces ouvrages, dans lesquels les Auteurs rapportent des Plantes comme nouvelles, qu'ils nomment seulement sans en donner de description ni de figure qui peut être sont déja décrites & figurées; mais comment s'en assurer!" Danty d'Isnard 1717, S. 269.

> […] j'ai tâché de décrire & de faire graver avec le plus soin & d'exactitude dont j'ai été capable les Plantes dont je vais vous faire l'histoire, qui n'ont été décrites ni gravées, que je sçache, par aucun Auteur.[122]

Die Verwirrung, die bezüglich von Erscheinung und Bezeichnungen tatsächlich oder auch vermeintlich neu entdeckter Arten und Varietäten herrschte, war zweifelsohne groß. Exakte morphologische Beschreibungen und naturgetreue bildliche Wiedergaben im Verbund boten eine Möglichkeit, dieser Problematik entgegenzuwirken (s. hierzu Kapitel 3.5). So finden auch Danty d'Isnards beschreibende Texte eine gleichwertige Erweiterung durch zwei gestochene Tafeln, die neben einem Stiel mit Blättern und Blüten von *Lamium Italicum* und *Lamium villosum* (Abb. 70) auch einzelne Teile der jeweiligen Pflanze wiedergeben. Die detaillierten Darstellungen von Samen, Blüten, Wurzelwerk etc., die anhand einer beigegebenen Legende näher erläutert werden,[123] bilden gemeinsam mit den beschreibenden Texten die Grundlage zu einer Identifizierbarkeit der Pflanzen sowohl *in natura* als auch in anderen Texten und Bildern. Im Zusammenhang mit *Lamium montanum* und *Lamium Garganicum* aus dem *Hortus Pisanus* sind nun zweierlei Dinge von Bedeutung. Die Tatsache, dass dort zum einen Micheli als Finder aufgeführt und zum anderen auf die Publikation von 1717 verwiesen wird, findet in Danty d'Isnards Ausführungen eine plausible Erklärung. Über *Lamium Italicum* schreibt er: „M. Michaël, Botaniste du Grand Duc de Florence, a découvert cette Plante en Italie." und zu *Lamium villosum* entsprechend: „Ce Lamium croît sur le Mont Gargan […] M. Michaël en a pareillement fait la découverte."[124] Vergleicht man die Kupferstiche Danty d'Isnards mit der Tafel in Tillis Katalog, erscheint es durchaus naheliegend, dass letztere eine Art Synthese der beiden ersteren darstellt, die bei einem Verzicht auf die kleinteiligen Details die wichtigsten Merkmale beider Pflanzen heraus- und einander gegenüberstellt. Die Präzision der textlichen und bildlichen Beschreibung durch Michelis französischen Kollegen bleibt im Verweis auf die Quelle zumindest als Chiffre erhalten, die der interessierte Leser bei einer Konsultation derselben dekodieren kann.

122 Danty d'Isnard 1717, S. 269 („[…] ich habe versucht, mit der größtmöglichen Sorgfalt und Exaktheit, derer ich fähig war, die Pflanzen, über die ich Ihnen berichten werde und die, soweit mir bekannt ist, bislang von keinem Autor weder beschrieben noch gestochen wurden, zu beschreiben und stechen zu lassen.").

123 Vgl. Danty d'Isnard 1717, S. 274f.

124 Danty d'Isnard 1717, S. 272f. („Herr Micheli, Botaniker des Großherzogs von Florenz, hat diese Pflanze in Italien entdeckt. […] Diese Taubnessel wächst im Garganogebirge […] Sie wurde ebenfalls von Herrn Micheli entdeckt."). Nach Giovanni Targioni Tozzetti begann Micheli im Jahre 1720 einen Briefwechsel mit dem französischen Kollegen; vgl. Targioni Tozzetti 1858, S. 152. Möglicherweise hatten die beiden schon vorher Kontakt oder die Kunde von Michelis Entdeckungen erreichte Danty d'Isnard auf anderem Wege, etwa über William Sherard, einen der wichtigsten Unterstützer Michelis, der in der *Description* ebenfalls erwähnt wird, wenn es um den medizinischen Nutzen der Pflanzen geht; vgl. Danty d'Isnard 1717, S. 273.

Nicht nur der Vollständigkeit halber sei abschließend auf die drei weiteren Arten bzw. Varietäten von Taubnesseln hingewiesen, die der Pisaner Gartenkatalog verzeichnet. „Lamium montanum, flore ex albo purpurascente [...]“ und „Lamium parvum, flore albo [...]“ kommen ohne Literaturverweise aus, doch sind mit „Ejusd. [Micheli] In monte Matesio ad Septemtrionem“ und „Reverendissimi D. Tozzi. In Ilva Insula & in maritimis Etruriae plurimis in locis“ wiederum Finder und Fundorte angegeben.[125] Ein wenig ausführlicher fällt der letzte Eintrag aus:

> Lamium montanum, hirsutum folio oblongo, flore purpureo D. Pontederi. In Horto Mauroceno sub hoc nomine semina hujus Plantae D. Micheli legit, & ad nos transmisit. V. Tab. 35. fig. 1.[126]

Als Entdecker der Varietät wird der Vorsteher des botanischen Gartens in Padua, Giulio Pontedera (1688–1757), auch in der entsprechenden Bildunterschrift erwähnt (Tafel 35).[127] Micheli fungierte hier als Übermittler von Samen jener Spezies, die er von einem seiner Paduaner Korrespondenten wohl aus dem Garten der Familie Morosini erhielt. Im Kapitel über die *Primi amici e corrispondenti bottanici del Micheli* schreibt Giovanni Targioni Tozzetti:

> Una [lettera] ne ho de' 2 novembre 1715 di Antonio Titta custode del famoso Giardino di Semplici de' signori Morosini di Padova. E quelle di Giulio Pontaderi professor di Botanica in Padova, principiano dal 1 giugno 1717; colle quali mandò più volte al Micheli semi e scheletri di piante, e vari muschi ed agarici.[128]

Dieser Passus wie auch die vorangehend angeführten Beispiele lassen einen lebendigen Eindruck davon entstehen, welche Bedeutung regionalen und internationalen Gelehrtennetzwerken für die Zusammenstellung des *Hortus Pisanus* zukam – eine Thematik, die im dritten Teil der Arbeit (bes. Kapitel 4.3–4) vertieft wird.

125 Tilli 1723, S. 93. Der Vallombrosanerpater Bruno Tozzi war einer der wichtigsten Wegbegleiter und Förderer Michelis; s. Kapitel 4.3.1.

126 Tilli 1723, S. 93 („*Lamium montanum* [...] Im ‚Hortus Maurocenus‘ [Garten der Familie Morosini in Padua] hat Herr Micheli einen Samen dieser Pflanze mit jener Bezeichnung gesammelt und uns übersandt; s. Tab. 35, Fig. 1.“).

127 Auf der gleichen Bildtafel wird bezüglich einer zweiten dargestellten Pflanze mit dem englischen Gelehrten William Sherard ein weiterer Unterstützer und Korrespondent Michelis genannt: „Malva humifusa minima D. Sherard“; zur Bedeutung Sherards s. Kapitel 4.3.2.

128 Targioni Tozzetti 1858, S. 89–91 („Ich habe einen Brief vom 2. November 1715 von Antonio Titta, Kustos des berühmten botanischen Gartens der Morosini in Padua; und der Briefwechsel mit Giulio Pontaderi [Pontedera], Professor der Botanik in Padua, beginnt am 1. Juni 1717; in seinen Briefen schickte er Micheli häufig Samen und Pflanzenpräparate sowie verschiedene Moose und Blätterpilze.“).

3.3.2 Tillis Londoner Zeichnungen und die niederländischen Kollegen

An dieser Stelle gilt es in erster Linie, dem Zustandekommen von Bild und Text im Katalog, ihrem Zusammenspiel und Aussagegehalt nachzuspüren. Oft sind es die Netzwerke im Hintergrund, die Fragen solcher Art zu beantworten helfen. Als Grundlage für die nachfolgenden Betrachtungen eignen sich vor allem solche Einträge, die eine ausführliche Beschreibung und den Verweis auf eine entsprechende Bildtafel beinhalten. Dabei handelt es sich in der Regel um äußerst seltene und kostbare exotische Spezies, wovon die Auseinandersetzung mit dem Beispiel der beiden Jasminvarietäten bereits einen Eindruck vermitteln konnte und worauf auch Giovanni Targioni Tozzetti hinweist: „[...] vi si trova la istoria della importazione del Caffè, una nota sullo Xilaloe o legno Agalloco [...] del Mugherino di Goa, o del Granduca [...]" (s. S. 165).

Dem ausführlichen Eintrag zu *Lignum Aloes*,[129] einer Räucherholzart aus Indien, deren medizinischen Nutzen schon Dioskurides betonte, entspricht eine überraschend unscheinbare Darstellung des wertvollen Rohstoffs.[130] Ungleich auffälliger ist die der Kaffeepflanze gewidmete Bildtafel (Abb. 66), die vollständig von einem Zweig der Pflanze mit den typischen Blättern, Blüten und vor allem Früchten ausgefüllt ist. Die Bildunterschrift lautet: „Jasminum Arabicum, Castaneae folio, flore albo, odoratissimo, cuius fructus Caffe in Officinis dicuntur Boerh. Ind. Plant. 2. 217. n. 10." und verweist somit auf Hermann Boerhaaves zweiten Teil eines Katalogs des botanischen Gartens in Leiden.[131] Auch die weiteren, im Textteil aufgeführten Literaturverweise sind in der gleichen Zusammensetzung bei Boerhaave zu lesen und die anschließende Beschreibung stellt klar:

> Ex insigni Boerh. Relatione circa Caffè Plantam, de ejus origine, & prima vegetatione in Europae finibus, propter industriam, & caloris artificium ei adhibitum, praecipuè haec adnotavi.[132]

Es folgt der Bericht über die Einfuhr der Pflanze in die Niederlande (zitiert nach Boerhaave) und schließlich nach Pisa sowie über ihre Kultivierung und Verwendung. Die Bildtafel scheint sich in ihrer Gestaltung nicht an einen Stich aus einer der gelisteten Referenzpublikationen anzulehnen. Die Darstellung eines Kaffeezweiges auf der Tafel CCLXXII in Leonard Plukenets *Phytographia pars quarta* (London 1696), auf die Tilli unter anderem verweist („Caffè Tree Britannis Pluk. Phyt. T. 272. Fig. 1. Ic."), ist vergleichsweise unschein-

129 Vgl. Tilli 1723, S. 97f.

130 Tilli 1723, Tab. 38.

131 Vgl. Boerhaave 1720, Bd. 2, S. 217.

132 Tilli 1723, S. 88 („Aus dem Bericht des angesehenen [Hermann] Boerh.[aave] über die Kaffeepflanze, ihre Herkunft und ihren ersten Anbau in Europa, den ich wegen seines Eifers und seiner großen Kunstfertigkeit hier vorzugsweise ausführen möchte.").

bar und konzentriert sich auf die Wiedergabe der Früchte.[133] Eine überaus wertvolle Quelle zur Erschließung direkter und indirekter Vorlagen für die Tafeln des *Hortus Pisanus* befindet sich in der Bibliothek des *Natural History Museum* in London. Unter dem Titel *Specimen Plantarum, quae in Horto Medico Sapientiae Pisanae locisque finitimis extant Michael Angelus Tilli Simplicium Lector Ordinarius, et Custos, nec non Regiae Societatis Londinensis Socius hic exhibet* vereinen drei Bände aus den Jahren 1713, 1714 und 1730 mehrere hundert Aquarellzeichnungen von Pflanzen, die um Bezeichnungen und knappe Verweise in Tusche ergänzt sind und in enger Verbindung zu den Stichen des Gartenkatalogs von 1723 stehen (s. Anm. 2.167). Die zahlreichen Zeichnungen unterscheiden sich in der Qualität ihrer Ausführung, was darauf schließen lässt, dass Tilli mindestens zwei verschiedene Künstler beschäftigte. Sehr wahrscheinlich handelte es sich dabei um Tommaso Chellini, der wohl nahezu im Akkord auch für Micheli und viele andere Auftraggeber arbeitete, und Domenico Rinaldi aus Pisa, dessen Signatur auf einigen Blättern zu finden ist. An dieser Stelle sind vor allem jene Fälle von Interesse, bei denen der Zeichnung der Hinweis auf eine entsprechende Bildtafel (stets in Graphit und nicht in Tusche) beigegeben ist. Vergleicht man den Stich von *Jasminum Arabicum* aus Tillis Katalog mit der Londoner Zeichnung (Taf. XVIII), deren Beischrift „Jasminum Arabicum Castanea folio flore albo odoratissimo Caffè dictum huius Horti Pisana Academia 1718 // Hort. Tab. 32“ lautet, fällt direkt auf, dass es sich um die gleiche Pflanze handelt. Die Bildtafel verrät hier einen äußerst freien Umgang mit der Vorlage, was in anderen Fällen anders aussehen kann. Es ist interessant zu sehen, wie unterschiedlich die Kupferstecher um Cosimo Mogalli mit den Zeichnungen umgegangen sind, die sie oft als getreue Vorlagen, oft aber auch als reine Orientierungshilfen für eine eigene kreative Umsetzung des Motivs nutzten. Meistens erlaubt der Zusatz „Hort. Tab. xy“, die Art und Weise der Übertragung von der Aquarellzeichnung in den Kupferstich nachzuvollziehen.

Unter Tillis Londoner Zeichnungen finden sich auch die Vorlagen für einen Großteil der Stiche verschiedener Aloepflanzen, denen im Katalog die Tafeln 5 bis 11 gewidmet sind. Hier lässt sich der unterschiedliche Umgang mit dem Bildmaterial aus den Zeichnungsbänden besonders gut ablesen. Die Zeichnungen und Stiche wie auch die dazugehörigen Katalogtexte legen dabei nicht nur Zeugnis von der Beliebtheit jener Pflanzen ab,[134] sondern einmal mehr auch von der Bedeutung, die einem gegenseitigen Austausch von

133 Plukenet 1691–96, Bd. 4, Tab. CCLXXII.

134 Auch der Gartengrundriss (Abb. 23) lässt erahnen, dass in Pisa eine große Zahl an Aloepflanzen, zudem an relativ exponierter Stelle, zu finden war. In der rechten oberen Ecke sieht man direkt neben dem Treibhaus („9. Fenestrae Hypocausti“, „10. Fenestrae Hybernaculi“) eine freie Fläche mit fünf mal vier Pflanztöpfen und die Legende verrät, dass es sich hierbei um „11. Platea cum variis Aloës Plantis“ handelt. Nördlich der Alpen waren jene Pflanzen ebenfalls sehr beliebt, wovon nicht nur die im Folgenden erwähnten niederländischen Gartenkataloge zeugen, sondern auch so genannte Aloe-Türme (turmartige Überwinterungsbauten für die wetterempfindlichen Pflanzen; vgl. Hamann 2001 und Potsdam 2001, Katalogteil II) sowie eine große Zahl an Einblattdrucken, die in der Regel besonders großen und prachtvollen Exemplaren gewidmet waren (vgl. Stopp 2001, Bd. 2, S. 132–263).

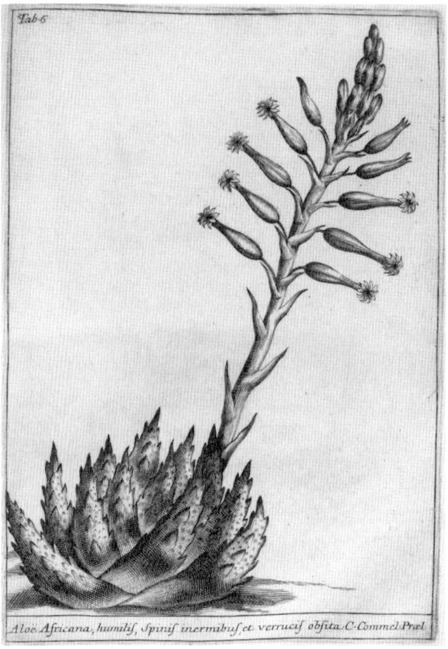

71 Aloe Africana humilis, spinis inermibus, et verrucis obsita, in: Michelangelo Tilli: Catalogus plantarum horti Pisani (1723), Tab. 6.

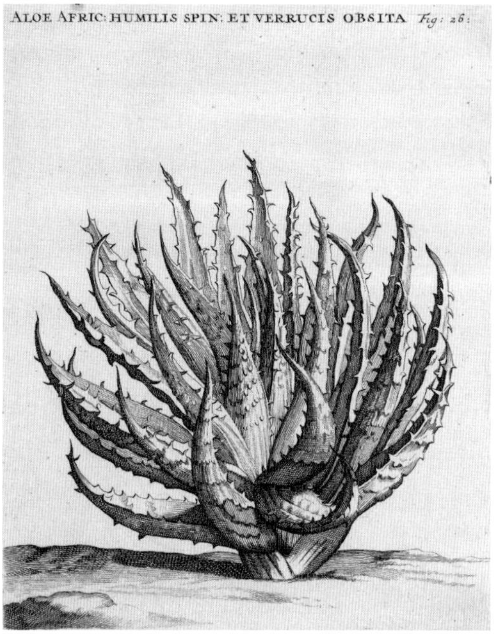

72 *Aloe Afric: humilis spin: et verrucis obsita*, in: Caspar Commelijn: *Praeludia botanica* (1703), Fig. 26.

Informationen, Pflanzen, Samen und dergleichen zukam. Fast alle Katalogeinträge und Bildunterschriften verweisen auf die Publikationen Jan und Caspar Commelijns, etwa die verschiedenen Bände des Amsterdamer Gartenkatalogs (1697–1706), den Caspar nach dem Tod seines Onkels weiterführte, bzw. auf einen direkten Kontakt zwischen Tilli und Caspar Commelijn:

> Aloë Africana, flore rubro, folio plano, margaritifera Comm.
> Tali nomine hanc Aloes Plantam D. Commelinus ad me misit quam Pisis ita florentem vidi. V. Tab. 8.
> Aloë Africana, flore rubro, folio maculis ab utraque parte ex albo viridibus notato Comm.
> Veris tempore supra plures ramos flos vicissim stetit. V. Tab. 9.[135]

135 Tilli 1723, S. 7 („*Aloe Africana* […] Herr Commelijn hat mir ein Exemplar dieser Aloe unter jenem Namen zugesandt und in Pisa habe ich sie blühen gesehen; s. Tab. 8. / *Aloe Africana* […] In der Frühlingszeit haben sich an mehreren Zweigen abwechselnd Blüten ausgebildet; s. Tab. 9.“).

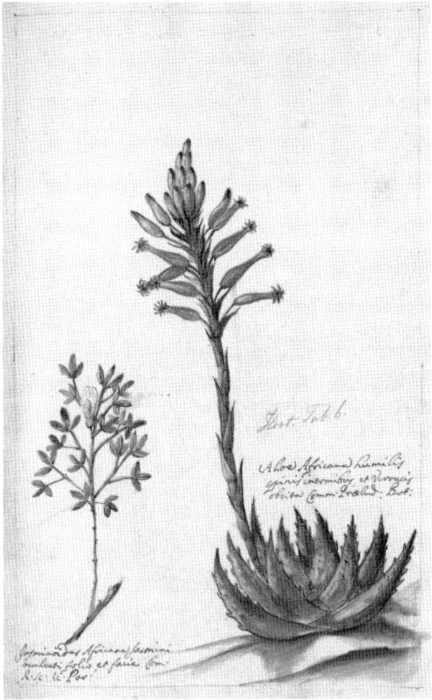

73
Aloe Africana humilis, spinis inermibus, et verrucis obsita, in: *Specimen Plantarum, quae in Horto Medico Sapientiae Pisanae locisque finitimis extant* (1712–1730), London, Natural History Museum, Library and Archives, Banksian mss., drawings cupb'd 17 shelf B&C, Bd. 3.

An anderer Stelle nennt Tilli Caspar Commelijns *Praeludia botanica* (Leiden 1703) als Referenz, wobei er neben dem Text auch dezidiert auf die entsprechenden Bildtafeln hinweist:

> Aloë Africana, humilis, spinis inermibus, & verrucis obsita Comm. Praelud. V. Tab. 6. (Abb. 71)
> Cum in descriptione pag. 77. flos non describatur; & pag. [fig.] 26. planta tantum cum foliis, sed non hujus Aloes flos exponatur (Abb. 72), ideo non ingratam hanc inconem floridam herbarum Cultoribus fore judico.
> Aloë Africana, humilis, foliis ex albo & viridi variegates Comm. Prael. & descr. 79. fig. 28. (Abb. 74)
> Pariter & haec Aloes Planta cum non describatur, nec supra iconem flos ullus appareat; ideo Horti Pisani florem cum petalis reflexis hic exposui. V. Tab. 5 [7]. (Abb. 75)[136]

136 Tilli 1723, S. 7 („*Aloe Africana* [...] Da die Blüte in der Beschreibung [Commelijns] nicht geschildert wird und die Pflanze [dort] auf Seite [Tafel] 26 zwar mit Blättern, nicht aber die Blüte dieser Aloe dargestellt ist, so glaube ich, dass die Pflanzenzüchter über dieses Bild in blühendem Zustand nicht unerfreut sein werden. / *Aloe Africana* [...] Da die Blüte dieser Aloepflanze ebenfalls weder beschrieben noch bildhaft dargestellt wurde, habe ich das Exemplar aus dem Pisaner Garten mit den zurückgebogenen Blütenblättern hier wiedergegeben; s. Tab. 5 [7].“).

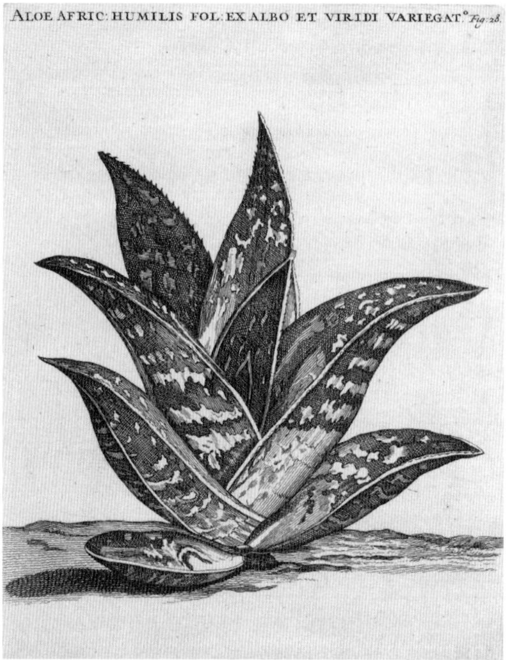

74

Aloe Afric: humilis fol: ex albo et viridi variegato, in: Caspar Commelijn: *Praeludia botanica* (1703), Fig. 28.

Neben der Wertschätzung Caspar Commelijns als Korrespondent und Autor der *Praeludia botanica*, in denen 20 von 33 Tafeln verschiedenen Aloepflanzen gewidmet sind, kommt Tillis Stolz auf die eigenen Bilder, die die Pflanzen mit ihren Blüten zeigen, deutlich zum Ausdruck. Vergleicht man die Stiche aus Tillis Katalog (Abb. 71, 75) mit denen Commelijns (Abb. 72, 74), erkennt man zwar, dass es sich um Darstellungen der gleichen Pflanzen handelt. Doch waren die Bildtafeln aus den *Praeludia botanica* nicht beispielgebend für Tilli, der sich in seinen Beschreibungen sogar in gewisser Weise von ihnen distanziert. Sieht man von kleineren Abweichungen ab, entspricht Tillis Tafel mit der Nummer 6 der Londoner Zeichnung von „Aloe Africana humilis spinis inermibus, et verrucis obsita Comm. Praelud. Bot." (Abb. 73) ganz genau. Sogar der den Bildern beigegebene Text mit dem Verweis auf die Publikation Commelijns ist der gleiche und die der Zeichnung beigefügte Notiz „Hort. Tab. 6." lässt keinerlei Zweifel mehr zu. Etwas anders verhält es sich bei der Tafel mit der Nummer 7. Eine Zeichnung der gleichen Pflanze („Aloe Africana humilis, folio ex albo et viridi variegato; florum petalis reflexis rubris; in Horto Pisano florens.") befindet sich auch unter den Zeichnungen in London (Taf. XIX), jedoch ohne einen Verweis auf die entsprechende Tafel im Katalog. Neben der Bezeichnung erlauben die Blüten eine klare Identifizierung des gezeichneten mit dem in Kupfer gestochenen Exemplar. Ob der Kupferstecher einen Blick auf das Aquarell geworfen hat, erscheint

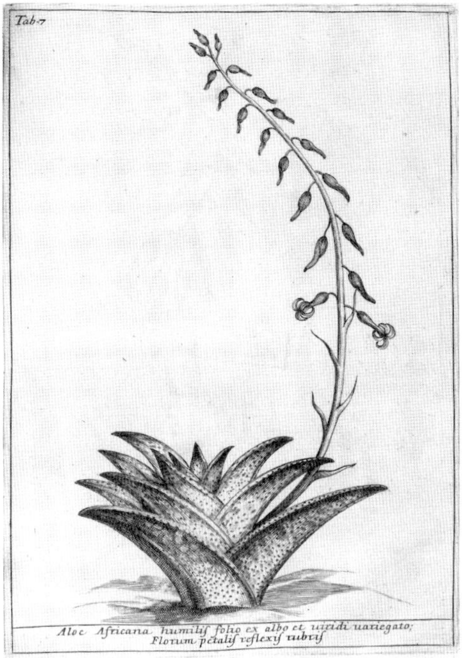

75
Aloe Africana humilis, folio […] variegato, in: Michelangelo Tilli: *Catalogus plantarum horti Pisani* (1723), Tab. 7.

fraglich, ist aber angesichts der Tatsache, dass die Zeichnung von *Aloe Africana brevissimo* („Hort. Tab. 5") auf dem gleichen Blatt dem Stecher wiederum als direkte Vorlage diente, durchaus möglich. Insgesamt lassen sich mindestens vier von sieben den Aloepflanzen gewidmeten Tafeln mit Sicherheit auf die Londoner Zeichnungen zurückführen.

Die Selbstständigkeit eines großen Teils der Bildschöpfungen Tillis bzw. der von ihm beauftragten Zeichner steht in keinerlei Widerspruch zu der Bedeutung, die der Autor des *Hortus Pisanus* seinen Korrespondenten und deren Werken beimaß. Eine wichtige Position schienen hier gerade die niederländischen Botaniker, allen voran Jan und Caspar Commelijn, Peter Hotton und Hermann Boerhaave, einzunehmen sowie die eng mit ihnen in Verbindung stehenden botanischen Gärten in Amsterdam und Leiden. Gleich auf der ersten, den Akazien gewidmeten Tafel des Katalogs (Abb. 67) wird auf Boerhaaves Katalog des Leidener Gartens verwiesen („Acacia an Americana […] Boerh. Ind."), während die Samen der ebenfalls dargestellten *Acacia Americana* und *Acacia spinosa* über die Vermittlung von Boerhaaves Vorgänger in Leiden, Peter Hotton, nach Pisa gelangten.[137] Wie schon die Titel der drei Bände des Amsterdamer Gartenkatalogs verraten (*Rariorum plantarum horti medici Amstelodamensis descriptio & icones* (1697/1701) bzw. *Horti*

137 Vgl. Tilli 1723, S. 2.

medici Amstelaedamensis plantae rariores et exoticae ad vivum aeri incisae (1706)), lag der Fokus hier mehr als in den allgemeiner gehaltenen Bänden des Leidener *Index plantarum* auf seltenen und exotischen Pflanzen und deren bildlicher Wiedergabe. Mit Sicherheit erachtete Tilli die repräsentativen Publikationen Jan und Caspar Commelijns mit ihren zahlreichen Kupferstichen als vorbildhaft für seinen eigenen Gartenkatalog.[138] Schon Tillis Titelvignette (Abb. 30) erscheint wie ein Zitat der unter Palmen thronenden Personifikation Amsterdams und den ihr huldigenden Erdteilen mit ihren typischen Trachten und botanischen Gaben auf dem Frontispiz von Jan Commelijns erstem Band (Abb. 76).[139] Der in der Sockelzone unterhalb des Throns wiedergegebene Titel wird von zwei Pflanzen in verzierten Töpfen flankiert, einem akanthusartigen Gewächs rechts und einer Ananasstaude links. Eine ähnliche Anordnung kehrt in Caspar Commelijns Titelblatt der *Plantae rariores et exoticae* in der Ausgabe von 1716 wieder.[140] Vier Pflanztöpfe bilden den oberen Abschluss einer Gebälkzone, die hier die Funktion einer architektonisch anmutenden Titelrahmung einnimmt. All diese Elemente, die Titel selbst, die Personifikationen der Kontinente oder die Wiedergabe bestimmter exotischer Pflanzen bereits auf dem Titelbild, unterstreichen die Bedeutung, die diesen Pflanzen in den Katalogen und den Gärten selbst zukam. Auch die ‚Protagonisten' des *Hortus Pisanus* waren exotische Spezies und eine Anlehnung an die Werke der bekannten niederländischen Kollegen Tillis war, dies wird allein durch die vielen Verweise und Zitate deutlich, offenbar beabsichtigt. Natürlich gibt es wesentliche Unterschiede zwischen den Publikationen, etwa die unzähligen von Micheli verzeichneten heimischen Pflanzen, die Eingang in Tillis Katalog fanden. Zudem waren die Niederländer und ihre Werke bei weitem nicht die einzigen wichtigen Korrespondenten und Referenzen Tillis.

138 Zu den niederländischen Gartenkatalogen, ihren Inhalten und ihrer ikonographischen Ausstattung vgl. überblicksmäßig Oldenburger-Ebbers 2000, bes. S. 216–219; zu den Katalogen Jan und Caspar Commelijns sowie einem umfangreichen Korpus an Aquarellzeichnungen (*Moninckx-Atlas*), die zu einem großen Anteil auf die Auftraggeberschaft der beiden Commelijns zurückgehen und oftmals als Vorlagen für die Bildtafeln der genannten Kataloge dienten, vgl. ausführlich Wijnands 1983.

139 Hierbei ist anzumerken, dass das Motiv der Europa bzw. einer einzelnen europäischen Stadt huldigenden Kontinente, besonders als Frontispizdarstellung, im Laufe des 17. Jahrhunderts bereits weite Verbreitung gefunden hatte. Hinzuweisen ist etwa auf Matthäus Merians Titelbild des seit 1633 stets fortgeführten *Theatrum Europaeum* oder (im Falle Amsterdams) auf Jacob van Meurs' *Historische Beschryving der Stadt Amsterdam* (Amsterdam 1663), dessen Titelgraphik direkt an Merians Stich angelehnt erscheint (Abbildung in Cook 2007, S. 67). Die Darstellungen bei Commelijn und Tilli heben sich in ihrer Gestaltung jedoch von diesen Vorläufern ab. Amsterdam bzw. Pisa sitzen – weniger herrschaftlich anmutend – inmitten der vier Kontinente; diverse botanische Motive runden die Komposition ab.

140 Die Ausgabe von 1716 findet sich in der digitalen Bibliothek des botanischen Gartens von Madrid: http://bibdigital.rjb.csic.es/ing/Libro.php?Libro=4678&Hojas=

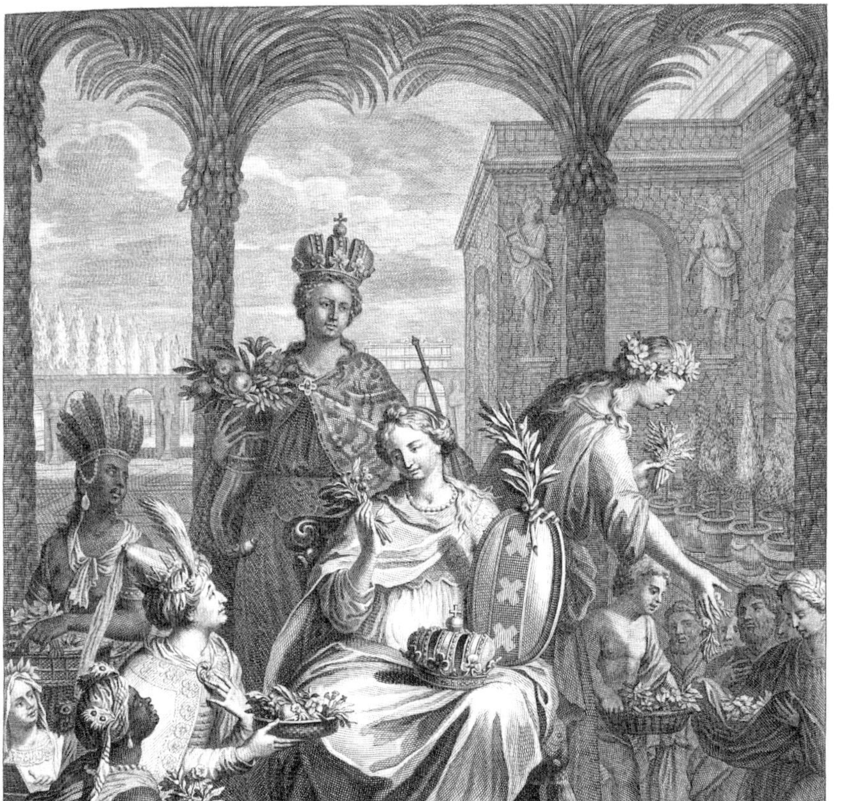

76 Frontispiz, Jan Commelijn: *Rariorum plantarum horti medici Amstelodamensis descriptio et icones* (1697).

3.3.3 Repräsentation und/oder Klassifikation?

Die Beispiele der Taubnesseln, der Jasmin-, Kaffee- und Aloepflanzen etc. verschaffen einen Einblick in Inhalt und Aufbau des Pisaner Gartenkatalogs. Die Einträge zu den insgesamt fast 5.000 verzeichneten Pflanzen unterscheiden sich nicht nur in ihrer Ausführlichkeit, auch die Herkunft der Informationen variiert. Referenzen in den Katalogtexten, im Autorenverzeichnis wie auch auf einzelnen Bildtafeln machen diese Informationen noch für den heutigen Leser leicht nachvollziehbar, was den *Hortus Pisanus*, genauso wie zahlreiche weitere naturhistorisch orientierte Publikationen jener Zeit, zu einer wertvollen wissenschafts- und kulturhistorischen Quelle werden lässt. Neben den Texten sind auch die Bilder in Inhalt und Form recht verschieden. Die Einheitlichkeit der Darstellungen, wie man sie etwa aus den Katalogen des botanischen Gartens in Amsterdam von Jan und Caspar Commelijn kennt (Abb. 77, 78), wurde zu Gunsten von unterschiedlichen Gruppierungen, Ansichten und Ausschnitten der Pflanzen aufgegeben. Während die Zusammenfassung verschiedener Spezies auf einer Tafel reinen Platzgründen entsprechen mag, scheint die Auswahl von bestimmten Ansichten und Ausschnitten oft mit dem Fokus der textlichen Beschreibung übereinzustimmen. Man denke an den Stolz des Autors auf die bildlichen Wiedergaben der Jasminsträucher und der blühenden Aloepflanzen oder an die wirtschaftliche Bedeutung von Kaffeebohnen. Auch die Bildvorlagen variieren, wobei ein Großteil der Stiche auf die von Tilli in Auftrag gegebenen Zeichnungen in London zurückgeht. Anders als in den erwähnten Amsterdamer Publikationen repräsentieren die 50 Tafeln des *Hortus Pisanus* jedoch nur einen Bruchteil der verzeichneten Pflanzen. Diese gezielte Auswahl an Bildern, die an einigen Stellen eine sehr enge Korrespondenz mit den entsprechenden Texten offenbart, unterstreicht wiederum deren Bedeutung für den Katalog, die auch Adolfo Targioni Tozzettis Urteil, dass die Stiche wegen fehlender analytischer Details eher illustrierten und schmückten als effektiv zu erläutern (s. S. 165f.), nicht zu schmälern vermag.

Es scheint nie Tillis Absicht gewesen zu sein, mit den Zeichnungen bzw. Kupferstichen einen Beitrag zur botanischen Klassifikation zu leisten. Das Katalogprojekt in Text und Bild diente vielmehr einer Bekanntmachung von Besitz und Kenntnis exotischer Pflanzen, über den *Giardino dei Semplici* hinaus im gesamten Großherzogtum Toskana, und damit dezidiert repräsentativen Zwecken. Es waren also sicherlich keine Kosten- oder Zeitgründe, die Tilli dazu bewegten, sich bei der Gestaltung der Bildtafeln gegen eine Integration analytischer Details zu entscheiden, wie wir sie etwa bei Danty d'Isnard finden (Abb. 70), nicht aber in der entsprechenden Tafel des Katalogs (Abb. 69). Die Funktion des *Hortus Pisanus* verlangte schlichtweg keine Darstellungen dieser Art; auch in den Amsterdamer Publikationen sind diese nur in Ansätzen zu finden (Abb. 77, 78,). Zweifelsohne ist es viel zu einfach und kaum angebracht, hier eine Trennlinie zwischen botanischer Klassifikation und Repräsentation zu ziehen. Schaut man etwa in den 25 Jahre später publizierten Florentiner Gartenkatalog mit seinen nur sieben Kupferstichtafeln, ergibt sich

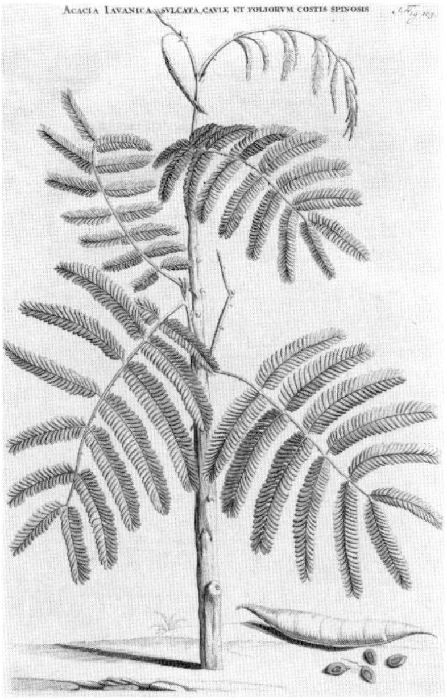

77 *Acacia Iavanica*, in: Jan Commelijn: *Rariorum plantarum horti medici Amstelodamensis descriptio et icones* (1697), Fig. 105.

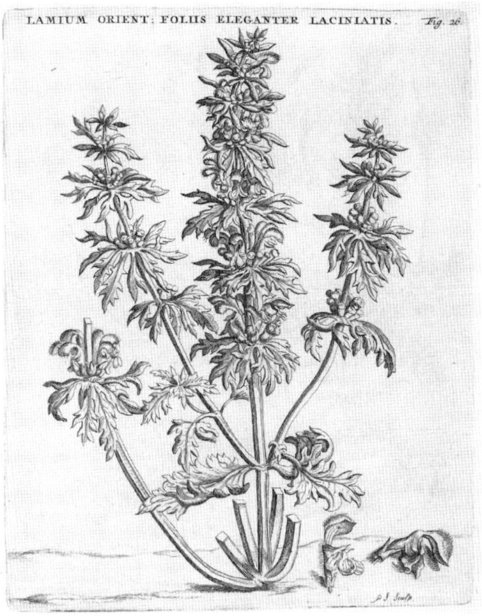

78 *Lamium orient: foliis eleganter laciniatis*, in: Caspar Commelijn: *Horti medici Amstelaedamensis plantae rariores et exoticae* (1706), Fig. 26.

ein ganz anderes Bild. Adolfo Targioni Tozzettis Beurteilung wäre hier vielleicht wohlwollender ausgefallen, denn die wenigen Stiche offenbaren fast immer analytische Details der betreffenden Pflanzen. Vergleicht man die beiden ersten Tafeln des Pisaner und des Florentiner Katalogs (Abb. 67, 79), wird der Unterschied sofort deutlich. Der künstlerisch ästhetischen Tafel mit der spontan anmutenden Verteilung dreier Akazienzweige im *Hortus Pisanus* stehen die rasterartig über die Tafel angeordneten Darstellungen eines Blattes, einer einzelnen Blüte, eines Samens, eines gesamten Blütenstandes und einer schotenförmigen Frucht von *Acacia Americana non spinosa* gegenüber. Im dazugehörigen Text werden die einzelnen Pflanzenteile mit den Verweisen auf *Fig. 1* bis *Fig. 5* nacheinander beschrieben und erläutert.[141] Der Leser erfährt zudem, dass die Wiedergabe der einzelnen Blüte den Blick durch das Mikroskop festhält und dass die am rechten Bildrand dargestellte Schote der Naturaliensammlung Niccolò Gualtieris entstammt,[142] da der Baum selbst seit drei Jahren keine Früchte getragen hatte:

141 Vgl. Micheli 1748, S. 2.

142 Zu Gualtieri, einem der Mitbegründer der *Società Botanica Fiorentina*, und dessen Sammlung vgl. Targioni Tozzetti 1858, S. 35, Anm. 1, Tongiorgi Tomasi 2000, S. 127f.

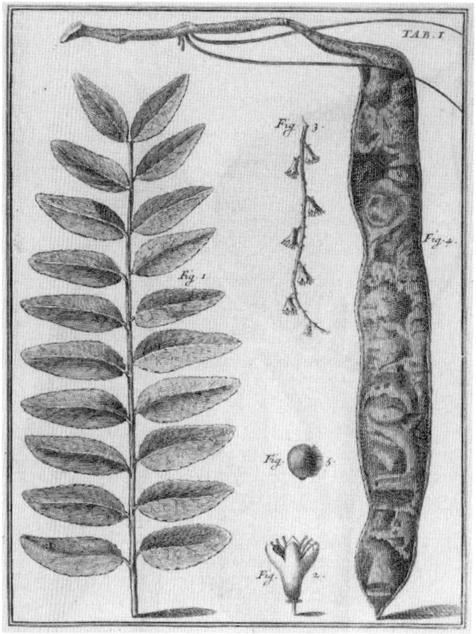

79 *Acacia*, in: Pier Antonio Micheli: *Catalogus plantarum horti Caesarei Florentini* (1748), Tab. I.

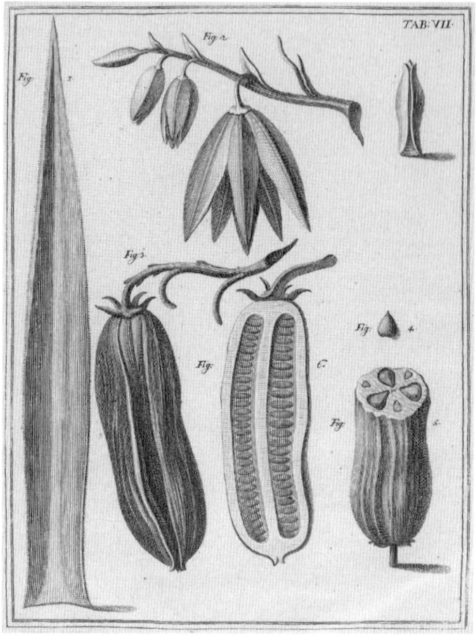

80 *Yuca*, in: Pier Antonio Micheli: *Catalogus plantarum horti Caesarei Florentini* (1748), Tab. VII.

> Figura 2. florem maiorem vero per microscopium repraesentat. Siliquam (a tribus enim annis nullam Arbor ad maturitatem perduxit) pingendam nobis perhumaniter communicavit D. Nicolaus Gualtierius ex immensa fructuum collectione quam in instructissimo suo Museo inter alia plurima pretiosaque cimelia asservat.[143]

Interessant ist auch die der *Yuca Indica arborea* gewidmete siebte Tafel des Florentiner Katalogs (Abb. 80), deren zeichnerische Vorlagen in den Handschriften Michelis zu finden sind. Ähnlich der ersten Tafel sind hier einzelne Teile der Pflanze wiedergegeben: ein einzelnes schwertförmiges Blatt, ein Zweig mit vier Knospen und Blüten unterschiedlichen Entwicklungsstandes, eine Art Knospenhülse, Früchte in unversehrtem Zustand, in Längs- und Querschnitt sowie ein einzelner Samen. Ein längerer Text erläutert wiederum die einzelnen Darstellungen und stellt weitere Vergleiche an, etwa wenn auf die Ähn-

143 Micheli 1748, S. 2 („Figur 2 zeigt eine größere Blüte, wie sie tatsächlich durch das Mikroskop betrachtet erscheint. Um die Schote abbilden zu können (denn seit drei Jahren war kein Baum zur Reife gelangt), hat uns Herr Niccolò Gualtieri freundlicherweise ein Exemplar aus seiner umfangreichen Sammlung von Früchten, die er in seinem wohleingerichteten Museum unter vielen anderen Kostbarkeiten und Schätzen bewahrt, übermittelt.").

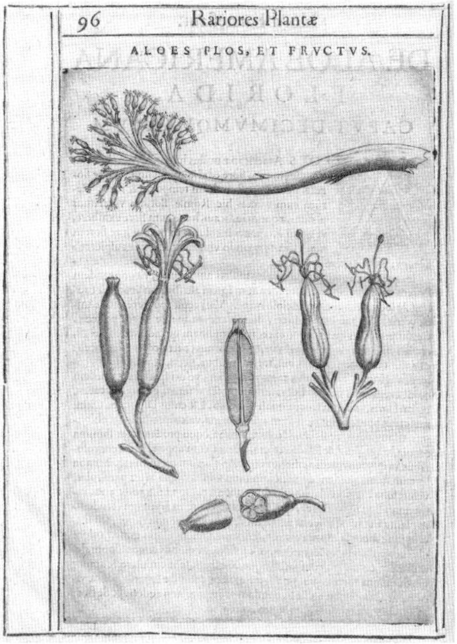

81 *Aloes flos, et fructus*, in: Tobias Aldinus: *Descriptio [...] plantarum [...] in Horto Farnesiano* (1625), S. 96.

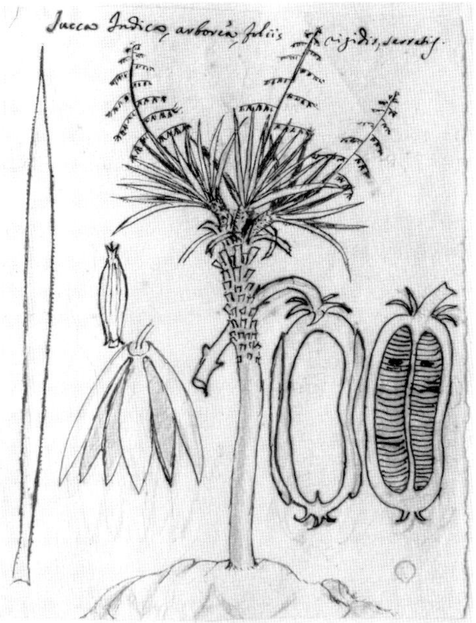

82 *Jucca Indica*, in: *Enumeratio quarundam Plantarum [...] tomus IV*, Florenz, Biblioteca Botanica dell'Università, ms. Micheli 43, c. 99r.

lichkeit der Yuccafrüchte mit denen der *Aloe Americana* hingewiesen wird: „[...] fructibus Aloes Americanae a Thobia Aldino in Horto Farnesiano depictis pag. 96. similem, sed per omnia quadruplo maiorem."[144] Der Verweis auf Aldinos *Hortus Farnesianus* (Rom 1625) leuchtet ein, betrachtet man den Stich auf Seite 96 „Aloes flos et fructus" (Abb. 81). Worauf der Text nicht hinweist, sind die direkten Vorlagen für die Bildtafel des Katalogs. Diese sind im vierten Band von Michelis *Enumeratio quarundam Plantarum sibi per Italiam et Germaniam observatarum iuxta Tournefortii methodum dispositarum* (s. Anm. 3.96) zu finden. Vier aufeinander folgende Blätter (c. 96r–99r) mit Zeichnungen verschiedener Art und Qualität zeigen Früchte, Blüten und in zwei Fällen auch Darstellungen der gesamten Pflanzen (Taf. XXI, Abb. 82), die auf der Tafel des Florentiner Katalogs ausgeblendet bleiben. Stattdessen stehen die *figure analitiche* im Mittelpunkt, deren Fehlen Adolfo Targioni Tozzetti für den Pisaner Katalog bekanntlich bemängeln sollte.[145] Die inhaltliche Struk-

144 Micheli 1748, S. 102 („[...] den Früchten der *Aloe Americana*, wie sie von Tobia Aldino im *Hortus Farnesianus* auf Seite 96 dargestellt sind, ähnlich, doch in allen Teilen viermal größer.").

145 Dabei stand solch eine ‚wissenschaftlich-analytische' Darstellung der ‚bimbesken' Erwähnung eines Zweiges mit besonders vielen Einzelblüten („Spica florifera venustissima [...] floribus 307. onusta erat [...]", s. Anm. 2.265) in Giovanni Targioni Tozzettis Appendix keinesfalls im Wege.

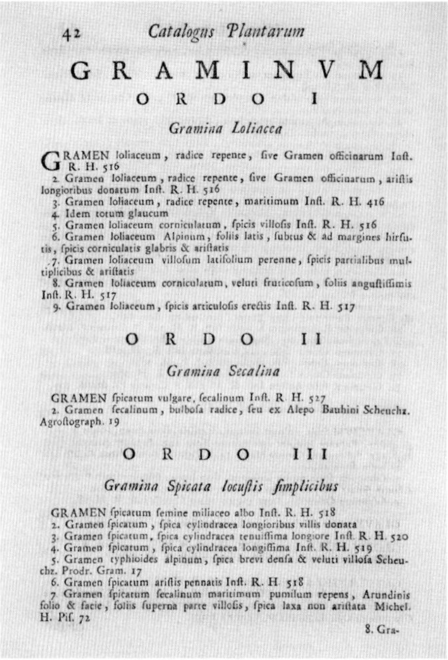

42 *Catalogus Plantarum*

GRAMINVM

ORDO I

Gramina Loliacea

GRAMEN loliaceum, radice repente, ſive Gramen officinarum Inſt. R. H. 516

2. Gramen loliaceum, radice repente, ſive Gramen officinarum, ariſtis longioribus donatum Inſt. R. H. 516

3. Gramen loliaceum, radice repente, maritimum Inſt. R. H. 416

4. Idem totum glaucum

5. Gramen loliaceum corniculatum, ſpicis villoſis Inſt. R. H. 516

6. Gramen loliaceum Alpinum, foliis latis, ſubtus & ad margines hirſutis, ſpicis corniculatis glabris & ariſtatis

7. Gramen loliaceum villoſum latifolium perenne, ſpicis partialibus multiplicibus & ariſtatis

8. Gramen loliaceum corniculatum, veluti fruticoſum, foliis anguſtiſſimis Inſt. R. H. 517

9. Gramen loliaceum, ſpicis articuloſis erectis Inſt. R. H. 517

ORDO II

Gramina Secalina

GRAMEN ſpicatum vulgare, ſecalinum Inſt. R. H. 527

2. Gramen ſecalinum, bulboſa radice, ſeu ex Alepo Bauhini Scheuchz. Agroſtograph. 19

ORDO III

Gramina Spicata locuſtis ſimplicibus

GRAMEN ſpicatum ſemine miliaceo albo Inſt. R. H. 518

2. Gramen ſpicatum, ſpica cylindracea longioribus villis donata

3. Gramen ſpicatum, ſpica cylindracea tenuiſſima longiore Inſt. R. H. 520

4. Gramen ſpicatum, ſpica cylindracea longiſſima Inſt. R. H. 519

5. Gramen typhioides alpinum, ſpica brevi denſa & veluti villoſa Scheuchz. Prodr. Gram. 17

6. Gramen ſpicatum ariſtis pennatis Inſt. R. H. 518

7. Gramen ſpicatum ſecalinum maritimum pumilum repens, Arundinis folio & facie, foliis ſuperna parte villoſis, ſpica laxa non ariſtata Michel. H. Piſ. 72

8. Gra-

83

Graminum, in: Pier Antonio Micheli: *Catalogus plantarum horti Caesarei Florentini* (1748), S. 42.

tur der beiden Publikationen ist dabei nahezu die gleiche (s. S. 78, 88f.). Die Listen folgen einer alphabetischen Ordnung, sie beinhalten Referenzen, gegebenenfalls Synonyme sowie kürzere und längere Beschreibungen. Einen Sonderfall stellen die Gräser (*Graminum*) im Florentiner Katalog dar (Abb. 83).[146] Die Arten und Varietäten der Gattung *Graminum* sind in neun Ordnungen (*Ordo I–IX*) unterteilt, was an Michelis *Nova Genera* denken lässt (s. Kapitel 3.4).

3.3.4 Blumen und Früchte

Die Kataloge beider botanischer Gärten verzeichnen neben vielen exotischen Pflanzen auch zahlreiche heimische Spezies. In der Summe ergibt sich ein ausgewogenes Bild nicht nur der toskanischen, sondern auch der italienischen, europäischen und exotischen Pflanzenwelt, wobei gerade im Falle des *Hortus Pisanus* nicht davon auszugehen ist, dass alle verzeichneten Pflanzen tatsächlich im Garten vorhanden waren. Die Bildtafeln zeigen nicht nur Pflanzen ganz verschiedener Art und Herkunft, auch formal gesehen unterscheiden sie sich oft stark voneinander. Neben den Zeichnungen in London, die Tilli

146 Vgl. Micheli 1748, S. 42–46.

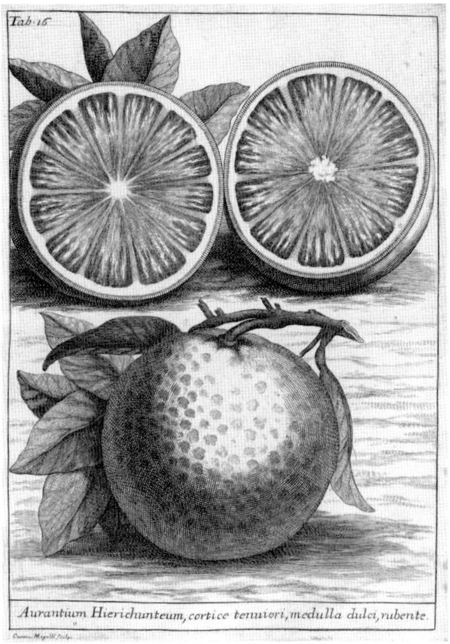

84
Aurantium Hierichunteum, in: Michelangelo Tilli: *Catalogus plantarum horti Pisani* (1723), Tab. 16.

seinerzeit selbst in Auftrag gegeben hatte, lassen sich etliche weitere Stiche, Gemälde und Zeichnungen als Vorlagen identifizieren, wie anhand der vorangegangenen Ausführungen veranschaulicht werden konnte.

Anders als es das große Interesse Cosimos III. an Blumen und vor allem Früchten vermuten lassen würde, finden sich auf den 50 Bildtafeln des *Hortus Pisanus* vergleichsweise wenige Darstellungen entsprechender Spezies, auch wenn diese durchaus im Katalog verzeichnet sind. Neben den Jasminvarietäten (Abb. 18, 19) und der *Iris Orientalis* ist lediglich auf die Tafel mit einer Orangenfrucht (*Aurantium Hierichunteum*) hinzuweisen, die in unversehrtem und aufgeschnittenem Zustand wiedergegeben ist (Abb. 84).[147] Ein möglicher Grund hierfür mag darin liegen, dass die Leserschaft mit dem Aussehen verschiedener

147 Die Darstellung ist offenbar einem der vier Gemälde verschiedener Zitrusfrüchte Bartolomeo Bimbis entlehnt (Bartolomeo Bimbi: Zitrusfrüchte, 174 × 233 cm, Poggio a Caiano, Museo della Natura Morta; vgl. Casciu 2009, S. 107). Die kleine, bei Bimbi leider unbezeichnete Frucht mit der Nummer 18 direkt oberhalb der Kartusche, die in Michelis *Lista di tutti gli Agrumi, che sono dipinti ne' quattro Quadri del Casino della Real Villa di Castello e della Topaia* (BB Florenz, ms. Micheli 48, c. 206r–218v, s.S. 25) als „N:o 18 Arancia di sugo rosso" (c. 216r) bezeichnet ist, taucht als „Aurantium hierochunticum" auch auf einer der aquarellierten Tafeln im gleichen Band der *Enumeratio* auf (vgl. Baldini 1982, S. 35, Fig. 17) und abgesehen von den formalen Übereinstimmungen legt die vollständige Bezeichnung im *Hortus Pisanus* „Aurantium Hierichuntium, cortice tenuiori, medullâ dulci, rubente" (Tilli 1723, S. 21) nahe, dass es sich um die gleiche Varietät handeln muss.

Blumen und Früchte häufig schon vertraut war und die Bildtafeln somit weniger bekannte und seltene Pflanzen repräsentieren sollten, was durch die entsprechenden Textpassagen oftmals bekräftigt wird. Dass ein Großteil der Früchte, die uns von Bimbis Gemälden für das Casino della Topaia sowie aus Michelis Listen und Beschreibungen bekannt sind, jedoch auch in Tillis Katalog des botanischen Gartens in Pisa Berücksichtigung fand (wenn auch nicht in jener überbordenden Fülle), wird deutlich, wenn man einen Blick auf den umfangreichen Textteil wirft. Neben Steinobst und Weintrauben (*Cerasus, Prunus, Vitis*) sowie den üblichen Zitrusfrüchten (*Aurantium, Citreum, Limon*) sind etwa Beeren (*Fragraria, Rubus*), Nüsse (*Nux*) wie auch einige exotische Arten (*Ananas, Mays*) verzeichnet. Mit Sicherheit wurden in einer universitären Einrichtung wie dem *Giardino dei Semplici* in Pisa weniger Früchtevarietäten kultiviert als in den Gärten und Ländereien der Medici und anderer wohlhabender toskanischer Familien. So fallen auch die Listen von *Cerasus, Prunus* etc. im *Hortus Pisanus* wesentlich knapper aus als etwa in Michelis Handschriften (s. S. 155f.). Ein erneuter Verweis auf Castello und weitere großherzogliche Landsitze verwundert nicht, wenn der Leser über verschiedene Sorten von Weintrauben (*Vitis Corinthiaca, Vitis laciniatis, Vitis Apiana, Vitis pergulana, Vitis Africana, Vitis sylvestris*) unterrichtet wird.[148] Der Autor geht auf Verwendung und Bedeutung der Weintraube ein und verweist auf den Reichtum an unterschiedlichen Varietäten in den Weinbergen von Castello, la Petraia und Artimino, wobei auch das Interesse des Großherzogs an jenen Kulturpflanzen angesprochen wird. Trotz seiner Länge ist dem erläuternden Text keine Bildtafel beigegeben und wie zuvor erwähnt, betrifft die Zurückhaltung an Bildern nicht nur verschiedene Früchte, sondern auch Zierblumen wie Lilien (*Iris, Lilium*), Pfingstrosen (*Paeonia*) oder Tulpen (*Tulipa*), um an dieser Stelle nur wenige zu nennen. Im Fokus des *Hortus Pisanus* und seiner bildlichen Darstellungen standen dagegen sowohl heimische als auch exotische Pflanzenarten, mit deren Aussehen die damalige Leserschaft oftmals weniger vertraut war und die man vielleicht eher in einem botanischen Garten erwarten würde als Orangen, Trauben, Lilien oder Tulpen. Denkt man an die beiden Stiche der Jasminpflanzen und ihrer Blüten, so mögen auch Prestigegründe zur Integration entsprechender Bildtafeln geführt haben. Ähnliches gilt sicherlich für die zahlreichen Tafeln verschiedener Aloepflanzen (Abb. 71, 75), die in keinem frühneuzeitlichen Gartenkatalog fehlen durften. Warum nun gerade die Ananasstaude nicht mit einem Kupferstich ver-

148 „Hae sunt Vitis species, quae in hoc Pisano Horto reperiuntur, nec earum major quantitas nobis, congruam, & commodam afferret utilitatem, extensus enim campus his farmentosis Plantis requiritur adhoc, ut benè germinent, ac frondescant; in amoenissimis Castelli, & Petrajae, Artimini, Geniste collibus consultò quam plurimae species adolescunt. Illuc enim Regie Cels. Magni Ducis cura ac sollicitudine e quavis Provincia peregrina, ac remotissima adductae, omniq. diligentia ibi coluntur, dissimiles inter se observantur, ut ducentenum formarum numerum excedant, ob varium foliorum colorem, & lacinias, vel ob ramorum extensionem, clas ac virorem, ut Coloni primo intuitu tam exustas, quam virentes agnoscant; fructus etiam sapore, colore, magnitudine, & acinorum variegato colore, ac figura distinctas producunt. Tanta insuper est fucci varietas, ac suavitas, ut diversissima, ac pretiosiora Vina Agricole conficiant." Tilli 1723, S. 173.

ewigt wurde, obwohl sich unter Tillis Zeichnungen ein schönes Exemplar befindet,[149] ist unklar. Wenn auch eine Tendenz zu erkennen ist, so lässt sich bei weitem kein klares Konzept rekonstruieren, nach dem Tilli und seine Mitarbeiter die Pflanzen für die Bildtafeln des Katalogs auswählten. Neben den Londoner Zeichnungen diente auch Bildmaterial anderer Provenienz als Referenz und Vorlage für die Kupferstiche, auf die der Autor in den Textpassagen nicht selten mit einem gewissen Stolz hinweist.

3.3.5 Kuriositäten

Zum Abschluss des Kapitels sei der Eindruck von Inhalt und Struktur des *Hortus Pisanus* durch drei Bild- und Textbeispiele erweitert, die man zunächst kaum in einem Gartenkatalog des beginnenden 18. Jahrhunderts erwarten würde. Neben all jenen prächtigen und unscheinbaren, heimischen und fremdländischen Pflanzenspezies verzeichnet der Katalog auch einige eher seltsam anmutende Dinge. Entsprechende Aquarellzeichnungen befinden sich auch in diesen Fällen in Tillis Zeichnungsbänden. Die seltsamen Pilzgewächse („Agaricum squamosum, adiposum, foetidum, superna limbi parte ramosa, supra Balaenae ossa adhuc pinguedine referta natum") auf der dritten Katalogtafel (Abb. 85) sind auch ohne den Verweis „Hort. Tab. 3" ganz eindeutig der Londoner Zeichnung dreier verschieden großer Exemplare des Pilzes zuzuordnen (Taf. XX). Ein ausführlicher Text in Tillis Katalog erläutert, was es mit jenen Pilzen und den Gebeinen des Wals, auf denen sie gewachsen waren, auf sich hat.[150] Im Pisaner Garten wurden die Knochen verschiedener Meeressäuger aufbewahrt, über deren Herkunft der Katalogtext den Leser eingehend unterrichtet. Bedingt durch die Feuchtigkeit, der die im Freien ausgestellten Knochen zur Herbstzeit ausgesetzt waren, wurden sie zum Wirt für besagte Pilze, die Tilli am Ende des Textes beschreibt:

> [...] accidit autumnali tempore, ut supra haec Balaenae Ossa adhuc pinguedine, & oleo replete circa triginta Fungi enata sint foetentes, & tamquam inter se proliferi, ut in exposita Tabula tertia observantur: quisque enim Fungus erat adiposus linguifolius, superna limbi parte ramosa natus: pluribus a me dissectis, eadem materies, & structura, non interrupto sed continuato ordine ab infima parte usque ad supernam videbatur; ita ut configuratio externa diversa, interna vero eadem esset.[151]

149 *Specimen Plantarum* [...] (NHM London, Banksian mss., drawings cupb'd 17 shelf B&C), Bd. 3, S. 72; eine Abbildung findet sich bei Garbari 1991, S. 195, Fig. 190.

150 Vgl. Tilli 1723, S. 4.

151 Tilli 1723, S. 4 („[...] es ereignete sich zur Herbstzeit, dass auf diesen mit Fett und Öl gefüllten Walfischknochen etwa dreißig übelriechende Pilze entstanden und so auseinander wucherten, wie man sie auf der dritten Tafel beobachten kann. Jener Pilz war fett, zungenblättrig und wies am oberen Teil Verästelungen auf: ich habe viele von ihnen seziert und sie schienen mir in ihrer Substanz und Struktur vom untersten

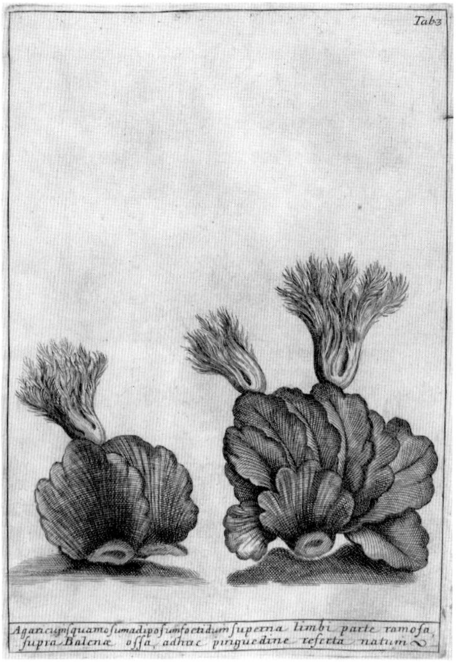

85

Agaricum squamosum, in: Michelangelo Tilli: *Catalogus plantarum horti Pisani* (1723), Tab. 3.

Dass jene Gebeine zu den Highlights der Pisaner Naturaliensammlung gehörten, machen unter anderem zeitgenössische Briefe und Reisebeschreibungen deutlich. Johann Caspar Goethe, der Pisa im Jahre 1740 besuchte, erwähnt sie gleich zu Beginn seiner kurzen Beschreibung des botanischen Gartens:

> Wer Zeit im Überfluß hat, mag auch dem Giardino de' Semplici respektive Giardino Medicinale einen Besuch abstatten, wo man am Eingang das fast vollständig erhaltene Skelett eines Walfisches von erstaunlicher Größe aufgehängt hat.[152]

Goethes Situation beim Eintritt in den Garten lässt sich anhand des im Katalog abgedruckten Fassadenaufrisses der Eingangsgebäude (Abb. 24) eins zu eins nachvollziehen. Oberhalb des Haupteingangs („Prior Horti ingressus") schließt eine Mauer an, an der Knochen verschiedener Art und Größe angebracht sind. Die dazugehörige Legende erläutert: „35. Aditus qui ad ostium Viae publicae ducit: ibi Balenae, & Physeteris ossa suspensa,

bis zum obersten Teil nicht unterschiedlich, sondern ganz homogen, so dass sie äußerlich zwar mehrteilig, im Inneren aber gleichmäßig sind.").

152 Goethe 1740 (1986), S. 335.

ut pagina 4. hujus Catalogi, ubi de Agarico agitur."[153] Es wird also bereits angekündigt, dass und an welcher Stelle dem Katalog Informationen zu jenen öffentlich ausgestellten Walfischknochen zu entnehmen sind. Da Johann Caspar Goethe Tillis Katalog offenbar kannte, mag es sein, dass ihm dieser vorab als Orientierung für seinen Besuch im Garten gedient hatte, wobei sich der Reisende vor allen Dingen für die Stücke der Sammlung interessierte:

> Man versicherte uns, daß dort mehr als 4000 Heilkräuter angepflanzt seien; wenn sich aber nichts verändert hat, seitdem Michelangelo Tilly, der Professor für Botanik, 1723 in Florenz ein Verzeichnis drucken ließ, dann beläuft sich die Zahl der Pflanzen sogar auf 5000. [...] Nebenan im Naturalienkabinett kann man einen Kristall bestaunen, in dem sich ein Wassertropfen bewegt, und dazu ein Korallenzweiglein, das auf einem Totenkopf gewachsen ist. Das übrige sind Dinge, über die man schon mehrfach aus anderen Kabinetten dieser Art berichtet hat.[154]

Es überrascht kaum, dass auch jenes „Korallenzweiglein" (*Crambe maritima*) mit einem separaten Katalogeintrag gewürdigt wird.[155] Eine Bildtafel fehlt, doch unter Tillis Zeichnungen in London finden sich gleich zwei Versionen des korallengekrönten Totenschädels.[156] Das seltsame Objekt schien in der Tat allgemeine Bewunderung auf sich zu ziehen (etwa von Seiten Athanasius Kirchers, Ferdinando Cospis und anderen Gelehrten), wie der Katalogtext verrät. Zu Beginn seiner Ausführungen stellt Tilli sicher, dass er sich unter den zahlreichen Vegetabilia des „Museum Pisanum" ausschließlich mit diesem Stück auseinandersetzen werde, was die Besonderheit desselben nochmals unterstreicht:

> De varijs vegetabilibus, quae partinent [pertinent] ad Museum Pisanum, nihil adnotabo: sed tantum aliquid de Cranio Humano in mari reperto, & tenuissima lapidea crusta aequaliter circumdato; de quo nonnulli non parum mirantur, breviter mentionem faciam.[157]

Die recht ausführliche Auseinandersetzung mit jenen seltsamen Gewächsen, die in direkter physischer Verbindung mit den bedeutendsten Objekten der traditionsreichen *galleria*

153 Tilli 1723, ohne Seitenangabe („35. Zugang zum Eingang an der Straße: dort sind die Walfischknochen aufgehängt, wie auf Seite 4 dieses Kataloges dargelegt, wo über den Pilz berichtet wird.").

154 Goethe 1740 (1986), S. 335f.

155 Vgl. Tilli 1723, S. 47f.

156 *Specimen Plantarum* [...] (NHM London, Banksian mss., drawings cupb'd 17 shelf B&C), Bd. 1, S. L sowie Bd. 3, S. 69; eine Abbildung der zweiten Zeichnung findet sich auch bei Garbari 1991, S. 167, Fig. 156.

157 Tilli 1723, S. 48 („Über die verschiedenen Pflanzen und pflanzenähnlichen Objekte des ‚Museo Pisano', werde ich nichts ausführen: kurz berichten werde ich lediglich über den menschlichen Schädel, der im Meer gefunden wurde und gleichmäßig von einer feinen steinernen Kruste umschlossen ist, denn dieser hat bei nicht wenigen Leuten erhebliche Bewunderung hervorgerufen.").

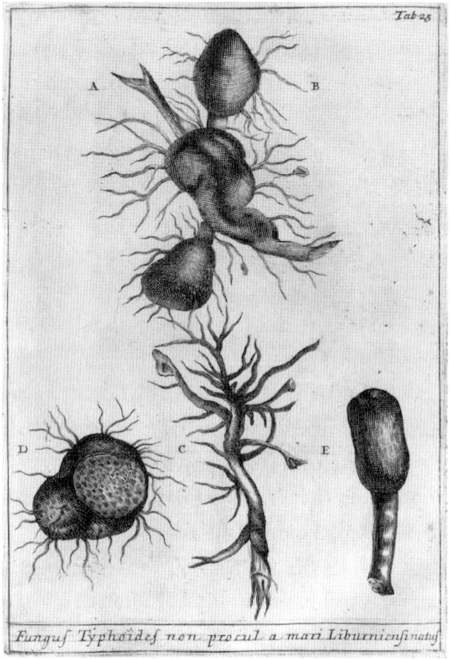

87

Fungus Typhoides, in: Michelangelo Tilli: *Catalogus plantarum horti Pisani* (1723), Tab. 25.

Fungus Typhoides coccineus Melitensis, quo frequenter utimur in Medicina, in libro Rar. Pag. 81. a Boccone taliter, qualiter in Insula Melitensi oritur, absque ulla radicum mixtione descriptus & delineatus; a Fungo Melitensi tuberoso ejusdem Bocconii in Museo sub n. 57. inciso, videtur differre; dum in descriptione pag. 69. huic fibras etiam lignosas tribuat, ubi non tantum in Melitae Insula, sed in Drepani, Lampidosae Insulis, ac in Tunetano Regno nasci, afferit. Anno 1719 in littore Liburnensi non procul a Mari diligentissimus, ac rerum medicinalium peritissimus D. Tiberius Scali eandem Fungorum productionem a Boccone descriptam, & delineatam sub n. 57. invenit, & aliquando bis in anno plures diversae figurae, & consistentiae Tuberculos fuscos, & tam sapore, quam colore omnino ad instar Typhoidis ad me misit; quos postea Domi meae diligenter visos, incisos, atque interne recognitos, tam sapore adstringenti, quam colore cinereo recognovi, ut Bocconius fuse descripsit.[160]

160 Tilli 1723, S. 64 („Der *Fungus Typhoides coccineus Melitensis* [scharlachrote Malteser Typhus-Pilz], den wir häufig in der Medizin gebrauchen, wird von [Paolo] Boccone in seinem Buch *Icones & descriptiones rariorum plantarum Siciliae, Melitae, Galliae, & Italiae* auf Seite 81 so beschrieben und bildlich dargestellt, wie er auf der Insel Malta ohne jegliche Vermischung der Wurzel [in reiner Form] wächst. Er unterscheidet sich vom *Fungus Melitensis tuberosus* [knollenförmigen Malteserschwamm], den derselbe Boccone im *Museo di fisica e di esperienze variato, e decorato di osservazioni naturali* unter der Nummer 57 wiedergibt, weil er

Auch im weiteren Verlauf seiner Ausführungen (das Zitat gibt lediglich ein Drittel des gesamten Eintrags wieder) geht Tilli wiederholt auf Boccones bildliche Darstellung der beschriebenen Spezies („[...] sub n. 57. inciso [...]") ein. Vergleicht man die Bildtafeln der Werke Boccones und Tillis (Abb. 86, 87), fallen jedoch kaum Gemeinsamkeiten auf. Die Bildunterschrift „Fungus Typhoides non procul a mari Liburniensi natus" kennzeichnet das Exemplar des *Hortus Pisanus* zudem als eigenständiges Exemplar und es verwundert kaum, dass sich die entsprechende Stichvorlage einmal mehr unter den Londoner Zeichnungen befindet.[161]

3.3.6 Zusammenfassung und Vorausschau

Die Auseinandersetzung mit Bild und Text im *Hortus Pisanus* auf den vorangehenden 30 Seiten zeugt von einer gewissen inhaltlichen Heterogenität des Katalogs. Diese unterstützt durchaus die repräsentativen Ansprüche von Tillis Werk, wobei ganz verschiedene Facetten der Vorgänge im und um den *Giardino dei Semplici* betont werden. Ein wichtiger Fokus des Pisaner Gartenkatalogs liegt auf der Darstellung von Einzigartigkeit und Besonderheit. Nicht selten wird dabei auch über den Garten hinaus auf den exklusiven Besitz einer Pflanze (etwa in einem der großherzoglichen Gärten) verwiesen, wie im Falle des *Jasminum Indicum* im Garten der Villa di Castello (s. S. 49–51, 162–164). Die Ländereien von Castello, la Petraia und Artimino werden beispielsweise auch bei der Beschreibung verschiedener Rebsorten erwähnt, die sich in viel größerer Zahl und Vielfalt als im botanischen Garten in den Weinbergen jener großherzoglichen Güter befanden (s. Anm. 3.148). Abgesehen von den Weintrauben verzeichnet der Katalog zahlreiche weitere wirtschaftlich bedeutsame, oft auch exotische und daher sehr kostbare Pflanzen und pflanzliche Rohstoffe, deren Historie und Verwendung üblicherweise in längeren Textpassagen erläutert werden. Neben dem Aloeholz (s. S. 174) und dem Malteserschwamm (s. S. 192–195) ist hier in jedem Falle die Kaffeepflanze zu nennen, bei deren Beschreibung ein weiteres zentrales Anliegen des *Hortus Pisanus* offenbar wird. Der gegenseitige Austausch mit Fachkollegen im In- und Ausland scheint durchweg eine seiner Bedeutung entsprechende Würdigung zu finden. Für Tilli war die Korrespondenz mit Caspar Commelijn aus

letzterem auf Seite 69 holzige Fasern zuschreibt und er nicht nur auf Malta, sondern auch in Drepano, auf der Insel Lampedusa und im Tunesischen Reich wachse. Im Jahre 1719 hat der überaus gewissenhafte und in der Arzneikunde äußerst erfahrene Herr Tiberio Scali an der Küste von Livorno, nicht weit vom Meer entfernt, eine solche, von Boccone unter der Nummer 57 beschriebene und bildlich dargestellte Ansammlung von Pilzen gefunden. Zweimal schickte er mir in jenem Jahr mehrere schwarzbraune Knollen verschiedener Gestalt und Konsistenz, die sowohl in ihrem Geschmack als auch in ihrer Farbe durchaus einem Typhus-Pilz entsprachen. Nachdem ich diese in meinem Haus sorgfältig betrachtet, geöffnet und ihr Inneres untersucht hatte, befand ich sie sowohl in ihrem zusammenziehenden Geschmack als auch in ihrer aschgrauen Farbe als solcher Art, wie sie Boccone ausführlich beschrieben hat.").

161 *Specimen Plantarum* [...] (NHM London, Banksian mss., drawings cupb'd 17 shelf B&C), Bd. 3, S. 124.

Amsterdam und Hermann Boerhaave aus Leiden besonders wichtig, was nicht nur der ausführliche Text zu „Jasminum Arabicum […] cujus fructus Caffè in Officinis dicuntur" (s. S. 174), sondern etliche weitere Beispiele, darunter etwa die Akazien und Aloepflanzen, bezeugen. Tillis Auflistung der verschiedenen Aloearten und -varietäten, oftmals ergänzt durch kurze Anmerkungen, sowie die dazugehörigen Stiche und Zeichnungen zeigen, dass der Vorsteher des *Giardino dei Semplici* in Pisa stets sehr stolz darauf war, wenn die ihm übermittelten Pflanzen in Pisa besonders gut gediehen (s. S. 176–178).[162] Ähnliches gilt für Tillis eigene Funde und Beobachtungen, auch wenn diese zahlenmäßig wesentlich geringer ausfallen als die Funde Michelis.

Dass es Tilli in seinem Katalogprojekt eher um Dokumentation und Repräsentation als um botanische Klassifizierungsarbeit ging, scheint nunmehr offenkundig und bedürfte kaum weiterer Klärung. Um jedoch auf die in einer gewissen Konkurrenzsituation entstandene, in Inhalt und Struktur ganz andersartige Publikation Michelis – die *Nova plantarum genera* von 1729 – vorauszuweisen, sei ein letztes, vergleichsweise unscheinbares Beispiel angeführt, das jene Unterschiedlichkeit bereits zum Ausdruck bringt. Mit *Teucrum supinum*, *Thymelaea Italica*, *Tilia Bohemica* und *Trifolium Apulum* zeigt die zweitletzte Tafel des *Hortus Pisanus* (Abb. 88) vier ganz verschiedene Pflanzenspezies, die abgesehen von ihrem Anfangsbuchstaben nicht viel gemeinsam haben. Besonders unverkennbar ist die Kleepflanze in der rechten unteren Ecke. Verschiedene Arten und Varietäten von Klee finden sich auch in den *Nova Genera*. Michelis Bildtafeln stehen in der Regel jeweils für eine bestimmte Pflanzengattung, die anhand von einer oder mehreren Spezies exemplarisch vorgestellt wird. So ist die Gattung *Trifoliastrum*, die den Kleegewächsen (*Trifolium*) entspricht, auf der Tafel mit der Nummer 25 mit acht Arten und Varietäten vertreten (Abb. 89). Neben den typischen Blättern und Blütenständen gibt der Stich auch die filigranen Einzelblüten und Samenkapseln wieder. Um der Unübersichtlichkeit der Darstellung entgegenzuwirken, sind ihr, den Kupferstichen Danty d'Isnards mit ihren analytischen Details nicht unähnlich, Nummern (*Fig. 1–8*) und Buchstaben (*A–Q*) beigefügt, über die Micheli in den entsprechenden vier Seiten Text weitere Auskünfte gibt.[163] Zunächst werden die allgemeinen Merkmale der Gattung mit dem Verweis auf die dazugehörige Tafel und unter Verwendung der Bildelemente *A*, *B* und *C* (im linken oberen Viertel zu sehen) zusammengefasst: „Trifoliastrum est plantae genus, a Trifolio diversum,

162 Hiervon zeugt auch der am Ende des *Hortus Pisanus* abgedruckte Brief Luigi Ferdinando Marsiglis, der zuvor gemeinsam mit dem Bologneser Botaniker Giuseppe Monti den Pisaner Garten besucht und einige ihm von Hermann Boerhaave übersandte Samen dorthin gebracht hatte: „Appunto la sera avanti la mia partenza da Bologna mi giunse un nuovo pacchetto di Semi mandatimi dal Sig. Boerhaave, che stimai bene di meco portare qui per communicarne di ciascuna spezie alcuni grani a VS, che riceverà colli loro nomi in cinquanta cartucce ripartiti […] Io mi rallegro con Lei, perchè felicemente moltiplica le tante spezie di piante di capo di buona speranza, e quello, che più importa le ho ritrovate di polpa, e vigore maggiore di quelle, che sono in Amsterdam, effetto del clima, e della somma diligenza sua […]" Tilli 1723, S. 185.

163 Vgl. Micheli 1729, S. 26–29.

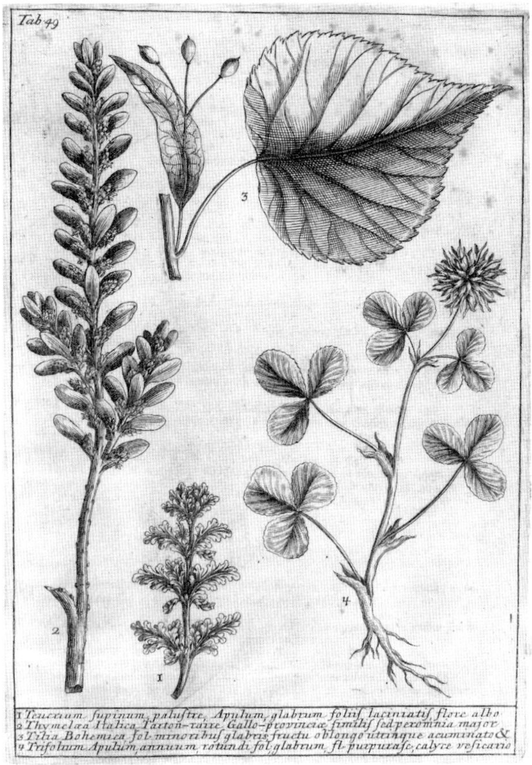

88

Trifolium Apulum u.a., in: Michelangelo Tilli: *Catalogus plantarum horti Pisani* (1723), Tab. 49.

solum siliqua A in calyce B non recondita [...]" – Bei *Trifoliastrum* handelt es sich um eine Pflanzengattung mit dreiteiligen Blättern. Die Hülse A liegt nicht im Kelch B verborgen. Darauf folgen, in sieben verschiedene Ordnungen untergliedert, die Beschreibungen insgesamt 26 einzelner Arten und Varietäten. Auch jene Ordnungen (*Ordo I–VII*) erfahren stets eine kurze Charakterisierung, wobei Micheli auf die Detailabbildungen (*D–Q*) zurückgreift. *Trifoliastrum* ist die einzige Gattung, die Micheli unter Tourneforts zehnter Klasse anführt und deren Namen er am Ende seiner Listen und Beschreibungen kurz erläutert: „Trifoliastrum quasi planta ad Trifolium accedens." – die Gattungen *Trifolium* und *Trifoliastrum* seien einander also äußerst ähnlich. Tournefort selbst charakterisierte die Vertreter jener zehnten Klasse als „Des herbes à fleurs irregulieres composées de plusieurs feuilles, & qu'on appelle ordinairement des fleurs legumineuses."[164] – Pflanzen mit unregelmäßigen, aus mehreren Einzelblüten zusammengesetzten Blütenständen, die man gewöhnlich als Hülsen tragende Blütenstände bezeichnet. Sein Klassifikationssystem

164 Tournefort 1694, Bd. 1, *Table des classes des genres des plantes.*

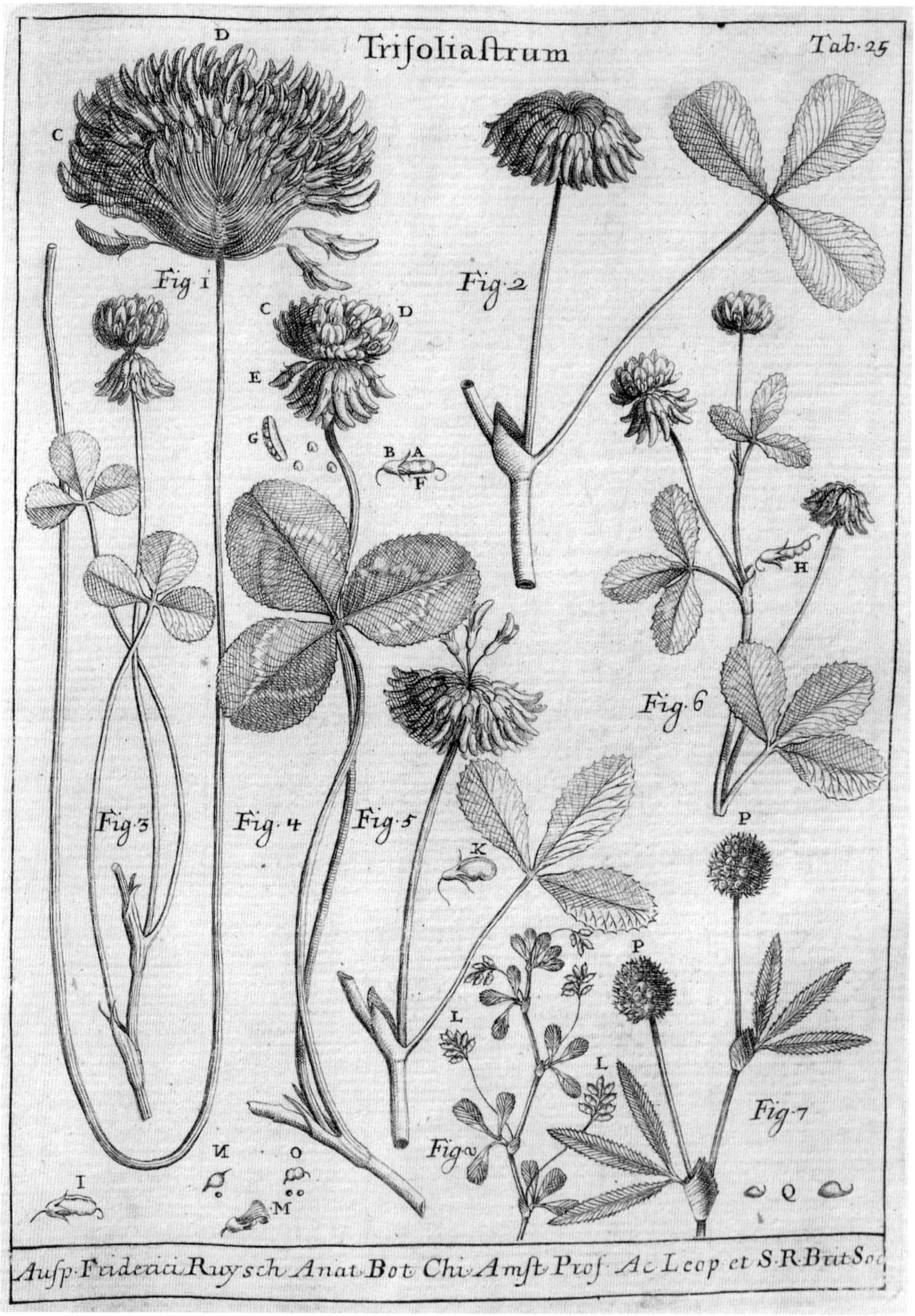

89 *Trifoliastrum*, in: Pier Antonio Micheli: *Nova plantarum genera* (1729), Tab. 25.

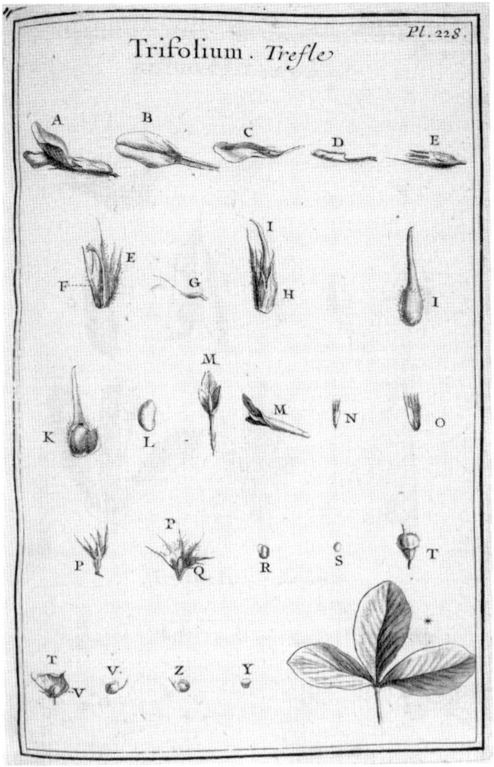

90

Trifolium/Trefle, in: Joseph Pitton de Tournefort: *Élémens de botanique* (1694), Tab. 228.

stützte sich auf die Analyse von Blüten- und Fruchtständen, was die Konzentration auf die Darstellung analytischer Details bei Micheli und mehr noch bei Tournefort selbst (Abb. 90) erklärt. Betrachtet man nun zum Vergleich die oben genannte Tafel aus dem *Hortus Pisanus*, wird der Unterschied zwischen der reinen Katalogisierungsarbeit und dem Anspruch, ein System botanischer Klassifikation zu entwickeln, zu befolgen und zu erläutern, mehr als deutlich. Der Stich aus Tillis Katalog zeigt die einzelnen Pflanzen oder Pflanzenteile in ausgewogener Komposition über die gesamte Tafel verteilt und angesichts der bildlichen Analysen bei Micheli oder Tournefort lässt sich Adolfo Targioni Tozzettis Urteil über die schönen und exakten, dabei jedoch keine analytischen Details vermittelnden Darstellungen des Pisaner Katalogs durchaus nachvollziehen. Die inhaltlichen und funktionalen Unterschiede zwischen den Publikationen Tillis und Michelis werden durch die integrierten Bildtafeln, die die entsprechenden Texte ergänzen und kommentieren, ganz wesentlich mitbestimmt und gerade in den *Nova Genera* scheinen die Bilder den Text durch zwischengeschaltete Bezugssysteme in Form von Zahlen und Buchstaben oft erst verständlich zu machen.

3.4 Gattung und Art: Pflanzenklassifikation in Michelis *Nova Genera*

Informationen über botanische Bilder und ihre Bedeutung finden sich nur äußerst selten in Michelis umfangreicher Vita. Adolfo Targioni Tozzettis Bemerkungen zum *Hortus Pisanus* sind eine Zutat aus dem 19. Jahrhundert. Beschränkt man sich auf die Ausführungen des eigentlichen Autors Giovanni Targioni Tozzetti, bleibt überraschenderweise kaum eine Textstelle übrig. Dies erscheint zunächst verwunderlich, muss der Schüler doch mit der Arbeit des Lehrers so eng vertraut gewesen sein, dass ihm Präsenz und Wirkung von Bildern sowohl in Michelis handschriftlichen Hinterlassenschaften als auch in den *Nova Genera* unmöglich entgangen sein können. Gleichzeitig mag jedoch gerade in dieser Vertrautheit der Grund für den Verzicht liegen. Michelis Handschriften, seine Bibliothek und seine Naturaliensammlung mit dem umfangreichen Herbarium gelangten bald nach seinem Tod in den Besitz der Familie Targioni Tozzetti. Giovanni hatte also direkten Zugang zu Michelis ‚Erbe' und kannte die Voraussetzungen und Ergebnisse der Arbeit seines Lehrers sehr genau. Aus der Vorrede an Ottaviano Targioni Tozzetti wird deutlich, dass Giovanni all das an seinen Sohn weitergeben wollte:

> [...] ve la lascerò [una porzione di esso patrimonio forse per la valuta di tre grossi poderi] in suppellettile letteraria, cioè in libri sì stampati che manoscritti, ed in raccolte assai numerose e pregiabili di produzioni naturali, e di artefatti, che vi faciliteranno l'acquisto di cognizioni importanti e feconde in diverse scienze ed arti. [...] una gran parte di questi materiali scientifichi sono il frutto delle lunghe immense fatiche del mio riverito maestro Pier' Antonio Micheli [...] e ne vado facendo un catalogo metodico e ragionato. [...] ho creduto opportuno di rendervi minutamente informato dei particolari a me noti della vita e degli studj del mio buon maestro [...][165]

Vor diesem Hintergrund erscheinen Giovanni Targioni Tozzettis *Notizie della vita e delle opere di Pier' Antonio Micheli* als eine Art ausführlicher erläuternder Kommentar zu den gedruckten und handschriftlichen, gepressten und getrockneten, persönlich oder im Austausch mit anderen Gelehrten gesammelten Hinterlassenschaften des Lehrers, ergänzt um einen etwa 50-seitigen Katalog der entsprechenden Publikationen und Handschriften (*Catalogus operum Petri Antonio Micheli*) sowie der Naturaliensammlung (*Elenco del museo*

165 Targioni Tozzetti 1858, S. 1–3 („[...] ich hinterlasse Ihnen einen Anteil jenes Vermögens, das vielleicht dem Wert dreier großer Landgüter entspricht, in literarischer Form, also in sowohl gedruckten als auch handgeschriebenen Büchern, sowie in recht zahlreichen und wertvollen Sammlungen von Naturobjekten und Artefakten, die Ihnen den Erwerb wichtiger und fruchtbringender Kenntnisse in verschiedenen Wissenschaften und Künsten erleichtern werden. [...] ein großer Teil dieses wissenschaftlichen Materials ist die Frucht der langen und großen Mühen meines verehrten Lehrers Pier Antonio Micheli [...] und ich werde einen strukturierten und kommentierten Katalog seiner Hinterlassenschaften anlegen. [...] ich halte es für angebracht, Sie genauestens über die mir bekannten Einzelheiten des Lebens und der Arbeit meines teuren Lehrers zu unterrichten [...]").

di Pier' Antonio Micheli).[166] Nicht nur Giovannis Sohn Ottaviano, auch der Enkel Antonio und der Urenkel Adolfo, die schließlich für die Publikation der Biographie verantwortlich waren, konnten sowohl mit dem Kommentar als auch mit einem Großteil der Texte, Bilder, Präparate und Objekte selbst arbeiten. Letzteren fiel es dabei nicht immer leicht, die Angaben Giovannis zu rekonstruieren, wie eine Anmerkung Adolfos zeigt, dem es an einer Stelle lediglich gelang, eine von zwei genannten Handschriften Michelis wiederzufinden.[167] Jene Fußnote bezieht sich auf einen bereits zitierten Passus (s. S. 117), in dem über die Idee (*Prima idea dell'opera*) und die ersten Vorarbeiten zu den *Nova Genera* berichtet wird. Die Textstelle ist eine der wenigen, in der Giovanni Targioni Tozzetti – wenn auch nur knapp – auf die Bedeutung botanischer Bilder in Michelis Werk eingeht:

> [...] giacchè fra i suoi manoscritti ho trovato quattro diversi distesi di operetta concernente i caratteri generici con figure, e una disposizione metodica di molte specie di esse piante [di Funghi, Agarici, ed altri affini]. Uno di questi distesi è intitolato: 'De Fungis terrestribus et arboreis, edulibus et venenatis, Dissertationes viginti, facili ac perspicua methodo digestae'. Quello che il Micheli chiama dissertazioni, sono generi, sotto dei quali registra le respettive specie. Il secondo ha per titolo: 'Novae et accuratae fungorum methodi specimen'; gli altri due sono anepigrafi.[168]

Der hier nur angedeutete Zusammenhang zwischen Bildern und der zeitgenössischen klassifikatorischen Praxis wird in den *Nova Genera* durch die enge Verschränkung zwischen Tafeln und Textteil auf Anhieb deutlich. Die folgenden Beispiele sollen diese Bild-Text-Korrespondenz näher erläutern und kontextualisieren. Wie im Falle des *Hortus Pisanus* soll ein Eindruck von Struktur und Inhalt der Publikation vermittelt werden, wobei auch die Herkunft von und der Umgang mit bildlichen und textlichen Informationen hinterfragt wird.

166 Vgl. Targioni Tozzetti 1858, S. 337–383.

167 „Dei due Mss. Micheliani qui indicati con titolo speciale non riesco a trovare il secondo fra i molti, che si conservano all'I. e R. Erbario centrale." Targioni Tozzetti 1858, S. 144, Anm. 1.

168 Targioni Tozzetti 1858, S. 144 („[...] da ich unter seinen [Michelis] Handschriften vier verschiedene Schriften gefunden habe, die sich den Gattungsmerkmalen von *Fungus*, *Agaricus* und ähnlichen Gattungen mit entsprechenden Abbildungen und einer systematischen Einteilung vieler Arten jener Pflanzen widmen. Eine dieser Schriften trägt den Titel ‚Von essbaren und giftigen Erd- und Baumpilzen, zwanzig Abhandlungen, nach einfacher und übersichtlicher Methode angeordnet'. Was Micheli als Abhandlungen bezeichnet, sind die Gattungen, in die er die entsprechenden Arten untergliedert. Die zweite Schrift trägt den Titel ‚Neue und sorgfältige Systematik der Pilze'; die anderen beiden haben keinen Titel.").

3.4.1 Pilze: zur Vorbereitung der Bildtafeln

Die unmittelbare Vorbereitung der Bildtafeln für die *Nova Genera* lässt sich überraschend gut nachvollziehen. In einem kurzen Aufsatz von 1957 im *Bulletin du Jardin botanique de l'État à Bruxelles* wies der Mykologe John Ramsbottom auf ein Exemplar von Michelis Werk im *British Museum* hin, das zusätzlich zu den 108 Bildtafeln fast die gesamten Stichvorlagen enthält und aus dem Besitz der Familie Targioni Tozzetti stammt.[169] Jener Band wurde 1863 von der Witwe Antonios nach London verkauft und befindet sich heute in der *British Library*.[170] Die Vorzeichnungen sind in Technik und Ausführung recht unterschiedlich. Nicht selten offenbart der fertige Stich einige Veränderungen und Ergänzungen im Vergleich zu den Vorlagen, die den entsprechenden Stichen auf der verso-Seite der vorangehenden Tafel stets direkt gegenübergestellt sind. Vergleicht man beispielsweise Zeichnung und Stich mit der Nummer 73 (Taf. XXII, XXIII), die sich den allgemeinen Merkmalen der Gattung *Fungus* widmen,[171] kann man ablesen, wie der ausgewogenen Vorzeichnung bei der Übertragung in den Kupferstich Zahlen und Buchstaben zur Korrespondenz mit dem entsprechenden Text und der unbedingte Hinweis auf den Subskribenten („Auspiciis Jacobi Sherard Regiae Societ Sodalis" – Jacob war der Bruder William Sherards) hinzugefügt wurden. Zudem wurde nahezu jeder Freiraum mit kleinteiligen Detaildarstellungen ausgefüllt, die auf der Vorzeichnung weitestgehend fehlen. Auch auf die Frage, woran sich der Vorlagenzeichner bei seiner Arbeit orientiert haben könnte, findet man in diesem Falle eine Antwort. Zu Michelis umfangreichen handschriftlichen Hinterlassenschaften gehören neben Aquarellzeichnungen verschiedener Künstler auch eigenhändige Skizzen, die etwa Rückschlüsse auf die kompositorische Planung der Stiche zulassen. Es überrascht kaum, dass Zeichnungen von Pilzen den bei weitem größten Anteil solcher Vorlagen ausmachen.[172] Besonders interessant ist ein schmaler großformatiger Band mit zunächst wenig aufschlussreich erscheinenden Schemazeichnungen verschiedener Pilze (Taf. XXIV).[173] Bei näherem Hinsehen offenbaren sich die zügig ausgeführten Skizzen als Entwürfe für die Bildtafeln der *Nova Genera*. Michelis kurze Hinweise auf den einzelnen Pilzen erlauben eine Zuordnung der Skizzen zu den wesentlich feiner gezeichneten Aquarellen des Florentiner Pflanzen- und Tiermalers Giovanni Bonechi in einem anderen Band (Taf. XXV).[174] Wie der ausführliche Titel des letztgenannten Bandes verrät, handelt es sich bei der Fülle gezeichneter Pilze weniger um eigene Beobachtungen

169 Vgl. Ramsbottom 1957.
170 BL London, Signatur 7032.i.22.
171 Vgl. Micheli 1729, S. 133–136.
172 BB Florenz, mss. Micheli 50–64, 66, 67, 69; vgl. Ragazzini 1993, S. 78–92.
173 BB Florenz, ms. Micheli 67.
174 BB Florenz, ms. Micheli 66. Zu Bonechi äußert sich knapp Gabburri in seinen *Vite di pittori*: „Giovanni Bonechi fiorentino, pittore di architettura, frutte e fiori e animali, riescendo in tutto questo con applauso universale. Vive in patria nel 1739, in età di circa 53 anni." Gabburri 1719–41, Bd. 3, S. 1312.

Michelis bzw. Bonechis, sondern in erster Linie um qualitätvolle Kopien der Zeichnungen von Fachkollegen, bei deren Vermittlung wiederum Michelis wichtiger Unterstützer und Korrespondent William Sherard eine bedeutende Rolle spielte:[175]

> Codices duo exhibentes figuras plurimas Fungorum et Agaricorum a Bonechio expressas primis alter comprehendit icones agaricorum et fungorum anepigraphas depromptas ex libris depictis a Franc. Sterbeck, Jacob. Breynio et Jo. Jac. Dillenio, quos Guillelmus Scherard [sic!] e bibliotheca Sua cum Michelio communicavit[176]

Es ist hinzuzufügen, dass die Bildunterschriften vor allem auf Johann Jacob Dillenius' *Catalogus plantarum sponte circa Gissam nascentium* (Frankfurt am Main 1719) verweisen (Taf. XXVI), doch finden sich auch Bezüge zu anderen Autoren wie Tournefort oder Paolo Boccone (Taf. XXVII) und Michelis eigenen Beobachtungen („Amanita fimetavia ex fusco nigrescens [...] In Pascuis e fimo Vaccino mihi observata A. 1719. Novembri. Lamellae cinerei coloris erant"[177]). Der Vorlagenfrage soll an dieser Stelle nicht bis auf den Grund nachgegangen werden. Wie bereits gezeigt wurde und auch im Verlauf der Arbeit weiter deutlich werden wird, war es alles andere als ungewöhnlich, sich an bereits bestehendem Bildmaterial zu orientieren, was bis zur Übernahme gesamter Stichserien reichen konnte.[178] Die drei Bildbeispiele aus den *Codices [...] Fungorum et Agaricorum* (Taf. XXV–XXVII) zeigen, wie unterschiedlich solche Bildschöpfungen sein konnten (ohne und mit Text, isoliert oder als angedeutete szenische Darstellungen). Ein Blick in Michelis gut 70 Handschriftenbände in der Florentiner *Biblioteca Botanica*, von denen ein Großteil Zeichnungen enthält, erweitert diesen Eindruck um Bilder verschiedener Sujets (von Insekten und Fischen über Früchte und Blumen bis hin zu Wasserpflanzen, Flechten und Moosen) sowie unterschiedlicher Qualität, Herkunft und Verwendung. Einige dieser Zeichnungen dienten nachgewiesenermaßen als Orientierungshilfe für die Bildtafeln der *Nova Genera*, wie am Beispiel der Tafel 73 verdeutlicht wurde. Solche Zusammenhänge lassen sich gerade anhand der Aquarelle Bonechis in den *Codices* in recht großer Anzahl ausführen, doch statt diese in ihrer Vollständigkeit aufzulisten, sei abschließend darauf verwiesen, dass die *libri depicti* Breynes und Dillenius' sowie van Sterbeecks *Theatrum Fungorum* ausdrücklich im Autorenverzeichnis der *Nova Genera* erwähnt sind:

175 Vgl. hierzu Targioni Tozzetti 1858, S. 122–130, s. auch Kapitel 4.3.2, S. 287f.

176 BB Florenz, ms. Micheli 66, c. 5r („Zwei Bände mit vielen von [Giovanni] Bonechi gemalten Pilzen der Gattungen *Fungus* und *Agaricus*, deren erster die unbezeichneten, aus den Bildbänden Franciscus van Sterbeecks, Jacob Breynes und Johann Jacob Dillenius' entnommenen Bilder enthält, die William Sherard Micheli aus seiner Bibliothek zukommen ließ").

177 BB Florenz, ms. Micheli 66, c. 19r.

178 Vgl. hierzu etwa (über die zahlreichen angeführten Beispiele hinaus) Kusukawa 2000, 2010, Egmond 2007a, 2012.

> Breyn. Liber depictus in quo spectantur Fungorum imagines fere ad vivum suis quaeque coloribus depictae a Cl. Sherardo nobis communicatus. [...]
> Dill. Liber depictus imaginibus Fungorum ad vivum expressis in agro Gissensi nascentium a Cl. Sherardo communicatus. [...]
> Sterb. Theatr. Fung. [...] Antverpiae 1712. in 4.[179]

Wie Michelis Handschriften und Zeichnungen vermuten lassen, machen Pilze und ähnliche Gewächse einen großen Anteil des Inhalts der *Nova Genera* aus. Dies kündigt bereits der ausführliche Überschriftenzusatz an, der ebenfalls auf die 108 enthaltenen Kupferstichtafeln vorausweist:

> Nova Plantarum Genera iuxta Tournefortii Methodum Disposita
> Quibus Plantae MDCCCC recensentur, scilicet fere MCCCC nondum observatae, reliquae suis sedibus restitutae; quarum vero figuram exhibere visum fuit, eae ad DL aeneis Tabulis CVIII. graphice expressae sunt; Adnotationibus, atque Observationibus, praecipue Fungorum, Mucorum, affiniumque Plantarum sationem, ortum, & incrementum spectantibus, interdum adiectis.[180]

Anders als in einer Publikation wie Tillis *Hortus Pisanus*, hatte die Leserschaft von Michelis Werk in erster Linie eine Auseinandersetzung mit so genannten niederen Pflanzen sowie eher unscheinbaren und heimischen Spezies zu erwarten, von denen ein Großteil in den *Nova Genera* zum ersten Mal beschrieben worden sei. Die Unterschiede zwischen jenen Werken bestehen also nicht nur in ihren verschiedenen Ordnungsstrukturen, sondern auch auf einer konkreten inhaltlichen Ebene, was die jeweils verzeichneten Pflanzen betrifft. Doch wie genau sehen Struktur und Inhalt der *Nova Genera* im Hinblick auf die Interaktion von Bild und Text nun aus?

179 Micheli 1729, *Syllabus auctorum* („Breyne, [Jacob] Illustrierter Band, in dem die Bilder von Pilzen zu finden sind, die nahezu nach dem Leben und in Farbe gestaltet sind, von [William] Sherard übermittelt / Dillenius, [Johann Jacob] Illustrierter Band mit nach dem Leben dargestellten Bildern von Pilzen, die in der Gegend von Gießen wachsen, von [William] Sherard übermittelt / Sterbeeck, [Franciscus van] Theatrum Fungorum [...] Antwerpen 1712, im Quartformat"). Zudem wird im Textteil wiederholt auf die erwähnten Zeichnungen hingewiesen, so etwa: „Polyporus exiguus [...] Tab. 70. fig. 7. Fungus porosus [...] D. Breynii, ex libro depicto a Clarissimo Sherardo communicato.", „Polyporus lignosus [...] Tab. 70. fig. 8. Fungus porosus & lignosus [...] D. Breynii. An Fungus campanulus, lignosus Sterb. Theat. Fung. 258. Tab. 27. I? Ex libro miniato supradicto depromptus." Micheli 1729, S. 130, „Fungus parvus [...] An Amanita parva [...] D. Dillenii? Ex libro depicto ejusdem Clarissimi Viri, a D. Sherardo communicato.", „Fungus parvus, flavofuscus [...] Amanita parva [...] Dill. Cat. Giss. 182. Ex libro supradicto depromptus." Micheli 1729, S. 170.

180 „Neue Pflanzengattungen nach der Methode Tourneforts angeordnet, worin 1.900 Pflanzen aufgeführt sind, von denen etwa 1.400 noch nicht beobachtet wurden, während von den übrigen [500 Pflanzen] auch die Fundorte angegeben sind; mit der bildlichen Wiedergabe ihrer Gestalt in 550 Abbildungen auf 108 Kupfertafeln; mitunter ergänzt um Anmerkungen und Beobachtungen, vor allem zu Pilzen, Schimmelpilzen und verwandten Pflanzen, und die Betrachtung von Aussaat, Aufgang und Wuchs derselben."

3.4.2 *Marchantia:* zur inhaltlichen Struktur und zum Verhältnis zwischen Bild und Text

Michelis erste Bildtafel ist der Gattung *Marchantia* gewidmet (Abb. 91), die noch heute den gleichen Namen trägt und zu den Lebermoosen gehört. Unter *Fig. 1* bis *Fig. 5* gibt der Stich exemplarische Darstellungen aller fünf von Micheli beschriebenen Arten wieder. Die kleinteiligen, mit Buchstaben versehenen Detailabbildungen *A–P* dienen der Charakterisierung der Gattung und orientieren sich am Blick durch das Mikroskop, wie der letzte Satz des folgenden Passus erklärt:

> Marchantia est plantae genus, flore A A A monopetalo, campaniformi, & multifido, sed sterili, staminibus B tenuissimis pulverulentis repleto, qui a gemino calyce C D ejusdem formae ex longo filo E pendet. Fructus autem sunt capsulae coronatae F infundibuli formam praeseferentes, circa mediam cavitatem opercula, seu diaphragmate G munitae, quod dehiscendo nullum servat ordinem. Harum centro capsularum H, nidulantur multa lentiformia, & ex una dumtaxat parte emarginata semina I. His notis addendi sunt flores ex inferiore capituli parte K K e membranaceis & pulchre fimbriatis vaginulis L egredientes. Omnia in Tabula a plantis seorsim exibita, & sub literis A B C D E F G H I L M N O P posita microscopio ampliata sunt.[181]

Auf die ausführliche Erläuterung der Gattungsmerkmale, bei der die Funktion der Buchstaben als Referenzsystem zwischen Bild und Text sogleich deutlich wird, folgen die Beschreibungen der einzelnen Arten:

> Marchantiae species sunt.
> 1. Marchanta major, capitulo stellato, radiis teretibus, capsularum seminalium crenis in longiusculum veluti pilum desinentibus Tab. 1. fig 1. Lichen petraeus, sive Hepatica fontana C. B. Pin. 362. Lichen, sive Hepatica fontana I. B. 3. 758. Lichen Fuchs. 476. Ad fontium scaturigines, & secus aquarum rivulos per Etruscas Alpes, & praesertim in Falteronae Jugis, ubi autumnali tempore florentem vidimus. […]

181 Micheli 1729, S. 1 („*Marchantia* ist eine Gattung von Pflanzen mit einblättrigen, glockenförmigen, aufgespalteten und unfruchtbaren Blüten A A A, die mit feinsten, pulverförmigen Staubblättern B gefüllt sind und aus doppelten Kelchblättern C D der gleichen Form von langen Fäden E herabhängen. Die Früchte sind mit einem Kranz umgebene Kapseln F, die wie ein Trichter aussehen. Ungefähr in der Mitte des Hohlraums sind sie mit einem Deckel oder einer Membran G versehen, die, sobald sie aufplatzt, keinerlei Ordnung bewahrt [d. h. die enthaltenen Samen werden überall verteilt]. Im Inneren dieser Kapsel H nisten viele Samen I, die die Form einer Linse haben, der aber auf einer Seite ein kleines Stück am Rande fehlt. Diesen Beobachtungen hinzuzufügen ist, dass die Blüten an der Unterseite der Köpfchen K K aus membranartigen, hübsch gefransten Scheiden L hervortreten. Alle auf der Tafel abseits der einzelnen Pflanzen und unter den Buchstaben A B C D E F G H I L M N O P gezeigten Teile sind durch das Mikroskop vergrößert.“).

2. Marchantia capitulo stellato, radiis teretibus Tab. 1. fig. 2. Marchantia Comm. Ac. R. Sc. Anno 1713. pag. 307. Lichen petraeus, stellatus C. B. Pin. 362. Lichen secundus Lob. Icon. 246. Lugd. 1084. Hepatica secunda Tabern. Icon. 815. In ambulacris hortorum, & ad umbrosos, atque humidos parietes. Figura hujus plantae a Dom. Marchantio loco citato exhibitae, quam nos quoque sub Fig. 6. referimus, ita est exigua, ut diversa a nostra videatur: dummodo hujus parvitas ab alio sinistro casu non pendeat.
3. Marchantia foliis in medio atris, & non tessellatis, capitulo stellato, radiis teretibus Tab. 1. Fig. 3. In agro Florentino, variis in locis, sed rara.
4. Marchantia capitulo eleganter dissecto, radiis ad extremitatem complanatis, & infra Cochlearis instar excavatis Tab. 1. fig. 4. In aquarum stillicidiis ubique circa Florentiam, & praesertim in Ripulensi planitie juxta molendina, ubi dicitur i Gemitivi, o Balze de' Gesuiti. [...]
5. Marchantia capitulo non dissecto Tab. 1. fig. 5. Lichen petraeus, umbellatus C. B. Pin. 362. Lichen tertius Lob. Icon. 246. Lugd. 1084. Hepatica tertia Tabern. Icon. 815. [...][182]

Traditionell schließt die Bezeichnung einer Art eine knappe Beschreibung derselben mit ein – etwa „Marchantia foliis in medio atris, & non tessellatis, capitulo stellato, radiis teretibus", was soviel bedeutet wie ‚[Art von] Marchantia, deren Blätter in der Mitte dunkel und nicht mit viereckigen Plättchen besetzt sind und deren Köpfchen sternenförmig sind und spitz zulaufende Stäbchen aufweisen'.[183] Dem Hinweis auf die entsprechende Bildtafel folgt in der Regel die Nennung synonymer Bezeichnungen bei anderen Autoren, die durch leicht nachvollziehbare Literaturverweise meist ohne Probleme zu identifizieren sind. Bei der dritten und vierten der aufgeführten Arten fehlen solche Synonyme und Verweise, ein Indiz dafür, dass Micheli in seinem umfangreichen literarischen Fundus keine Anhaltspunkte zur Identifizierung jener Spezies fand und sich somit als ihr Entdecker ansah. Die Angaben von Fund- und Wuchsorten lassen auf die Gegend um Florenz schließen („In agro Florentino, variis in locis, sed rara.") und oft sind statt eines Synonyms aus der Literatur die geläufigen Bezeichnungen in der Volkssprache („[...] ubi dicitur i Gemitivi, o Balze de' Gesuiti.") wiedergegeben. Zu den Wuchsorten der Pflanzen äußert sich Micheli jedoch auch in allen anderen Fällen, womit die Beschreibung einer Art in

182 Micheli 1729, S. 2 („Die Arten von *Marchantia* sind: [...] [...] [...] Die Darstellung dieser Pflanze, die von Herrn Marchant an erwähnter Stelle gezeigt wird und hier auch unter Fig. 6 wiedergegeben ist, ist so klein, dass sie von unserer Darstellung [Fig. 2] verschieden erscheinen mag, doch ist sie in ihrer geringen Größe nicht von dieser anderen [Darstellung] links [oben, Fig. 2] abhängig. [...] [...] [...]").

183 Das Phänomen jener vielgliedrigen Namen erläutert Brian Ogilvie auf einleuchtende Weise. Jede neue Pflanze benötigte einen neuen Namen und da diese neuen Pflanzen in der Regel Varietäten bereits bekannter Spezies waren, wurden die bestehenden Bezeichnungen um entsprechende Adjektive oder gar kurze beschreibende Sätze erweitert, was im Laufe des 17. Jahrhunderts dazu führte, dass immer mehr und vor allem immer längere Pflanzennamen im Umlauf waren; vgl. Ogilvie 2003, S. 33f.

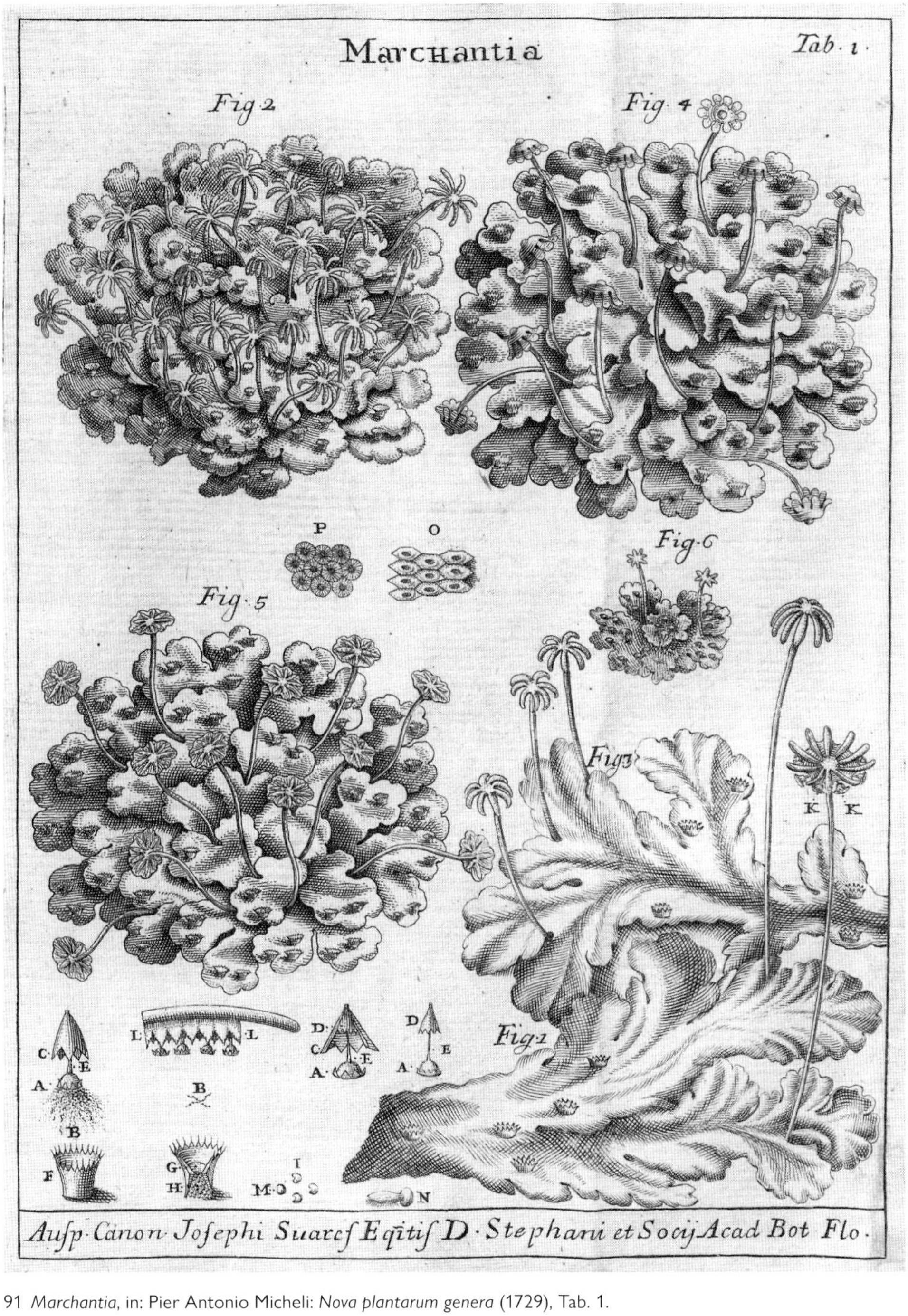

91 *Marchantia*, in: Pier Antonio Micheli: *Nova plantarum genera* (1729), Tab. 1.

der Regel abgeschlossen wird. Hin und wieder sind diese nummerierten Einträge um zusätzliche Angaben in kleinerer Schrift ergänzt. Interessant ist in dieser Hinsicht die zweite verzeichnete Art, *Marchantia capitulo stellato, radiis teretibus*.

Hinter dem ersten der insgesamt fünf Literaturverweise verbirgt sich ein kurzer Beitrag aus der *Histoire de l'Académie royale des sciences* aus dem Jahre 1713: Jean Marchants *Nouvelle découverte des fleurs et des graines d'une plante rangée par les Botanistes sous le genre du Lichen*. Marchant beschreibt die von Caspar Bauhin als *Lichen petraeus stellatus* bezeichnete Pflanze unter dem Namen *Marchantia stellata*.[184] Nach Tourneforts Definition seien die Vertreter der Gattung *Lichen* (Flechten) blütenlose Pflanzen mit kleinen rundlichen Fruchtständen:

> Enfin le plus moderne de ces Auteurs [Tournefort], Inst. R. herb. définit le Lichen un genre de plante qui ne porte point de fleurs, mais dont le fruit ressemble en quelque façon à un bassin rempli de folle farine, ou très-menuë semence, qui étant vûë au microscope paroît à peu-près ronde.[185]

Da die von Marchants eigenen Beobachtungen ausgehende Beschreibung, die nach bekanntem Muster auch eine Bildtafel einschließt (Abb. 92), nicht auf Tourneforts Definition der Gattung *Lichen* passt, entsteht – zu Ehren von Jeans Vater Nicolas Marchant – die neue Gattung *Marchantia*:

> Le caractere générique de cette Plante étant donc de porter une fleur [...] & ainsi la structure de cette fleur ne convenant point au caractere de Lichen ci-devant rapporté, [...] nous établirons pour cette Plante un nouveau genre, que nous appelerons Marchantia, du nom de seu M. Marchant mon pere, qui le premier eut l'honneur d'occuper une place de Botaniste dans cette Académie, lorsque le Roy en 1666 créa cette Compagnie.[186]

Micheli greift diese neue Gattung mitsamt ihrem Namen auf, wenn aus dem Londoner Exemplar der *Nova Genera* mit den Stichvorlagen auch hervorgeht, dass zunächst eine andere Gattungsbezeichnung (*Iecoraria*) vorgesehen war (Abb. 93). Außerdem wandert ein Element von Marchants Bildtafel in Michelis Kupferstich – jedoch nicht die detailliertere

184 Marchant 1713, S. 230, 233.

185 Marchant 1713, S. 230 („Der modernste unter diesen Autoren [Tournefort] definiert *Lichen* in den *Institutiones r[ei] herb[ariae]* schließlich als eine Pflanzengattung, die keine Blüten trägt, deren Frucht in gewisser Weise jedoch einer Schale ähnelt, die mit Mehlstaub gefüllt ist, bzw. mit sehr kleinen Samen, die durch das Mikroskop betrachtet beinahe rund erscheinen.").

186 Marchant 1713, S. 233 („Da es zu den Merkmalen dieser Pflanze gehört, eine Blüte zu tragen [...] und die Struktur derselben überhaupt nicht den zuvor ausgeführten Eigenschaften von *Lichen* gleichkommt, [...] stellen wir für diese Pflanze eine neue Gattung auf, die wir *Marchantia* nennen, nach dem Herrn [Nicolas] Marchant, meinem Vater, der die Ehre hatte, in dieser Akademie als erster einen Posten als Botaniker zu bekleiden, als der König sie im Jahre 1666 gründete.").

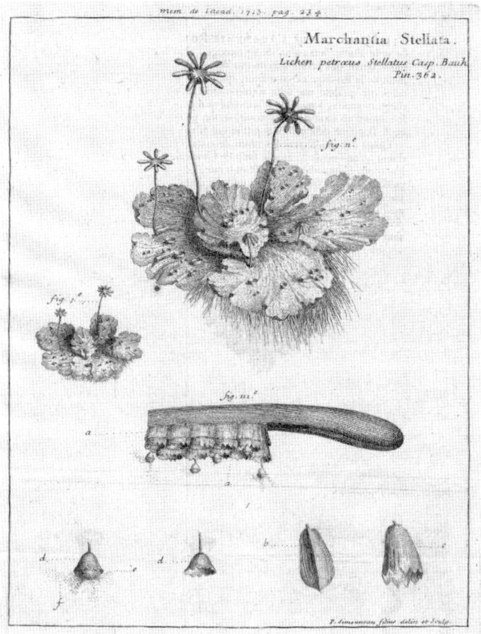

92 *Marchantia Stellata*, in: Jean Marchant: *Nouvelle découverte des fleurs et des graines d'une plante rangée par les Botanistes sous le genre du Lichen*, in: *Histoire de l'Académie royale des sciences* (1713), Universitätsbibliothek Heidelberg.

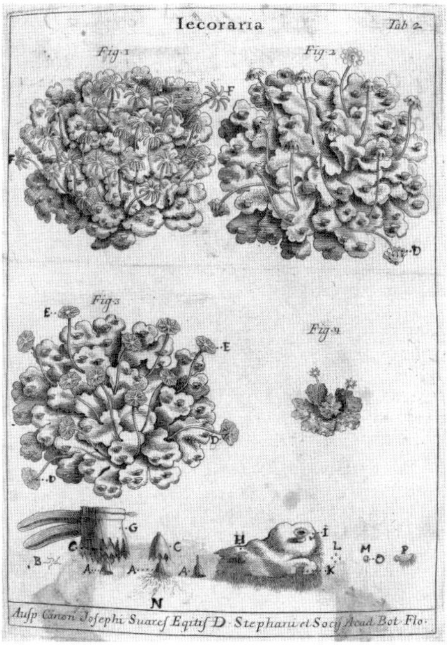

93 *Iecoraria*, in: Pier Antonio Micheli: *Nova plantarum genera* (1723), London, British Library, 7032.i.22 © The British Library Board.

Fig. 2, sondern die kleine *Fig. 1* (bei Micheli *Fig. 6*), worauf jener in einem kurzen ergänzenden Passus hinweist.[187] In einem abschließenden ausführlicheren Ergänzungstext geht Micheli genauer auf Marchants Beschreibungen ein und vergleicht diese mit seinen eigenen Beobachtungen. Auch macht er auf die Nähe zu anderen Gattungen und die Gefahr der Verwechslung – etwa mit *Lunularia* oder *Hepatica* – aufmerksam.[188] Ohne an dieser Stelle zu sehr ins Detail zu gehen, wird deutlich, auf welcher Basis neue Gattungen und Gattungsnamen etabliert wurden und welche Schwierigkeiten gerade bei der Abgrenzung zwischen eng verwandten Gattungen und ihren Arten zu beachten waren. Die (kritische) Auseinandersetzung mit der Arbeit von Fachkollegen spielte dabei, wie sowohl bei Micheli als auch bei Marchant zu sehen ist, eine äußerst wichtige Rolle.

187 „Figura hujus plantae a Dom. Marchantio loco citato exhibitae, quam nos quoque sub Fig. 6. referimus, ita est exigua, ut diversa a nostra videatur: dummodo hujus parvitas ab alio sinistro casu non pendeat." Micheli 1729, S. 2 (s. auch Übersetzung in Anm. 3.182).

188 Vgl. Micheli 1729, S. 2 (unten).

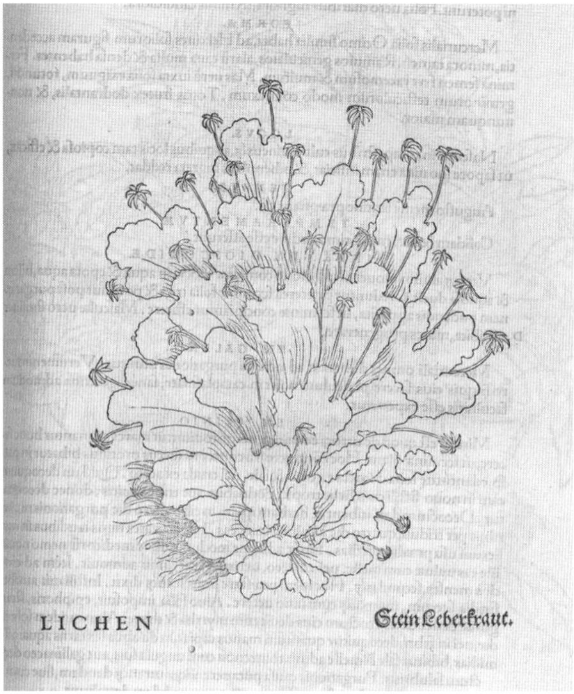

94

Lichen/Steinleberkraut, in: Leonhart Fuchs: *De historia stirpium* (1542), S. 476.

Neben Jean Marchant als einzigen zeitgenössischen Botaniker nennt Micheli bei den unterschiedlichen Arten von *Marchantia* eine Reihe weiterer Autoren des 16. und 17. Jahrhunderts. Oft verweist er hier dezidiert auf entsprechendes Bildmaterial, wodurch einmal mehr das verbreitete Prinzip der wandernden Bildmotive deutlich wird. Dabei kann vorweggenommen werden, dass die Kupferstichtafel in den *Nova Genera* auf eigenständige Beobachtungen bzw. Kenntnisse Michelis und/oder der für ihn arbeitenden Zeichner zurückgeht. Als Referenzen zur ersten beschriebenen Art, *Marchantia major*, führt Micheli zunächst Caspar Bauhins *Pinax theatri botanici* von 1623 („C. B. Pin. 362") auf, der keine Bilder, jedoch eine Auflistung von neun Arten (inklusive ausführliche Verweise) von *Muscus Saxatilis vel Lichen* enthält.[189] Es folgen Jean Bauhins *Historia plantarum* (posthum 1650/51) und Leonhart Fuchs' *De historia stirpium* aus dem Jahre 1542. Bereits der erste Blick lässt Bauhins kleinformatigen Holzschnitt als Kopie der ganzseitigen Darstellung bei Fuchs (Abb. 94) erkennen.[190] Ein Vergleich zwischen Fuchs' *Lichen* bzw. *Steinleberkraut* und Michelis *Fig. 1* in der rechten unteren Ecke der Bildtafel offenbart keinerlei formale

189 Vgl. Bauhin 1623, S. 362.

190 Vgl. Bauhin/Cherler 1650/51, Bd. 3, S. 758 und Fuchs 1542, S. 476.

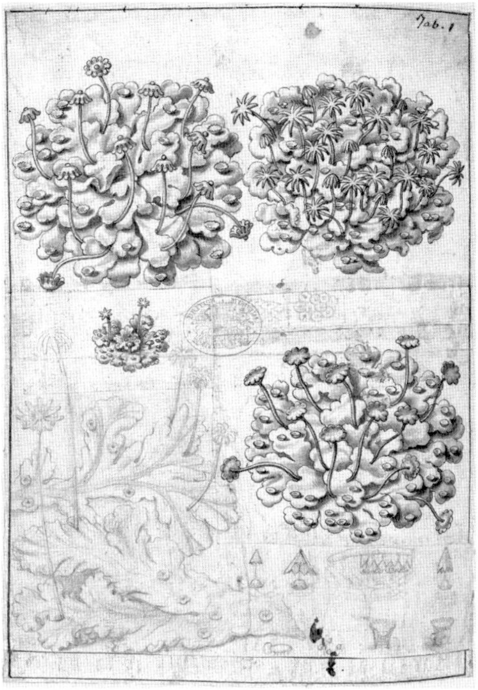

95

Vorzeichnung (*Marchantia*), in: Pier Antonio Micheli: *Nova plantarum genera* (1723), London, British Library, 7032.i.22 © The British Library Board.

Übereinstimmungen. Die erste Version des Kupferstiches, die noch mit dem Gattungsnamen *Iecoraria* überschrieben ist (Abb. 93), verrät zudem, dass die bildlichen Exempla jener ersten sowie der dritten von Micheli beschriebenen Art, zunächst gar nicht vorgesehen waren. Stattdessen nimmt die kleinteilige Kopie nach Marchant (*Fig.* 6 bzw. *Fig.* 4 in dieser Version) fast das gesamte rechte untere Viertel der dadurch seltsam unausgewogen erscheinenden Tafel ein. Anhand der entsprechenden Vorzeichnung im gleichen Band lässt sich die endgültige Komposition des Stiches sehr gut nachvollziehen (Abb. 95). Die weniger deutlich hervortretenden Graphitzeichnungen jener beiden Spezies sowie der zahlreichen mit Hilfe des Mikroskops vergrößerten Details der Gattungsmerkmale von *Marchantia* scheinen in einem anderen (wahrscheinlich späteren) Arbeitsprozess hinzugefügt worden zu sein als die dunkelbraunen Aquarellzeichnungen der übrigen Spezies. In ihrer zeichnerischen sowie in Kupfer gestochenen Ausführung erscheinen *Marchantia major* und *Marchantia foliis in medio atris* zudem detaillierter als die Darstellungen der anderen Arten auf der gleichen Tafel, was eine Orientierung des Zeichners an den tatsächlichen Pflanzen nahe legt. Könnte dies bedeuten, dass im Falle der zweiten und der fünften von Micheli verzeichneten Spezies mit ihren vergleichsweise vielen Literaturverweisen eher mit einer Anlehnung an bestehendes Bildmaterial zu rechnen ist? Auf

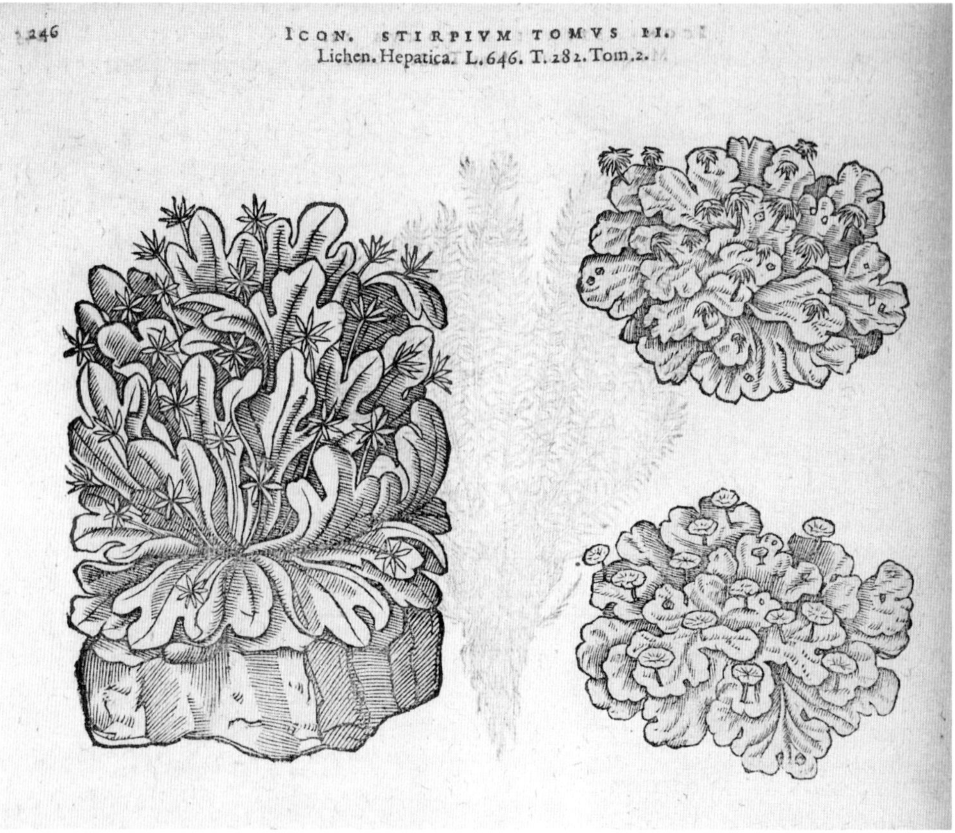

96 *Lichen/Hepatica*, in: Matthias Lobelius: *Icones stirpium* (1591), Bd. 2, S. 246.

Marchants Beitrag von 1713 wurde bereits hingewiesen, die übrigen vier Referenzen sind sowohl bei *Marchantia capitulo stellato, radiis teretibus* als auch bei *Marchantia capitulo non dissecto* genau die gleichen: „C. B. Pin. 362. [...] Lob. Icon. 246. Lugd. 1084. [...] Tabern. Icon. 815." Wie im Falle von *Marchantia major* (*Fig. 1*) sind beide Arten in Bauhins *Pinax* unter anderen Bezeichnungen zu finden, die Micheli an dieser Stelle wie gewohnt nennt.[191] Die anderen drei Verweise beziehen sich auf Publikationen von Matthias Lobelius, Jacques Dalechamps und Tabernaemontanus (Jacobus Theodorus), in denen sich die Verarbeitung des stets gleichen Bildmotivs nachvollziehen lässt (Abb. 96).[192] Interessanterweise zitiert Micheli ausdrücklich die ‚Bilderbücher' Lobelius' und Tabernaemontanus' und nicht die

191 Vgl. Bauhin 1623, S. 362.
192 Vgl. Lobelius 1591, Bd. 2, S. 246, Dalechamps 1586, Bd. 1, S. 1084 und Tabernaemontanus 1590, S. 815.

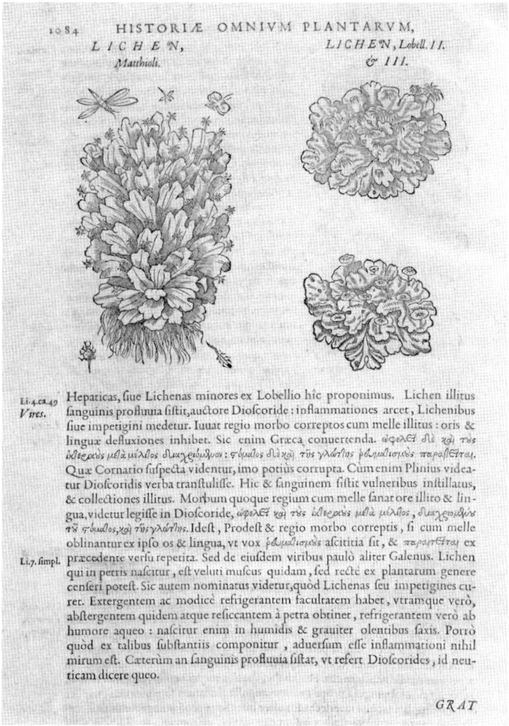
1084 HISTORIÆ OMNIVM PLANTARVM,

LICHEN, Matthioli.

LICHEN, Lobell. II. & III.

Li. 4. ca. 49 Vires. Hepaticas, siue Lichenas minores ex Lobellio hîc proponimus. Lichen illitus sanguinis profluuia sistit, auctore Dioscoride: inflammationes arcet, Lichenibus siue impetigini medetur. Iuuat regio morbo correptos cum melle illitus: oris & linguæ defluxiones inhibet. Sic enim Græca conuertenda. ὠφελεῖ δὲ καὶ τοὺς ἰκτερικοὺς μετὰ μέλιτος διαχριόμενον· στόματος δὲ καὶ τῆς γλώττης ῥευματισμοὺς παραιτεῖται. Quæ Cornario suspecta videntur, imo potiùs corrupta. Cùm enim Plinius videatur Dioscoridis verba transtulisse. Hic & sanguinem sistit vulneribus instillatus, & collectiones illitus. Morbum quoque regium cum melle sanat ore illito & lingua, videtur legisse in Dioscoride, ὠφελεῖ καὶ τοὺς ἰκτερικοὺς μετὰ μέλιτος, διαχριομένου τοῦ στόματος, καὶ τῆς γλώττης. Idest, Prodest & regio morbo correptis, si cum melle oblinantur ex ipso os & lingua, vt vox ῥευματισμοὺς ascititia sit, & παραιτεῖται ex

Li. 7. simpl. præcedente versu repetita. Sed de eiusdem viribus paulò aliter Galenus. Lichen qui in petris nascitur, est veluti muscus quidam, sed rectè ex plantarum genere censeri potest. Sic autem nominatus videtur, quòd Lichenas seu impetigines curet. Extergentem ac modicè refrigerantem facultatem habet, vtramque verò, abstergentem quidem atque resiccantem à petra obtinet, refrigerantem verò ab humore aqueo: nascitur enim in humidis & grauiter olentibus saxis. Porrò quòd ex talibus substantiis componitur, aduersum esse inflammationi nihil mirum est. Cæterùm an sanguinis profluuia sistat, vt refert Dioscorides, id neuticam dicere queo.

GRAT

97

Lichen, in: Jacques Dalechamps: *Historia generalis plantarum* (1586), Bd. 1, S. 1084.

einige Jahre zuvor erschienenen Werke beider Autoren, in denen die gleichen Holzschnitte zu finden sind, der Text jedoch dominiert.[193] Hierin ist der Grund zu sehen, weshalb über den rechtsseitigen Holzschnitten bei Dalechamps trotz der früheren Datierung seines Werks ausdrücklich auf Lobelius verwiesen wird: „Lichen. Lobell. II. & III." (Abb. 97). Von den insgesamt drei bei Lobelius, Dalechamps und Tabernaemontanus wiedergegebenen Arten sind es diese beiden, die Michelis *Fig. 2* („Lichen secundus Lob. Icon. 246") und *Fig. 5* („Lichen tertius Lob. Icon. 246") entsprechen. Eine formale Übereinstimmung zwischen den Darstellungen bei Micheli (Abb. 91, 93, 95) und seinen Vorgängern (Abb. 96, 97) ist offensichtlich, doch sind sowohl die Vorzeichnung als auch der fertige Stich in den *Nova Genera* differenzierter ausgeführt als die älteren Holzschnitte, was nicht zuletzt durch die unterschiedlichen Techniken zu erklären ist. Es handelt sich also weniger um eine Kopie als vielmehr um eine ideelle Anlehnung an Lobelius, von der auch die Darstellung von *Marchantia capitulo eleganter dissecto* (*Fig. 4*) zu profitieren schien.

193 Hierbei handelt es sich um Lobelius' zweibändiges Werk *Plantarum seu stirpium historia* von 1576 und Tabernaemontanus' *New Kreuterbuch* von 1588.

Vergegenwärtigt man sich zum Abschluss noch einmal die beschreibenden Namen jener drei Spezies, so lassen sich diese oft schon anhand des ersten Bezeichnungsgliedes ohne weiteres den entsprechenden Zeichnungen zuordnen: *Marchantia major, capitulo stellato* (Abb. 91, Fig. 2, oben links), *Marchantia capitulo eleganter dissecto* (Abb. 91, Fig. 4, oben rechts) und *Marchantia capitulo non dissecto* (Abb. 91, Fig. 5, unten links). Eine einfache Identifizierbarkeit und dadurch mögliche Klassifizierbarkeit waren zweifelsohne eines der Hauptanliegen von Michelis Werk.

Das ausführliche Beispiel der Gattung *Marchantia* zeigt ansatzweise, welche Informationsfülle sich hinter Bild und Text der *Nova Genera* verbergen kann. Ein Blick auf die ersten Seiten des Werks hilft, einen Eindruck von Michelis klassifikatorischer Methode zu erlangen. Die *Nova Genera* beginnen mit der ersten von Tourneforts Klassen, die jener wie folgt charakterisiert: „Classe I. Des herbes à fleur d'une seule feuille reguliere, semblable en quelque maniere à une cloche, à un bassin, ou à un godet."[194] – Pflanzen, deren Blüte aus einem einzigen gleichmäßigen Blatt besteht, das in gewisser Weise einer Glocke, einer Schale oder einem Napf ähnelt. Was bei Tournefort die Sektionen sind, die eine Klasse weiter untergliedern,[195] nennt Micheli *Distributiones*. Beide Autoren skizzieren stets zunächst die gemeinsamen Merkmale der Gattungen und Arten, die zu einer bestimmten Unterklasse gehören:

> Distributio prima.
> Plantae humi serpentes, ex mera congerie foliacea constantes, consistentiae herbaceae, foliis uno ex altero prodeuntibus, figura indeterminata, sed plerumque dichotoma, flore monopetalo, campaniformi a fructu sejuncto.[196]

Neben der Gattung *Marchantia* zählt Micheli *Hepatica, Targionia* und *Sphaerocarpos* zu jener ersten *Distributio*, deren Gattungsmerkmale und insgesamt nur fünf Arten nach dem gleichen Muster wie bei *Marchantia* aufgeführt und beschrieben werden. Genauso verfährt Micheli bei der zweiten *Distributio*, die sich von der ersten nur geringfügig unterscheidet: „Plantae ut in prima distributione, sed flore patente, & multifido sejuncto a fructu."[197] Am Beispiel der dritten Unterklasse ist zu sehen, dass auch die einzelnen Gattungen weiter differenziert werden können. So sind die zahlreichen Arten von *Jungermannia*, wie bereits bei *Trifoliastrum* zu sehen war (s. S. 196–199), in sechs Ordnungen

194 Tournefort 1694, Bd. 1, *Table des classes des genres des plantes*.
195 Vgl. Tournefort 1694, Bd. 1, S. 67.
196 Micheli 1729, S. 1 („Erste Distributio. Pflanzen, die auf dem Boden kriechen und aus einer Ansammlung von Blättern von grasartiger Beschaffenheit bestehen, die auseinander hervortreten; sie haben keine spezifische Form, sind aber für gewöhnlich zweiteilig, mit einblättriger, glockenförmiger Blüte und davon getrennter Frucht.").
197 Micheli 1729, S. 4 („Pflanzen wie in der ersten *Distributio*, deren Blüten jedoch offen liegen und vielspaltig sind, mit getrennter Frucht.").

gegliedert. Tourneforts erste Klasse umfasst bei Micheli insgesamt sieben *Distributiones* und 15 Gattungen. Die Schwierigkeit, einzelne Gruppierungen voneinander abzugrenzen, wird anhand der letzten aufgeführten Gattung *Blasia* deutlich, die zwischen zwei Gattungen unterschiedlicher Unterklassen einzuordnen sei: „Inter Spherocarpum, & Lunulariam addenda."[198] Als eine seiner zahlreichen neu beschriebenen Gattungen, benannte sie Micheli nach einem seiner frühen Förderer, dem Vallombrosanerpater Biagio Biagi:

> Hanc novam plantam jure quidem optimo Blasiam denominavimus a Pat. D. Blasio Biagi Congregationis Vallis-Umbrosae Monacho, Botanico non gregario, ac in Etruscis itineribus nostris ad indagandas plantas saepe sedulo comite.[199]

Solche Namenspatenschaften waren in der zeitgenössischen Botanik keine Seltenheit, doch scheinen sie in den *Nova Genera* besonders häufig zu sein. Alleine in der ersten Klasse liegen mit *Targionia*, *Marsilea*, *Vallisneria*, *Vallisneroides* und *Blasia* insgesamt fünf Fälle vor.[200] Auf Michelis Netzwerk und das von ihm praktizierte Prinzip der Subskription als möglichen Grund für die zahlreichen Namenspatenschaften soll unterdessen im letzten Teil der Arbeit näher eingegangen werden.

3.4.3 Vergleiche und Verweise: vom Umgang Michelis mit (Bild-)Quellen

Vergleiche zwischen den Kupferstichen der *Nova Genera* und bildlichen Darstellungen der gleichen Pflanzen bei anderen Autoren, auf die Micheli in seinen Ausführungen häufig verweist, lassen in der Regel auf eine relative Unabhängigkeit der Bildschöpfungen Michelis schließen. Abgesehen von einem Großteil der Pilze und Flechten sowie einigen Einzelfällen ist die Rekonstruktion der tatsächlichen (eigenständigen wie fremden) Bildvorlagen nur schwer zu leisten. Am Beispiel der noch heute mit nur einer einzigen Art bestehenden Gattung *Tozzia* wird deutlich, wie sich Michelis Stich (Abb. 98) in Komposition und Qualität der Ausführung etwa von den Darstellungen bei Fabio Colonna (Abb. 99) oder Christian Mentzel (Abb. 100) abhebt.[201] Ob Bruno Tozzi, der für Micheli wohl der wichtigste unter den Patres von Vallombrosa war, als Botaniker und begabter Zeichner für einen Teil des Bildapparates der *Nova Genera* verantwortlich gewesen sein könnte,

198 Micheli 1729, S. 14.

199 Micheli 1729, S. 14 („Diese neue Pflanze [Pflanzengattung] nennen wir gewiss mit größtem Recht *Blasia*, nach Pater Don Biagio Biagi, Bruder aus der Ordensgemeinschaft von Vallombrosa, der kein gewöhnlicher Botaniker ist und auf unseren Streifzügen durch Etrurien auf der Suche nach Pflanzen ein häufiger und eifriger Begleiter war."); vgl. auch Targioni Tozzetti 1858, S. 18f.

200 Die Gattungsbezeichnungen *Marchantia*, *Jungermannia* und *Valantia* hatten hingegen bereits Bestand; vgl. Micheli 1729, S. 2, 9, 14.

201 „Tozzia Alpina […] Anonyma F. Gregorii radice Dentaria Col. Part. 2. 49. Dentaria Bugoloides, radice globosa, squamulis myodontoideis, Alpina Mentz. Pug. Tab. 9." Micheli 1729, S. 20.

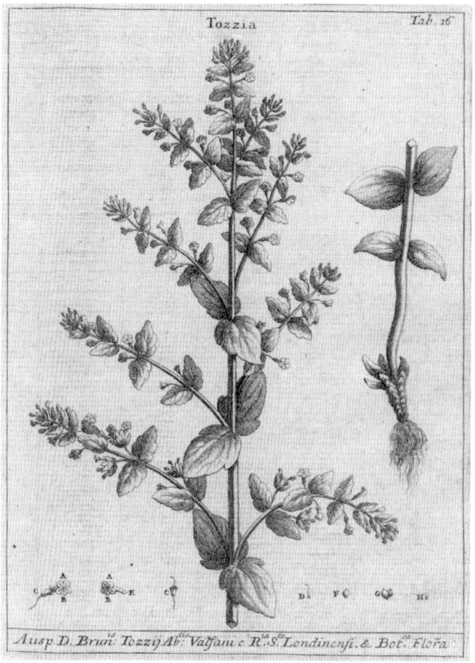

98

Tozzia, in: Pier Antonio Micheli: *Nova plantarum genera* (1729), Tab. 16.

ist fraglich. Micheli hätte den engen Vertrauten mit Sicherheit ausdrücklich erwähnt. Es findet sich lediglich ein Eintrag im Autorenverzeichnis,[202] doch auf mehr als 200 Seiten wird nur an zwei Stellen auf Tozzis Tafeln hingewiesen.[203]

Bilder im Allgemeinen können in den *Nova Genera* ganz unterschiedliche Rollen einnehmen. Wie anhand der Gattungen *Trifoliastrum* und *Marchantia* gezeigt wurde, dienen die enthaltenen Kupferstiche vor allem dazu, im Verbund mit Buchstaben- und Zahlensystemen die charakteristischen Merkmale der Gattung darzustellen sowie einzelne Arten derselben exemplarisch vorzustellen. So zeigt die Tafel mit der Nummer 25 (Abb. 89) nur acht von insgesamt 26 verzeichneten Arten und Varietäten von *Trifoliastrum*. In den kleingedruckten ergänzenden Textpassagen stößt man wiederholt auf Kommentare Michelis zu seinen Bildern (s. auch S. 209 [Anm. 3.187]). Bei „Trifoliastrum pratense, corymbiferum, repens, minimum, foliis obtusis […] Tab. 25. Fig. 3." wird etwa auf die der Abbildung

202 „[…] Petiverius in Tabulis Tozzianis. Cum D. Bruno Tozzius Abbas Vallis-Umbrosanus solers Naturalis Historiae cultor atque indagator plura sibi observata ad D. Petiverium dono misisset, is aeneis aliquot Tabulis omnia diligenter exprimi curavit, easque deinde amici nomine Tozzianias appellatas in publicum emisit." Micheli 1729, *Syllabus auctorum*. Der Botaniker James Petiver war einer von vielen englischen Korrespondenten Tozzis.

203 Vgl. Micheli 1729, S. 6, 202.

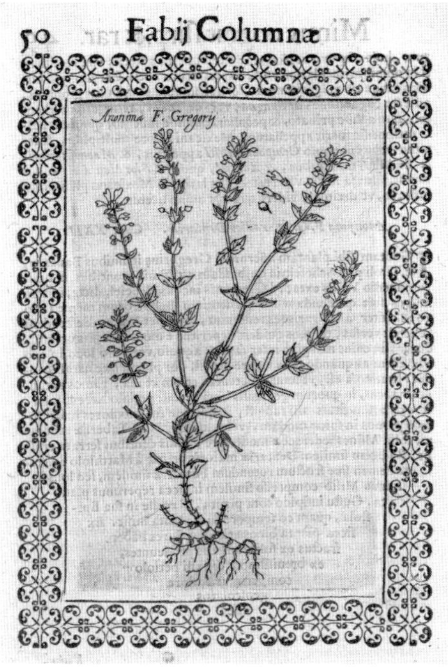

99 *Anonyma F. Gregorii*, in: Fabio Colonna: *Minus cognitarum stirpium, pars altera* (1616), S. 50.

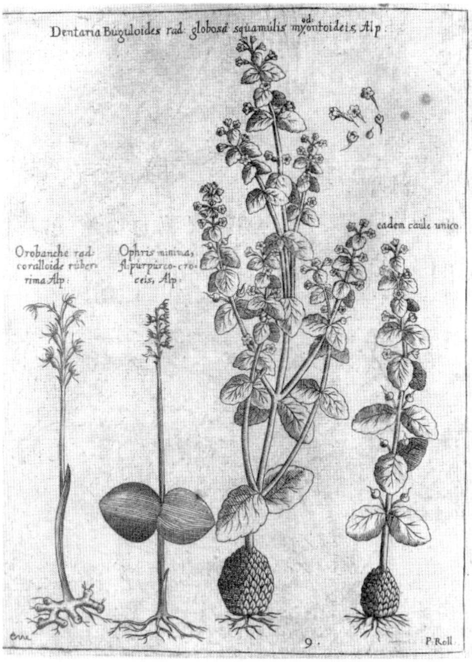

100 *Dentaria Buguloides*, in: Christian Mentzel: *Lexicon plantarum polyglotton universale* (1715), Tab. 9.

entsprechende Kleinheit der Pflanze aufmerksam gemacht: „Pusilla est planta, nec Icone major […]".[204] Wo ein direkter Verweis auf die im Werk selbst enthaltene Bildtafel fehlt, wird in einigen Fällen dezidiert auf eine entsprechende Wiedergabe der beschriebenen Pflanze in einem anderen Werk hingewiesen, etwa bei Lobelius („[…] Lob. Icon. Tom. 2. 29."[205]) oder John Ray: „[…] Raii Synops. ed. 2. 195. num. 14. & ed. 3. 330. num. 17. Tab. XIV. fig 3." Der Text erläutert weiter, dass die beiden Spezies, bei deren Beschreibung auf Rays *Synopsis* verwiesen wird, Micheli aus England übermittelt wurden (wahrscheinlich mit dem direkten Hinweis auf Rays Werk): „[…] ex Anglia habemus." und „Specimen hujus plantae a Clarissimo Sherardo, Londino transmissum accepimus."[206] Wesentlich ausführlicher fällt Michelis Bildkommentar im Appendix aus, wo der Gattung drei weitere Arten hinzugefügt werden, darunter „Ad secundum Trifoliastri ordinem adde":

204 Micheli 1729, S. 27.
205 Micheli 1729, S. 26, *Ordo I*, 2.
206 Micheli 1729, S. 29, *Ordo VI*, 6, 8 („[…] haben wir aus England erhalten. […] Ein Exemplar dieser Pflanze hat uns der berühmte [William] Sherard aus London übermittelt.").

> 4. Trifoliastrum, quod Trifolium Orientale, altissimum, caule fistuloso, flore albo Coroll. Inst. R. H. 27. Bot. Par. 195. [...] Ejusdem Tab. XXII. fig. 5. Hujus neque plantam, neque siliquam vidimus, sed quantum ab icone, & descriptione ejusdem Auctoris conijcere possumus ad hoc genus spectat, & respecto habitu totius plantae, ad hunc ordinem. Antequam eruditissimorum virorum Sherardii, ac Boerhaavii liberalitate Parisiense Botanicon in Manus nostras pervenisset, suspicion fuerat, an non planta haec ad priorem Trifoliastri speciem ordinis quarti referenda esset, ideoque sub eadem, quamvis subdubitanter, supramemoratum Trifolium collocavimus. Re tamen melius perspecta quin nullatenus eo pertineat minime dubitamus.[207]

Der zitierte Passus zeigt, dass sich Micheli bei der Klassifikation jener Spezies allein nach Abbildung und Beschreibung von „Melilotus, qui Trifolium, orientale, altissimum, caule fistuloso, flore albo" in Sébastien Vaillants *Botanicon parisiense* (Leiden/Amsterdam 1727) richtete.[208] Weiter wird festgehalten, dass Micheli die Konsultation jenes Werks William Sherard und Hermann Boerhaave zu verdanken hatte, zwei seiner wichtigsten Korrespondenten und Unterstützer (s. Kapitel 4.3.2–3, 4.4).

Das Verweisen auf und Einbeziehen von Bildmaterial anderer Autoren ist in den *Nova Genera* genauso wie in anderen botanischen Publikationen der Zeit gängige Praxis. Ein Blick in die Werke Tillis, Vaillants, Rays etc. genügt, um dies zu bestätigen. Auffällig ist, dass gerade dort, wo Micheli auf den ihm besonders nahe stehenden Pisaner Gartenkatalog hinweist (im Autorenverzeichnis „Cat. Plant. H. Pis." oder „H. Pis."), oft ein erstaunlich großes Abweichen von der entsprechenden Bildtafel festzustellen ist, das über ein Hinzufügen analytischer Details hinausgeht. Ein Vergleich zwischen Tillis Stich von *Cucurbita Sinensis, fructu longo, Anguino* (Abb. 101) und Michelis der Gattung *Anguina* gewidmeten Tafel (Abb. 102) lässt zwar erkennen, dass es sich um die gleiche Pflanze handelt. Doch besticht ausgerechnet die Darstellung aus den *Nova Genera* durch besondere künstlerische Ästhetik und Eleganz. Wie gewohnt sind Blüten und Früchte durch Buchstaben mit der knappen Charakterisierung der Gattung im Textteil verknüpft.[209] Durch Überlagerungen

207 Micheli 1729, S. 233 („4. *Trifoliastrum, quod Trifolium Orientale* [...] Von dieser Varietät lag uns weder die Pflanze noch die Samenhülse vor, vielmehr können wir nur auf Grund der Abbildung und der Beschreibung desselben Autors [Sébastien Vaillant] auf sie schließen. Jener ordnet sie dieser Gattung zu und anhand des Aussehens der ganzen Pflanze gliedere ich sie in diese Ordnung [*Ordo II* der Gattung *Trifoliastrum*] ein. Bevor das *Botanicon Parisiense* durch die Großzügigkeit solch gelehrter Herren wie [William] Sherard und [Hermann] Boerhaave in unsere Hände gelangte, bestand die Vermutung, ob diese Pflanze nicht der ersten Spezies von *Trifoliastrum* in der vierten Ordnung [*Ordo IV*] zuzuordnen wäre, weshalb wir sie, wenn auch im Zweifel, unter jener an anderer Stelle erwähnten Kleeart aufgelistet haben [Micheli 1729, S. 28]. Nach genauerer Anschauung besteht nun aber kein Zweifel mehr, dass diese frühere Zuschreibung nicht zutrifft.").

208 Vaillant 1727, Tab. XXII und *Plantarum explicatio tab. XXII.*

209 „Anguina est plantae genus, a Momordica diversum, flore A capillamentis tenuissimis ornato, & fructu B per se minimè dehiscente." Micheli 1729, S. 12.

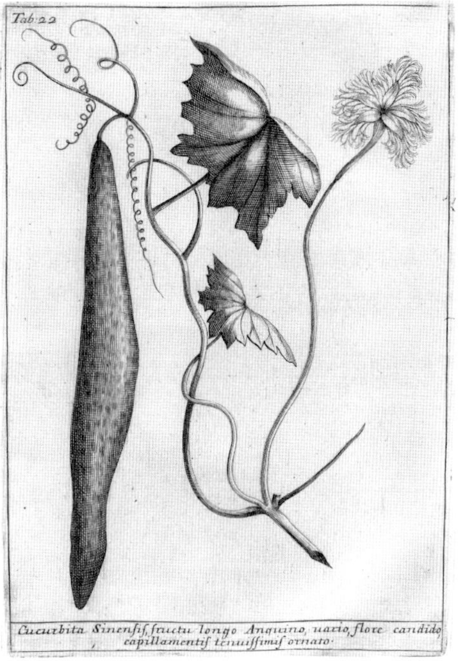

101 *Cucurbita Sinensis*, in: Michelangelo Tilli: *Catalogus plantarum horti Pisani* (1723), Tab. 22.

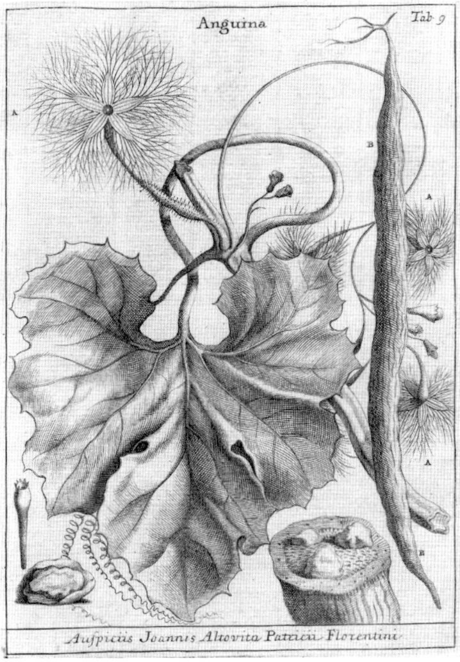

102 *Anguina*, in: Pier Antonio Micheli: *Nova plantarum genera* (1729), Tab. 9.

der verschiedenen Bildelemente und eine gekonnte Licht-Schatten-Modulation erhält die gesamte Tafel eine bemerkenswerte Tiefenwirkung. Das große Blatt in der Bildmitte fällt direkt ins Auge. Die gewundenen Stiele von Blatt und Blüten (letztere anders als auf der Pisaner Tafel in verschiedenen Ansichten und Entwicklungsstadien zu sehen) verleihen der Darstellung eine besondere Lebendigkeit. Fast meint man, einen ganz frischen Zweig der asiatischen Gurkenart vor sich zu haben. Neben dem großen Blatt ist, einige Blüten überlagernd, ein unversehrtes Exemplar der lang gezogenen Frucht wiedergegeben sowie nur angeschnitten am unteren Bildrand ein Querschnitt derselben, der die Anlage der Samen im Inneren sichtbar macht. Ein einzelner Samen und eine knospenartige Kapsel auf der linken Seite runden die Komposition ab. Die ausgewogen angelegte Darstellung aus dem *Hortus Pisanus* wirkt dagegen fast spröde, in gewisser Weise jedoch auch übersichtlicher.[210]

210 Beide Autoren erläutern zudem die Herkunft jener Pflanze aus China bzw. Indien, deren Samen der Missionar Ignazio Cordero, Kardinal von Tournon, an Filippo Buonarroti in Florenz übersandte; vgl. Micheli 1729, S. 12 und Tilli 1723, S. 49.

Die Gattung *Anguina*, in der Micheli mit einer Varietät der indischen Schlangenhaargurke nur eine einzige Pflanze aus der Familie der Kürbisgewächse verzeichnete, hat sich anders als einige seiner anderen ‚neuen Gattungen' nicht durchgesetzt. Bereits zuvor wurde auf Tillis *Fungus Typhoides Liburnensis* (s. S. 192–195 sowie Abb. 87) und die Tatsache hingewiesen, dass Micheli die Annahme, es handle sich bei dieser Spezies um einen Pilz, berichtigen sollte. Die von Micheli etablierte Gattung *Cynomorion* bzw. *Cynomorium* besteht noch heute. Die Bildtafel in den *Nova Genera* (Abb. 103) macht gemeinsam mit dem erläuternden Text deutlich, dass der so genannte Malteserschwamm kaum ein Pilz sein konnte.[211] Micheli erklärt zunächst, dass es sich um eine parasitäre Pflanze handle, die auf den Wurzeln geeigneter Wirtspflanzen wachse und sich von diesen ernähre („Cynomorion est plantae secundariae, aut parasiticae genus [...] aliarum stirpium radicibus A innascitur, & alitur [...]"). Daraufhin wird der Wuchs der Pflanze bis hin zu ihren verschiedenartigen Blütenständen beschrieben:

> [...] initio squamis densissimis B tectum, postea dum incrementum acquirit, & ad magnitudinem suam pervenit, squamarum agmina inter se paulatim dilatantur C, foliolis D infra squamarum spatium creberrimè vestitum, inter quas emergent flores monopetali, anomali [...][212]

All das – die Ausbildung der Wurzeln, die Gestalt des schuppenbedeckten Sprosses und dessen allmähliche Reifung, die Anlage der kleinen Blätter und Blüten – lässt sich fast eins zu eins auf der entsprechenden Tafel nachvollziehen. Der Kupferstich und die vorbereitende Zeichnung Tillis sind bei weitem nicht so exakt wie Michelis Darstellung. Auch verraten die bildlichen Wiedergaben von *Cynomorion purpureum, officinarum* bzw. *Fungus Typhoides* aus der Zeit vor 1729 in der Regel wenig über dessen Wuchs; vielmehr schien man sich auf die medizinischen Eigenschaften der seltenen Spezies zu konzentrieren. Neben „Fungus Typhoides, Liburnensis Cat. Plant. H. Pis." verweist Micheli, genau wie Tilli, auf Boccones Ausführungen („Fungus Typhoides, coccineus, Melitensis Bocc. Icon. Rar. Plant. 80. [...] Ejusdem Part. I. Mus. 69."), jedoch nicht dezidiert auf dessen Bildtafeln (Abb. 86), die zwar einen Eindruck von der Beschaffenheit der wachsenden Pflanze vermitteln, jedoch längst nicht die Detailliertheit von Michelis Kupferstich vorweisen

211 Vgl. Micheli 1729, S. 17. Es gilt jedoch zu bedenken, dass Pflanzen und Pilze zu Michelis Zeit noch zu einer gemeinamen Gruppe von Lebewesen gezählt wurden. Während Flechten und Pilze aber der 16. und 17. Klasse zugeordnet waren (vgl. Micheli 1729, S. 72–222), gehörte *Cynomorion* der dritten Klasse an: „Tertiae Classi addenda, quae sequuntur. Distributio I. Plantae flore monopetalo, anomalo sterili." Micheli 1729, S. 15.

212 Micheli 1729, S. 17 („*Cynomorion* ist eine Gattung von Pflanzen, die auf Kosten anderer bzw. parasitär lebt [...] sie wächst auf und ernährt sich von den Wurzeln anderer Arten A [...] zunächst ist die Pflanze dicht mit Schuppen bedeckt B, danach wächst sie bis zu ihrer vollständigen Größe, wobei sich das Schuppenheer nach und nach ausbreitet C; die schuppige Fläche ist üppig mit kleinen Blättern D besetzt, zwischen denen sich einblättrige unregelmäßige Blüten ausbilden [...]").

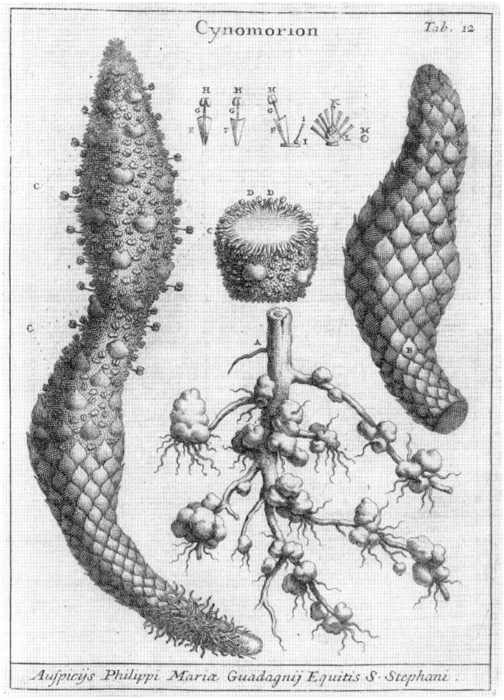

103 *Cynomorion*, in: Pier Antonio Micheli: *Nova plantarum genera* (1729), Tab. 12.

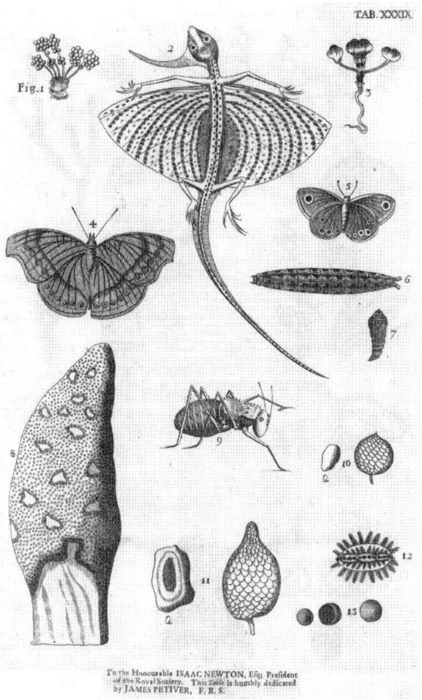

104 James Petiver: *Gazophylacium naturae et artis* (1702–1709), Tab. XXXIX (mit Widmung an Isaac Newton).

können. Michelis letzter Verweis bezieht sich auf James Petivers *Gazophylacium naturae et artis* („Fungus Mauritanicus, verrucosus, ruber Petiv. Gazophyl. Tab. 39. fig. 8."), eine umfassende Bildersammlung mit kurzen Erläuterungen. Die Darstellung bei Petiver scheint die Spitze eines gerade austreibenden Sprosses zu zeigen (Abb. 104), den der Autor wie folgt beschreibt: „It grows a foot high, of a dark red but paler below."[213] Unter den vier ganz verschiedenen Bildschöpfungen bei Micheli, Tilli, Boccone und Petiver ist die Tafel aus den *Nova Genera* die sozusagen ‚wissenschaftlichste': die sorgsam dokumentierte Oberflächenstruktur der Pflanze in ihren unterschiedlichen Entwicklungsstadien, die Sichtbarmachung der Anordnung von Blättern und Blüten sowie deren Wiedergabe im Detail zielen nicht nur auf eine Identifizierbarkeit, sondern vor allem auf eine klare Klassifizierbarkeit ab.

213 Petiver 1702–1709, ohne Seitenangabe (Text zu Tab. XXXIX) („Er [der Pilz] wird einen Fuß hoch, ist von dunklem Rot, im unteren Bereich jedoch von blasserer Farbe.").

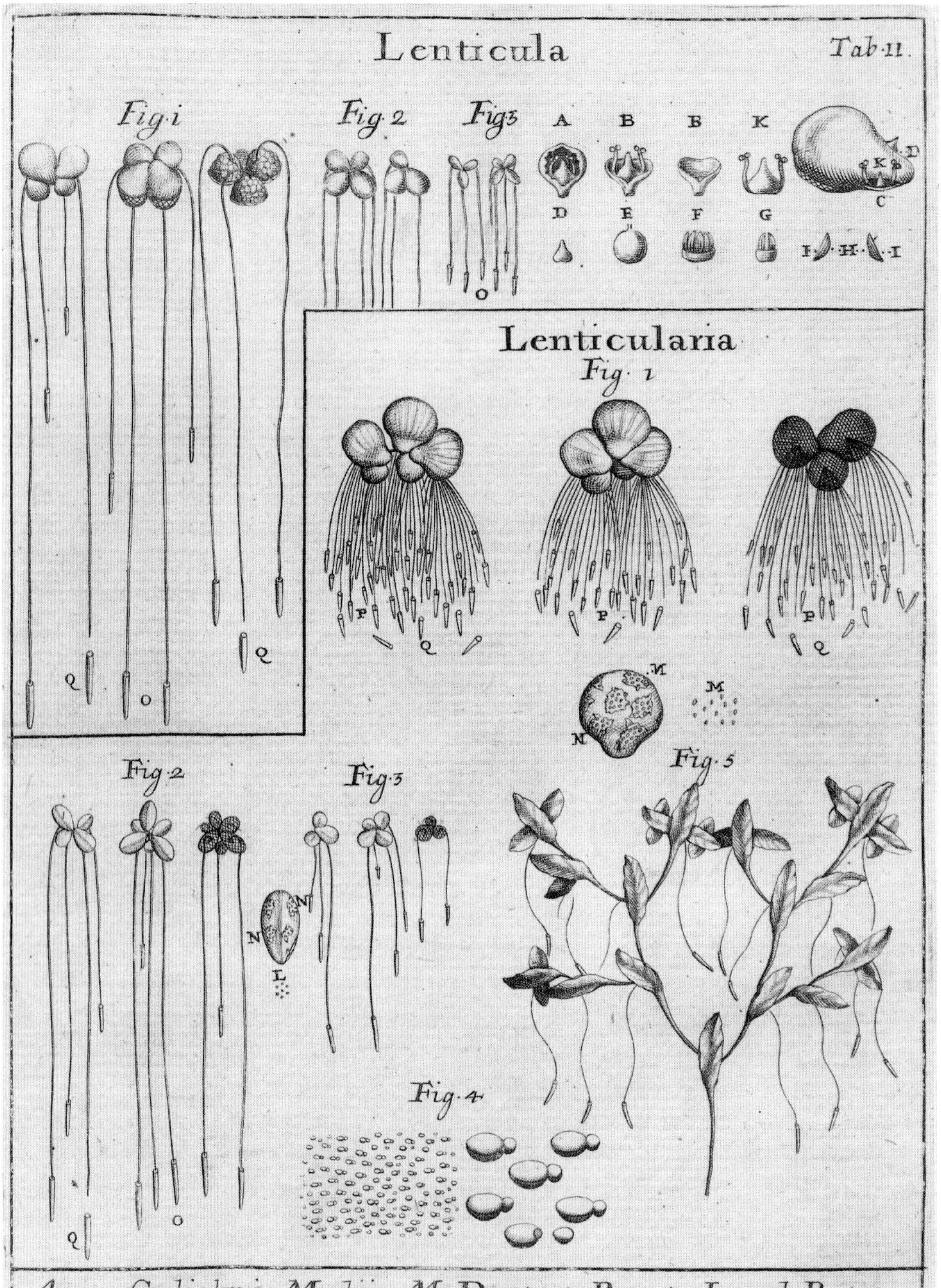

105 *Lenticula/Lenticularia*, in: Pier Antonio Micheli: *Nova plantarum genera* (1729), Tab. 11.

3.4.4 Die Formulierung wissenschaftlich-analytischer Ansprüche im Bild

Nicht wenige von Michelis Bildtafeln lassen eine klare Steigerung dieser wissenschaftlich-analytischen Darstellungsweise erkennen, darunter etwa der den Gattungen *Lenticula* und *Lenticularia* gewidmete Stich mit der Nummer 11 (Abb. 105). Während unter *Fig. 1–3* bzw. *Fig. 1–5* verschiedene Arten von Wasserlinsen und ähnlichen Pflanzen wiedergegeben sind, erläutern die teilweise mit Hilfe des Mikroskops vergrößerten Detailabbildungen *A–Q* die jeweiligen Gattungsmerkmale.[214] In ihrem Aufbau und ihrer Funktion dem Text gegenüber unterscheidet sich die Tafel somit nicht von den bisher betrachteten Bildbeispielen. Die natürliche Gestalt dieser ungewöhnlichen Pflanzen sowie die Tatsache, dass es sich um verschiedene, einander recht ähnliche Vertreter zweier eng verwandter Gattungen handelt, die es voneinander zu unterscheiden gilt, erfordern jedoch eine andere Art der Darstellung als beispielsweise auf der direkt darauf folgenden Bildtafel (Abb. 103). Hier ist anzumerken, dass Micheli die Gattungen *Lenticula/Lenticularia* und *Cynomorion* sowohl der gleichen Klasse als auch der gleichen *Distributio* („Plantae flore monopetalo, anomalo sterili."[215]) zuordnete. Ähnlich wie im Falle des Malteserschwamms als einziger Art von *Cynomorion* (s. S. 220f.) weichen die bildlichen Auseinandersetzungen mit *Lenticula* und *Lenticularia* fast ausnahmslos stark von älteren überlieferten Darstellungen der gleichen Pflanzen ab. Ohne an dieser Stelle einen vollständigen Vergleich der in den *Nova Genera* beschriebenen und abgebildeten Spezies mit sämtlichen von Micheli zitierten Autoren anzustreben, sei auf drei ausgewählte Beispiele hingewiesen. Bei der ersten beschriebenen Art von *Lenticularia* verweist Micheli unter anderem auf John Rays *Synopsis*: „Lenticularia major, polyrrhiza, inferne atro-purpurea Tab. 11. fig. 1. [...] Raii Synops. ed. 3. 129. num. 2. Tab. IV. fig. 2."[216] Verglichen mit Michelis prominenter Darstellung dreier Exemplare von *Lenticularia major*, direkt unterhalb des Gattungsnamens im rechten mittleren Teil der Tafel, nehmen Rays schemenhafte Wiedergaben zweier Arten von *Lenticula palustris* lediglich den Hintergrund einer Bildtafel ein, die von einer ganz anderen Pflanze dominiert wird (Abb. 106). Eine klare Identifikation bzw. Klassifikation der Spezies auf Basis einer solchen Darstellung scheidet von vorn herein aus und auch Rays Text bietet diesbezüglich kaum weitere Informationen.[217] Unter einer ganzen Reihe von Autoren nennt Micheli bei der dritten beschriebenen Art der gleichen Gattung („Lenticularia minor, monorrhiza, foliis subrotundis, utrinque viridibus Tab. 11. fig. 3.") die *Eicones plantarum* von Jacobus Theodorus bzw. Tabernaemontanus („Tabern. Icon. 504").[218] Auf der genannten Seite finden sich zwei ganz unterschiedliche Holzschnitte, die sowohl einen von Wasserlinsen bedeckten Teich als auch eine einzelne Pflanze zeigen (Abb. 107).

214 Vgl. Micheli 1729, S. 15f.
215 Micheli 1729, S. 15 („Pflanzen mit einblättriger, unregelmäßiger und unfruchtbarer Blüte").
216 Micheli 1729, S. 16.
217 Vgl. Ray 1724, S. 129.
218 Micheli 1729, S. 16.

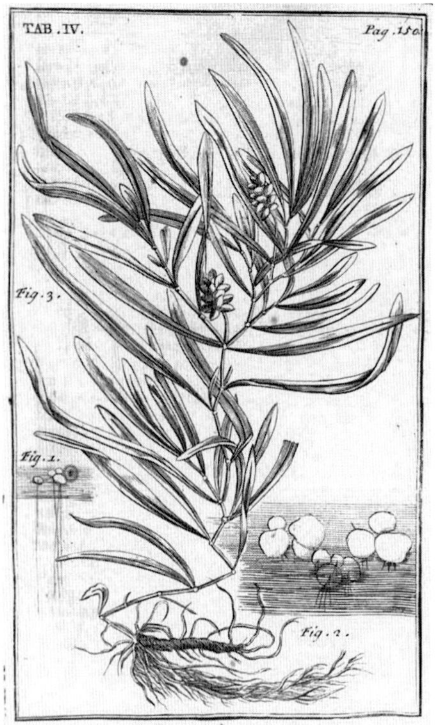

106

Lens palustris/Lenticula palustris major u.a., in: John Ray: *Synopsis methodica stirpium britannicarum [...] Editio tertia* (1724), S. 150 (Tab. IV).

Die szenische Darstellung eines von Wasserlinsen und einer Gänsefamilie bevölkerten Teiches, der von einem mit Schilf bewachsenen Ufer, einer Stadtbefestigung mit Türmen und einer Bergkette im Hintergrund umgeben ist, mag seltsam anmuten, doch tauchen ähnliche Bildmotive auch bei Lobelius und Jean Bauhin auf.[219] Die beiden Holzschnitte Tabernaemontanus' vermitteln in ihrer Verschiedenartigkeit einen lebensnahen Eindruck der dargestellten Pflanzen, doch eine differenzierte Identifikation einzelner Arten lassen auch sie kaum zu und der Unterschied zu Michelis *Fig. 3* im unteren Bereich der Bildtafel (Abb. 105) könnte kaum deutlicher ausfallen. Die größte Ähnlichkeit zu den zitierten Darstellungen bei anderen Autoren weist die fünfte und letzte beschriebene Art von *Lenticularia* auf. „Lenticularia ramosa, monorrhiza, foliis oblongis, pediculis longioribus donatis Tab. 11. fig. 5."[220], in der rechten unteren Ecke der Tafel zu sehen, hebt sich in der Gestaltung erkennbar von den übrigen sieben Arten von *Lenticula* und *Lenticularia* ab. Ein Blick auf die entsprechenden Seiten bei Jean Bauhin, Lobelius (Abb. 108) und Taber-

219 Vgl. Lobelius 1591, Bd. 2, S. 249 und Bauhin/Cherler 1650/51, Bd. 3, S. 773.
220 Micheli 1729, S. 16.

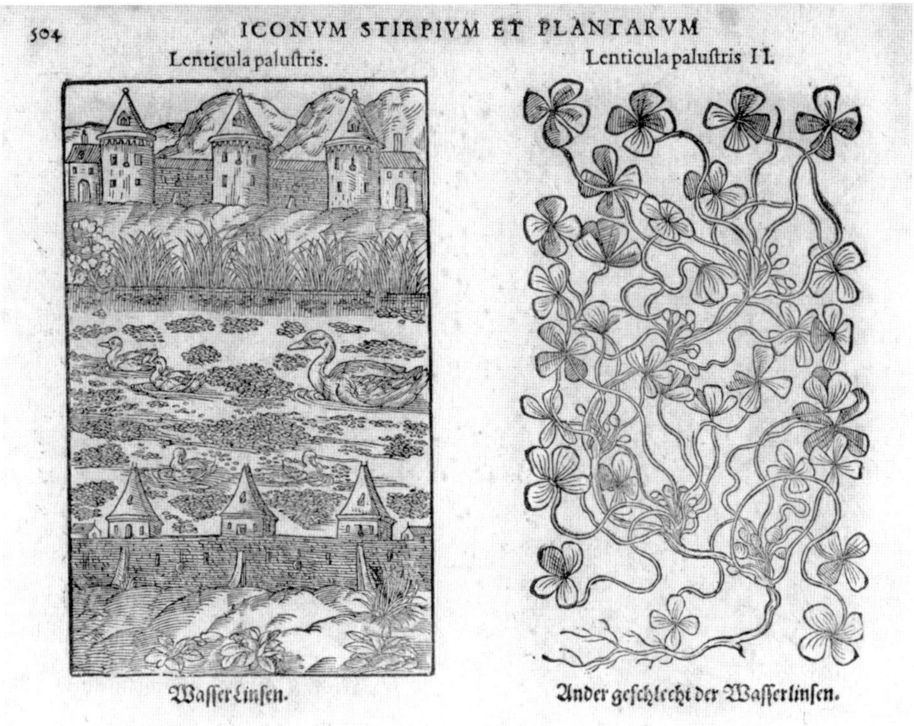

107 *Lenticula palustris/Wasserlinsen*, in: Tabernaemontanus: *Eicones plantarum* (1590), S. 504.

naemontanus lässt zwar erkennen, dass es sich um bildliche Wiedergaben der gleichen Pflanze handelt, die von den Zeitgenossen auch als *Wasserefeu* bezeichnet wurde.[221] Doch erlauben diese in ihrer Skizzenhaftigkeit wiederum kaum differenziertere Aussagen über Wachstum und Gestalt der einzelnen Bestandteile jener Pflanze.

Am Beispiel von *Lenticula* und *Lenticularia* wird die Unzulänglichkeit älterer bildlicher Darstellungen zu Klassifizierungszwecken vielleicht besonders deutlich. Den Stellenwert überlieferter Texte und Bilder vermag dieser Umstand jedoch keineswegs zu schmälern, dienten diese dem einzelnen Wissenschaftler doch als Identifikationshilfen, Vergleichsgrößen und Nachschlagewerke und der *scientific community* als Kommunikations- und Diskussionsbasis. Ein Blick in die Handschriften Michelis, seine Briefe, die *Nova Genera* oder auch den *Hortus Pisanus* genügt, um dies stellvertretend für seine Zeitgenossen wie auch seine Vorgänger und Nachfolger zu bezeugen.

221 Vgl. Bauhin/Cherler 1650/51, Bd. 3, S. 786, Lobelius 1591, Bd. 2, S. 36 und Tabernaemontanus 1590, S. 889 („Hederula palustris – Wasserepheuw").

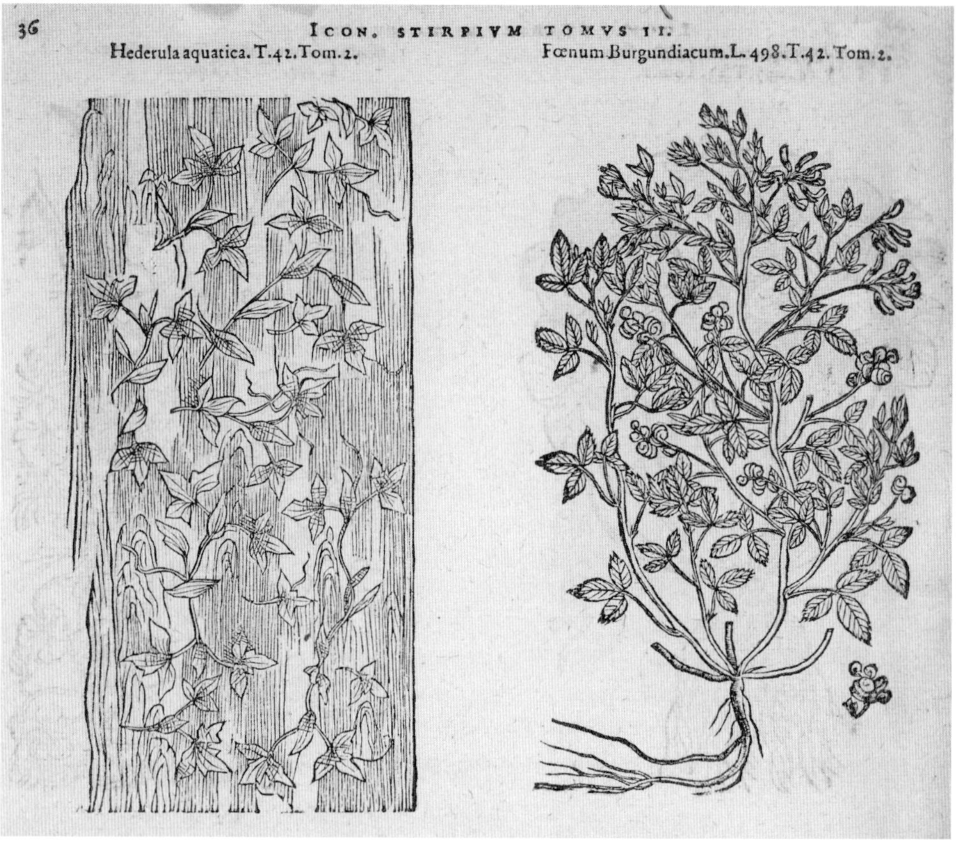

108 *Hederula aquatica*, in: Matthias Lobelius: *Icones stirpium* (1591), Bd. 2, S. 36.

Kommt man noch einmal auf Michelis Bildtafeln in den *Nova Genera* zurück, so erscheinen diese in ihrer Gestaltung umso ausdifferenzierter, je mehr Arten einer Gattung (oder mehrerer ähnlicher Gattungen) voneinander unterschieden werden müssen. Dies kulminiert auf der Tafel mit der Nummer 32, die der Gattung *Cyperoides* gewidmet ist (Abb. 109). Die artenreiche Gattung der Zypergrasartigen geht auf Tournefort zurück, in dessen 15. Klasse („Classe XV. Des herbes qui ont les fleurs à étamines"[222] – Pflanzen, die Blüten mit Staubgefäßen ausbilden) sie auch bei Micheli verzeichnet ist.[223] Der Kupferstich gibt ein Fünftel (*Fig. 1–16*) der insgesamt 80 beschriebenen Arten und Varietäten beispielhaft wieder. Über ein komplexes System von Groß- und Kleinbuchstaben sowie

222 Tournefort 1694, Bd. 1, *Table des classes des genres des plantes*.
223 Vgl. Micheli 1729, S. 55–65.

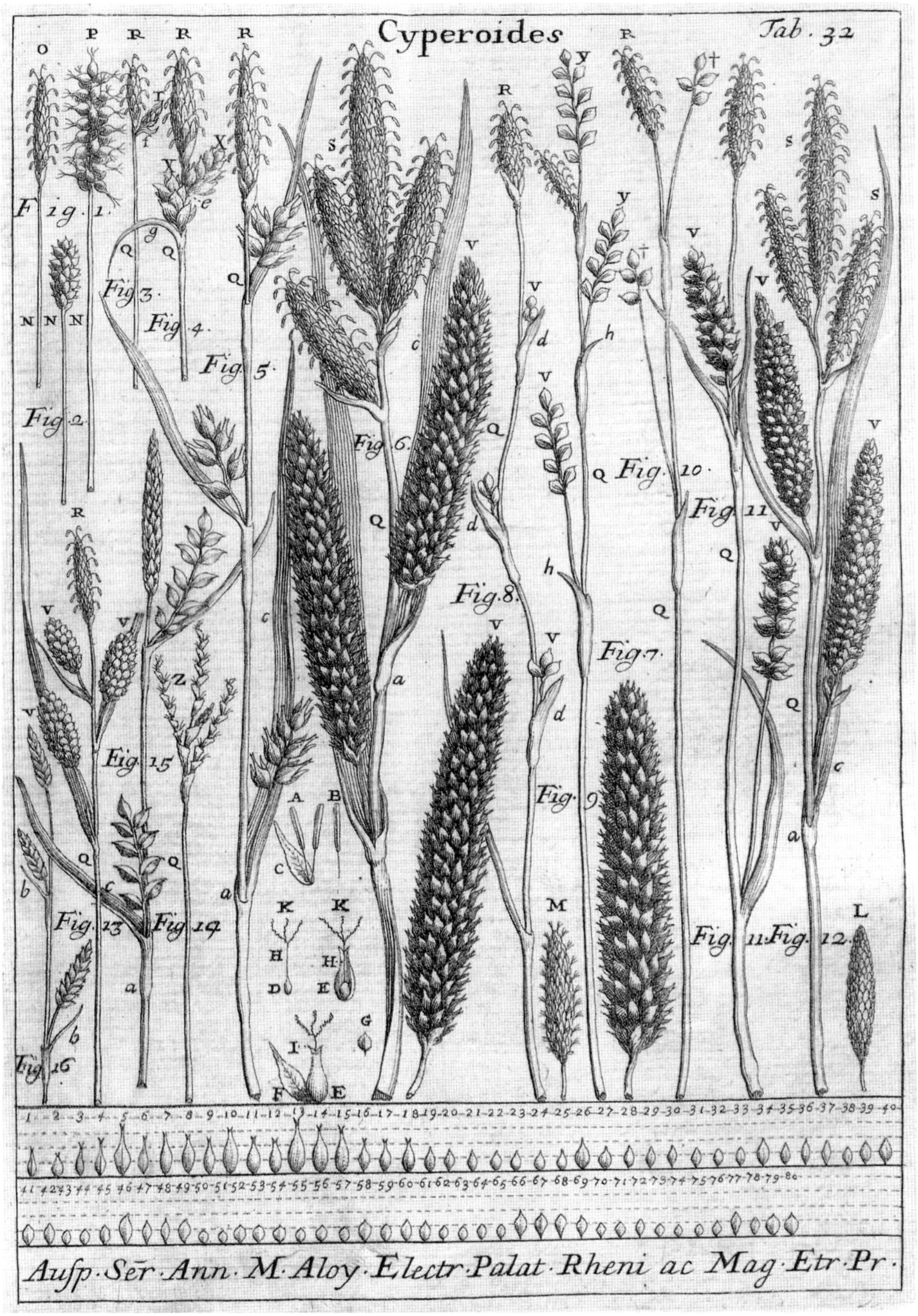

109 *Cyperoides*, in: Pier Antonio Micheli: *Nova plantarum genera* (1729), Tab. 32.

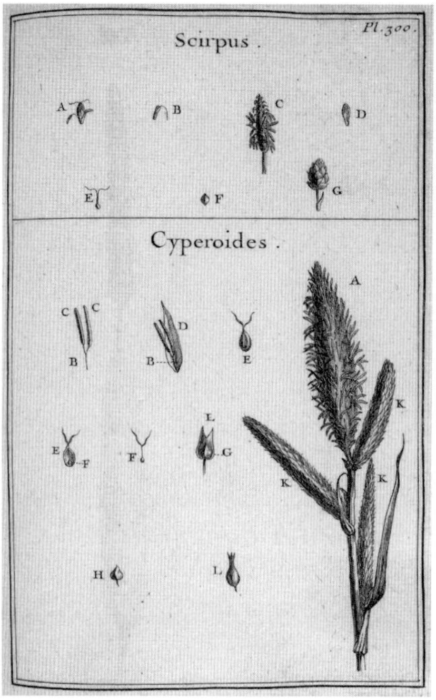

110

Scirpus/Cyperoides, in: Joseph Pitton de Tournefort: *Élémens de botanique* (1694), Tab. 300.

einzelnen Symbolen korrespondiert die Bildtafel mit dem umfangreichen Textteil, der die Merkmale der Gattung (unterteilt in „Cyperoidea monostachya" und „Cyperoidea polystachia"[224]) und der 13 Untergruppierungen (*Ordo I–XIII*) erläutert. Ohne die gleichzeitige und äußerst sorgfältige Konsultation des Textes ist ein Verständnis all dieser Bildelemente kaum möglich, genauso wenig erschließen sich die textlichen Erläuterungen und Beschreibungen ohne die entsprechenden bildlichen Darstellungen. Ein Element, das die ‚Lektüre' der Tafel erleichtert, ist die zweizeilige Skala am unteren Bildrand, auf der die Samenhülsen aller 80 verzeichneten Spezies fein säuberlich aufgereiht und untereinander vergleichbar gemacht sind. Auf diese Weise konnten alle von Micheli beschriebenen Arten und Varietäten auf nur einem einzigen Stich untergebracht werden.

Sowohl im Hinblick auf die textliche als auch die bildliche Auseinandersetzung fallen Michelis Ausführungen zu *Cyperoides* wesentlich umfassender aus als die seines Vorgängers Tournefort.[225] Im Verbund mit seiner ebenfalls sehr reduziert gehaltenen Bildtafel (Abb. 110) erzeugt Tourneforts Charakterisierung dennoch eine klare Vorstellung der allen Arten jener Gattung gemeinsamen Merkmale:

224 Micheli 1729, S. 56.
225 Vgl. Tournefort 1694, Bd. 1, S. 420f. und Tournefort 1700, Bd. 1, S. 529f.

Le Cyperoides est un genre de plante dont les fleurs A sont à plusieurs étamines B, chargées le plus souvent de deux sommets C, & placées parmi les écailles D qui composent des épis A à la cime des tiges. Ces fleurs ne laissent rien aprés elles ; mais les épis K qui sont au dessous portent des graines & ne fleurissent point. On trouve sous chacune des écailles qui composent les épis K, un jeune fruit E qui est une vessie dans laquelle est renfermé l'embrion F. Cet embrion grossit dans la suite, & devient une semence G H relevée de trois coins, aplatie dans quelques especes, & contenue dans une capsule L membraneuse, qui n'est autre chose que la vessie E qui couvroit l'embrion F. [...] Je me sers du mot de Cyperoides parce que cette plante a beaucoup de raport au Cyperus, mais je ne crois pas qu'on puisse la raporter au Gramen comme on a fait jusques à present.[226]

Micheli fügt Tourneforts neun Arten (in den *Élémens de botanique*) bzw. 24 (in den *Institutiones rei herbariae*) nicht nur weitere hinzu, auch differenziert er die Gattung weiter aus, indem er verschiedene Unterordnungen schafft, die er anhand zusätzlicher Charakteristika beschreibt und fixiert. Die bildliche Wiedergabe der übergeordneten Gattungsmerkmale reicht also nicht aus und wird durch weitere Detailabbildungen sowie beispielhafte Darstellungen einzelner Arten ergänzt. Wie an vielen anderen Stellen in den *Nova Genera* lassen sich an diesem Beispiel Michelis Mühen ablesen, weitere Elemente in ein bestehendes System zu integrieren, dieses zu erweitern und wenn nötig auch zu korrigieren.

3.5 Zu viel Information!? Ordnung in der Bilderflut

The many books of nature: Renaissance naturalists and information overload – dieser vielsagende Titel eines kurzen Beitrags von Brian Ogilvie im *Journal of the History of Ideas* bringt den Segen oder Fluch des in der frühen Neuzeit rapide anwachsenden Wissens über die Pflanzenwelt auf den Punkt. Voraussetzung für die Entstehung eines solchen Wissens (anstelle von allgemeiner Verwirrung) war die möglichst umfassende Beherrschung und Bündelung kursierender Informationen. Mit den neuen Arten und Varietäten wuchs nicht nur die Anzahl ihrer bildlichen Darstellungen und textlichen Beschreibungen, sondern

226 Tournefort 1694, Bd. 1, S. 420f. („*Cyperoides* ist eine Pflanzengattung, deren Blüte A mehrere Staubblätter B besitzt, die meistens zwei Knoten tragen und zwischen den Blatthülsen D liegen, welche die Ähren A an der Spitze der Halme bilden. Diese Blüten hinterlassen nichts [keine Frucht, keine Samen], aber die Ähren K, die darunter liegen, tragen Samen und blühen nicht. In jeder der Blatthülsen, aus denen die Ähren K zusammengesetzt sind, findet sich eine junge Frucht E, die als Gefäß für den Embryo F fungiert. Dieser wächst in der Folge und wird zu einem dreikantigen Samen GH, der bei einigen Arten abgeflacht und in einer membranartigen Kapsel L enthalten ist, welche nichts anderes als das Gefäß E ist, das den Embryo F in sich barg. [...] Ich bediene mich der Bezeichnung *Cyperoides*, da diese Pflanze stark der Gattung *Cyperus* ähnelt, aber ich denke nicht, dass man sie mit der Gattung *Gramen* in Verbindung bringen kann, wie man es bisher getan hat.“).

vor allem die Fülle an Bezeichnungen (oft für ein und dieselbe Art). Werke mit knappen standardisierten Beschreibungen, begleitenden Holzschnitten und weiterführenden Literaturverweisen (etwa Dalechamps' *Historia generalis plantarum*, Lyon 1586) erleichterten die Zuordnung gefundener Spezies, die Identifikation eventueller Neuheiten, die Verifizierung von Informationen sowie den Austausch mit Fachkollegen. Darüber hinaus erlaubte die Erstellung von Synonymlisten (etwa in Caspar Bauhins *Pinax* (Basel 1623), zuvor *Phytopinax* (Basel 1596)) ein sicheres Aufdecken von Dubletten und somit eine erhebliche Vereinfachung der Kommunikation.[227]

Bimbis, Tillis und Michelis viel spätere und untereinander ganz andersartige ‚Bild-Text-Kataloge' verfolgen ähnliche Anliegen. In Form von repräsentativen Ölgemälden und Kupferstichen im Folioformat kommt der ‚Bildebene' dabei stets eine besondere Bedeutung zu. Im Verbund fungieren Bild und Text als Träger und Vermittler von Informationen, die sie zugleich darstellen, beschreiben und ordnen. Ausführliche Auseinandersetzungen mit Bimbis Gemälden, Tillis *Hortus Pisanus* und Michelis *Nova Genera* haben die Unterschiede der Darstellungs- und Beschreibungsweisen, vor allem jedoch der zu Grunde liegenden Ordnungsprinzipien und Funktionen deutlich gemacht. Während die Dokumentation, Repräsentation und Inventarisierung der toskanischen botanischen Vielfalt in der Gemäldesammlung und im Gartenkatalog auf Basis mimetischer Bilder und Texte gut funktioniert, ist eine Abstrahierung und Einbettung derselben in ein klassifikatorisches System mit den gleichen Mitteln schwieriger zu leisten. Wie bereits erwähnt stellte der Klassifizierungsdrang des ausgehenden 17. und beginnenden 18. Jahrhunderts andere Ansprüche an Bild und Text als das bloße und naturgenaue Darstellen und Beschreiben (s. S. 121–123). Eine Verdichtung sowohl von Bild- als auch von Textelementen und deren engere Verzahnung durch Mittlersysteme (oft in Form von Buchstaben und Zahlen) waren die Folge. Michelis Bildtafeln in den *Nova Genera* fallen sehr unterschiedlich aus, die erwähnten Änderungen werden dennoch deutlich (s. Kapitel 3.3.6 und 3.4, bes. 3.4.4). Besser und durchgehender als bei Micheli lässt sich diese ‚neue Bildsprache'

227 Vgl. Ogilvie 2003. Florike Egmond stellt Ogilvies Auffassung des durch die Zeitgenossen zwar stets mitverursachten, dabei jedoch durchaus problematisch empfundenen *information overload* als einem Zustand, der im Bereich der Naturgeschichte und vor allem in der Botanik im 17. Jahrhundert nach und nach die Notwendigkeit taxonomischer Ordnungsmuster entstehen ließ, die These entgegen, dass gerade die Vielzahl an neuen und untereinander vergleichbaren Spezies sowie an entsprechenden (textlichen wie bildlichen) Beschreibungen die fruchtbare Grundlage zur Etablierung botanischer Klassifikationssysteme geliefert hätten; vgl. Egmond 2013, bes. S. 243f. Dabei ist (vereinfacht ausgedrückt) anzumerken, dass Ogilvies eher negative und Egmonds eher positive Interpretation des Phänomens der wachsenden Informationsfülle letztlich zu dem gleichen Ergebnis führen und sich die beiden Forschungsmeinungen nicht notwendigerweise ausschließen. Zum Konzept des *information overload* in der frühen Neuzeit über den Bereich der Pflanzenkunde hinaus vgl. zudem Rosenberg 2003 und Blair 2003 (ausführlich dies. 2010) im gleichen Band wie Ogilvies Beitrag; für den Bereich der Botanik des 18. Jahrhunderts (am Beispiel Linnés) vgl. außerdem Müller-Wille/Charmantier 2012, die den Zusammenhang zwischen klassifikatorischen Reduktionssystemen zur einfachen Handhabung von Informationsmassen und der (gerade dadurch bedingten) Generierung weiterer Informationen aufzeigen.

im Werk seines Vorgängers Tournefort beobachten (Abb. 90, 110). Die sorgfältigen Stiche nach Zeichnungen Claude Aubriets geben in erster Linie gattungsspezifische Details der Blüten- und Fruchtstände in unterschiedlichen Entwicklungsstadien wieder. Anhand der Beispiele von *Trifolium* und *Cyperoides* lässt sich nachvollziehen, wie die Tafeln im zweiten und dritten Band mit dem Text im ersten Band der *Élémens de botanique* korrespondieren.[228] Wie schon der vollständige Titel von Michelis *Nova Genera* verlauten lässt, arbeitete dieser auf Basis von Tourneforts Werk weiter. Neue Gattungen kamen hinzu, bestehende Gattungen wurden umgeordnet und teilweise neu definiert. Text und Bild verraten, dass dies auf Basis zahlreicher neu verzeichneter Arten und Varietäten geschah. Sowohl im Textteil als auch auf den Bildtafeln nimmt die Beschreibung und Darstellung einzelner Spezies bei Micheli einen wesentlich größeren Raum ein als bei Tournefort, was in Analogie zu den oben angeführten Beispielen etwa bei *Trifoliastrum* (Abb. 89) und *Cyperoides* (Abb. 109) deutlich wird (s. S. 196–199, 226–229).[229] Micheli greift Tourneforts Muster der zugleich bild- und textgestützten Gattungsdefinitionen auf. Bei komplexen Gattungen wie *Lichen* oder *Fungus* fallen diese besonders ausführlich aus.[230] Textliche Beschreibungen und bildliche Darstellungen einzelner Arten und Varietäten dienen dazu, die ‚neuen Gattungen' zu verifizieren, wobei die Analyse gattungsspezifischer Details im Text wie auf den Tafeln nicht weniger wichtig ist. Dementsprechend sind die Tafeln in Michelis *Nova Genera* teilweise sehr dicht, um nicht zu sagen auf den ersten Blick unübersichtlich bebildert.

Kurze Zeit nach Tournefort und Micheli sollte Carl von Linné (1707–1778) mit seinen diagrammatisch verdichteten Gattungsdefinitionen einen anderen Weg einschlagen.[231] Staffan Müller-Wille erläutert Linnés Ansatz, auf Grundlage einer fundierten Kenntnis von Arten und Varietäten entsprechende Gattungen zu etablieren, worin er sich zunächst kaum von seinen Vorgängern (vor allem Micheli) zu unterscheiden scheint. Die formal reduzierten Definitionen in Linnés *Genera plantarum* (Leiden 1737) erzeugen jedoch weitaus komplexere Vorstellungen von Pflanzengattungen und ihren an Bau von Blüte und Frucht orientierten Gemeinsamkeiten. Mehr als zuvor wird die Blüte/Frucht als organisches Ganzes wahrgenommen. Die Gattungsdefinition ist demnach die Summe einer Vielzahl von (an Kelch-, Kronen- und Staubblättern, Stempel, Fruchthülle und Samen festgemachten) gemeinsamen Merkmalen. So lautet die Definition von *Cyperoides* bzw. *Carex* bei Linné (Abb. 111):

228 Vgl. Tournefort 1694, Bd. 1, S. 322f. (*Trifolium*), 420f. (*Cyperoides*).
229 Vgl. Micheli 1729, S. 26–29 (*Trifoliastrum*), 55–65 (*Cyperoides*).
230 Vgl. Micheli 1729, S. 73f., Tab. 36–54, (*Lichen*), S. 133–136, 140, Tab. 73–81 (*Fungus*).
231 Vgl. Müller-Wille 2002.

CAREX * Cyperoides Tournef. 299. Scheuch. 10. 11. Mich. 32.
Scirpoides Mont. 17. Carex Dill. Gen. 13. Mich. 33.
* Masculini Flores in spicam digesti.
CAL: Amentum oblongum, imbricatum, constans.
Squamis unifloris, lanceolatis, acutis, concavis, persistentibus.
COR: nulla.
STAM: Filamenta tria, setacea, erecta, calyce longiora. Antherae erectae, longae, lineares.
* Femini Flores in eadem vel (paucis) in distincta planta.
CAL: Amentum ut in masculinis.
COR: Petala nulla.
Nectarium inflatum, ovato-oblongum, apice bidentatum, superne contractum, ore dehiscens, persistens.
PIST: Germen triquetrum, intra nectarium. Stylus brevissimus. Stigmata tria vel duo, subulata, incurva, longa, acuminata, pubescentia.
PER: nullum. Nectarium majus factum semen fovet.
SEM: unicum, ovato-acutum, triquetrum, altero angulo saepius minore.[232]

Jene Gattungsschemata erläuternde Texte oder Bilder sucht man in den *Genera plantarum* vergebens. Bilder, so Linné, könnten – genauso wie frische oder getrocknete Pflanzen – eine Art oder Varietät repräsentieren, doch eigneten sie sich nicht zur Dokumentation übergeordneter und somit gattungsspezifischer Grundsätze.[233]

Linnés bildkritische Haltung ist dabei keineswegs als neue, dem 18. Jahrhundert eigene Erscheinung zu bewerten. Etwa 100 Jahre zuvor hegte Federico Cesi (1585–1630), Gründer der römischen *Accademia dei Lincei*, ähnliche Vorbehalte. Diente ihm die Akkumulation und Auswertung von ‚Bilddokumenten' zunächst als verlässliche Grundlage einer umfassenden Kenntnis der Natur, geriet das epistemische Potential jener Bilder gerade mit ihrer zunehmenden Fülle und Genauigkeit immer mehr ins Wanken. Für Cesi

232 Linné 1737, S. 280 („Segge. Carex. [...] *Männliche Blüthen in einer Aehre. Kelch: ein Kätzgen, ist länglich, wie Dachziegeln gelegt, besteht aus Schuppen, welche einblüthig, lanzenförmig, spitzig, eingetieft, beständig sind. Krone: keine. Staubf: drey Träger, sind borstenförmig, aufrecht, länger als der Kelch; die Staubbeutel aufrecht, lang, gleichbreit. *Weibliche Blüthen auf der nemsichen und (bey einigen) auf einer besondern Pflanze. Kelch: ein Kätzgen, wie bey den männlichen. Krone: keine. Honigbehältniß ist aufgeblasen, eyrund, länglich, an der Spitze zweyzähnig, oberwärts zusammengezogen, die Mündung von einander gesperrt, beständig. Stempf: der Fruchtknoten ist dreyseitig, innerhalb dem Honigbehältnisse: der Griffel sehr kurz, drey oder zwey Narben pfriemenförmig, eingekrümmt, lang, zugespitzt, rauh. Frucht: keine; das Honigbehältniß wird grösser, hält den Saamen. Saam: einer, ist eyrund, spitzig, dreyseitig, die eine Ecke ist meistens kleiner." Übersetzung nach Linné 1775, S. 853).

233 Zu Linnés Definition von Gattungen, Arten und Varietäten vgl. auch Nickelsen 2003 sowie zu Linnés Systematik und deren Bewertung in der wissenschaftshistorischen und -philosophischen Forschung ausführlich und kritisch Müller-Wille 2007.

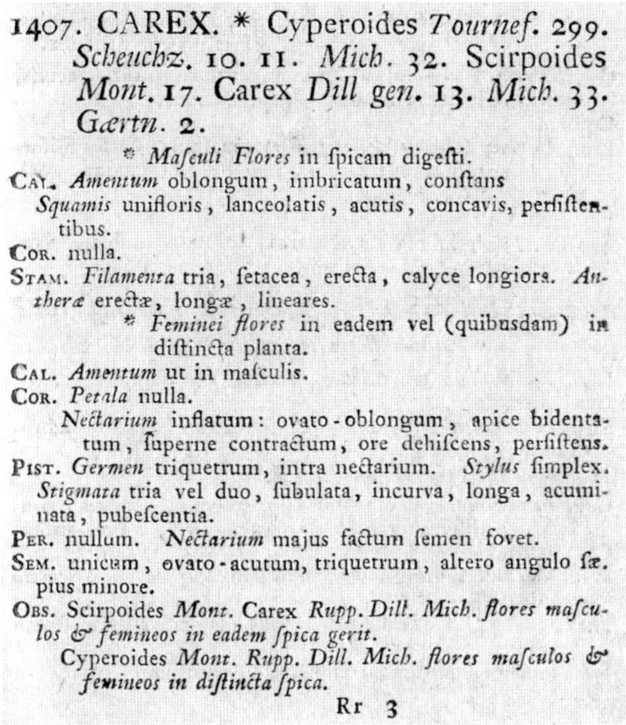
1407. CAREX. * Cyperoides *Tournef.* 299. *Scheuchz.* 10. 11. *Mich.* 32. Scirpoides *Mont.* 17. Carex *Dill gen.* 13. *Mich.* 33. *Gærtn.* 2.

* *Maſculi Flores* in ſpicam digeſti.

Cal. *Amentum* oblongum, imbricatum, conſtans *Squamis* unifloris, lanceolatis, acutis, concavis, perſiſtentibus.

Cor. nulla.

Stam. *Filamenta* tria, ſetacea, erecta, calyce longiora. *Antheræ* erectæ, longæ, lineares.

* *Feminei flores* in eadem vel (quibusdam) in diſtincta planta.

Cal. *Amentum* ut in maſculis.

Cor. *Petala* nulla.

Nectarium inflatum: ovato-oblongum, apice bidentatum, ſuperne contractum, ore dehiſcens, perſiſtens.

Pist. *Germen* triquetrum, intra nectarium. *Stylus* ſimplex. *Stigmata* tria vel duo, ſubulata, incurva, longa, acuminata, pubeſcentia.

Per. nullum. *Nectarium* majus factum ſemen fovet.

Sem. unicum, ovato-acutum, triquetrum, altero angulo ſæpius minore.

Obs. Scirpoides *Mont.* Carex *Rupp. Dill. Mich. flores maſculos & femineos in eadem ſpica gerit.*

Cyperoides *Mont. Rupp. Dill. Mich. flores maſculos & femineos in diſtincta ſpica.*

Rr 3

111

Carex, in: Carl von Linné: *Genera plantarum* (1791), S. 625 (in der Erstausgabe von 1737, S. 280 in leicht abweichender Form).

schloss der visuelle *information overload* (sowohl Quantität als auch Qualität der Bilder betreffend) ein Verständnis der ‚Struktur der Natur' aus oder lies dieses zumindest in weite Ferne rücken.[234] Von einem pauschalen Widerspruch zwischen Klassifikation und Repräsentation, im Sinne einer naturgetreuen (und durch ‚Sehhilfen' wie das Mikroskop immer ‚hochauflösender' werdenden) bildlichen Dokumentation natürlicher Vielfalt, kann man sicherlich kaum ausgehen. Jede Ordnung fordert jedoch eine gewisse Eindeutigkeit und der oft mehrdeutige Charakter von Bildern konnte dem zuwiderlaufen. Ein naheliegender und viel praktizierter Lösungsweg war das Zusammenbringen von Bild und Text, wobei beide Elemente in der Regel einander erläuterten und ergänzten. Diese Praxis erstreckte sich von persönlichen Aufzeichnungen über Briefwechsel bis hin zu Druckerzeugnissen verschiedenster Art. Während die wachsende Informations- und Bilderfülle zur Wahrung eigener Erkenntnisse sowie im Rahmen eines engen Austauschs mit Fachkollegen noch relativ leicht handhabbar gewesen sein mag, mehrten sich die Herausforderungen

234 Vgl. hierzu ausführlich Freedberg 2002, Kapitel 8 (*Plants and Reproduction*), Kapitel 12 (*The Failure of Pictures*) und Kapitel 13 (*The Order of Nature*).

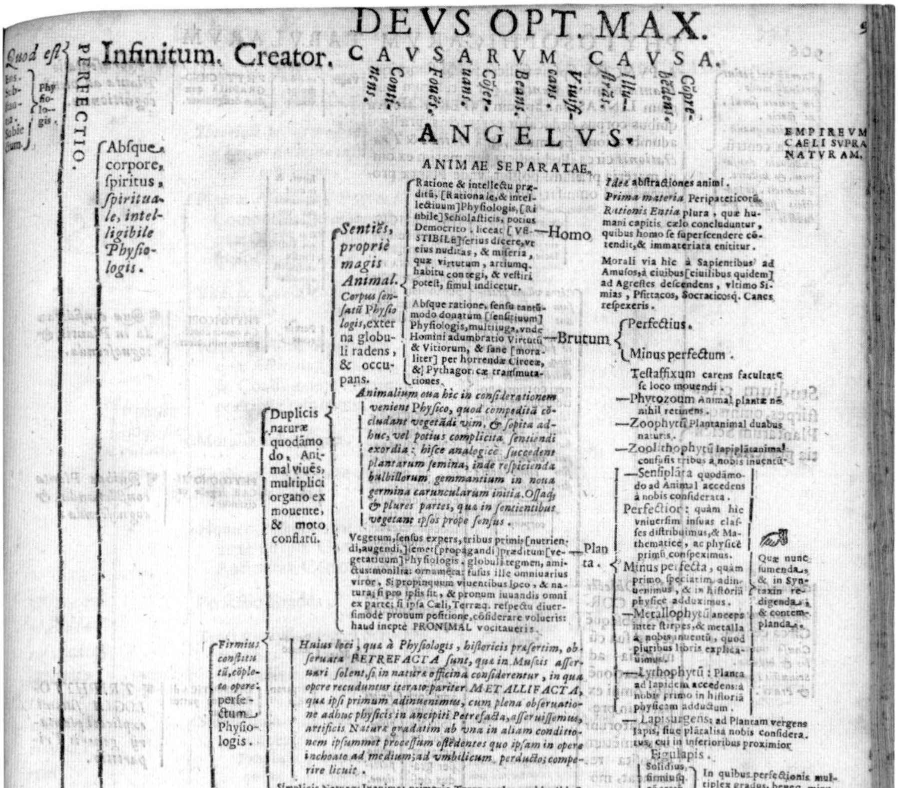

112 Federico Cesi: *Tabulae phytosophicae*, in: *Rerum Medicarum Novae Hispaniae Thesaurus* (1651), S. 905.

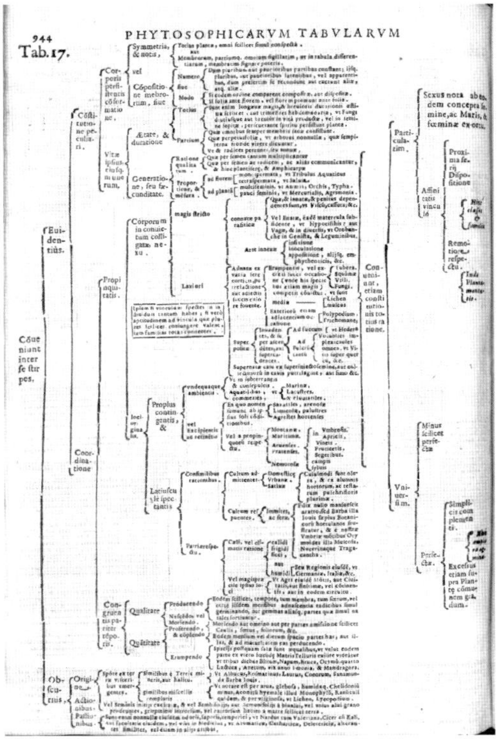

113

Federico Cesi: *Tabulae phytosophicae*, in: *Rerum Medicarum Novae Hispaniae Thesaurus* (1651), S. 944.

bei gedruckten Werken. Der Raum für die Unterbringung von Bildern war begrenzt und zudem teuer. Die medial gegebene Distanz zwischen Adressat und Autor suchte man durch inhaltliche Klarheit und übersichtliche Strukturen zu überbrücken. Ob dies mit der Integration von Cesis *Tabulae phytosophicae* in den *Tesoro messicano* (1628/1649–51) gelang, ist fraglich. Ähnlich wie zuvor im *Apiarium* (1625) versuchte Cesi nun nicht mehr lediglich das Wissen über die Biene, sondern über die gesamte Natur (allen voran die Pflanzenwelt) zusammenzufassen, schematisch zu ordnen und dem enzyklopädisch ausgerichteten Werk der *Lincei* über die Neue Welt somit die nötige Struktur zu verleihen (Abb. 112, 113).[235] Jener allumfassende Anspruch mag zugleich das Problem von

235 Lincei 1651, S. 901–952. Zur langen und überaus komplexen Entstehungsgeschichte des *Tesoro messicano* vgl. neben Freedberg 2002, Kapitel 9 (*The Mexican Treasury. Taxonomy and Illustration*) auch Brevaglieri 2007; zu Cesis *Tabulae phytosophicae* vgl. Freedberg 2002, S. 376–393. Neben Cesis *Apiarium* ließen die *Lincei* im Heiligen Jahr 1625 zwei weitere Werke zu Ehren Papst Urbans VIII. über die Biene drucken (Francesco Stellutis *Melissographia* und Justus Riquius' *Apes Dianiae*). Cesis ‚schematische Enzyklopädie', Stellutis analytischer und sehr ästhetischer Blick durch das Mikroskop und Riquius' Auseinandersetzung mit der klassischen antiquarischen Tradition können als exemplarisch für die naturhistorische

der Gebrüder Bauhin und vieler anderer (mit ihren Texten aber gerade auch Bildern) nach wie vor als Grundlage und Referenz.[240] Dieser Rückbezug kommt sowohl in den toskanischen Gartenkatalogen als auch in den *Nova Genera* zum Ausdruck. Auf jeder Seite werden neben Zeitgenossen auch Autoren des 16. und 17. Jahrhunderts herangezogen und gerade Micheli verweist in seinem pflanzenklassifikatorischen Werk immer wieder dezidiert auf Bilder in anderen Werken (s. beispielsweise S. 210–213, 216–218, 223–225). Die beiden in Inhalt und Struktur sehr unterschiedlichen Werke Tillis und Michelis aus den 1720er Jahren zeigen zudem, dass man keineswegs von einer generellen Aufgabe von Bildern zu Gunsten von Texten ausgehen kann. Vielmehr ist ein ‚Sowohl als auch' zu beobachten, wobei sich gewisse Traditions- und Entwicklungslinien offenbaren. Die 50 Kupferstiche in Tillis *Hortus Pisanus* funktionieren (ähnlich wie die Gemälde Bimbis) als ‚Platzhalter' der echten Pflanzen. Mit jenem gerade in der frühneuzeitlichen Sammlungspraxis omnipräsenten Einstehen des Kunstobjekts für das Naturobjekt gehen vielfältige Repräsentationsstrategien einher. Es handelt sich kaum um eine bloße Übertragung der natürlichen Realität in die künstlerische Abstraktion. Neben dem Anspruch einer Dokumentation und Vermittlung von Wissen schwingt nicht selten das Prestige mit, ein außergewöhnliches Objekt tatsächlich bzw. exklusives Wissen über dasselbe zu besitzen, was durch Texte (etwa über die bemerkenswerten und kostbaren Jasminvarietäten aus Indien, s. S. 162–164) oftmals noch bestärkt wird. Auf Grund der Aktualität des klassifikatorischen Diskurses nicht weniger exklusives Wissen transportieren auch die 108 gestochenen Tafeln in Michelis *Nova Genera*. Bilder von Pflanzen scheinen hier weniger als Dokumente denn als Argumente zu fungieren, einzelne Gattungen und ihre spezifischen Merkmale zu etablieren. Auch wenn Linné eine solche Funktion bald darauf verwerfen sollte, ist der Erkenntnisgehalt der eng mit dem Text verknüpften Bilder in Michelis Werk nicht von der Hand zu weisen. Die intendierten Argumentationsstränge erscheinen noch heute nachvollziehbar, was durch die Bilder eher erleichtert als erschwert wird.

Von einer bis zu ihrem Verschwinden getriebenen Reduktion von Bildern in botanischen Büchern pre-linnéanischer Zeit kann angesichts dieser Beispiele (allen voran Michelis 108 Bildtafeln in den *Nova Genera*) nicht die Rede sein. Die bildliche Auseinandersetzung mit den Dingen der Natur blieb nicht nur Künstlern und interessierten Laien, sondern auch Wissenschaftlern und Gelehrten ein wichtiges Anliegen, was neben zahlreichen gedruckten Werken vor allem durch umfangreiche Handschriften- und Bildersammlungen dokumentiert wird.[241] Darüber hinaus konnten bildliche, textliche und

240 Vgl. Ogilvie 2003a, S. 160–162.

241 Neben den Handschriften Michelis in Florenz und den Zeichnungsbänden Tillis in London wäre auf eine Fülle weiteren Materials einzugehen; vgl. exemplarisch für die Toskana um 1700 Tongiorgi Tomasi 1988 und 2000, für Amsterdam zur Zeit Jan und Caspar Commelijns Wijnands 1983 oder für das Umfeld der *Royal Society* in London Kusukawa 2011 und 2013; zu einem Überblick über die Bedeutung und Funktion verschiedener Bilder für die Entwicklung von Botanik und Zoologie in der frühen Neuzeit vgl. auch Kusukawa 2011a sowie die Beiträge und Bilder in Cambridge 2011.

schematisierende Elemente auf vielfache Art und Weise miteinander verschmelzen und in Korrespondenz treten. Bei dem Versuch, sich ein Stück weit von der argumentativen Dynamik und den wechselwirksamen Potentialen jener ‚Wissensträger' zu distanzieren, mag man dem Bild in erster Linie die Funktion des ‚genauen Darstellens' zusprechen, dem Text die des ‚genauen Beschreibens' und dem Diagramm die Funktion des ‚genauen Ordnens' der Dinge. Dabei lassen nicht nur die ‚Wissen über die Natur' darstellenden Bilder, sondern auch die ebendies beschreibenden Texte und ordnenden Diagramme strukturelle bzw. ideelle Parallelen zur bildenden Kunst erkennen. Exemplarisch für viele andere Werke erscheint ein Gemälde wie Bartolomeo Bimbis 115 nach Reifezeiten sortierte und bezeichnete Birnenvarietäten (Taf. III): es kann als Paradebeispiel der von Svetlana Alpers erläuterten ‚Beschreibungskunst' fungieren und vereint zugleich die von Claudia Swan hervorgehobenen und vielen Stillleben eigenen rasternden und ordnenden Eigenschaften (s. S. 118–123). Im Wechselspiel mit Ogilvies Charakterisierung der frühneuzeitlichen Botanik als ‚beschreibende Wissenschaft' (*Science of Describing* – in Analogie zu Alpers' *Art of Describing*)[242] oder Müller-Willes Herausstellen der hybriden, zugleich bild- und textartigen Erscheinung von Linnés Gattungsdiagrammen offenbart sich so nicht nur die damalige, sondern auch die heutige Nähe zwischen den Disziplinen. Hinterfragt man die Gründe solch enger Zusammenhänge und Wechselbeziehungen, scheinen diese nicht nur in den jeweiligen Objekten des Interesses (Pflanzen, Tieren etc.) zu liegen, sondern auch in gemeinsamen Netzwerken und sich überschneidenden Aktionsräumen der jeweiligen Protagonisten, was zum dritten und letzten Teil der Arbeit hinüberführt.

242 Vgl. Ogilvie 2006, S. 6–8.

4. FORTUNA, DER FÜRST UND DIE FREUNDE: NETWORKING IN DER FRÜHEN NEUZEIT

Die ‚Kataloge' Bimbis, Michelis und Tillis richteten sich in ihrem Ergebnis an ganz verschiedene Adressatenkreise. Diente die Sammlung botanischer Gemälde von la Topaia in erster Linie dem privaten Vergnügen Cosimos III., enger höfischer Angehöriger und ausgewählter Gäste, wandten sich die botanischen Publikationen der 1720er Jahre an eine breitere gelehrte Öffentlichkeit.[1]

Auf die unterschiedlichen, dabei jedoch eng miteinander verwobenen Entstehungsumstände und die verschiedenartigen inhaltlichen Schwerpunkte der beiden Druckwerke wurde bereits eingegangen. Gerade der letztgenannte Aspekt lässt den Schluss zu, dass es sich bei der Leserschaft (von einer gewissen Schnittmenge abgesehen) nicht unbedingt um ein und dieselbe gelehrte Öffentlichkeit gehandelt haben mag. Tillis Katalog des botanischen Gartens in Pisa bietet zwar einen informativen Einblick in die Bestände jener Einrichtung (sowie darüber hinaus). Im Verbund mit den ästhetischen Bildtafeln und durch die programmatische Ortsbezogenheit des Werks scheinen sich diese Informationen dabei an eine ‚gelehrte Allgemeinheit' gerichtet zu haben. Dies entspricht dem traditionellen Besucherkreis, der bereits im 16. und 17. Jahrhundert ausländische Würdenträger und Bildungsreisende einschloss. Reiseberichte und Briefe von Besuchern des 18. Jahrhunderts belegen, dass ihnen Tillis Katalog bekannt war (s. S. 73). Der repräsentative Charakter des *Hortus Pisanus* und das Einbeziehen einer interessierten Laienleserschaft mögen kulturpolitisch intendiert gewesen sein, was das Werk in der Tradition von Gartenkatalogen und Florilegien des frühen 17. Jahrhunderts wie Pierre Vallets *Jardin du Roy* oder Basilius Beslers *Hortus Eystettensis* verortet (s. S. 135f.). Darüber hinaus ist anzumerken, dass der offenkundige Toskana- und Medicibezug auch (und vielleicht in noch stärkerem Maße) in einer weiteren Publikation der Jahre 1723/24 zum Tragen kam, Thomas Dempsters *De Etruria Regali libri septem*. Neben der botanischen wurde auch die antiquarische Tradition des toskanischen Herrscherhauses hochgehalten. Solche Traditionen und Interessen führten in der ersten Hälfte des 18. Jahrhunderts zur Gründung entsprechender Gelehrtengesellschaften, etwa der *Società Botanica Fiorentina* oder der *Accademia Etrusca di Cortona* (s. S. 84f.).

Eine Trennlinie zwischen gelehrten Amateuren auf der einen und Spezialisten auf der anderen Seite – zwischen Tendenzen der Popularisierung und Spezialisierung von

1 Auch wenn keine genauen Angaben möglich sind, lässt die Präsenz zahlreicher Exemplare in Bibliotheken sowie im antiquarischen Buchhandel darauf schließen, dass die Auflagenhöhe sowohl der *Nova plantarum genera* als auch des Pisaner und Florentiner Gartenkatalogs nicht gerade gering gewesen ist.

Wissen – lässt sich an dieser Stelle kaum ziehen. Auch wenn sich Michelis an das tournefortsche System angelehnte pflanzenklassifikatorische Werk in seiner inhaltlichen Ausrichtung eher an Botaniker und somit die Spezialisten auf jenem Gebiet als an eine gebildete Allgemeinheit wandte, so finden sich unter den zahlreichen Subskribenten der *Nova Genera* sowohl ‚Liebhaber und Gelehrte, Einheimische und Fremde', um Francesco Saverio Baldinuccis summarische Beschreibung der Besucherschaft von la Topaia aufzugreifen (s. S. 25). Von kürzeren und längeren Würdigungen jener Unterstützer abgesehen fehlen repräsentative personen-, orts- und traditionsbezogene Aspekte weitgehend. Micheli geht es um die stimmige Klassifikation von Pflanzen und die Perfektionierung eines bestehenden Systems. Ein umfassendes Verständnis des Werks setzte also entsprechende Vorkenntnisse einer spezialisierten Leserschaft voraus. Es wurde bereits die These aufgestellt, dass die skizzierten Umstände ein möglicher Grund für die fehlende Unterstützung durch die *Stamperia Granducale* waren. Zu Michelis Hauptaufgaben als *Botanico del Granduca* gehörten die Suche und Pflege von Pflanzen für die botanischen Gärten in Pisa und Florenz. Handschriftliche Werke wie die *Lista di tutte le Frutte chè giorno per giorno dentro all'Anno sono poste alla mensa dell'A.R.e del Ser:mo Gran Duca di Firenze*, deren Integration in die umfassendere *Enumeratio quarundam Plantarum sibi per Italiam et Germaniam observatarum iuxta Tournefortii methodum dispositarum* sowie weitere, oft mit Zeichnungen ausgestattete Kataloge toskanischer botanischer Vielfalt (darunter etwa Orchideen und Oliven)[2] rücken Michelis Arbeit in die Nähe aufwendiger art- und ortsbezogener Inventare wie Bimbis Gemälde und Tillis Gartenkatalog. Bei aller Verschiedenheit jener Werke scheinen die Fäden dennoch an einer Stelle zusammenzulaufen: am Hofe des Pflanzenliebhabers und mutmaßlichen Vegetariers Cosimo III. de' Medici.

Erweitert man den historischen wie auch thematischen Rahmen, erscheint der großherzogliche Hof traditionell als wichtiger Ausgangspunkt nicht nur künstlerischer, sondern auch wissenschaftlicher Aktivität. Eine Blütezeit als Patronagesystem frühneuzeitlicher Gelehrter erlebte der toskanische Hof bekanntermaßen unmittelbar vor Cosimos Regierungszeit unter Ferdinando II. und dessen Bruder Leopoldo. Im ersten Band der *Notizie degli aggrandimenti delle scienze fisiche accaduti in Toscana nel corso di anni LX. del secolo XVII* wendet sich Giovanni Targioni Tozzetti nach seinen Ausführungen zu Ferdinando jenem Leopoldo zu:

> Se uno ricapitolerà quel tanto, che io rozzamente ho esposto, circ'ai favori grandi compartiti dal Sereniss. Granduca Ferdinando II., a chiunque dei suoi Sudditi si applicava alli Studj delle Matematiche, e della Buona Fisica, non potrà fare a meno di non ve-

2 *P: A: Michelii Orchidum agri florent. Icones* (BB Florenz, ms. Micheli 21), *P: A : Michelii Oleorum Agri Florent: Descr et Icones* (BB Florenz, ms. Micheli 23); vgl. hierzu Ragazzini 1993, S. 34–37 und Fig. 1, 2, 5–7, 11. Michelis Traktat über die Oliven liegt zudem in einer transkribierten und kommentierten Edition vor (Micheli 1998).

nerare la Memoria di quell'Impareggiabile Principe, e di non invidiare la bella sorte dei Filosofi Toscani, i quali goderono per quasi un mezzo Secolo la Protezione di un sì Magnanimo e Sapiente Mecenate. Ma quanto più invidiabile fu questa loro sorte, mentre in un tempo medesimo provarono i Benefici Influssi di un altro non meno Generoso, e non meno Virtuoso Mecenate, cioè del Sereniss. Principe Leopoldo, dipoi Cardinale di S. Chiesa, Fratello di esso Granduca Ferdinando II.[3]

Der Name Leopoldos ist untrennbar mit der *Accademia del Cimento* verbunden, deren Protektor er bis zu seiner Ernennung zum Kardinal im Jahre 1667 war. Targioni Tozzetti zitiert aus Giuseppe Bianchinis *Ragionamenti de' Granduchi di Toscana* (Venedig 1741) und den *Lettere inedite d'Uomini Illustri*, wenn er weiter beschreibt:

È però certo che passando una invidiabile armonia, ed uniformità di genio tra questi due Reali Fratelli, avendo il Principe Leopoldo comunicato al Granduca il suo pensiero, d'istituire l'Accademia del Cimento, lo trovò tutto propenso, e volenteroso a dar mano, e promuovere una cosa interamente confacevole all'Animo suo Generoso [...] Ogni volta che nel Regio Palazzo de' Pitti si radunava essa Accademia, non solo vi si ritrovava presente il Principe Leopoldo, come Fondatore, e Protettore della medesima, ma il Granduca Ferdinando altresì, i quali le cose che ivi si facevano attentamente osservando, intorno alle medesime, come se fossero uguali ai dottisimi Accademici, ed abbassandosi dalla loro Real Grandezza, saggiamente amendue ragionavano; ed in oltre con larghissima continua spesa, somministravano generosamente tutti gli Ordinghi, tutti gl'Istrumenti, e tutte le cose necessarie che bisognavano.[4]

3 Targioni Tozzetti 1780, Bd. 1, S. 367f. („Wenn man all das zusammenfasst, was ich in groben Zügen über die große Gunst ausgeführt habe, mit der Seine Durchlaucht Großherzog Ferdinando II. jene seiner Untergebenen bedachte, die sich dem Studium der Mathematik und der Physik widmeten, kann man nicht anders, als das Andenken dieses unvergleichlichen Fürsten zu ehren und das glückliche Los der toskanischen Gelehrten zu beneiden, die sich für beinahe ein halbes Jahrhundert der Protektion eines so großmütigen und weisen Mäzens erfreuten. Um wieviel beneidenswerter war ihr Schicksal noch, da sie zugleich den wohltätigen Einfluss eines anderen, nicht weniger großzügigen und tugendhaften Mäzens genossen, Seiner Durchlaucht Fürst Leopoldo, alsbald Kardinal der Heiligen Kirche, Bruder jenes Großherzogs Ferdinando II.").

4 Targioni Tozzetti 1780, Bd. 1, S. 380 („Und da zwischen diesen beiden königlichen Brüdern eine beneidenswerte Harmonie und ein Gleichmaß an Geistesgröße herrschten, fand Fürst Leopoldo den Großherzog sofort bereit und willens, ihm zur Hand zu gehen und eine Angelegenheit, die seinem großmütigen Geist vollends entsprach, voranzutreiben, als er ihm seinen Plan, die *Accademia del Cimento* zu gründen, unterbreitete [...] Jedes Mal, wenn sich die Mitglieder der Akademie im fürstlichen Palazzo Pitti versammelten, fand sich dort nicht nur Fürst Leopoldo als ihr Gründer und Protektor ein, sondern auch Großherzog Ferdinando. Und alle beide ließen sich von ihrer königlichen Größe herab, um die Dinge, die sich dort zutrugen, genau zu verfolgen und auf gelehrte Art und Weise zu diskutieren, als wären sie den gebildeten Akademiemitgliedern ebenbürtig. Darüber hinaus ermöglichten sie mit großzügigen und regelmäßigen Zahlungen, die Beschaffung aller Werkzeuge und Instrumente sowie sämtlicher notwendigen Dinge, derer es bedurfte.").

Bei aller Idealisierung zeigen Targioni Tozzettis Erläuterungen auf, welche Rolle der zeitgenössischen wissenschaftlichen Praxis im sozialen Umfeld des Hofes zukam. Es geht nicht nur um die Protektion einer Gruppe von Gelehrten durch einen Fürsten, sondern gleichermaßen um die Einbeziehung desselben in die Prozesse des Experimentierens und Diskutierens – ein Vorgang, von dem beide Seiten profitierten: einer Nobilitierung der Gelehrten und ihrer Aktivitäten auf der einen entsprach die intellektuelle Aufwertung der fürstlichen Mäzene auf der anderen Seite.

In einem Aufsatz mit dem bezeichnenden Titel *Dante's Restaurant* beschreibt Jay Tribby neben einigen weiteren solcher *happenings* den typischen Ablauf einer gelehrten Konversation an der großherzoglichen Tafel. Zum Dessert gereichte Erdbeeren oder eine Flasche Wein konnten zur Grundlage eines *cimento della tavola* werden. Im Beisein einer größeren Gruppe von Familien- und Hofangehörigen begann die Diskussion an der erhöht stehenden Tafel des Großherzogs und seiner Familie, bevor die im Raum stehende Frage oder Beobachtung an einen der anwesenden Gelehrten weitergereicht wurde. Dieser zitierte antike und zeitgenössische Autoren, befragte andere Gäste nach ihrer Meinung und unterzog die jeweiligen Gegenstände verschiedenen Experimenten. Die Ergebnisse und Erkenntnisse wurden wiederum an der großherzoglichen Tafel vorgetragen, worin die belehrende Abendunterhaltung ihren Abschluss fand.[5] Das Experiment und seine Inszenierung erscheinen als standardisierter rhetorischer Akt, der einen festen Platz im höfischen Leben einnahm und an ganz verschiedenen Orten (etwa in der großherzoglichen *spezieria* im Palazzo Pitti oder auf einem der zahlreichen Landsitze zum Abschluss einer Jagdgesellschaft) stattfinden konnte (s. S. 36).[6]

In der Zeit um 1700, als Cosimo III. begann, die Villen von l'Ambrogiana und la Topaia mit zoologischen und botanischen Gemälden Bartolomeo Bimbis ausstatten zu lassen und Pier Antonio Micheli an seine Tafel lud, um sich über die Vielzahl von Früchten und dergleichen unterrichten zu lassen, fehlte eine Institution wie die *Accademia del Cimento* in Florenz – anders als etwa in Paris oder London, wo sich die *Académie des Sciences* und die *Royal Society* mit unterschiedlichen Voraussetzungen und Strategien weiterhin behaupten konnten (s. Kapitel 4.5). Wenn die Tischgespräche zwischen dem Botaniker und dem Großherzog auch nicht mit dem Grad an distinguierter, spielerisch gelehrter Unterhaltung zwischen Ferdinando, Leopoldo und den *Cimento*-Mitgliedern vergleichbar gewesen sein mögen, so lassen sie sich dennoch als Teil der höfischen Etikette und Ausdruck der persönlichen Vorlieben des Großherzogs verstehen.

Das ausgeprägte Interesse Cosimos an Gartenbau und Pomologie ist schon vor langer Zeit zu einem historischen Topos geworden. Ob der Großherzog in jener Leidenschaft durch eine ihm von Francesco Redi verordnete vegetarische Diät („un rigoroso vitto pita-

5 Tribby 1995, S. 327.
6 Vgl. hierzu Tribby 1991, 1995, Findlen 1993.

gorico“) bestärkt wurde, sei dahingestellt. Riguccio Galluzzi schrieb 1781 in der *Istoria del Granducato di Toscana*:

> Dopo che si trovò sanato dalla mortale malattìa che lo avea travagliato, seguitando i prudenti consigli del Redi variò totalmente il sistema nel regime della sua vita; un rigoroso vitto pitagorico fu sostituito alla intemperanza e alla crapula [...] Quindi è che la botanica, la giardineria, e la coltivazione delle frutte divennero una delle più forti passioni di questo Principe, che non risparmiò tesori per avere nei suoi giardini le piante, i frutti, ed i fiori più rari e deliziosi dell'Indie, dell'America e d'Affrica. Questo metodo continuato con estremo rigore, e con la maggiore esattezza fu certamente quello che li produsse una vita lunga e sana [...][7]

Am Ende seiner Ausführungen zur Regierungszeit Cosimos III. kommt Galluzzi nochmals auf dessen Passion zu sprechen:

> Amò singolarmente la Botanica perchè addetto da lungo tempo al vitto pitagorico trovava in essa ciò che interessava la sua salute, e tutto il pascolo per la delizia. Quindi è che ad esso sono dovuti i progressi e le scoperte fatte in questa scienza da Pietro Antonio Micheli che tanto hanno contribuito per perfezionarla nell'avvenire.[8]

Es erscheint bezeichnend, dass Galluzzi hier ausgerechnet Pier Antonio Micheli und dessen Verdienste für die botanischen Wissenschaften erwähnt. Doch lassen sich jene Fortschritte und Entdeckungen Michelis tatsächlich auf das Mäzenatentum Cosimos zurückführen? Zwar fungierte das höfische Umfeld des botanikbegeisterten Großherzogs als Patronagesystem sowohl für Bimbi als auch für Micheli, wie Berichte über den ‚Diensteintritt‘ und die Aktivitäten der beiden nahelegen (s. Kapitel 4.1/2). Zur Realisierung seiner eigenen wissenschaftlichen Interessen, die nachweislich über eine bloße Dokumentation von Pflanzen zu repräsentativen Katalogisierungszwecken hinausgingen, musste sich Micheli jedoch umorientieren. Wenn kurz vor dem Tode Cosimos III. im Jahre 1723 einem Werk botanischer Repräsentation (und Tradition) der Vorzug gegenüber einem Werk bo-

7 Galluzzi 1781, Bd. 4, S. 260f. („Nachdem er von der todbringenden Krankheit, unter der er gelitten hatte, genesen war, befolgte er den weisen Rat Redis und stellte seine Ernährung vollkommen um und eine strenge pythagoreische Diät trat an die Stelle von Unmaß und Völlerei [...] So wurden Botanik, Gartenbau und der Anbau von Früchten zu einer der größten Leidenschaften dieses Fürsten, der keine Kosten scheute, um seine Gärten mit den seltensten und erlesensten Pflanzen, Früchten und Blumen Indiens, Amerikas und Afrikas auszustatten. Sicherlich bescherte ihm die Tatsache, dass er diese Diät mit großer Strenge und Exaktheit weiterverfolgte, ein langes und gesundes Leben [...]“).

8 Galluzzi 1781, Bd. 4, S. 409 („Ganz besonders war er der Botanik zugetan und da er seit langer Zeit Anhänger der pythagoreischen Diät war, fand er sie sowohl seiner Gesundheit zuträglich als sie für ihn auch eine Weide der Freude war. So sind ihm auch die Fortschritte und Entdeckungen zu verdanken, die Pier Antonio Micheli in dieser Wissenschaft machte und die sehr zu ihrer weiteren Entwicklung beitrugen.“).

tanischer Klassifikation (und somit Innovation) gegeben wurde, so gelang Micheli sechs Jahre darauf die Publikation der *Nova Genera* mit der finanziellen Unterstützung eines weit verzweigten lokalen und internationalen Netzwerks, das er bereits in jungen Jahren aufgebaut und stetig erweitert hatte (s. Kapitel 4.3/4). Die Namen seiner zahlreichen Subskribenten lassen sich in den Unterschriften der 108 Bildtafeln sowie in einer langen Liste zu Beginn des Werks ablesen. Die Praxis der Subskription war dabei kein Novum. Bereits in der zweiten Hälfte des 17. Jahrhunderts wurden vorwiegend in England einige Bücher durch diese Form der Finanzierung gedruckt – darunter Robert Morisons *Historia plantarum universalis Oxoniensis* (Oxford 1680–1699) und John Rays *Historia piscium* (London 1686), auf deren Bildtafeln den Unterstützern ebenfalls mit Namen und teilweise sogar Wappen gedacht wurde (Abb. 115).[9] Michelis Vorbild und Bezugsgröße Joseph Pitton de Tournefort war hingegen nicht auf die Unterstützung von Subskribenten angewiesen. Als Mitglied der *Académie des Sciences* wurden seine Werke von der *Imprimerie Royale* finanziert, darunter die dreibändigen *Élémens de botanique* (Paris 1694) mit insgesamt 451 Kupferstichtafeln und deren lateinische Fassung *Institutiones rei herbariae* (Paris 1700).

Schon diese wenigen Beispiele deuten auf ein komplexes Gesamtbild von Patronagebeziehungen, wissenschaftspolitischen Interessen und Tendenzen hin. Der Blick auf die Vorgänge in der Toskana zur Zeit der *ultimi Medici* lässt sich schwerlich direkt auf andere Zentren wie London oder Paris übertragen. Auch wenn sich gewisse Gemeinsamkeiten abzeichnen, die auf frühaufklärerische Popularisierungs- und Spezialisierungsentwicklungen von (botanischem) Wissen hindeuten, so ergibt ein Heranzoomen doch stets eine andere Detailaufnahme. Nicht zuletzt in Anlehnung an Carlo Ginzburgs Spurensicherungen und Giovanni Levis Schauen „im Kleinen"[10] formuliert Paula Findlen den Anspruch an mikrohistorische Forschungen in der Wissenschaftsgeschichte, ausgehend vom Detail übergeordnete Zusammenhänge aufzudecken, also ein Puzzleteil des *big picture* zu sein („Each microhistory is a second on a clock.").[11] Demzufolge lassen auch die toskanischen Akteure und ihre Werke das Bild einer Situation entstehen, die durchaus typisch für ihre Zeit ist und diese zu erklären hilft. So spielte der großherzogliche Hof eine entscheidende Rolle in der Profilierung des Künstlers Bartolomeo Bimbi wie auch des Botanikers Pier Antonio Micheli. Beide Protagonisten agierten innerhalb differenzierter Netzwerke und Patronagesysteme. Neben dem Fürsten selbst und Angehörigen seines Hofes sind es Florentiner Künstler und Bürger, Gelehrte und Geistliche, Bauern, Gärtner und Obsthändler sowie nicht zuletzt die internationale Adels- und Gelehrtenwelt, die in verschiedenem

9 Zu Rays *Historia piscium*, deren Veröffentlichung die *Royal Society* fast zahlungsunfähig gemacht hätte, vgl. Kusukawa 2000. Auch die Bildtafeln in James Petivers *Gazophylacium naturae et artis* (London 1702–1709) erinnern an die Subskribenten des Werks (Abb. 104) und in Sébastien Vaillants posthum publiziertem *Botanicon parisiense* findet sich eine zweiseitige *Liste des souscripteurs pour cet ouvrage*, um zwei weitere Beispiele zu nennen. Darüber hinaus sei auf Haskell 1993, S. 44–52 verwiesen.

10 Vgl. Ginzburg 1983, S. 61–96 und ders. 1993, Levi 1991, Medick 1994.

11 Vgl. Findlen 2005 (Zitat, S. 237).

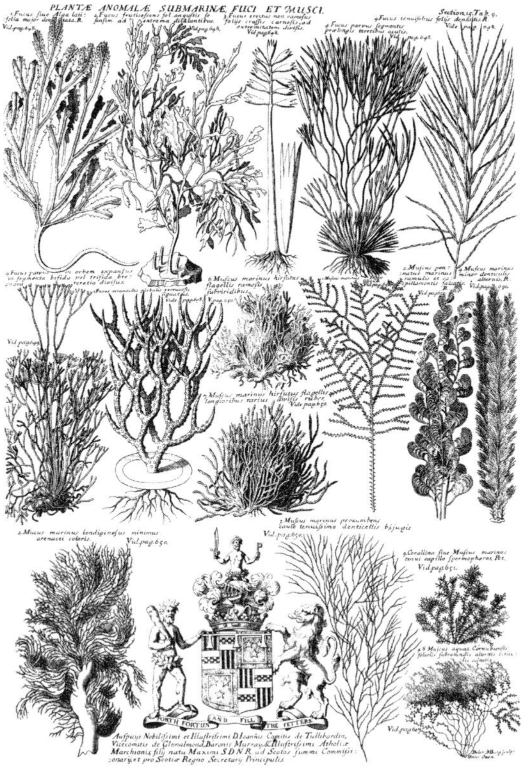

115

Siliquosae tetrapetalae bicapsulares (mit Widmung an John Murray, Duke of Atholl), in: Robert Morison: *Plantarum historiae universalis Oxoniensis, pars tertia* (1699), Sect. 15, Tab. 9.

Maße auf die Karrieren Bimbis und Michelis einwirkten. Die Aktivitäten dieser Gruppierungen und Einzelpersonen sowie die Verquickungen zwischen ihnen verraten zudem einiges über den Stellenwert von botanischem Wissen in jener Zeit. Einmal mehr (oder noch immer) befinden wir uns in einem Spannungsfeld zwischen Wissenschaftlichkeit und Repräsentativität – *intelletto e pompa* –, zwischen privat und öffentlich wie auch lokal und international ausgerichteten Interessen, zwischen Tendenzen der Spezialisierung sowie der Popularisierung von Wissen, wobei ein solches Ineinandergreifen von Konzepten stets orts-, personen- und allgemein situationsbedingten Schwankungen unterworfen war.

Die wichtigsten Quellen, die Aufschluss über Bimbis und Michelis Arbeitsumstände geben, sind zweifelsohne die von Francesco Saverio Baldinucci und Giovanni Targioni Tozzetti verfassten Lebensbeschreibungen sowie Antonio Cocchis ausführliche Begräbnisrede (*Elogio di Pietro Antonio Micheli*). Nicht weniger bedeutend ist der Text in den verschiedenen gemalten und gedruckten Katalogen, auf dessen Aussagegehalt bereits mehrfach hingewiesen wurde. Erläuternde Inschriften lassen sich nicht nur auf den Ölgemälden von la Topaia entziffern, sondern auch auf den 50 bzw. 108 Bildtafeln des *Hortus*

Pisanus und der *Nova Genera*. Oft gewähren gerade diese Textversatzstücke einen direkten Einblick in die Referenz- und Netzwerke der Autoren, indem auf Inhalte in anderen Publikationen, auf Finder und Vermittler bestimmter Pflanzen oder, wie in den *Nova Genera* der Fall, auf einen bestimmten Subskribenten hingewiesen wird.

Die der besonders artenreichen Gattung *Cyperoides* gewidmete Tafel mit der Nummer 32 nennt die wohl berühmteste Unterstützerin von Michelis Werk: „Ausp. Ser. Ann. M. Aloy. Electr. Palat. Rheni ac Mag. Etr. Pr." (Abb. 109). Ein persönlicher Austausch zwischen dem Botaniker und Cosimos Tochter Anna Maria Luisa ist nicht belegt. Anders stellt sich dies im Falle eines weiteren fürstlichen Unterstützers der *Nova Genera* dar, Prinz Eugen von Savoyen (1663–1736), dessen Namenspatenschaft für die Gattung *Eugenia* noch heute Gültigkeit hat (s. S. 308–312). Ihrer gesellschaftlichen Stellung entsprechend sind die beiden *Serenissimi* in der alphabetisch geordneten Namensliste zu Beginn des Werks (*Elenchus eorum qui tabulas huic operi adnexas suis sumptibus aeri incidi curarunt*) allen übrigen Subskribenten vorangestellt und durch die Initiale „S[erenissima/-us]" zusätzlich hervorgehoben (Abb. 116). Auf die zahlreichen und ganz verschiedenen Unterstützer Michelis wird noch zurückzukommen sein. Der Botaniker selbst wird neben einigen weiteren Namen in der Inschrift eines von Bimbis Gemälden erwähnt (Taf. XV). Während der riesenhafte Blumenkohl von den Ländereien des „Sig[no]r Can[oni]co Michel Angelo Venusti" stammte und dem „Sig[no]r Cav[alier]e Seg[reta]rio Montestagni" übergeben wurde, der ihn Cosimo III. brachte, wuchs die ebenfalls dargestellte Rettichrübe auf einem Gut des „Sig[no]r March[es]e Corti" und wurde dem Großherzog von „Pier Antonio Micheli Botanico della medesima A.[ltezza] S.[ua] R.[eal]e" überbracht (s. S. 153). Die Inschrift lässt den Weg der bemerkenswerten Feldfrüchte vom Ort ihres Wuchses bis an den großherzoglichen Hof nachvollziehbar werden, wobei die Objekte im Verbund mit entsprechenden Informationen verschiedene Stationen durchliefen, bis sie schließlich bei Cosimo selbst bzw. im Atelier des Malers eintrafen. Ähnliche Informationen lassen sich auf fast allen Gemälden der Sammlung von la Topaia ablesen, was die Erstellung eines umfassenden Orts- und Namensverzeichnisses zuließe. Von zentraler Bedeutung vor allem für Bimbi doch auch für den jungen Micheli waren das botanische Interesse und die daraus resultierende Protektion des Großherzogs. Dass Micheli ausgerechnet in der Inschrift eines Gemäldes von 1706, dem Jahr seines Eintritts in Cosimos Dienste, genannt ist, mag Zufall sein. Doch erscheinen gerade die Umstände, unter denen der Botaniker und zuvor der Künstler begannen, im direkten Umfeld Cosimos III. zu arbeiten, besonders aufschlussreich, um die Funktion des großherzoglichen Hofes als Patronagesystem zu verstehen.

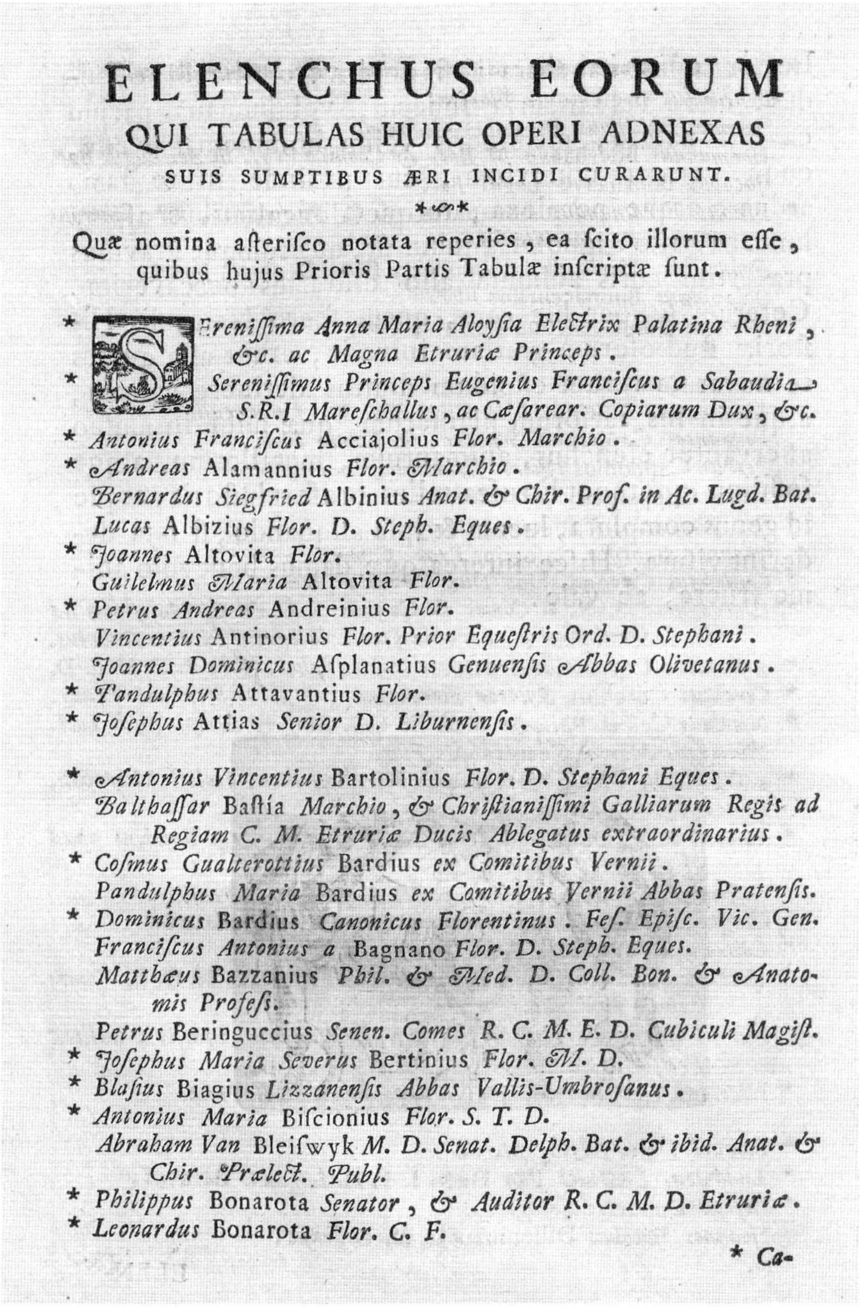

ELENCHUS EORUM
QUI TABULAS HUIC OPERI ADNEXAS
SUIS SUMPTIBUS ÆRI INCIDI CURARUNT.

Quæ nomina aſteriſco notata reperies, ea ſcito illorum eſſe, quibus hujus Prioris Partis Tabulæ inſcriptæ ſunt.

* *Sereniſſima Anna Maria Aloyſia Electrix Palatina Rheni, &c. ac Magna Etruriæ Princeps.*
* *Sereniſſimus Princeps Eugenius Franciſcus a Sabaudia S.R.I Mareſchallus, ac Cæſarear. Copiarum Dux, &c.*
* *Antonius Franciſcus* Acciajolius *Flor. Marchio.*
* *Andreas* Alamannius *Flor. Marchio.*
Bernardus Siegfried Albinius *Anat. & Chir. Prof. in Ac. Lugd. Bat.*
Lucas Albizius *Flor. D. Steph. Eques.*
* *Joannes* Altovita *Flor.*
Guilelmus Maria Altovita *Flor.*
* *Petrus Andreas* Andreinius *Flor.*
Vincentius Antinorius *Flor. Prior Equeſtris Ord. D. Stephani.*
Joannes Dominicus Aſplanatius *Genuenſis Abbas Olivetanus.*
* *Tandulphus* Attavantius *Flor.*
* *Joſephus* Attias *Senior D. Liburnenſis.*

* *Antonius Vincentius* Bartolinius *Flor. D. Stephani Eques.*
Balthaſſar Baſtía *Marchio, & Chriſtianiſſimi Galliarum Regis ad Regiam C. M. Etruriæ Ducis Ablegatus extraordinarius.*
* *Coſmus Gualterottius* Bardius *ex Comitibus Vernii.*
Pandulphus Maria Bardius *ex Comitibus Vernii Abbas Pratenſis.*
* *Dominicus* Bardius *Canonicus Florentinus. Feſ. Epiſc. Vic. Gen.*
Franciſcus Antonius a Bagnano *Flor. D. Steph. Eques.*
Matthæus Bazzanius *Phil. & Med. D. Coll. Bon. & Anatomis Profeſſ.*
Petrus Beringuccius *Senen. Comes* R. C. *M. E. D. Cubiculi Magiſt.*
* *Joſephus Maria Severus* Bertinius *Flor. M. D.*
* *Blaſius* Biagius *Lizzanenſis Abbas Vallis-Umbroſanus.*
* *Antonius Maria* Biſcionius *Flor. S. T. D.*
Abraham Van Bleiſwyk *M. D. Senat. Delph. Bat. & ibid. Anat. & Chir. Prælect. Publ.*
* *Philippus* Bonarota *Senator, & Auditor R. C. M. D. Etruriæ.*
* *Leonardus* Bonarota *Flor. C. F.*

* Ca-

116 *Elenchus eorum qui tabulas huic operi adnexas suis sumptibus aeri incidi curarunt* (erste Seite der Subskribentenliste), in: Pier Antonio Micheli: *Nova plantarum genera* (1729).

4.1 Der großherzogliche Hof I: Bartolomeo Bimbis Aufstieg zum „pittore eccellente nei fiori, nelle frutte e negli animali"[12]

Bevor sich Francesco Saverio Baldinucci der Sammlung von la Topaia und somit Bimbis Hauptwerken widmet, beschreibt er zwei besonders herausragende Blumenstillleben, die der Maler nur aus seiner eigenen Laune heraus geschaffen haben soll („[...] vennegli voglia di fare per sé due quadri di fiori tutto suo capriccio [...]"[13]) und an denen schließlich auch der Großherzog Gefallen fand:

> E perché giunse la fama di questi quadri, veduti da molti, all'orecchie dell'Altezza Reale del Serenissimo Granduca Cosimo, volle esso vedergli: in ammirando i quali tanto diletto si prese che, il giorno dipoi, mandò per regalo al Bimbi trenta piastre per avergli solamente veduti. Consideri dunque chicchessia che, se tanto il solo vedergli fu stimato da un personaggio di questo rango, quanta stima meriteranno che sia fatta di essi per possedergli.[14]

Demnach soll der großzügige Cosimo Bimbi alleine für das Betrachten der Bilder Geld gezahlt haben. Man stelle sich erst den Preis vor, den der Großherzog für den Besitz solcher Werke zu zahlen bereit gewesen wäre! Das Wohlwollen und die finanzielle Großzügigkeit des Mäzens dem Künstler gegenüber sind eines der Leitmotive der Vita, das bei der Beschreibung einiger Gemälde für la Topaia immer wieder zum Tragen kommt – so auch wenn Baldinucci über die Entstehungsumstände eines Gemäldes berichtet, das mit großer Wahrscheinlichkeit den riesigen Kürbis aus Pisa zeigt (Taf. VI). Der Freigebigkeit des Großherzogs, die für Riguccio Galluzzi rund 50 Jahre nach Baldinucci wohl eher ein Zeichen seiner Maßlosigkeit und Verschwendungssucht gewesen wäre,[15] steht die extre-

12 Gabburri 1719–41, Bd. 1, S. 389. Der ganze Satz lautet: „[...] ma non è questo un pittore da passarsela così alla leggiera come egli [Pellegrino Antonio Orlandi: *Abecedario pittorico*, erstm. Bologna 1704] fa, perché il Bimbi fu un pittore eccellente nei fiori, nelle frutte e negli animali, come ne fanno ampia testimonianza tanti e tanti bei quadri che possiede la Casa Reale Toscana, tanto che son sparsi per le case dei cavalieri e dei cittadini in Firenze e tanti finalmente che sono stati trasportati in Inghilterra, in Francia, in Germania, in Pollonia e in diversi altri paesi."

13 Baldinucci 1725–30 (1975), S. 246 („[...] verspürte er [Bimbi] Lust, rein zu seinem eigenen Vergnügen zwei Blumengemälde zu schaffen [...]").

14 Baldinucci 1725–30 (1975), S. 247 („Und da der Ruhm dieser Gemälde, nachdem sie von vielen gesehen worden waren, auch Seiner Königlichen Hoheit Großherzog Cosimo zu Ohren kam, wollte auch er sie ansehen; und als er sie sah, fand er solch großen Gefallen daran, dass er Bimbi am Tag darauf 30 Piaster als Geschenk allein dafür, dass er sie gesehen hatte, zukommen ließ. Man stelle sich also vor, was der Großherzog erst zu zahlen bereit gewesen wäre, um jene Gemälde zu besitzen, wenn schon allein das Anschauen derselben von einer Person seines Ranges eine solche Wertschätzung erfuhr.").

15 Es finden sich unzählige Textstellen, in denen sich der Historiker über die negativen Eigenschaften Cosimos, darunter dessen Verschwendungssucht, auslässt; so heißt es etwa, um das Zitat über die botanische Leidenschaft des Großherzogs (s. S. 245) zu komplettieren: „[...] un rigoroso vitto pitagorico fu sostituito alla intemperanza e alla crapula, e la vita sedentaria ed inerte fu cangiata in un continuato esercizio della

me Zurückhaltung und fast übertriebene Demut des Malers gegenüber. Bimbi ängstigt sich ob der lärmenden Menge vor seinem Haus, die die beiden Überbringer der schweren Feldfrucht begleitet, und lässt ihn gar an ein düsteres Ereignis denken. Erleichterung macht sich breit, als ihm lediglich der Auftrag erteilt wird, den Kürbis zu malen und einen entsprechenden Preis zu nennen. Natürlich fällt das Werk genauso aus, wie es sein soll, nicht aber der Preis, der Cosimo zu niedrig erscheint. Erneut erschreckt wegen des Tadels an seiner schlechten Rechnung, verlangt Bimbi einen beliebigen, dem Auftraggeber als angemessen erscheinenden Lohn und wird mit der doppelten von ihm zunächst veranschlagten Summe belohnt.[16] Abgesehen von einem Einblick in das Patronageverhältnis zwischen Cosimo und Bimbi erhält man eine Vorstellung davon, wie die großherzoglichen Aufträge und zu portraitierenden Objekte den Maler erreichten. Zudem schien die Dokumentation der ganzen, unversehrten Frucht nebst einem Ausschnitt, der ihr Inneres sichtbar machte, oft dem ausdrücklichen Wunsch des Auftraggebers zu entsprechen („[...] gli comandava che dipignesse la detta zucca intera e partita per vederne l'interno [...]", s. Anm. 4.16). Dies bestätigt sich bei der Beschreibung der folgenden beiden Werke, die auch Aufschluss über den weiteren Verbleib der gemalten Objekte – einer Wassermelone und eines Trüffels (Taf. VII) – geben.[17] Die Melone wird auf Cosimos Wunsch

persona. Il fasto però ed il lusso non fu moderato, poichè sebbene la mensa del G. Duca non dovesse essere imbandita che di soli vegetabili, non risparmiavasi quanto di più raro e di delizioso produce la terra di frutti e d'erbe nelle varie parti del Globo. Né si ometteva alcuna di quelle arti che servono a prevenire o ingannare la natura per averne i prodotti nelle Stagioni le più contrarie. Quindi è che la botanica [...]." Galluzzi 1781, Bd. 4, S. 260.

16 „Una mattina pertanto veddesi il nostro pittore portare da due facchini una grossissima zucca di libbre centosessantasette, col séguito di molta curiosa gente che con strepito l'accompagnò fino alla sua casa. A questa novità si sbigottì il Bimbi, temendo di qualche sinistro avvenimento. Ma sentita l'imbasciata fattagli d'ordine di Sua Altezza Reale, che gli comandava che dipignesse la detta zucca intera e partita per vederne l'interno, e che chiedesse quello [che] doveva avere per sua mercede, tutto si consolò. E speditamente eseguiti i ricevuti comandamenti, mandò il quadro colla domanda del prezzo. Piacque moltissimo il quadro ma non già il prezzo, che parve a Sua Altezza vilissimo; onde mandatolo di nuovo a chiamare, gli disse che facesse meglio il conto del suo avere perché l'aveva fatto male. A questo modo di parlare allibì il Bimbi, credendo d'avere errato nel più e, scusandosi con molta umiltà, fece pregare Sua Altezza a dargli quello che comandava. Ma la giustizia e generosità di Sua Altezza Reale, solita a non lasciarsi mai vincere, diedegli il doppio più di quello [che] importava la stessa domanda, dicendogli che era cattivo mercante perché, se seguitava a vender l'opere sue con questa viltà di prezzo, si sarebbe morto di fame." Baldinucci 1725–30 (1975), S. 247f.

17 „A questa zucca successe un cocomero di libbre centocinque, bellissimo, mandatogli dallo stesso Granduca con ordine che intero lo dipignesse e tale lo rimandasse. Ubbidì il Bimbi; e il giorno dipoi, oltre a un generoso onorario, trovossi a casa una fetta di quello di trenta libbre, fortemente diaciata e di bellissimo colore, acciò la dipignesse nella stessa tela e indi saziasse con essa la propria famiglia e suoi amici: come seguì. Fu poi portato in Firenze un grossissimo tartufo, di forma sferica e grossa circa un palmo di diametro, trovato ___. Il che saputosi da Sua Altezza Reale, fattolo portare a sé, volle che il Bimbi con tutta diligenza lo ritraesse, per accomodarlo nella Topaia fra i sopradetti ed altri frutti di straordinaria grandezza: in che fu, con somma diligenza e prontezza, ubbidito. Volle poi lo stesso Serenissimo Granduca che se ne facesse notomia. E partito in più pezzi, fu riconosciuto essere non già un solo tartufo ma un gruppo di moltissimi tartufi d'ogni grandezza, conglutinati insieme con una certa sorta di terra nera

hin unversehrt zurückgegeben. Am folgenden Tag lässt man Bimbi, neben einem wie gewöhnlich großzügigen Lohn (für ein unfertiges Bild!), ein Stück derselben Frucht zukommen (dem angegebenen Gewicht und dem tatsächlichen Gemälde nach zu urteilen ein gutes Viertel[18]), damit er es zunächst malen und anschließend mit seiner Familie verspeisen möge. Der riesige kugelförmige Trüffel aus dem Fürstentum Castel Leone des Kardinals Francesco Maria de' Medici, wie die nicht minder ausführliche Inschrift des Gemäldes verrät,[19] sollte zur Unterbringung im Casino della Topaia ebenfalls von Bimbi gemalt werden. Nach der ersten ‚Portraitsitzung' wurde die seltsame „massa di materia" auf Cosimos Wunsch hin seziert und genauer untersucht. Tatsächlich handelte es sich um mehrere einzelne Trüffel, die zu einer einzigen, fast versteinerten Kugel zusammengewachsen waren. Auf Grund einer Vielzahl kleiner roter Würmer in ihrem Inneren ordnete der großherzogliche Leibarzt Giuseppe del Papa an, dass niemand von den seltsamen Trüffeln essen dürfe und man sie stattdessen in den Fluss werfe, nachdem sie von Bimbi in ihren Einzelteilen gemalt worden seien. Die Ergebnisse jener Sektion sind auch in der ungewöhnlich langen Inschrift, also auf dem Gemälde selbst, nachzulesen.

Die Beispiele des Kürbis, der Wassermelone und des Trüffels verdeutlichen die Voraussetzungen und Interessen, die die Entstehung solcher Portraits botanischer Besonderheiten motivierten. Baldinuccis Ausführungen entwerfen Szenarien und schildern Vorgänge, die gemeinsam mit den Inschriften auf den Gemälden selbst nicht nur Aufschluss über die portraitierten Objekte, sondern auch über zeitgenössische Begebenheiten und beteiligte Personen erteilen. Im Zentrum jener Vorgänge steht zweifelsohne die Sammelleidenschaft des Großherzogs, von dessen Güte Bimbi (als vielleicht schlechter Geschäftsmann doch begnadeter Maler) lange Zeit profitierte. Das überschwängliche Lob des Florentiner Malerkollegen Anton Domenico Gabbiani am Ende von Baldinuccis

talmente soda che pareva calcina. Separati e partiti poi alcuni di questi, furon trovati dello stesso odore, colore e sapore degl'altri. Ma perché questi avevano dentro di sé molti vermicciuoli rossi, fu proibito a tutti il mangiarne – a secondo del parere dell'Eccellentissimo Dottor del Papa – e indi ordinato che si buttasse ogni frammento nel fiume, dopo essere stati dipinti dal Bimbi tutti i pezzi nella forma che furono ritrovati." Baldinucci 1725–30 (1975), S. 248.

18 Bartolomeo Bimbi: Wassermelone, 97 × 131 cm, Florenz, Museo di Storia Naturale, Sezione Botanica; vgl. Poggio a Caiano 2008, S. 84f.

19 „Nel Principato di Castel Leone, posseduto dall'Altezza Reverendissima del Signor Principe Cardinale Francesco Maria de' Medici, nel mese di ottobre dell'Anno 1706 fù trovato questa gran massa di materia in quel terreno, ove si producono i Tartufi neri odorosi; E perché questo globo nell'esterna sua apparenza aveva tutte le qualità di vero Tartufo, cioè figura, colore, consistenza, e odore eziandio; Fu perciò come tale mandato à Firenze a Sua Altezza Reale di Cosimo III. Gran Duca di Toscana. Questo smisurato Tartufo pesò libbre 4½ La sua corteccia era quasi affatto impietrita, ed era grossa due dita traverse, e ciò fù creduto procedere dall'esser questo Tartufo molto, e molto antico, e per tal cagione è credibile esser parimente proceduto, che la sua interna sostanza non fusse uniforme, tenera, e pastosa, siccome è quella de' Tartufi ordinari; ma tutta ineguale, terrea, traforata, e d'ogn'intorno divisa da molte, e molte tuniche, simili a un sottile quoio, e bianche, e rosse, e di altri colori, ad alcune delle quali tuniche erano uniti molti piccioli vermicciuoli rossi, effetti tutti dell'essersi in progresso di molti Anni stranamente alterata la sua sostanza."

Beschreibung der Sammlung von la Topaia, Bimbi übertreffe in seiner Fähigkeit Früchte und Blumen zu malen selbst Tizian und Raffael,[20] wurde bereits an anderer Stelle zitiert (s. S. 24). Doch schon zu Beginn der Vita stellt der Autor Bimbis Expertise, ja Unübertrefflichkeit, als Stilllebenmaler heraus:

> Uno di questi però gran maestri che abbia superato di gran lunga ogn'altro nel suo genere di dipignere – e probabilmente possa dirsi essere insuperabile da chiunque sia per venire ne' futuri tempi – si è Bartolommeo del Bimbo, pittor fiorentino. Il quale, contuttoché abbia fatto nella sua gioventù anche di figure, con dare grande speranza di poter divenire insigne pittore in esse ancora – come, da quelle poche cose che vedonsi di sua mano, fassi manifesto – ha impiegato però tutto il restante della vita sua in dipignere al naturale fiori, frutte, uccelli e animali d'ogni sorte e nel rappresentare al vivo qualunque altra specie che trovar si possa di testacei o nicchi che vogliamo dire, di armi e di strumenti musicali. Con tanta verità e espressione che altri che quelli che con i propri occhi gli vedono, possono abbastanza esprimere e fare intendere la loro perfezione.[21]

Nach den Worten seines Biographen hätte Bimbi also gleichermaßen als Figuren- und Portraitmaler reüssieren können; jedoch entschied er sich früh, den Rest seines Lebens damit zu verbringen, Blumen, Früchte, Vögel und andere Tiere nach der Natur („al naturale“) sowie auch unbelebte Dinge wie Muscheln und Schneckenhäuser, Waffen oder Musikinstrumente nach dem Leben („al vivo“) zu malen. Seine Lehrzeit verbrachte der junge Bimbi bei den Florentiner Malern Lorenzo Lippi (1606–1665) und Onorio Marinari (1627–1716).[22] Er soll sich besonders im getreuen Kopieren der Werke seiner Meister hervorgetan haben, die vor allem Heiligenbilder und Portraits schufen. Bimbis Interesse an der Stillleben- bzw. Blumenmalerei könnte spätestens auf einer Reise nach Rom geweckt worden sein, was Baldinucci jedoch strikt leugnet. Anlässlich des Konklaves zur Nachfolge von Papst Clemens IX. (1670) begleitete der junge Maler den Schwager Lorenzo Lippis, Pietro Susini, der als Kammerdiener Leopoldo de' Medicis zur Entourage des Kardinals

20 Baldinucci 1725–30 (1975), S. 249.

21 Baldinucci 1725–30 (1975), S. 239 („Einer dieser großen Meister, der in seiner Gattung der Malerei bei weitem jeden anderen übertroffen hatte – und von dem man wahrscheinlich behaupten kann, dass er auch in Zukunft von niemandem zu übertreffen sein wird –, ist der Florentiner Maler Bartolomeo del Bimbo. Jener hat sich, wenngleich er sich in der Jugend auch der Figurenmalerei widmete und auch in jenem Genre ein ausgezeichneter Maler zu werden versprach – wie sich an den wenigen Dingen, die von seiner Hand stammen zeigt –, den Rest seines Lebens dazu verwandt, Blumen, Früchte, Vögel und Tiere jeder Art nach der Natur zu malen sowie jede Sorte von Muscheln und Schnecken, von Waffen und Musikinstrumenten nach dem Leben abzubilden. All das malte er mit solcher Wirklichkeitstreue und so voller Ausdruck, dass jene, die seine Werke nicht mit eigenen Augen sehen, kaum in der Lage sind, sich eine Vorstellung von ihrer Vollendung zu machen.“).

22 Zu Bimbis Ausbildung vgl. Baldinucci 1725–30 (1975), S. 239f.

gehörte, nach Rom. Auch dort soll Bimbi vor allen Dingen Kopien und Portraits angefertigt haben, wobei er die freundschaftliche Unterstützung des römischen Blumenmalers Mario Nuzzi, genannt Mario de' Fiori (1603–1673) erfuhr. Baldinucci betont die enge Freundschaft zwischen Bimbi und Nuzzi, dem ersterer häufig bei der Arbeit zugesehen habe, ohne jedoch selbst zur Blumenmalerei angeregt worden zu sein.[23] Wie das Ausschließen der Vorbildfunktion Nuzzis auch zu bewerten sei, in jedem Falle bereitet es die erzählerische Konstruktion von Bimbis Hinwendung zur Stilllebenmalerei vor. Zurück in Florenz betätigte sich jener bald als Dekorationsmaler und begann, für verschiedene Ausstattungsprojekte und oft gemeinsam mit anderen Künstlern Grotesken und Architekturelemente zu malen.[24] Im Hause eines jener Kollegen, dem Architektur- und Blumenmaler Agnolo Gori, sei Bimbi sodann rein durch Zufall ein Gemälde aufgefallen, das eine besonders schöne Blumengirlande in Öl auf Leinwand zeigte. Ganz beseelt von diesem Anblick wollte er selbst ein ähnliches Werk schaffen – diesmal jedoch aus seinem eigenen Geiste („di propria invenzione"), also keine Kopie. Das Ergebnis seiner Arbeit war erwartungsgemäß überzeugend, besser hätte Bimbi die eigene Blumengirlande kaum gelingen können. Doch – und gleichzeitig mit Baldinuccis Inszenierung des Malers als Stilllebengenie lässt er dessen fast alles überstrahlende Bescheidenheit auf den Plan treten – Bimbis Demut und Schüchternheit seien zu groß gewesen, als dass er das Werk irgendjemandem gezeigt hätte.[25] Wie es der Zufall (bzw. Baldinuccis Argumentationsstruktur) will, fungierte jenes Gemälde dennoch als Türöffner für den großherzoglichen Hof, wobei Bimbi offenbar zunächst vor allem für Cosimos erstgeborenen Sohn Ferdinando tätig war:

23 „Con tale occasione ebbe Bartolommeo a copiare molti quadri per il medesimo Susini, oltre a non pochi ritratti che egli fece per diversi signori del luogo. E perché sul bel principio non aveva né tavolezza né pennelli, fecegli prestare il tutto da Mario de' Fiori, allora vivente: il quale più volte vedde operare e fece stretta amicizia con lui, senza però mai gli venisse voglia di copiare i di lui fiori né di attendere alla pittura de' medesimi." Baldinucci 1725–30 (1975), S. 240. Einen Einblick in die Malerei Mario Nuzzis gewährt der Ausstellungskatalog Tivoli 2010.

24 Baldinucci 1725–30 (1975), S. 240. Unter welchen Umständen Bimbi im Bereich der Dekorationsmalerei tätig wurde, lässt sich nicht rekonstruieren. Die von Baldinucci erwähnten Friesdekorationen für Iacopo del Turco und Giovanni Battista Ubaldini existieren nicht mehr. Im Rahmen späterer Aufträge (*Studiolo segreto* der *Appartamenti monumentali* im Palazzo Pitti (1686), Spiegel der *Galleria* des Palazzo Medici-Riccardi (1690/91), einzelne Deckenjoche im südlichen Korridor des oberen Stockwerks in den Uffizien (1698/99)) arbeitete Bimbi ebenfalls mit anderen Künstlern zusammen und war für die Ausführung der floralen Motive zuständig; vgl. hierzu Spinelli und Della Monica in Meloni Trkulja/Tongiorgi Tomasi 1998, S. 63–65, 87 sowie zur *Galleria Riccardiana* ausführlicher Gregori 1972.

25 „Uno di quelli poi che spesso chiamassero il Bimbi per compagno, fu Agnolo Gori, pittore valente d'architetture e di fiori. Onde trovandosi una volta a lavorare in casa di lui, vedde per accidente una ghirlanda di fiori a olio ben grande, fatta dal medesimo; la quale tanto gli piacque che, tornandosene a casa, si invogliò di farne una simile anch'esso di propria invenzione. Il perché, dato di mano a provvedere ogni mattina quanti fiori de' più belli che poté, gli sortì il farne una di due braccia incirca d'altezza, così bella e con tanta freschezza e verità di colorito che parve a lui medesimo di non aver potuto far di più: benché, per essere stato sempre di natura sua umile e timido molto, non s'arristiasse giammai a mostrarla ad alcuno." Baldinucci 1725–30 (1975), S. 241.

> Ma venendo un giorno in casa sua il Prete Filizio Pizzichi, Ceremoniere dell'Altezza Reale di Cosimo III e familiarissimo del Serenissimo Principe Ferdinando suo figliuolo, la vidde e nello stesso tempo, con l'autorità e audacia sua solita, ghermì il quadro e sollecitamente lo portò a Sua Altezza, dicendogli essere in Firenze un egregio pittore non conosciuto da alcuno che, per puro suo divertimento, dipigneva di fiori in quella forma. Per la qual cosa restando ammirato, il Principe ordinò subito che andasse a Palazzo il pittore; e presa per sé la detta ghirlanda per il giusto prezzo, non cessò mai dipoi di mandare fiori bellissimi e rari al medesimo, acciò – come subito faceva – gli dipignesse.
> Da questo successo preso animo, risolvette d'abbandonare le sue copie e di attender solo a far fiori, frutte e animali, dicendo che, per guadagnare in quest'arte, faceva di mestieri attendere a cose meno usate dagl'altri.[26]

Es bedurfte also der Autorität und Entschlossenheit Filizio Pizzichis, eines der Medici-*familiari*, die Kunde von Bimbis Talent zu verbreiten. Dieser soll das Gemälde einfach mitgenommen haben, um es jenem Ferdinando zu zeigen, der es nicht nur (natürlich zu einem angemessenen Preis) kaufte, sondern Bimbi fortan regelmäßig Blumen übersandte, damit er sie für ihn male. Auf ganz ähnliche Weise konstruiert Baldinucci im weiteren Verlauf der Vita das erwachende Interesse Cosimos an Bimbis Werken (s. S. 250). Dabei scheinen die Aufträge Ferdinandos den Entschluss des Malers, sich voll und ganz der Gattung des Stilllebens zu widmen, in entscheidendem Maße gefestigt zu haben, da sie ihm nicht zuletzt die Aussicht auf ein regelmäßiges Einkommen boten. Auf den folgenden Seiten beschreibt Baldinucci weitere Werke Bimbis vor allem für Ferdinando und Angehörige des Hofes, darunter den Kammerherrn des *Gran Principe*, Ferdinando Ridolfi.[27] Und auch nach dem Tode Cosimos arbeitete Bimbi, nunmehr ebenfalls in hohem Alter, für die verbleibenden Mitglieder der Familie.

Baldinucci zeichnet in seiner Vita Bartolomeo Bimbis den Werdegang eines Malers nach, der (seiner immer wieder beschworenen enormen Zurückhaltung zum Trotz) be-

26 Baldinucci 1725–30 (1975), S. 241 („Doch als eines Tages der Pater Filizio Pizzichi, Zeremonienmeister Seiner Königlichen Hoheit Cosimo III. und wohlbekannt mit dessen Sohn, Seiner Durchlaucht Fürst Ferdinando, Bimbis Haus betrat, sah er diese [Blumengirlande], nahm das Gemälde mit der ihm eigenen Autorität und Kühnheit einfach mit und überbrachte es Seiner Hoheit mit dem Bericht, es gebe in Florenz einen ausgezeichneten Maler, den keiner kenne und der nur zu seinem eigenen Vergnügen auf diese Art und Weise Blumen male. Da dies den Fürsten verwunderte, ordnete er an, der Maler möge sofort im Palast erscheinen; und nachdem er die Girlande zu einem angemessenen Preis erstanden hatte, sandte er Bimbi fortan stets die schönsten und seltensten Blumen, damit er sie für ihn malen möge, was jener sofort erfüllte. Von diesem Erfolg ermutigt, beschloss er, seine Kopien aufzugeben und sich fortan allein der Malerei von Blumen, Früchten und Tieren zu widmen; denn um in der Kunst sein Auskommen zu finden, müsse man, so sagte er, sich jenen Sujets zuwenden, die von anderen weniger Berücksichtigung erfuhren.").

27 Vgl. Baldinucci 1725–30 (1975), S. 242–246.

achtliche Erfolge als Blumen-, Früchte- und Tiermaler im Umfeld des Hofes Cosimo III. de' Medicis zu verzeichnen hatte. Es scheint, als sei die Anerkennung durch Ferdinando so etwas wie der Auftakt einer langen Karriere im Dienste der großherzoglichen Familie gewesen, die Bimbi zunehmend zum Spezialisten seines (neu gewählten) Genres werden ließ.[28] Bereits vor dem frühzeitigen Tod des jungen Mäzens im Jahre 1713 war Cosimo III. auf Bimbi aufmerksam geworden. Längst hatte er begonnen, das Casino della Topaia und die Villa dell'Ambrogiana mit dessen Werken ausstatten zu lassen. Offenbar schätzten auch Anna Maria Luisa und Gian Gastone Bimbis Arbeit.[29] Über Niccolò Guiducci, den Schatzmeister der Fürstin, gelangten einige seiner Gemälde zudem in die Ausstellung der *Accademia del Disgeno* im Kreuzgang von Santissima Annunziata, wie Baldinucci ebenfalls berichtet.[30]

Das Verhältnis zwischen dem Maler und seinen fürstlichen Patronen erscheint durchweg geprägt von Bimbis großem Demutsgebaren und seiner fortwährenden Furcht, einen Fehler zu begehen, sowie von der besonderen Großzügigkeit Ferdinandos bzw. Cosimos und deren geradezu gönnerhaftem Wohlwollen dem unterwürfigen Künstler gegenüber. Anekdoten, in denen zunächst Ferdinando später jedoch vor allem Cosimo Bimbis Loyalität und Arbeitsmoral auf den Prüfstand stellen, lässt Baldinucci mit verlässlicher Regelmäßigkeit aufeinander folgen. Im Zuge der zusammenfassenden Beschreibung von Bimbis Wesen am Ende der Vita kommt auch dessen Frömmigkeit und Gottesfurcht zur Sprache – Tugenden, die der Maler versucht ist zu brechen, um einen Auftrag des Großherzogs in gewohnt bester Manier zu erfüllen:

> Fu inoltre Bartolommeo molto devoto e senza necessità mai non dipinse in giorni di festa, consumando questi in opere pie e in qualche suo onesto divertimento. E a

28 „Ma dopoché lasciato questi lavori [copiare figure o fare architetture e grottesche], attese colla solita sua diligenza a questo nuovo genere di cose [...] Questa sua resoluzione fu la cagione che, invaghitasi la Casa Serenissima del suo pennello, prendesse di lui tal protezione e stima che, di quanto di bello e di raro in genere di fiori, frutte e animali salvatici e stravaganti trovar si possa, sempre mai lo provvedesse, facendogli il tutto dipignere al naturale, o per studio di lui o per adornare con essi le Regie sue Ville: come presentemente con maraviglia si vede." Baldinucci 1725–30 (1975), S. 241f.

29 „D'ordine della Gran Principessa Elettrice fece in questi ultimi tempi, in età di circa a ottant'anni, due bellissime corone di fiori per ornamento di due immagini di Gesù e Maria. [...] d'ordine dell'Altezza Reale del Granduca Giovanni Gastone felicemente dominante, ebbe a dipignere un pesce reina di straordinaria grossezza [...] E dipoi due bellissimi germani venuti dalle spiagge di Pisa [...]" Baldinucci 1725–30 (1975), S. 250.

30 „[...] per il virtuoso e gentile Niccolò Guiducci, Segretario di Camera e Tesoriere della stessa Altezza Elettorale, dipinse più quadri di un braccio e mezzo in cui ritrasse al natural varii animali, volatili e terrestri, e molte belle frutte. Con tanta verità e somiglianza che, essendo stati esposti – insieme con altri moltissimi di varii valorosi maestri – alla ricchissima festa di San Luca, fatta dall'Accademia del Disegno di questa città nel presente anno 1728, cagionarono tal maraviglia massime in alcuni intendenti forestieri che [essi], coll'offerta di cento scudi dell'uno, mostrarono benché invano un ardente desiderio di comperargli per cosa rara e assolutamente maravigliosa." Baldinucci 1725–30 (1975), S. 250. Zu den seit 1674 stattfindenden Ausstellungen der *Accademia del Disegno* vgl. Borroni Salvadori 1974, Buricchi 2001.

> questo proposito è da raccontare che, avendo una volta l'Altezza Reale del Serenissimo Granduca Cosimo saputa questa sua buona qualità, volle tentare la di lui devozione. Onde una sera, vigilia della solennità della Pentecoste, mandogli una ampolla di bellissimi e nuovi giacinti, con ordine che gli dipignesse in giorni di lavoro e non di festa. A questa imbasciata rispose il Bimbi con suo rammarico che, sebbene sarebbe stato necessario il dipignerli la mattina dipoi perché, aspettando dopo le feste, non avessero perduta la loro freschezza e vaghezza, avrebbe però ubbidito a' comandi di Sua Altezza Reale: giacché mai non fece meglio i fatti suoi che quando ubbidì.[31]

Natürlich gehorcht Bimbi der Anweisung Cosimos, die Arbeit erst nach den Pfingsttagen aufzunehmen, obgleich die ihm überbrachten Hyazinthen ihre Frische und Schönheit bis dahin verlieren sollten. Die religiöse Hingabe und der unbedingte Gehorsam des Malers sollten erwartungsgemäß belohnt werden. Mehrmals täglich ließ Cosimo einen seiner Kammerdiener ins Haus des Malers schicken, um zu prüfen, ob Bimbi tatsächlich die Arbeit ruhen ließ. Jeder in Ehren begangene Feiertag brachte ihm einen Taler ein und schließlich übersandte ihm der Großherzog frische Blumen – nicht jedoch ihm Rahmen eines persönlichen Auftrags, sondern allein zu Studienzwecken und somit zu seiner eigenen freien Verwendung.[32]

All diese Verhaltensmuster mögen Bimbis bescheidenem und pflichtbewusstem Wesen entsprochen haben, dessen Charakterisierung Baldinucci mit den Worten „Fu sempre umile né mai ebbe alcuna stima di sé medesimo."[33] gipfeln lässt. Darüber hinaus steht die vielleicht etwas überzogene Darstellung von Bimbis *umiltà* in einer überaus passenden Korrespondenz zu der schier grenzenlosen *generosità* seiner fürstlichen Gönner. Dank der persönlichen Vorlieben Ferdinandos und Cosimos scheint der Maler seine Bestimmung und somit seine Nische gefunden zu haben, denn um Erfolg zu haben, müsse man sich

31 Baldinucci 1725–30 (1975), S. 251 („Darüber hinaus war Bartolomeo äußerst gottesfürchtig und wenn keine Notwendigkeit bestand, malte er niemals an Feiertagen, die er stattdessen mit frommen Tätigkeiten und sittsamen Vergnügungen verbrachte. Was dies angeht, ist zu berichten, dass Seine Königliche Hoheit Großherzog Cosimo Bimbis Frömmigkeit testen wollte, als er von dieser seiner guten Eigenschaft erfuhr. Daher schickte er ihm einmal, am Vorabend der Pfingstfeierlichkeiten, eine Vase mit besonders schönen und frischen Hyazinthen, mit der Anordnung, sie an einem Werktag und nicht an einem Feiertag zu malen. Auf diese Botschaft antwortete Bimbi mit Bedauern, dass er dem Befehl Seiner Königlichen Hoheit nachkäme, auch wenn es notwendig gewesen wäre, die Blumen am folgenden Morgen zu malen, da sie nach den Festtagen ihre Frische und Schönheit verloren hätten; denn er mache seine Sache stets dann am besten, wenn er tue, wie ihm geheißen.").

32 „Né bastò tutto questo per assicurare Sua Altezza Reale dell'effettuazione della fatta promessa, avvengaché in tutte tre le feste, in ore diverse, mandò un suo Giovane di Camera dal Bimbi con diversi pretesti, acciò osservasse se veramente avesse lavorato e, trovando che no, gli desse in ogni festa un tollero: come fu fatto, essendo esso esattamente ubbidito. E dipoi mandogli di nuovo freschissimi fiori e giacinti della stessa sorta, acciò per suo studio gli dipignesse." Baldinucci 1725–30 (1975), S. 251.

33 Baldinucci 1725–30 (1975), S. 250 „Er war stets voller Demut und besaß sich selbst gegenüber keinerlei Wertschätzung."

auch weniger gängigen Sujets zuwenden („[...] per guadagnare in quest'arte, faceva di mestieri attendere a cose meno usate dagl'altri."[34], s. S. 255). Baldinuccis Inszenierung von Bimbis Verhalten korrespondiert nicht nur mit seinen hochrangigen Mäzenen, sondern in gewisser Weise auch mit der von ihm gewählten Gattung. Trotz eines allgemein großen Interesses, einer entsprechenden Nachfrage und häufig auch Zahlungsbereitschaft rangierten Stillleben und Tierstücke hierarchisch im unteren Bereich des zeitgenössischen akademischen Gattungskanons mit der Historienmalerei als Krönung.[35] Baldinucci skizziert, wie Bimbi seinen Weg vom Kopisten und Portraitisten über die Dekorations- hin zur Stilllebenmalerei gefunden haben könnte. Möglicherweise hätte sich ihm auch eine andere Nische aufgetan, wie der Autor zu Beginn der Vita betont („[...] contuttoché abbia fatto nella sua gioventù anche di figure, con dare grande speranza di poter divenire insigne pittore in esse ancora [...]"[36], s. S. 253), doch wohl kaum eine derart viel beachtete und gut bezahlte. Bimbis Wesen und seine vielleicht nicht zuletzt dadurch bedingte Berufung zum Blumen-, Früchte- und Tiermaler trafen bekanntermaßen auf die Leidenschaft Cosimo III. de' Medicis für Obst und Gemüse, seltene Blumen und Tiere. Dass aus dieser Verbindung besonders prachtvolle und repräsentative Werke hervorgingen, zeigen etwa die zwölf großformatigen Gemälde mit sämtlichen Varietäten von Äpfeln, Birnen, Weintrauben, Zitrusfrüchten etc. (Taf. I, III) mit ihren teils aufwendigen vergoldeten Rahmen des Kunsttischlers Vittorio Crosten. Im Anschluss an die Beschreibung einiger *stravaganti e bizzarri* für die Sammlung von la Topaia (etwa des Kürbis, der Wassermelone oder des Trüffels, s. S. 251f.) wendet sich Baldinucci zwei jener oben genannten Werke zu, die die heimische Früchtevielfalt dokumentieren:

> Per mostrare poi la bella e copiosa diversità di frutte che nell'amene campagne e vigne di Castello produce l'industria e la natura, fece fare dal nostro pittore, il Serenissimo Granduca, due gran quadri. Nel primo de' quali dipinse, al naturale e sopra una gran tavola finta di marmo, una gran quantità di quante specie di mele possono trovarsi, tutte confuse in un grande e acuto monte, con molte altre sparse per la detta tavola, rotte e magagnate [...] Nell'altro figurò, sopra una simil tavola, più canestre piene di diverse specie di pere stative, autunnali e vernine, con molte altre sparse per la terra e per la tavola, infrante e mezze fradice: e tanto ben colorite ed imitate al naturale che sembrano in verità palpabili e vere.[37]

34 Baldinucci 1725–30 (1975), S. 241 („[...] um in der Kunst sein Auskommen zu finden, wandte er sich jenen Sujets zu, die von anderen weniger Berücksichtigung erfuhren.")

35 Vgl. Erben 2008, S. 38f. sowie kritisch Oy-Marra 2011, S. 66f.

36 Baldinucci 1725–30 (1975), S. 239 („[...] wenngleich er sich in der Jugend auch der Figurenmalerei widmete und auch in jenem Genre ein ausgezeichneter Maler zu werden versprach [...]").

37 Baldinucci 1725–30 (1975), S. 248f. („Um die große und überbordende Fülle an Früchten zu zeigen, die auf den schönen Feldern und Weinbergen von Castello sowohl durch menschliche Betriebsamkeit als auch durch die Natur geschaffen wurde, ließ Seine Durchlaucht der Großherzog von unserem Maler zwei große Gemälde schaffen. Auf dem ersten der beiden malte er nach der Natur auf einem großen fingierten

Neben dem dokumentarischen Wert jener Gemälde kommt das Zusammenspiel von Natur und menschlicher Betriebsamkeit („industria") zur Sprache, eine Verbindung, ohne die ein solcher botanischer Reichtum gar nicht möglich sei. Die Werke selbst zeichneten sich durch einen hohen Grad an Naturtreue aus, sowohl im Kolorit als auch in der Beschaffenheit der gemalten Früchte, die teils frisch teils bereits im Verfall begriffen wiedergegeben seien. Diesen Umstand nimmt Baldinucci direkt auf, um erneut Bimbis zurückhaltende Lohnforderung herauszustellen, denn der von Cosimo zu zahlende Preis sollte sich nach der Anzahl der gemalten Äpfel bzw. Birnen richten. Der Maler hatte nur die intakten, nicht aber die heruntergefallenen oder faulenden Früchte in seine Rechnung aufgenommen. Daraufhin sollte er einen neuen Preis veranschlagen. Wie immer voller Sorge, sich verzählt und somit gefehlt zu haben, kam er jedoch auf die gleiche Summe. Nach dem nunmehr bekannten Muster zahlt ihm Cosimo wesentlich mehr als den veranschlagten Lohn und tadelt ihn ob seiner mangelnden kaufmännischen Kompetenz. Die Zufriedenheit war dennoch auf beiden Seiten groß. Angesichts der Anerkennung durch den Großherzog schien Bimbi erleichtert und erfreut zugleich zu sein, während Cosimo zwei weitere Meisterwerke in seiner Sammlung botanischer Gemälde zu verzeichnen hatte.[38]

4.2 Der großherzogliche Hof II: Pier Antonio Michelis ‚Dienstantritt' als *Botanico del Granduca*

Auf die ‚Schnittmenge' zwischen der Arbeit Bimbis und Pier Antonio Michelis wurde bereits mehrfach hingewiesen. Mit der malerischen Dokumentation botanischer Vielfalt und Besonderheiten ging der tatsächliche Besitz, das Besorgen und Verzeichnen verschiedener Pflanzen einher. Oft finden die Früchte aus Michelis *Lista* und der an vielen Stellen um Tusche- und farbige Aquarellzeichnungen erweiterten *Enumeratio* direkte Entsprechungen in Bimbis Gemälden (s. S. 157f.). Im Falle der skizzenhaften Zeichnun-

Marmortisch eine große Anzahl sämtlicher Apfelsorten, die sich finden ließen, alle zu einem großen, spitz zulaufenden Berg gestapelt, und viele weitere, faulige und fehlerhafte, die auf jenem Tisch verteilt waren [...] Auf dem anderen malte er auf einem ähnlichen Tisch mehrere Körbe voll mit verschiedenen Birnensorten, die im Sommer, Herbst und Winter reiften, sowie viele weitere, versehrt und halb verfault, auf der Erde und dem Tisch verteilt; und sie waren von so schöner Farbe und nach der Natur geschaffen, dass sie tatsächlich greifbar und wahrhaftig wirkten.").

38 „[...] veduto che esso [Bimbi] non aveva messo in conto quelle frutte che ci figuravano in terra e sopra le tavole, rotte e difettose, [Cosimo] mandogli a dire che il conto stava male e che contasse meglio, e poi lo rifacesse e lo portasse nuovamente a Palazzo. A questo nuovo ordine, dubitando il Bimbi d'aver preso qualche grave sbaglio in suo favore, fece nuove diligenze; e parendogli che il conto tornasse bene, tornò a presentarlo nello stesso modo. Dal che vedendo il pio e generoso signore la bontà e lealtà del pittore, gli disse che contasse anche l'altre frutte che erano sparse e rotte, e che allora il conto sarebbe tornato. E nello stesso tempo fecegli dare un gran gruppo di tolleri, i quali superavano il pattuito prezzo, con accusarlo che facesse meglio i fatti suoi: con che si partì il pittore tutto allegro e consolato, e pienamente contenta e sodisfatta l'Altezza Sua Reale." Baldinucci 1725–30 (1975), S. 249.

gen von Zitrusfrüchten, die in Anzahl und Formgebung sowie in Nummerierung und Bezeichnung genau mit Bimbis gemalten Exemplaren auf den vier großen Tafeln von la Topaia übereinstimmen (s. S. 25), wird der Bezug besonders deutlich. Wenn Micheli in der ausführlichen Inschrift eines der Gemälde Bimbis aus dem Jahre 1706 als Überbringer der dort portraitierten riesigen Rettichrübe genannt wird (s. S. 153), ist dies nicht weiter verwunderlich. Längst war dem jungen Botaniker das Interesse des Großherzogs an Feldfrüchten bemerkenswerten Wuchses, an Obst, Blumen und Pflanzen ganz verschiedener Art bekannt und auch Cosimo selbst schien sich an der Expertise seines neuen Protegés zu erfreuen.

Die von Giovanni Targioni Tozzetti verfassten äußerst ausführlichen *Notizie della vita e delle opere di Pier' Antonio Micheli* unterscheiden sich signifikant von Francesco Saverio Baldinuccis eher kurzer und an wenigen übergeordneten Topoi orientierter Vita Bartolomeo Bimbis. Die ‚Erweckung' des fürstlichen Interesses an Michelis Person inszeniert Targioni Tozzetti jedoch ganz ähnlich wie zuvor Baldinucci. Michelis Schüler widmet jenem Thema ein eigenes kurzes Kapitel *§ VII. Come il Serenissimo Granduca Cosimo III concepisse qualche stima del Micheli.* In Anknüpfung an die im Kapitel zuvor thematisierte Korrespondenz zwischen Lorenzo Magalotti, Joseph Pitton de Tournefort und einem gewissen Abbé Regnier (sehr wahrscheinlich François-Séraphin Régnier-Desmarais)[39] wird das Lob aus der Feder des anerkannten und hochgeschätzten französischen Kollegen herausgestellt.[40] Über Magalotti und den großherzoglichen Leibarzt Giuseppe del Papa drang die Kunde von Michelis Fähigkeit bald bis zu Cosimo III., der verlangte, dass man ihm den jungen Gelehrten vorstellen möge:

> La responsiva dell'Abate Regnier, coll'acclusa polizza di mano del Tournefort, mostrata dal conte Magalotti a varii signori della sua conversazione, fece grande onore al Micheli, e per mezzo del dottore Giuseppe del Papa pervenne alla notizia del serenissimo Granduca Cosimo III; il quale gradì di conoscerlo, e non solamente gli permesse che qualche volta fosse ammesso alla sua real presenza nel tempo del pranzo, ma l'onorò anche di discorrer sulla natura dell'erbe, e sovente lo consolava collo sbuffo di alquanti tolleri.[41]

39 Als Botschafter in Rom und Mitglied der *Académie Française* (seit 1670) sowie der *Accademia della Crusca* (bereits seit 1667) stand der französische Diplomat und Philologe in Kontakt mit zahlreichen Gelehrten seiner Zeit; zu seiner Person vgl. etwa Jean Pierre Nicéron: *Mémoires pour servir à l'histoire des hommes illustres dans la république des lettres, avec un catalogue raisonné de leurs ouvrages*, Paris 1728, Bd. 5, S. 355–365.

40 Vgl. Targioni Tozzetti 1858, S. 37–39.

41 Targioni Tozzetti 1858, S. 39 („Als der Graf Magalotti die Antwort des Abbé Regnier mit den enthaltenen Zeilen von der Hand Tourneforts verschiedenen Herren seiner Kreise zeigte, brachte dies Micheli große Ehre ein, was über Doktor Giuseppe del Papa bis zu Seiner Durchlaucht Großherzog Cosimo III. gelangte. Jener wünschte, Michelis Bekanntschaft zu machen und er erlaubte ihm nicht nur, ab und an an der großherzoglichen Tafel zugegen zu sein, er beehrte ihn auch damit, mit ihm über das Wesen der Kräuter zu diskutieren, und entschädigte ihn häufig mit einigen Talern.").

Fortan wurde Micheli gelegentlich an die großherzogliche Tafel geladen, um über verschiedene Pflanzen und deren Eigenschaften vorzutragen. In einem solchen Rahmen könnte auch die Übergabe einzelner ungewöhnlicher Gewächse, etwa des erwähnten *Ramolaccio* (Taf. XV), stattgefunden haben, möglicherweise ergänzt um einen entsprechenden mündlichen Bericht und eine Erörterung über den weiteren Verbleib des bemerkenswerten Exemplars. Auch Targioni Tozzetti spricht Cosimo III. schließlich eine gewisse standesgemäße Großzügigkeit zu, denn häufig habe der Fürst die Anwesenheit des Botanikers mit einigen Talern („alquanti tolleri") entlohnt – eine Darstellung, die weniger überzogen als Baldinuccis immer wiederkehrendes Betonen dessen schier grenzenlosen Wohlwollens Bimbi gegenüber anmutet und somit ein gutes Stück näher an der Realität erscheint. Im weiteren Verlauf des kurzen Kapitels berichtet der Autor, dass sich die Gespräche zwischen dem Großherzog und Micheli in den meisten Fällen um die vielen verschiedenen Sorten von Früchten drehten, für die sich der Fürst besonders interessierte („[...] delle quali esso principe era molto dilettante [...]", s. S. 155) und die er in seinen Gärten und Ländereien unter großem Aufwand anbauen ließ. Bekanntermaßen bot Cosimos Vorliebe für Früchte aller Art Micheli Anlass, die so genannte *Lista di tutte le Frutte chè giorno per giorno dentro all'Anno sono poste alla mensa dell'A.R.e del Ser:mo Gran Duca di Firenze* zu erstellen, die er in der Folge stetig erweitern sollte: „[...] successivamente lo andò ampliando colla giunta di nuovi frutti, di uve, e di agrumi che gli riuscì osservare in altri poderi, orti e giardini di Firenze e del suo contado."[42] Die Passion Cosimos wurde also auch für Micheli zur Erwerbsgrundlage und ließ die fürstlichen Gärten und Landgüter zu den wichtigsten ‚Arbeitsplätzen' des Botanikers werden, denn (wie einer Anmerkung Adolfo Targioni Tozzettis zu entnehmen ist): „Gli agrumi e le frutta formavano il più vistoso ed utile adornamento di cotesti orti antichi."[43]

Der Eintritt Michelis in die Dienste des Großherzogs lässt sich auf den 18. Oktober 1706 datieren und mit zwei handschriftlich überlieferten Werken in Verbindung bringen, wie Targioni Tozzetti weiter erläutert.[44] Anhand der beiden ‚Antrittswerke' des jungen

42 Targioni Tozzetti 1858, S. 39f. („[...] nach und nach begann er, [dem Katalog] neue Obstvarietäten, Weintrauben und Zitrusfrüchte hinzuzufügen, die er auf anderen Landgütern und in anderen Gärten in Florenz und Umgebung fand.").

43 Targioni Tozzetti 1858, S. 40, Anm. 1 („Die Zitrusfrüchte wie auch die anderen Obstsorten waren die prunkvollste und nützlichste Zier dieser alten Gärten.").

44 „Per saggio de' suoi studii, compose e presentò al Granduca due opere, giovenili è vero, ma che fanno conoscere in lui una non lieve perizia nell'Istoria Naturale, e massime nella Botanica, in due volumi in foglio, i quali conservo, uniforme di scritto, di mole, e di legatura alla francese." Targioni Tozzetti 1858, S. 40; „Queste operette fruttarono al Micheli il conseguimento d'un'annua provvisione di scudi ottanta, sulla Cassa delle decime ecclesiastiche, conferitagli dal Granduca con benigno rescritto sotto il dì 18 ottobre 1706 (cioè nella sua età di soli 27 anni), col titolo di aiuto del custode del Giardino de' Semplici di Pisa, e coll'obbligo ingiuntogli verbalmente di cercar piante per esso Giardino, e per quello di Firenze. Da quel giorno in poi, il Micheli liberato dal duro incarco [sic!] del manuale esercizio, e stante la sua parsimonia abbastanza provvisto, si dedicò tutto allo studio della Bottanica." Targioni Tozzetti 1858, S. 50. Erfreulicherweise sind beide Werke in ihrer ursprünglichen Gestalt erhalten geblieben. Durch ihren hellbraunen

Botanikers wird sich zeigen, dass seine Interessen weit über die Inventarisierung verschiedener Früchtesorten hinausgingen.

Als eine Art naturhistorisches Lexikon verzeichnet und erläutert das *Ristretto del primo Volume della Toscana Illustrata*[45] sämtliche (toskanischen!) Tiere und Pflanzen, Gesteine und Mineralien, Berge, Wälder, Flüsse, Seen etc., die mit dem Buchstaben ‚A' beginnen. Bei der Abfassung des Werks stützte sich Micheli vor allem auf Bücher und Berichte anderer Autoren, doch auch auf eigene Beobachtungen, die bereits von ersten Reisen und eigenen Erkenntnissen zeugen.[46] Der ausführliche Titel, das Frontispiz mit einer Paradiesdarstellung Lorenzo Maria Tofanis und der ersten Zeile des Lobgesangs auf Gottes Schöpfung „Benedicite omnia opera Domini Domino Laudate et super exaltate eum in saecula... Can[tico] III."[47] (Abb. 117) sowie der knapp vierseitige Widmungstext zeigen, worauf es Micheli bei diesem Werk ankam. Einem gängigen Vergleich folgend spiegelt sich die Herrlichkeit der Schöpfung Gottes in der ‚paradiesischen' Natur eines ausgewählten Ortes, in diesem Falle der Toskana – von den vorgelagerten Inseln bis zu den höchsten Bergen. Keiner, so wundert sich Micheli, habe bislang das ‚Hohelied der toskanischen Natur' gesungen bzw. geschrieben:

> [...] mi maraviglio, e mi stupisco, che gl'antichi, e moderni nostri Filosofi non abbiano avuto cura d'immortalare le lodi della Toscana; poi che par proprio, che la natura si sia sforzata, dirò così, di ristringere in questa parte tutto quello, che nell'altre parti dell'Universo a potuto produrre, poscia che oltre alle Piante, agl'Animali, e cose minerali, ci sono Alpi, Apennini, lunghissime serie di Monti, amenis:[si]me Valli, vastissime, e fertilissime Campagne [...] quindi è, che si rende impareggiabile quasi a tutte l'altre regioni; et io per celebrar queste, mi ritrovo immerso in un profondissimo pelago, mediante le Sue insigni prerogative, e doni concessigli dalla Natura [...][48]

Ledereinband mit zurückhaltendem Golddekor und bunt marmorierten Innenseiten lassen sie sich auf den ersten Blick von den zahlreichen weiteren Handschriften Michelis unterscheiden; vgl. Ragazzini 1993, S. 11f., 23f.

45 Der vollständige Titel lautet *Ristretto del primo Volume della Toscana Illustrata ò vero sia Istoria Generale nella quale si dimostra tutte le Cose naturali, che in essa, e nell'Isole e Monti suddiacenti spontaneamente nascono, come Animali, Alberi, Erbe, Pietre, Metalli, e Terre, de' Monti e Selve, Spelonche o Antri, de' Fiumi, Laghi, Stagni, Paludi, Bagni, Acquitrini e Fonti, e generalmente di tutte l'Acque, con l'Etimologia e Spiegazione dei Nomi non solo Volgari, come Greci e Latini, con lo scoprimento di molte cose, non da Altri Autori Osservate.*

46 Zu Inhalt und Bewertung der *Toscana Illustrata* vgl. Targioni Tozzetti 1858, S. 41–48.

47 Es handelt sich um den Lobgesang der drei Jünglinge im Feuerofen, Buch Daniel 3, 57 („Preist den Herrn, all ihr Werke des Herrn; lobt und rühmt ihn in Ewigkeit!").

48 BB Florenz, ms. Micheli 4, c. 3r/v („[...] es wundert und erstaunt mich, dass weder die antiken noch unsere modernen Gelehrten dafür Sorge getragen haben, die Vorzüge der Toskana zu verewigen; denn es erscheint wahrhaftig, als ob sich die Natur gedrängt sah, in dieser Gegend all das zu vereinen, was sie in den anderen Teilen des Universums erschaffen konnte; so gibt es über die Pflanzen, die Tiere und die Mineralien hinaus die [Apuanischen] Alpen, die Apenninen, lange Bergketten, schöne Täler, weite und fruchtbare Felder [...] all das lässt sie fast allen anderen Regionen gegenüber so unvergleichlich werden;

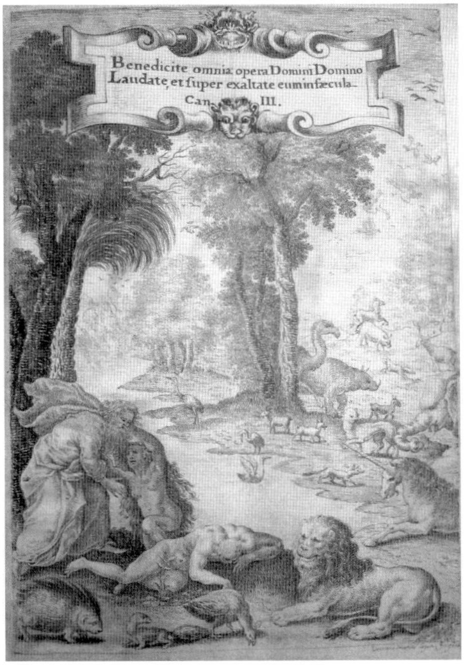

117

Frontispiz, *Toscana Illustrata*, Florenz, Biblioteca Botanica dell'Università, ms. Micheli 4, c. 1r.

Michelis Inventar heimischer Naturschönheit, ja -einzigartigkeit, und die damit verbundene Glorifizierung der Herrschaft Cosimos III. zielen, wie weiter deutlich wird, ganz klar auf die Etablierung einer Patronagebeziehung ab, denn ohne das fürstliche Wohlwollen blieben all die unternommenen Mühen, die verborgenen Geheimnisse der Natur zu enthüllen, umsonst und ohne Ergebnis:

> [...] altrimenti resterebbero infruttuosi gl'anni spesi nell'investigare i più reconditi arcani della germogliante Natura; è per simil cagione la maggior parte degl'Huomini, che hanno scritto in ogni età sempre hanno procurato, d'inviar le loro Opere ad Alti, e Gran Signori, perche da quelli ricevessero autorità, splendore, e protezione; laonde per simile effetto bramerei ancora io porre sotto l'alta protezione di V:[ostra] A:[ltezza] la mia Toscana Illustrata della quale glie ne dimostro un piccolo saggio, supplicandola a proteggere queste mie giovenili fatiche [...][49]

und durch Eure [Cosimo III.] ausgezeichneten Eigenschaften und die Euch von der Natur verliehenen Gaben finde ich mich, der ich diese preißen möchte, in einem tiefen Meer versunken.").

49 BB Florenz, ms. Micheli 4, c. 4r („[...] andernfalls blieben all die Jahre, die ich damit zugebracht habe, die verborgensten Geheimnisse der Natur zu erforschen, unfruchtbar; aus ähnlichen Gründen hat die Mehrzahl der Schriftsteller zu allen Zeiten dafür gesorgt, ihre Werke stets hohen und großen Herren

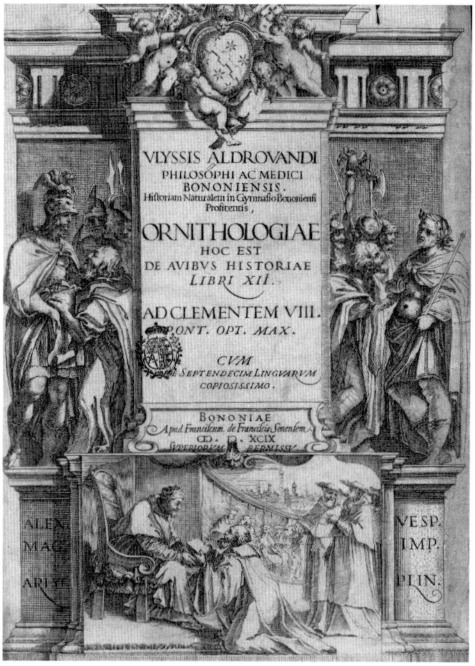

118

Titelblatt, Ulisse Aldrovandi: *Ornithologiae* (1599).

Der Verweis auf weitere Autoren, die ihre Werke stets hochrangigen und bedeutenden Persönlichkeiten gewidmet hätten, um von jenen Anerkennung, Ruhm und nicht zuletzt Protektion zu erfahren, lässt ein ganzes Traditionspanorama entstehen. Man denke unter anderem an Aristoteles und Alexander den Großen, Plinius den Älteren und Vespasian oder Ulisse Aldrovandi und Papst Clemens VIII. Aldobrandini, wie sie allesamt auf Aldrovandis Titelblatt der zwischen 1599 und 1603 erschienenen *Ornithologiae* zu sehen sind (Abb. 118).[50]

Ein ganz anderes Ordnungsprinzip und ein weitaus weniger direkt formuliertes Ersuchen um Protektion liegen dem zweiten von Michelis Jugendwerken zu Grunde. Das *Corollarium Institutionum Rei Herbariae iuxta Tournefortianum methodum dispositum*[51] ori-

zu überreichen, da diese ihnen Autorität, Glanz und Schutz verliehen; deshalb ersehne auch ich auf ganz ähnliche Weise, meine *Toscana Illustrata*, aus der ich Euch einen kleinen Auszug präsentiere, der Protektion Eurer Hoheit zu unterstellen und ersuche Euch hiermit, meine jugendlichen Bemühungen zu unterstützen [...]").

50 Vgl. hierzu Findlen 1994, Kapitel 8 (*Patrons, Brokers, and Strategies*), zu Aldrovandi bes. S. 352–365.

51 Der vollständige Titel des Werks lautet *Corollarium Institutionum Rei Herbariae iuxta Tournefortianam* [sic!] *Methodum dispositum in quo Plantae plusquam bis mille omnino novae reperiuntur, nec hucusque ab Alio Autore descriptae quae in Etruria et in Montibus et in Insulis adiacentibus tum vero in amenis Viridariis Regiae Celsitudinis Cosmi III Magni Ducis Etruriae observatae fuerunt.*

entiert sich, wie der Titel verrät, an Joseph Pitton de Tourneforts Klassifikationssystem, genauer an Tourneforts im Zuge seiner Levantereise publizierten Erweiterung der *Institutiones rei herbariae* (Paris 1700), dem *Corollarium institutionum rei herbariae* (Paris 1703). Micheli hatte den Anspruch, sämtliche auf seinen Streifzügen durch die Toskana exklusiv (da vermeintlich zum ersten Mal) beobachtete Pflanzen nach Tourneforts 22 Klassen zu unterteilen und zu präsentieren. Die Anlehnung an das gleichnamige Werk des französischen Kollegen lässt eine Datierung der Handschrift in die Zeit zwischen 1703 und 1706 zu, die auch Giovanni Targioni Tozzetti nicht weiter einzugrenzen vermag.[52] Ein Blick in Michelis *Corollarium* vermittelt eine Vorstellung von Gliederung und Inhalt des Werks (Abb. 119). Auf den ersten acht Seiten, von denen die letzte hier wiedergegeben ist, sind rund 100 Arten bzw. Varietäten aufgelistet, die der ersten von Tourneforts Klassen zuzuordnen sind: „Classe I. Des herbes à fleur d'une seule feuille reguliere, semblable en quelque maniere à une cloche, à un bassin, ou à un godet".[53] Wie in dessen *Corollarium* von 1703 verweisen Zusätze wie „Pag: 115 Cruciatae speciebus addendae sequentes:" auf die entsprechenden Seiten in den zu Grunde liegenden *Institutiones rei herbariae*.[54] Die folgenden Einträge nennen nicht nur die Namen verschiedener Spezies der Gattung *Cruciata* (Kreuzlabkraut), sondern oftmals auch deren Fundorte:

> Cruciata rotundi folia minor, glabra [...] Hor: Reg: Celsitudinis.
> Cruciata Montana, rotundi folia, glabra, semine crasso, Sinarii Montis.
> Cruciata Alpina [...][55]

Auf jene Orte weist auch Targioni Tozzetti in seiner kurzen Beschreibung hin und vergleicht man die ausführlichen Titel der beiden ‚Antrittswerke' Michelis, fällt sogleich auf, dass ihnen der gleiche geographische Radius zu Grunde liegt: die Toskana respektive Etrurien und damit der politische Einflussbereich der Medici.

52 „Non ho potuto chiarire in qual anno veramente il Micheli componesse quest'opera: ella è un Catalogo di Piante fatto sull'andare di quello del Corollario del Tournefort, tutte registrate per nuove, e non descritte da altri; almeno allora parvero tali al Micheli, sebbene col progresso del tempo ne ritrovò una gran parte nei libri [...] e molte altre sono mere varietà accidentali. Ad alcune ha segnato il luogo dove le aveva trovate, o le aveva vedute coltivate, e così egli nota: Sinarii Montis [...] H. Bot. Pis.; H. Bot. Flor.; H. Reg. Celsit.; con che viene ad indicare quelle che aveva osservato nei Giardini de' Semplici di Pisa, e di Firenze, e Reali Giardini di Boboli, dell'Imperiale, e di Castello. È però notabile che in essi Reali Giardini si coltivavano allora moltissime e bellissime specie e varietà di Diacinti doppi, di Narcisi, Corone Imperiali, Tulipani, Fritillarie, Viole, Viole a ciocche, Orecchie d'orso ec." Targioni Tozzetti 1858, S. 48f.

53 Tournefort 1694, Bd. 1, *Table des classes des genres des plantes* („Pflanzen, deren Blüte aus einem einzigen gleichmäßigen Blatt besteht, das in gewisser Weise einer Glocke, einer Schale oder einem Napf ähnelt.").

54 Zur Gattung *Cruciata* vgl. Tournefort 1700, Bd. 1, S. 115; zu einem direkten Vergleich mit dessen *Corollarium* vgl. etwa Tournefort 1703, Bd. 1, S. 4 („Pag. 115. Cruciatae speciebus addendae sequentes. Cruciata Cretica [...] Cruciata Orientalis [...]").

55 BB Florenz, ms. Micheli 12, c. 5v.

Auch wenn die *Toscana Illustrata* und Michelis *Corollarium* inhaltlich als wenig originelle und qualitätvolle Jugendwerke einzustufen sind, so lässt sich ihr besonderer Aussagegehalt kaum leugnen. In Gliederung und Inhalt recht unterschiedlich verdeutlichen sie Michelis Ansprüche: die Präsentation oftmals als exklusiv verstandener Ergebnisse eigener Beobachtungen und das damit verbundene Ersuchen um Patronage am großherzoglichen Hof. Direkt offenbart werden auch die Bezugspunkte des jungen Autors: die toskanische Flora und Fauna sowie weitere naturhistorische Besonderheiten der Region, Michelis Vorbild Joseph Pitton de Tournefort und dessen System einer Klassifikation von Pflanzen, außerdem ein ganzer Pool von „Altri Autori", in deren Werken ein großer Teil dessen, was Micheli seinem Gönner hier präsentiert, eben nicht zu finden sei. Die vermeintliche und stets erhoffte Originalität eigener Forschungen und Beobachtungen war (und ist) eine ganz allgemeine und weit verbreitete Problematik, auf die auch Targioni Tozzetti aufmerksam macht (s. Anm. 4.52). Mit zunehmender Erfahrung, die nicht zuletzt aus einer Beschäftigung mit anderen Autoren resultierte, erschien ein großer Teil der eigenen Funde oft weniger exklusiv als zunächst gedacht.[56] Dieser Umstand interessiert hier jedoch nur am Rande und ist im Falle Michelis sowohl auf dessen jugendliches Alter als auch seine persönliche Studien- und Arbeitssituation zurückzuführen (s. hierzu S. 275–278). Auch die erwähnte Ortsbezogenheit der Werke mag in vielerlei Hinsicht auf situationsbedingte, rein praktische Belange zurückzuführen sein, war die Gegend um Florenz für den jungen Micheli, der nur über begrenzte finanzielle Mittel verfügte, doch problemlos zu erreichen und mit keinen oder nur geringen zusätzlichen Kosten verbunden. Dennoch ist der repräsentative Anstrich jener Ortsbezogenheit nicht von der Hand zu weisen. Titel und Inhalt beider Werke sowie vor allem der Widmungstext der *Toscana Illustrata* machen unmissverständlich klar, worum es Micheli ging: eine (nie da gewesene) Inventarisierung und an verschiedenen Ordnungsmustern orientierte Klassifizierung der toskanischen Natur (allen voran der Pflanzen) zu Ehren Cosimos III. und der Herrschaft des Hauses Medici. Die heutigen Lesern und Betrachtern eher aus gedruckten Werken der frühen Neuzeit vertrauten Motive des Frontispizes oder des Widmungstextes erscheinen hier in einer ungedruckt gebliebenen Handschrift. Hinweise, die auf eine eventuell geplante Publikation der *Toscana Illustrata* schließen lassen, gibt es nicht. Auch müssen die Präsenz von Frontispiz und Widmung nicht prinzipiell darauf hindeuten, dass der Druck eines Buches vorgesehen war. Bekanntermaßen sollte sich Micheli im Jahre 1706 die Protektion des Großherzogs sichern und sein Etappenziel somit erreichen. Dabei mögen die in der *Toscana Illustrata* und im *Corollarium* mitschwingenden Aspekte territorialer Repräsentation dem Streben des jungen Botanikers nach Bestätigung und Unterstützung nicht unzuträglich gewesen sein.

56 Zur Thematik des Wissenserwerbs im Bereich der frühneuzeitlichen Botanik (mit einem Schwerpunkt auf der Zeit um 1600) vgl. Ogilvie 2006; zu Strategien des Umgangs mit einer wachsenden Fülle an kodifizierten Informationen über die Botanik hinaus vgl. Blair 2010.

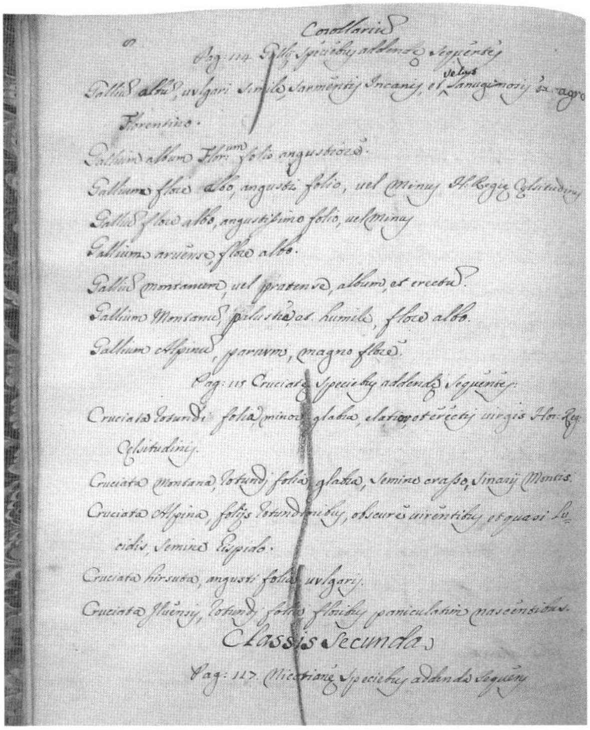

119

Corollarium, Florenz, Biblioteca Botanica dell'Università, ms. Micheli 12, c. 5v (S. 8).

Ebenso deutlich wie der Bezug zu Florenz, zur Toskana und der Herrschaft Cosimos III. treten Michelis Auseinandersetzung mit pflanzenklassifikatorischen Fragen und seine Orientierung an Joseph Pitton de Tournefort hervor. Während Targioni Tozzetti das brieflich übermittelte Lob des letzteren Micheli gegenüber als ausschlaggebend für Cosimos Interesse und die darauf folgende Einladung Michelis an dessen Tafel inszeniert (s. S. 260f.), geht Antonio Cocchi in seinem *Elogio di Pietro Antonio Micheli* umfassender auf eventuelle Zusammenhänge zwischen Tournefort und dem großherzoglichen Hof, bzw. botanischer Systematik und fürstlicher Patronage ein.

Cocchis als Lobschrift auf den 1737 verstorbenen Freund und Kollegen verfasster Text ist in Länge und Konzeption eher mit Baldinuccis Bimbi-Vita zu vergleichen als Targioni Tozzettis umfassende Biographie seines Lehrers. Auf den ersten Seiten werden Michelis profunde Kenntnisse der Naturgeschichte, insbesondere der Pflanzenwelt in all ihrer Komplexität, hervorgehoben und seine Hinwendung zu jener Wissenschaft („[la] purissima e scientifica botanica“[57] – der reinen, wissenschaftlichen Botanik) skizziert.

57 Cocchi 1737, S. 4.

Die erwartungsgemäß schmeichelhaften ersten Sätze unterstreichen die Bedeutung dieses Wissens von Beginn an und stecken den inhaltlichen Rahmen von Cocchis *Elogio* ab:

> Pietro Antonio Micheli è stato uno, cui la natura e la fortuna an sollevato ad essere la maraviglia della sua condizione, ed ornamento di questa città, e di questo secolo. Il principal suo merito consisteva in una vastissima insieme ed esatta e metodica cognizione delle piante, le quali distinte essendo per le perpetue e naturali loro differenze, giungono ad essere quasi innumerabili. L'importanza di una tal cognizione può facilmente comprendersi da chiunque voglia solamente reflettere, che siccome l'esperienza ci a mostrato la necessità di ridurre a certe classi distinte, e distribuite in molti studi diversi, le scoperte intorno al raziocinio, alla favella e alle azioni nostre, o individualmente narrate, o moderate dalle leggi, e dalla religione, così quasi con maggiore intervallo si son separate dalle rimanenti, le verità che resultano dalla contemplazione de' corpi o sostanze, e se ne sono formate quelle che chiamansi scienze naturali.[58]

Von den „scienze naturali" kommt Cocchi zur „botanica". Pflanzen seien stets von großem Nutzen für die Menschheit gewesen und folglich zum Forschungsgegenstand vieler Gelehrter geworden. Da jedoch deren medizinische Verwendung im Mittelpunkt des Interesses stand („[la] facoltà e [gli] usi delle piante"[59] – die Eigenschaften und der Gebrauch der Pflanzen), schien man die Wichtigkeit einer exakten morphologischen Beschreibung oftmals zu vernachlässigen, was (nicht zuletzt durch die wachsende Anzahl bekannter Arten) eine zweifelsfreie Identifikation und Benennung von Pflanzen zunehmend erschwerte. Um solch einer Problematik entgegenzuwirken, seien vollständige Beschreibungen zu erstellen, die charakteristischen Merkmale einzelner Arten und deren passende Namen festzulegen,

58 Cocchi 1737, S. 1f. („Pier Antonio Micheli war jemand, den die Natur und das Schicksal zu einem Wunder für seine Familie und zu einer Zierde für diese Stadt und dieses Jahrhundert erhoben hatten. Sein größtes Verdienst bestand in einer umfassenden sowie zugleich genauen und methodischen Kenntnis der Pflanzen, die sich, durch ihre ewigen und naturgegebenen Unterschiede differenziert, als nahezu unzählbar erweisen. Die Bedeutung solch eines Wissens lässt sich leicht von all denen erfassen, die nur darüber nachsinnen, wie uns die Erfahrung die Notwendigkeit aufgezeigt hat, die Entdeckungen unseres Verstandes, unserer Sprache und unserer Handlungen, ob sie sich nach poetischen Erzählungen richten oder durch Gesetze und Religion geleitet sind, in bestimmte, voneinander unterschiedene Klassen mit vielen verschiedenen Fächern zu unterteilen, und sich so mit großem Abstand von den übrigen diejenigen Wahrheiten abgetrennt haben, die sich aus der Betrachtung der Körper und Stoffe ergeben, aus denen sich wiederum das entwickelt hat, was wir Naturwissenschaften nennen." [Ich danke Arianna Borrelli für die Übersetzungshilfe und den Hinweis, dass sich Cocchi in diesem Zitat auf Giambattista Vicos *Scienza Nuova* (erstm. 1725) und die Bildung des menschlichen Geistes bezieht.]).

59 Cocchi 1737, S. 3.

> […] sicchè niuna [specie delle piante] potesse mai più coll'altre confondersi. Questo studio, e quest'arte di distinguere descrivere e nominare le piante, chiamasi ora con greco vocabolo comunemente botanica […][60]

Das Studium der Pflanzen sollte also um ihrer selbst willen und nicht primär zur Erforschung ihrer medizinischen Nutzbarkeit erfolgen. Diesen Weg, so Cocchi, habe Micheli allein aus jugendlicher Neugier eingeschlagen, wobei ihm Mattiolis italienischsprachiger Dioskurides-Kommentar mit seinen Texten und Bildern eine wichtige erste Quelle war.[61]

In Cocchis einführenden Erläuterungen zu Michelis Leben und Werk stechen zwei Faktoren besonders heraus: zum einen die allgemeine Notwendigkeit eines reinen, nicht an externen Zwecken orientierten Studiums von Pflanzen – namentlich der „botanica" –, zum anderen die besondere, aus reiner persönlicher Neigung, mit absoluter Hingabe und allen Sinnen betriebene botanische Wissenschaft seines Helden, dessen Teilhabe am klassifikatorischen Diskurs der Zeit gleich mehrfach deutlich wird. So habe Micheli bereits früh erkannt, dass Pflanzen bei all ihrer Vielfalt und Verschiedenheit stets auch gewisse Ähnlichkeiten aufwiesen, anhand derer sie sich nach einfachen und klaren Kriterien ordnen ließen („[…] onde elle sono capaci di metodica e facile disposizione […]"). Davon zeuge etwa eine Sammlung von Doldengewächsen für den Marchese Cosimo da Castiglione, dessen Ländereien der junge Botaniker häufig durchstreifte.[62] Hier tritt ein weiterer Aspekt hinzu: die für Micheli nicht unwesentliche Bedeutung von Freunden, För-

60 Cocchi 1737, S. 3 („[…] so dass keine Art jemals mit einer anderen verwechselt werden könne. Dieses Studium und die Kunst, die Pflanzen voneinander zu unterscheiden, sie zu beschreiben und zu bestimmen, wird im Allgemeinen mit dem griechischen Wort Botanik bezeichnet […]").

61 „Questa dunque purissima e scientifica botanica prescelse il Micheli per suo principale studio, cui destinò la delicatezza ed efficacia de' sensi, la sagacità e chiarezza dell'ingegno, il vigore della memoria, e la pertinacia dell'animo […] solamente allettato dalla vaghezza, e da un pueril desiderio di conoscer quell'erbe, che sparse nell' acqua an facoltà di stramortire i pesci […] incominciò a studiare le piante sul volgar libro del Mattiolo. E ritrovando coll'aiuto di esso solamente, ne' vicini campi i titimali, che per quell'uso si lodano, invogliossi di ricercare anco l'altre, di cui vedeva le bellissime immagini, e sentiva farsi tanto caso dagli uomini, onde raccogliendo quante più poteva notizie, e dagl'idioti erbaioli, e da' pochi libri ch'ei poteva incontrare, e dalle conversazioni con qualche uomo erudito, ei si trovò in breve tempo avere acquistato e gusto e intelligenza di quest'arte, la quale insensibilmente occupò tutte le sue azioni e tutti i suoi pensieri, onde per continuare liberamente le sue cotidiane erborazioni per le più remote ancora parti della Toscana, di suo proprio moto e con nobile coraggio abbandonò l'arte libraria, dalla quale i suoi poveri genitori avevano disposto ch'ei traesse il suo sostegno, e alla botanica totalmente si diede." Cocchi 1737, S. 4f. Zur Bedeutung von Pietro Andrea Mattiolis Dioskurides-Kommentar, der seit 1544 in lateinischer und italienischer Sprache, mit und ohne ikonographischem Apparat in zahlreichen Auflagen und in mehrere Sprachen übersetzt erschienen war, vgl. Mägdefrau 1973, S. 30, Tongiorgi Tomasi/Willis 2009, S. 45–56 und besonders ausführlich Ferri 1998.

62 „Poichè sul bel principio s'accorse, che nella vastissima diversità delle piante, pur trovasi sparsa in molte una costante somiglianza tra loro, onde elle sono capaci di metodica e facile disposizione. Monumento della qual sua penetrazione fin dalla puerizia, è una raccolta d'erbe umbellifere da lui donata al primo suo protettore Marchese Cosimo da Castiglione, nelle possessioni del quale andava egli spesso erborando nel vicino Monte Morello." Cocchi 1737, S. 6.

derern und Finanziers (s. ausführlicher Kapitel 4.3/4). Jener Cosimo da Castiglione, dessen Ländereien sich im Übrigen wie Castello, la Petraia und das Casino della Topaia am Fuße des Monte Morello befanden,[63] soll Micheli, wie Cocchi weiter berichtet, Lorenzo Magalotti vorgestellt haben. Dieser habe ihn darauf sowohl über Tourneforts erst kürzlich publizierte *Institutiones rei herbariae* unterrichtet (womöglich befand sich das druckfrische Werk in Magalottis Besitz) als er ihn auch am Hofe Cosimos III. eingeführt habe. Das Interesse und die Großzügigkeit des Fürsten treten auch bei Cocchi umgehend auf den Plan: „[Micheli] cominciò subito a godere la sovrana beneficenza in quel libro medesimo, che per lui fu prontamente fatto venir da Parigi."[64] In der Folge geht Cocchi ausführlich auf den Stellenwert von Tourneforts Werk und Systematik ein,[65] wobei er nicht zuletzt auf die Patronageoffensive Ludwigs XIV. zur Förderung der „scienza naturale" aufmerksam macht:

> Sotto così splendida protezione potè il felice ingegno del Tournefort inventare quel suo bellissimo metodo, col quale unendo le osservazioni del fiore insieme e del frutto, con tre o quattro soli gradi di facile separazione, può ogni uomo sagace da se medesimo senza maestro, prontamente ridurre al genere e alla specie precisa qualunque pianta proposta.[66]

Micheli studierte Tourneforts Klassifikationsmethode sowie die Gattungen und Arten in seinem Buch sehr genau. Durch eigene Beobachtungen und die Lektüre von Werken anderer Autoren konnte er dessen Angaben einem kritischen Vergleich unterziehen und sein Wissen stetig erweitern:

> [...] con quanto ardore intraprese subito il giovine botanico a riscontrare col vero tutte le piante, che nel mentovato libro sono indicate, ed avendo acquistato per la medesima reale munificenza del Gran Duca le opere degli autori più solenni ivi citati, e s'impres-

63 Zu Cosimo da Castiglione und dessen Villa di Cercina, nur wenige Kilometer oberhalb von la Topaia gelegen, äußert sich auch Giovanni Targioni Tozzetti. Für seinen frühen Förderer schuf Micheli ein Herbarium mit Pflanzen aus der unmittelbaren Umgebung mit dem Titel *Monte Murello illustrato*; vgl. Targioni Tozzetti 1858, S. 30f., 32 Anm. 1.

64 Cocchi 1737, S. 6 („Sofort genoss Micheli die fürstliche Großzügigkeit, indem man jenes Buch umgehend aus Paris für ihn beschaffen ließ.").

65 Vgl. Cocchi 1737, S. 6–9. In ähnlicher Weise wie Targioni Tozzetti (s. S. 260) erwähnt Cocchi das im Briefwechsel zwischen Magalotti und Tournefort nachvollziehbare Lob Michelis durch den berühmten französischen Kollegen (Cocchi 1737, S. 9f.).

66 Cocchi 1737, S. 7f. („Unter solch glanzvoller Protektion konnte der glückliche Geist von Tournefort seine schöne Methode erfinden, mit deren Hilfe jeder kluge Mann selbstständig und ohne Meister jede beliebige Pflanze schnell einer Gattung und einer bestimmten Art zuordnen kann, indem er die Eigenschaften der Blüte und der Frucht anhand von drei oder vier Graden einfacher Unterscheidung zusammenfügt.").

se vivissime nella memoria tutte le descrizioni, e tutte le figure, e fin le nude menzioni di piante, che nella maggior parte de' libri botanici si ritrovano [...][67]

In welchem Zeitraum sich Micheli jene Kenntnisse aneignete und ob Cosimo die erwähnten Bücher tatsächlich eigens für ihn beschaffen ließ oder ob sich Micheli die Werke, deren Texte und Bilder so wichtig für sein Studium waren,[68] nicht vielmehr von seinem ab Oktober 1706 gesicherten eigenen Einkommen besorgte, ist kaum zu verifizieren. Fest steht, dass der großherzoglichen Protektion sowohl in Targioni Tozzettis *Notizie* als auch in Cocchis *Elogio* einige Bedeutung für Michelis Karriere beigemessen wird. Schließlich, so Cocchi gegen Ende seiner Lobschrift, sei er von Seiten des Hofes zum Botaniker ernannt worden, dessen Ehrungen er stets mit Anstand und Würde entgegengenommen hatte.[69]

Die Frage, ob Cosimo III. in der Tat an jener von Cocchi propagierten Förderung der botanischen Wissenschaften zu ihrem reinen Selbstzweck gelegen war, ist wahrlich eine andere. Die Gemäldesammlung von la Topaia, die Beschreibungen der Ländereien von Castello oder la Petraia bzw. der botanischen Gärten in Pisa und Florenz,[70] die Ausführungen Riguccio Galluzzis über die Interessen des Großherzogs (s. S. 245) sowie nicht zuletzt die von Targioni Tozzetti erwähnten Tischgespräche zwischen Micheli und Cosimo über verschiedene Sorten von Früchten lassen vielmehr darauf schließen, dass für jenen ‚traditionellere Werte' wie Schönheit und Nutzen der Pflanzenwelt im Mittelpunkt standen. Neben der Einfuhr und Kultivierung von seltenen und kostbaren Arten zu Dekorations- aber auch zu Gebrauchszwecken (etwa zur Herstellung von Getränken oder Parfums) schien die Verwendung von Pflanzen, vordergründig verschiedener Obst- und Gemüsesorten, als Nahrungsmittel von besonderem Belang gewesen zu sein.[71] Targioni Tozzettis Schilderungen der Vorbereitungen und aufeinanderfolgenden Veröffentlichungen von Tillis *Hortus Pisanus* und Michelis *Nova Genera* (s. S. 79–81) können als weiteres Indiz dafür gewertet werden, dass die fürstliche Patronage eher auf eine Inszenierung

67 Cocchi 1737, S. 8f. („[...] mit welchem Eifer sich der junge Botaniker sofort vornahm, die Pflanzen in erwähntem Buch mit den wirklichen Exemplaren zu vergleichen; und nachdem er durch selbige fürstliche Freigebigkeit des Großherzogs die Werke der erhabensten darin zitierten Autoren erworben hatte, prägte er sich alle Beschreibungen, alle Abbildungen und auch die bloßen Nennungen von Pflanzen ein, die in den meisten dieser botanischen Bücher zu finden waren [...]").

68 Der erkenntnistheoretische Zusammenhang zwischen „descrizioni" und „figure" ist bei Cocchi stets präsent und wird an zahlreichen Stellen exemplifiziert; vgl. etwa Cocchi 1737, S. 9, 11, 13.

69 „Onde in riguardo della pubblica stima che da per tutto facevasi del suo merito fu dall'A. R. di Cosimo III. collocato fin dalla sua gioventù tra' publici professori, e il nome di botanico gli fu dato della sua real corte, de' quali onori ha egli sempre con suo molto decoro goduto." Cocchi 1737, S. 37.

70 So zu finden etwa bei Baldinucci (s. S. 12), in den *Notizie* (Targioni Tozzetti 1858, S. 49) sowie besonders ausführlich in den Gartenkatalogen selbst (u. a. in der *Praefatio*, Targioni Tozzetti 1748).

71 Letzteres erscheint gerade ob der vielfach erwähnten vegetarischen Ernährung Cosimos III. naheliegend (zum *vitto pitagorico* vgl. auch Cocchi 1743). So hält auch Micheli in seinen Aufzeichnungen bezüglich der Übergabe des *Giardino delle Stalle* an die *Società Botanica Fiorentina* fest, dass sämtliche im Garten wachsende Früchte an den großherzoglichen Hof zu übergeben waren (s. S. 76).

repräsentativer und territorialer Aspekte als auf eine Unterstützung innovativer klassifikatorischer Bemühungen abzielte. Hinzu kommt, dass die besondere Aufmerksamkeit, mit der sich Micheli vor allem dem Studium von unscheinbaren und so genannten niederen Pflanzen widmete, sich vermutlich nicht mit den großherzoglichen Ansprüchen und Interessen deckte. Vor diesem Hintergrund erscheint Cocchis Würdigung der Etablierung einer separaten Klasse zwischen Tourneforts 14. und 15. Klasse durch Micheli, namentlich Pflanzen mit grasartigen Blättern und gelenktragenden Halmen („plantae Graminifoliae Culmiferae"[72]), wie der Versuch, die Arbeit des Freundes und Kollegen mit repräsentativer, bis in die antike Mythologie zurückreichender Bedeutungskraft aufzuladen.[73] Während die Göttin Ceres die Erforschung von Gräsern und Getreide nobilitiert, so adelt sich das Studium der „piante imperfette" gewissermaßen selbst – sozusagen durch seinen ‚innovativen Ansatz' und ‚intellektuellen Anspruch'. So habe sich Micheli auf zuvor kaum erkundeten Gebieten hervorgetan und etwa die organische Struktur vieler Meerespflanzen, die Lage und Form ihrer Blüten und Früchte sowie die Verbreitung ihrer Samen beschrieben. Anstelle von circa 20 etablierten Gattungen verzeichnete Micheli um die 60, denen er über 500 neue Arten bzw. Varietäten zuordnen konnte.[74] Ähnliche Entdeckungen habe Micheli in anderen Bereichen gemacht, so Cocchi:

> E i muschi i funghi i tartufi e le muffe han dato al Micheli nobile soggetto di simili bellissime scoperte, massime de' loro fiori e de' frutti, ond'egli ha ampliata la naturale filosofia, il pregio delle quali benchè forse nol conosco il volgo, che a null'altro pensa che alla gola, e al vil guadagno, apparisce però facilmente agli uomini d'intelletto, i quali veggono da lontano col senno gli effetti, che aver possono nell'arti umane le più minute fisiche verità.[75]

72 „Inter decimamquartam, & decimamquintam Classem ob peculiarem florum fructuram alia Classis esset apponenda, in qua plantae Graminifoliae Culmiferae, grano tam majore, quam minore, tam esculento, quam non esculento compraehenduntur." Micheli 1729, S. 35. Darunter befinden sich neben den Gräsern (*Gramen*) etwa Hafer, Reis, Sesam oder Mais; vgl. Micheli 1729, S. 35f., Cocchi 1737, S. 15.

73 „[...] egli ha mostrata la vera struttura del fiore dell'erbe graminifolie non pria [sic!] conosciuta, onde può sapersi la loro natural parentela, e come elle debbano distribuirsi trall'altre Cereali, le quali sono per così dire venerande e degne dello studio più esatto, avendo ne' semi loro trovato l'uman genere il più sostanziale alimento, onde se si consideri la grandezza e l'utilità dell'invenzione, par che ragionevolmente gli antichi chiamassero dea quella donna, che una salvatica, e comunal gramigna d'Egitto, quale è il nostro grano, come quella gente vantavasi al dire di Diodoro, sparse la prima nelle campagne di Europa." Cocchi 1737, S. 13. In einer Fußnote erklärt Cocchi, dass es sich um die Göttin Isis handle, die der griechische Historiker Diodoros (1. Jahrhundert n. Chr.) mit Ceres gleichsetzt.

74 Vgl. Cocchi 1737, S. 14.

75 Cocchi 1737, S. 14f. („Und die Moose, Pilze, Trüffel und Schimmelpilze lieferten Micheli die noble Grundlage ähnlich schöner Entdeckungen, wodurch sie von größerer Bedeutung waren als die Blumen und Früchte und er das Wissen über die Natur erheblich erweitert hat; wenn das gewöhnliche Volk, das an nichts anderes denkt als an Völlerei und Gewinnstreben, den Wert solcher Pflanzen vielleicht auch nicht erkennen mag, so erschließt er sich den Gelehrten, die schon von Weitem mit Verstand die Wirkung

Ins Auge fällt hier die Kritik am gemeinen Volk („il volgo"), das an nichts anderes als an Essen und Geld denke und sich kaum für naturphilosophische Fragen um die Entstehung und Verbreitung von Moosen, Pilzen und dergleichen bzw. die verborgene, überaus vielfältige Flora jenseits der ‚botanischen Sinnesfreuden' überhaupt interessiere. Ob in dieser Formulierung Cocchis ein Seitenhieb auf Zeitgenossen jenseits des gemeinen Volks zu finden ist, sei dahingestellt. Auch wenn sich Cosimo III. in erster Linie für schmackhaftes Obst und schöne Blumen interessiert haben mag, so schien er Micheli doch ein wohlwollender Gönner gewesen zu sein, wie Targioni Tozzetti und vor allem Cocchi zu berichten wissen.

Zudem fällt auf, dass gerade Cocchi in seinem *Elogio* Micheli als einen tugendhaften, äußerst genügsamen und zurückhaltenden Menschen beschreibt, wobei er sich ganz ähnlicher Topoi bedient wie zuvor Baldinucci in seiner Vita Bimbis. Erneut steht der fürstlichen *generosità* (bzw. „munificenza", „beneficenza" oder „benigna considerazione del sovrano"[76]) die *umiltà* des Protegés gegenüber. Stets habe er sich von Prunksucht und Aufbegehren ferngehalten und bescheiden gezeigt, worin er sich von vielen so genannten „letterati" abhob.[77] Ähnlich wie bei Bimbi spiegelte sich Michelis Wesen in seiner Arbeit, die er mit der gleichen Genügsamkeit und Umsicht ausführte, wie Cocchi weiter berichtet.[78] Jegliches Gewinnstreben habe Micheli fern gelegen, was im nachfolgenden Zitat noch einmal deutlicher zum Ausdruck kommt. Auch ließe sich argumentieren, dass seine Forschungsobjekte, die „vilissime piante" etc., in ihrer Unscheinbarkeit wie auch in ihrer relativen Nichtbeachtung von Seiten der Zeitgenossen, Michelis charakterlicher Demut und intellektuellen Ansprüchen entsprachen. Schließlich unterstreicht Cocchi die Güte des verstorbenen Freundes und dessen Achtung der belebten Natur gegenüber, indem er beschreibt, dass Micheli wie einst Pythagoras den Fischern ihren Fang abkaufte und die Tiere, nachdem er sie betrachtet und bestimmt hatte, wieder in die Freiheit entließ.[79] Seine Inszenierung als Botaniker mit Leib und Seele, aus reinem Interesse und Wissensdurst

erkennen, die die kleinsten physischen Wahrheiten für die menschlichen Künste besitzen können, doch mit Leichtigkeit.").

76 Cocchi 1737, S. 5f., 23.

77 „[...] la tanto laudevole lontananza nella quale egli ha sempre vissuto da fasto, e dalla vana indocilità, per cui screditati alquanto sono nel gran mondo quei che chiamansi letterati. Chiunque considera la rarità e l'eccellenza dell'ingegno e del sapere del Micheli, e si ricorda quanto egli era modesto, non potrà non avere ottima opinione altresì del suo cuore e del suo costume." Cocchi 1737, S. 22.

78 „[...] ei si mostrava in tutte le congiunture superiore alla considerazione della pecunia. Esempio ne sono le mostre di vilissime piante, i funghi, i serpenti, e i pesci, ed altri animali comprati e fatti venire da lontane parti e diligentemente dipignere senza veruna parsimonia, anzi alcune volte, come si racconta aver anco fatto Pitagora, pagava il Micheli i presi pesci sulle rive de' fiume o del mare, e dopo aver considerata la loro forma e ritrovata la specie e il nome loro, gli rimetteva in libertà dell'acque, essendo egli stato sempre alieno dal demolire senza necessità i corpi massime viventi o d'animali o di piante, che somministrar possono in ogni tempo giocondo spettacolo agli occhi eruditi del filosofo naturalista." Cocchi 1737, S. 26.

79 Vgl. auch Cocchi 1743, S. 38: „Quel suo precetto [di Pitagora] che si truova registrato da tutti gli scrittori della sua vita di non guastare ne offendere alcuna pianta domestica e fruttifera, ne alcuno animale che non sia velenoso e nocivo, e quel suo comprare i pesci e dopo averne ben considerate sul lido le forme diverse restituirgli all'acque (3) [Plut.[arco] e Apul.[eio]] [...]"

heraus lässt sich in einem letzten Passus aus Cocchis *Elogio* besonders gut ablesen. Hier lässt der Autor auch die Schwierigkeiten anklingen, die mit der Würdigung und Förderung des Studiums von niederen Pflanzen, Pilzen etc. verbunden waren und derer sich Micheli wohl bewusst war:

> Ei conosceva bene quanto recondita è l'importanza degli studi simili a' suoi, i quali appena trovano competente sostegno appresso le nazioni più opulente, e ben diceva che siccome vecchia fama ci da la lode di saper fare le moderate spese, così non comporta la situazione delle cose nostre il fabbricarsi la fortuna a chi si trova privo di paterne sostanze colle sole eccellenti qualità dell'intelletto, e del cuore.[80]

Die erwähnten „studi simili a' suoi" erfuhren nicht nur selten geeignete Unterstützung durch staatliches bzw. fürstliches Mäzenatentum, sie brachten (nicht zuletzt wohl auf Grund dieses Mangels) auch wenig Geld ein. Seine Position am großherzoglichen Hof garantierte Micheli zwar ein regelmäßiges Einkommen und bot ihm Möglichkeiten zu umfangreichen Reisen durch Italien und Deutschland,[81] doch war sie auch mit zahlreichen Aufgaben und Pflichten verbunden.

Zur Verfolgung seiner eigenen Interessen und Projekte schuf sich Micheli Räume, die zum größten Teil jenseits des großherzoglichen Patronagesystems lagen. Schon in jungen Jahren verfügte er über ein ausgedehntes Netzwerk an lokalen wie auch internationalen Kontakten. Ein wesentliches Charakteristikum solcher Netzwerke liegt darin, dass eine klare Trennung bzw. Zuweisung der involvierten Gruppen und Einzelpersonen kaum möglich ist. Der Großherzog und das unmittelbare höfische Umfeld waren Teil jenes Netzes, sie gingen daraus hervor und wirkten weiter darauf ein. Cosimo III. war es, der die *Società Botanica Fiorentina* 1718 offiziell anerkannte, was für Micheli eine Erleichterung und Aufwertung seiner Arbeit nach sich zog (s. S. 86f.). Als *Botanico del Granduca* war er jedoch bald darauf auch dazu verpflichtet, die Zusammenstellung und Drucklegung von Tillis *Hortus Pisanus* voranzutreiben und sein eigenes Werk, die *Nova Genera*, zurückzustellen. Abgesehen von Michelis umfangreicher Korrespondenz, die sein Schüler in den *Notizie* ausführlich zu Rate zieht, sind die *Nova Genera* selbst die wohl aussagekräftigste Quelle zu seinem umfassenden Netzwerk, wie die lange Liste an Subskribenten und deren Würdigung im Text sowie auf den 108 Kupferstichen deutlich macht. Die Aufmerksamkeit des

80 Cocchi 1737, S. 27 („Er wusste sehr wohl, wie wenig bedeutsam Studien wie die seinen erschienen, die kaum eine entsprechende Unterstützung durch die reichsten Nationen erfuhren; und er sagte, wenn einem geringe Kosten zu verursachen bekanntermaßen auch Lob einbringe, so trage die Situation nicht dazu bei, ein Vermögen aufzubauen, wenn man ohne Mittel ist und nur auf die Eigenschaften des Geistes und des Herzens zurückgreifen kann.").

81 Hiervon zeugen etwa Inhalt und Titel der *Enumeratio quarundam Plantarum sibi per Italiam et Germaniam observatarum iuxta Tournefortii methodum dispositarum* (BB Florenz, mss. Micheli 40–49); zu Michelis Reisen vgl. zudem ausführlich Targioni Tozzetti 1858.

Großherzogs und die Einladung an dessen Tafel verdankte der junge Botaniker bereits frühen Kontakten zu einflussreichen Gelehrten wie Lorenzo Magalotti und Giuseppe del Papa. Dass es Micheli überhaupt gelang, Experte auf jenem Gebiet zu werden, ist kaum selbstverständlich, hatte er doch weder ein Medizinstudium absolviert noch besaß er ein familienbedingtes Vorwissen. Verlässliche Freunde und Förderer waren von Nöten. Wer diese Unterstützer waren und welche Rolle sie für Michelis weitere Laufbahn spielen sollten, ist Thema der nachfolgenden Kapitel.

4.3. (Frühe) Helfer und Freunde: zum Aufbau von Michelis Netzwerk

4.3.1 Vallombrosa

> Nella città di Firenze, sempre feconda madre di valentuomini, nacque Pier' Antonio Micheli l'anno del signore 1679, nel dì 11 dicembre. Suoi genitori [...] lo fecero applicare allo studio della grammatica, desiderando che in questa maniera si abilitasse per qualche imgiego.[82]

Mit diesen Worten beginnt Giovanni Targioni Tozzettis lange Lebensbeschreibung Michelis, über dessen früh erwachendes Interesse an der Welt der Pflanzen er ganz Ähnliches zu berichten weiß wie Antonio Cocchi. Fasziniert von der Geschichte, es gebe eine Pflanze, mit deren milchigem Saft man Fische lähmen und fangen könne (gemeint ist eine bestimmte Wolfsmilchart), habe er sich auf die Suche gemacht und erste kleine Expeditionen unternommen.[83] Die spätere Ausbildung bei einem Buchhändler ließ den jungen Micheli mit verschiedenen botanischen Büchern vertraut werden, deren liebstes ihm bekanntermaßen Mattiolis Kommentar der Schriften Dioskurides' war (Targioni Tozzetti gibt sogar an, um welche Ausgabe es sich handelte):

> Frattanto il di lui padre [...] volle che imparasse l'arte del libraio sotto Ottavio Felice Buonaiuti. Questa occupazione [...] gli diede comodo di vedere alcuni libri di piante, e specialmente il Mattioli con grandi figure della stampa del Valgrisi di Venezia nel 1585. Questo libro diventò la sua delizia [...] Nei giorni liberi dal lavoro, l'unico suo divertimento era l'andare in giro per la campagna di Firenze, e quivi caricarsi di tutte l'erbe, che all'occhio suo sembravano più vaghe, e queste, tornato in città, collazionava

82 Targioni Tozzetti 1858, S. 4 („In der Stadt Florenz, die stets fähige Männer hervorgebracht hatte, wurde Pier Antonio Micheli im Jahre 1679 am 11. Dezember geboren. Seine Eltern [...] ließen ihn das Studium der Grammatik aufnehmen, mit dem Wunsch, dass er auf diese Weise die Fähigkeiten für eine entsprechende Beschäftigung erwerben möge.").

83 Vgl. Targioni Tozzetti 1858, S. 6f.

> colle figure del Mattioli, e piacere estremo provava, ogni qual volta alcuna di esse confrontava puntualmente.[84]

Ins Auge fällt der Stellenwert, den die Bilder in Mattiolis Buch für Micheli besaßen. In seiner freien Zeit sei er durch die Umgebung gestreift und habe Exemplare der Pflanzen, die ihm besonders gefielen, mitgenommen, um sie danach mit den Holzschnitten in Mattiolis Werk zu vergleichen. Mit der Freude über jegliche Übereinstimmung mit dem wichtigen Lehrwerk ging selbstredend eine zunehmende Kenntnis der ‚mattiolischen' wie der florentinischen Flora einher. Neben seinen Büchern befragte Micheli ortsansässige Kräuterkundige und Apotheker, die ihn angesichts seines stets größer werdenden Wissens bald darum baten, benötigte Kräuter und Heilpflanzen von seinen Exkursionen mitzubringen.[85]

Von besonderer Bedeutung für Michelis Zukunft sollte jedoch die Bekanntschaft mit dem Vallombrosanerpater Virgilio Falugi (1656–1707) sein. Dieser nahm sich des jungen Micheli an, er unterwies ihn im Trocknen und Pressen von Pflanzen, stellte ihm Bücher und seinen persönlichen Rat zur Verfügung. Targioni Tozzetti lässt eine Vorstellung jenes Austauschs entstehen, wenn er wiederum auf die Praxis des Diskutierens und gemeinsamen Vergleichens gefundener Pflanzen mit Bildern und Texten in den Büchern verschiedener Autoren hinweist.[86]

Die Gründung des Ordens von Vallombrosa, einem Zweig der Benediktiner, geht auf das elfte Jahrhundert zurück. Die Bezeichnung rührt nicht etwa vom Namen des Gründers, Giovanni Gualberto (gest. 1073), sondern von jenem ‚schattigen Tal' nahe Reggello in der Toskana, Standort des ersten Klosters der Eremitengemeinschaft. Schon früh waren die Vallombrosaner für ihre Wetterbeobachtungen und die Einrichtung einer Biblio-

84 Targioni Tozzetti 1858, S. 7f. („Unterdessen wünschte sein Vater [...], dass er den Beruf des Buchhändlers bei Ottavio Felice Buonaiuti erlernen möge. Diese Beschäftigung [...] gab ihm Gelegenheit, einige Pflanzenbücher zu sehen, in erster Linie das Werk des Mattioli mit den großen Abbildungen in der Auflage von Valgrisi aus Venedig von 1585. Dieses Buch wurde zu seiner Wonne [...] An den freien Tagen bestand sein einziges Vergnügen darin, im Umland von Florenz umher zu wandern und dort alle Kräuter einzusammeln, über deren Bestimmung er sich unsicher war; und zurück in der Stadt verglich er sie mit den Abbildungen Mattiolis und empfand jedes Mal große Freude, wenn eine der Pflanzen mit dem Abbild übereinstimmte.").

85 Targioni Tozzetti 1858, S. 8.

86 „Essendogli poi detto che il Padre Don Virgilio Falugi, abate Vallombrosano, autore di tre libretti intitolati *Prosopopoejae Botanicae*, era intendentissimo di erbe, lo andò subito a trovare, e pregollo a volerlo dirigere in tale studio, al quale si trovava portato. Quel buon religioso [...] gl'insegnò il modo di fare gli scheletri dell'erbe, e gli fece il comodo di libri, de' quali esso era sufficientemente provvisto. Con questi aiuti il Micheli fece non lievi progressi nella cognizione delle piante, e qualora nei giorni festivi ne aveva trovato buon numero nei giri che faceva per la campagna di Firenze, o per i monti circonvicini, le portava al Padre Abate Falugi, per sentirne il suo parere, ed unitamente confrontarle colle figure e descrizioni di vari autori." Targioni Tozzetti 1858, S. 9f.

thek mit Werken verschiedenster Disziplinen bekannt.[87] Hinzu kamen eine umfassende Kunstproduktion sowie naturhistorische, vorwiegend pflanzenkundliche Studien.[88] Vallombrosa wurde für Micheli zum wohl wichtigsten Ort des Lernens und zu Falugi gesellten sich andere im Bereich der Botanik gelehrte Patres, darunter Biagio Biagi (1670–1735) und Bruno Tozzi (1656–1743).[89] Die Gastfreundschaft der Mönche und das Netz an Klöstern und Landgütern des Ordens erlaubten Micheli ausgedehnte Exkursionen durch abgelegene, sonst schwer zugängliche Gebiete der Toskana.[90] Hinzu kommt die Bedeutung, die Targioni Tozzetti vor allem Falugi und Tozzi als „maestri del Micheli" beimisst. Ohne ein nennenswertes Vermögen und das übliche Medizinstudium an einer Universität war Micheli auf die materielle und intellektuelle Unterstützung der *Vallombrosani* angewiesen.[91] Mehr als in der Vermittlung botanischer Grundlagen und Methoden, wie sie an einer Universität erfolgt wäre, habe diese jedoch in fortwährenden Ermutigungen, einem persönlichen Austausch und der Bereitstellung von Büchern bestanden:

> Questi tre buoni religiosi, e specialmente il Padre Falugi ed il Padre Tozzi, si può dire che siano stati i maestri del Micheli, non perchè gli abbiano fatto una scuola formata, o dettato istruzioni metodiche, come si farebbe in un'Università, ma perchè nei primi tempi lo hanno incoraggiato ed assuefatto alle osservazioni puntuali delle

87 Zu den Wetterbeobachtungen und -aufzeichnungen durch die Vallombrosaner vgl. Casciu 2001, S. 46f. Der Autor verweist auf das gesammelte handschriftliche Material in der *Biblioteca Nazionale Centrale* in Florenz (mss. Gal. 296–304) sowie auf G. Boffito: „I benedittini di Vallombrosa nella storia della meteorologia", in: *La meteorologia pratica*, 7 (1927), 6, S. 243–246 und ders.: „Vallombrosa nella storia della meteorologia", in: *La bibliofilia*, 23 (1928), 3–4, S. 117–124.

88 Zu einem Überblick über die Ordensgeschichte vgl. Vasaturo 1973, zur Geschichte sowie vor allem zur kunst- und kulturhistorischen Relevanz von Vallombrosa seit der frühen Neuzeit vgl. Ciardi 1999, einführend Spotorno 1999.

89 „Egli [Falugi] lo confortava a proseguire con coraggio l'intrapresa carriera, augurandogli felice successo, e lo fece conoscere ai Padri Abate Don Biagio Biagi, e Don Bruno Tozzi, ancor essi monaci Vallombrosani, e studiosissimi di Bottanica. Mercè dell'amicizia, e dicasi piuttosto protezione di essi rispettabilissimi soggetti, e di altri ancora della medesima religione, il Micheli alloggiato ed assistito del bisognevole in varie badie e grancie dei Vallombrosani, ebbe la comodità di visitare minutamente vasti tratti, specialmente montuosi, della Toscana, ed ivi scoprire in gran numero piante nuove e bellissime." Targioni Tozzetti 1858, S. 18.

90 Dies findet nicht zuletzt auch ausführlichen Niederschlag in den *Nova Genera*: Micheli 1729, S. 7 („Jungermannia major [...] Circa Archicoenobium Vallis-Umbrosae ad aquarum rivulos [...]"), 76 („Lichen Alpinus [...] In Abietibus, & Fagis Abatiae Vallis-Umbrosae, aliisque similibus locis, sed rarus."), 119 („Agaricum squamosum [...] Vallis-Umbrosae montibus portatur."), 130 („Polyporus Alpinus [...] in Vallis-Umbrosanis Alpibus, Autumni tempore."), 150 („Fungus esculentus [...] In Vallis-Umbrosanis sylvis [...]"), 192 („Fungus ex uno pede multiplex [...] in Vallis-Umbrosae territorio *Sardinella* [...]") etc.

91 Der Geldmangel („la mancanza del denaro" im folgenden Zitat) und die relative Armut Michelis werden (auch in Briefen von Zeitgenossen, s. Kapitel 4.3.3, 4.4.2) immer wieder thematisiert. Die tatsächliche finanzielle Situation Michelis lässt sich unterdessen kaum rekonstruieren. Auch wenn er zumindest seit 1706 regelmäßige Zahlungen von Seiten des großherzoglichen Hofes erhalten sollte, war er, wie es scheint, stets auf die Unterstützung von verlässlichen Freunden und Helfern angewiesen, um seine (botanischen) Ziele zu erreichen.

> caratteristiche delle piante, gli hanno indicato i nomi fissati dagli autori, che più precisamente secondo il metodo di Gaspero Bauhino nel Pinace convenivano alle specie trovate da lui, gli hanno communicate quelle che trovavano essi, e gli hanno dato il comodo di studiare sui libri di Bottanica, dei quali allora la mancanza del denaro non gli permetteva di provvedersi.[92]

Die größte Bekanntheit unter den drei Patres erlangte Bruno Tozzi, der später nicht nur, wie Micheli, Mitglied der *Società Botanica Fiorentina* sein sollte, sondern auch der *Royal Society* angehörte.[93] Vielleicht war der junge Tozzi durch Francesco Redi und seinen Vater Francesco Tozzi, der als *staffiere* Ferdinandos II. für Redis Studien häufig Pflanzen und andere Naturobjekte in der Gegend des Klosters besorgt hatte, mit dem Umfeld von Vallombrosa in Berührung gekommen und zur eigenständigen naturhistorischen Forschung angeregt worden.[94] Tozzi unterhielt Kontakte zu vielen bedeutenden Gelehrten seiner Zeit, er verfasste ausführliche Beschreibungen seiner botanischen Expeditionen (*Catalogus plantarum Etruriae, Catalogus plantarum in Monte Circejo* etc.)[95] und hinterließ eine umfangreiche Bibliothek botanischer Werke, die nach seinem Tod ein wichtiger Bestandteil des viel besuchten *Museo di Vallombrosa* wurde.[96] Abgesehen von ihren botanischen Studien und Schriften fertigten vor allem Tozzi und Falugi zahlreiche Zeichnungen von Pflanzen, Pilzen sowie verschiedenen Tieren an.[97] Diese werden jedoch weder von Targioni Tozzetti noch von Micheli selbst in seinen Handschriften oder den *Nova Genera* explizit erwähnt. Wichtiger als das Sammeln von Bildmaterial schien ihm zu jener Zeit die Konsultation von Büchern und die Suche von Pflanzen in ihrer natürlichen Umgebung gewesen zu sein.

Welche Rolle die *Vallombrosani* tatsächlich für Michelis botanische Ausbildung und Orientierung spielten, lässt sich nicht ohne weiteres feststellen. Offenbar waren aus dem

92 Targioni Tozzetti 1858, S. 21f. („Man kann sagen, dass diese drei gütigen Geistlichen, allen voran Pater Falugi und Pater Tozzi, Michelis Lehrmeister waren. Es ist nicht so, als hätten sie ihn nach einem bestimmten Lehrplan unterrichtet oder ihm methodische Anweisungen gegeben, wie es an einer Universität erfolgt wäre; doch in der Anfangszeit ermutigten sie ihn und brachten ihm bei, die Eigenschaften der Pflanzen genau zu beobachten; sie nannten ihm die Bezeichnungen, die nach der Methode Caspar Bauhins am ehesten zu den von ihm gefundenen Pflanzen passten; sie zeigten ihm die Pflanzen, die sie selbst gefunden hatten und gaben ihm die Gelegenheit, die botanischen Bücher zu studieren, die er sich selbst nicht leisten konnte.“).

93 Zu Bruno Tozzi und seiner Aktivität als Botaniker vgl. Negri 1938a. Leider fehlen Angaben darüber, seit wann genau Tozzi Mitglied der *Royal Society* war.

94 Tosi 1999, S. 271f.

95 Vgl. hierzu Targioni Tozzetti 1858, S. 20f., Anm. 1.

96 Zum *Museo di Vallombrosa* vgl. Tosi 1999, S. 280–283 sowie die im Anhang abgedruckte Beschreibung der Sammlung aus dem Jahre 1788 (ASF, *Corporazioni Religiose Soppresse dal Governo Francese* 260, S. Maria di Vallombrosa, 260, Libro di Ricordanze T, cc. 98r–102r, 129r–131r) und das Inventar derselben (Archivio dell'abbazia di Vallombrosa, D.IV.6. "Miscellanea Vallombrosana", cc. 99–107); Ciardi 1999, S. 347–350.

97 Vgl. Tosi 1999, S. 272–274.

anfänglichen Protektionsverhältnis bald andauernde freundschaftliche Verbindungen und ein reger gegenseitiger Austausch erwachsen. Targioni Tozzetti geht nicht davon aus, dass sein Lehrer durch Falugi, Biagi oder Tozzi mit der Klassifikationsmethode Tourneforts in Berührung kam, bzw. durch sie dazu angeregt wurde, diese zu studieren und zu elaborieren.[98] Die ‚wissenschaftliche Nachhaltigkeit' des vallombrosanischen Einflusses eignet sich jedoch kaum als Gradmesser für die Bedeutung der Patres als Förderer und Wegbereiter Michelis und seiner Karriere.

Die *Nova Genera* von 1729 zeigen, dass der Kontakt zu Vallombrosa, allen voran zu Biagi und Tozzi, auch Jahrzehnte nach Michelis Lehrzeit noch Bestand hatte. Anhand von überlieferten Briefen stellt Targioni Tozzetti heraus, dass sowohl Biagi als auch Tozzi Michelis Buchprojekt als Korrekturleser unterstützten.[99] Nicht zuletzt wird hierbei das vertraute, ja freundschaftliche Verhältnis zwischen den Korrespondenten deutlich, etwa wenn Biagi sich ob seiner anhaltenden Kopfschmerzen für seine Langsamkeit als Korrektor entschuldigt und indes hofft, dass Tozzi, dem er über Micheli Grüße und seine Ehrerbietung ausrichten lässt, bessere Arbeit geleistet habe als er.[100] Weitere Indizien liefert das vollendete Werk. Unter den eingangs aufgelisteten Subskribenten finden sich insgesamt fünf Patres der Ordensgemeinschaft:

> * Blasius Biagius Lizzanensis Abbas Vallis-Umbrosanus. […]
> * Leonardus Martellinius Flor. Abbas Vallis-Umbrosanus. […]
> * Stanislaus Nardius Flor. Abb. Apostol. Vallis-Umbrosanus S.T.D. […]
> * Hieronymus Parentius Abbas Vallis-Umbrosanus. […]
> * Bruno Tozzius Flor. Abbas Vallis-Umbrosanus.[101]

Der Asterisk zeigt an, dass alle fünf auf mindestens einer der enthaltenen Kupferstichtafeln gewürdigt werden,[102] Biagi und Tozzi sind sogar jeweils zwei Tafeln gewidmet: Tab. 23 und 50, bzw. 16 (Abb. 98) und 37. An anderer Stelle wurde bereits auf das ver-

98 „Finalmente non va dissimulato che il Padre Abate Falugi, benchè abbia pubblicate le sue *Prosopopoeiae Botanicae* sul sistema Tourneforziano, ciò non ostante egli non era possessore di quel metodo, siccome non lo erano nè il Padre Biagi, nè il Padre Tozzi, i quali andavano avanti nei loro studj coi nomi del Pinace bauhiniano; laondo perchè, secondo l'assioma delle scuole, *Nemo dat quod non habet*, malamente avrebbero potuto stradare il Micheli al pieno e franco possesso di quel sistema, che egli dipoi giunse ad illustrare ed ampliare con tanta sua gloria." Targioni Tozzetti 1858, S. 28.

99 Vgl. Targioni Tozzetti 1858, S. 22–28.

100 Biagi an Micheli am 15. Februar 1729 aus Chiusdino zwischen Siena und Massa Marittima: „La speranza che il Rev. Tozzi avesse corretto meglio di me, e il dolor di testa non del tutto cessato […] mi hanno impedito il proseguire secondo il di lei desiderio le correzioni […]" Targioni Tozzetti 1858, S. 22, Anm. 1; Biagi an Micheli am 11. Januar 1730 ebenfalls aus Chiusdino: „Credo, e spero che V.S. mi compatirà, ma meglio di me averà operato il rev. Tozzi, al quale per mezzo suo trasmetto ossequi e saluti […]" Targioni Tozzetti 1858, S. 23, Anm. 1.

101 Micheli 1729, *Elenchus eorum […]*.

102 Vgl. Micheli 1729, Tab. 16, 23, 37, 41, 46, 50, 64.

breitete Phänomen der Namenspatenschaft und die entsprechenden Gattungen *Blasia* (Tab. 7) und *Tozzia* (Tab. 16) hingewiesen. In den dazugehörigen Textabschnitten bezeichnet Micheli die beiden Patres als kenntnisreiche Botaniker und regelmäßige Begleiter auf seinen Reisen. Während die Würdigung Biagis eher knapp ausfällt (s. S. 215), ist der Text zur Gattung *Tozzia* umso ausführlicher:

> Huic rarissimae plantae Tozziae nomen tribuimus ab inventore Reverendissimo Patre D. Brunone Tozzi Abbate Vallumbrosano Regiae Societatis Londinensis, & Botanicae Florentinae ob rei herbariae peritiam Socio meritissimo, necnon in reliquis philosophiae naturalis partibus per quam versato, crebrò peregrinationibus nostris botanicis praecipuè per Apuanas Petras, Alpes Pistorienses, Lucenses, Bononienses, Mutinenses, per inhospita ac hospita Maris Tyrrheni littora, insulasque adjacentes alacri, studiosoque comite. Hanc ipse plantam in Etruriâ solus reperit, in Alpibus scilicet Archicoenobio Sanctae Mariae Vallis-Umbrosae supereminentibus, signanter in colle qui dicitur Hellerema, circa solstitium aestivum floribus ornatam decoratamque collegit.[103]

Tozzis botanische Expertise kommt klar zum Ausdruck. Als Finder der Pflanze (*Tozzia Alpina* – Alpenrachen) wird er zum Namenspatron der Gattung. Es liegt nahe, dass Micheli nicht nur von der engen Zusammenarbeit sowie profunden Fach- und Ortskenntnis des Paters profitierte, sondern auch von dessen weitem lokal wie international verzweigten Netzwerk, über das er als Korrespondent bzw. ab einem gewissen Zeitpunkt Mitglied der Londoner *Royal Society* verfügte. Michelis Kontakte zu William Sherard, Hermann Boerhaave und vielen anderen Gelehrten könnten über den Freund und Mentor initiiert worden sein. Die sichere Rekonstruktion des Vermittelns und Zustandekommens solcher Verbindungen gestaltet sich in der Regel jedoch schwierig, da vor allem die frühe Korrespondenz oft nur lückenhaft überliefert ist oder gänzlich fehlt, wie etwa im Falle von Sherard.[104] Gerade der Beginn von lange währenden fachlichen Korrespondenzbeziehungen mag sich zudem häufig außerhalb von Briefen, auf einer direkteren Ebene zugetragen haben.

103 Micheli 1729, S. 20 („Dieser seltenen Pflanze [Pflanzengattung] verleihen wir den Namen *Tozzia*, nach ihrem Finder, dem ehrwürdigen Pater Don Bruno Tozzi, Abt von Vallombrosa, verdientes Mitglied der *Royal Society* in London sowie der *Società Botanica Fiorentina* und auch äußerst bewandert in den übrigen Belangen der Naturphilosophie, der auf unseren botanischen Reisen, besonders in die Apuanischen Berge und die Alpen um Pistoia, Lucca, Bologna und Modena, die unwirtlichen und wirtlichen Gegenden der Tyrrhenischen Küste und die angrenzenden Inseln, häufig ein eifriger und gelehrter Begleiter war. Er [Tozzi] hat die betreffende Pflanze ausschließlich in Etrurien gefunden, nämlich in den Alpen, die das Kloster von Vallombrosa überragen, auf einem Hügel, der *Hellerema* genannt wird, wo er sie um die Sommersonnenwende in blühendem Zustand eingesammelt hat.“).

104 Vgl. Targioni Tozzetti 1858, S. 112.

4.3.2 Lokale und internationale Kontakte: von Giuseppe del Papa zu William Sherard

Nach den *Vallombrosani* wendet sich Targioni Tozzetti in zwei kurzen Kapiteln Michelis ersten Unterstützern in Florenz und im Ausland zu (*§ IV. Suoi primi fautori e protettori in Firenze, § V. Bottanici insigni forestieri che favorirono il Micheli nella sua adolescenza*).[105] Der Chronologie der Vita zufolge resultierten diese frühen Patronagebeziehungen in der Erweckung des großherzoglichen Interesses und einer Anstellung am Hofe Cosimos III. (s. S. 260f.). Neben Cosimo da Castiglione und Lorenzo Magalotti nennt Targioni Tozzetti unter den Florentiner Unterstützern die Senatoren Pandolfo Pandolfini und Filippo Buonarroti, die Mediziner Giovanni Sebastiano Franchi, Niccolò Gualtieri, seinen Onkel Cipriano Antonio Targioni und den großherzoglichen Leibarzt Giuseppe del Papa, der wohl nicht unwesentlich dazu beitrug, Micheli bei Hofe bekannt zu machen.[106] Erwähnt werden außerdem Simone Fabbri, der großherzogliche Sekretär und Bibliothekar Benedetto Bresciani sowie der Philologe Anton Maria Salvini, welcher sich ähnlich wie Biagi und Tozzi der Korrektur von Michelis Schriften annahm. Es überrascht kaum, dass fast all jene Namen auf Michelis Subskribentenliste stehen:

* Philippus Bonarota Senator, & Auditor R. C. M. D. Etruriae. [...]
Benedictus Brescianius Florent. [...]
* Joannes Sebastianus Franchius M.D. Lucensis. [...]
* Pandulphus Pandulphinius Senator Florent. [...]
* Josephus del Papa RR. CC. SS. Cosmi III. & Jo: Gastonis Magnorum Etruriae DD. Archiatrorum Comes. [...]
* Antonius Maria Salvinius Flor. in Patrio Lycaeo Graecarum Literarum Prof. [...]
* Cyprianus Antonius Targionius Med. D. Flor.[107]

Darüber hinaus sind gleich fünf Gattungen nach Michelis frühen Förderern benannt: *Targionia* (Tab. 3), *Bonarota* (Tab. 15), *Papia* (Tab. 17), *Franca* (Tab. 22) und *Salvinia* (Tab. 58). Ähnlich wie bei Biagi und Tozzi weisen teils kürzere und teils längere Textpassagen auf Bedeutung und Verdienste der Subskribenten hin – etwa auf Targionis umfangreiche Naturaliensammlung, Buonarrotis antiquarische Kenntnisse oder del Papas medizinische Expertise, seine Aufmerksamkeit bei der Pflege von Freundschaften und allgemeine

105 Vgl. Targioni Tozzetti 1858, S. 30–39.

106 „[...] ed il celebre archiatro Giuseppe Del Papa non solamente l'onorò di sua amicizia, ma col parlarne con lode davanti al serenissimo Granduca Cosimo III gli preparò la strada per ottenere un'annua pensione, laonde il Micheli (*Nov. Plant. Gen.* P. I, pag. 20,) pubblicamente gli si protestò molto obbligato." Targioni Tozzetti 1858, S. 31.

107 Micheli 1729, *Elenchus eorum [...].* Den mit Asterisk versehenen Namen entsprechen Tab. 3, 6, 15, 17, 22, 58.

Tugendhaftigkeit („[...] in colendis amicitiis diligens, virtutumque omnium splendore ornatus.“[108]).

Es ist durchaus denkbar, dass jener del Papa den Kontakt Michelis mit dem englischen Botaniker und Diplomaten William Sherard (1659–1728) herstellte. In den *Philosophical Transactions of the Royal Society* aus dem Jahre 1700 finden sich zwei kurze Texte Sherards über Indische bzw. Chinesische Lacke, die sich zu jener Zeit auch im europäischen Kunstgewerbe großer Beliebtheit erfreuten. Wie die Titel verraten, hatte der Autor seine Informationen vom großherzoglichen Hof in Florenz bezogen und in einem Falle eine Abhandlung Giuseppe del Papas ins Englische übersetzt: *An Account of the strange effects of the Indian Varnish. Wrote by Dr. Joseph del Papa, Physician to the Cardinal de Medices, at the desire of the Great Duke of Tuscany. Communicated by Dr. William Sherard.*[109] Targioni Tozzetti berichtet, dass sich Sherard im Jahre 1699 einige Tage in Florenz aufhielt. Da er sich für die lokale Flora interessierte, machte man ihn mit dem jungen Micheli bekannt, der ihm sein Herbarium zur Verfügung stellte und sich bereit erklärte, auch weitere Pflanzen für den Gast zu suchen. Dieses Zusammentreffen war offenbar die Grundlage für den lebenslangen Austausch zwischen den beiden Naturforschern, wobei Sherard sehr zur Bekanntheit des jüngeren Kollegen im Ausland beigetragen haben mag.[110] Auch wenn Targioni Tozzetti in diesem Zusammenhang nicht den Namen del Papas erwähnt, kann man, nicht zuletzt auf Grund der Publikation in den *Philosophical Transactions*, davon ausgehen, dass bei jenem kurzen Besuch in Florenz auch ein Treffen zwischen Sherard und del Papa stattfand. Vielleicht hatte er dem englischen Kollegen, der sich tatsächlich viel mehr für einheimische Pflanzen als für ostasiatisches Kunsthandwerk interessierte, seinen Schützling Micheli vorgestellt.

Sherard, der bei Tournefort in Paris und bei Paul Hermann (1646–1695) in Leiden studiert hatte, wurde 1703 Konsul der britischen *Levant Company* in Smyrna (Izmir). Während seiner Zeit im Dienste der Handelsgesellschaft erwarb der aus bescheidenen Verhältnissen stammende Sherard ein ansehnliches Vermögen und verfolgte weiterhin seine botanischen Interessen.[111] Nach seiner Rückkehr nach England im Jahre 1717 wurde er in die *Royal Society* aufgenommen. Fast bekannter als für seine eigenen Studien war er für die nicht nur intellektuelle, sondern vor allem auch finanzielle Unterstützung zahlreicher Fachkollegen sowie die Sorge um deren Nachlass. So bemühte er sich nach dem Tod seines Lehrers Paul Hermann um die Herausgabe von dessen unvollendetem Werk

108 Micheli 1729, S. 20. Zu Targioni, Buonarroti, Franchi und Salvini vgl. S. 3f., 20, 24, 107.

109 Vgl. Sherard/del Papa 1700. Der andere Text beinhaltet einige Rezepturen zur Herstellung von Lacken: *The way of making several China Varnishes. Sent from the Jesuits in China, to the Great Duke of Tuscany, communicated by Dr. William Sherard*; vgl. Sherard 1700.

110 Vgl. Targioni Tozzetti 1858, S. 33–36.

111 Zu William Sherard vgl. *The Dictionary of National Biography*, hrsg. von Leslie Stephen und Sidney Lee, vol. XVIII, Oxford 1973 [Nachdruck d. Ausg. von 1897/98], S. 67f. Zur Geschichte der *Levant Company* vgl. Mather 2009.

Paradisus batavus (Leiden 1698), wie Adolfo Targioni Tozzetti in einer der vielen späteren Anmerkungen zu Michelis Vita ausführt.[112] „Felice l'Hermann in paragone del Micheli e del Targioni pur anco!!" – Giovannis Urenkel bedauert es außerordentlich und auf wenig objektiv erscheinende Art und Weise, dass den Hinterlassenschaften Michelis (und den Mühen seines Urgroßvaters) kein ähnliches Glück beschieden war, wie jenen Hermanns oder Sébastien Vaillants (1669–1722), dessen *Botanicon parisiense* (Leiden/Amsterdam 1727) durch das Zutun William Sherards von Hermann Boerhaave veröffentlicht werden konnte. Doch offenbar war der Bruder des Mäzens, Jacob Sherard (1666–1738), Micheli weniger gewogen.[113] Diese eher pessimistische Einschätzung des Verhältnisses zwischen Micheli und Sherard aus der Feder Adolfos wird rund 70 Seiten weiter durch Giovannis Kapitel über die große Wertschätzung des englischen Kollegen Micheli gegenüber relativiert (*§ XII. Stima grande che ebbe di lui Guglielmo Sherard*), in dem der Autor eine Vielzahl von Briefen zitiert, die von der Bedeutung und Dynamik zeitgenössischer Korrespondenznetzwerke zeugen.[114] Der Großteil jener Briefe stammt aus der Zeit zwischen 1717 und 1725, als Sherard wieder in England weilte und sich in erster Linie dem Studium der Botanik widmen konnte. Auf seiner Rückreise von Smyrna über Livorno hielt er sich einige Wochen in Florenz auf, wo sich der Kontakt zu Micheli intensivierte:

> L'amicizia del Sherard per il Micheli crebbe moltissimo nel 1717, quando ritornando di Smirne in Inghilterra approdò a Livorno, indi si trattenne più volte in Firenze per delle settimane, e continuamente volle essere informato delle belle e feconde scoperte del Micheli da cui ebbe circ'a [sic!] mille scheletri di piante. Appena sbarcato il Sherard nel Lazzeretto di Livorno, ne diede parte al Micheli colla seguente lettera de' 18 gennajo 1717. ‚Non ho avuto l'onore di vedere li stimatissimi caratteri di VS. Ill.ma dal tem-

112 „Lo Sherard fu poi benemerito degli studii in modo anco più raramente imitato, poichè venuto a morte Paolo Hermann, senza avere per anco compiuta l'opera del *Paradisus batavus*, per la quale avea speso, in esami, disegni e incisioni, l'ingegno della vita, lo Sherard volle recuperare all'illustre scienziato l'onore di tante pene, e alla famiglia di esso una fortuna altrimenti perduta. Si adoprò egli a questo coi suoi talenti e colle proprie ricchezze, ordinò ed aumentò le note scritte, e incontrò generoso le ingenti spese della incisione di nuove tavole, e della stampa, senz'altro prendere che il merito di così nobile azione. Felice l'Hermann in paragone del Micheli e del Targioni pur anco!!...poichè la munificenza di un illustre amico riscattò almeno la memoria sua dall'oppressione della fortuna [...] Sherard poi, quasi avesse preso a spendere così nobilmente e modestamente il saper suo in pro degli altri, diè mano a ordinare e determinare le piante di Sebastiano Vaillant, specialmente le graminacee, i funghi, ed i muschi, cosicchè l'illustre Boherave [sic!] potè dare pubblicato il *Botanicon parisiense* di lui a Leida e Amsterdam nel 1727." Targioni Tozzetti 1858, S. 36f., Anm. 1.

113 „Lo stesso Giacomo Sherard, dopo il fratello, benchè fautore caldissimo del Dillenio, avversò poi anch'egli il Micheli, per poco debito che questi aveva contratto con Guglielmo mentre viveva." Targioni Tozzetti 1858, S. 37, Anm. 1. Während Anhaltspunkte für ein Zerwürfnis zwischen Micheli und William Sherard kaum auszumachen sind, tritt die negative Haltung seines Bruders Jacob bzw. James Sherard in einigen Briefen an den englischen Kollegen Richard Richardson aus den Jahren 1731/32 klar zu Tage (s. Anm. 4.144).

114 Vgl. Targioni Tozzetti 1858, S. 111–134.

po che è stato ritornato da' suoi viaggi: stava in paura che non le fosse arrivato qualche accidente sinistro; ma il reverendissimo padre abate Don Bruno Tozzi mi regalò colla nuova del suo ritorno in salvamento, anche carico di belle e nuove scoperte.'[115]

Dass auch Bruno Tozzi, der Sherard hier über Michelis Rückkehr von einer Reise sowie über dessen Entdeckungen unterrichtet, Teil seines Netzwerks war, verwundert kaum, waren doch beide an aktuellen botanischen Diskursen interessiert und standen zudem in enger Verbindung zur *Royal Society* in London. Targioni Tozzettis anschließender Bericht über eine Unterhaltung zwischen Sherard und Cosimo III. an der großherzoglichen Tafel erscheint anekdotenhaft, kann sich aber durchaus so oder ähnlich zugetragen haben.[116] Der Freundschaftsdienst, den Sherard seinem Florentiner Kollegen erwiesen haben soll, indem er sich dem Großherzog gegenüber derart positiv über Micheli äußerte, dass ihm in der Folge eine Gehaltserhöhung zuteil wurde, fällt in die Zeit nach der Gründung der *Società Botanica Fiorentina* und vor ihrer Anerkennung durch Cosimo III. im Jahre 1718. Letzteres Ereignis brachte nicht nur die Übertragung der Sorge über den Florentiner *Giardino delle Stalle* an die Gesellschaft mit sich, sondern auch eine Erhöhung von Michelis Kompetenzen und Einkommen (s. S. 86f.).

Sherards Briefe lassen den Fluss von Informationen, von getrockneten Pflanzen und Samen, von Bildern und ganzen Büchern nachvollziehbar werden. Auch scheint an einigen Stellen sein mäzenatisches Bemühen um Micheli greifbar, etwa wenn er als Vermittler zwischen letzterem und den französischen Botanikern Antoine de Jussieu, Antoine Magnol, Guillaume Nissole und Sébastien Vaillant fungiert. Zwar unterhielt Micheli bereits zuvor Briefkontakte zu Antoine de Jussieu (1686–1758) und Pierre Magnol (1638–1715), dem Vater Antoine Magnols. Doch nicht zuletzt auf Grund seiner größeren Mobilität war

115 Targioni Tozzetti 1858, S. 117 („Im Jahre 1717 wuchs die Freundschaft zwischen Sherard und Micheli beträchtlich, als ersterer bei seiner Rückkehr von Smyrna nach England in Livorno anlegte und sich bei dieser Gelegenheit mehrmals für einige Wochen in Florenz aufhielt; stets wollte er über die schönen und ertragreichen Entdeckungen Michelis unterrichtet werden, von dem er etwa 1.000 Pflanzenpräparate erhielt. Als er kaum im Lazarett von Livorno angelangt war, meldete er sich bei Micheli mit folgendem Brief vom 18. Januar 1717: ‚Seit Sie von Ihren Reisen zurückgekehrt waren, hatte ich nicht die Ehre, Ihre geschätzten Zeilen zu lesen; schon fürchtete ich, Ihnen könnte etwas Unheilvolles zugestoßen sein, doch der verehrte Vater Abt Don Bruno Tozzi erleichterte mich mit der Nachricht über Ihre sichere Heimkehr mit schönen neuen Entdeckungen.'").

116 „Sopratutto è memorabile il magnanimo atto di amicizia esercitato dal Sherard a pro del Micheli, in occasione di trovarsi presente alla tavola del serenissimo Granduca. Imperocchè interrogato da quel Principe, se aveva veduti i Giardini de' Semplici di Pisa e di Firenze, e se aveva parlato col dottor Michelangelo Tilli, il Sherard ripose che sì, e che oltre al Tilli, conosceva un altro insigne Bottanico suo suddito, cioè il Micheli. Ripose il Granduca: 'Come mai può essere tale, se non sa il latino?' al che replicò il Sherard: 'Se non sa il latino, sa potentemente la Bottanica, ed io supplico umilmente l'A.V.R. a degnarsi di restar persuasa, che il Micheli è il più valente Bottanico di quanti ci sono al presente, ed io lo posso asserire perchè gli conosco tutti.' Il Granduca soggiunse 'Questa è una cosa che ci sorprende!' e poi mutò discorso; ma terminata la tavola, con viglietto di Segreteria di Stato all'Auditore dello Studio di Pisa, assegnò un grosso augumento di stipendio al Micheli." Targioni Tozzetti 1858, S. 118f.

Sherard eher in der Lage, die Kollegen persönlich aufzusuchen und Nachrichten, Objekte etc. zu überbringen und in Empfang zu nehmen. So bat ihn Jussieu, ihm Michelis kritische Auseinandersetzung mit dem Werk Jacques Barreliers („critica sopra il Barrellier") zukommen zu lassen, wie einem Brief vom 17. April 1717 aus Venedig zu entnehmen ist.[117] Einen umfassenderen Eindruck liefert ein Brief Sherards aus Paris vom 1. November des gleichen Jahres.[118] Noch immer auf der Reise von Smyrna zurück nach London machte Sherard (mit Michelis Anfragen im Gepäck) auch in Montpellier und Paris Station, wo er auf die zuvor genannten Kollegen traf. Über den Brief wird Micheli in jenen Austausch mit einbezogen, zudem verspricht Sherard, ihm aus London Pflanzen und Bücher zu übersenden. Als Gegenleistung für die Anmerkungen Vaillants und die von ihm zur Verfügung gestellten Pflanzen bittet jener Micheli (über den gemeinsamen Freund und Förderer Sherard) um die Zusendung wiederum von ihm gesuchter Pflanzen („quelle della nota inclusa" – der beiliegenden Liste zu entnehmen), die er zunächst nach London schicken solle. Im gleichen Brief erinnert Sherard Micheli an „la sua dottissima critica sopra Barrellier", die er zu erhalten gehofft hatte:

> [...] speravo ricevere la sua dottissima critica sopra Barrellier, e li nuovi generi da ella descritti. La supplico di fargli stampare, o di mandarmeli in Londra, et saranno pubblicati nell'Acta Philosophica Regiae Societatis Anglicanae, perchè qui non si stampa altro che li discorsi fatti dalli loro proprii membri.[119]

Der Bitte, Micheli möge seine Ausführungen publizieren, folgt der Vorschlag, selbige nach London zu schicken, um sie in den *Philosophical Transactions* veröffentlichen zu können.

117 „Haverei caro di portare la di lei critica sopra il Barrellier al signor Jussieu: almanco ella si compiaccia di farmela vedere ec." Targioni Tozzetti 1858, S. 119. Wenige Jahre zuvor hatte Jussieu die Aufzeichnungen des 1673 verstorbenen Botanikers Jacques Barrelier bearbeitet und unter dem Titel *Plantae per Galliam, Hispaniam et Italiam observatae* (Paris 1714) veröffentlicht. Targioni Tozzetti erwähnt mehrfach, dass Micheli sehr von Jussieus Werk profitierte und sich ausführlich mit Barreliers Studien auseinandersetzte; vgl. Targioni Tozzetti 1858, S. 48, 78, 82, 112f., Anm. 2. Ein entsprechender Band findet sich unter Michelis Handschriften: BB Florenz, ms. Micheli 11; vgl. Ragazzini 1993, S. 22f.

118 „Dovevo scrivere (conforme il promesso) a VS. Ill.ma da Montpellier, ma essendo imbarcato a Livorno coll'Ambasciatore nostro ritornato da Costantinopoli, non ero padrone del tempo. I pochi giorni che sono restato, gli ho spesi colli signori Magnol e Nissole, ma senza poter avere alcuna pianta da lei desiderata. Qui però ho trovato non solamente quelle della Storia del signor Tournefortio, ma quasi tutte quelle del Botanico Monspeliense, che le saranno inviate coi libri, al mio arrivo in patria, che spero sarà fra sei settimane. Le note aggiunte sopra le piante sue, sono fatte dal signor Vaillant, persona veramente dottissima nella Bottanica, dal quale ho anche avuto le piante da lei desiderate, che in ritorno la supplica di mandargli quelle della nota inclusa, con indirizzarle a me in Londra." Targioni Tozzetti 1858, S. 119f.

119 Targioni Tozzetti 1858, S. 121 („[...] ich hatte gehofft, Ihre geistreiche kritische Auseinandersetzung mit Barrelier zu erhalten sowie die von Ihnen beschriebenen neuen Gattungen. Ich bitte Sie, diese drucken zu lassen oder sie mir nach London zu schicken, wo ich sie in den *Philosophical Transactions* der *Royal Society* veröffentlichen lassen kann, da hier ausschließlich die Schriften der tatsächlichen Mitglieder gedruckt werden.").

Ähnlich mag Sherard mit del Papas *Account of the strange effects of the Indian Varnish* verfahren sein (s. S. 282). Doch wie es scheint, schickte Micheli ihm nie seinen Text, obwohl Sherard das Thema immer wieder zur Sprache brachte. Unterdessen kümmerte sich dieser weiterhin um Michelis Anfragen und ermunterte ihn zum Druck seiner Schriften. Wie einem Brief vom 30. Mai 1718 zu entnehmen ist, funktionierte der Austausch zwischen Vaillant und Micheli über Sherard auch in die umgekehrte Richtung. Letzterer hatte die getrockneten Pflanzen aus Florenz auf den Weg nach Paris gebracht, um sich sodann auf Reisen nach Wales und in den Norden Englands persönlich Michelis Gesuch nach bestimmten Pflanzen anzunehmen.[120]

Es wird durchweg deutlich, mit welchem Eifer sich Sherard der Anliegen Michelis annahm. Er begab sich auf Reisen und holte Erkundigungen bei Fachkollegen ein, er übersandte ihm Pflanzen, Bücher und Bildmaterial, darunter zahlreiche Zeichnungen von Pilzen, die eine wichtige Grundlage für Michelis Arbeit an den *Nova Genera* werden sollten (s. Kapitel 3.4.1). Inhalt und Fortschritte jenes Werks, vor allem Michelis Forschungen zu Pilzen und niederen Pflanzen, werden zunehmend Thema der Korrespondenz. In einem Brief vom 16. März 1719 bittet Sherard den Freund in Florenz erneut, ihm Material zur Veröffentlichung in den *Philosophical Transactions* zu senden – diesmal allen voran über die „semi dei funghi". Michelis Text über Barrelier hatte Sherard unterdessen noch immer nicht erreicht und neben den *Nova Genera* erkundigt er sich nach einer Neuausgabe von Andrea Cesalpinos Werk *De plantis*, an der Micheli offenbar ebenfalls arbeitete:[121]

> La Società Reale ha ammirata con universale applauso la di lei fatica ed ingegno nello scuoprire i semi dei funghi, ed ha ordinato di fargli intagliare per essere stampati ne' loro Giornali, e mi comanda di ringraziarla, pregandola di communicare le sue osservazioni tutte in questa ed altra materia della Storia Naturale, che pubblicherà con distinta mentione del suo merito. – Con grande premura sto aspettando la critica di Barrellier, e di sapere se avrà pubblicato li nuovi Generi, anche quando pensa di ristampare Cesalpino [...][122]

120 „Non prima di jeri l'altro presi la cassa dalla Dogana, e stamattina mandavo le piante secche all'Ill.mo signore Vaillant, che le averà, come spero, la settimana seguente. Ho messo a parte un buon numero per V.S. Ill.ma, ma non potendo trovare tutte quelle che desidera, senz'aprire il magazzino, vado domani a cercarle nel paese di Galles, e nelle provincie più boreali d'Inghilterra; e subito ritornato che sarò, le invierò, coi libri, e funghi dipinti di Sterbeeck, che ha copiato tutti quelli di Clusio [...]" Targioni Tozzetti 1858, S. 122.

121 In zwei späteren Briefen an Richard Richardson berichtet Sherard, dass Bruno Tozzi bzw. die *Società Botanica Fiorentina* an der Neuherausgabe von Cesalpinos Werk arbeiteten (s. S. 290, 294). Entsprechende Aufzeichnungen finden sich wiederum unter Michelis Handschriften: BB Florenz, ms. Micheli 7; vgl. Ragazzini 1993, S. 15f.

122 Targioni Tozzetti 1858, S. 123f. („Die *Royal Society* hat mit allgemeiner Anerkennung Ihre Bemühungen und Ihren Verstand bezüglich der Entdeckung der Samen der Pilze gewürdigt und angeordnet, die Ergebnisse Ihrer Forschungen stechen zu lassen, um sie in ihrem Journal abdrucken zu können. Man lässt mich Ihnen danken und die Bitte aussprechen, Ihre Beobachtungen in dieser und jeglicher weiterer die Naturgeschichte betreffenden Angelegenheit mitzuteilen, so dass man sie unter der Nennung Ihres

Sherards Wertschätzung der Arbeit Michelis und die Unterstützung, die er ihm nicht zuletzt durch die Bereitstellung erwähnter Zeichnungen verschiedener Pilze angedeihen ließ, kommen in zwei Briefen aus dem Jahre 1720 zum Ausdruck. Am 4. April schrieb er an Micheli:

> Ella farà cosa molto grata a tutti li Botanici, di rifare il carattere de' Muschi e Licheni. Il signore Dillenio, come lei osserva benissimo, è molto confuso, e moltiplica le specie. Mi ha mandato trenta specie mal conservate e senza i loro capitoli, de' quali non ne sono più di tre differenti da' nostrali. Mi ha promesso una serie intiera ben conservata, coi funghi nuovi dipinti, ed ho rimesso i quattrini per la spesa.[123]

Demnach sei eine Revision der Merkmale von Moosen und Flechten, wie sie Micheli im Sinn hatte, äußerst nützlich und willkommen. Die Angaben und Artzuweisungen des deutschen Botanikers Johann Jacob Dillenius (1687–1747), mit dem Sherard ebenfalls in engem Kontakt stand und der ein Jahr zuvor den *Catalogus plantarum sponte circa Gissam nascentium* (Frankfurt am Main 1719) publiziert hatte, seien demgegenüber eher verwirrend. Ob die von Dillenius erwartete erneute Zusendung von Präparaten eher Sherards Vorstellungen entsprechen sollte, ist unklar.[124] Abgesehen von getrockneten Moosen und Flechten erwartete Sherard zudem einige Zeichnungen von Pilzen, für die er den deutschen Kollegen entsprechend zu entlohnen gedachte. In einem Brief vom 20. Oktober kommen Dillenius' Präparate und Zeichnungen erneut zur Sprache:

> Ho messo a parte tutti i Muschi, Licheni, Gramigne, e Felci da lei desiderati, che tengo; alcuni anche del signor Dillenio, cioè quelli che non sono indigeni d'Inghilterra; a questi aggiungo li Funghi dipinti da lui, e dal signor Breynio.[125]

Offenbar ließ Sherard Micheli getrocknete Exemplare von Moosen, Flechten, Gräsern und Farnen zukommen, darunter auch einige von Dillenius. Hinzu kamen dessen Zeichnun-

Namens veröffentlichen kann. Mit großer Ungeduld erwarte ich Ihre kritische Auseinandersetzung mit Barrelier sowie zu erfahren, ob Sie Ihre neuen Gattungen veröffentlicht haben und wann Sie Cesalpinos Werk wieder abzudrucken gedenken […]").

123 Targioni Tozzetti 1858, S. 124f. („Sie werden allen Botanikern einen großen Dienst erweisen, wenn Sie die Merkmale der Moose und Flechten überarbeiten. Wie Sie bemerkt haben, ist der Herr Dillenius diesbezüglich recht wirr und stellt zu viele Arten auf. Er hat mir 30 Exemplare geschickt, die nur schlecht erhalten sind und deren Köpfchen fehlen; darunter befinden sich lediglich drei heimische Arten. Er hat mir eine komplette Serie gut erhaltener Exemplare versprochen sowie neue gemalte Pilze und ich habe das entsprechende Kleingeld beiseite gelegt.").

124 Zu Johann Jacob Dillenius vgl. ausführlich Targioni Tozzetti 1858, S. 158–163, Anm. 1.

125 Targioni Tozzetti 1858, S. 129 („Ich habe alle Moose, Flechten, Gräser und Farne, die Sie wünschen und die ich besitze, beiseite gelegt, darunter auch einige des Herrn Dillenius, wobei es sich um die Spezies handelt, die nicht in England heimisch sind; dazu füge ich die von ihm und Herrn Breyne gemalten Pilze.").

gen von Pilzen sowie jene von Jacob bzw. dessen Sohn Johann Philipp Breyne, die in den *Nova Genera*, ergänzt um die Nennung Sherards als Vermittler, jeweils explizit erwähnt werden (s. S. 204 [Anm. 3.179]).

Die von Targioni Tozzetti zitierten Briefe Sherards illustrieren nicht nur dessen umfassende Vermittlertätigkeit zu Gunsten Michelis. Neben ausführlichen fachkundlichen Diskussionen über verschiedene Spezies beinhalten sie auch konkrete Wünsche von Seiten des Absenders. In den letzten Jahren seines Lebens wandte Sherard große Mühen zur Komplettierung seiner Sammlung auf, vor allen Dingen nachdem es ihm nach dem Tode Vaillants 1722 nicht gelungen war, dessen Nachlass in seinen Besitz zu bringen. So übersandte er Micheli am 19. November jenes Jahres eine Liste von Pflanzen, die ihm noch fehlten, in der Hoffnung, der interessierten Öffentlichkeit ein möglichst perfektes Museum zu hinterlassen.[126] Gemäß seiner umfangreichen Kampagnen zur Aufwertung und Unterstützung botanischer Studien vermachte Sherard seine Bibliothek und seine Sammlung der Universität in Oxford und stiftete zudem einen Lehrstuhl für Botanik mit Dillenius als erstem Professor. Da Sherard 1728 verstorben war, fehlt eine Reaktion bezüglich der ein Jahr darauf endlich erfolgten Veröffentlichung von Michelis *Nova Genera*. Zwei Briefe vom 15. Oktober 1724 und vom 22. März 1725 zeugen zumindest von Sherards Aufnahme des *Hortus Pisanus* von 1723.[127] Ein Exemplar des *Hortus Pisanus* übergab er an seinen Bruder Jacob, ein weiteres an die *Royal Society*. Von den zahlreichen verzeichneten Spezies fehlten Sherard natürlich einige zur ersehnten Komplettierung seiner Sammlung, so dass er Micheli ein halbes Jahr später eine Liste von über 700 Pflanzen schickte, die er dem Katalog entnommen hatte. Auch schwingt sein Bedauern mit, den botanischen Garten in Pisa auf Grund der Entfernung und vor allem seines Alters nicht ein weiteres Mal persönlich besuchen zu können:

> Nella cassa troverà una nota di più di 700 piante che mi mancano, tirata dal Catalogus Horti Pisani: quanto darei per vederle tutte! Ma questo non si può aspettare [...]

126 „Come lascio al pubblico il mio Museo di piante e frutti, lo vorrei fare perfetto quanto mi sarà possibile; perciò prenderò l'ardire di mandarle una nota di piante che mi mancano. Se fosse vivo il signor Vaillant, avrei avuto da lui tutto quanto ricerco, o se il Re di Francia mi aveva lasciato pigliar il Gabinetto del signor Vaillant, che avevo comprato da lui avanti la sua morte, non avrei mancato niente." Targioni Tozzetti 1858, S. 131; vgl. hierzu auch Adolfo Targioni Tozzettis Kommentar auf S. 149, Anm. 1: „Sherard si duole che il Re di Francia non gli permetta di avere l'erbario di Vaillant già comprato da questo mentre viveva. Ma noi stimiamo che l'esempio del Re meriti gratitudine e lode, perché in verità gli strumenti coi quali i grandi uomini hanno allargato i confini del sapere sono legati alla storia della scienza, e sono per le nazioni un deposito sacro, palladio della loro civiltà e della loro autonomia. La Francia può dunque lodarsi [...]" sowie Sherards Brief an Richard Richardson vom 12. Mai 1722 (s. Anm. 4.138).

127 „Ricevetti a tempo la cassetta per la nave Nettuno, ben condizionata, e le rendo mille gratie delle piante osservate nel suo viaggio. Ho dato al fratello mio un esemplare dell'Horto Pisano, ed un altro ho presentato alla Società Reale. Questo catalogo mi è molto gradito, trovandovi molte piante coi nomi authentici; ma quante sono che mi mancano, e che non vedrò mai, se non sia per mezzo delle sue gratie!" Targioni Tozzetti 1858, S. 132f.

> Che disgrazia per me d'aver veduto quattro volte il Giardino, senza osservarle! Certo vorrei ritornare a posta per vederne la metà! Non ci è cosa a me più cara, che di perfettionare la mia collettione quanto sia possibile, essendo destinata per il pubblico, e lascerò beni per mantenerla. Non posso dare un'occhiata alle mie piante, senza rammentare il caro signor Micheli; per tutti i generi lo trovo, e bramo esser con lui, ma la vecchiezza, più che la distanza, m'impedisce... Supplico anche VS. Illma. di mettere a parte per me semi di tutte le umbellifere, benchè vecchi, per la mia spermotheca.[128]

Die von Sherard geäußerten Bitten und Wünsche sowie seine große Dankbarkeit Micheli gegenüber („Non posso dare un'occhiata alle mie piante, senza rammentare il caro signor Micheli.") zeugen nicht zuletzt von der Sorge des langjährigen Freundes und Förderers um die eigene Memoria, einem zentralen Anliegen sämtlicher Formen von Mäzenatentum, sei es privater oder staatlicher Natur. Dies wird etwa (um ein wahrlich naheliegendes Beispiel zu nennen) in Adolfo Targioni Tozzettis Kommentar zu Sherards Enttäuschung über den Einbehalt von Vaillants Herbarium durch Ludwig XIV. deutlich (s. Anm. 4.126), der mit der Aufzählung einiger vertrauter toskanischer Beispiele wissenschaftshistorischer Erinnerungskultur endet:

> [...] gli strumenti di Galileo, dell'Accademia del Cimento, del Nobili, l'Erbario di Cesalpino, quello del Micheli, il Museo, e la Biblioteca Targioni, raccolti nella Biblioteca, nella Tribuna, e nel Museo palatino con tanti altri tesori della nostra cultura scientifica, son belle gemme che splendono intorno alla corona dei principi di Toscana.[129]

128 Targioni Tozzetti 1858, S. 133 („In der Kassette finden Sie eine Aufstellung von mehr als 700 Pflanzen, die mir noch fehlen und die ich dem *Catalogus Horti Pisani* entnommen habe: was würde ich dafür geben, sie alle anschauen zu können! Doch das ist nicht zu erwarten [...] Wie schade, dass ich den Garten viermal besucht habe, ohne sie zu sehen! Natürlich würde ich gerne zurückkommen, um zumindest die Hälfte davon zu Gesicht zu bekommen! Nichts ist mir teurer, als meine Sammlung so weit wie möglich zu vervollkommnen, denn sie ist für die Öffentlichkeit bestimmt und ich werde entsprechende Mittel für ihren Unterhalt hinterlassen. Es ist mir kaum möglich, einen Blick auf meine Pflanzen zu werfen, ohne an den teuren Herrn Micheli erinnert zu werden; er begegnet mir in allen Gattungen und ich wünsche ihn an meiner Seite, doch mehr noch als die Entfernung ist es das Alter, das mich aufhält... Ich bitte Sie zudem, Samen sämtlicher Doldengewächse, selbst wenn sie alt sein sollten, für meine Sammlung beiseite zu legen.").

129 Targioni Tozzetti 1858, S. 149, Anm. 1 („[...] die Instrumente Galileis, der *Accademia del Cimento* und [Leopoldo] Nobilis, die Herbarien Cesalpinos und Michelis, die Sammlung und die Bibliothek der Targioni, die in der Bibliothek, der Tribuna und der Galleria Palatina gemeinsam mit vielen anderen Schätzen unserer wissenschaftlichen Kultur versammelt sind, erleuchten schönen Juwelen gleich die Krone der Fürsten der Toskana."). Den botanisch relevanten Objekten (Cesalpinos und Michelis Herbarium, dessen Sammlung sowie den Hinterlassenschaften der Familie Targioni Tozzetti) lässt Adolfo die Instrumente physikalischer Forschung eines Galileo Galilei sowie der *Accademia del Cimento* vorausgehen. Außerdem erwähnt er den 1835 verstorbenen Physiker Leopoldo Nobili, der für seine elektromagnetischen Experimente bekannt war und zahlreiche Instrumente, z. B. verschiedenartige Galvanometer, entwickelte; vgl. Edvige Schettino: „NOBILI, Leopoldo", in: DBI, 78 (2013).

4.3.3 Zur Entstehung der *Nova Genera* – ein Perspektivwechsel

Dass Micheli weder der einzige noch der begünstigste von Sherards Partnern und Protegés gewesen ist, wurde bereits an verschiedenen Stellen gezeigt. Dennoch finden die scheinbar einseitigen Berichte und zitierten Briefausschnitte Targioni Tozzettis, der sich durchweg bemüht, die „stima grande" des wohlhabenden, gebildeten, weit gereisten und ebenso weit vernetzten Engländers für seinen Florentiner Lehrer zum Ausdruck zu bringen, vielfach Bestätigung, etwa wenn man die umfangreiche Korrespondenz zwischen Sherard und dem Mediziner, Botaniker und Antiquar Richard Richardson (1663–1741) zu Rate zieht.[130] Zur Ergänzung der Ausführungen Targioni Tozzettis sei mit dem Blick auf einige jener Briefe ein Perspektivwechsel vollzogen, der, wenn nicht einen anderen, so doch einen vielschichtigeren Eindruck des Patronageverhältnisses zwischen Sherard und Micheli vermittelt. Die Briefe liefern nicht zuletzt weitere Puzzlestücke für die Rekonstruktion von Michelis weit verzweigtem Netzwerk und der oft mühsamen Arbeit an seinen zahlreichen Projekten, allen voran den *Nova Genera*.

Ab 1720 war Michelis bevorstehende Publikation durchweg Thema der Korrespondenz zwischen den beiden Engländern. Die Vorbereitung der Kupferstichtafeln schien in vollem Gange, deren Finanzierung jedoch noch ungewiss. So schrieb Sherard am 12. November 1720 an Richardson:

> Signor Micheli has sent me eleven plates more, two of them are of Lichens, where I find Mr. Bobart's Muscus muralis platyphyllos, and a neat one of yours that flowers à rummitate [summitate] ramulorum. He is poor, and desires of me to get him subscriptions for graving his plates, having got but ten Patrons in Italy. Each plate costs him 42 giulios, which is a guinea of our money. I sent him a bill for ten plates by the first post, and have had good success hitherto amongst my friends for him; but I believe I must subscribe for more than two of them myself, which are as many as I designed. After finishing these 50 tables of new genera, he will publish his Voyages in Italy and the Kingdom of Naples with a great number of new Plants, and a critique on Barrilier and Boccone. Don Bruno Tozzi has undertaken the re-publishing of 'Caesalpinus'. [...] I had sent you the plates, but for shewing them to procure subscriptions; you shall have them next time I send; [...][131]

130 Zu Richardson vgl. *The Dictionary of National Biography*, hrsg. von Leslie Stephen und Sidney Lee, vol. XVI, Oxford 1973 [Nachdruck d. Ausg. von 1896], S. 1126f. Ein Großteil der Briefe Sherards an Richardson aus der Zeit von 1690 bis 1727 ist publiziert und teilweise kommentiert bei Nichols 1817, S. 339–403 und Richardson 1835. Die Briefe- und Memoirensammlungen liefern eine umfassende Vorstellung der britischen Gelehrtenwelt des frühen 18. Jahrhunderts, ihrer Mobilität und internationalen Vernetzung.

131 Nichols 1817, S. 372 („Herr Micheli hat mir elf weitere Tafeln geschickt; zwei von ihnen zeigen Flechten; darunter finde ich Herrn Bobarts ‚Muscus muralis platyphyllos' sowie ein schönes Exemplar von Ihnen, das ‚à summitate ramulorum' blüht [das an den Spitzen verästelte Blüten ausbildet]. Er [Micheli] ist arm und wünscht von mir Subskriptionen zu erhalten, um seine Tafeln stechen zu können, da er nur zehn

Michelis Schwierigkeiten, den Druck der *Nova Genera* zu realisieren, ergaben sich offenbar nicht erst durch die bevorzugte Veröffentlichung des *Hortus Pisanus* von Seiten der *Stamperia Granducale*. Schon zuvor ersuchte Micheli seinen englischen Freund und Gönner um Hilfe, da er selbst kaum über die notwendigen Mittel verfügte (s. Anm. 4.91) bzw. auf genügend zahlungskräftige Unterstützer in seiner Heimat zurückgreifen konnte. Sherard schien einigen Erfolg zu haben, Subskriptionen für Michelis Werk einzuwerben. Auch die Liste in den *Nova Genera*, die insgesamt 19 englische Subskribenten verzeichnet, spricht eine deutliche Sprache.[132] Wer wenn nicht Sherard und eventuell Tozzi könnten Micheli dieses Maß an Unterstützung durch britische Adelige, Politiker und Gelehrte eingebracht haben? Letztlich widmete Micheli Sherard eine der insgesamt 108 Tafeln, die verschiedene Ordnungen der Gattung *Lichen* umfasst (Abb. 120). Ob jener diesen Kupferstich tatsächlich gestaltet hatte, wie in seinem Brief an Richardson angedeutet, bleibt unklar. Im entsprechenden Text verweist Micheli auf einige Bilder in Vaillants *Botanicon parisiense*, die er ob ihrer Schönheit und Exaktheit hervorhebt. Zwar verfügte Sherard als Initiator der Publikation nach Vaillants Tod über dessen Bildmaterial, doch nennt Micheli ausdrücklich den Autor als Informanten („[...] ab authore nobis communicatis [...]“[133]). Deutlicher tritt Sherards Einfluss an vielen anderen Stellen hervor, an denen er ausdrücklich als Informant oder Übermittler einer Spezies genannt wird – so etwa eine Seite zuvor:

Unterstützer in Italien hat. Eine Tafel koste ihn 42 *giulios*, was einer Guinee unserer Währung entspricht. In einem ersten Brief habe ich ihm Geld für zehn Tafeln geschickt und hatte bislang einigen Erfolg, unter meinen Freunden Geld für ihn einzuwerben; jedoch denke ich, dass ich für mehr als die zwei [Tafeln], die ich entworfen habe, selbst unterzeichnen muss. Wenn er diese 50 Tafeln mit den neuen Gattungen vollendet hat, möchte er seine Reisen in Italien und das Königreich Neapel mit einer großen Anzahl neuer Pflanzen veröffentlichen sowie eine kritische Auseinandersetzung mit Barrelier und Boccone. Don Bruno Tozzi hat sich die Neuveröffentlichung von Cesalpino vorgenommen. [...] Ich hätte Ihnen die Tafeln geschickt, doch da ich sie vorzeigen muss, um Subskriptionen zu beschaffen, sollen Sie sie mit meinem nächsten Brief erhalten [...]“).

132 Vgl. Micheli 1729, *Elenchus eorum [...]*. Neben William und Jacob Sherard, Richard Richardson und den bereits erwähnten Tancred Robinson und Hans Sloane (s. S. 116) stößt man etwa auf William Cavendish Duke of Devonshire, Sir Thomas Dereham, Thomas Herbert Earl of Pembroke, den Pfründner von Westminster Thomas Manningham, die Naturforscher Samuel Dale, Joseph Dandrige, Charles Dubois und Richard Mead.

133 „Lichen Pulmonarius [...] Tab. 54. fig. 1 [...] Tres hujusce plantae imagines a Botanico Parisiensi exhibentur, quum autem Pictor, nimis juvenes, nec adhuc foliis luxuriantes, & nimis venusta forma repraesentaverit, dum veluti torno elaboratas, & quasi oculi humani effigiem praeseferentes effinxit, quam figuram nec in speciminibus ab authore nobis communicatis, nec in plantis, quae apud nos exoriuntur, adhuc vidimus; ideoque Iconem exactiorem, licet parvam in Tabula nostra exhibere voluimus. Color insuper ejusdem albus, subcinereus solum ob vetustatem in cinereo-fuscum vergit.“ Micheli 1729, S. 101. Zur Korrespondenz mit Vaillant und den Micheli durch den französischen Kollegen übermittelten Informationen vgl. auch Targioni Tozzetti 1858, S. 148f., Anm. 1. Blättert man drei Seiten weiter, findet sich noch ein ganz anderer Verweis, der wiederum einen Stich aus der *Histoire de l'Académie royale des sciences* als Vorlage für die erwähnte Bildtafel identifiziert: „Lichen-Agaricus [...] (Tab. 54. fig. 4) Comm. Ac. R. S. Anno 1711. Nostra Icon deprompta est ex Commentariis Academiae Regiae Scientiarium, anno supra citato, quoniam genuina planta hactenus ad manus nostras non pervenit [...]“ Micheli 1729, S. 104; vgl. auch Réaumur 1711 (auf der ersten von insgesamt drei Bildtafeln *Fig. I.re*).

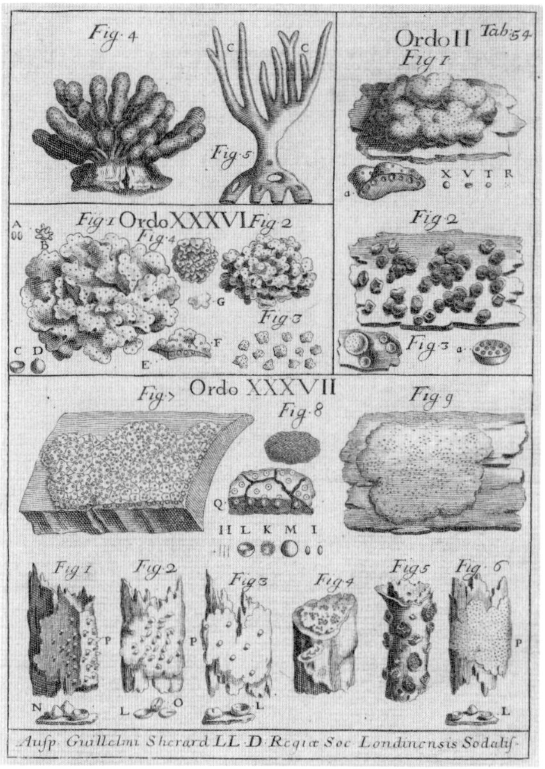

120

Lichen, Ordo II, in: Pier Antonio Micheli: *Nova plantarum genera* (1729), Tab. 54.

„Lichen crustaceus [...] Londino Dominus Sherardus misit."[134] Auch „Mr. [Jacob] Bobart's Muscus muralis platyphyllos" (s. S. 290) findet sich in Michelis Werk,[135] ebenso wie einige Verweise auf Informationen von Richardson.[136] Sherards Zeilen zeugen von großem Optimismus in eine rege Publikationstätigkeit seines Schützlings in Florenz. Voller Elan scheint er sich der Suche nach Subskribenten gewidmet zu haben, denen er die (in der Folge immer zahlreicher werdenden) Stichproben vorlegte, so dass er das Versprechen, Richardson die Tafeln zu schicken, auf einen späteren Zeitpunkt verschieben musste.

Jene Erwartungshaltung sowohl Sherards als auch Richardsons, den der Briefeschreiber stets auf dem Laufenden zu halten verspricht, kommt in der Folge immer wieder zum Ausdruck. Am 7. September 1721, also lange vor der tatsächlichen Publikation, hofft Sherard, schon bald das fertige Buch in Händen zu halten:

134 Micheli 1729, S. 100.
135 Micheli 1729, S. 9.
136 Vgl. etwa Micheli 1729, S. 79, 81, 100.

> I have not been at the other end of the town yet to inquire for letters from Signor Micheli, whose book ought to have been finished and sent before this; as soon as I have any news, you shall hear it.[137]

Die erfolgte Verzögerung erklärt sich durch die geplante Ausweitung von Michelis Projekt. Das vollendete Werk sollte nicht mehr 50, sondern rund 120 Bildtafeln enthalten, wie einem Brief vom 12. Mai 1722 zu entnehmen ist:

> I have received 79 Plates of Sig. Micheli's; he will make them about 120; he takes in all the Submarines. I have subscribed for five Plates more, and recommended him to Dr. Boerhaave, who generously sent him for 20, so that he will want no more for this work.[138]

Entsprechend höher mussten die Sponsorenzahlungen ausfallen, für die neben William Sherard persönlich auch sein Leidener Kollege Hermann Boerhaave aufkam, so dass der Drucklegung eigentlich nichts mehr im Wege stehen sollte. Jedoch stand auch das folgende Jahr ganz im Zeichen der Arbeit und des Wartens.[139] Grund hierfür könnte nicht zuletzt die auch von Targioni Tozzetti vielfach angeführte Arbeit an Tillis *Hortus Pisanus* gewesen sein, wie Sherard am 23. Februar 1723 bereits andeutet und in einem späteren Brief nochmals bestätigt. Zunächst schienen die Vorbereitungen für die *Nova Genera* noch in gewohnter Weise (mehr Pflanzen, mehr Gattungen – mehr Bildtafeln, mehr Subskriptionsgesuche) weiterzulaufen:

137 Nichols 1817, S. 375 („Ich war noch nicht am anderen Ende der Stadt, um nach Briefen von Herrn Micheli zu fragen, dessen Buch inzwischen vollendet und verschickt sein müsste. Sobald ich Neuigkeiten habe, sollen Sie davon erfahren.").

138 Nichols 1817, S. 379 („Ich habe 79 Tafeln von Herrn Micheli erhalten; insgesamt sollen es etwa 120 sein, wobei er alle Unterwasserpflanzen mit aufnimmt. Ich habe für fünf weitere Tafeln unterzeichnet und ihn [Micheli] an Dr. Boerhaave empfohlen, der ihm großzügigerweise [Geld] für 20 [Tafeln] geschickt hat, so dass er für dieses Werk keine weitere Unterstützung einfordern sollte."). Einen Eindruck von Sherards umfassender Korrespondenz und Unterstützertätigkeit vermittelt der weitere Verlauf des oben zitierten Briefes (stellvertretend für viele andere); unter anderem kommt das Vorhaben zur Sprache, die Sammlung des zu diesem Zeitpunkt sehr kranken Sébastien Vaillant zu erwerben: „I have advanced money to send Pilgrim More to New England, and all is ready; I have put you down for one at 20a. per annum. [...] Poor Mr. Vaillant is quite worn out; he begs of me to come to Paris, and I design it the end of next week. I shall bring over (unless hindered by the Government in France) all his large and learned Collection of Plants, Seeds, and Fruits, desiring it should be in my hands rather than any body's else, paying him what he has been offered by another. [...] Dr. Breynius assures me I shall have specimens of the Plants which I desired, published by his father [...] I have not received Pontedera's 'Anthologia'; when I do, I will send you one: he is very curious, but will never discover a third of the Plants that Micheli has done." Nichols 1817, S. 379f.

139 Sherard an Richardson am 13. Oktober 1722: „Signor Micheli is returned from Ragusa, and is very busy in finishing his book." Nichols 1817, S. 382; Sherard an Richardson am 17. November 1722: „I have received some more Tables from Signor Micheli, so that I have now by me 93; they are well designed and graved. He is now busy about the Submarines he found in his voyage in the Adriatic Gulf." Nichols 1817, S. 383.

> I heard lately from Signor Micheli; he has graved 110 Plates; he wrote me he wanted a few more subscriptions to finish his work, and I sent him five guineas next post. Besides Fuci, he has found several new Plants in his expedition, and makes some new genera of them. He has been hindered above 3 months in assisting Dr. Tilli, Professor at Pisa, in making the Catalogue of that Garden, where I never saw any thing; it is almost finished, and I will take care to procure it for you. It will be a pompous book, with about forty plates.[140]

An weiteren Briefen lässt sich ablesen, dass zunehmende Verzögerungen und Unzuverlässigkeiten von Seiten Michelis Sherard nicht nur besorgten, sondern auch verstimmten, zumal er unterdessen Richardson als Subskribenten gewonnen hatte und diesem gegenüber gerne Fortschritte zu vermelden gehabt hätte.[141] Der Erhalt des *Hortus Pisanus* im Jahr darauf und die Nachricht, Micheli habe der Anordnung des Großherzogs Folge zu leisten gehabt, Tilli bei der Arbeit an jenem Werk zu unterstützen und seine eigene Arbeit zu unterbrechen, scheinen die Wogen wieder geglättet zu haben. Sherards Zuversicht bezüglich der zahlreichen zukünftigen Publikationen Michelis, die aus einem Brief vom 20. Juni 1724 spricht, erinnert an die Korrespondenz fast vier Jahre zuvor (s. S. 290):

> I have received Dr. Tilli's 'Catalogus Plantarum Horti Pisani' in folio, with 50 plates, and have wrote to send over some copies. Signor Micheli, by the Grand Duke's order, spent eighteen months in assisting him, which has hindered the publishing his book, but it is now in the press, and I believe will be in two parts. He has sent me a half sheet to see the form, which is large 4to, well printed. I have 116 plates by me, which will be too much for one volume, so I think he will publish his 'Nova Genera' first. After these he designs to print his Voyages in Italy and Dalmatia, with a Critique on Barrilier and Boccone, which I should be glad to see. The Botanic Society at Florence have undertaken the new edition of 'Caesalpinus'.[142]

140 Nichols 1817, S. 384 („Kürzlich habe ich Nachricht von Herrn Micheli erhalten; er hat 110 Tafeln gestochen und schrieb mir, er brauche einige wenige weitere Subskriptionen, um sein Werk zu vollenden, so dass ich ihm in meinem nächsten Brief fünf Guineen geschickt habe. Abgesehen von den Arten der Gattung *Fucus* hat er auf seiner Expedition mehrere neue Pflanzen gefunden, aus denen er einige neue Gattungen zusammenstellen wird. Er war für etwa drei Monate verhindert, da er Dr. Tilli, der Professor in Pisa ist, bei der Erarbeitung des Katalogs des dortigen Gartens assistiert hat, von dem ich nie etwas gesehen habe; er [der Katalog] ist fast vollendet und ich werde mich darum kümmern, ihn für Sie zu besorgen. Es wird ein prachtvolles Werk mit etwa 40 Tafeln sein.").

141 Sherard an Richardson am 6. April 1723: „Your two guineas are remitted to Signor Micheli in your name; I wonder I do not hear from him." Nichols 1817, S. 385f.; Sherard an Richardson am 26. Dezember 1723: „I wrote two letters last post to Italy, to inquire about Sig. Micheli; and desired my Brother in his way to Rome, to let him know how much he disobliges his subscribers, and me in particular." Nichols 1817, S. 391.

142 Nichols 1817, S. 393 („Ich habe Dr. Tillis ‚Catalogus Plantarum Horti Pisani' in Folio mit 50 Tafeln erhalten und habe darum gebeten, mir einige Exemplare zu schicken. Herr Micheli hat auf des Großherzogs Geheiß 18 Monate damit zugebracht, ihm [Tilli] zur Hand zu gehen, was ihn davon abgehalten hat, sein

Der langen Zeit fortwährender Unterstützung und ergebnislosen Wartens zum Trotz zeugen zwei späte Briefe Sherards an Richardson aus den Jahren 1726 und 1727 von dessen großer Wertschätzung für den Florentiner Kollegen, den er als „[...] the most exact man I ever knew [...]" bezeichnet (s. u.). Der Brief vom 12. Februar 1726 erscheint geradezu als Bestätigung einer erwartungsgemäß zufriedenstellend ausgefallenen Reaktion Michelis auf Sherards Bitten vom 22. März 1725, ihm über 700 fehlende Pflanzen aus dem *Hortus Pisanus* zuzusenden („[...] più di 700 piante che mi mancano [...] dal Catalogus Horti Pisani [...]", s. S. 288):

> I had a letter lately from Signor Micheli, who has sent me a great number of the Plants from the 'Hortus Pisanus', which I wanted; he now says his book will be finished in April; he is the most exact man I ever knew. I sent him lately 20l. to help his work out of the press, and must take it in copies, which will be more than I shall know how to dispose of, considering I have got him subscriptions from all the curious here.[143]

Die Publikation der *Nova Genera* war bekanntermaßen noch immer nicht realisiert worden und Sherard fuhr fort, Micheli finanziell auszuhelfen. Die Begleichung der Schuld sollte in gedruckten Exemplaren des fertigen Werks erfolgen, die, so Sherards Bedenken, kaum alle an den Mann zu bringen sein würden. Denn durch sein erfolgreiches Fundraising standen ohnehin alle Interessierten seines unmittelbaren Umfelds auf Michelis Subskribentenliste.[144]

Buch zu veröffentlichen; doch nun befindet es sich im Druck und ich glaube, es wird aus zwei Teilen bestehen. Er hat mir einen halben Bogen geschickt, um das Format zu sehen, das ein Quart beträgt; er ist gut gedruckt. Ich habe 116 Tafeln bei mir, was zu viele für einen Band sind; also glaube ich, er wird zunächst seine ‚Nova Genera' veröffentlichen. Danach plant er, seine Reisen in Italien und Dalmatien zu drucken sowie eine kritische Auseinandersetzung mit Barrelier und Boccone, die ich sehr herbeisehne. Die Botanische Gesellschaft in Florenz hat sich einer Neuedition von Cesalpino angenommen.").

143 Nichols 1817, S. 400 („Vor Kurzem habe ich einen Brief von Herrn Micheli erhalten; er hat mir eine große Anzahl von Pflanzen aus dem ‚Hortus Pisanus' geschickt, die ich von ihm erbeten hatte. Er sagt nun, sein Buch werde im April fertig sein; er ist der exakteste Mann, den ich je kannte. Kürzlich habe ich ihm 20 l. [Guineen] geschickt, um den Druck seines Werks voranzubringen. Das Geld muss ich in Kopien des Buches zurücknehmen, was mehr sein werden, als ich an den Mann zu bringen weiß, da ich ihm Subskriptionen von all den Interessierten hier vor Ort eingebracht habe.").

144 Aus diesen Umständen resultierte nach William Sherards Tod der Bruch zwischen Micheli und Jacob Sherard, der Richardson gegenüber seinen Ärger über Michelis Unzuverlässigkeit, die Subskribentenexemplare zu liefern, mehrfach zum Ausdruck bringt; etwa Jacob Sherard an Richardson am 18. September 1731: „Micheli has sent a list of only 17 subscribers, to whom he desires copies may be delivered, amongst whom my Brother is not so much as mentioned; and he desires that the rest of the copies may be sold, and the money returned to him in such books as he has sent a catalogue of. Now I find the name of 28 Subscribers in my Brother's book of memorandums, and that he sent him first 20l. and afterwards 20l. more, as subscriptions, and on the account of this work; but, my Brother being dead, he thinks nobody knows how matters stand betwixt them, and so would sink all the rest of the money he sent him." Nichols 1817, S. 414; Jacob Sherard an Richardson am 24. Februar 1732: „I am sadly plagued with Micheli, he has sent me fresh Proposals for subscribers to another work; but I will have nothing farther to do with him, I

Der Vollständigkeit halber sei abschließend ein Passus aus dem letzten der von John Nichols edierten Briefe Sherards an Richardson zitiert. Am 13. August 1727 war Michelis Werk tatsächlich fertig, doch noch nicht komplett gedruckt. Einige Pflanzen aus John Rays *Synopsis* standen noch aus und Sherard schickte sich an, ihm auch diese zu senden (s. S. 217). Von einigen Durststrecken abgesehen scheint sich die von Targioni Tozzetti hochgehaltene „stima grande“ zu bestätigen, vertraute Sherard seinem Florentiner Freund doch auch Einzelstücke seiner wohlgehegten Sammlung an:

> I had a letter this morning from Micheli, who writes me he has finished his book, and that 18 sheets are printed off, but he stays for the Plants he desired out of the third edition of the 'Synopsis', which I have neglected sending him, but now got most of them together. [...] I send him all he desires, except a few of which I have no specimens, he promising to return those I have no duplicates of: and no man is more exact nor faithful than he is, so that I only risk the danger of the sea; and in case of losing them I must trouble my friends to make up my collection again.[145]

4.4 Neue Horizonte: zum Ausbau von Michelis Netzwerk

4.4.1 Weitere lokale und internationale Kontakte: die Subskribenten der *Nova Genera*

Die vorangehend zitierten Briefe William Sherards an Micheli und Richardson vermitteln einen lebendigen Eindruck zeitgenössischer Korrespondenznetzwerke und geläufiger Mechanismen zur Unterstützung naturhistorischer Forschung. Auch nach Sherards Tod und den Unstimmigkeiten mit dessen Bruder zum Trotz (s. Anm. 4.113, 4.144) rissen Michelis enge Kontakte zur englischen Gelehrtenwelt nicht ab.[146] Zwei Briefe von Hans Sloane an

wish I was well cleared of him. I have had 5 or 6 letters from him within these two months.“ Nichols 1817, S. 416.

145 Nichols 1817, S. 403 („Heute Morgen habe ich einen Brief von Micheli erhalten, der mir schreibt, er habe sein Buch vollendet und 18 Bögen seien bereits gedruckt; jedoch wartet er auf die Pflanzen, die er aus der dritten Edition der ‚Synopsis‘ verlangt hatte; ich habe sie ihm noch nicht geschickt, habe sie nun aber fast vollständig beisammen. [...] Ich schicke ihm alles, was er verlangt, abgesehen von einigen wenigen Spezies, von denen mir keine Exemplare vorliegen; er verspricht mir diejenigen [Pflanzen], von denen ich keine Duplikate besitze, zurückzusenden; und kein Mann ist exakter und pflichtbewusster als er es ist, so dass ich nur die Gefahren des Meeres riskiere; und sollte ich meine Pflanzen verlieren, so muss ich meine Freunde behelligen, um meine Sammlung wieder zu komplettieren.“).

146 In einem Brief von 1735 an Richardson persönlich bezieht Micheli Stellung zu der erwähnten Auseinandersetzung mit Jacob Sherard. Außerdem bittet er den Gelehrten um die Zusendung verschiedener Pflanzenspezies: „Mei operis in lucem retardati duplex causa est. Altera, difficultas solvendi quaedam dubia, quae eidem instant, sed extricari posse video faciliùs simul ac aliqua ex Angliâ plantarum, ne dicam potiùs saevitie, quâ usus est D. Jacobus Sherard in me ipsum, quandoquidem pretium triginta trium

Richardson vom 24. April 1731 und 23. Mai 1732 zeugen von den eigenen Interessen, aber auch von der Verbundenheit des Präsidenten der *Royal Society* mit Micheli, der nach dem Erscheinen der *Nova Genera* an einem zweiten Band des Werks arbeitete:

> I have a letter from Micheli, who hath sent me his first volume; and says, in two years' time he will print the second, in order to which he wants some Mosses and Grasses in the third edition of the 'Synopsis' of Ray. I fancy Mr. Brewer, who told me you could find him out, can furnish not only what he wants, but such as Dr. Dillenius and he found, some of which I want myself [...]
> I trouble you with the inclosed Catalogue of Plants sent me by Micheli, which he earnestly desires me to procure for him, and I know nobody so likely as Mr. Brewer, your neighbour. He [Micheli] wrote me a letter some months since; and I would gladly make him satisfaction for these Plants [...][147]

Wie bereits zuvor erscheint Michelis Arbeit als Ergebnis einer weit verzweigten Korrespondenz, die auf dem gegenseitigen Austausch von Büchern, Informationen, Zeichnungen, Präparaten etc. beruhte sowie auf einer (eher einseitigen) Vermittlung von Kontakten und Geldern. William Sherard kann man hierbei zweifelsfrei die Rolle eines der Hauptunterstützer Michelis zusprechen, der letzterem Kontakte zu englischen und französischen Kollegen sowie zu Gelehrten anderer Nationalität (darunter Hermann Boerhaave, Johann Philipp Breyne oder Johann Jacob Dillenius) vermittelte. So mag auch der Austausch mit Sloane auf das Betreiben Sherards zurückzuführen sein. Bereits 1727 schickte dieser ein Exemplar seiner *Voyage to Jamaica* (London 1707–25) nach Florenz und am 8. Januar 1733, also im Zuge der von Sloane an Richardson weitergereichten Anfragen, ließ er Micheli die gewünschten Pflanzen zukommen.[148] Die Liste von 1729 („Hans Sloane M. Br. Baronettus

exemplarium mei operis apud se tenaciùs retinet; ex quo fit, ut mihi pecunia non suppetat ad eandem editionem substentandam; causam autem hujusmodi ferè inhumanitatis ex harum datore accipies. Specimina plantarum interim haec quoque ex Angliâ desidero; scilicet *Fontinalis minor, foliis triangularibus minùs compactis, capitulis in summis ramulis sessilibus, Raii synops: ed. 3. pag. 70. n. 2.* [...]" Richardson 1835, S. 342f.

147 Nichols 1817, S. 286 („Ich habe einen Brief von Micheli, der mir seinen ersten Band geschickt hat; er sagt, in zwei Jahren werde er den zweiten drucken, für den er einige Moose und Gräser aus der dritten Edition von Rays ‚Synopsis' verlangt. Ich glaube, Herr [Samuel] Brewer, der mir sagte, ich könne ihn über Sie erreichen, kann nicht nur liefern, was er will, sondern danach zu urteilen, was Dr. Dillenius und er gefunden haben, auch einiges von dem, was ich selbst suche [...] Ich behellige Sie mit der beiliegenden Liste von Pflanzen, die mir Micheli geschickt hat und die er ernsthaft von mir besorgt zu bekommen wünscht; ich kenne niemanden, der mir eher aushelfen könnte, als Herr Brewer, Ihr Nachbar. Er [Micheli] schickte mir vor einigen Monaten einen Brief und ich würde ihm gerne den Gefallen tun und die Pflanzen für ihn besorgen [...]").

148 „Il celebre Hans Sloane presidente della Società Reale di Londra, con lettera de' 12 agosto 1727, mandò in regalo al Micheli la sua Istoria Naturale della Giamaica, e gli promesse gli esemplari d'alcune piante descritte dal Petiver, e dal Plukenezio, de' quali possedeva gli erbarj. In altra degli 8 gennaio 1733, st. vet., dice: 'Mitto tandem quasdam plantarum anglicanarum ultimis tuis literis desideratarum. Cum nescirem an eas omnes, aut plura singularum specimina ipse possiderem nec ne, rogavi amicum quemdam in septentrionalibus Angliae degentem [...]'" Targioni Tozzetti 1858, S. 179.

Collegii Medici, & Regiae Societatis Londinensis Praeses."[149]) und ein für den erwähnten zweiten Teil der *Nova Genera* vorgesehener Kupferstich der Gattung *Hydrocalymma* (Abb. 121) weisen Sloane zudem als Subskribenten des Werks aus.[150]

Oft ist der Zusammenhang zwischen der Korrespondenz Michelis und der Vermittlertätigkeit Sherards klarer ablesbar, wie Targioni Tozzetti anhand einiger Beispiele im Kapitel *§ XV. Nuovi amici e corrispondenti bottanici insigni* andeutet. Eine der wichtigsten über Sherard zu Stande gekommenen Verbindungen war demnach Michelis Kontakt zu Sébastien Vaillant in Paris.[151] Die nachfolgend zitierten Briefe Vaillants zeugen nicht nur von der Rolle Sherards als „notre commun amy", sondern auch von der Dankbarkeit des französischen Botanikers für Michelis (zunächst wiederum von Sherard vermittelte) Zusendungen von Pflanzen und einem beginnenden Austausch zwischen den beiden (s. S. 284f.).[152] In einem Brief vom 31. März 1718 an Micheli persönlich schreibt Vaillant etwa:

> Ce devroit estre à moy, monsieur, à vous rendre mille tres-humbles graces, d'avoir bien voulu, à la recommandation de cet amy [Sherard], me combler de votre generosité, en m'accordant tant de belles plantes, sur lesquelles (d'abord que je les auray reçues) je ne manqueray pas de faire mes reflexions, que je vous envoyeray ensuite. A mon premier loisir, je vous mettray à part les Licheni et Musci que vous me demandez; et, supposé que monsieur l'envoyé de S.A.R. veuille bien se charger du soin de vous les faire tenir, je les luy confierai aussitôt.[153]

149 Micheli 1729, *Elenchus eorum [...]*.

150 Unter den Hinterlassenschaften Michelis erwähnt Targioni Tozzetti eine Folge von 60 Kupferstichen („[...] sessanta tavole in Rame, con figure di piante marine, e Zoofiti [...]" Targioni Tozzetti 1858, S. 327), die zwei identischen Stichserien mit Wasserpflanzen (*Icones Plantarum Submarinarum*) in London entsprechen (vgl. Ramsbottom 1957 bzw. direkt BL London, Signatur 456.f.8). Die Ähnlichkeit zwischen jenen Tafeln und den Stichen der *Nova Genera* ist unverkennbar. Meistens nennt eine Überschrift den Namen der gezeigten Gattung, während eine Bildunterschrift stets auf den Subskribenten hinweist. Über *Hydrocalymma*, eine von Michelis ‚neuen Gattungen' schrieb Giovanni Targioni Tozzetti in seinen Reisebeschreibungen: „Il mio riverito Maestro Pier' Antonio Micheli ha osservate altre specie di tale Pianta [Tremella Dillenii], che nelle sue schede riduce ad un nuovo genere che chiama Hydrocalymma, in diverse Acque sì calde, che fredde, sì ferme, che correnti, ed immuni da putrefazione." Targioni Tozzetti 1768, S. 259.

151 „Frattanto gli encomii che l'amico Sherard aveva sparso per l'Europa del gran sapere del Micheli, gli apersero la strada ad entrare in commercio letterario con molti insigni Bottanici. Fra questi si deve in primo luogo enumerare Sebastiano Vaillant Professor di Bottanica in Parigi. Di esso conservo varie lettere, che fanno grand'onore al Micheli." Targioni Tozzetti 1858, S. 145f.

152 Vgl. Targioni Tozzetti 1858, S. 147–151.

153 Targioni Tozzetti 1858, S. 149f. („Es ist an mir, mein Herr, Ihnen meinen untertänigsten Dank dafür auszusprechen, dass Sie, auf Empfehlung unseres Freundes [Sherard], die Großzügigkeit besaßen, mir so viele schöne Pflanzen zu bescheren; sobald ich sie erhalten habe, werde ich sie mir genauer ansehen und Ihnen meine Erkenntnisse übermitteln. Zunächst möchte ich Ihnen die Flechten und Moose, nach denen sie verlangen, beiseite legen; und wenn der Herr Gesandte Seiner Königlichen Hoheit des Großherzogs dafür Sorge trägt, dass Sie diese erhalten, werde ich Sie Ihnen bald anvertraut haben.").

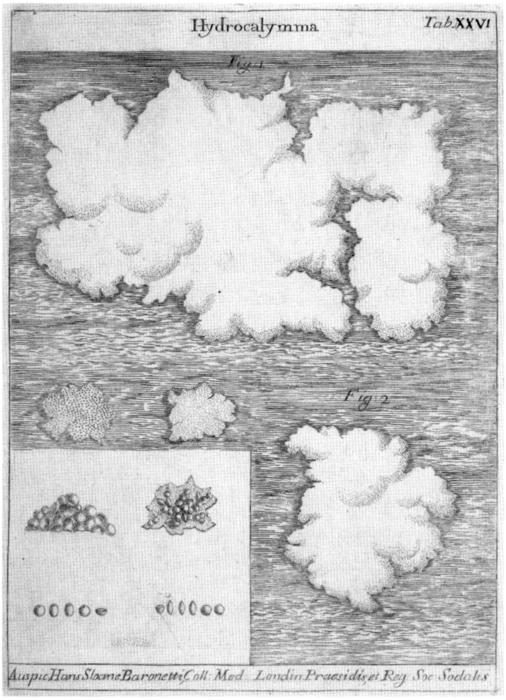

121

Hydrocalymma, in: Pier Antonio Micheli: *Icones Plantarum Submarinarum*, London, British Library, 456.f.8, Tab. XXVI © The British Library Board.

Durch Vaillants frühen Tod im Jahre 1722 war die Korrespondenz nicht von langer Dauer. Zahlreicher sind die Briefe Hermann Boerhaaves an Micheli (und nach dessen Tod an Giovanni Targioni Tozzetti).[154] Wie bereits in einem Brief Sherards an Richardson anklingt, scheint auch der Austausch zwischen Micheli und dem Leidener Arzt und Botaniker auf die Vermittlung des englischen Förderers zurückzugehen. Dies ist etwa dem ersten der erhaltenen Briefe Boerhaaves zu entnehmen („Illustris Sherard narravit mihi, quam egregius sis in arte herbaria […]"), mit dem er Micheli ein Exemplar seines *Index plantarum* (Leiden 1720) übersandte.[155] Ein weiterer Brief vom 3. Februar 1722 bestätigt Sherards Nachricht an Richardson über die großzügige Beteiligung Boerhaaves an Michelis Publikationsprojekt („I […] recommended him to Dr. Boerhaave, who generously sent him for 20 [Plates], so that he will want no more for this work.", s. S. 293):

154 Vgl. Targioni Tozzetti 1858, S. 159–171, 252.

155 „La prima [lettera] è la seguente in data de' 17 dicembre 1721 colla quale gli mandò la sua opera intitolata: 'Index alter plantarum in [sic!] quae in Horto academico Lugduno-Batavo aluntur', e dice così: 'Claro botanico D. Antonio Michaelio, H. Boerhaave… Illustris Sherard narravit mihi, quam egregius sis in arte herbaria: qua re factum est, ut multum te honorem. Patiaris igitur, ut offeram tibi hunc librum […]'" Targioni Tozzetti 1858, S. 159f.

> Amicus meus singularis Sherard, botanicorum facile princeps, et prisca virtute insignis, dudum retulit, praesens moliri te pulchrum opus. Tu vero, fac sciam, quodnam tibi in hoc propositum, quales futurae descriptiones, quae magnitudo pensi, quot tabulae, quando proditurum. Viginti nitidissimis tabulis pingendis offero sumptus, rogans suscribi cures nomina, quae in charta hac adnotavi. Ego ocyus (sic) operam dabo legendis, atque expediendis ad te, exemplis plantarum, quas desideras ex indice meo, quae reperire potero vel in cultis, vel ex meis thesauris.[156]

Im Folgenden soll jedoch nicht ausschließlich die in ihrer Bedeutung bislang geradezu exklusiv erscheinende Rolle William Sherards für Michelis Arbeit und Reputation im Fokus stehen. Über die Ausführungen Targioni Tozzettis und die dort wie an anderer Stelle publizierten Briefe hinaus sei der Blick auf Michelis Werk selbst und die vielen verschiedenen Subskribenten gelenkt.

Die in den *Nova Genera* publizierte Liste – *Elenchus eorum qui tabulas huic operi adnexas suis sumptibus aeri incidi curarerunt.* (Abb. 116) – zeigt, dass die knapp 20 verzeichneten englischen Unterstützer das Feld keinesfalls dominierten und Micheli letztlich auf weit mehr als die von Sherard erwähnten „ten Patrons in Italy“ (s. S. 290) zurückgreifen konnte. Zu den zuvor angeführten Gattungen *Blasia, Tozzia, Targionia, Bonarota, Papia, Franca* und *Salvinia* hinzu kommen die von Micheli geprägten Gattungsbezeichnungen *Marsilea, Vallisneria, Montia, Laurentia, Tillea, Zannichellia, Buccaferrea, Riccia, Linckia, Puccinia* und *Eugenia*, die fast ausschließlich auf die Namen italienischer Kollegen und Förderer zurückgehen. Michelis italienische Subskribenten stammten hauptsächlich aus Florenz und der Toskana, wie der hier wiedergegebene Beginn der Liste andeutet:

* Serenissima Anna Maria Aloysa Electrix Palatina Rheni,
&c. ac Magna Etruriae Princeps.
* Serenissimus Princeps Eugenius Franciscus a Sabaudia S.R.I.
Mareschallus, ac Caesarear. Copiarum Dux, &c.
* Antonius Franciscus Acciajolius Flor. Marchio.
* Andreas Alamannius Flor. Marchio.
Bernardus Siegfried Albinius Anat. & Chir. Prof. in Ac. Lugd. Bat.
Lucas Albizius Flor. D. Steph. Eques.

156 Targioni Tozzetti 1858, S. 164 („Mein einzigartiger Freund [William] Sherard, ein Fürst unter den Gelehrten der Botanik und ausgezeichnet durch altehrwürdige Tugend, hat mir längst berichtet, wie Sie sich gegenwärtig um Ihr vortreffliches Werk bemühen. Lassen Sie mich wissen, wie ich Sie in diesem Vorhaben unterstützen kann: welche Beschreibungen fehlen Ihnen? Wie groß ist der Umfang der Arbeit? Wie viele Tafeln soll das Werk enthalten? Wann soll es erscheinen? Ich biete Ihnen die Übernahme der Kosten für 20 hübsche Bildtafeln an, mit der Bitte, dass Sie dafür Sorge tragen, die Namen derer, die ich auf diesem Blatt notiert habe, anzugeben. Ich werde mich möglichst bald ans Werk setzen, um Exemplare der Pflanzen zu suchen, die Sie aus meinem Verzeichnis zu erlangen wünschen, und sie Ihnen schicken, sofern ich sie auf den Feldern oder in meinen Sammlungen werde finden können.“).

* Joannes Altovita Flor.
Guilelmus Maria Altovita Flor.
* Petrus Andreas Andreinius Flor.
Vincentius Antinorius Flor. Prior Equestris Ord. D. Stephani.
Joannes Dominicus Asplanatius Genuensis Abbas Olivetanus.
* Pandulphus Attavantius Flor.
* Josephus Attias Senior D. Liburnensis.
* Antonius Vincentius Bartolinius Flor. D. Stephani Eques.
Balthassar Bastía Marchio, & Christianissimi Galliarum Regis ad Regiam C. M. Etruriae Ducis Ablegatus extraordinarius.
[...][157]

Den Namen mit ‚A' gehen die beiden *Serenissimi*, Anna Maria Luisa de' Medici und Prinz Eugen von Savoyen, voraus. Mit Angehörigen der Familien Acciaiuoli, Alamanni, Albizzi, Altoviti und Antinori folgen gleich mehrere bekannte Namen aus Florentiner Adel und Bürgerschaft. Neben den *Vallombrosani* verzeichnet die Liste weitere Geistliche, darunter den Olivetanerpater Giovan Domenico Asplanati (s. o.), den Kamaldulenser und bedeutenden Mathematiker Guido Grandi, den als Rhetorikprofessor und Mathematiklehrer tätigen Piaristen Paolino di San Giuseppe, Kardinal Lorenzo Corsini (ab 1730 Papst Clemens XII.) oder ganze Ordensgemeinschaften wie die Florentiner Theatiner („Congregatio Clericorum Regularium Theat. Florentiae"). Zusätze wie „[...] D. Stephani Eques" weisen einen Großteil der toskanischen und Florentiner Subskribenten als Angehörige des in Pisa ansässigen Stephansordens aus, etwa den Sammler und Künstlerbiographen Francеso Maria Niccolò Gabburri oder Pier Francesco de' Ricci, Namenspatron der Gattung *Riccia*, der Michelis Würdigung zufolge seinerzeit den Vorsitz des Ritterordens innehatte und zudem Mitglied der *Società Botanica Fiorentina* war.[158] Mediziner, Gelehrte und Angehörige des Hofes komplettieren das Bild, um mit Giuseppe del Papa und Michelangelo Tilli, dem Griechischprofessor Anton Maria Salvini und Niccolò Guiducci, Schatzmeister Anna Maria Luisa de' Medicis und auch Sammler der Gemälde Bimbis (s. Anm. 4.30), nur wenige zu nennen.

Betrachtet man Michelis unmittelbares Umfeld in Florenz, führt kein Weg an der oben erwähnten *Società Botanica* vorbei. Selbst Mitglied in jener ersten, zunächst allein der Kultivierung und dem Studium von Pflanzen gewidmeten Gesellschaft, in der sowohl Gelehrte als auch interessierte Laien zusammenkamen, setzt sich Giovanni Targioni Tozzetti in der *Praefatio* des Florentiner Gartenkatalogs von 1748 ausführlich mit ihrer

157 Micheli 1729, *Elenchus eorum [...]*.
158 „Riccia dicitur ab Illustrissimo, & Clarissimo Domino Petro Francisco Riccio, Senatore, Praeside Equestris Ordinis Divi Stephani Pontificis, & Martyris, Alma Pisana Academiae Auditore, Societatis Botanicae Florentinae Socio, ac studiorum omnium patrono vigilantissimo, cujus nomini dicatam voluimus." Micheli 1729, S. 107.

Geschichte auseinander. In der Vita seines Lehrers schreibt er zu Beginn des Kapitels *§ X. Primi amici e corrispondenti bottanici del Micheli*:

> Coll'indefesso studio, e con tante enormi, ed appena credibili fatiche, si era già il Micheli nel fior della gioventù assicurata la riputazione di eccellente Botanico, e si era meritata l'amicizia e la stima di molti valentuomini di Toscana e di altre parti d'Italia e fuori di essa. Il suo credito nella patria diede origine alla Società Botanica di cui tessei l'Istoria a C.XLIV e seg. della mia Prefazione al Catalogo Micheliano dell'Orto Fiorentino, e che qui non è necessario ripetere.[159]

Auch wenn die Worte des Schülers etwas zu dick aufgetragen erscheinen, so mag es dennoch Michelis Fleiß und seinen botanischen Kenntnissen zuzuschreiben sein, dass sich die *Società Botanica* sozusagen unter seiner fachlichen Leitung formierte. Wie bereits an anderer Stelle erläutert wurde, gingen die Gründung der Gesellschaft und ihre baldige Anerkennung durch Cosimo III. für Micheli mit einer – nicht zuletzt finanziellen – Aufwertung seiner Arbeit einher (s. S. 86f.). In einer Anmerkung zu Giovannis oben zitierten Zeilen liefert Adolfo Targioni Tozzetti ausführlichere Informationen zu den Umständen der Gründung sowie zur weiteren Geschichte der *Società Botanica*, wobei er Micheli als Gelehrten der Botanik und für die Beschaffung der Pflanzen zuständig („[...] Professor di Botanica, e fornitore delle piante [...]") bezeichnet.[160] Welche Privilegien und Pflichten mit jenem Status verbunden waren, soll hier nicht weiter hinterfragt werden. Fest steht, dass die wachsenden Mitgliederzahlen für Micheli auch eine Erweiterung seines sozialen Netzwerks bedeuteten und so verwundert es kaum, dass nahezu alle der in Adolfos Anmerkung erwähnten Namen unter den Subskribenten der *Nova Genera* verzeichnet sind (13 von insgesamt 17).[161] Mit Tozzi, Tilli und Girolamo Maria Pasquali, die im entsprechenden Würdigungstext bzw. auf ihrer jeweiligen Bildtafel als solche ausgewiesen sind (etwa „Ausp: Hieron: Mariae Pasquali Equitis S. Stephani et Socij Acad: Bot. Flo.", Tab. 87 *Clavaria*), lassen sich mindestens drei weitere Mitglieder der *Società Botanica* auf Michelis

159 Targioni Tozzetti 1858, S. 85f. („Durch unermüdliches Studium und so viele große, kaum vorstellbare Mühen hatte sich Micheli bereits in der Blüte seiner Jugend einen Ruf als exzellenter Botaniker und die Freundschaft und Wertschätzung vieler bedeutender Männer in der Toskana und anderen Teilen Italiens sowie darüber hinaus gesichert. Der gute Ruf, den er in seiner Heimat genoss ließ die Botanische Gesellschaft [*Società Botanica Fiorentina*] entstehen, deren Geschichte ich auf den Seiten C.XLIV folgende meiner Vorrede zu Michelis Katalog des Florentiner Gartens verfasst habe und die hier nicht wiederholt werden muss.").

160 Vgl. Targioni Tozzetti 1858, S. 86–88, Anm. 1.

161 Es handelt sich um Giovanni Sebastiano Franchi, Giuseppe Suares de la Concha, Cerchio de' Cerchi, Filippo Buonarroti, Cipriano Antonio Targioni, Pandolfo Pandolfini, Ferrante Capponi, Carlo Strozzi, Benedetto Bresciani, Pietro, Scipione und Vincenzo Capponi sowie Pier Francesco de' Ricci. Lediglich die beiden Mitbegründer Niccolò Gualtieri und Giuseppe Gaetano Moniglia, mit denen sich zwischenzeitlich Differenzen ergeben hatten (vgl. Targioni Tozzetti 1858, S. 253f.), fehlen, außerdem der großherzogliche Leibarzt Bartolommeo Gornia, der bereits verstorben war, und der Mediziner Giovan Battista Felici.

Liste ausmachen. Angaben über eine Mitgliedschaft finden sich nicht im *Elenchus*, stets aber in der Würdigung, wenn ein solcher Text vorhanden ist,[162] ansonsten meistens (jedoch nicht immer) in der Bildunterschrift – so etwa auf der ersten, Giuseppe Suares gewidmeten Tafel der Gattung *Marchantia* (Abb. 91) oder im Falle Cipriano Antonio Targionis: „Ausp. Cypriani Antonini Targionij Medic. Prof. et Socii Acad. Bot. Flor.", Tab. 3 *Targionia* und dementsprechend im Text: „Excellentissimus Doctor Cyprianus Targionius Florentinus, Academicus Botanicus inter principes Patriae Medicos [...]".[163] Sollte es keine weiteren *socii* unter den zahlreichen Florentiner Subskribenten der *Nova Genera* geben, so doch sicherlich einige der Gesellschaft oder den einzelnen Mitgliedern nahe stehende Personen, die somit dem Einflussbereich der *Società Botanica* zuzurechnen wären.

Richtet man den Blick über die toskanischen Grenzen hinweg, stammen die meisten von Michelis italienischen Subskribenten aus Bologna oder dem Veneto, was nicht zuletzt in der langen Tradition botanischer Forschung und Lehre an den dortigen Universitäten begründet sein mag. So gehen die Gattungsbezeichnungen *Laurentia*, *Marsilea* und *Montia* auf die Bologneser Naturforscher Marco Antonio Laurenti, Ferdinando Marsigli und Giuseppe Monti zurück, während der Paduaner Medizinprofessor und Leibarzt Karls VI. Antonio Vallisneri sowie der in Venedig ansässige Botaniker und Pharmakologe Gian Girolamo Zannichelli Namenspaten für *Vallisneria* bzw. *Zannichellia* wurden. Zu den drei letztgenannten Gelehrten unterhielt Micheli enge und freundschaftliche Verbindungen, wie Targioni Tozzetti mehrfach betont und anhand überlieferter Briefe ausführt.[164] Die in den *Nova Genera* abgedruckten Würdigungstexte lassen vor allem den Bologneser Professor für Naturgeschichte und Leiter des dortigen botanischen Gartens Giuseppe Monti (1682–1760) als engen Vertrauten Michelis erscheinen.[165] Michelis Korrespondenz mit dem Bologneser Kollegen begann bereits im Jahre 1714 und wie andere Freunde sollte sich auch Monti im Zuge der Arbeit an den *Nova Genera* als Korrekturleser betätigen.[166] Angesichts der relativ hohen Anzahl an Subskribenten aus dem Bologneser Raum liegt die Vermutung nahe, dass diese auf die Vermittlung des langjährigen Freundes und Unterstützers zurückgehen könnte. Neben Laurenti, Marsigli und Monti selbst sowie dem

162 Dies gilt für Cipriano Antonio Targioni (Micheli 1729, S. 3f.), Filippo Buonarroti (S. 19), Bruno Tozzi (S. 20), Michelangelo Tilli (S. 22), Giovanni Sebastiano Franchi (S. 24) und Pier Francesco de' Ricci (S. 107).

163 Micheli 1729, S. 3 („Der vortreffliche Doktor Cipriano Targioni aus Florenz, Mitglied der *Società Botanica*, einer der führenden Ärzte dieses Staates [...]").

164 Zu Monti s. Anm. 4.166; zu Vallisneri vgl. Targioni Tozzetti 1858, S. 143, Anm. 1, 236–238, Anm. 1, 276f.; zu Zannichelli, dessen Bekanntschaft Micheli schon vor 1710 in Venedig im Zuge seiner Reisen nach Österreich, Preußen etc. gemacht hatte und über den wohl später der Kontakt zu Vallisneri zu Stande kam, vgl. Targioni Tozzetti 1858, S. 72–75, 73, Anm. 2, 92–97, 141–143, 208–218.

165 „Hanc plantam Montiae nomine insignire optimum duximus, cum maximè id nobis fuerit in causa, ut pergratam, jucundamque inferamus memoriam amici nostri Domini Josephi Monti Bononiensis, Philosophiae Doctoris, in ipsâ Almâ studiorum parente publici Botanices professoris, Hortique Medici Praefecti, necnon in Patrio Scientiarum, & Artium Instituto [...]" Micheli 1729, S. 18.

166 Vgl. hierzu Targioni Tozzetti 1858, S. 79, Anm. 1, 89, 251.

gesamten „Institutum Scientiarum Bononiense" verzeichnet die Liste sieben weitere Professoren und Gelehrte sowie Angehörige des städtischen Adels:

Matthaeus Bazzanius Phil. & Med. D. Coll. Bon. & Anatomis Profess. [...]
* Camillus Antonius Boccadiferro Comes, & Senator Bonon. [...]
* Nicolaus Cesius Phil. & Med. D. Coll. Bon. & Simpl. Med. Lect. [...]
* Pompejus Herculanus Senat. Bonon. Comes. [...]
* Ferdinandus Vincentius Ranutius Cospius Comes, & Senator Bonon. [...]
Josephus Stancardius Pract. Med. & Anat. Prof. Bon. Colleg. [...]
* Antonius Valsalva Phil. & Med. D. ac Anat. Prof. Bonon.[167]

Vergegenwärtigt man sich die Rolle William Sherards als Michelis Förderer und Vermittler in Großbritannien sowie darüber hinaus, lässt sich Ähnliches für Monti und Bologna bzw. Zannichelli und die Republik Venedig annehmen.[168] Jene Kreise umschließen unterschiedliche Zentren und beschreiben verschiedene Radien, wobei Überschneidungen und Unregelmäßigkeiten in der Ausdehnung an der Tagesordnung waren. Michelis *Networking* zielte auf eine möglichst breit angelegte Austausch- und Unterstützungspraxis ab, was in den *Nova Genera* an vielen Stellen sichtbaren Niederschlag findet.

Klar umrissene Definitionen all jener Zentren und Einflussbereiche, zweifelsfreie Rollenzuweisungen oder die Nachzeichnung von Chronologien sozialer Verflechtungen sind selbstredend kaum möglich. Die Dynamik des Reisens, des Austauschs und der Unterstützung innerhalb der frühneuzeitlichen Gesellschaft von Gelehrten, Händlern, Höflingen und Adeligen öffnete oft mehrere Kanäle gleichzeitig und lässt nicht selten verschiedene Schlüsse zu. Auch Michelis Netzwerk war weit verzweigt und wies dabei

167 Micheli 1729, *Elenchus eorum [...].*

168 Dies lässt sich auch an den Ausführungen Targioni Tozzettis ablesen (s. Anm. 4.164), die Zannichelli vor allem auf der Basis von überlieferten Briefen als Michelis Schaltstelle im Raum Venedig erscheinen lassen. Bis es in Folge des im *Hortus Pisanus* publizierten Briefes Giulio Pontederas zum Zerwürfnis zwischen ihm und Micheli kam, war auch der seit 1717 bestehende Austausch mit dem Paduaner Botanikprofessor von Bedeutung; vgl. Targioni Tozzetti 1858, S. 89–92, 240–244 („Accade frattanto che in fondo del Catalogus [...] il Tilli pubblicò una lettera latina scrittagli dal dottor Giulio Pontadera professore di Bottanica in Padova, nella quale, fralle altre cose, espone il suo sentimento circ'all'Ulva degli antichi. Questo [...] che fino del 1717 carteggiava col Micheli, si era poi, e si mantenne sempre alienato d'animo da lui [...]"); zur Kontroverse um die „Ulva degli antichi" vgl. außerdem Pontedera in Tilli 1723, S. 182–184 („Restat Ulva de qua in exrema tuae epistolae pagina, cui stirpi adiciam, quaesitum invenio [...] Ulva apud veteres palustris herba fuit, non aquatica ceu Typha [...]") sowie kommentierend Zannichelli 1735, S. 52 („Il nome di Carice, siccome [...] fu attribuito dagli antichi a molte spezie di Ciperoidi paludali, le quali da' medesimi venivano ancora conosciute colla denominazione di Ulva. [...] La lettera del Sig. Pontedera [...] trovasi in fine al Catalogo delle Piante del Giardino di Pisa [...]"). Abgesehen von Zannichelli und Vallisneri verzeichnet Michelis *Elenchus* sieben weitere Subskribenten aus dem Veneto, die sich fast alle mit den drei zuvor erwähnten Gelehrten in Verbindung bringen lassen – darunter Scipione Maffei aus Verona, die Venezianer Adeligen und Gartenbesitzer Cristino Martinelli und Giovan Francesco Morosini oder den Benediktinerpater Giovan Battista dall'Ore; vgl. Targioni Tozzetti 1858, S. 142, 211, 236, 243, 275–277.

nicht wenige Querverbindungen auf. So wirft der Blick auf eine zweite große Gruppe von internationalen Unterstützern der *Nova Genera* – die niederländischen Gelehrten – etwa die Frage auf, ob es sich bei jenen Namen um die von Hermann Boerhaave auf Betreiben Sherards vermittelten Subskribenten handelt (s. S. 293, 300):

Bernardus Siegfried Albinius Anat. & Chir. Prof. in Ac. Lugd. Bat. [...]
Abraham Van Bleiswyk M.D. Senat. Delph. Bat. & ibid. Anat. & Chir. Praelect. Publ. [...]
Hermannus Boerhaave M. Bot. & Chemiae Prof. in Ac. Lugd. Bat.
Jacobus Boerhaave Lugd. Bat. [...]
Arcutus Cant M.D. Lugduno-Batavus. [...]
Caspar Commelinius M.D. Amstelodamen. Bot. Prof. [...]
* Ludovicus Ludovici Van Dam. I.V.D. Lugduno-Batavus. [...]
Guilelmus Jac. 's Gravesande Astronom., & Math. Profess. in Acad. Lugd. Bat.
Joannes a Grenueld I.V., & Med. D. Poliatrus Lugd. Bat. [...]
Joannes Heiman, Ling. Or. Prof. in Acad. Lugd. Bat. [...]
Jacobus Kant I.V. & M. Doct. Pract. Hagae Bat. [...]
* Guilelmus Mylius M.D. & Pract. Lugd. Bat. [...]
* Gerardus Noodt J.C. Amst. Antecessor in Acad. Lugd. Bat. [...]
Hermannus Osterdyk Med. Theor. & Pract. Lugduno-Batavus. [...]
* Fridericus Ruyschius Anat. Bot. & Chi Profes. Amstelodam. [...]
Jacobus Vittichius Phil. Prof. in Ac. Lugd. Bat.
Jacobus Ulaardingeword M.D. & Pract. Delphis Bat. [...]
Joannes Water M.D. & Pract. Lugd. Bat.[169]

Der Vermutung steht im Grunde nichts im Wege, zumal fast ausschließlich Mediziner aus Leiden und Umgebung (Den Haag, Delft) verzeichnet sind, mit denen Micheli keine nachgewiesene persönliche Korrespondenz pflegte. Auch zu Frederik Ruysch, einem der wenigen unter den Niederländern, der in den *Nova Genera* mit einer Bildtafel bedacht wurde (Abb. 89),[170] stand Boerhaave in Kontakt sowie zu Caspar Commelijn, was nicht zuletzt durch die Position aller drei als Professoren für Botanik und Vorsteher der Gärten in Leiden bzw. Amsterdam begründet war. Darüber hinaus lässt sich zwischen jenem Commelijn und Micheli eine direkte und bereits früh bestehende Verbindung ausmachen. Einmal mehr ist es Targioni Tozzetti, der auf den brieflich bezeugten Austausch hinweist und zuvor die Gründe für die relativ geringe Anzahl erhaltener Briefe an seinen Lehrer

169 Micheli 1729, *Elenchus eorum [...]*.

170 Zu den vier Tafeln (Tab. 11, 25, 53, 93) kommen unter den 60 für einen zweiten Band des Werks vorgesehenen Kupferstichen (s. Anm. 4.150) sieben weitere hinzu: Tab. 14 (Heyman), 38 ('s Gravesande), 40 (Commelijn), 42 (Hermann Boerhaave), 48 (Albinus), 58 (Oosterdyk), 59 (Groeneveld); vgl. BL London, Signatur 456.f.8.

erläutert. Der nachfolgend zitierte Passus eröffnet das Kapitel *§ XI. Altri illustri corrispondenti del Micheli*:

> La fama del Micheli sormontò ben presto i confini dell'Italia, e gli procacciò la stima e corrispondenza dei più rinomati professori di Botanica di quei tempi, come posso comprendere dalle poche lettere che ha conservate, giacchè egli regolarmente non ne teneva gran conto, e se ne serviva per rinvoltare varie cose naturali, o per scrivervi nella carta che vi restava bianca.
> Fra esse adunque ne ho una di Gaspero Commellino, in data d'Amsterdam 6 aprile 1712, colla quale gli mandò varii semi di piante affricane e del Ceylan in contraccambio di semi di piante italiche, statigli mandati dal Micheli per il Giardino de' Semplici d'Amsterdam; e con altre lettere gli mandò semi di piante, del Capo di Buona Speranza, di Curacas (sic), e del Surinam.[171]

Als Gegenleistung für den Erhalt von Samen einiger in Italien wachsender Pflanzen für den botanischen Garten in Amsterdam schickte Caspar Commelijn bereits im Frühjahr 1712 Samen von Pflanzen aus Afrika und Ceylon an Micheli. Adolfo Targioni Tozzetti fügt dem in einer Anmerkung hinzu, dass Commelijn in seinem Brief auch Bruno Tozzi hervorhebt, der eventuell als Vermittler fungiert haben könnte, in jedem Falle jedoch ein gemeinsamer Korrespondent und Austauschpartner war.[172] Die Rolle Tozzis für Michelis Werdegang wurde bereits diskutiert (s. Kapitel 4.3.1). Mit seinen Kontakten zu Sherard, Boerhaave, Commelijn und vielen anderen Gelehrten seiner Zeit trug er in erheblichem Maße zur Erweiterung und Festigung von Michelis Netzwerk bei. Abgesehen von Sherard und Tozzi ließe sich vor allem im Hinblick auf den Austausch mit den beiden niederländischen Kollegen nicht zuletzt die (von Targioni Tozzetti fast durchweg negativ beurteilte) Bedeutung des Pisaner Botanikprofessors und Gartenvorstehers Michelangelo Tilli hinterfragen. Sowohl Boerhaave als auch Commelijn werden im *Hortus Pisanus* an vielen Stellen als Referenzen bzw. Übermittler bestimmter Spezies genannt (s. Kapitel 3.3.2) und auch dem Hinweis auf Commelijns Briefe an Micheli ist zu entnehmen, dass ersterer mit einer gewissen Regelmäßigkeit Samen exotischer Pflanzen in die Toskana schickte.

171 Targioni Tozzetti 1858, S. 97f. („Michelis Ruhm übertrat schnell die Grenzen Italiens und brachte ihm die Wertschätzung und Korrespondenz mit den renommiertesten Gelehrten der Botanik seiner Zeit ein, wie sich den wenigen Briefen, die er behalten hat, entnehmen lässt, denn oft ging er nicht sehr sorgfältig mit ihnen um und benutzte sie, um diverse Naturobjekte zu umwickeln oder um Notizen auf die unbeschriebenen Teile des Papiers zu machen. Unter diesen [Briefen] habe ich nun einen von Caspar Commelijn aus Amsterdam vom 6. April 1712, mit dem er ihm im Austausch gegen Samen italienischer Pflanzen, die ihm Micheli für den Botanischen Garten in Amsterdam geschickt hatte, verschiedene Samen von Pflanzen aus Ceylon zukommen ließ. In anderen Briefen schickte er ihm Samen von Pflanzen vom Kap der Guten Hoffnung, aus Caracas und Surinam.").

172 „Nella lettera di ringraziamento del Commellino al Micheli è ricordato onorevolmente anco il Tozzi." Targioni Tozzetti 1858, S. 98, Anm. 3.

Die Vorstellung eines bestehenden Austauschs von Informationen und Objekten zwischen Botanikern, Gärtnern und Amateuren entspricht gewiss keiner neuen Erkenntnis. Doch soll das Beispiel von Hermann Boerhaave und Caspar Commelijn die Sensibilität für die Gleichzeitigkeit verschiedener, sowohl voneinander abhängiger als auch unabhängiger, sich verzweigender und wieder zusammenlaufender Korrespondenzkanäle wecken. Während die Rolle Sherards im Zusammenhang mit Boerhaaves Fundraisingerfolg im niederländischen Raum sicherlich nicht von der Hand zu weisen ist, kann man davon ausgehen, dass Micheli bereits vor 1722 gute Kontakte nach Leiden und vor allem Amsterdam pflegte. Neben Bruno Tozzi mag gerade auch Michelangelo Tilli dazu beigetragen haben, diese Verbindungen zu etablieren – war Micheli doch seit 1706 als dessen Gehilfe in Pisa tätig und für die Pflege beider toskanischer *Giardini dei Semplici* verantwortlich, für deren Ausstattung regelmäßig Samen und Setzlinge mit den niederländischen Kollegen ausgetauscht wurden.

4.4.2 Ein neuer Gönner? Boerhaave – Bassand – Prinz Eugen von Savoyen

Hermann Boerhaave war möglicherweise und auf eher indirektem Wege mit verantwortlich für einen geographisch ganz anders gelagerten Glücksfall Michelis, um zu einem letzten, etwas ausführlicher erläuterten Fallbeispiel überzuleiten. Beide Botaniker interessierten sich für die Pflanzen, die Carolus Clusius über ein Jahrhundert zuvor auf seinen Reisen durch Österreich und Osteuropa beschrieben hatte,[173] bzw. bemühten ihr persönliches Netzwerk, um aktuelle Informationen und Präparate jener Pflanzen zu erhalten. Der aus Bologna stammende Pio Nicola Garelli (1670–1739), seit 1713 Leibarzt Kaiser Karls VI. und seit 1723 Präfekt der kaiserlichen Hofbibliothek,[174] setzte Micheli über die Expertise seines Kollegen Jean Baptiste Bassand (1680–1742) bezüglich der Flora jener Regionen in Kenntnis. Der frühere Feldchirurg war nunmehr zum Leibarzt des bedeutenden Feldherren und Protektors der Künste und Wissenschaften Prinz Eugen von Savoyen (1663–1736) aufgestiegen, mit dem Micheli über den zuvor erwähnten Garelli seit 1722 persönlich korrespondierte.[175] Während Michelis Anliegen Bassand über eine Anordnung Eugens erreichten, schien sich Boerhaave direkt an ihn gewandt zu haben, wie Targioni Tozzetti berichtet:

173 Zu Clusius' Reisen und Korrespondenz nach Osteuropa vgl. die Beiträge von Egmond, Bobory und Ubrizsy Savoia in Egmond 2007.

174 „Pius Nicolaus Garellius Aug. Rom. Imper. Caroli VI. Archiatrorum Comes, Consiliarius, & Bibliothecae Praefectus." Micheli 1729, *Elenchus eorum [...]*. Zur Person Garellis vgl. Beatrice Maschietto: „GARELLI, Pio Nicola", in: DBI, 52 (1999).

175 Zur Korrespondenz Michelis mit Eugen von Savoyen, Garelli und Bassand vgl. Targioni Tozzetti 1858, S. 172, 180–186 sowie zu Eugen von Savoyen als Sammler und Mäzen Gröschel 2008, Wien 2010, Turin 2012.

> Fece adunque il Micheli un passo ardito, cioè supplicò S.A. il signore Principe Eugenio a degnarsi di fargli raccorre quante mai si potevano delle piante austriache del Clusio. Quel magnanimo signore condiscese generosamente a questa richiesta, ed ordinò al dottor Gio. Battista de' Bassand, allora suo medico, di metterle insieme, e di mandarle al Micheli. Favorevole combinazione fu per il Micheli, che contemporaneamente il celebre Boerhave [sic!] aveva pregato il medesimo Bassand suo amico e scolare a cercargli i semi delle stesse piante Clusiane, e soprattutto degli alberi e frutici. Per compiacere adunque l'amico, ed insieme eseguire la commissione datagli dal Principe Eugenio, fece il Bassand quelle lunghissime e faticosissime erborizzazioni, non solo per l'Austria, ma per la Boemia, Transilvania, Ungheria, per le Isole del Danubio, per il Friuli, per la Carintia, Stiria, e Schiavonia [...] In tali erborizzazioni adunque, fatte, come suppongo, per lo più a spese del signore Principe Eugenio, potè il Bassand fare un numero grande di scheletri bellissimi di piante, che mandò al Micheli ben conservati in due casse dentro a carta sugante, ed esso Micheli pieno di grata venerazione verso la munificenza di S.A.S. ne fece memoria al genere dell'Eugenia [...][176]

Auf die „lunghissime e faticosissime erborizzazioni" Bassands wird zurückzukommen sein – ebenso wie auf den wahrscheinlichen Umstand einer „favorevole combinazione", welche in Boerhaaves Freundschaft und Eugens Dienstherrenverhältnis mit Bassand bestand. Es scheint in jedem Falle, als sei Michelis Anfrage bei Eugen von Savoyen sehr zur Zufriedenheit des Botanikers ausgefallen, machte er den Fürsten doch von Dank erfüllt („[...] pieno di grata venerazione verso la munificenza di S.A.S. [...]") zum Namenspatron der Gattung *Eugenia* (Kirschmyrten). Es mag Zufall sein, dass jene Gattung mit der einzigen verzeichneten Art *Eugenia Indica* (im *Hortus Pisanus* als *Myrtus Indica* verzeichnet) den über 200-seitigen Textteil der *Nova Genera* beschließt (Abb. 122–124). Die Beschreibungen von Gattung und Art (S. 226) werden auf der letzten Seite (S. 227) von der Würdigung des Namenspatrons komplettiert. Jene Ausführungen stellen nicht nur die entsprechende Pflanze, sondern einmal mehr auch Werk und Wirken Michelis in einen erweiterten Kontext:

176 Targioni Tozzetti 1858, S. 184 („Nun machte Micheli also einen gewagten Schritt, indem er Seine Hoheit Prinz Eugen ersuchte, sich herabzulassen und ihm so viele wie irgend möglich der österreichischen Pflanzen des Clusius sammeln zu lassen. Dieser großherzige Herr gab seiner Anfrage auf großzügige Weise nach und trug Dr. Jean Baptiste Bassand, der zu jener Zeit sein Arzt war, auf, sie [die Pflanzen] zusammenzutragen und Micheli zu schicken. Ein glücklicher Zufall für Micheli war, dass zur gleichen Zeit der berühmte Boerhaave denselben Bassand, seinen Freund und Schüler, gebeten hatte, die Samen eben jener Pflanzen des Clusius für ihn zu suchen, vor allem die der Bäume und Sträucher. Um also dem Freund zu gefallen und zugleich den Auftrag des Prinzen Eugen zu erfüllen, machte Bassand jene langen und beschwerlichen botanischen Expeditionen, die ihn nicht nur nach Österreich führten, sondern auch nach Böhmen, Transilvanien, Ungarn, auf die Inseln der Donau, ins Friaul, nach Kärnten, in die Steiermark und die slawischen Gebiete [...] Auf diesen, wie ich annehme vor allem auf Kosten des Prinzen Eugen durchgeführten Expeditionen konnte Bassand eine große Zahl schöner Pflanzenpräparate anlegen, die er Micheli wohl konserviert in zwei Kästen zwischen Löschpapierlagen zusandte; und jener Micheli gedachte der Freigebigkeit Seiner Hoheit voll dankbarer Verehrung mit der Gattung *Eugenia* [...]").

Eugenia Indica, Myrti folio, deciduo, flore albo, fructu suave rubente, molli, leviter sulcato, & odoro Tab. 108. Myrtus Indica [...] Cat. Plant. Hort. Pis. An Myrti folio arbor [...] Sloane Hist. Plant. Jam. 78. Tab. 187. Raii Hist. tom. 3. Dendrol. 35? Planta haec longe rarissima, Goa primum delata est ad R.C. Cosmi III. Magni Etruriae Ducis una cum pluribus aliis, inter quas Jasminum Indicum [...] Breyn. Prodr. 2. & C.P.H. Pis. Diu vero excultae sunt in horto Regiae Villae Castelli, quam memorat Petrus Bellonius in libello De neglecta stirpium cultura Probl. XXII. Inde tamen decem ab hinc annis Eugenia in hortos publicos Florentinum, atque Pisanum, rogatu nostro, cui Serenissimi M. Ducis benignitas annuit, deducta fuit, ubi etiamnum viget, ac flores, fructusque quotannis feliciter profert.
Hanc plantam immortali suo nomine insigniri concessit Serenissimus Princeps Eugenius Sabaudiae, S.R.I. Marescallus, Exercituum Dux, Aurei Velleris Eques, &c. &c. &c. qui plurimis, difficillimisque bellis sagaci cura felicissime gestis gloriam invicti Ducis adeptus, maximisque negotiis ab Augustissimo Caesare adhibitus, sapientiam & ipse coluit semper, cujus praecipua pars rerum Naturae contemplatio est, bonarum artium cultores liberalitate, ac favore est prosequutus [sic!]. Ejus praesertim erga rem herbariam studii nobile argumentum esse possit celeberrimus jam toto orbe hortus, ipsi consitus rarioribus plantis undique conquisitis, nosque ipsi singulare monumentum in museo nostro servamus, plantas scilicet fere omnes a Clusio descriptas Germani soli, a tanto Heroe nobis missas. Quae quidem omnia divini tantum ingenii vi fieri posse veteres Sapientes existimasse videntur, ad Minervam Jovis filiam, & bellicam virtutem, & in rebus agendis consilium, & doctrinarum, atque artium studia referentes. FINIS.[177]

177 Micheli 1729, S. 226f. („*Eugenia Indica* [...] Diese äußerst seltene Pflanze wurde Seiner Hoheit Cosimo III. [de' Medici], Großherzog der Toskana, gemeinsam mit mehreren anderen, darunter der *Jasminum Indicum* [...], zum ersten Mal aus Goa überbracht. In der Tat werden sie schon lange Zeit im Garten der fürstlichen Villa di Castello kultiviert, wie Pierre Belon in seinem Buch *De neglecta stirpium cultura [atque earum cognitione libellus], Probl.[ema] XII* erinnert. Vor zehn Jahren wurde die *Eugenia* auf unsere Anfrage, der Seine Hoheit der Großherzog in all seiner Güte zustimmte, in die botanischen Gärten von Pisa und Florenz überführt, wo sie auch jetzt noch gedeiht und alljährlich Blüten und Früchte hervorbringt. Diese Pflanze wurde mit dem unsterblichen Namen Seiner Hoheit Prinz Eugen von Savoyen, kaiserlicher Feldmarschall und Heerführer, Ritter des Ordens vom Goldenen Vlies, etc. ausgezeichnet. Durch scharfsinnige Führung und glückliches Handeln ging er aus vielen schwierigen Kriegen als unbesiegter Feldherr hervor und Seine Majestät der Kaiser [Karl VI.] zog ihn in bedeutenden Verhandlungen als Berater hinzu. Stets kultivierte er die Wissenschaft, deren wichtigster Teil die Betrachtung der Dinge der Natur ist, und unterstützte durch seine Großzügigkeit und seine Gunst die Freunde der guten Künste. Als vornehmer Beleg seiner Liebe für die Pflanzenkunde darf vor allem sein bereits auf der ganzen Welt berühmter Garten gelten, wo er seltene Pflanzen von überall her zusammentrug. Und auch wir bewahren ein einzigartiges Denkmal in unserer Sammlung, nämlich nahezu alle der von Clusius beschriebenen deutschen Pflanzen, die uns jener große Ehrenmann übersandt hat. Die antiken Weisen scheinen geglaubt zu haben, dass sich all diese Dinge nur aus einem göttlichen Geist ergeben können, da sie sich, was kriegerische Tugend, Ratsamkeit in Politik und Diplomatie sowie das Studium der Wissenschaften und Künste anbelangt, an Minerva, Tochter des Jupiter, wandten. ENDE.“).

DISTRIBUTIO II.

Frutices flore rosaceo, cujus calyx abit in fructum mollem monopyrenum.

EUGENIA.

Tab. 108 EUGENIA est plantæ genus, flore A rosaceo, quatuor plerumque petalis B, quodammodo cucullatis, in orbem positis constante, cujus calyx C abit deinde in fructum D mollem, seu baccam subrotundam, coronatam, & nonnihil sulcatam E, ossiculo fœtam F, nucleum crassiusculum includente G.

Eugeniæ speciem unicam novimus.

1. Eugenia Indica, Myrti folio, deciduo, flore albo, fructu suave rubente, molli, leviter sulcato, & odoro Tab. 108. *Myrtus Indica, foliis rigescentibus, latis, ac recurvis, parum odoratis Cat. Plant. Hort. Pis. An Myrti folio arbor, cortice argenteo, foliis oblongis, ad basim latioribus, acuminatis, inodoris, ex adverso sitis, flore pentapetalo, pallide albicante Sloane Hist. Plant. Jam.* 78. *Tab.* 187 *Raii Hist. tom.* 3. *Dendrol.* 35? Planta hæc longe rarissima, Goa primum delata est ad R.C. COSMI III. MAGNI ETRURIÆ DUCIS una cum pluribus aliis, inter quas *Jasminum Indicum, Mali Aurantiæ foliis, flore albo, amplissimo Breyn. Prodr.* 2. *& C. P. H. Pis.* Diu vero excultæ sunt in horto Regiæ Villæ Castelli, quam memorat Petrus Bellonius in libello De neglecta stirpium cultura Probl. XXII. Inde tamen decem ab hinc annis Eugenia in hortos publicos Florentinum, atque Pisanum, rogatu nostro, cui SERENISSIMI M. DUCIS benignitas annuit, deducta fuit, ubi etiamnum viget, ac flores, fructusque quotannis feliciter profert.

Hanc

122 *Eugenia*, in: Pier Antonio Micheli: *Nova plantarum genera* (1729), S. 226.

Genera. 227

Hanc plantam immortali suo nomine insigniri concessit SERENISSIMUS PRINCEPS EUGENIUS SABAUDIÆ, S.R. I. MARESCALLUS, EXERCITUUM DUX, AUREI VELLERIS EQUES, &c. &c. &c. *qui plurimis, difficillimisque bellis sagaci cura felicissime gestis gloriam invicti Ducis adeptus, maximisque negotiis ab* AUGUSTISSIMO CÆSARE *adhibitus, sapientiam & ipse coluit semper, cujus præcipua pars rerum Naturæ contemplatio est, & bonarum artium cultores liberalitate, ac favore est prosequutus. Ejus præsertim erga rem herbariam studii nobile argumentum esse possit celeberrimus jam toto orbe hortus, ipsi consitus rarioribus plantis undique conquisitis, nosque ipsi singulare monumentum in museo nostro servamus, plantas scilicet fere omnes a Clusio descriptas Germani soli, a tanto Heroë nobis missas. Quæ quidem omnia divini tantum ingenii vi fieri posse veteres Sapientes existimasse videntur, ad Minervam Jovis filiam, & bellicam virtutem, & in rebus agendis consilium, & doctrinarum, atque artium studia referentes.*

FINIS.

123 *Eugenia*, in: Pier Antonio Micheli: *Nova plantarum genera* (1729), S. 227.

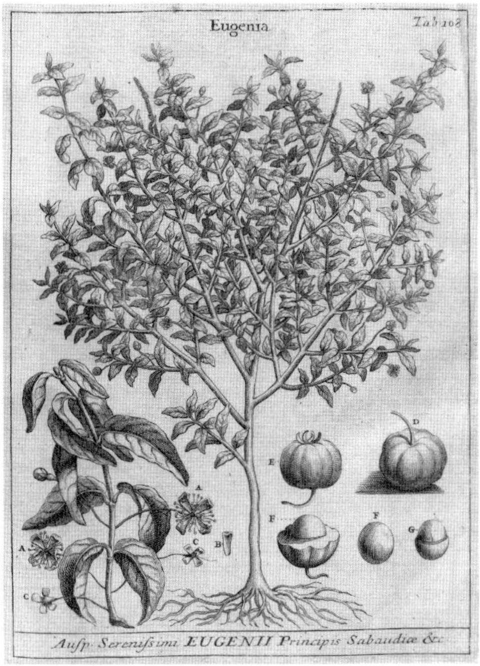

124 *Eugenia*, in: Pier Antonio Micheli: *Nova plantarum genera* (1729), Tab. 108.

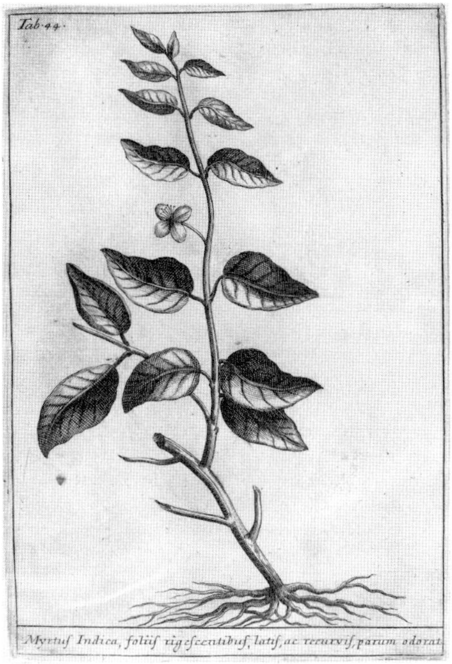

125 *Myrtus Indica*, in: Michelangelo Tilli: *Catalogus plantarum horti Pisani* (1723), Tab. 44.

Neben Michelangelo Tillis *Hortus Pisanus*, aus dem weder Tafel (Abb. 125) noch Text übernommen wurden,[178] bezieht sich Micheli auf Hans Sloanes *Voyage to Jamaica*, John Rays *Historia plantarum* sowie die *Dendrologiae* Ulisse Aldrovandis. Die Verweise auf Sloane und Ray lassen an Michelis ausführlich dargelegte Kontakte und Auseinandersetzungen mit verschiedenen britischen Fachkollegen und deren Werken denken (zu Sloane s. S. 296f.). Auch der Fortgang des Textes weckt Assoziationen. Die seltene *Eugenia Indica* gelangte mit einigen anderen exotischen Spezies, darunter die ebenfalls im *Hortus Pisanus* beschriebene jedoch nur im Garten von Castello wachsende kostbare Jasminvarietät *Jasminum Indicum* (s. S. 162–164), aus dem fernen Goa in die Toskana. Durch Michelis Bitten und die Gefälligkeit des Großherzogs sei die *Eugenia Indica* auch in den botanischen Gärten von Florenz und Pisa („[...] in hortos publicos Florentinum, atque Pisanum [...]") zu finden, wo sie seit zehn Jahren wuchs und gedieh. Auf das Gedenken Cosimos III. und seiner ‚botanischen Verdienste' folgt nicht etwa die Würdigung seines Nachfolgers und des Widmungsträgers der *Nova Genera* Gian Gastone, sondern ein Text zu Ehren Eugens

178 Vgl. Tilli 1723, S. 117.

von Savoyen als wichtigem Unterstützer Michelis und Namensgeber der beschriebenen Gattung. Der Prinz wird als erfolgreicher Kriegsherr im Dienste des Kaisers sowie als Förderer der Wissenschaften und der Künste herausgestellt. In besonderem Maße habe er sich um die Botanik verdient gemacht, was für Micheli in der noblen Tat kulminierte, ihm Präparate der von Clusius beschriebenen Pflanzen zukommen zu lassen. Dies bezeugt auch ein bei Targioni Tozzetti abgedruckter Brief Eugens vom 8. Mai 1728:

> Mi è stato molto grato, che si sia presentata la congiuntura di aver potuto trasmettere a lei la serie delle piante desiderate; e rispetto alla collezione da farsi del rimanente di esse, potrà corrispondere con questo signor medico Bassand [...][179]

Ein weiterer Brief, den der Prinz nur eine Woche darauf, am 15. Mai 1728, an Micheli adressierte, zeugt von einem Austausch der beiden über die *Eugenia Indica* sowie von der Tatsache, dass Micheli Eugen um seine Zustimmung ersuchte, bevor jene Pflanze tatsächlich den Namen erhielt, unter dem sie noch heute bekannt ist.[180]

Schon für sich allein genommen spricht der finale Eintrag der *Nova Genera* eine deutliche Sprache. Eugen von Savoyen wird nicht nur als einer der hochrangigsten Unterstützer neben Anna Maria Luisa de' Medici gleich zu Beginn der langen Subskribentenliste genannt, anders als ihr kommt ihm auch das Privileg einer Namenspatenschaft zu, derer auf der letzten Textseite wie auf der letzten Bildtafel des Werks gedacht wird. Dies mag nicht zuletzt auf das Interesse des Prinzen an der entsprechenden Spezies zurückzuführen sein, wobei man auch von einer geplanten Zuordnung von Bezeichnung und Gattung ausgehen könnte, so dass die Würdigung Eugens aus gutem Grund den Abschluss der *Nova Genera* bilden würde. Die beiden Textteile (s. S. 309f.) schlagen eine Brücke zwischen Michelis 1723 verstorbenem Hauptprotektor Cosimo III. und Eugen von Savoyen als einem aktuellen bedeutenden Unterstützer seiner Arbeit. Manifestiert sich hier die Suche

179 Targioni Tozzetti 1858, S. 180f. („Es hat mich sehr gefreut, dass sich die Gelegenheit ergeben hat, Ihnen die gewünschten Pflanzen übermitteln zu können; und was den fehlenden Teil der Sammlung angeht, können Sie mit besagtem Herrn Dr. Bassand in Verbindung treten [...]"). Vgl. auch Cocchi 1737, S. 12: „E notabilissima fu [...] la richiesta, ch'ei [Micheli] fece al Serenissimo Principe Eugenio di Savoia, non d'oro o di favore, ma degli scheletri delle piante, che l'Austriaca magnificenza comunicar già fece al mondo dal Clusio, osservate nella Boemia nell'Austria e nell'Ungheria. Alla qual filosofica domanda non isdegnò quel'Eroe di generosamente sodisfare (a)." und in der entsprechenden Anmerkung: „Esequì questa nobile compiacenza di quel Principe tanto glorioso il dottissimo e celebre Giovan Batista Bassand botanico eccellente, ed ora Archiatro dell'Altezza Reale del Serenissimo Gran Duca Francesco II. nostro Signore felicemente regnante."

180 „Accuso la ricevuta della cortese sua, in data delli 26 scaduto, e le contesto distinte obbligazioni della missione piaciutole farmi sì della pianta del Brasile (intende dell'Eugenia Mich. N.P.G.) [Zusatz von G.T.T.], quanto pure ancora della relazione circa la coltura e qualità di essa, ove fra questo (sic) non tralascerò di ordinare che venga osservato quanto Lei suggerisce a fine di conservarla. Io per altro non ho cosa in contrario, che lei nella sua opera che darà alla luce, dia il nome di Eugenia alla riferita pianta [...]" Targioni Tozzetti 1858, S. 181.

Michelis nach einem neuen Hof und einem neuen Gönner außerhalb der toskanischen Grenzen? Die Ausführungen Targioni Tozzettis und Antonio Cocchis (s. Anm. 4.179 bestätigen diesen Eindruck eher als dass sie ihn abschwächen. So führt ersterer etwa einen Brief Bassands vom 8. August 1728 an, aus dem hervorgeht, dass eine Anstellung Michelis am kaiserlichen Hof zumindest zur Diskussion gestanden hatte:

> Ho parlato, e parlo sempre a tutti di lei, acciò di eccitare la liberalità del nostro Monarca per il bene del pubblico, e farla venire qui con una bona [sic!] pensione; ma le spese della Biblioteca fanno che gli miei discorsi non hanno effettuato quello che vorrei già fosse.[181]

Einen anderen Blick auf die Dinge, der vieles bestätigt, einiges jedoch in verändertem Licht erscheinen lässt, gewährt die umfangreiche Korrespondenz zwischen Hermann Boerhaave und Jean Baptiste Bassand.[182] Die Briefe des Leidener Mediziners an den Kollegen aus Burgund zeugen von einer vertrauensvollen und freundschaftlichen Verbindung. An zahlreichen Stellen finden sich Informationen zu Eugen von Savoyen, zu Micheli und dem Verhältnis, das die Briefeschreiber mit jenem pflegten. Die potentielle Anstellung Michelis bei Hofe kommt dabei nicht zur Sprache. In einem Brief vom 24. Februar 1728 ist lediglich die Rede von einem „andern Micheli", dem man, wenn auch bei geringer Vergütung, eine entsprechende Stelle am kaiserlichen Hofe zu schaffen gedachte:

> Haben Sie bey sich keinen dienlichen, aber dürftigen Menschen, welcher um eine geringe Belohnung die bey ihnen einheimisch wachsende Bäume und Pflanzen aufsuchen wollte? Vielleicht könnten Sie aus ihm einen andern Micheli machen, dessen sich jetzt der Toscanische Hof rühmet, aber seine Verdienste, daß er die Kunst mit so vielen Schätzen bereicherte, doch bisher nicht dankbar erkannt hat. Denken Sie dieser Sache nach, der erhabene Prinz [Eugen] wird leicht ein Mittel ausfindig machen, und es könnte ihm bey Hof eine kleine Besoldung, und der Titel eines kaiserlichen Jägers, Wurzelschneiders, oder Gärtners angewiesen werden.[183]

In einem Nebensatz geht Boerhaave auf die Schwierigkeiten ein, mit denen der ‚tatsächliche' Micheli bei seiner Arbeit am toskanischen Hof konfrontiert war. Ob man je wirklich

181 Targioni Tozzetti 1858, S. 186 („Ich habe stets mit allen über Sie gesprochen und tue dies auch weiterhin, um die Großzügigkeit unseres Monarchen gegenüber dem öffentlichen Wohl anzuregen und Sie ausgestattet mit einer guten Pension hierher kommen zu lassen; doch die Ausgaben der Bibliothek lassen meine Reden nicht das erreichen, was ich gerne möchte.").

182 Boerhaaves Briefe an Bassand sind publiziert und liegen sowohl in lateinischer Originalfassung (Boerhaave 1778) als auch in deutscher Übersetzung (Boerhaave 1781) vor. Die folgenden Zitate sind der Übersetzung Johannes Nuschs entnommen. Um einen direkten Vergleich zu ermöglichen, sind stets auch die entsprechenden Seiten der Originalversion (in römischen Zahlen) angegeben.

183 Boerhaave 1781, S. 269f.; vgl. auch Boerhaave 1778, S. CLVf.

daran dachte, den Florentiner Botaniker abzuwerben, geht nicht aus der Korrespondenz hervor.[184] Der erste von vielen Briefen, in dem sich Boerhaave zu Micheli äußert, zeigt unter anderem, dass der Umgang mit dem überaus fähigen aber glücklosen Kollegen nicht immer einfach war. Am 6. Dezember 1725 schrieb er an Bassand:

> Was Sie mir von dem Florentiner Micheli schreiben, wundert mich, ich kenne den Mann, es gibt keinen so erfahrenen in der Kräuterkunde, als er ist; niemand unserer Zeitgenossen hat mehr vorher unbekannte Pflanzen entdeckt, als er. Derowegen hat ihn auch der Durchlauchtige Grosherzog von Toscana zu seinem Botaniker gemacht. Bald wird er auch sein Buch über diese Gegenstände herausgeben. Uebrigens ist er sehr arm und hat keinen anständigen Lebensunterhalt. Berge, Felder und Wälder pflegt er alle Jahre zu durchstreichen, und durch ganz Italien Pflanzen aufzusuchen. Zweymal ist er auch in Teutschland gewesen, wie auch in Schlesien, Oesterreich u.s.w. Seit vielen Jahren unterhalte ich einen botanischen Briefwechsel mit ihm, besitze, und habe von demselben viele sonderbare Sachen bekommen; und wegen grosser ihm erzeigten Gefälligkeiten, hat er mir noch vieles versprochen. Aber doch schickt er mir das nicht, was er, wenn er wollte, wohl thun könnte; ob ich ihn gleich mit Belohnungen und Bitten angegangen bin, und ihn eifrig darum ersucht habe. Wenn Sie wollten, könnten Sie versuchen, ob Sie vielleicht etwas von ihm erhalten könnten. Daher überschicke ich Ihnen ein Verzeichniß von Pflanzen, deren gute Saamen mir mit Gelegenheit zu schicken, ich schon vor drey Jahren von ihm verlangt, aber von allen hier beschriebenen bisher keinen vom ihm empfangen habe. [...] Vielleicht thut er Ihnen zu Gefallen, was er mir nicht that: da er die Oesterreichische und ungarische Pflanzen zu untersuchen bemüht ist.[185]

Michelis profunde Kenntnisse in der Botanik, seine (hier fast übertrieben dargestellte) Armut, die mühsame und langwierige Arbeit an den *Nova Genera* sowie der Mangel an Anerkennung seiner Leistungen durch den toskanischen Hof sind immer wiederkehrende Themen in Boerhaaves Briefen. Seine Unzuverlässigkeit den Kollegen gegenüber, die auch

184 Auch ein erst nach Michelis Tod verfasster Brief vom 10. Januar 1737 liefert diesbezüglich keine weiteren Anhaltspunkte. Jedoch wird Giovanni Targioni Tozzetti als Michelis Nachfolger erwähnt sowie dessen unterstützenswerter Plan, das unveröffentlichte Material seines hochgeschätzten Lehrers herauszugeben: „Targionius ist um die Kräuterkunde bestens verdient. Der Grosherzog von Toscana hatte ihm das nemliche Amt anvertraut, welches der ausnehmend geschickte Micheli mit so vielem Ruhm verwaltet hat. Wollte Gott, daß ihr Durchlauchtigster Prinz ihn in eben diesem Geschäfte für beständig bestättigte, damit die Michelianische vom dem Verfasser selbst zwar druckfertig hinterlassene, aber aus Mangel und Dürftigkeit desselben bisher noch nicht erschienene Werke, durch den Nachfolger desselben möchten herausgegeben werden können. Derienige, welcher so schöne Sachen allen und ieden vor Augen stellte, und zum Besten des Zeitalters herausgeben wollte, würde sich die ganze gelehrte Welt verbinden. Und ich sage Ihnen Dank, daß Sie ihm und alle so geneigt wohlwollen." Boerhaave 1781, S. 418f. / S. CCLVII.

185 Boerhaave 1781, S. 217f. / S. CXXVf.

in der Korrespondenz zwischen Sherard und Richardson anklingt (s. S. 294 [Anm. 4.141]), mag nicht zuletzt den erwähnten Schwierigkeiten geschuldet gewesen sein. Dementsprechend scheinen sich aufkeimender Ärger und ein Verständnis der Situation Michelis sowohl bei Sherard als auch bei Boerhaave die Waage zu halten, wenn letzterer in einem Brief vom 27. Februar 1727 auch bemerkt, dass selbst ein gut funktionierendes Netzwerk in dieser Hinsicht wenig auszurichten vermochte:

> Vom Joseph Monti aus Bononien dürfen Sie das, was Sie sich von ihm [Micheli] versprechen, nicht erwarten, in Absicht seiner thut Micheli gar nichts. Ich habe mich hierzu des Grafen Marsigli, Joseph Monti und Wilhelm Sherard bedient, welche alle den Micheli gebetten haben, mir in diesem Stücke an Handen zu gehen; aber ich sehe, daß diese vortrefliche Männer bisher darinnen nichts bey ihm vermocht haben. Wenn Sie also bey ihm etwas sollen bewirken können, so wird diß blos durch Tausch derienigen Sachen geschehen, die er von Ihnen verlangt.[186]

Man ahnt bereits, dass hier die von Clusius beschriebenen Pflanzen ins Spiel kommen, für die sich Micheli wie auch Boerhaave interessierten und um deren Erhalt der Florentiner Botaniker Prinz Eugen von Savoyen ersuchte. In Boerhaaves Briefen finden sich zahlreiche Anspielungen auf das ‚Österreich-Projekt', das Grund zur Hoffnung gab, Micheli möge sich Bassand (und über jenen auch dessen engem Vertrauten Boerhaave) gegenüber erkenntlicher zeigen – so etwa in einem Brief vom 4. April 1727:

> Wann der durchlauchtigste Prinz Eugenius seine Glücksumstände wird verbessert haben, so glaube ich, wird Micheli alsdann, in Absicht Ihrer mehr, als in irgend einem andern Betrachte thun. Daß seine botanische Streiffereyen etwas verzögert worden sind, daran ist die emsige Sorgfalt, so er auf die Ausgabe seines Buches wendet, schuld. Doch hat er mir versprochen, er wolle, so bald er von diesem mühsamen Geschäfte frey seyn werde, die von mir verlangten Früchte zu suchen sich bemühen.[187]

Die Verwicklungen zwischen Eugens Auftrag, Bassands Arbeit und Boerhaaves Interessen kommen in einem weiteren Brief vom 23. Januar 1728 an die Oberfläche. Es entsteht der Eindruck, als hätten die beiden Korrespondenten bei aller Nachsicht, die sie angesichts der Situation des benachteiligten Kollegen hegten, eine List ersonnen, sowohl Eugens bzw. Bassands als auch Boerhaaves Interessen zu erfüllen, ohne Micheli dies direkt zu kommunizieren:

186 Boerhaave 1781, S. 247–251 / S. CXI.
187 Boerhaave 1781, S. 254f. / S. CXLIII.

> Micheli hat mir vor 6. Wochen die nemliche Saamen geschickt, welche er dem Prinzen Eugenio übermacht hat, und in seinem Briefe erkundigte er sich zugleich, ob man dieselbige nicht für mich von ihm verlangt habe, indem er von demselben einen gleichen Catalogum erhalten habe, als wie der meinige gewesen, den er schon vor langer Zeit von mir empfangen. Darüber habe ich ihm keine Antwort gegeben. Machen Sie, daß er gegenwärtigen Inschluß erhalte. Ueber die Pflanzen, so Sie ihm getrocknet überschickt haben, wird er sich gewiß freuen, und sie werden diesem Unglücklichen, zum Trotze gereichen, der seiner Armuth ohngeachtet, die Naturgeschichte, selbst an einem solchen Ort, wo die Verdienste darinnen niemals durch günstige Aufmunterungen erwiedert und angefacht werden, doch auf das fleißigste befördert.[188]

Der von Targioni Tozzetti zur Sprache gebrachte glückliche Zufall („favorevole combinazione“, s. S. 308) scheint sich somit nach beiden Seiten ausgewirkt zu haben. Boerhaaves Dankbarkeit gegenüber Bassand, sein nahezu schlechtes Gewissen, der Urheber solch mühevoller Arbeit gewesen zu sein, und der nachdrückliche Hinweis, Micheli stünde nun zweifelsfrei in dessen Schuld, sind Thema eines Briefes vom 8. März 1728:

> Werthester Freund,
> Dero Freundschaft, mit der Sie mich beehren, und bey welcher Sie in der That alle Masse übersteigen, schreibe ich es zu, daß Sie nicht nur bey andern, sondern selbst vor dem Kaiser [Karl VI.] und dem Prinzen [Eugen] meiner mit so vielem Lobe zu erwähnen belieben. [...] Wegen des wiederhergestellten Prinzen, und der deswegen erhaltenen Ehrenbelohnung, wünsche ich Ihnen Glück! Und ich freue mich, daß Sie die Wünsche des Micheli haben in Erfüllung bringen können; das aber bedaure ich sehr, daß ich Ihnen viele und grosse Arbeit verursacht habe. Nun können Sie mit Recht von ihm fordern, daß er achte, zeitige von den Insecten befreyte Früchte, besonders derer Bäume, die ich im Catalogo angezeigt habe, sammle und überschicke [...][189]

Boerhaaves Ausführungen zeigen, dass sein Verhältnis mit Micheli stets zwiespältig war. Die „grossen ihm erzeigten Gefälligkeiten“ (s. S. 314), die wahrscheinlich in der Übernahme und weiteren Vermittlung von Subskriptionen für die *Nova Genera* bestanden, scheint Micheli nie wirklich ausgeglichen zu haben und noch am 26. Mai 1734 bedauert er in einem Brief an Bassand: „Micheli aber hat mir nicht einen einzigen Saamen geschickt, seitdem ich, um ihn klaglos zu stellen, um das bewußte Geld die von ihm herausgegebenen Schriften gekauft habe.“[190]

188 Boerhaave 1781, S. 263f. / S. CLI.
189 Boerhaave 1781, S. 270f. / S. CLVIf.
190 Boerhaave 1781, S. 373 / S. CCXXVII.

Vielleicht kann man zu Michelis Ehrenrettung anmerken, dass Boerhaave nicht nur über ihn, sondern über „alle dießeits der Alpen wohnende Italiener" klagte.[191] Zudem hegte der Mediziner und Botaniker aus Leiden stets ein gewisses Wohlwollen für den Florentiner Kollegen, was an dessen großer Kompetenz sowie an der besonderen Situation, mit der Micheli in seiner Heimat konfrontiert war, gelegen haben mag. Am 18. Juni 1728 schrieb Boerhaave die folgenden, recht persönlichen Zeilen an den Freund am Hofe Eugens von Savoyen:

> Ich hoffe Micheli werde sein Versprechen halten; vieles aber darf man nicht von ihm erwarten. Der arme Mensch hat kaum das liebe Brod, und die dasigen erfahrnen Botaniker beneiden ihn vielmehr, als daß sie ihn unterstützen; derowegen kann er nicht, wie er will. Es ist das gewöhnliche Schicksal der Glücksgüter [bonorum], daß sie, als Geschenke der Prinzen, an Sklaven, Maitressen und Schmeichler verschwendet werden. So oft ich in meinem Garten in der Stille darüber nachdenke, und gelegentlich Ihre mir erzeigte Wohlthaten übersehe, so empfinde ich allezeit das sanfteste Vergnügen, und wenn ich mit Fürsten genauer bekannt wäre, welches ich doch allezeit auf das eifrigste zu vermeiden trachten werde, so würde ich sie anflammen, die Naturhistorie zu befördern; und sie zu solchen Maecenaten dieser Wissenschaft zu machen, als wie der brave Clusius einen Maximilian, und Aristoteles einen Alexander zu Beschützern hatten.[192]

Möglicherweise konnte Micheli auf Grund fehlender Mittel und Unterstützung, sowohl von Seiten der toskanischen Kollegen als auch seines Dienstherren Gian Gastone, tatsächlich nicht, wie er wollte. Boerhaaves Klage über die Verschwendungssucht vieler Fürsten und deren Zuwendungen an Knaben, Huren und Schmeichler („pueros, scorta, adulatores" im lateinischen Original) könnte man leicht als Anspielung auf jenen letzten Großherzog der Medicidynastie verstehen, dessen Bild in der Geschichtsschreibung der folgenden Jahrhunderte durchweg oben angeführter Kritik entsprach.[193] Doch es ist gerade der all-

191 Boerhaave an Bassand, 17. Juni 1728: „Micheli fährt fort mir Versprechungen zu machen. Der Himmel gebe, daß er sie halte. [...] Er macht es wie alle dießeits der Alpen wohnende Italiener, als welche sich um die Erdbürger ienseits der Alpen nichts bekümmern. [...] In Pisa ist ein Collegium von Botanikern, welches alles das, was dahin geschickt wird, genau untersuchen, und von diesen glaube ich, daß sie aus denen mir überschickten getrockneten Probstücken, auf ihre Würklichkeit, was sie für Pflanzen seyen, urtheilen könnten: aber nehmen Sie sich in Acht, daß Sie Ihnen nicht wiedersprechen: denn sie sind sehr empfindlich. Sie müsssen ihre lobenswürdige Schlüsse mit Dankbarkeit erkennen und rühmen; die freilich oft sehr ausgegrübelt sind, da sie nichts anders, als dieses thun; und ihr Leben in stiller Muße hinbringen." Boerhaave 1781, S. 289f. / S. CLXVIIf.

192 Boerhaave 1781, S. 280–282. / S. CLXIIf.

193 So zu finden etwa in Riguccio Galluzzis *Istoria del Granducato di Toscana*: „[...] fu popolato il Palazzo di gioventù scelta, evvenente e brillante, i di cui capricci e le bizzarrie formavano il più lieto passatempo del Principe [Gian Gastone]." (Galluzzi 1781, Bd. 5, S. 64) und noch deutlicher: „I vecchi Aristarchi condannavano la soverchia libertà dei costumi come una strada aperta alla corruttela; lo riprendevano della

gemein gehaltene Ton von Boerhaaves Brief an den in kaiserlichen Diensten stehenden Bassand, der interessant erscheint. Als anerkannter Mediziner und Botaniker sowie als langjähriger Professor und Rektor der Universität in Leiden war Boerhaave weitaus weniger auf die Gunst eines Fürsten angewiesen als Bassand oder gar Micheli. Entsprechend leichter musste es ihm fallen, solche Kontakte zu vermeiden, wobei auch Boerhaaves Idealvorstellung eines Verhältnisses zwischen Fürsten und Wissenschaftlern überlieferten Topoi entsprach, wie sie etwa auf Aldrovandis Titelblatt der *Ornithologiae* (Abb. 118) oder in Scudérys Beschreibung der Ménagerie von Versailles (s. S. 92) zum Ausdruck kommen.

In jene bis in die Antike zu Alexander dem Großen und Aristoteles zurückreichende Traditionslinie suchte sich auch Micheli einzureihen. So heißt es im Vorwort des *Ristretto della Toscana Illustrata*, einem seiner ‚Antrittswerke', dass fast alle Gelehrten ihre Werke stets hochstehenden und bedeutenden Herren überreicht hätten, um gleichermaßen Anerkennung und Protektion zu erfahren, und er, Micheli, es jenen gleich zu tun wünsche (s. S. 263f.). Dass sich solche Wünsche nicht notwendigerweise erfüllten, sollte der *Botanico del Granduca* bereits unter Cosimo III., spätestens jedoch nach dessen Ableben unter Gian Gastone de' Medici erfahren. Wer weder ein ansehnliches eigenes Vermögen noch eine prestigeträchtige Stellung an einer bekannten Universität vorzuweisen hatte, war – anders als etwa William Sherard oder Hermann Boerhaave – in der Regel an die Gunst eines fürstlichen Mäzens gebunden. Ein gut funktionierendes Netzwerk konnte helfen, gewisse Mängel innerhalb solcher Protektionsverhältnisse auszugleichen bzw. die Fühler nach neuen, wohlwollenderen Unterstützern auszustrecken, was im Falle Pier Antonio Michelis letztlich zumindest von einem Teilerfolg gekrönt war: der Publikation seiner *Nova plantarum genera* und der fortwährenden Anerkennung seines Werks als wesentlicher Beitrag zum klassifikatorischen Diskurs in der Geschichte der Botanik.

4.5 Networking und Patronage: Möglichkeiten, Grenzen und ein erneuter Blick nach Frankreich

Auch wenn die von Riguccio Galluzzi hochgehaltenen Fortschritte und Entdeckungen Michelis („[...] i progressi e le scoperte fatte in questa scienza [botanica] da Pietro Antonio Micheli [...]", s. S. 245) letztlich weniger der Person Cosimos III. (und danach Gian Gastones) zuzuschreiben sind als vielmehr Michelis weit verzweigtem Netzwerk und ausgeprägtem beruflichen Eifer, kann die Passion des Großherzogs für Blumen, Früchte und

parzialità che mostrava per quello stuolo di giovani scostumati che lo circondavano, quali il pubblico denominava Ruspanti (*), e lo qualificavano come promotore dei più stravaganti eccessi di depravazione." Die Bedeutung des Wortes wird in einer Fußnote näher erläutert: „I Ruspanti erano così detti dal ruspo, moneta con cui erano effettivamente pagati ogni settimana." (Galluzzi 1781, Bd. 5, S. 77). Darüber hinaus existiert gar eine Liste der *Ruspanti* (Luca Ombrosi: *Vita di Gio. Gastone I, settimo ed ultimo granduca della r. casa de' Medici, con la lista dei Provvisionati di Camera, dal volgo detti i Ruspanti*, Florenz 1886).

Gartenbau dennoch als Katalysator einer ausgedehnten Kunst- und Wissen(schaft)produktion im Bereich der Botanik gewertet werden. Ohne die fürstliche Protektion hätten sich die Karrieren des Malers Bartolomeo Bimbi und des Botanikers Pier Antonio Micheli zweifelsohne anders entwickelt. Die Lebensbeschreibungen der beiden Protagonisten zeigen, dass ihr Werdegang jeweils stark von äußeren Umständen und Zufällen geprägt war, wobei der großherzogliche Hof eine wichtige Rolle spielte, doch (gerade im Falle Michelis) nicht nur fördernd wirkte, sondern auch merklich bremste bzw. umlenkte. Am Beispiel von Tillis *Hortus Pisanus* und Michelis *Nova Genera* wurde ausführlich auf mögliche Probleme und sich ergebende Konflikte in bestehenden Patronageverhältnissen eingegangen. Micheli bediente sich schließlich seiner zahlreichen lokalen, überregionalen und internationalen Kontakte, um die Publikation seines Werks zu realisieren.

Ein ausgedehntes Netzwerk steht jedoch nicht nur als Unterstützeralternative hinter den *Nova Genera*. Auf der inhaltlichen Seite lässt sich die Bedeutung von Korrespondenten und Informanten verschiedener Herkunft und unterschiedlichen Standes – darunter Gelehrte und Sammler, weit gereiste Kaufleute, adelige wie bürgerliche Besitzer von Gärten und Ländereien, Obsthändler, Blumenverkäufer oder Boten mit bemerkenswerten Pflanzen im Gepäck – in nahezu allen der hier angeführten Produktionen festmachen: den Gartenkatalogen, Bimbis Gemälden und Michelis Arbeit im Allgemeinen. So verzeichnen die Katalogpublikationen Tillis bzw. Michelis und Targioni Tozzettis etwa die niederländischen Botaniker Hermann Boerhaave und Caspar Commelijn als Übermittler von Samen, Pflanzen und Informationen (s. Kapitel 3.3.2). Hinzu kommen toskanische Kollegen, wie Micheli selbst, Bruno Tozzi oder Niccolò Gualtieri (s. S. 173, 183f.), um nur wenige Namen von vielen zu nennen. Bezieht man die große Menge an Literaturverweisen mit ein, wird das Netz ungleich größer und dichter, erreichten diese in Form von ganzen Büchern oder einzelnen Anmerkungen die Autoren ebenfalls oft erst durch die kollegiale Vermittlung. Die Vermittlung und Verfügbarmachung von Objekten und entsprechenden Informationen bildete auch die Grundlage der Gemälde Bimbis für die Sammlung von la Topaia. Einzelne Stellen in der Biographie des Künstlers sowie einige Inschriften auf den Gemälden selbst lassen Rückschlüsse auf die Entstehung der Werke und die Herkunft bzw. die Überbringer der dargestellten Objekte zu (s. S. 248, 251f.). Auch wenn Bimbis Netzwerk in Ermangelung umfassender schriftlicher Quellen wesentlich schwieriger zu rekonstruieren ist als dasjenige eines Botanikers wie Micheli, legen Vita und Werke gleichermaßen nahe, dass der Maler innerhalb eines Kreises von (zumeist lokalen) Künstlern, Höflingen, Naturliebhabern und -gelehrten agierte, dessen Mittelpunkt Cosimo III. de' Medici einnahm. Teil dieses Kreises war auch der junge Micheli, dessen Name in einer von Bimbis Gemäldeinschriften auftaucht und der offenbar mehrfach an die Tafel des botanikbegeisterten Großherzogs geladen wurde. Targioni Tozzettis umfangreiche Lebensbeschreibung seines Lehrers und Cocchis Totenrede, die Kataloge der beiden toskanischen botanischen Gärten, an deren Erstellung Micheli erheblichen Anteil hatte, seine *Nova Genera* sowie nicht zuletzt Michelis handschriftliche Hinterlassenschaften und zahlreiche Briefe, sowohl von ihm selbst als auch von Freunden und Kollegen, entwerfen ein vielschichtiges Bild seiner Arbeit zwischen dem toskanischen Hof und der internationalen Gelehrtenwelt. Dass sich diese beiden, auf den ersten Blick klar voneinander unterscheidbaren Bereiche nicht ohne weiteres trennen lassen, wurde anhand der verschiedenen Beispiele in den vorangehenden Kapiteln deutlich. Vielmehr handelt es sich um eine Art Kontinuum, das Beeinflussungen in die eine wie auch in die andere Richtung zuließ. Enge Vertraute des Großherzogs wie Lorenzo Magalotti oder Giuseppe del Papa scheinen nicht nur Einfluss auf Michelis Stellung bei Hofe gehabt zu haben. Wahrscheinlich trugen sie wesentlich dazu bei, den jungen Botaniker auch über die Grenzen der Toskana und Italiens hinaus bei französischen und englischen Kollegen, allen voran William Sherard, bekannt zu machen (s. S. 260, 281f.). Letzterer mag wiederum durch seine Äußerungen Cosimo III. gegenüber positiv auf Michelis Ansehen und Auskommen eingewirkt haben (s. S.284). Gerade auf Grund seiner fehlenden Universitätsausbildung und entsprechenden institutionellen Anbindung kann Michelis Position als *Botanico del Granduca* sowie seine (führende) Mitgliedschaft in der 1718 offiziell anerkannten *Società Botanica Fiorentina* als fachliche Legitimation gegenüber Gelehrten und Fürsten im In- und Ausland angesehen werden. Genauso wenig wie sich zwischen den Bereichen des lokalen höfischen Umfelds und der internationalen Gemeinschaft von Liebhabern und Gelehrten eine scharfe Trennlinie ziehen lässt, kann man Michelis Bemühungen um fachliche sowie um finanzielle Unterstützung voneinander abgrenzen. Es genügt, auf die Briefe Sherards an Richardson (s. S. 290–296) bzw. Boerhaaves an Bassand (s. S. 313–317) zu verweisen, um jene Gleichzeitigkeit von intellektuellen und wirtschaftlichen Anliegen in Erinnerung zu rufen, die für die (verspätete) Publikation der *Nova Genera* von essentieller Bedeutung sein sollte.

Bereits zuvor wurde darauf hingewiesen, dass in der Toskana unter Cosimo III. und Gian Gastone eine staatliche Institution zur Förderung der Wissenschaften, wie sie in Paris oder auch in London existierte, fehlte (s. etwa S. 90f., 244). Es bleibt die Frage, ob Michelis Mühen, seine Interessen durchzusetzen, seine Arbeit auszuführen und seine Werke drucken zu lassen, geringer ausgefallen wären, oder aus einer anderen Perspektive betrachtet, ob seine Bestrebungen sich zu vernetzen weniger Raum eingenommen hätten, wäre er Mitglied einer Vereinigung wie der 1667 aufgelösten *Accademia del Cimento* gewesen. Solch eine Fragestellung ist freilich zu abstrakt, das Szenario zu konstruiert, um eindeutige Aussagen treffen zu können. Dem ist hinzuzufügen, dass keine der Gelehrtengesellschaften des 17. und beginnenden 18. Jahrhunderts der anderen glich. Die Florentiner *Società Botanica* besaß nie den Rang bzw. den Grad an staatlicher Legitimation wie die *Accademia del Cimento* oder die weiterhin bestehenden wissenschaftlichen Sozietäten in Paris und London. Auch war und blieb sie im Kern eine Vereinigung wohlhabender Amateure und konnte sich demzufolge kaum in dem Maße der Herbeiführung wissenschaftlichen Fortschritts verschreiben, wie die *Académie Royale des Sciences* oder die *Royal Society*. Blickt man nach Paris und London, fallen ebenfalls eklatante Unterschiede auf.

Stark vereinfacht ausgedrückt, handelte es sich bei der Pariser Institution um eine relativ kleine und in sich geschlossene Gruppe von Gelehrten, deren Finanzierung grundsätzlich durch die königliche Kasse gesichert war.[194] Die Londoner *Royal Society* war ebenfalls durch den König anerkannt, doch genossen die zahlreichen Mitglieder keine festen Zahlungen von Seiten der Krone. Leben, Arbeit und Publikationen mussten anderweitig finanziert werden und so verwundert es kaum, dass ein Großteil der *Fellows* aus adeligen oder wohlhabenden bürgerlichen Kreisen stammte.[195] Der Geschlossenheit der Pariser Akademie stand eine vergleichsweise große Offenheit in der Auswahl von Mitgliedern und der Führung von (wissenschaftlicher) Korrespondenz gegenüber. So zählten etwa die toskanischen Botaniker Michelangelo Tilli und Bruno Tozzi zu den *Fellows* der *Royal Society* und auch Micheli konnte, obwohl nicht selbst Mitglied, an der Diskussion und am Austausch von Forschungsergebnissen teilhaben, wobei ihm die enge Bekanntschaft mit William Sherard sicherlich entsprechende Vorteile verschafft hatte.

Dieser nur flüchtige Blick auf die Organisationsstrukturen der beiden ‚großen' Gelehrtengesellschaften vermittelt den Eindruck, die Londoner *Fellows* hätten zwar über weniger gesicherte Gelder, dafür jedoch über ein ausgedehnteres Netzwerk verfügt als ihre Pariser Kollegen. Zu einem ähnlichen Schluss kommen David Lux und Harold Cook in einem gemeinsamen Aufsatz mit dem bezeichnenden Titel *Closed circles or open networks? Communicating at a distance during the Scientific Revolution*. Die Gründung der *Académie des Sciences* im Jahre 1666 zog keine Intensivierung der Beziehungen zwischen den (in der Regel) französischen Mitgliedern und der internationalen Gelehrtenwelt nach sich. Wo zuvor ein regelmäßiger und fruchtbarer Austausch bestanden hatte, fand oftmals sogar ein klarer Bruch statt, wie anhand der Korrespondenz von Henry Oldenburg, Sekretär der *Royal Society*, gezeigt wird.[196] Lux und Cook richten ihre Aufmerksamkeit auf die Kommunikationsstränge und Korrespondenzkanäle jenseits der elitären, mehr oder weniger festgefügten Kreise der frühneuzeitlichen Gelehrtengesellschaften, die das Bild der *Scientific Revolution* (nicht unberechtigterweise) geprägt haben. Ohne jenen *closed circles* ihre Bedeutung hinsichtlich einer Kodifizierung, Legitimierung etc. von Wissen abzusprechen, stellen die Autoren die Bedeutung so genannter *weak ties* heraus, die die Akquise entsprechender Informationen oft erst ermöglichten. Diese losen, in der Regel auf Briefkontakt basierenden und nur teilweise durch persönliche Treffen zustande gekommenen Verbindungen garantierten eine schnelle und flächendeckende Verbreitung von Forschungsfragen und -ergebnissen. Gegenüber den *closed circles* schufen diese *open networks* eine Art globalen Metaraum für den Austausch von Dingen, Fakten, Kritik und Ideen, in dem die Möglichkeit zur Vernetzung über mehrere Ecken hinweg gegeben war –

194 Zur Organisation und Finanzierung der *Académie des Sciences* vgl. Stroup 1987, 1990, Lux 1990.

195 Zur frühen Geschichte der *Royal Society* vgl. Hunter 1982 u. a.; zu Konzept und Bedeutung des *gentleman scientist* vgl. Shapin 1994.

196 Vgl. Lux/Cook 1998, S. 196–200, 202f.; zu einem allgemeineren Blick auf diese Thematik vgl. Stroup 1990, Kapitel 15 (*Academicians and the Larger Scientific Community*), bes. S. 199f., 215–217.

in den Worten von Lux und Cook: „So it went: friends introduced others into their circles, vouching for them and extending the networks.“[197] Die Stärke der *weak ties* liege vor allem in der Vielfalt und Gleichzeitigkeit solcher Verbindungen, was auch metaphorisch gesprochen einleuchtet, ergaben die zahlreichen hier parallel verlaufenden, dort sich kreuzenden Fäden doch ein dichtes und vor allem stabiles Gewebe. Die Allgegenwärtigkeit des Phänomens und die verlässliche Regelmäßigkeit, mit der relevante Informationen über solche (im einzelnen Falle mitunter fragile) Verbindungen ausgetauscht wurden, lassen die *weak ties* als wesentliches Charakteristikum der *Scientific Revolution* erscheinen. In diesem Sinne bezeichnen Lux und Cook die *Royal Society* – im Unterschied zur (frühen) *Académie des Sciences* – weniger als einen geschlossenen Zirkel, sondern vielmehr als eine offizielle Vereinigung verschiedener Gelehrtenkreise, innerhalb derer wiederum unterschiedliche Verbindungen zu Einzelpersonen oder ganzen Gruppen, oft weit über die Landesgrenzen hinaus, gepflegt wurden.[198] Zu diesem Personenkreis zählten bald Mediziner und Botaniker aus der Toskana: neben Tilli und Tozzi als *Fellows* auch Giuseppe del Papa, dessen Ausführungen über Eigenschaften und Herstellungsweisen ostasiatischer Lacke Eingang in die *Philosophical Transactions* fanden (s. S. 282), und nicht zuletzt Micheli.

In dieser Hinsicht erscheint es bezeichnend, dass die zwar bestehenden Kontakte Michelis zu französischen Botanikern (darunter Antoine de Jussieu oder Sébastien Vaillant, s. S. 284f., 298f.) offenbar nie den Stellenwert besaßen wie der persönliche oder briefliche Austausch mit Kollegen innerhalb Italiens, in England oder den Niederlanden und damit den Regionen oder Ländern, aus denen der größte Teil der Subskribenten für die *Nova Genera* stammte. Dennoch war es gerade das Werk eines Franzosen, dem Micheli inhaltlich die größte Bedeutung beimaß: Joseph Pitton de Tourneforts *Élémens de botanique* von 1694 bzw. die sechs Jahre darauf veröffentlichte lateinische Version mit dem Titel *Institutiones rei herbariae*. Micheli übernahm das von Tournefort etablierte Modell zur Klassifikation von Pflanzen in 22 Klassen, in Gattungen und Arten, entwickelte es an einzelnen Stellen weiter und bezog sich im erweiterten Titel seines Werks dezidiert auf den französischen Kollegen.

Die Entstehungsumstände der *Nova plantarum genera iuxta Tournefortii methodum disposita* und der *Élémens de botanique ou methode pour connoître les plantes* könnten kaum unterschiedlicher sein. Als Tourneforts dreibändiges Werk mit den 451 sorgfältigen Stichen nach Vorlagen des königlichen Miniaturmalers Claude Aubriet erschien, hatte die auf Initiative Jean-Baptiste Colberts gegründete *Académie Royale des Sciences* bereits fast 30 Jahre Bestand (s. S. 95–99). Als Angehöriger der königlichen Akademie und Professor für Botanik am *Jardin des Plantes* hatte der Autor keine Schwierigkeiten, sein Projekt zu realisieren – die knapp vierseitige Widmung (*Au Roy*) spricht für sich:

197 Lux/Cook 1998, S. 191.
198 Lux/Cook 1998, S. 202.

> Sire, Le Livre que j'ai l'honneur de présenter à Votre Majesté, ne pouvoit paroître que sous son Nom auguste; puisque c'est le fruit des voyages que j'ai entrepris par ses ordres. Outre qu'il renferme ce qu'a de plus beau une science également utile & agréable, il en contient aussi les principes, & l'on y trouve une métode aisée pour distinguer les plantes les unes d'avec les autres dans cette infinie varieté qui fait une des principales richesses de la nature.
> C'est à vos bontez, Sire, c'est à votre liberalité toute Roïale que l'on doit cét ouvrage. C'est à ces mêmes bontez que nous devons la connoissance de tant d'excellens remedes dont Votre Majesté a fait part au public [...]
> [...] Tandis que d'une main Elle repousse les efforts des puissances de l'Europe conjurées contre la France, & qu'Elle défend avec tant de succés & avec tant de gloire la Religion & l'Etat; de l'autre Elle répand ses bienfaits sur ses peuples, & leur donne tous les secours qu'ils peuvent attendre du meilleur Maître qui fut jamais.[199]

Tournefort verweist auf die Reisen, die er im Auftrag Ludwigs XIV. unternommen hatte und die offenbar die Grundlage seines Werks bildeten.[200] Dieses zeuge nicht nur von der Nützlichkeit und Schönheit der Botanik, es enthalte vor allen Dingen die Prinzipien jener Wissenschaft sowie eine Methode zur Unterscheidung und damit zur Klassifikation der Pflanzen. Die königliche Güte und Freigebigkeit, die Tournefort die Publikation seines Werks ermöglichten, hätten auch dazu geführt, der französischen Bevölkerung wichtige Arzneien zugänglich zu machen, wie der Autor in seiner Widmung weiter ausführt.[201] Das topische Wohlwollen des Königs seinem Volk gegenüber findet eine Steigerung in der entsprechenden Verteidigung der religiösen und staatlichen Einheit Frankreichs nach außen. All das erscheint zunächst kaum herausstellenswert, sind solche Wendungen

199 Tournefort 1694, Bd. 1, *Au Roy* („Sire, das Buch, das ich die Ehre habe, Eurer Majestät zu präsentieren, kann nur unter Eurem erhabenen Namen erscheinen; denn es ist die Frucht der Reisen, die ich auf Euer Geheiß unternommen habe. Darüber hinaus enthält es all das, was die Schönheit einer so nützlichen und zugleich angenehmen Wissenschaft ausmacht sowie deren Grundsätze und man findet darin eine einfache Methode, anhand derer man die Pflanzen in ihrer unendlichen Variation, die eine der größten Reichtümer der Natur ist, voneinander unterscheiden kann. Eurer Güte und Eurer Freigebigkeit ist dieses Werk zu verdanken und somit der gleichen Güte, der wir die Kenntnis so vieler exzellenter Heilmittel schulden, die Eure Majestät der Öffentlichkeit zuteil werden lässt. [...] Während Ihr auf der einen Seite das Streben der europäischen Mächte, die sich gegen Frankreich verschworen haben, zurückdrängt und mit großem Erfolg und Ruhm Religion und Staat verteidigt, verbreitet Ihr auf der anderen Seite Eure Wohltaten unter dem Volk und lasst ihm die Hilfe zuteil werden, die es von dem größten Herrn, der jemals war, erwarten kann.").

200 Zu Tourneforts umfassenden Reiseaktivitäten vgl. die Beiträge von H. Humbert („Tournefort voyageur-naturaliste", S. 71–75) und P. Guiral („Tournefort et son voyage au Levant", S. 77–95) in Becker 1957.

201 „[...] tant d'excellens remedes dont Votre Majesté a fait part au public; & pour ne m'arréter qu'à ce qui doit interesser davantage un homme de ma profession, j'ose dire, que par le seul présent qu'Elle nous a fait de deux plantes étrangeres – Le Kinkina & l'Hipecacuanha [Randbemerkung] –, Elle a sauvé la vie à un grand nombre de ses sujets, & nous a fourni un secours assuré contre deux genres de maladies qui faisoient un étrange ravage parmi les hommes." Tournefort 1694, Bd. 1, *Au Roy*.

und Topoi doch typisch für einen Widmungstext, zumal sich dieser an den Sonnenkönig höchstpersönlich richtet. Doch genau dieser Umstand sagt einiges aus – nicht nur über die Bedeutung des Königs und des durch ihn verkörperten Staates, sondern auch über den Stellenwert der Wissenschaften und der Dinge der Natur im Dienste jenes Königs bzw. Staates. Einmal mehr werden die Pflanzen – in ihrer Schönheit, ihrem medizinischen Nutzen sowie ‚um ihrer selbst willen' in ihrer reinen Systematik – zu Mitspielern im Repräsentationszirkus des französischen Königs (s. S. 104). Eine adäquate, intellektuell aufgeladene Einbeziehung solcher *natural allies* in die staatlichen Repräsentationsvorgänge war Aufgabe der *Académie des Sciences*, zu deren Früchten auch Tourneforts pflanzenklassifikatorische Publikationen zählten.

Nach der Aufgabe des allzu umfassenden und vielleicht auch nicht mehr wirklich zeitgemäßen Projekts einer allgemeinen Naturgeschichte der Pflanzen, einem Werk, das die (synonymen) Bezeichnungen, Beschreibungen und Abbildungen sämtlicher bekannter Arten enthalten sollte, kann man Tourneforts *Élémens de botanique* bzw. *Institutiones rei herbariae* sicherlich als wichtigste oder zumindest prägendste botanische Produktionen der *Académie des Sciences* bezeichnen.[202] Spätestens im Zuge der Erweiterung und Übersetzung seines Werks ins Lateinische verbreitete sich Tourneforts Klassifikationssystem schnell über die Grenzen Frankreichs hinaus. Es wurde zur Grundlage für die Arbeit von Fachkollegen im In- und Ausland sowie zum Ordnungsprinzip zahlreicher Gärten, Herbarien und Zeichnungssammlungen. Möglicherweise war es Tourneforts Glück, dass der seit 1691 für die *Académie des Sciences* verantwortliche Louis de Pontchartrain das *Histoire*-Projekt (anders als sein Vorgänger Louvois) weiterverfolgen wollte und die *Élémens de botanique* gewissermaßen als eine Art theorielastiges Vorwerk zu einer – laut Einführungstext bald erscheinenden[203] – Naturgeschichte der Pflanzen anmuten. Nur vier Jahre darauf veröffentlichte der aus Aix-en-Provence stammende Botaniker ein wei-

202 Der auf Claude Perrault zurückgehende Plan zur Erarbeitung einer *Histoire des plantes* zählt zu den ersten Projekten der Akademie. Das 1667 gestartete Unterfangen wurde nie zu Ende geführt, was nicht zuletzt an seinem schieren Umfang sowie an den unterschiedlichen Ansprüchen und aufkommenden Rivalitäten unter den beteiligten Gelehrten lag. Hinzu kamen sich ändernde äußere Umstände, wie die ministerielle Verantwortlichkeit, die nach Colberts Tod zunächst auf den vordergründig an utilitaristischen Belangen interessierten Louvois (1684–1691) und schließlich den sich auf die ‚Grundlagenforschung' zurückbesinnenden Pontchartrain (1691–1699) übertragen wurde. Teile der für die geplante Publikation angefertigten Aufzeichnungen und Aquarelle (darunter einige Zeichnungen Nicolas Roberts) wurden in kürzeren Beiträgen verschiedener Autoren in der *Histoire de l'Académie royale des sciences* veröffentlicht sowie in Nicolas Marchants *Descriptions de quelques plantes nouvelles* und Denis Dodarts *Mémoires pour servir à l'histoire des plantes*, die 1676 in einem gemeinsamen Band erschienen; vgl. hierzu Anm. 2.241 sowie umfassend Stroup 1990, Kapitel 6–8, bes. S. 70–88, 103–116.

203 „L'Academie royale des siences dont la Botanique fait un des principaux exercices fournira bien-tôt au public des memoires servant à l'histoire des plantes, avec des figures, des descriptions & des analises dignes, si on l'ose dire, de la magnificence du Roi, & qui feront voir jusques à quel degré de perfection cette sience a été portée." Tournefort 1694, Bd. 1, S. 12f.; hierauf verweist auch Stroup 1990, S. 113.

teres Werk, die *Histoire des plantes qui naissent aux environs de Paris*.[204] Alice Stroup argumentiert, dass Tourneforts Verdichtung des *Histoire*-Projekts auf die Grundlagen und (Klassifikations!-)Methoden der Botanik auf der einen und seine geographische Reduktion der umfassenden Thematik (zunächst auf den Pariser Raum) auf der anderen Seite dazu geführt hätten, dass das ursprüngliche Gesamtprojekt schließlich aufgegeben bzw. hintangestellt wurde.[205] Auf die komplexen Vorgänge hinter der Arbeit Tourneforts und den anderen (botanisch interessierten) Akademiemitgliedern sowie auf die vielfältigen Gründe für das Scheitern des *Histoire*-Projekts – seien sie nun inhaltlicher, finanzieller oder personeller Natur – soll hier jedoch nicht eingegangen werden.[206] Unbestreitbar ist die besondere Bedeutung des mehrfach erwähnten Projekts, wie auch Tourneforts Einführung zu entnehmen ist.[207] Fast erscheint die von der Akademie geplante (und in der *Collection des Vélins* bereits zu ihrer künstlerischen Vollendung gebrachte)[208] *Histoire des plantes* als steter repräsentativer und die eigene Arbeit legitimierender Bezugspunkt. Wie bereits im Widmungstext (s. S. 323) werden auch der medizinische Wert der Botanik und die entsprechenden Verdienste (etwa des königlichen Leibarztes und Direktors des *Jardin des Plantes* Guy-Crescent Fagon) hervorgehoben. Indem Tournefort wiederholt auf den traditionellen Dualismus von der Schönheit und zugleich Nützlichkeit der Botanik Bezug nimmt, ebnet er dem ‚reinen Studium der Pflanzen', das den *Élémens de botanique* zugrunde liegt, den Weg. So gesehen erscheint die Gliederung seines Werks in besonderem Maße durchdacht. Der eigentliche Inhalt – die *Troisième Partie. Dénombrement des Classes, & des Genres des Plantes* – beginnt erst auf Seite 66. Auf Widmung, Vorbemerkung, Literatur- und Inhaltsverzeichnis folgt die umfassende Einführung, die sowohl die Grundsätze als auch die Geschichte der Botanik thematisiert: *Idée generale de la botanique, avec une Histoire abregée de cette Sience*. Dieser Text, in dem Tournefort auch auf die *Collection des Vélins* und das *Histoire*-Projekt eingeht, liefert die Basis für die anschließende Erläuterung seines Klassifikationssystems: *Premiere Partie. Comment on doit établir les genres des Plantes* (S. 17),

204 Dabei handelt es sich um eine nach Tourneforts botanischen Streifzügen durch die Gegend um Paris (etwa im Bois de Boulogne, in Vincennes sowie an vielen anderen Orten) geordnete Aufstellung verschiedener Pflanzen nebst ihrer medizinischen Verwendung. Anders als in den *Élémens de botanique* und der geplanten allgemeinen *Histoire des plantes* enthalten die über 500 Seiten jenes Werks keinerlei Abbildungen; vgl. Tournefort 1698.

205 Stroup 1990, S. 113–115.

206 Vgl. hierzu Laissus/Monseigny 1969 und ausführlich Stroup 1990.

207 „Plusieurs personnes de grande distinction ont honoré la Botanique de leur attachement; mais je ne vois rien de si glorieux pour cette sience, que cette admirable Histoire de plantes peintes au naturel, qui fait un des plus beaux ornemens du Cabinet du Roy. Elle a été commencée par l'ordre de feu Monseigneur Gaston Duc d'Orleans, qui employait à ce travail le sieur Robert excellent Peintre en miniature. Et Sa Majesté, dont la puissante protection fait fleurir les siences, & les beaux arts, a donné la conduite de cet ouvrage à Monsieur Fagon son premier Medecin, qui a joint une profonde connoissance des plantes, & de tout ce qui regarde la Phisique, à une extraordinaire habileté dans la Medecine." Tournefort 1694, Bd. 1, S. 12 (es folgt der in Anm. 4.203 zitierte Passus).

208 Zur *Collection des Vélins* s. S. 100–102.

Seconde Partie. Comment on doit établir les classes des Plantes (S. 40). Der zeitgenössische Leser wird sich kaum über die in den beiden Bildbänden enthaltenen Stiche nach Vorlagen Claude Aubriets, einem Nachfolger des berühmten Nicolas Robert, gewundert haben, die Tourneforts Werk besonders hervorheben und es in eine Linie mit den berühmten *vélins* und der geplanten *Histoire des plantes* stellen.

Trotz einer mindestens bis zu den Anfängen des Großherzogtums zurückreichenden Tradition botanischer Forschung und Interessen in der Toskana schien es Micheli wesentlich schwerer zu fallen, solch einen Rekurs für sich und sein *Nova Genera*-Projekt nutzbar zu machen. Seinem französischen Vorbild mögen glückliche Umstände, wie die passende Anbindung an bestehende Projekte, die gegenwärtige Situation in der Akademie mit Pontchartrain als neuem ministeriellen Verantwortlichen sowie die allgemeine Funktion der Institution als königliches Patronage- und Propagandainstrument, entgegengekommen sein – Faktoren, die in Michelis Fall weitgehend fehlten. Der von Stroup in ihrem Abschlusskapitel (*The Academy as an Instrument of the Crown*) herausgestellte Aspekt der königlichen Akademie als „envy of the learned world"[209] kommt in Tourneforts *Élémens de botanique* voll zum Tragen. Anders als im Falle Michelis war eine zeitnahe Veröffentlichung des dreibändigen Werks ohne erkennbare finanzielle und inhaltliche Unterstützung von außen gewährleistet: eine Investition, die sich lohnen sollte, denkt man an den Erfolg, der dem in vielerlei Hinsicht neuen und leicht handhabbaren Klassifikationssystem beschieden war.

Das Besondere an Michelis *Nova Genera* liegt demgegenüber weniger in der Innovativität und Nachwirkung des Werks (auch wenn es von der Fachwelt durchaus positiv aufgenommen wurde), als vielmehr in seinem ‚Quellencharakter'. Auch ohne die Kenntnis von Targioni Tozzettis detaillierter Vita Michelis, von Briefen und anderen Aufzeichnungen gewähren die *Nova Genera* einen umfassenden und differenzierten Einblick in die Arbeitsumstände und das soziale Netzwerk ihres Autors. Der Florentiner Botaniker erscheint als Glied in einer bzw. in vielen Ketten mit teils losen, teils festen Verbindungen innerhalb der Toskana und Italiens sowie bis nach England, in die Niederlande oder an den kaiserlichen Hof in Wien. Wie anhand verschiedener Beispiele gezeigt wurde, lässt sich dieses Geflecht von Kontaktketten kaum in seiner ganzen Komplexität entwirren. Dieser Umstand macht es so erfreulich, dass die *Nova Genera* durch die sechsseitige Subskribentenliste zu Beginn des Werks, die kurzen Würdigungen der Namenspaten einzelner Gattungen und die immer wiederkehrenden Bezugnahmen auf Finder und Informanten geradezu mit wertvollen Hinweisen zu Michelis Netzwerk gespickt sind. Informationen solcher Art lassen sich – wenn auch in geringerem Umfang – ebenfalls aus den Katalogen der toskanischen *Giardini dei Semplici* und einem Großteil der botanischen Gemälde für die Sammlung von la Topaia herauslesen. So sind es nicht ausschließlich Sekundärquellen wie Briefkorrespondenz oder biographisches Material, sondern in besonderem

209 Stroup 1990, S. 223.

Maße die Werke selbst, die direkte Rückschlüsse auf das persönliche Umfeld und die Handlungen der beteiligten Protagonisten zulassen. Hierin liegt – von der inhaltlichen Seite abgesehen – das vereinende Moment der betrachteten Produktionen. Während die sozialen, Netzwerk-relevanten Aspekte der einzelnen Werke oftmals auf den ersten Blick sichtbar werden, enthüllt spätestens ein zweiter Blick, dass Bimbi, Tilli und Micheli innerhalb eines Konglomerats sich überlagernder Netze auseinander- wie zusammenführender Kontaktstränge agierten. Dabei manifestieren sich verschiedene Ausprägungen eines Umgangs mit botanischem Wissen. Den großherzoglichen Vorzügen von orts- und traditionsgebundener Repräsentativität, von Dekor und Prachtentfaltung (zwar gepaart mit dem Wissen über Herkunft und Eigenschaften der jeweiligen Pflanzen) stand der ‚wissenschaftliche Fortschritt', die Suche nach neuen, oftmals unscheinbaren Spezies, ihre adäquate Dokumentation und nachfolgende Klassifikation gegenüber – ein Unterfangen, das oft nur im Verbund und konstanten Austausch mit Fachkollegen zu realisieren war.

5. SCHLUSSBETRACHTUNG

Art and Science in Action – mit diesen Worten ließen sich Inhalt und Anspruch der vorliegenden Arbeit vielleicht besonders treffend zusammenfassen. Die explizite Anlehnung an Bruno Latours *Science in Action* (1987) fordert natürlich eine umgehende Erklärung. Der französische Wissenschaftssoziologe hat sich wiederholt mit der ‚sozialen' Bedeutung von Objekten und Instrumenten, von Ideen, Konzepten und Ergebnissen wissenschaftlicher Forschung auseinandergesetzt, die ebenso wie die mit ihnen operierenden Personen ihre Rolle in lokal wie international verzweigten Netzwerken einnehmen und in ihrer abstrakten oder auch konkreten Form wesentlich zum wissenschaftlichen Erkenntnisprozess beitragen.[1]

Am Beispiel der Zusammenhänge zwischen Ökonomie, Medizin und naturhistorischer Forschung in den Niederlanden des 17. Jahrhunderts hat Harold Cook auf die Verbindungen und den Informationsfluss zwischen einzelnen, oft weit voneinander entfernten lokalen Einheiten hingewiesen, die somit jeweils Teil eines größeren, im Falle der Niederlande nahezu global agierenden Netzwerks wurden.[2] Diese Argumentation aufgreifend bezieht sich Lissa Roberts in ihrer Einleitung zum Sammelband *Centres and cycles of accumulation* auf Latours Konzept einer Akkumulation von Personen, Dingen, Wissen etc., die in einem integrativen Prozess ökonomischer, politischer, technischer, sozialer und intellektueller Aktivität zur Grundlage wissenschaftlichen Erkenntnisgewinns werden können. Die Voraussetzung liegt dabei nicht allein in der dem Begriff ‚Zyklus' inhärenten Dynamik, der Befähigung jener Akkumulate sich zu bewegen und zu vernetzen, zuvor gilt es, diese zu ‚disziplinieren' und sozusagen für den Transport zu fixieren.[3] Die Zirkulation jener Personen, Dinge und Informationen lässt quasi automatisch ein flächendeckendes bzw. -überspannendes Netz von Peripherien und Zentren entstehen. So sind es die titelgebenden ‚Zentren und Zyklen der Akkumulation', die im weiteren Verlauf von Roberts' Text und in den einzelnen Beiträgen im Mittelpunkt stehen, wobei das Interesse gleichermaßen auf die Produkte wie die dahinterstehenden Prozesse jener Akkumulation gerichtet ist. Die frühneuzeitliche Publikationspraxis etwa erscheint als hybrider Prozess, der auf einer Ansammlung („accumulation") ganz verschiedenartigen Materials sowie auf unterschiedlichen sozialen, intellektuellen und praktischen Ressourcen beruhte.[4]

1 Vgl. Latour 1987, 1988.

2 Vgl. Cook 2007 (zu Latour etwa S. 176).

3 Roberts 2011, S. 5f. Der letztgenannte Aspekt bezieht sich auf die (für funktionierende *cycles of accumulation/calculation* unerlässlichen) *immutable mobiles* als Träger und Vermittler von Wissen, vgl. Latour 1988.

4 Roberts 2011, S. 14, 20f.

Auch die gemalten, gedruckten sowie handschriftlich überlieferten Kataloge toskanischer botanischer Vielfalt und Besonderheiten sind Produkte solcher Prozesse. Ein Blick auf die historischen Rahmenbedingungen und konkreten Umstände ihrer Entstehung, ihre unmittelbare Rezeption und weitere Verwendung hat wiederholt deutlich werden lassen, welche Vielzahl an verschiedenen Einflüssen und Interessen sich hinter den Werken Bimbis, Tillis und Michelis verbirgt. Um die Thesen und Ergebnisse der einzelnen Teile der Arbeit noch einmal zusammenfassend bewerten zu können, sei an dieser Stelle (rückwärts gewandt) auf die Protagonisten und ihre Netzwerke (Kapitel 4), das Zusammenspiel von Bild und Text (Kapitel 3) sowie die zu Grunde liegenden Villen und Gärten mit ihren Katalogen (Kapitel 2) eingegangen.

Auf welche Weise nicht nur Personen, sondern (über ihre Aktivität) etwa auch Objekte und daran geknüpfte Vorstellungen miteinander vernetzt waren, kam vor allem im letzten Teil der Arbeit mehrfach zum Ausdruck. Dem Maler Bartolomeo Bimbi wurden besonders schwere Kürbisse, schmackhafte Melonen oder eher nicht zum Verzehr geeignete Trüffel überbracht, damit er sie für Cosimos Sammlung bemerkenswerter Pflanzenportraits malen möge (Taf. VI, VII). Der Botaniker Pier Antonio Micheli erhielt von seinen Korrespondenten im In- und Ausland Samen, Pflanzenpräparate, Zeichnungen sowie aus Büchern oder eigener Anschauung gewonnene Informationen, die danach Eingang in die toskanischen Gärten, seine Sammlung und Handschriften, den *Hortus Pisanus* oder die *Nova Genera* fanden (z. B. Taf. XXIII, XXV). Sowohl Bimbis als auch Michelis Werdegang ist in enger Verbindung mit dem großherzoglichen Hof, allen voran der Passion Cosimos III. de' Medici für seltene Blumen und Früchte zu sehen. Offenbar unterhielten beide vielfältige Kontakte zu Angehörigen des Hofes, erhielten Aufträge und Möglichkeiten sich zu profilieren, wobei im Falle Michelis schnell auch klare Grenzen sichtbar wurden. Anhand Giovanni Targioni Tozzettis umfangreicher Vita seines Lehrers, der zu großen Teilen darin abgedruckten Korrespondenz sowie weiteren Briefen, die etwa Michelis Freunde und Förderer untereinander austauschten, werden die Schwierigkeiten des Florentiner Botanikers, seine eigenen fachlichen Interessen gegenüber der Arbeit als *Botanico del Granduca* zu behaupten, vielfach deutlich. In Antonio Cocchis *Elogio di Pietro Antonio Micheli* (1737) klingt schließlich an, was seinem wissenschaftlichen Ideal entsprochen hätte: das Studium der Botanik um ihrer selbst willen, ähnlich wie es Joseph Pitton de Tournefort unter der Protektion des Sonnenkönigs („[…] sotto così splendida protezione [del Re di Francia] […]") möglich gewesen sei.[5]

Ein wiederholter Vergleich mit den Vorgängen in Frankreich am Hofe Ludwigs XIV. und im Umfeld der *Académie Royale des Sciences* lässt Ähnlichkeiten aber auch Unterschiede zur Situation in der Toskana der *ultimi Medici* greifbar werden. Während Tournefort mit seinem Werk, trotz unterschiedlicher inhaltlicher Ausrichtung, an bestehende Traditionen wie die *Collection des Vélins* oder das Projekt zur Erstellung einer umfangreichen

5 Vgl. Cocchi 1737 (Zitat, S. 7f.), s. S. 270.

Histoire des plantes anknüpfen konnte, war Michelis *Nova Genera* weniger Erfolg beschieden, so dass die *Stamperia Granducale* die Drucklegung des *Hortus Pisanus* vorzog. Die Publikation seines pflanzenklassifikatorischen Werks konnte Micheli schließlich durch die Unterstützung eines lokal wie international weit verzweigten Netzwerks realisieren, wovon nicht zuletzt die *Nova Genera* selbst umfassend Zeugnis ablegen.

Abgesehen von den verschiedenen Netzwerk-relevanten Aspekten (der Herkunft der verzeichneten Spezies, den Namen und gegebenenfalls der Rolle von Vermittlern, Unterstützern etc.) zeugen die ‚Kataloge' Bimbis, Tillis und Michelis von jeweils unterschiedlichen Strategien der Ordnung und Vermittlung von Informationen. Gemeinsam ist dabei allen Produktionen die enge Korrespondenz zwischen Bild- und Textelementen, die die relevanten Informationen im Verbund erzeugen, transportieren und kommunizieren. Was das Besondere an oben genanntem Trüffel war und warum dieser eher nicht verspeist werden sollte, verrät die kunstvoll in das Gemälde integrierte Inschrift (s. Anm. 4.19). Zwei in ihrer Konzeption einander nahezu gleichende Kupferstiche komplettieren die Beschreibung der kostbaren Jasminvarietäten im *Hortus Pisanus* (Abb. 18, 19, 65). Wie genau die Vertreter einer Gattung zu identifizieren und zu klassifizieren waren, erläutern in den *Nova Genera* die jeweilige Bildtafel, entsprechende Beschreibungen der Gattung und einzelner Arten sowie ein zwischengeschaltetes Referenzsystem von Ziffern und Lettern.

Die Art der Aufbereitung und des gegenseitigen Verweischarakters von Bild und Text lässt auf unterschiedliche Traditionen und Funktionen der Werke schließen. Der Dokumentation und Repräsentation heimischer wie exotischer Flora in Bimbis prächtigen Stillleben und Tillis Katalog des geschichtsträchtigen botanischen Gartens in Pisa steht in Michelis *Nova Genera* der Anspruch gegenüber, auch unscheinbare Pflanzen zu analysieren und zu klassifizieren. Der Blick auf die inhaltlichen Strukturen der verschiedenartigen Produktionen verdeutlicht die dahinterstehenden Ideen und Prozesse, was nicht zuletzt die Beweggründe einer Bevorzugung des *Hortus Pisanus* am Material selbst nachvollziehbar werden lässt. Dabei ist anzumerken, dass Analyse und klassifizierende Ordnungsmuster auch im Werk Bimbis und Tillis eine Rolle spielten, etwa wenn über hundert Birnenvarietäten nach Reifezeiten sortiert werden (Taf. III), sich die Ergebnisse der Sektion eines Trüffels oder einer Jasminblüte minutiös nachlesen lassen oder alphabetisch geordnete Listen das Finden und Vergleichen einzelner Pflanzenspezies auf beinahe 200 Textseiten erleichtern. Umgekehrt waren Dokumentation und Repräsentation auch Micheli ein Anliegen, verzeichnen die *Nova Genera* doch insgesamt 1.400 ‚neue' Arten und Varietäten, die oftmals auch auf den 108 Bildtafeln dargestellt sind.

Auf die Nähe zwischen Formen der (bildlichen) Darstellung und (textlichen) Beschreibung, zwischen (oftmals schematisierenden) Ordnungs- und Analyseverfahren in den Bereichen der frühneuzeitlichen Kunst, Kultur und Naturforschung wurde wiederholt hingewiesen (s. bes. Kapitel 3.1, 3.5). Vielfältige Querverweise und Zusammenhänge zwischen den Werken Bimbis, Tillis und Michelis unterstreichen schließlich die tatsächliche inhaltliche Nähe der ‚Kataloge' bzw. der Aktivität ihrer Autoren untereinander.

All jene ‚Kataloge' stellen in der Regel Bezüge zu konkreten – ‚botanisch' konnotierten – Orten her, zu deren Abstraktionen sie gleichermaßen werden. Vereint im Casino della Topaia, einem abgeschiedenen Ort des Rückzugs, der Spiritualität und der gärtnerischen Freuden, verweisen Bartolomeo Bimbis bemerkenswerte Pflanzenportraits auf Vielfalt und Besonderheiten der toskanischen Flora sowie zugleich auf die Reichweite des großherzoglichen Einflussbereichs und die Herrlichkeit der Schöpfung Gottes. Das florierende Großherzogtum Toskana wird auch in den Katalogen der botanischen Gärten in Pisa und Florenz gespiegelt, deren Anlage (wie die zahlreicher nicht minder berühmter Villengärten wie Boboli, Castello oder Pratolino) ins 16. Jahrhundert und somit die Zeit der ersten Großherzöge des Hauses Medici zurückgeht. Die Katalogpublikationen von 1723 und 1748 greifen entsprechende Traditionen auf bzw. scheinen diese in gewisser Weise zu konstruieren, denkt man an Giovanni Targioni Tozzettis umfangreiche *Praefatio* des *Hortus Florentinus*, die einer glanzvollen, in der Folge immer wieder zitierten und nur selten korrigierten, Geschichte botanischer Interessen, Aktivitäten und Institutionen im Großherzogtum Toskana gleichkommt. In Michelis *Nova Genera* spielen ortsgebundene Tradition und Repräsentation zwar eine weitaus geringere Rolle. Dennoch bezieht sich der Autor auch hier vorwiegend auf den toskanischen Raum, indem oftmals Pflanzen aus der unmittelbaren Umgebung verzeichnet werden. Hinzu kommen Ergebnisse im Auftrag des Großherzogs unternommener Reisen sowie Hinweise von Korrespondenten im In- und Ausland, was den zu Grunde liegenden geographischen Raum über die Grenzen der Toskana hinaus ausdehnt. Räumliche Ausdehnungen (über die großherzoglichen Gärten und Ländereien oder die botanischen Gärten hinaus) finden sich auch in Bimbis Gemälden für la Topaia und den Katalogen der beiden toskanischen botanischen Gärten, doch formulieren diese Werke (und Orte) dezidiert andere Ansprüche. Als Latour'sche *natural allies* stehen die ausgesuchten Blumen, Früchte und meist seltenen Pflanzen (anders als Michelis Pilze, Flechten etc.) im Dienste der Herrschaft der Medici (s. S. 110f.). Die Villen und Gärten selbst, Bimbis Gemälde als Dokumente toskanischer botanischer Vielfalt und Außergewöhnlichkeit sowie die ebensolche Reichtümer verzeichnenden Katalogpublikationen werden zu *(living) maps* des spät-mediceischen Herrschaftsgebiets, zu Projektionsflächen fürstlicher Repräsentation und der Formulierung territorialer und intellektueller Ansprüche.

Denkt man nun noch einmal an den ganz zu Beginn zitierten Passus aus Civininis *Lezione accademica della storia degli agrumi*, so erscheinen die Reichtümer der Natur in all ihrer Pracht in vielfacher Hinsicht als Quelle intellektueller (sowie künstlerischer und kultureller) Auseinandersetzung: *pompa e intelletto* schwingen dabei in sämtlichen Produktionen zur Glorifizierung des Hauses Medici mit. Dies trifft sich mit Pamela Smiths These einer nicht zuletzt durch das Studium der Natur bedingten Nähe zwischen Künsten und Wissenschaften in der frühen Neuzeit (s. S. 2f.). Oft sind es nicht ausschließlich die jeweiligen Produktionen – Gemälde, Zeichnungen, Druckwerke etc. –, sondern vor allem auch die Netzwerke und Vorgänge im Hintergrund, die solche Wechselwirkungen veranschaulichen und nachvollziehbar werden lassen (s. S. 4).

Das Beispiel der Botanik bzw. der Arbeit Bartolomeo Bimbis und Pier Antonio Michelis in der Toskana der *ultimi Medici*, allen voran des vorletzten Großherzogs Cosimo III., hat gezeigt, dass künstlerische wie wissenschaftliche Aktivitäten unter fürstlicher Protektion stets der orts- und traditionsgebundenen Repräsentation sowie der Schaffung eines möglichst langfristigen (territorial wie intellektuell konnotierten) Andenkens dienten. Dabei zeigen die verschiedenen Werke oftmals selbst Möglichkeiten und Grenzen der großherzoglichen Patronage auf. Wissenschaftsförderung schien nicht mehr den Stellenwert bzw. eine andere Gestalt zu besitzen als rund 50 Jahre zuvor zur Zeit der *Accademia del Cimento* oder zur gleichen Zeit in Frankreich mit der *Académie des Sciences.* Zwar existierte die 1718 durch Cosimo III. offiziell anerkannte *Società Botanica Fiorentina,* die Zahlungen von Seiten der Krone erhielt und zu deren Zuständigkeiten unter anderem die Pflege des botanischen Gartens in Florenz gehörte. Doch war sie vielmehr ein Instrument zur Schaffung eines lokalen Netzwerks von Fachleuten und Liebhabern als eine Institution programmatischer Unterstützung wissenschaftlichen Fortschritts.

Darüber hinaus entwerfen die betrachteten Produkte und Prozesse botanischer Aktivität im Großherzogtum ein weites und vielschichtiges Panorama der lokalen wie internationalen Vernetzung von Personen, Interessen und Objekten, das nicht zuletzt die Tragweite des Ineinandergreifens und Gegeneinanderlaufens von fürstlichen Repräsentationsansprüchen und botanischen Forschungsinteressen aufzeigt. Nur wenn das Zusammenspiel von *pompa e intelletto* gewährleistet war, so scheint es, diente ein (botanisches) Gemälde, Buch oder auch ein Garten der Schau – zwar langsam verblühender, doch wohl dokumentierter – großherzoglicher Macht, Reichweite und Gelehrsamkeit.

FARBTAFELN

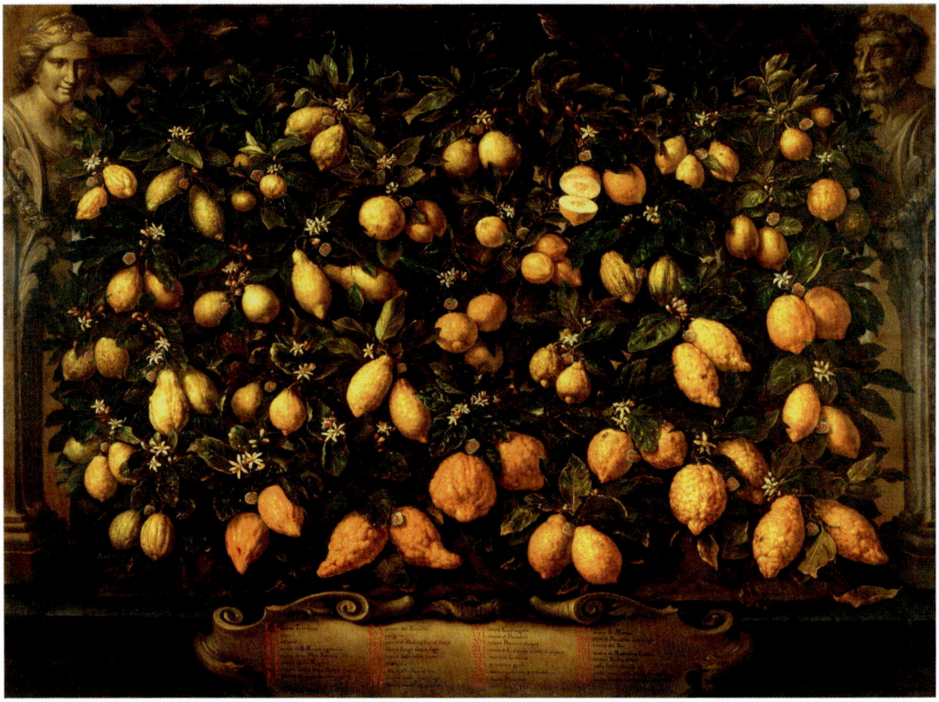

I Bartolomeo Bimbi: Zitrusfrüchte, 1715, 174×233 cm, Poggio a Caiano, Museo della Natura Morta
© bpk / Scala – courtesy of the Ministero Beni e Att. Culturali.

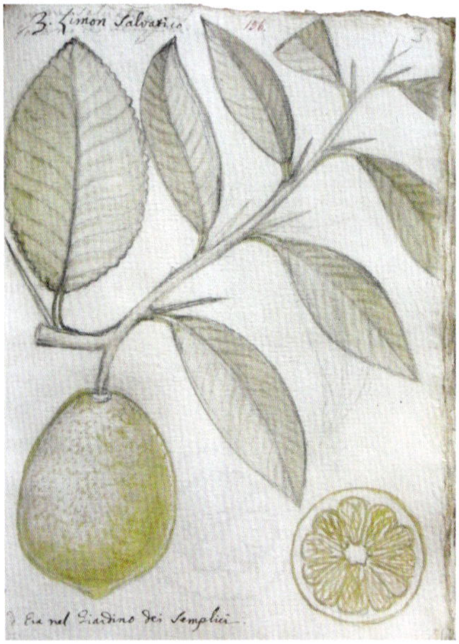

II

Limon Salvatico, in: *Enumeratio quarundam Plantarum [...] tomus IX*, Florenz, Biblioteca Botanica dell'Università, ms. Micheli 48, c. 136r.

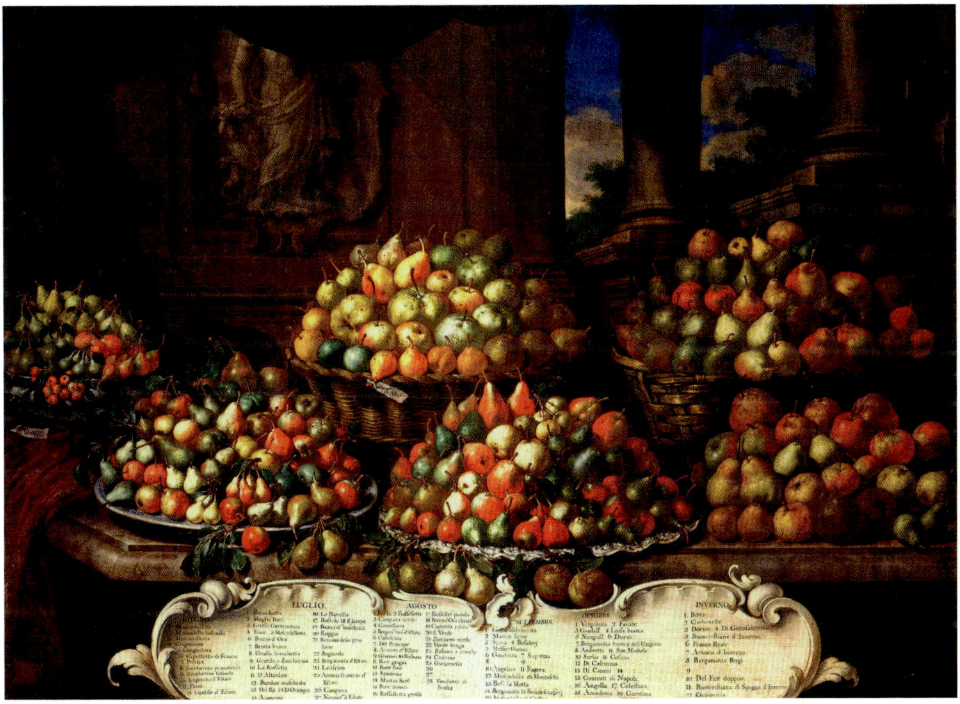

III Bartolomeo Bimbi: Birnen, 1696, 171 × 228 cm, Poggio a Caiano, Museo della Natura Morta © bpk / Scala.

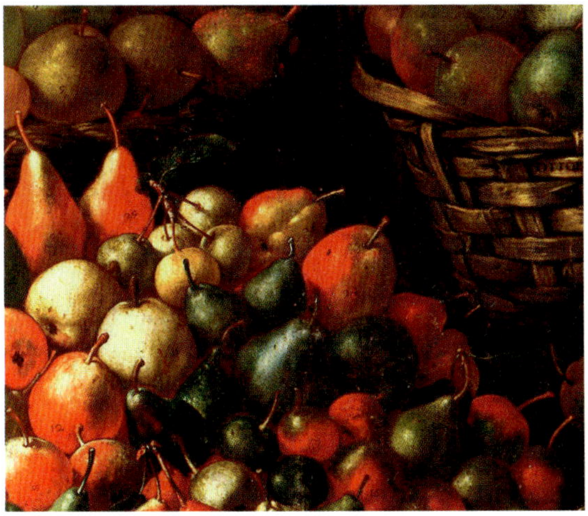

IV *Cedrone* (Detail), Bartolomeo Bimbi: Birnen, 1696, 171 × 228 cm, Poggio a Caiano, Museo della Natura Morta © bpk / Scala.

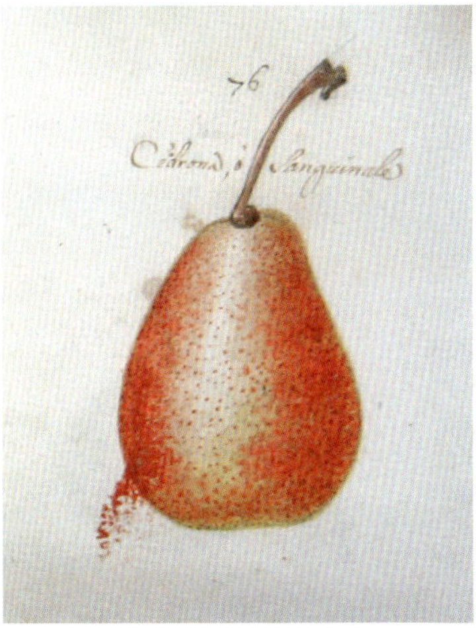

V *Cedrona, ò Sanguinale*, in: *Enumeratio quarundam Plantarum […] tomus* X, Florenz, Biblioteca Botanica dell'Università, ms. Micheli 49, c. 186r.

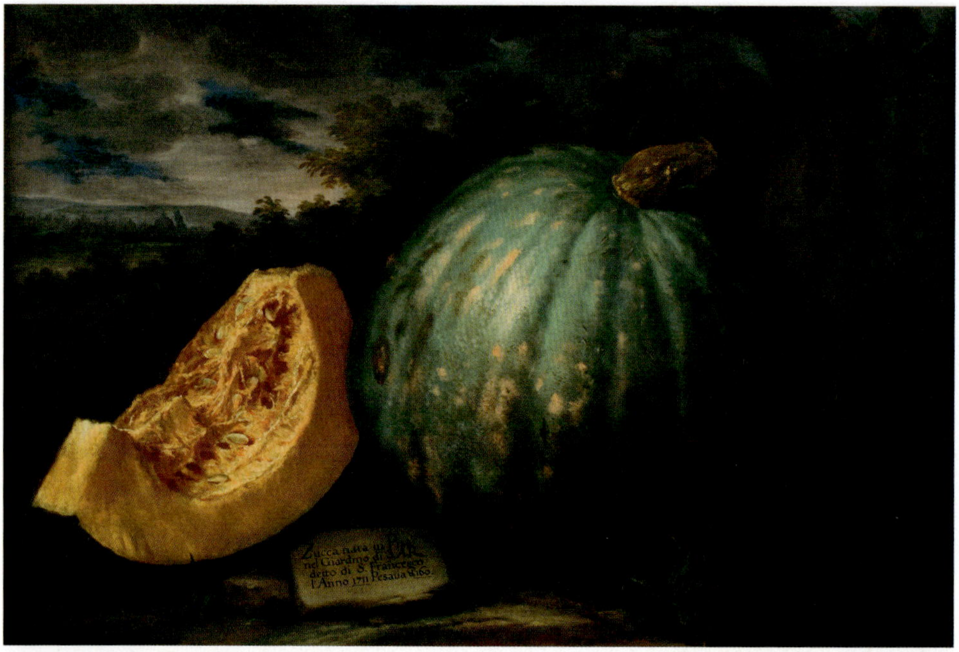

VI Bartolomeo Bimbi: Kürbis, 1711, 95 × 138,5 cm, Florenz, Museo di Storia Naturale, Sezione Botanica.

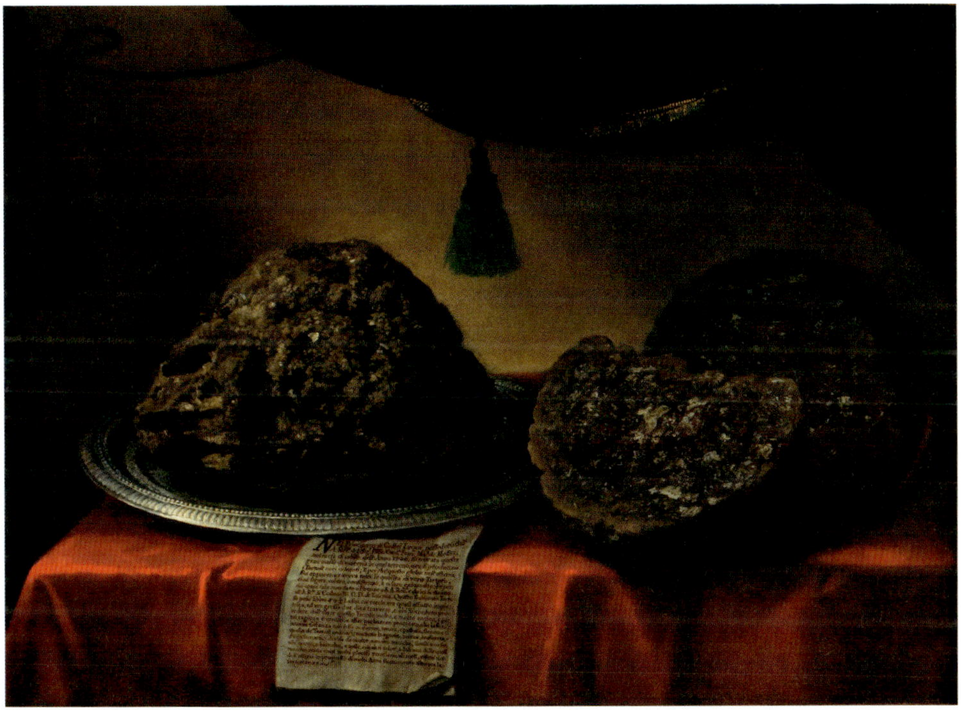

VII Bartolomeo Bimbi: Trüffel, 1706, 89 × 121,5 cm, Florenz, Museo di Storia Naturale, Sezione Botanica.

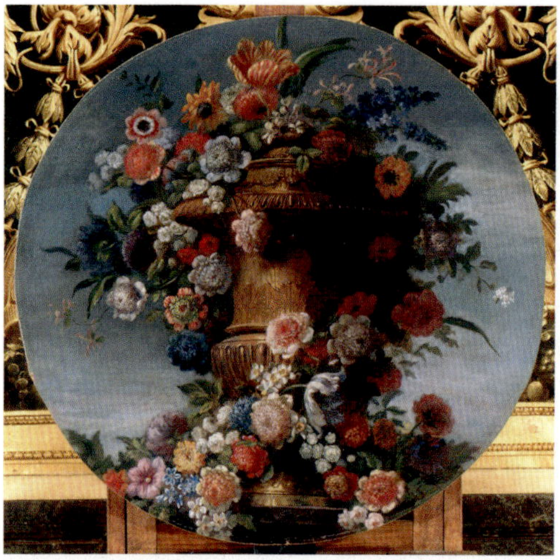

VIII Blain de Fontenay: Vase mit Blumengirlande, Châteaux de Versailles et de Trianon © bpk / RMN – Grand Palais / Gérard Blot.

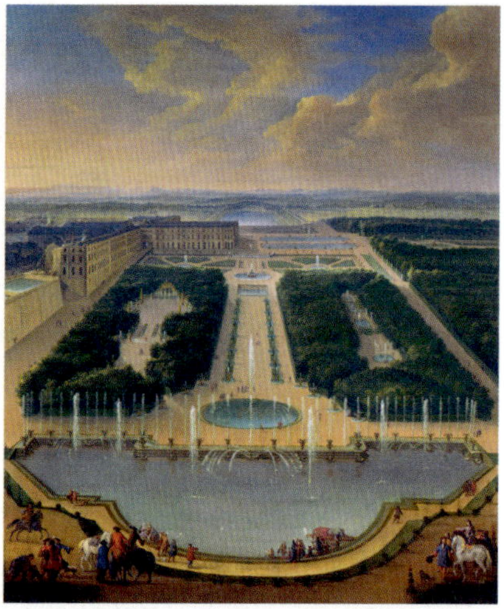

IX Jean-Baptiste Martin: Blick auf Schloss und Gartenanlagen von Versailles (*Vue du bassin de Dragon et de Neptune*), Châteaux de Versailles et de Trianon © bpk / RMN – Grand Palais / Jean-Marc Manaï.

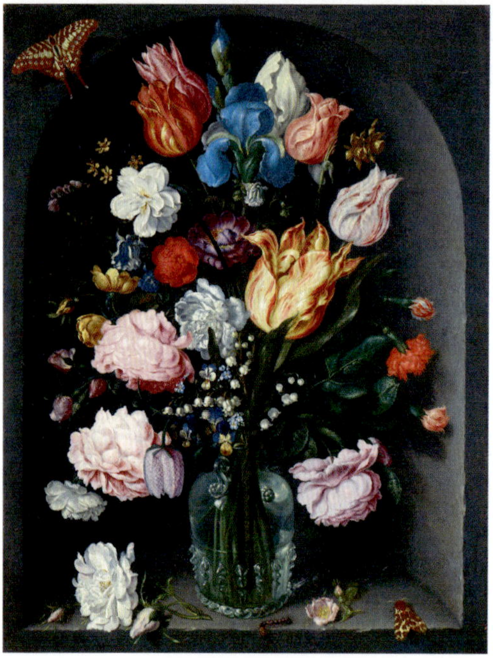

X Jacques de Gheyn II: Blumenvase in Nische, 1612, 58×44 cm, Den Haag, Mauritshuis.

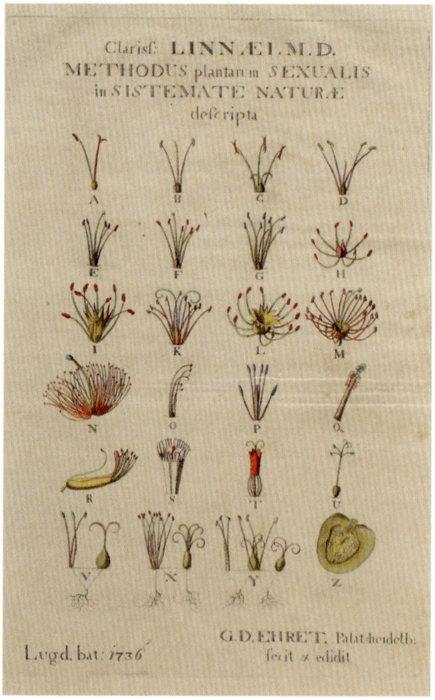

XI Georg Ehret: *Methodus plantarum sexualis*, in: Carl von Linné: *Systema naturae* (1735).

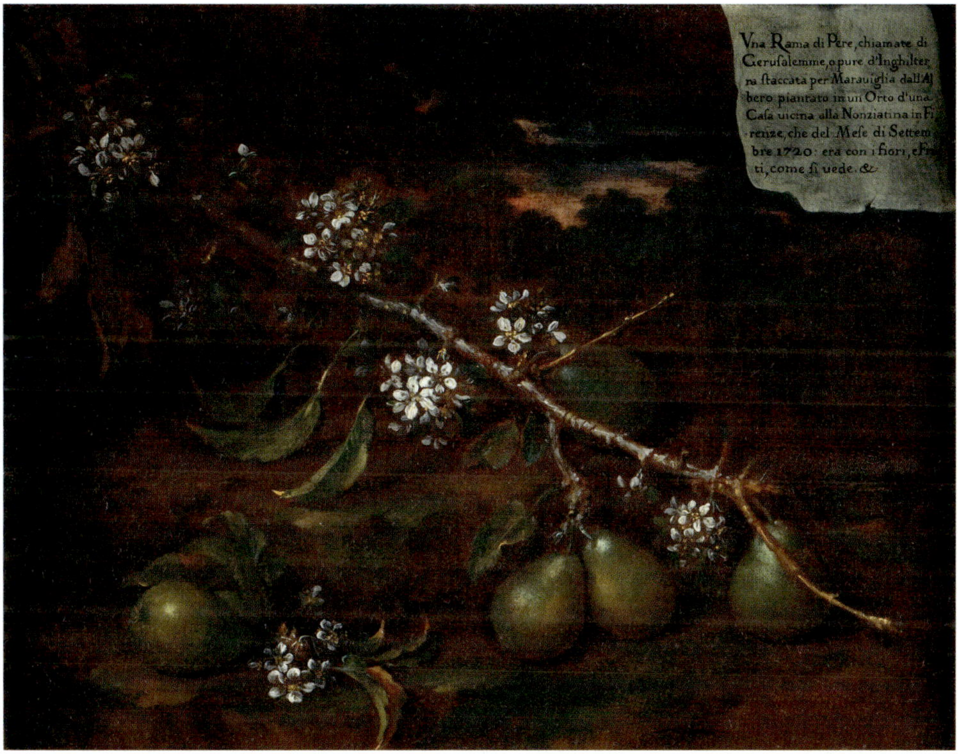

XII Bartolomeo Bimbi: Birnenzweig mit Blüten und Früchten, 1720, 50 × 63,7 cm, Florenz, Museo di Storia Naturale, Sezione Botanica.

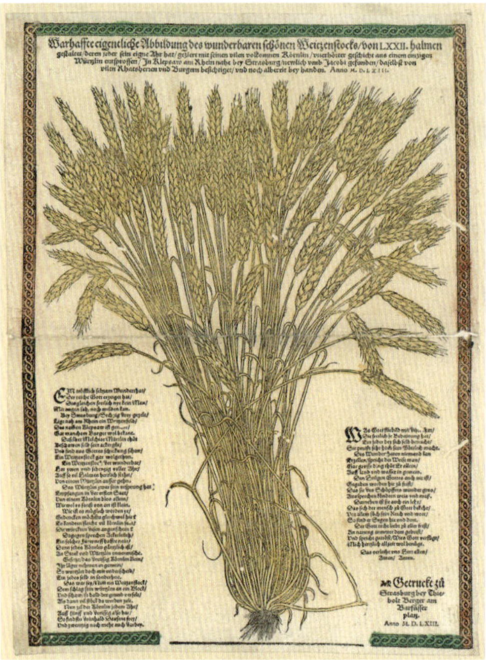

XIII

Warhaffte eigentliche Abbildung des wunderbaren schönen Weitzenstocks [...], Straßburg 1563, Zürich, Zentralbibliothek, Wickiana.

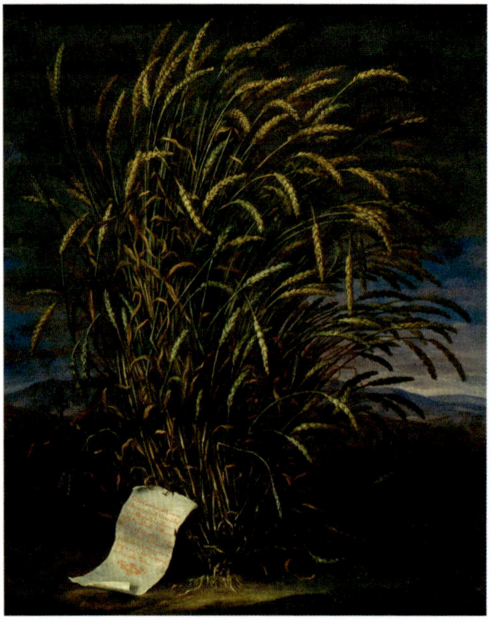

XIV

Bartolomeo Bimbi: Ertragreicher Weizenstock, 1713, 144 × 116 cm, Florenz, Museo di Storia Naturale, Sezione Botanica.

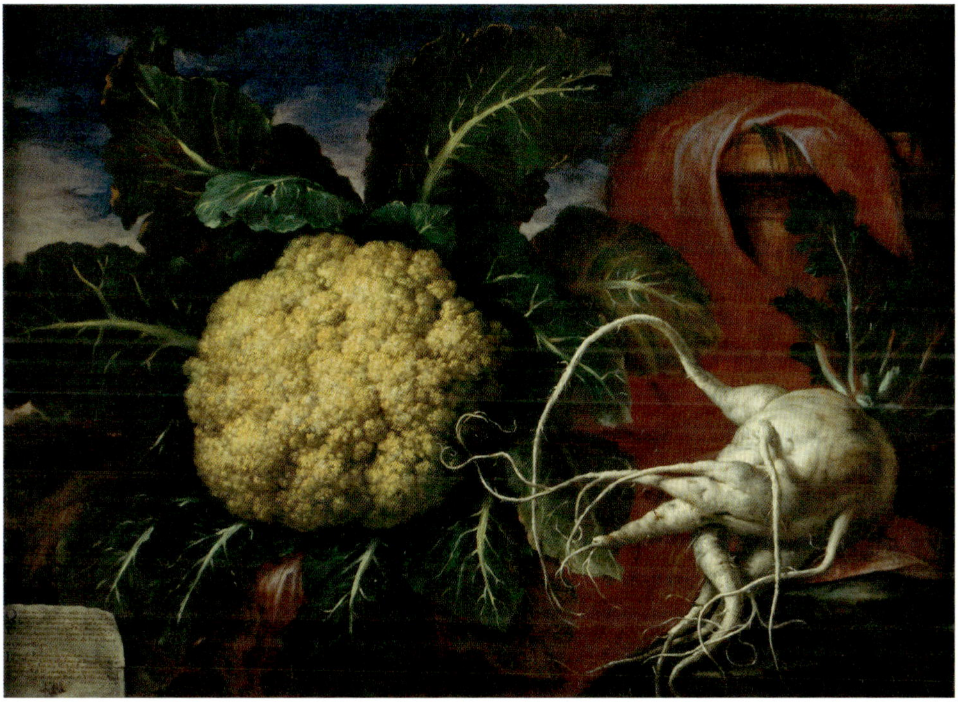

XV Bartolomeo Bimbi: Blumenkohl und Rettichrübe, 1706, 88 × 118 cm, Florenz, Museo di Storia Naturale, Sezione Botanica.

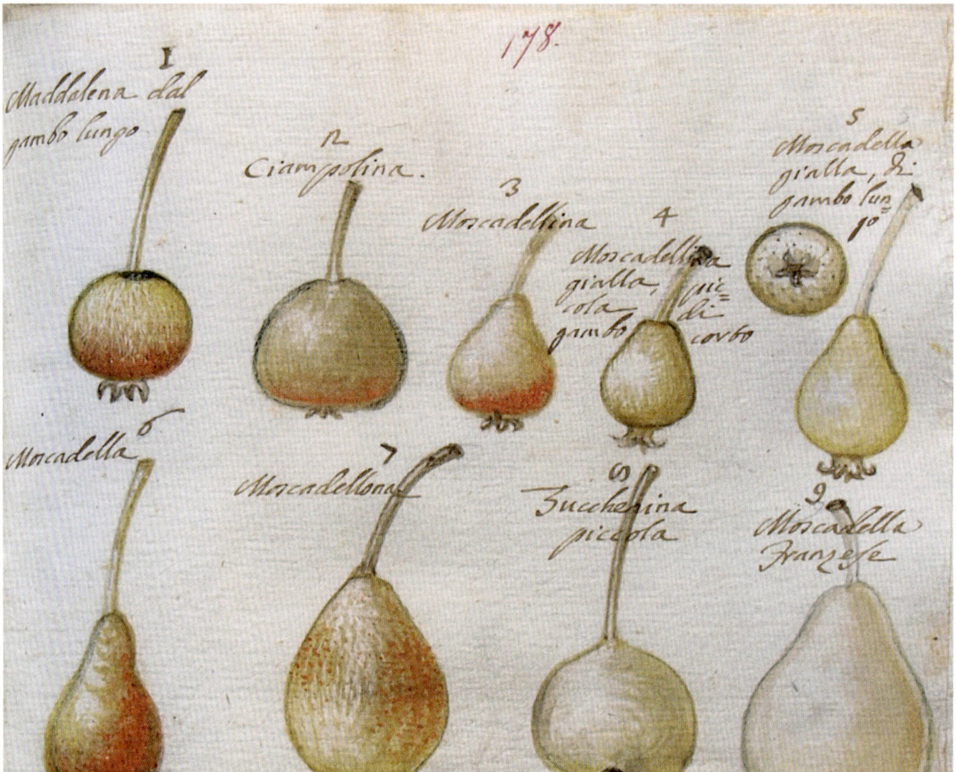

XVI Birnen, in: *Enumeratio quarundam Plantarum [...] tomus X*, Florenz, Biblioteca Botanica dell'Università, ms. Micheli 49, c. 178r.

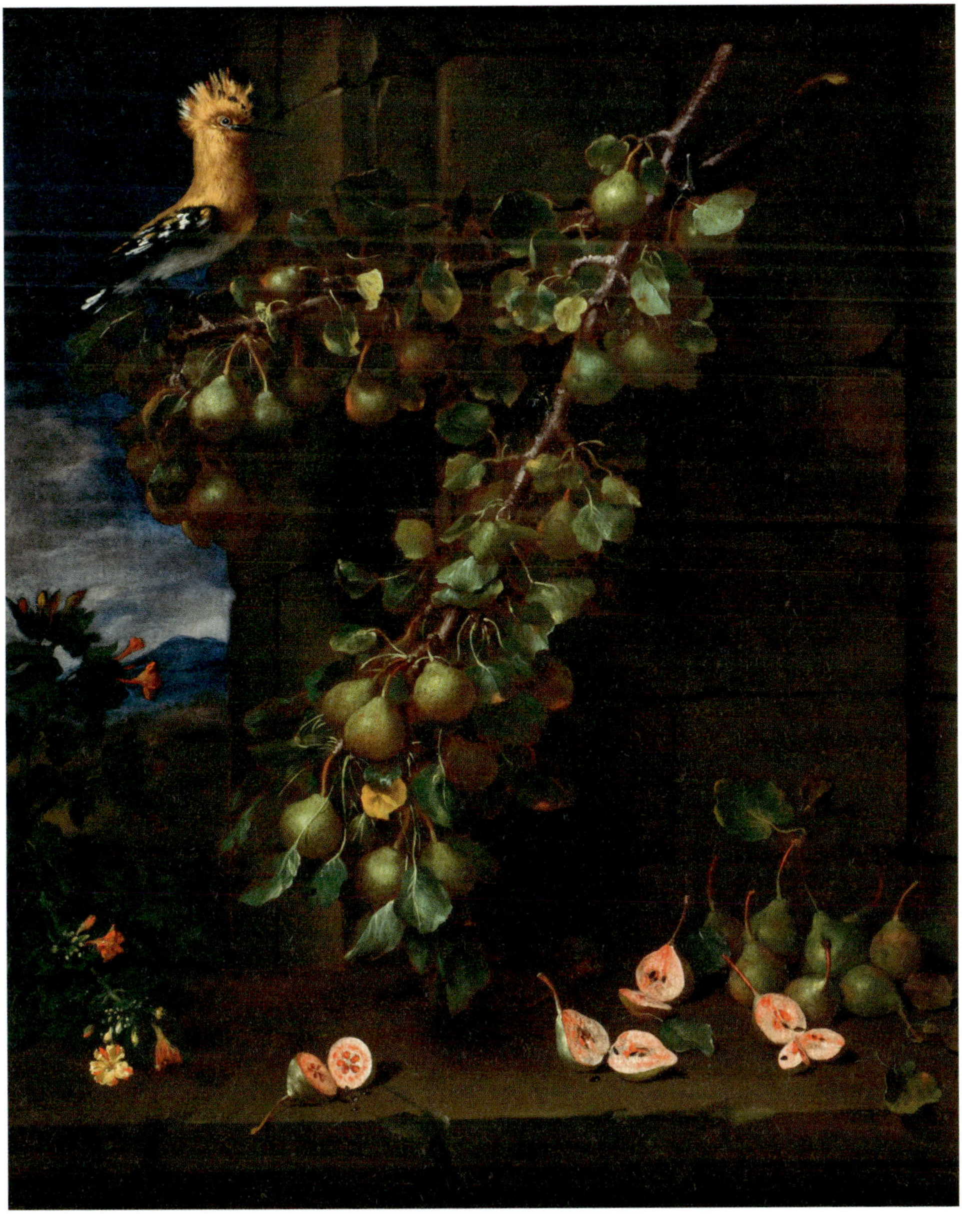

XVII Bartolomeo Bimbi: Birnenzweig mit Wiedehopf, 1717, 97 × 76 cm, Florenz, Museo di Storia Naturale, Sezione Botanica.

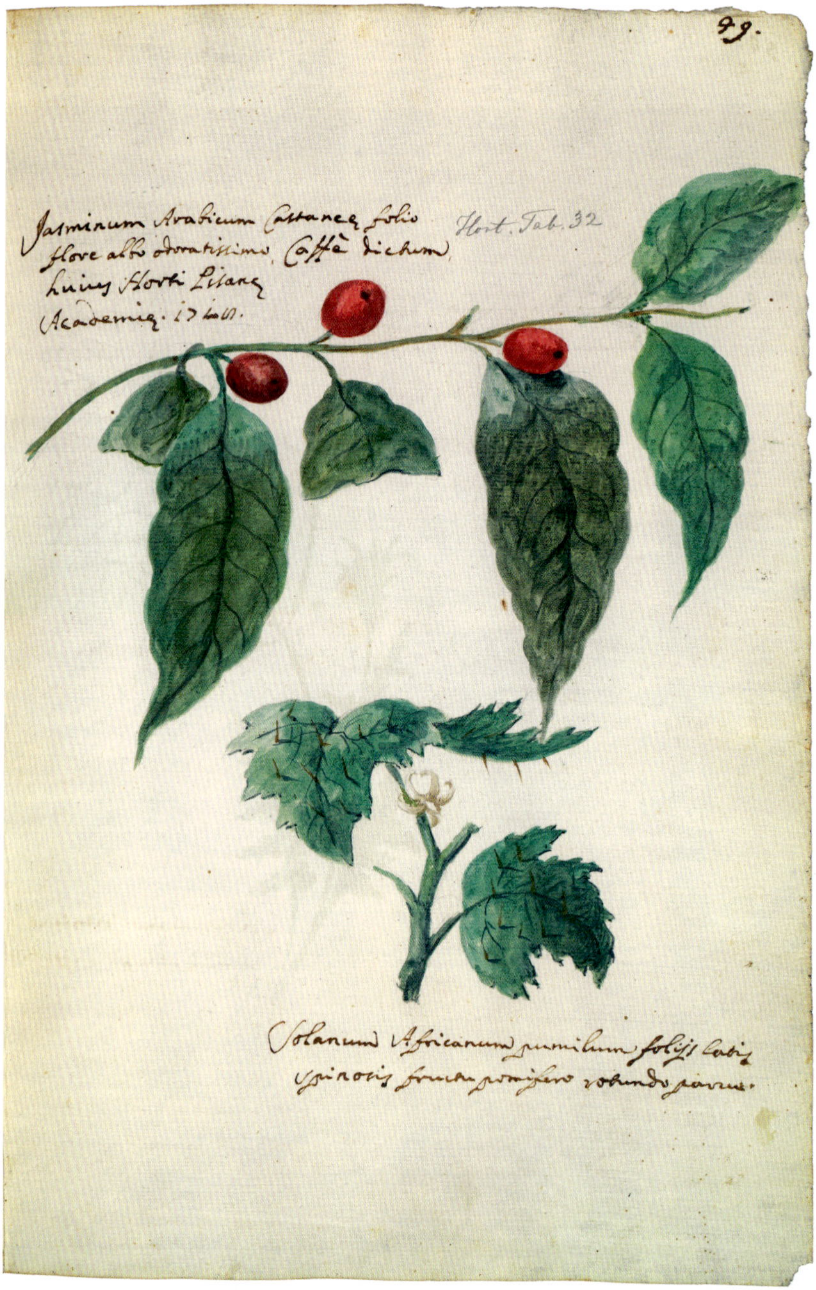

XVIII *Jasminum Arabicum*, in: *Specimen Plantarum, quae in Horto Medico Sapientiae Pisanae locisque finitimis extant* (1712–1730), London, Natural History Museum, Library and Archives, Banksian mss., drawings cupb'd 17 shelf B&C, Bd. 3.

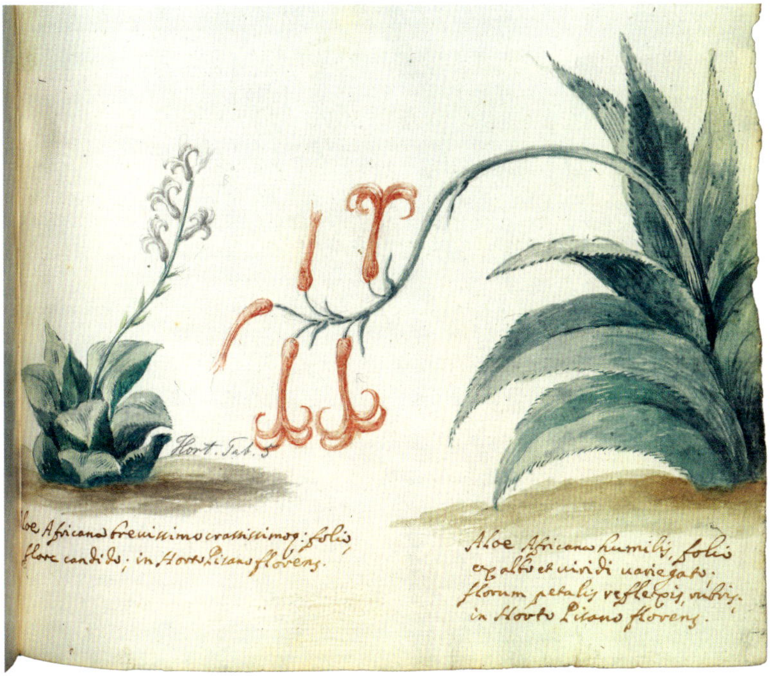

XIX

Aloe Africana humilis, folio [...] variegato, in: *Specimen Plantarum, quae in Horto Medico Sapientiae Pisanae locisque finitimis extant* (1712–1730), London, Natural History Museum, Library and Archives, Banksian mss., drawings cupb'd 17 shelf B&C, Bd. 3.

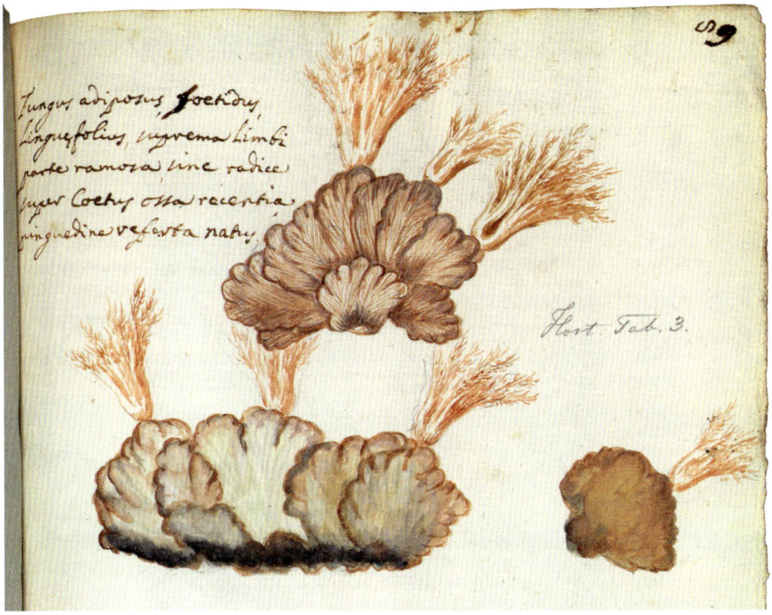

XX

Fungus adiposus, in: *Specimen Plantarum, quae in Horto Medico Sapientiae Pisanae locisque finitimis extant* (1712–1730), London, Natural History Museum, Library and Archives, Banksian mss., drawings cupb'd 17 shelf B&C, Bd. 3.

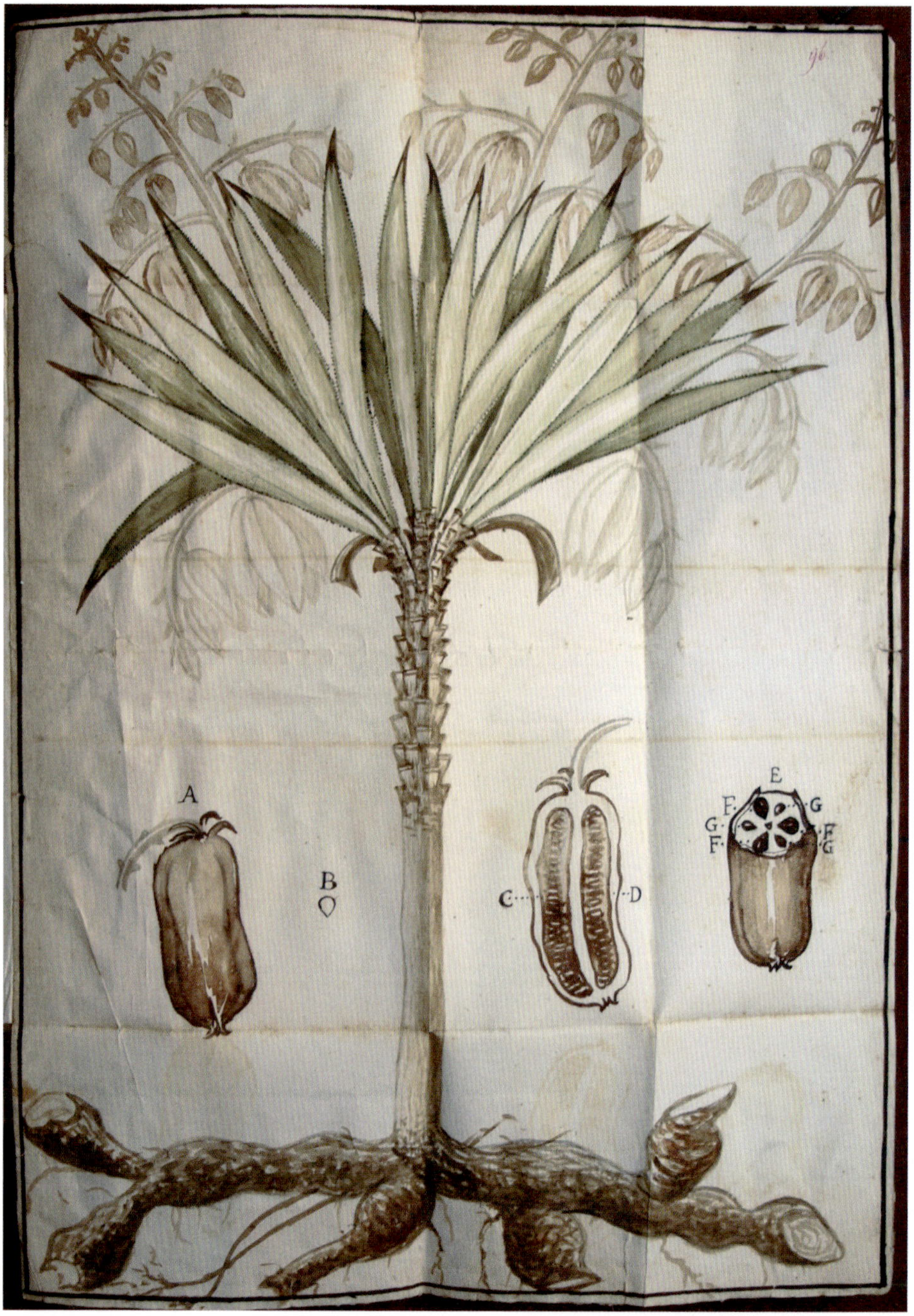

XXI *Jucca Indica*, in: *Enumeratio quarundam Plantarum [...] tomus IV*, Florenz, Biblioteca Botanica dell'Università, ms. Micheli 43, c. 96r.

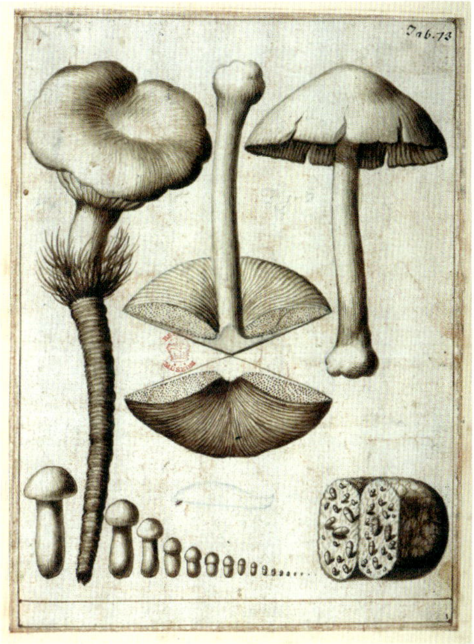

XXII

Vorzeichnung (*Fungus*), in: Pier Antonio Micheli: *Nova plantarum genera* (1723), London, British Library, 7032.i.22 © The British Library Board.

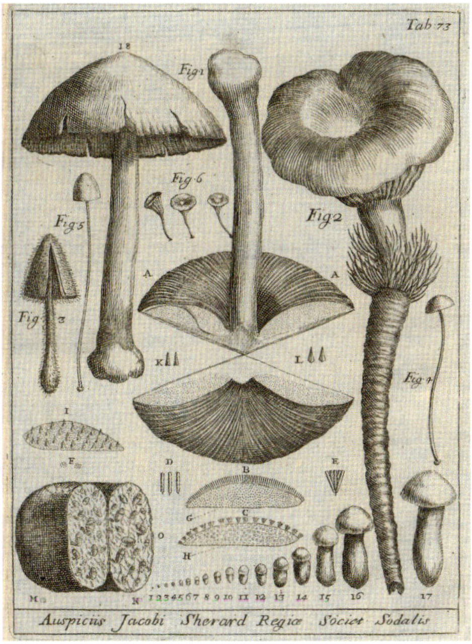

XXIII

Fungus, in: Pier Antonio Micheli: *Nova plantarum genera* (1729), Tab. 73.

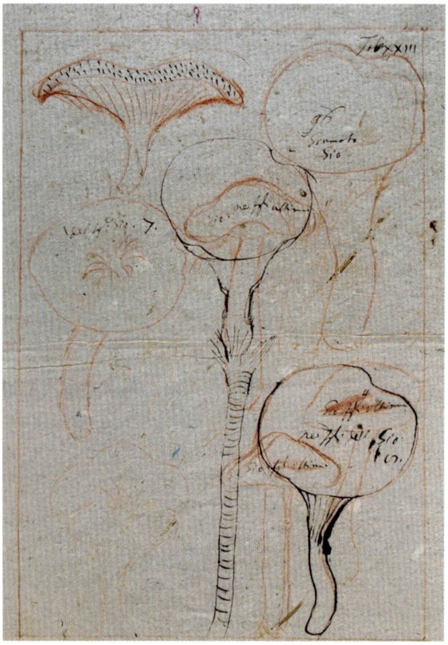

XXIV

Kompositionsskizze, in: *Tavole schematiche di disegni di funghi*, Florenz, Biblioteca Botanica dell'Università, ms. Micheli 67, c. 8v (Tab. XXIII).

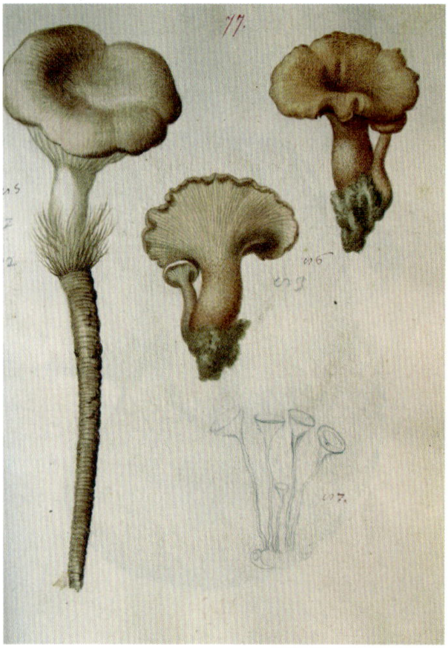

XXV

Aquarellzeichnungen verschiedener Pilze, in: *Codices duo exhibentes figuras plurimas Fungorum et Agaricorum a Bonechio expressas*, Florenz, Biblioteca Botanica dell'Università, ms. Micheli 66, c. 77r.

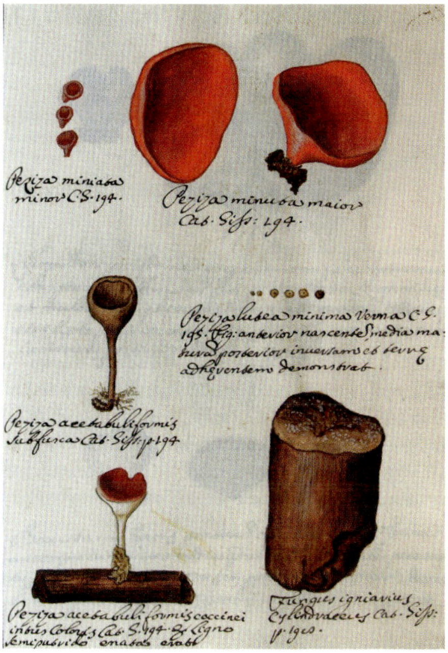

XXVI

Peziza miniata minor/Peziza minuta maior u.a., in: *Codices duo exhibentes figuras plurimas Fungorum et Agaricorum a Bonechio expressas*, Florenz, Biblioteca Botanica dell'Università, ms. Micheli 66, c. 37r.

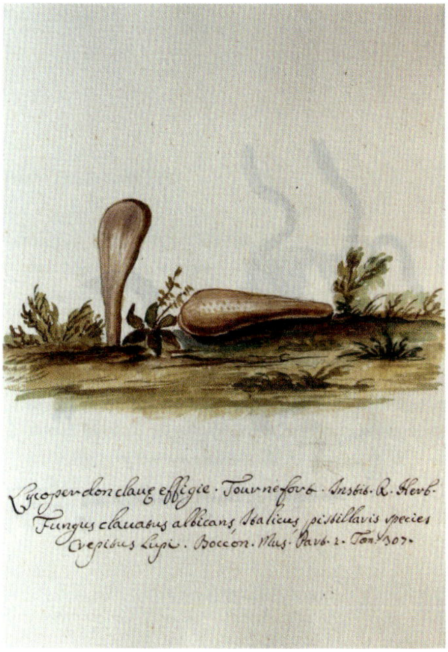

XXVII

Lycoperdon clave effigie, in: *Codices duo exhibentes figuras plurimas Fungorum et Agaricorum a Bonechio expressas*, Florenz, Biblioteca Botanica dell'Università, ms. Micheli 66, c. 51r.

Gedruckte Quellen

Aldrovandi 1642 – Aldrovandi, Ulisse: *Monstrorum historia*, hrsg. von Bartolomeo Ambrosini, Bologna 1642.

Aldrovandi 1690 – Aldrovandi, Ulisse: *Dendrologiae*, hrsg. von Georg Franck von Franckenau, Frankfurt am Main 1690 (erstm. hrsg. von Ovidio Montalbani, Bologna 1668).

Baldinucci 1725–30 (1975) – Baldinucci, Francesco Saverio: *Vite di artisti dei secoli XVII–XVIII* (1725–30), BNCF, *Fondo Palatino*, ms. 565, hrsg. von Anna Matteoli, Rom 1975.

Bauhin 1623 – Bauhin, Caspar: *Pinax theatri botanici*, Basel 1623.

Bauhin/Cherler 1650/51 – Bauhin, Jean/Cherler, Johann Heinrich: *Historia plantarum universalis*, Yverdon 1650/51, 3 Bde.

Boccone 1674 – Boccone, Paolo: *Icones & descriptiones rariorum plantarum Siciliae, Melitae, Galliae, & Italiae*, Oxford 1674.

Boccone 1697 – Boccone, Paolo: *Museo di fisica e di esperienze variato, e decorato di osservazioni naturali*, Venedig 1697.

Boerhaave 1720 – Boerhaave, Hermann: *Index alter plantarum quae in horto Academico Lugduno-Batavo aluntur*, Leiden 1720, 2 Bde.

Boerhaave 1778 – *Hermanni Boerhaave epistolae ad Joannem Baptistam Bassand Medicum Caesareum*, Wien 1778.

Boerhaave 1781 – *Hermann Boerhaavens Briefe an Johann Baptist Bassand Kaiserlichen Leibarzt*, übersetzt und kommentiert von Johannes Nusch, Frankfurt am Main/Leipzig 1781.

Civinini 1734 – Civinini, Giovanni Domenico: *Della storia degli agrumi [...] Lezione accademica*, Florenz 1734.

Clusius 1601 – Clusius, Carolus: *Rariorum plantarum historia*, Antwerpen 1601.

Cocchi 1734 – „Discorso di Antonio Cocchi Mugellano sopra l'Istoria Naturale letto da lui publicamente in Firenze in occasione del ristabilimento della Società Botanica Fiorentina il Dì II. di Settembre MDCCXXXIV", in: *Cl. Petri Antonii Michelii catalogus plantarum horti Caesarei Florentini, opus postumum*, hrsg. von Giovanni Targioni Tozzetti, Florenz 1748, S. LXIX–LXXXV.

Cocchi 1737 – Cocchi, Antonio: *Elogio di Pietro Antonio Micheli Fondatore della Società Botanica Fiorentina*, Florenz 1737.

Cocchi 1743 – Cocchi, Antonio: *Del vitto pitagorico per uso della medicina*, Florenz 1743.

Commelijn 1697 – Commelijn, Jan: *Rariorum plantarum horti medici Amstelodamensis descriptio & icones [pars prima]*, Amsterdam 1697.

Commelijn 1701 – Commelijn, Caspar: *Rariorum plantarum horti medici Amstelodamensis descriptio & icones [pars altera]*, Amsterdam 1701.

Commelijn 1703 – Commelijn, Caspar: *Praeludia botanica*, Leiden 1703.

Commelijn 1706 – Commelijn, Caspar: *Horti medici Amstelaedamensis plantae rariores et exoticae ad vivum aeri incisae*, Leiden 1706.

Contant 1609 – *Le jardin, et cabinet poetique de Paul Contant, apoticaire de Poictiers*, Poitiers 1609.

Dalechamps 1586 – Dalechamps, Jacques: *Historia generalis plantarum*, Lyon 1586, 2 Bde.

Danty d'Isnard 1717 – Danty d'Isnard, Antoine-Tristan: „Description de deux nouvelles especes de Lamium, cultivées au Jardin du Roy", in: *Histoire de l'Académie royale des sciences*, Paris 1717, S. 268–275.

del Migliore 1684 – del Migliore, Ferdinando Leopoldo: *Firenze città nobilissima illustrata*, Florenz 1684.

del Riccio 1981 – del Riccio, Agostino: *Del giardino di un re*, BNCF, ms. Targioni 46, hrsg. von Detlef Heikamp, in: *Il giardino storico italiano. Problemi di indagine, fonti letterarie e storiche*, hrsg. von Giovanna Ragionieri, Florenz 1981, S. 59–123.

Dempster 1723/24 – *Thomae Dempsteri de Etruria Regali libri VII. nunc primum editi curante Thoma Coke [...]*, Florenz 1723/24, 2 Bde.

Evelyn 1901 – *The Diary of John Evelyn*, hrsg. von M. Walter Dunne, New York/London 1901, 2 Bde.

Evelyn 2001 – John Evelyn: *Elysium Britannicum or the Royal gardens*, hrsg. von John E. Ingram, Philadelphia 2001.

Ferber 1776 – *Lettres sur la minéralogie et sur divers autres objets de l'histoire naturelle en Italie, écrites par Mr. Ferber à Mr. le Chev. De Born*, übersetzt und kommentiert von Detlef Dietrich, Straßburg 1776.

Ferber 1776a – *Travels through Italy, in the Years 1771 and 1772, described in a series of letters to Baron Born, on the natural history [...]*, übersetzt und kommentiert von R. E. Raspe, London 1776.

Ferrari 1633 – Ferrari, Giovanni Battista: *De florum cultura*, Rom 1633.

Ferrari 1646 – Ferrari, Giovanni Battista: *Hesperides, sive de malorum aureorum cultura et usu libri quatuor,* Rom 1646.

Frain/Montausier 1991 – Frain, Irène (Hrsg.): *La Guirlande de Julie,* Paris 1991.

Frey/Vasari 1923 – Frey, Karl (Hrsg.): *Der literarische Nachlass Giorgio Vasaris,* Bd. 1, München 1923.

Fuchs 1542 – Fuchs, Leonhart: *De historia stirpium commentarii insignes [...],* Basel 1542.

Fuchs 1545 – Fuchs, Leonhart: *Primi de stirpium historia commentariorum tomi vivae imagines [...],* Basel 1545.

Fuchs 1545a – Fuchs, Leonhart: *Laebliche abbildung und contrafaytung aller kreüter [...],* Basel 1545.

Furttenbach 1627 – Furttenbach, Joseph: *Newes Itinerarium Italiae,* Ulm 1627.

Galilei 1899 – Galilei, Galileo: *Considerazioni al Tasso,* in: *L'edizione nazionale delle opere di Galileo Galilei [...] vol. IX,* Florenz 1899, S. 59–148.

Galluzzi 1781 – Galluzzi, Riguccio: *Istoria del Granducato di Toscana sotto il governo della Casa Medici,* Florenz 1781, 5 Bde.

Goethe 1740 (1986) – Goethe, Johann Caspar: *Reise durch Italien im Jahre 1740,* übersetzt und kommentiert von Albert Meier und Heide Hollmer, München 1986.

Harris 1699 (1974) – Harris, Walter: *A description of the King's royal palace and garden at Loo,* London 1699, übersetzt von L.R.M. Everdingen-Meyer: *De lusthof het Loo [...],* Den Haag 1974.

Lalande 1790 – Lalande, Joseph Jérôme de: *Voyage en Italie,* Genf 1790, 3 Bde. (erstm. Paris 1769).

Lincei 1651 – *Rerum medicarum Novae Hispaniae Thesaurus seu plantarum animalium mineralium Mexicanorum historia,* Rom 1651.

Linné 1735 – Linné, Carl von: *Systema naturae, sive regna tria naturae systematice proposita per classes, ordines, genera et specie,* Leiden 1735.

Linné 1737 – Linné, Carl von: *Genera plantarum eorum characteres naturales secundum numerum, figuram, situm, & proportionem omnium fructificationis partium,* Leiden 1737.

Linné 1775 – Linné, Carl von: *Gattungen der Pflanzen und ihre natürlichen Merkmale, nach der Anzahl, Gestalt, Lage und Verhältniß aller Blumentheile,* übersetzt von Johann Jakob Planer, Gotha 1775, Bd. 2.

Linné 1791 – Linné, Carl von: *Genera planatarum eorumque characteres naturales secundum numerum, figuram, situm et proportionem omnium fructificationis partium,* Frankfurt am Main 1791, Bd. 2.

Lobelius 1591 – Lobelius, Matthias: *Icones stirpium,* Antwerpen 1591, 2 Bde.

Magalotti 1756 – Magalotti, Lorenzo: *Lettere scientifiche ed erudite,* Venedig 1756.

Manni 1731 – Manni, Domenico Maria: *De florentinis inventis commentarium,* Ferrara 1731.

Marchant 1713 – Marchant, Jean: „Nouvelle découverte des fleurs et des graines d'une plante rangée par les Botanistes sous le genre du Lichen", in: *Histoire de l'Académie royale des sciences,* Paris 1713, S. 229–234.

Martelli 1916 – *Dal primo e dal secondo libro delle lettere di Niccolò Martelli,* hrsg. von Cartesio Marconcini, Lanciano 1916.

Micheli 1729 – Micheli, Pier Antonio: *Nova plantarum genera iuxta Tournefortii methodum disposita,* Florenz 1729.

Micheli 1748 – *Cl. Petri Antonii Michelii catalogus plantarum horti Caesarei Florentini, opus postumum,* hrsg. von Giovanni Targioni Tozzetti, Florenz 1748.

Micheli 1998 – *Le varietà di ulivo dell'agro fiorentino: manoscritto inedito di Pietro Antonio Micheli,* hrsg. von Enrico Baldini und Stefania Ragazzini, Florenz 1998.

Montaigne 1774 – *Journal du voyage de Michel de Montaigne en Italie, par la Suisse & l'Allemagne, en 1580 & 1581,* Rom/Paris 1774.

Morison 1699 – Morison, Robert: *Plantarum historiae universalis Oxoniensis pars tertia,* Oxford 1699.

Nati/Ragionieri 1929 – Nati, Pietro: *Florentina phytologica observatio de malo-limonia citrata-aurantia, vulgo la Bizzarria / Osservazione fitologica fiorentina del pomo cedrato-arancio in Firenze volgarmente la Bizzarria – Memoria sull'agrume bizzarria. Ristampa integrale del testo latino con traduzione e note del dott. Attilio Ragionieri,* Catania 1929.

Nichols 1817 – Nichols, John: *Illustrations of the literary history of the eighteenth century, consisting of memoirs and original letters of eminent persons; and intended as a sequel to the Literary Anecdotes,* London 1817.

Paaw 1601 – Paaw, Pieter: *Hortus publicus Academiae Lugduno-Batavae. Eius ichnographia, descriptio, usus. Addito quas habet stirpium numero, & nominibus,* Leiden 1601.

Petiver 1702–1709 – Petiver, James: *Gazophylacium naturae et artis,* London 1702–1709.

Plukenet 1691–96 – Plukenet, Leonard: *Phytographia,* London 1691–96, 4 Bde.

Porro 1591 – Porro, Girolamo: *L'horto de i semplici di Padova, ove si vede primieramente la forma di tutta la pianta con le sue misure: & indi i suoi partimenti distinti per numeri in ciascuna arella, intagliato in rame. Opera, che serve mirabilmente alla memoria de gli studiosi*, Venedig 1591.

Ray 1724 – Ray, John: *Synopsis methodica stirpium britannicarum [...] Editio tertia*, London 1724.

Raymond 1648 – Raymond, John: *An Itinerary contayning a voyage made through Italy in the yeare 1646, and 1647. Illustrated with divers figures of antiquities*, London 1648.

Réaumur 1711 – Réaumur, René-Antoine Ferchault de: „Des différentes manières dont plusieurs espèces d'Animaux de Mer s'attachent au sable, aux pierres, & les uns aux autres", in: *Histoire de l'Académie royale des sciences*, Paris 1711, S. 108–134.

Redi (1671) 1741 – *Esperienze intorno a diverse cose naturali, e particolarmente a quelle, che ci son portate dall'Indie, fatte dal signor Francesco Redi, e scritte in una lettera al P. Atanasio Chircher, della Compagnia di Giesù* (1671), in: *Opere di Francesco Redi*, hrsg. von Raffaele Gessari, Neapel 1741, Bd. 2, Kapitel 1, S. 1–84.

Redi (1684) 1741 – *Osservazioni intorno agli animali viventi che si trovano negli animali viventi* (1684), in: *Opere di Francesco Redi*, hrsg. von Raffaele Gessari, Neapel 1741, Bd. 1, Kapitel 4, S. 1–126.

Redi 1811 – *Opere di Francesco Redi*, hrsg. von Salvino Salvini, Mailand 1811, Bd. 6.

Redi 1825 – *Lettere di Francesco Redi*, hrsg. von Domenico Moreni, Florenz 1825.

Richardson 1835 – *Extracts from the literary and scientific correspondence of Richard Richardson, M.D., F.R.S., of Bierley, Yorkshire*, hrsg. von Dawson Turner, Yarmouth 1835.

Rivington 1838 – Rivington, J. G./Rivington, F. (Hrsg.): *Constitutiones Societatis Iesu. Reprinted from the original edition: with an appendix containing a translation and several important documents*, London 1838.

Savi 1833 – Savi, Gaetano: *Istituzioni botaniche*, Florenz 1833.

Scheuchzer 1751 – Scheuchzer, Johann Jacob: *Bibliotheca scriptorum historiae naturalis omnium terrae regionum inservientum*, Zürich 1751.

Scudéry 1669 – Scudéry, Madeleine de: *La promenade de Versailles*, Paris 1669.

Segneri 1838 – Segneri, Paolo: *L'incredulo senza scusa*, Venedig 1838, 3 Bde.

Sherard 1700 – „The way of making several China Varnishes. Sent from the Jesuits in China, to the Great Duke of Tuscany, communicated by Dr. William Sherard", in: *Philosophical Transactions of the Royal Society*, 22 (1700), S. 525–526.

Sherard/del Papa 1700 – „An account of the strange effects of the Indian Varnish. Wrote by Dr. Joseph del Papa, Physician to the Cardinal de Medices, at the desire of the Great Duke of Tuscany. Communicated by Dr. William Sherard", in: *Philosophical Transactions of the Royal Society*, 22 (1700), S. 947–951.

Sweerts 1647 – Sweerts, Emanuel: *Florilegium amplissimum et selectissimum [pars prima]*, Amsterdam 1647.

Tabernaemontanus 1590 – Theodorus, Jacobus: *Eicones plantarum*, Frankfurt am Main 1590.

Targioni Tozzetti 1825 – Targioni Tozzetti, Antonio: *Raccolta di fiori, frutti ed agrumi più ricercati per l'adornamento dei giardini disegnati al naturale da vari artisti [...]*, Florenz 1825.

Targioni Tozzetti 1853 – Targioni Tozzetti, Antonio: *Cenni storici sulla introduzione di varie piante nell'agricoltura ed orticoltura toscana*, Florenz 1853.

Targioni Tozzetti 1748 – Targioni Tozzetti, Giovanni: „Praefatio qua Caesarei horti medici Florentini historiam complectitur", in: *Cl. Petri Antonii Michelii catalogus plantarum horti Caesarei Florentini, opus postumum*, hrsg. von Giovanni Targioni Tozzetti, Florenz 1748, S. XIII–LXVIII.

Targioni Tozzetti 1768 – Targioni Tozzetti, Giovanni: *Relazioni d'alcuni viaggi fatti in diverse parti della Toscana, per osservare le produzioni naturali, e gli antichi monumenti di essa [...] Edizione seconda, con copiose giunte. Tomo primo*, Florenz 1768.

Targioni Tozzetti 1780 – Targioni Tozzetti, Giovanni: *Notizie degli aggrandimenti delle scienze fisiche accaduti in Toscana nel corso di anni LX. del secolo XVII*, Florenz 1780, 3 Bde.

Targioni Tozzetti 1858 – Targioni Tozzetti, Giovanni: *Notizie della vita e delle opere di Pier Antonio Micheli botanico fiorentino*, hrsg. von Adolfo Targioni Tozzetti, Florenz 1858.

Tilli 1723 – Tilli, Michelangelo: *Catalogus plantarum horti Pisani*, Florenz 1723.

Tournefort 1694 – Tournefort, Joseph Pitton de: *Élémens de botanique*, Paris 1694, 3 Bde.

Tournefort 1698 – Tournefort, Joseph Pitton de: *Histoire des plantes qui naissent aux environs de Paris*, Paris 1698.

Tournefort 1700 – Tournefort, Joseph Pitton de: *Institutiones rei herbariae*, Paris 1700, 3 Bde.

Tournefort 1703 – Tournefort, Joseph Pitton de: *Corollarium institutionum rei herbariae*, Paris 1703.

Tournefort 1717 – Tournefort, Joseph Pitton de: *Relation d'un Voyage du Levant, fait par ordre du Roy*, Paris 1717, 2 Bde.

Vaillant 1727 – Vaillant, Sébastien: *Botanicon parisiense ou denombrement par ordre alphabetique des plantes, qui se trouvent aux environs de Paris*, Leiden/Amsterdam 1727.

Vallet 1623 – Vallet, Pierre: *Le jardin du Roy tres Chrestien Loys XIII*, Paris 1623 (erstm. *Le jardin du Roy tres Chrestien Henry IV*, Paris 1608).

van de Passe 1614 – van de Passe, Crispijn: *Hortus floridus*, Arnheim 1614.

Varchi 1804 – Varchi, Benedetto: *L'Ercolano. Dialogo*, Mailand 1804, 2 Bde.

Vasari 1973 – *Le opere di Giorgio Vasari, con nuove annotazioni e commenti di Gaetano Milanesi*, hrsg. von Paola Barocchi, Florenz 1973, 9 Bde.

Vasari 2010 – Vasari, Giorgio: *Das Leben des Tribolo und des Pierino da Vinci*, neu übersetzt von Victoria Lorini, herausgegeben, kommentiert und eingeleitet von Sabine Feser und Christina Irlenbusch, Berlin 2010.

Volkamer 1708 – Volkamer, Johann Christoph: *Nürnbergische Hesperides, oder gründliche Beschreibung der edlen Citronat, Citronen, und Pomerantzen-Früchte [...]*, Nürnberg 1708.

Wright 1730 – Wright, Richard: *Some observations made in travelling through France, Italy, etc. in the years 1720, 1721, and 1722*, London 1730.

Zannichelli 1735 – Zannichelli, Gian Girolamo: *Istoria delle piante che nascono ne'lidi intorno a Venezia. Opera postuma [...] accresciuta da Gian Jacopo figliuolo dello stesso*, Venedig 1735.

Sekundärliteratur

Acanfora 2007 – Acanfora, Elisa: „Le decorazioni della villa La Topaia", in: *Fasto di corte. La decorazione murale nelle residenze dei Medici e dei Lorena. L'età di Cosimo III de' Medici e la fine della dinastia (1670–1743)*, hrsg. von Mina Gregori, Florenz 2007, S. 126–131.

Acidini Luchinat 1996 – Acidini Luchinat, Cristina (Hrsg.): *Giardini medicei. Giardini di palazzo e di villa nella Firenze del Quattrocento*, Mailand 1996.

Acidini Luchinat/Galletti 1992 – Acidini Luchinat, Cristina/Galletti, Giorgio: *Le ville e i giardini di Castello e Petraia a Firenze*, Ospedaletto 1992.

Acton 1958 – Acton, Harold: *The Last Medici*, London 1958.

Alderighi 2001 – Alderighi, Alessandro: „L'Ambrogiana: una villa atipica. Contributi documentari di epoca lorenese", in: *Miscellanea Storica della Valdelsa*, 2001, 1/2, S. 113–133.

Alessandrini/Ceregato 2007 – Alessandrini, Alessandro/Ceregato, Alessandro (Hrsg.): *Natura picta. Ulisse Aldrovandi*, Bologna 2007.

Alidori 1995 – Alidori, Laura: *Le dimore dei Medici in Toscana*, Florenz 1995.

Alpers 1985 – Alpers, Svetlana: *Kunst als Beschreibung. Holländische Malerei des 17. Jahrhunderts*, Köln 1985 (englische Originalausgabe: *The Art of describing. Dutch art in the 17th century*, Chicago 1983).

Angiolini 1993 – Angiolini, Franco/Becagli, Vieri/Verga, Marcello (Hrsg.): *La Toscana nell'età di Cosimo III*, Florenz 1993.

Apeldoorn 1988 – Hunt, John Dixon (Hrsg.): *The Anglo-Dutch garden in the age of William and Mary*, London 1988.

Arrigoni 1988 – Arrigoni, Tiziano: „Per una storia delle istituzioni scientifiche nella Toscana del Settecento", in: *Atti e memorie dell'Accademia Toscana di scienze e lettere La Colombaria*, 53 (1988), S. 115–203 (II.1. „La Società Botanica Fiorentina (1716–1783) ed i suoi rapporti con gli ambienti scientifici europei", S. 166–183).

Aschoff 1967 – Aschoff, Wiebke: *Studien zu Niccolò Tribolo*, Frankfurt am Main 1967.

Baadj 2013 – Baadj, Nadia Sera: „A world of materials in a cabinet without drawers. Reframing Jan van Kessel's The four parts of the world", in: *Nederlands kunsthistorisch jaarboek*, 62 (2013), S. 202–237.

Baccarini 1904 – Baccarini, Pasquale: „Notizie intorno ad alcuni documenti della Società Botanica Fiorentina del 1716–1783 ed alle sue vicende", in: *Annali di Botanica*, 1 (1904), S. 225–254.

Baier/Reinisch 2006 – Baier, Christof/Reinisch, Ulrich: „Schußlinie, Sehstrahl und Augenlust. Zur Herrschaftskultur des Blickens in den Festungen und Gärten des 16. bis 18. Jahrhunderts", in: *Visuelle Argumentationen. Die Mysterien der Repräsentation und die Berechenbarkeit der Welt*, hrsg. von Horst Bredekamp und Pablo Schneider, München 2006, S. 35–59.

Baker 2003 – Baker, Christopher/Elam, Caroline/Warwick, Genevieve (Hrsg.): *Collecting prints and drawings in Europe, c. 1500–1750*, Aldershot [u. a.] 2003.

Baldini 1982 – Baldini, Enrico (Hrsg.): *Agrumi, frutta e uve nella Firenze di Bartolomeo Bimbi pittore mediceo*, Florenz 1982.

Baldini 1990 – Baldini, Enrico: „Fruits and fruit trees in Aldrovandi's Iconographia Plantarum", in: *Advances in Horticultural Science*, 4 (1990), S. 61–73.

Baridon 1998 – Baridon, Michel: „The scientific imagination and the Baroque garden", in: *Studies in the History of Gardens and Designed Landscapes*, 18 (1998), 1, S. 5–19.

Barocchi/Gaeta Bertelà 1990 – Barocchi, Paola/Gaeta Bertelà, Giovanna: *Arredi principeschi del Seicento fiorentino. Disegni di Diacinto Maria Marmi*, Turin 1990.

Bastogi 2005 – Bastogi, Nadia: „La villa della Petraia", in: *Fasto di corte. La decorazione murale nelle residenze dei Medici e dei Lorena. Da Ferdinando I alle reggenti (1587–1628)*, hrsg. von Mina Gregori, Florenz 2005, S. 103–115.

Bastogi 2007 – Bastogi, Nadia: „Protezione delle Arti, interessi naturalistici, devozione e sacra regalità del potere nel mecenatismo del sovrano", in: *Fasto di corte. La decorazione murale nelle residenze dei Medici e dei Lorena. L'età di Cosimo III de' Medici e la fine della dinastia (1670–1743)*, hrsg. von Mina Gregori, Florenz 2007, S. 53–76.

Bastogi 2007a – Bastogi, Nadia: „La Cappella Nuova o di Ognissanti e i lavori di Cosimo III alla Petraia", in: *Fasto di corte. La decorazione murale nelle residenze dei Medici e dei Lorena. L'età di Cosimo III de' Medici e la fine della dinastia (1670–1743)*, hrsg. von Mina Gregori, Florenz 2007, S. 109–125.

Becker 1957 – Becker, G. [u. a.]: *Tournefort*, Paris 1957.

Beneš/Lee 2011 – Beneš, Mirka/Lee, Michael G. (Hrsg.): *Clio in the Italian garden. Twenty-first-century studies in historical methods and theoretical practices*, Dumbarton Oaks 2011.

Bermingham 1995 – Bermingham, Ann (Hrsg): *The consumption of culture 1600–1800: image, object, text*, London 1995.

Bertsch 2012 – Bertsch, Christoph: *Villa Garten Landschaft. Stadt und Land in der florentinischen Toskana als ästhetischer und politischer Raum*, Berlin 2012.

Biagioli 1999 – Biagioli, Mario: *Galilei, der Höfling. Entdeckungen und Etikette: vom Aufstieg der neuen Wissenschaft*, Frankfurt am Main 1999 (englische Originalausgabe: *Galileo, Courtier. The Practice of Science in the Culture of Absolutism*, Chicago [u. a.] 1993).

Biella 2001 – Solinas, Francesco (Hrsg.): *I segreti di un collezionista. Le straordinarie raccolte di Cassiano dal Pozzo, 1588–1657*, Rom 2001.

Blair 2003 – Blair, Ann: „Reading strategies for coping with information", in: *Journal of the History of Ideas*, 64 (2003), 1, S. 11–28.

Blair 2010 – Blair, Ann: *Too much to know. Managing scholarly information before the modern age*, New Haven/London 2010.

Blunt/Stearn 1994 – Blunt, Wilfrid/Stearn, William T.: *The art of botanical illustration. New edition, revised and enlarged*, Woodbridge 1994 (erstm. London 1950).

Boccadoro 1991 – Boccadoro, Sandro (Hrsg.): *Santa Maria Nuova in Firenze: memorie, testimonianze, prospettive*, Florenz 1991.

Böhme 2011 – Böhme, Hartmut/Felfe, Robert/Adamowsky, Natascha (Hrsg.): *Ludi naturae. Spiele der Natur in Kunst und Wissenschaft*, Paderborn 2011.

Bologna 2001 – Simili, Raffaella/Beretta, Marco (Hrsg.): *Il teatro della natura di Ulisse Aldrovandi*, Bologna 2001.

Bonelli Conenna 2004 – Bonelli Conenna, Lucia/Brilli, Attilio/Cantelli, Giuseppe (Hrsg.): *Il paesaggio toscano. L'opera dell'uomo e la nascita di un mito*, Siena 2004.

Bonfait 2001 – Bonfait, Olivier [u. a.] (Hrsg.): *Geografia del collezionismo. Italia e Francia tra il XVI e il XVIII secolo*, Rom 2001.

Borroni Salvadori 1974 – Borroni Salvadori, Fabia: „Le esposizioni d'arte a Firenze 1674–1767", in: *Mitteilungen des Kunsthistorischen Institutes in Florenz*, 18 (1974), 1, S. 1–166.

Bredekamp 1993 – Bredekamp, Horst: *Antikensehnsucht und Maschinenglauben. Die Geschichte der Kunstkammer und die Zukunft der Kunstgeschichte*, Berlin 1993.

Bredekamp/Schneider 2006 – Bredekamp, Horst/ Schneider, Pablo (Hrsg.): *Visuelle Argumentationen. Die Mysterien der Repräsentation und die Berechenbarkeit der Welt*, München 2006.

Brevaglieri 2007 – Brevaglieri, Sabina/Guerrini, Luigi/Solinas, Francesco: *Sul Tesoro messicano & su alcuni disegni del Museo Cartaceo di Cassiano dal Pozzo*, Rom 2007.

Brewer/Porter 1993 – Brewer, John/Porter, Roy (Hrsg.): *Consumption and the world of goods*, London [u.a.] 1993.

Brygoo 1999 – Brygoo, Édouard-Raoul: „Jardins royaux et princier, en France au XVIIe siècle: Montpellier 1593, Paris 1635, Blois 1636“, in: *Le jardin entre science et représentation*, hrsg. von Jean-Louis Fischer, Paris 1999, S. 65–78.

Buricchi 2001– Buricchi, Susanna: „Le prime mostre d'arte a Firenze“, in: *Storia delle arti in Toscana. Il Seicento*, hrsg. von Mina Gregori, Florenz 2001, S. 267–269.

Burke 1991 – Burke, Peter (Hrsg.): *New perspectives on historical writing*, Cambridge 1991.

Burke 1993 – Burke, Peter: *Ludwig XIV. Die Inszenierung des Sonnenkönigs*, Berlin 1993 (englische Originalausgabe: *The Fabrication of Louis XIV*, New Haven/London 1992).

Bury 2003 – Bury, Michael: „Giulio Mancini and the organization of a print collection in early seventeenth-century Italy“, in: *Collecting prints and drawings in Europe, c. 1500–1750*, hrsg. von Christopher Baker, Caroline Elam und Genevieve Warwick, Aldershot [u.a.] 2003, S. 79–84.

Cambridge 2011 – Dackerman, Susan (Hrsg.): *Prints and the pursuit of knowledge in early modern Europe*, New Haven/London 2011.

Cantelli 2004 – Cantelli, Giuseppe: „Postille per la pittura di natura morta in Toscana, ovvero i prodotti della terra tra paradosso e bellezza“, in: *Il paesaggio toscano. L'opera dell'uomo e la nascita di un mito*, hrsg. von Lucia Bonelli Conenna, Attilio Brilli und Giuseppe Cantelli, Siena 2004, S. 355–371.

Carfagnini 1983 – Carfagnini, Giancarlo (Hrsg.): *Firenze e la Toscana dei Medici nell'Europa del '500. Strumenti e veicoli della cultura. Relazioni politiche ed economiche*, Florenz 1983.

Casale 1991 – Casale, Gerardo: *Giovanna Garzoni. Insigne miniatrice. 1600–1670*, Mailand [u.a.] 1991.

Casciu 2001 – Casciu, Stefano: „Il tempo a Corte: le effemeridi meteorologiche dell'Accademia del Cimento“, in: *Scienziati a corte. L'arte della sperimentazione nell'Accademia Galileiana del Cimento (1657–1667)*, Ausst. Kat., hrsg. von Paolo Galluzzi, Livorno 2001, S. 43–47.

Casciu 2006 – Casciu, Stefano: *La principessa saggia. L'eredità di Anna Maria Luisa de' Medici Elettrice Palatina*, Livorno 2006.

Casciu 2007 – Casciu, Stefano (Hrsg.): *Museo della Natura Morta: Villa Medicea di Poggio a Caiano, guida breve*, Livorno 2007.

Casciu 2008 – Casciu, Stefano: „Allestimenti di nature morte nelle ville medicee al tempo di Cosimo III: il caso della villa di Topaia“, in: *Stravaganti e bizzarri. Ortaggi e frutti dipinti da Bartolomeo Bimbi per i Medici*, Ausst. Kat., hrsg. von Stefano Casciu und Chiara Nepi, Florenz 2008, S. 27–43.

Casciu 2009 – Casciu, Stefano (Hrsg.): *Villa Medicea di Poggio a Caiano: Museo della Natura Morta, catalogo dei dipinti*, Livorno 2009.

Cellai 2009 – Cellai, Giovanna/Fantoni, Luciana/ Luzzi, Paolo: „Intorno all'origine del Giardino dei Semplici di Firenze: il monastero di San Domenico in Cafaggio“, in: *Atti e memorie dell'Accademia Toscana di Scienze e Lettere La Colombaria*, 74 (2009), S. 79–97.

Cellai 2012 – Cellai, Giovanna/di Fazio, Luciano/ Fantoni, Luciana/Luzzi, Paolo: „Saverio Manetti e il Giardino dei Semplici di Firenze“, in: *Atti e memorie dell'Accademia Toscana di Scienze e Lettere La Colombaria*, 76 (2012), S. 219–266.

Cesena 2001 – Savoia, Daniela/Strocchi, Maria Letizia (Hrsg.): *Le belle forme della natura. La pittura di Bartolomeo Bimbi (1648–1730) tra scienza e maraviglia*, Bologna 2001.

Chiarini 1997 – Chiarini, Marco (Hrsg.): *Il giardino del granduca: natura morta nelle collezioni medicee*, Turin 1997.

Chiarugi 1953 – Chiarugi, Alberto: „Le date di fondazione dei primi orti botanici del mondo“, in: *Nuovo giornale botanico italiano*, 60 (1953), 4, S. 785–839.

Ciano 1980 – Ciano, Cesare: „Pisa: l'università e la città“, in: *Livorno e Pisa: due città e un territorio nella politica dei Medici*, Bd. 2, Ausst. Kat., Pisa 1980, S. 487–489.

Ciardi 1999 – Ciardi, Roberto Paolo (Hrsg.): *Vallombrosa. Santo e meraviglioso luogo*, Pisa 1999.

Colle 1997 – Colle, Enrico (Hrsg.): *I mobili di Palazzo Pitti. Il periodo dei Medici. 1537–1737*, Florenz 1997.

Collet 2007 – Collet, Dominik: *Die Welt in der Stube. Begegnungen mit Außereuropa in Kunstkammern der Frühen Neuzeit*, Göttingen 2007.

Conan 2002 – Conan, Michel (Hrsg.): *Bourgeois and aristocratic cultural encounters in garden art, 1550–1850*, Dumbarton Oaks 2002.

Conan 2005 – Conan, Michel (Hrsg.): *Baroque garden cultures: emulation, sublimation, subversion*, Washington DC 2005.

Cook 2007 – Cook, Harold J.: *Matters of exchange. Commerce, medicine, and science in the Dutch Golden Age*, New Haven/London 2007.

Cortona 1985 – Barocchi, Paolo/Gallo, Daniela (Hrsg.): *L'Accademia etrusca*, Mailand 1985.

Cremona 1996 – Ferino-Pagden, Sylvia (Hrsg.): *Immagini del sentire. I cinque sensi nell'arte*, Cremona 1996.

Cristofani 1983 – Cristofani, Mauro: *La scoperta degli Etruschi: archeologia e antiquaria nel '700*, Rom 1983.

Daston/Park 1998 – Daston, Lorraine/Park, Katharine: *Wonders and the order of nature, 1150–1750*, New York 1998.

Davies 2009 – Davies, Jonathan: *Culture and power. Tuscany and its universities 1537–1609*, Leiden [u.a.] 2009.

de Jong 1990 – de Jong, Erik: „For profit and ornament: the function and meaning of Dutch garden art in the period of William and Mary", in: *The Dutch garden in the seventeenth century*, hrsg. von K.H.D. Haley und Erik de Jong, Washington DC 1990, S. 13–48.

de Jong 1991 – de Jong, Erik: „Nature and art. The Leiden Hortus as musaeum", in: *The authentic garden*, hrsg. von Leslie Tjon Sie Fat und Erik de Jong, Leiden 1991, S. 37–60.

Delieuvin 2008 – Delieuvin, Vincent: „Le décor animalier de la Ménagerie de Versailles", in: *Bulletin de la Société d'histoire de l'art française*, 2008 (2009), S. 47–80, 425, 429.

Deligeorges 2004 – Deligeorges, Stéphane/Gady, Alexandre/Labalette, Françoise: *Le Jardin des Plantes et le Muséum National d'Histoire Naturelle*, Paris 2004.

Della Monica 1992 – Della Monica, Ilaria: „Bartolomeo Bimbi, Paolo Segneri e Cosimo III", in: *Artista*, 1992, S. 26–65.

Della Monica 1997 – Della Monica, Ilaria: „Il granducato di Cosimo III (1670–1723)", in: *Il giardino del granduca: natura morta nelle collezioni medicee*, hrsg. von Marco Chiarini, Turin 1997, S. 205–295.

Della Monica 2008 – Della Monica, Ilaria: „La Topaia come luogo dello spirito", in: *Stravaganti e bizzarri. Ortaggi e frutti dipinti da Bartolomeo Bimbi per i Medici*, Ausst. Kat., hrsg. von Stefano Casciu und Chiara Nepi, Florenz 2008, S. 45–54.

Delli 1998 – Delli, Nicodemo: *Il convento del granduca Cosimo III all'Ambrogiana*, Florenz 1998.

De Logu 1960 – De Logu, Giuseppe: „Un nuovo piccolo maestro. Bartolomeo Bimbi", in: *Emporium*, 131 (1960), S. 59–66.

Den Hartog/Teune 2002 – Den Hartog, Elizabeth/Teune, Carla: „Gaspar Fagel (1633–1688): his garden and plant collection at Leeuwenhorst", in: *Garden History*, 30 (2002), 2, S. 191–205.

Detroit 1974 – *Gli ultimi Medici. Il tardo barocco a Firenze, 1670–1743*, Florenz 1974.

Diaz 1976 – Diaz, Furio: *Il Granducato di Toscana. I Medici*, Turin 1976.

Diaz 1997 – Diaz, Furio: *Il Granducato di Toscana. I Lorena dalla reggenza agli anni rivoluzionari*, Turin 1997.

Dörfelt/Heklau 1998 – Dörfelt, Heinrich/Heklau, Heike: *Die Geschichte der Mykologie*, Schwäbisch Gmünd 1998.

Dürbeck 2001 – Dürbeck, Gabriele/Gockel, Bettina/Keller, Susanne B. (Hrsg.): *Wahrnehmung der Natur, Natur der Wahrnehmung. Studien zur Geschichte visueller Kultur um 1800*, Dresden 2001.

Dupré/Cook 2013 – Dupré, Sven/Cook, Harold (Hrsg.): *Translation in the early modern Low Countries*, Berlin [u.a.] 2013.

Ebert-Schifferer 1998 – Ebert-Schifferer, Sybille: *Die Geschichte des Stilllebens*, München 1998.

Egmond 2007 – Egmond, Florike (Hrsg.): *Carolus Clusius. Towards a cultural history of a Renaissance naturalist*, Amsterdam 2007.

Egmond 2007a – Egmond, Florike: „Curious fish. Connections between some sixteenth-century watercolours and prints", in: *Early modern zoology. The construction of animals in science, literature and the visual arts*, hrsg. von Karl Enenkel und Paul Smith, Leiden/Boston 2007, Bd. 1, S. 245–272.

Egmond 2012 – Egmond, Florike: „A collection within a collection. Rediscovered animal drawings from the collections of Conrad Gessner and Felix Platter“, in: *Journal of the History of Collections*, 25 (2012), S. 1–22.

Egmond 2013 – Egmond, Florike: „Names of naturalia in the early modern period: between the vernacular and latin, identification and classification“, in: *Translation in the early modern Low Countries*, hrsg. von Sven Dupré und Harold Cook, Berlin [u. a.] 2013, S. 131–161.

Ellenius 1985 – Ellenius, Allan (Hrsg.): *The natural sciences and the arts. Aspects of interaction from the Renaissance to the 20th century*, Uppsala [u. a.] 1985.

Emiliani 1982 – Emiliani, Andrea (Hrsg.): *Le arti a Bologna e in Emilia dal XVI al XVII secolo*, Bologna 1982.

Enenkel/Smith 2007 – Enenkel, Karl/Smith, Paul (Hrsg.): *Early modern zoology. The construction of animals in science, literature and the visual arts*, Leiden/Boston 2007, 2 Bde.

Erben 2008 – Erben, Dietrich: *Die Kunst des Barock*, München 2008.

Erlangen 1999 – Hofmann-Randall, Christina: *Monster, Wunder und Kometen. Sensationsberichte auf Flugblättern des 16. bis 18. Jahrhunderts*, Erlangen 1999.

Evans/Marr 2006 – Evans, Robert/Marr, Alexander (Hrsg.): *Curiosity and wonder from the Renaissance to the Enlightenment*, Aldershot [u. a.] 2006.

Fabbri 1963 – Fabbri, Fernando: „L'orto botanico di Firenze“, in: *Agricoltura*, 12 (1963), 4, S. 61–74.

Farago 1995 – Farago, Claire (Hrsg.): *Reframing the Renaissance. Visual culture in Europe and Latin America 1450–1650*, New Haven/London 1995.

Faust 1998–2010 – Faust, Ingrid: *Zoologische Einblattdrucke und Flugschriften vor 1800*, Stuttgart 1998–2010, 6 Bde.

Felfe 2015 – Felfe, Robert: *Naturform und bildnerische Prozesse. Elemente einer Wissensgeschichte in der Kunst des 16. und 17. Jahrhunderts*, Berlin/Boston 2015.

Felfe/Lozar 2006 – Felfe, Andreas/Lozar, Angelika: *Frühneuzeitliche Sammlungspraxis und Literatur*, Berlin 2006.

Ferri 1998 – Ferri, Sara (Hrsg.): *Pietro Andrea Mattioli, Siena 1501–Trento 1578: la vita, le opere: con l'identificazione delle piante*, Perugia 1998.

Findlen 1993 – Findlen, Paula: „Controlling the experiment: rhetoric, court patronage and the experimental method of Francesco Redi“, in: *History of Science*, 31 (1993), S. 35–64.

Findlen 1994 – Findlen, Paula: *Possessing nature. Museums, collecting, and scientific culture in early modern Italy*, Berkeley [u. a.] 1994.

Findlen 2004 – Findlen, Paula (Hrsg.): *Athanasius Kircher. The last man who knew everything*, New York [u. a.] 2004.

Findlen 2005 – Findlen, Paula: „The two cultures of scholarship?“, in: *Isis*, 96 (2005), 2, S. 230–237.

Fischer 1999 – Fischer, Jean-Louis (Hrsg.): *Le jardin entre science et représentation*, Paris 1999.

Fischer 2016 – Fischer, Hubertus/Remmert, Volker/Wolschke-Bulmahn, Joachim (Hrsg.): *Gardens, Knowledge and the Sciences in the Early Modern Period*, Basel 2016.

Florenz 1961 – Bacci, Mina/Forlani Tempesti, Anna (Hrsg.): *Mostra di disegni di Jacopo Ligozzi*, Florenz 1961.

Florenz 1984 – Ciardi, Roberto Paolo/Tongiorgi Tomasi, Lucia (Hrsg.): *Immagini anatomiche e naturalistiche nei disegni degli Uffizi. Secc. XVI e XVII*, Florenz 1984.

Florenz 1985 – Mosco, Marilena (Hrsg.): *Natura viva in Casa Medici. Dipinti di animali dai depositi di Palazzo Pitti con esemplari del Museo Zoologico La Specola*, Florenz 1985.

Florenz 1986 – Guidi, Giuliana/Marcucci, Daniela (Hrsg.): *Il Seicento Fiorentino. Arte a Firenze da Ferdinando I a Cosimo III*, Florenz 1986, 3 Bde. (Bd. 1: *Pittura*; Bd. 2: *Disegno, incisione, scultura, arti minori*; Bd. 3: *Biografie*).

Florenz 1990 – Tongiorgi Tomasi, Lucia/Tosi, Alessandro (Hrsg.): *Flora e Pomona. L'orticoltura nei disegni e nelle incisioni dei secoli XVI–XIX*, Florenz 1990.

Florenz 1998 – Chiarini, Marco (Hrsg.): *La natura morta a palazzo e in villa. Le collezioni dei Medici e dei Lorena*, Livorno 1998.

Florenz 2001 – Galluzzi, Paolo (Hrsg.): *Scienziati a corte. L'arte della sperimentazione nell'Accademia Galileiana del Cimento (1657–1667)*, Livorno 2001.

Frankfurt 2008 – Sander, Jochen (Hrsg.): *Die Magie der Dinge. Stilllebenmalerei 1500–1800*, Ostfildern 2008.

Freedberg 1997 – Freedberg, David: „Cassiano, Ferrari and their drawings of citrus fruit“, in: *Citrus Fruit*, hrsg. von David Freedberg und Enrico Baldini, London 1997, S. 45–83.

Freedberg 1998 – Freedberg, David: „Iconography between the history of art and the history of science. Art, science, and the case of the urban bee", in: *Picturing science, producing art*, hrsg. von Caroline A. Jones, New York [u. a.] 1998, S. 272–296.

Freedberg 2002 – Freedberg, David: *The eye of the lynx. Galileo, his friends, and the beginnings of modern natural history*, Chicago 2002.

Freedberg/Baldini 1997 – Freedberg, David/Baldini, Enrico: *Citrus fruit*, London 1997.

Fumagalli 2001 – Fumagalli, Elena: „Collezionismo mediceo da Cosimo II a Cosimo III: Lo stato degli studi e le ricerche in corso", in: *Geografia del collezionismo. Italia e Francia tra il XVI e il XVIII secolo*, hrsg. von Olivier Bonfait [u. a.], Rom 2001, S. 239–255.

Gage 2008 – Gage, Frances: „Exercise for mind and body: Giulio Mancini, collecting, and the beholding of landscape painting in the seventeenth century", in: *Renaissance quarterly*, 61 (2008), 4, S. 1167–1207.

Gage 2016 – Gage, Frances: *Painting as medicine in early modern Rome. Giulio Mancini and the efficacy of art*, University Park 2016.

Galletti 1996 – Galletti, Giorgio: „Una committenza medicea poco nota: Giovanni di Cosimo e il giardino di villa Medici a Fiesole", in: *Giardini medicei. Giardini di palazzo e di villa nella Firenze del Quattrocento*, hrsg. von Cristina Acidini Luchinat, Mailand 1996, S. 60–89.

Galletti 1996a – Galletti, Giorgio: „Agrumi in casa Medici", in: *Il giardino delle Esperidi. Gli agrumi nella storia, nella letteratura e nell'arte*, hrsg. von Alessandro Tagliolini und Margherita Azzi Visentini, Florenz 1996, S. 197–215.

Galletti 2001, Galletti, Giorgio: „Tribolo maestro delle acque dei giardini", in: *Niccolò detto Il Tribolo tra arte, architettura e paesaggio*, hrsg. von Elisabetta Pieri, Poggio a Caiano 2001, S. 151–160.

Galluzzi 1980 – Galluzzi, Paolo: „Il mecenatismo mediceo e le scienze", in: *Idee, istituzioni, scienza ed arti nella Firenze dei Medici*, hrsg. von Cesare Vasoli, Florenz 1980, S. 189–215.

Galluzzi 1981 – Galluzzi, Paolo: „L'Accademia del Cimento: gusti del principe, filosofia e ideologia dell'esperimento", in: *Quaderni storici*, 48 (1981), S. 788–844.

Garbari 1991 – Garbari, Fabio/Tongiorgi Tomasi, Lucia/Tosi, Alessandro (Hrsg.): *Giardino dei Semplici. L'Orto botanico di Pisa dal XVI al XX secolo*, Pisa 1991.

Garbari 1991a – Garbari, Fabio: „I Prefetti del Giardino, dalle origini", in: *Giardino dei Semplici. L'Orto botanico di Pisa dal XVI al XX secolo*, hrsg. von Fabio Garbari, Lucia Tongiorgi Tomasi und Alessandro Tosi, Pisa 1991, S. 27–114.

Garbari/Tongiorgi Tomasi 1991 – Garbari, Fabio/Tongiorgi Tomasi, Lucia: „Le origini del Giardino dei Semplici: dall'Orto dell'Arsenale all'Orto novo di via Santa Maria", in: *Giardino dei Semplici. L'Orto botanico di Pisa dal XVI al XX secolo*, hrsg. von Fabio Garbari, Lucia Tongiorgi Tomasi und Alessandro Tosi, Pisa 1991, S. 15–26.

Gibson-Wood 1997 – Gibson-Wood, Carol: „Classification and value in a seventeenth-century museum. William Courten's collection", in: *Journal of the History of Collections*, 9 (1997), 1, S. 61–77.

Ginzburg 1983 – Ginzburg, Carlo: *Spurensicherungen. Über verborgene Geschichte, Kunst und soziales Gedächtnis*, Berlin 1983.

Ginzburg 1993 – Ginzburg, Carlo: „Mikro-Historie. Zwei oder drei Dinge, die ich von ihr weiß", in: *Historische Anthropologie*, 1 (1993), S. 169–192.

Gockel 2001 – Gockel, Bettina: „Gemalte Sehweisen. Sehen in Kunst, Ästhetik und Naturwissenschaft der zweiten Hälfte des 18. Jahrhunderts", in: *Wahrnehmung der Natur, Natur der Wahrnehmung. Studien zur Geschichte visueller Kultur um 1800*, hrsg. von Gabriele Dürbeck, Bettina Gockel und Susanne B. Keller, Dresden 2001, S. 199–219.

Gockel 2011 – Gockel, Bettina (Hrsg.): *Vom Objekt zum Bild. Pikturale Prozesse in Kunst und Wissenschaft*, Berlin 2011.

Goldberg 1983 – Goldberg, Edward L.: *Patterns in Late Medici art patronage*, Princeton 1983.

Goldgar 2007 – Goldgar, Anne: *Tulipmania. Money, honor, and knowledge in the Dutch Golden Age*, Chicago 2007.

Gombrich 1981 – Gombrich, Ernst H.: *Aby Warburg. Eine intellektuelle Biographie*, Frankfurt am Main 1981 (englische Originalausgabe: *Aby Warburg. An intellectual biography*, London 1970).

Grämiger 2016 – Grämiger, Gregory: „Reconstructing order: the spatial arrangements of plants in the Hortus Botanicus of Leiden University in its first year", in: *Gardens, Knowledge and the Sciences in the Early Modern Period*, hrsg. von Hubertus Fischer, Volker Remmert und Joachim Wolschke-Bulmahn, Basel 2016, S. 235–251.

Gregori 1972 – Gregori, Mina: „Gli specchi dipinti della Galleria Riccardi", in: *Paragone*, 23 (1972), 267, S. 74–82.

Gregori 1986 – Gregori, Mina: „Linee della natura morta fiorentina", in: *Il Seicento Fiorentino. Arte a Firenze da Ferdinando I a Cosimo III*, Ausst. Kat., hrsg. von Giuliana Guidi und Daniela Marcucci, Florenz 1986, Bd. 1, S. 31–51.

Gregori 2001 – Gregori, Mina (Hrsg.): *Storia delle arti in Toscana. Il Seicento*, Florenz 2001.

Gregori 2005 – Gregori, Mina (Hrsg.): *Fasto di corte. La decorazione murale nelle residenze dei Medici e dei Lorena. Da Ferdinando I alle reggenti (1587–1628)*, Florenz 2005.

Gregori 2006 – Gregori, Mina (Hrsg.): *Fasto di corte. La decorazione murale nelle residenze dei Medici e dei Lorena. L'età di Ferdinando II de' Medici (1628–1670)*, Florenz 2006.

Gregori 2007 – Gregori, Mina (Hrsg.): *Fasto di corte. La decorazione murale nelle residenze dei Medici e dei Lorena. L'età di Cosimo III de' Medici e la fine della dinastia (1670–1743)*, Florenz 2007.

Greyerz 2013 – Greyerz, Kaspar von (Hrsg.): *Joseph Furttenbach. Lebenslauff 1652–1664*, Köln [u. a.] 2013.

Gröschel 2008 – Gröschel, Claudia: „Ausländische Thiere und frembde Gewächse. Menagerie und Orangerie des Prinzen Eugen von Savoyen in seinem Sommerpalais am Rennweg in Wien", in: *Die Gartenkunst*, 20 (2008), 2, S. 335–354.

Grötz 1999 – Grötz, Susanne: „Burgerliches Wohn-Hauß – Furttenbachs Wohnhaus in Ulm", in: *Der Kunst-Garten. Gartenentwürfe von Joseph Furttenbach. 1591–1667*, Ausst. Kat., hrsg. von Max Stemshorn, Ulm 1999, S. 52–71.

Grote 1994 – Grote, Andreas: *Macrocosmos in microcosmo: die Welt in der Stube. Zur Geschichte des Sammelns 1450 bis 1800*, Opladen 1994.

Guerrini 2010 – Guerrini, Anita: „The king's animals and the king's books: the illustrations for the Paris Academy's Histoire des animaux", in: *Annals of Science*, 67 (2010), 3, S. 383–404.

Hahn 1971 – Hahn, Roger: *The anatomy of a scientific institution. The Paris Academy of Sciences, 1666–1803*, Berkeley [u. a.] 1971.

Hahn 2010 – Hahn, Roger: „La fondation de l'Académie royale des sciences", in: *Sciences & curiosités à la cour de Versailles*, Ausst. Kat., hrsg. von Béatrix Saule und Catherine Arminjon, Paris 2010, S. 31–38.

Haley 1990 – Haley, K.H.D.: „William III as builder of Het Loo", in: *The Dutch garden in the seventeenth century*, hrsg. von K.H.D. Haley und Erik de Jong, Washington DC 1990, S. 3–11.

Haley/de Jong 1990 – Haley, K.H.D./de Jong, Erik (Hrsg.): *The Dutch garden in the seventeenth century*, Washington DC 1990.

Hamann 2001 – Hamann, Heinrich: „Aloe-Thürme – Tempel für eine Pflanze", in: *Wo die Zitronen blühen*, Ausst. Kat., hrsg. von Claudia Gröschel, Berlin 2001, S. 54–57.

Hamburg 2008 – Sitt, Martina/Gaßner, Hubertus (Hrsg.): *Spiegel geheimer Wünsche. Stillleben aus fünf Jahrhunderten*, München 2008.

Hamonou-Mahieu 2010 – Hamonou-Mahieu, Aline: *Claude Aubriet. Artiste naturaliste des Lumières*, Paris 2010.

Haskell 1989 – Haskell, Francis [u. a.]: *Il Museo Cartaceo di Cassiano dal Pozzo. Cassiano naturalista*, Mailand 1989.

Haskell 1993 – Haskell, Francis: *Die schwere Geburt des Kunstbuchs*, Berlin 1993 (englische Originalausgabe: *The painful birth of the art book*, London 1987).

Heikamp 1967 – Heikamp, Detlef: „La villa di Castello", in: *L'Oeil*, 1967, 151/153, S. 56–63.

Heilbron 2010 – Heilbron, John: *Galileo*, Oxford [u. a.] 2010.

Holländer 2000 – Holländer, Hans (Hrsg.): *Erkenntnis, Erfindung, Konstruktion. Studien zur Bildgeschichte von Naturwissenschaften und Technik vom 16. bis zum 19. Jahrhundert*, Berlin 2000.

Hubert 2008 – Hubert, Hans W.: „Cosmic delight: Bartolomeo Bimbi and the representation of nature at the court of Cosimo III de' Medici", in: *The art of natural history: illustrated treatises and botanical paintings 1400–1850*, hrsg. von Therese O'Malley, New Haven [u. a.] 2008, S. 205–225.

Huisman 2009 – Huisman, Tim: *The fnger of God. Anatomical practice in 17th-century Leiden*, Leiden 2009.

Hunt 1985 – Hunt, John Dixon: „Curiosities to adorn cabinets and gardens", in: *The origins of museums. The cabinet of curiosities in sixteenth- and seventeenth-century Europe*, hrsg. von Oliver Impey und Arthur MacGregor, Oxford 1985, S. 193–203.

Hunt 1996 – Hunt, John Dixon: *The Italian garden. Art, design and culture*, Cambridge 1996.

Hunt/Conan 2002 – Hunt, John Dixon/Conan, Michel (Hrsg.): *Tradition and innovation in French garden art: chapters of a new history*, Philadelphia 2002.

Hunter 1982 – Hunter, Michael: *The Royal Society and its fellows, 1660–1700: the morphology of an early scientific institution*, Chalfont St. Giles 1982.

Hyde 2002 – Hyde, Elizabeth: „The cultivation of a king, or the flower gardens of Louis XIV", in: *Tradition and innovation in French garden art: chapters of a new history*, hrsg. von John Dixon Hunt und Michel Conan, Philadelphia 2002, S. 1–21.

Hyde 2002a – Hyde, Elizabeth: „Flowers of distinction: taste, class, and floriculture in seventeenth-century France", in: *Bourgeois and aristocratic cultural encounters in garden art, 1550–1850*, hrsg. von Michel Conan, Dumbarton Oaks 2002, S. 77–100.

Hyde 2005 – Hyde, Elizabeth: *Cultivated power. Flowers, culture, and politics in the reign of Louis XIV*, Philadelphia 2005.

Impey/MacGregor 1985 – Impey, Oliver/MacGregor, Arthur (Hrsg.): *The origins of museums. The cabinet of curiosities in sixteenth- and seventeenth-century Europe*, Oxford 1985.

Jardine 2001 – Jardine, Nicholas: „Sammlung, Wissenschaft, Kulturgeschichte", in: *Sammeln als Wissen. Das Sammeln und seine wissenschaftsgeschichtliche Bedeutung*, hrsg. von Anke te Heesen und Emma C. Spary, Göttingen 2001, S. 199–220.

Jones 1988 – Jones, Pamela: „Federico Borromeo as a patron of landscapes and still lifes. Christian optimism in Italy ca. 1600", in: *The Art Bulletin*, 70 (1988), S. 261–272.

Jones 1993 – Jones, Pamela: *Federico Borromeo and the Ambrosiana. Art, patronage and reform in seventeenth-century Milan*, Cambridge 1993.

Jones 1998 – Jones, Caroline A. (Hrsg.): *Picturing science, producing art*, New York [u. a.] 1998.

Kemp 1985 – Kemp, Martin: Vorwort zu Svetlana Alpers: *Kunst als Beschreibung. Holländische Malerei des 17. Jahrhunderts*, Köln 1985, S. 7–20.

Ketelsen 1990 – Ketelsen, Thomas: *Künstlerviten, Inventare, Kataloge. Drei Studien zur Geschichte der kunsthistorischen Praxis*, Ammersbek 1990.

Kliemann 1976 – Kliemann, Julian: *Politische und humanistische Ideen der Medici in der Villa Poggio a Caiano*, Bamberg 1976.

Kliemann/Rohlmann 2004 – Kliemann, Julian/Rohlmann, Michael: *Wandmalerei in Italien. Die Zeit der Hochrenaissance und des Manierismus. 1510–1600*, München 2004.

Krause 2002 – Krause, Katharina: *Wie beschreibt man Architektur? Das Fräulein von Scudéry spaziert durch Versailles*, Freiburg 2002.

Kusukawa 2000 – Kusukawa, Sachiko: „The Historia Piscium (1686)", in: *Notes and Records of the Royal Society*, 54 (2000), S. 179–197.

Kusukawa 2007 – Kusukawa, Sachiko: „Uses of pictures in printed books. The case of Clusius' Exoticorum libri decem", in: *Carolus Clusius. Towards a cultural history of a Renaissance naturalist*, hrsg. von Florike Egmond, Amsterdam 2007, S. 221–246.

Kusukawa 2010 – Kusukawa, Sachiko: „The sources of Gessner's pictures for the Historia Animalium", in: *Annals of Science*, 67 (2010), 3, S. 303–328.

Kusukawa 2011 – Kusukawa, Sachiko: „Picturing knowledge in the early Royal Society: the examples of Richard Waller and Henry Hunt", in: *Notes and Records of the Royal Society*, 65 (2011), 2, S. 273–294.

Kusukawa 2011a – Kusukawa, Sachiko: „The role of images in the development of Renaissance natural history", in: *Archives of Natural History*, 38 (2011), 2, S. 189–213.

Kusukawa 2013 – Kusukawa, Sachiko: „The fossil drawings by Robert Hooke and Richard Waller", in: *Notes and Records of the Royal Society*, 67 (2013), 2, S. 123–138.

Laissus 2010 – Laissus, Yves: „Versailles et le Jardin du roi", in: *Sciences & curiosités à la cour de Versailles*, Ausst. Kat., hrsg. von Béatrix Saule und Catherine Arminjon, Paris 2010, S. 46–52.

Laissus/Monseigny 1969 – Laissus, Yves/Monseigny, Anne-Marie: „Les plantes du Roi. Note sur un grand ouvrage de botanique préparé au XVIIe siècle par l'Académie royale des Sciences", in: *Revue d'histoire des sciences et de leurs applications*, 22 (1969), 3, S. 193–236.

Lankheit 1962 – Lankheit, Klaus: *Florentinische Barockplastik. Die Kunst am Hofe der letzten Medici, 1670–1743*, München 1962.

Lapi Ballerini 2003 – Lapi Ballerini, Isabella: *Le ville medicee. Guida completa*, Florenz 2003.

Latour 1987 – Latour, Bruno: *Science in action. How to follow scientists and engineers through society*, Milton Keynes 1987.

Latour 1988 – Latour, Bruno: „Visualisation and cognition. Drawing things together“, in: *Representation in scientific practice*, hrsg. von Michael Lynch und Steve Woolgar (*Human studies, special issue*, 11, 2/3), Cambridge MA 1988, S. 19–68.

Lazzaro 1995 – Lazzaro, Claudia: „Animals as cultural signs: a Medici Menagerie in the Grotto at Castello“, in: *Reframing the Renaissance. Visual culture in Europe and Latin America 1450–1650*, hrsg. von Claire Farago, New Haven/London 1995, S. 197–227.

Lechtreck 2000 – Lechtreck, Hans-Jürgen: „Den früheren Blick wieder zu finden. Das Pflanzenbild zwischen botanischer Illustration und ästhetischer Botanik“, in: *Erkenntnis, Erfindung, Konstruktion. Studien zur Bildgeschichte von Naturwissenschaften und Technik vom 16. bis zum 19. Jahrhundert*, hrsg. von Hans Holländer, Berlin 2000, S. 223–252.

Lefèvre 2003 – Lefèvre, Wolfgang/Renn, Jürgen/Schoepflin, Urs (Hrsg.): *The power of images in early modern science*, Basel [u. a.] 2003.

Leonhard 2010 – Leonhard, Karin: „Pictura's fertile field. Otto Marseus van Schrieck and the genre of sottobosco painting“, in: *Simiolus*, 34 (2010), 2, S. 95–118.

Leonhard 2011 – Leonhard, Karin: „Painted poison. Venomous beasts, herbs, gems, and Baroque colour theory“, in: *Nederlands kunsthistorisch jaarboek*, 61 (2011), S. 116–147.

Leonhard 2013 – Leonhard, Karin: *Bildfelder. Stilleben und Naturstücke des 17. Jahrhunderts*, Berlin 2013.

Leuker 2012 – Leuker, Maria-Theresia (Hrsg.): *Die sichtbare Welt. Visualität in der niederländischen Literatur und Kunst des 17. Jahrhunderts*, Münster [u. a.] 2012.

Levi 1991 – Levi, Giovanni: „On microhistory“, in: *New perspectives on historical writing*, hrsg. von Peter Burke, Cambridge 1991, S. 93–113.

London 1993 – Beneš, Mirka (Hrsg.): *The Paper Museum of Cassiano dal Pozzo*, Mailand 1993.

Lux 1990 – Lux, David S.: „Colbert's plan for the Grande Académie“, in: *Seventeenth-Century French Studies*, 12 (1990), S. 177–188.

Lux/Cook 1998 – Lux, David S./Cook, Harold J.: „Closed circles or open networks? Communicating at a distance during the Scientific Revolution“, in: *History of Science*, 36 (1998), S. 179–211.

Mabille 1974 – Mabille, Gérard: „La Ménagerie de Versailles“, in: *Gazette des Beaux-Arts*, 6. Serie, 83 (1974), S. 5–36.

Mabille/Pieragnoli 2010 – Mabille, Gérard/Pieragnoli, Joan: *La Ménagerie de Versailles*, Arles 2010.

Maccioni 2007 – Maccioni, Patrizia: „Il Ritiro di Lilliano“, in: *Fasto di corte. La decorazione murale nelle residenze dei Medici e dei Lorena. L'età di Cosimo III de' Medici e la fine della dinastia (1670–1743)*, hrsg. von Mina Gregori, Florenz 2007, S. 162–175.

Mägdefrau 1973 – Mägdefrau, Karl: *Geschichte der Botanik. Leben und Leistung großer Forscher*, Stuttgart [u. a.] 1973.

Marx/Rehberg 2006 – Marx, Barbara/Rehberg, Karl-Siegbert (Hrsg.): *Sammeln als Institution. Von der fürstlichen Wunderkammer zum Mäzenatentum des Staates*, München/Berlin 2006.

Mather 2009 – Mather, James: *Pashas. Traders and travellers in the Islamic world*, New Haven 2009.

Mauelshagen 2011 – Mauelshagen, Franz: *Wunderkammer auf Papier. Die Wickiana zwischen Reformation und Volksglaube*, Epfendorf 2011.

Mazzolini 1993 – Mazzolini, Renato G. (Hrsg.): *Non-verbal communication in science prior to 1900*, Florenz 1993.

Mazzolini 2006 – Mazzolini, Renato G.: „Alle origini del Museo di Fisica e Storia Naturale di Firenze (1765–1790)“, in: *Sammeln als Institution. Von der fürstlichen Wunderkammer zum Mäzenatentum des Staates*, hrsg. von Barbara Marx und Karl-Siegbert Rehberg, München/Berlin 2006, S. 45–51.

Medick 1994 – Medick, Hans: „Mikro-Historie“, in: *Sozialgeschichte, Alltagsgeschichte, Mikro-Historie*, hrsg. von Winfried Schulze, Göttingen 1994, S. 40–53.

Meier Reeds 1976 – Meier Reeds, Karen: „Renaissance humanism and botany“, in: *Annals of Science*, 33 (1976), S. 519–542.

Meier Reeds 1991 – Meier Reeds, Karen: *Botany in Medieval and Renaissance universities*, New York [u. a.] 1991.

Meloni Trkulja/Fumagalli 2008 – Meloni Trkulja, Silvia/Fumagalli, Elena: *Giovanna Garzoni. Nature morte*, Mailand 2008.

Meloni Trkulja/Tongiorgi Tomasi 1998 – Meloni Trkulja, Silvia/Tongiorgi Tomasi, Lucia (Hrsg.): *Bartolomeo Bimbi. Un pittore di piante e animali alla corte dei Medici*, Florenz 1998.

Mignani 2004 – Mignani, Daniela: *Die Medici-Villen von Giusto Utens*, Florenz 2004 (italienische Originalausgabe: *Le ville medicee di Giusto Utens*, Florenz 1980).

Milovanovic 2009 – Milovanovic, Nicolas: „Les animaux du roi", in: *Louis XIV, l'homme & le roi*, Ausst. Kat., hrsg. von Nicolas Milovanovic, Paris 2009, S. 264–269.

Minelli 1995 – Minelli, Alessandro (Hrsg.): *L'Orto Botanico di Padova. 1545–1995*, Venedig 1995.

Moggi 2008 – Moggi, Guido: „L'erbario di Andrea Cesalpino", in: *Gli erbari aretini da Andrea Cesalpino ai nostri giorni*, hrsg. von Chiara Nepi und Enrico Gusmeroli, Florenz 2008, S. 3–20.

Momigliano 1950 – Momigliano, Arnaldo: „Ancient history and the antiquarian", in: *Journal of the Warburg and Courtauld Institutes*, 13 (1950), S. 285–315.

Morton 1981 – Morton, Alan G.: *History of botanical science: an account of the development of botany from ancient times to the present time*, London 1981.

Mosco 1985 – Mosco, Marilena: „Natura viva in Casa Medici", in: *Natura viva in Casa Medici. Dipinti di animali dai depositi di Palazzo Pitti con esemplari del Museo Zoologico La Specola*, Ausst. Kat., hrsg. von Marilena Mosco, Florenz 1985, S. 11–16.

Mosco 1991 – Mosco, Marilena: „La quadreria di Pomona. Tutti i frutti del granduca", in: *FMR*, 10 (1991), 86, S. 96–110.

Mosco 2007 – Mosco, Marilena: *Cornici dei Medici: La fantasia barocca al servizio del potere. Medici frames: Baroque caprice for the Medici princes*, Florenz 2007.

Mousnier/Mesnard 1985 – Mousnier, Roland/Mesnard, Jean (Hrsg.): *L'âge d'or du mécénat (1598–1661)*, Paris 1985.

Müller-Wille 2002 – Müller-Wille, Staffan: „Text, Bild und Diagramm in der klassischen Naturgeschichte", in: *kunsttexte.de: E-Journal für Kunst- und Bildgeschichte*, 4 (2002).

Müller-Wille 2007 – Müller-Wille, Staffan: „Collection and collation: theory and practice of Linnaean botany", in: *Studies in History and Philosophy of Biological and Biomedical Sciences*, 38 (2007), S. 541–562.

Müller-Wille/Charmantier 2012 – Müller-Wille, Staffan/Charmantier, Isabelle: „Natural history and information overload: the case of Linnaeus", in: *Studies in History and Philosophy of Biological and Biomedical Sciences*, 43 (2012), S. 4–15.

München 2002 – Gregori, Mina/Hohenzollern, Johann Georg Prinz von (Hrsg.): *Stille Welt. Italienische Stillleben: Arcimboldo, Caravaggio, Strozzi*, Mailand 2002.

Münster 1979 – Langemeyer, Gerhard/Peters, Hans-Albert (Hrsg.): *Stilleben in Europa*, Münster 1979.

Mukerji 1993 – Mukerji, Chandra: „Reading and writing with nature: a materialist approach to French formal gardens", in: *Consumption and the world of goods*, hrsg. von John Brewer und Roy Porter, London [u. a.] 1993, S. 439–461.

Mukerji 1997 – Mukerji, Chandra: *Territorial ambitions and the gardens of Versailles*, Cambridge [u. a.] 1997.

Mukerji 2002 – Mukerji, Chandra: „Engineering and French formal gardens in the reign of Louis XIV", in: *Tradition and innovation in French garden art: chapters of a new history*, hrsg. von John Dixon Hunt und Michel Conan, Philadelphia 2002, S. 22–43.

Mukerji 2016 – Mukerji, Chandra: „The power of the Sun-King at the Potager du Roi", in: *Gardens, Knowledge and the Sciences in the Early Modern Period*, hrsg. von Hubertus Fischer, Volker Remmert und Joachim Wolschke-Bulmahn, Basel 2016, S. 55–74.

Negri 1938 – Negri, Giovanni: „Pier Antonio Micheli (1679–1737)", in: *Nuovo giornale botanico italiano*, 45 (1938), S. LXXX–CVII.

Negri 1938a – Negri, Giovanni: „Don Bruno Tozzi (1656–1743)", in: *Nuovo giornale botanico italiano*, 45 (1938), S. CIX–CXIV.

Nepi 2008 – Nepi, Chiara: „Tra arte e scienza. Vicende dei dipinti naturalistici di Bartolomeo Bimbi dalle ville medicee all'Imperiale e Regio Museo di Fisica e Storia Naturale", in: *Stravaganti e bizzarri. Ortaggi e frutti dipinti da Bartolomeo Bimbi per i Medici*, Ausst. Kat., hrsg. von Stefano Casciu und Chiara Nepi, Florenz 2008, S. 55–61.

Nepi/Gusmeroli 2008 – Nepi, Chiara/Gusmeroli, Enrico (Hrsg.): *Gli erbari aretini da Andrea Cesalpino ai nostri giorni*, Florenz 2008.

New York 1979 – Ryskamp, Charles [u. a.]: *William & Mary and their houses*, New York 1979.

Nickelsen 2003 – Nickelsen, Kärin: *Das taxonomische System von Carl Linnaeus* (http://www.philoscience.unibe.ch/documents/kursarchiv/SS07/Nickelsen2003b.pdf).

Nürnberg 2011 – Doosry, Yasmin/Lauterbach, Christiane/Pommeranz, Johannes (Hrsg.): *Die Frucht der Verheißung. Zitrusfrüchte in Kunst und Kultur*, Nürnberg 2011.

Ogilvie 2003 – Ogilvie, Brian W.: „The many books of nature: Renaissance naturalists and information overload", in: *Journal of the History of Ideas*, 64 (2003), 1, S. 29–40.

Ogilvie 2003a – Ogilvie, Brian W.: „Image and text in natural history, 1500–1700", in: *The power of images in early modern science*, hrsg. von Wolfgang Lefèvre, Jürgen Renn und Urs Schoepflin, Basel [u.a.] 2003, S. 141–166.

Ogilvie 2006 – Ogilvie, Brian W.: *The science of describing. Natural history in Renaissance Europe*, Chicago [u.a.] 2006.

Oldenburger-Ebbers 2000 – Oldenburger-Ebbers, Carla: „Catalogues of Dutch botanical gardens in the Enlightenment", in: *Science and the visual image in the enlightenment*, hrsg. von William R. Shea, Canton 2000, S. 213–226.

Olmi 1982 – Olmi, Giuseppe: „Arte e natura nel Cinquecento bolognese. Ulisse Aldrovandi e la raffigurazione scientifica", in: *Le arti a Bologna e in Emilia dal XVI al XVII secolo*, hrsg. von Andrea Emiliani, Bologna 1982, S. 151–171.

Olmi 1989 – Olmi, Giuseppe: „Natura morta e illustrazione scientifica", in: *La natura morta in Italia*, hrsg. von Federico Zeri und Francesco Porzio, Mailand 1989, Bd. 1, S. 69–91.

Olmi 1992 – Olmi, Giuseppe: *L'inventario del mondo. Catalogazione della natura e luoghi del sapere nella prima età moderna*, Bologna 1992.

Olmi/Tongiorgi Tomasi 2000 – Olmi, Giuseppe/Tongiorgi Tomasi, Lucia (Hrsg.): *Natura – Cultura. L'interpretazione del mondo fisico nei testi e nelle immagini*, Florenz 2000.

O'Malley 2008 – O'Malley, Therese (Hrsg.): *The art of natural history: illustrated treatises and botanical paintings 1400–1850*, New Haven [u.a.] 2008.

Oy-Marra 2011 – Oy-Marra, Elisabeth: „Blumenstillleben zwischen Naturabbild, Metamalerei und antialbertianischem Bildkonzept: von der Madonna in der Blumengirlande Brueghels d.Ä. zu den Kartuschenstillleben von Daniel Seghers und Umkreis", in: *Vom Objekt zum Bild. Piktorale Prozesse in Kunst und Wissenschaft*, hrsg. von Bettina Gockel, Berlin 2011, S. 65–91.

Panconesi 1991 – Panconesi, Emiliano: „S. Maria Nuova nella storia della medicina e del suo insegnamento", in: *Santa Maria Nuova in Firenze: memorie, testimonianze, prospettive*, hrsg. von Sandro Boccadoro, Florenz 1991, S. 55–59.

Panofsky 1954 – Panofsky, Erwin: *Galileo as a critic of the arts*, Den Haag 1954.

Panofsky 2012 – Panofsky, Erwin: *Galileo Galilei und die Bildkünste, vorgestellt von Horst Bredekamp*, Zürich 2012.

Paris 2008 – Renaux, Alain: *L'Herbier du Roy*, Paris 2008.

Pieragnoli 2010 – Pieragnoli, Joan: „Les animaux exotiques de la Ménagerie", in: *Sciences & curiosités à la cour de Versailles*, Ausst. Kat., hrsg. von Béatrix Saule und Catherine Arminjon, Paris 2010, S. 109–115.

Pieri 2001 – Pieri, Elisabetta (Hrsg.): *Niccolò detto Il Tribolo tra arte, architettura e paesaggio*, Poggio a Caiano 2001.

Pisa 1980 – *Livorno e Pisa: due città e un territorio nella politica dei Medici*, Bd. 2, Pisa 1980.

Poggio a Caiano 2008 – Casciu, Stefano/Nepi, Chiara (Hrsg.): *Stravaganti e bizzarri. Ortaggi e frutti dipinti da Bartolomeo Bimbi per i Medici*, Florenz 2008.

Potsdam 2001 – Gröschel, Claudia (Hrsg.): *Wo die Zitronen blühen*, Berlin 2001.

Pozzana 1990 – Pozzana, Mariachiara: *Il giardino dei frutti. Frutteti, orti, pomari nel giardino e nel paesaggio toscano*, Florenz 1990.

Prest 1981 – Prest, John: *The Garden of Eden. The botanic garden and the re-creation of paradise*, New Haven/London 1981.

Prinz/Beyer 1987 – Prinz, Wolfram/Beyer, Andreas (Hrsg.): *Die Kunst und das Studium der Natur vom 14. zum 16. Jahrhundert*, Weinheim 1987.

Prinzi 1985 – Prinzi, Franco: „Il viaggio di Thomas Coke e la pubblicazione del De Etruria Regali di Thomas Dempster", in: *Bibliotheca Etrusca. Fonti letterarie e figurative tra XVIII e XIX secolo nella Biblioteca dell'Istituto Nazionale di Archeologia e Storia dell'Arte*, Ausst. Kat., hrsg. von Giovanella Morghen, Rom 1985, S. 119–121.

Raffaelli 2009 – Raffaelli, Mauro (Hrsg.): *Il Museo di Storia Naturale dell'Università degli Studi di Firenze. Le collezioni botaniche*, Florenz 2009.

Ragazzini 1993 – Ragazzini, Stefania: *I manoscritti di Pier Antonio Micheli conservati nella Biblioteca Botanica dell'Università di Firenze*, Mailand 1993.

Ragionieri 1981 – Ragionieri, Giovanna (Hrsg.): *Il giardino storico italiano. Problemi di indagine, fonti letterarie e storiche*, Florenz 1981.

Ramsbottom 1957 – Ramsbottom, John: „P. A. Micheli and his Nova Plantarum Genera", in: *Bulletin du Jardin botanique de l'État à Bruxelles*, 27 (1957), S. 773–777.

Rehberg 2006 – Rehberg, Karl-Siegbert: „Schatzhaus, Wissensverkörperung und Ewigkeitsort. Eigenwelten des Sammelns aus institutionsanalytischer Perspektive", in: *Sammeln als Institution. Von der fürstlichen Wunderkammer zum Mäzenatentum des Staates*, hrsg. von Barbara Marx und Karl-Siegbert Rehberg, München/Berlin 2006, S. XI–XXXI.

Remmert 2004 – Remmert, Volker: „Hortus mathematicus. Über Querverbindungen zwischen Gartentheorie und -praxis und den mathematischen Wissenschaften in der Frühen Neuzeit, in: *Wolfenbütteler Barocknachrichten*, 31 (2004), S. 3–24.

Remmert 2016 – Remmert, Volker: „The art of garden and landscape design and the mathematical sciences in the early modern period", in: *Gardens, Knowledge and the Sciences in the Early Modern Period*, hrsg. von Hubertus Fischer, Volker Remmert und Joachim Wolschke-Bulmahn, Basel 2016, S. 9–28.

Ribouillault 2005 – Ribouillault, Denis: „Le Salone de la Villa d'Este a Tivoli. Un théâtre des jardins et du territoire", in: *Studiolo*, 3 (2005), S. 65–94.

Ribouillault 2011 – Ribouillault, Denis: „Toward an archaeology of the gaze: the perception and function of garden views in Italian Renaissance villas", in: *Clio in the Italian Garden. Twenty-first-century studies in historical methods and theoretical practices*, hrsg. von Mirka Beneš und Michael G. Lee, Dumbarton Oaks 2011, S. 203–232.

Ribouillault 2013 – Ribouillault, Denis: *Rome en ses jardins. Paysage et pouvoir au XVIe siècle*, Paris 2013.

Rikken 2008 – Rikken, Marrigje: *Melchior d'Hondecoeter, bird painter*, Amsterdam 2008.

Roberts 2011 – Roberts, Lissa (Hrsg.): *Centres and cycles of accumulation in and around the Netherlands during the early modern period*, Wien [u. a.] 2011.

Rom 1985 – Morghen, Giovanella (Hrsg.): *Bibliotheca Etrusca. Fonti letterarie e figurative tra XVIII e XIX secolo nella Biblioteca dell'Istituto Nazionale di Archeologia e Storia dell'Arte*, Rom 1985.

Rosenberg 2003 – Rosenberg, Daniel: „Early modern information overload", in: *Journal of the History of Ideas*, 64 (2003), 1, S. 1–9.

Rotberg/Rabb 1988 – Rotberg, Robert I./Rabb, Theodore K. (Hrsg.): *Art and history. Images and their meaning*, Cambridge [u. a.] 1988.

Roth 2000 – Roth, Harriet: *Der Anfang der Museumslehre in Deutschland. Das Traktat Inscriptiones vel tituli theatri amplissimi von Samuel Quiccheberg*, Berlin 2000.

Rudolph 1973 – Rudolph, Stella: „Mecenati a Firenze tra Sei e Settecento II. Aspetti dello stile Cosimo III", in: *Arte illustrata*, 6 (1973), S. 213–228.

Rupp 1995 – Rupp, Jan C. C.: „Matters of life and death. The social and cultural conditions of the rise of anatomical theatres, with special reference to seventeenth century Holland", in: *History of Science*, 28 (1990), 3, S. 263–287.

Saule 2010 – Saule, Béatrix: „Versailles, lieu de sciences ?", in: *Sciences & curiosités à la cour de Versailles*, Ausst. Kat., hrsg. von Béatrix Saule und Catherine Arminjon, Paris 2010, S. 19–27.

Schenda 1961 – Schenda, Rudolf: „Die deutschen Prodigiensammlungen des 16. und 17. Jahrhunderts", in: *Archiv für Geschichte des Buchwesens*, 27 (1961), Sp. 637–710.

Schiebinger 2007 – Schiebinger, Londa: „Naming and knowing: the global politics of eighteenth-century botanical nomenclatures", in: *Making knowledge in early modern Europe. Practices, objects, and texts, 1400–1800*, hrsg. von Pamela Smith und Benjamin Schmidt, Chicago/London 2007, S. 90–105.

Schmitt 1983 – Schmitt, Charles B.: „The Studio Pisano in the European cultural context of the sixteenth century", in: *Firenze e la Toscana dei Medici nell'Europa del '500. Strumenti e veicoli della cultura. Relazioni politiche ed economiche*, hrsg. von Giancarlo Carfagnini, Florenz 1983, S. 19–36.

Schmitt 2010 – Schmitt, Stéphane: „Les apports de la Ménagerie royale à l'anatomie des animaux", in: *Sciences & curiosités à la cour de Versailles*, Ausst. Kat., hrsg. von Béatrix Saule und Catherine Arminjon, Paris 2010, S. 116–119.

Schnapper 1985 – Schnapper, Antoine: „Fleurs, fruits, vélins", in: *L'âge d'or du mécénat (1598–1661)*, hrsg. von Roland Mousnier und Jean Mesnard, Paris 1985, S. 353–362.

Schnapper 1988 – Schnapper, Antoine: *Le géant, la licorne et la tulipe. Collections et collectionneurs dans la France du XVIIe siècle*, Paris 1988.

Schnapper 1988a – Schnapper, Antoine: „The king of France as collector in the seventeenth century", in: *Art and history. Images and their meaning*, hrsg. von Robert I. Rotberg und Theodore K. Rabb, Cambridge [u. a.] 1988, S. 185–202.

Schnapper 2010 – Schnapper, Antoine: *Tableaux pour le Trianon de marbre. 1688–1714*, Paris 2010.

Schneider 1979 – Schneider, Norbert: „Wirtschafts- und sozialgeschichtliche Aspekte des Früchtestillebens", in: *Stilleben in Europa*, Ausst. Kat., hrsg. von Gerhard Langemeyer und Hans-Albert Peters, Münster 1979, S. 266–292.

Schneider 1989 – Schneider, Norbert: *Stilleben. Realität und Symbolik der Dinge. Die Stillebenmalerei in der frühen Neuzeit*, Köln 1989.

Schramm 2003 – Schramm, Helmar/Schwarte, Ludger/Lazardig, Jan (Hrsg.): *Kunstkammer, Laboratorium, Bühne. Schauplätze des Wissens im 17. Jahrhundert*, Berlin [u. a.] 2003.

Schramm 2003a – Schramm, Helmar: „Kunstkammer – Laboratorium – Bühne im Theatrum Europaeum. Zum Wandel des performativen Raums im 17. Jahrhundert", in: *Kunstkammer, Laboratorium, Bühne. Schauplätze des Wissens im 17. Jahrhundert*, hrsg. von Helmar Schramm, Ludger Schwarte und Jan Lazardig, Berlin [u. a.] 2003, S. 10–34.

Schulze 1994 – Schulze, Winfried (Hrsg.): *Sozialgeschichte, Alltagsgeschichte, Mikro-Historie*, Göttingen 1994.

Schupbach 1985 – Schupbach, William: „Some cabinets of curiosities in European academic institutions", in: *The origins of museums. The cabinet of curiosities in sixteenth- and seventeenth-century Europe*, hrsg. von Oliver Impey und Arthur MacGregor, Oxford 1985, S. 169–178.

Shapin 1988 – Shapin, Steven: „Following scientists around", in: *Social Studies of Science*, 18 (1988), S. 533–550.

Shapin 1994 – Shapin, Steven: *A social history of truth: civility and science in seventeenth-century England*, Chicago [u. a.] 1994.

Shea 2000 – Shea, William (Hrsg.): *Science and the visual image in the Enlightenment*, Canton 2000.

Shirley/Hoeniger 1985 – Shirley, John William, Hoeniger, F. David (Hrsg.): *Science and the arts in the Renaissance*, Washington DC 1985.

Siebenhüner 2013 – Siebenhüner, Kim: „Entwerfen, Modelle bauen, ausstellen: Joseph Furttenbach und seine Rüst- und Kunstkammer", in: *Joseph Furttenbach. Lebenslauff 1652–1664*, hrsg. von Kaspar von Greyerz, Köln [u. a.] 2013, S. 45–65.

Smith 1999 – Smith, Pamela: „Science and taste. Painting, passions, and the new philosophy in seventeenth-century Leiden", in: *Isis*, 90 (1999), 3, S. 420–461.

Smith 2002 – Smith, Pamela: „Commerce and the representation of nature in art and science", in: *Merchants & Marvels. Commerce, science, and art in early modern Europe*, hrsg. von Pamela Smith und Paula Findlen, New York [u. a.] 2002, S. 1–25.

Smith 2004 – Smith, Pamela: *The body of the artisan. Art and experience in the Scientific Revolution*, Chicago [u. a.] 2004.

Smith 2008 – Smith, Pamela: „Art is to Science as Renaissance is to Scientific Revolution? The problematic algorithm of writing a history of the modern world", in: *Renaissance Theory*, hrsg. von James Elkins und Robert Williams, New York 2008, S. 427–445.

Smith/Findlen 2002 – Smith, Pamela/Findlen, Paula (Hrsg.): *Merchants & Marvels. Commerce, science, and art in early modern Europe*, New York [u. a.] 2002.

Smith/Schmidt 2007 – Smith, Pamela/Schmidt, Benjamin (Hrsg.): *Making knowledge in early modern Europe. Practices, objects, and texts, 1400–1800*, Chicago/London 2007.

Spinelli 1993 – Spinelli, Riccardo: „Cosimo III, Giovan Battista Foggini e l'introduzione dei Cistercensi riformati della Trappa alla Badia del Buonsollazzo", in: *La Toscana nell'età di Cosimo III*, hrsg. von Franco Angiolini, Vieri Becagli und Marcello Verga, Florenz 1993, S. 363–376.

Spinelli 2003 – Spinelli, Riccardo: *Giovan Battista Foggini. Architetto Primario della Casa Serenissima dei Medici (1652–1725)*, Florenz 2003.

Spinelli 2006 – Spinelli, Riccardo: „Il principe de La Petraia", in: *Fasto di corte. La decorazione murale nelle residenze dei Medici e dei Lorena. L'età di Ferdinando II de' Medici (1628–1670)*, hrsg. von Mina Gregori, Florenz 2006, S. 11–13.

Spinelli 2006a – Spinelli, Riccardo: „Gli affreschi di Baldassare Franceschini, il Volterrano, a villa La Petraia: iconografia medicea e orgoglio dinastico", in: *Fasto di corte. La decorazione murale nelle residenze dei Medici e dei Lorena. L'età di Ferdinando II de' Medici (1628–1670)*, hrsg. von Mina Gregori, Florenz 2006, S. 13–30.

Spinelli 2006b – Spinelli, Riccardo: „La villa di Castello", in: *Fasto di corte. La decorazione murale nelle residenze dei Medici e dei Lorena. L'età di Ferdinando II de' Medici (1628–1670)*, hrsg. von Mina Gregori, Florenz 2006, S. 30–33.

Spinelli 2007 – Spinelli, Riccardo: „L'appartamento di Vittoria della Rovere nella villa medicea di Castello", in: *Fasto di corte. La decorazione murale nelle residenze dei Medici e dei Lorena. L'età di Cosimo III de' Medici e la fine della dinastia (1670–1743)*, hrsg. von Mina Gregori, Florenz 2007, S. 40–49.

Spinelli 2008 – Spinelli, Riccardo: „La Topaia, villa della fruteria, il restauro di Giovan Battista Foggini e Cosimo III de' Medici", in: *Stravaganti e bizzarri. Ortaggi e frutti dipinti da Bartolomeo Bimbi per i Medici*, Ausst. Kat., hrsg. von Stefano Casciu und Chiara Nepi, Florenz 2008, S. 19–26.

Spotorno 1999 – Spotorno, Pierdamiano: „Monaci e vita monastica a Vallombrosa nei secoli XV–XIX", in: *Vallombrosa. Santo e meraviglioso luogo*, hrsg. von Roberto Paolo Ciardi, Pisa 1999, S. 11–25.

Stopp 2001 – Stopp, Klaus: *Botanische Einblattdrucke und Flugschriften vor 1800*, Stuttgart 2001, 2 Bde.

Stroup 1987 – Stroup, Alice: *Royal funding of the Parisian Académie Royale des Sciences during the 1690s*, Philadelphia 1987.

Stroup 1990 – Stroup, Alice: *A company of scientists. Botany, patronage, and community at the seventeenth-century Parisian Royal Academy of Sciences*, Berkeley [u. a.] 1990.

Swan 1995 – Swan, Claudia: „Ad vivum. Naer het leven. From the life: defining a mode of representation", in: *Word and Image*, 11 (1995), S. 353–372.

Swan 2002 – Swan, Claudia: „From blowfish to flower still life paintings. Classification and its images, circa 1600", in: *Merchants & Marvels. Commerce, science, and art in early modern Europe*, hrsg. von Pamela Smith und Paula Findlen, New York [u. a.] 2002, S. 109–136.

Swan 2005 – Swan, Claudia: *Art, science and witchcraft in early modern Holland. Jacques de Gheyn II (1565–1629)*, Cambridge [u. a.] 2005.

Swan 2008 – Swan, Claudia: „The uses of botanical treatises in the Netherlands, c. 1600", in: *The art of natural history: illustrated treatises and botanical paintings 1400–1850*, hrsg. von Therese O'Malley, New Haven [u. a.] 2008, S. 63–81.

Tagliolini/Azzi Visentini 1996 – Tagliolini, Alessandro/Azzi Visentini, Margherita (Hrsg.): *Il giardino delle Esperidi. Gli agrumi nella storia, nella letteratura e nell'arte*, Florenz 1996.

Tchikine 2013 – Tchikine, Anatole: „Gardens of mistaken identity. The Giardino delle Stalle in Florence and the Giardino dell'Arsenale in Pisa", in: *Studies in the History of Gardens and Designed Landscapes*, 33 (2013), 1, S. 39–51.

te Heesen/Spary 2001 – te Heesen, Anke/Spary, Emma C. (Hrsg.): *Sammeln als Wissen. Das Sammeln und seine wissenschaftsgeschichtliche Bedeutung*, Göttingen 2001.

Tivoli 2010 – Solinas, Francesco (Hrsg.): *Flora romana: fiori e cultura nell'arte di Mario de' Fiori (1603–1673)*, Rom 2010.

Tjon Sie Fat 1991 – Tjon Sie Fat, Leslie: „Clusius' garden: a reconstruction", in: *The authentic garden*, hrsg. von Leslie Tjon Sie Fat und Erik de Jong, Leiden 1991, S. 3–12.

Tjon Sie Fat/de Jong 1991 – Tjon Sie Fat, Leslie/de Jong, Erik (Hrsg.): *The authentic garden*, Leiden 1991.

Tongiorgi Tomasi 1983 – Tongiorgi Tomasi, Lucia: „Immagine della natura e collezionismo scientifico nella Pisa medicea", in: *Firenze e la Toscana dei Medici nell'Europa del '500. Strumenti e veicoli della cultura. Relazioni politiche ed economiche*, hrsg. von Giancarlo Carfagnini, Florenz 1983, S. 95–108.

Tongiorgi Tomasi 1984 – Tongiorgi Tomasi, Lucia: „L'immagine naturalistica a Firenze tra XVI e XVII secolo. Contributo al rapporto arte-natura tra manierismo e prima età barocca", in: *Immagini anatomiche e naturalistiche nei disegni degli Uffizi. Secc. XVI e XVII*, Ausst. Kat., hrsg. von Roberto Paolo Ciardi und Lucia Tongiorgi Tomasi, Florenz 1984, S. 37–67.

Tongiorgi Tomasi 1988 – Tongiorgi Tomasi, Lucia: „Collezioni e immagini naturalistiche in Toscana dal cinque al settecento. La nascita dei musei scientifici e il rapporto arte-scienza", in: *Museologia scientifica*, 5 (1988), S. 31–67.

Tongiorgi Tomasi 1990 – Tongiorgi Tomasi, Lucia: „Il giardino, l'orto e il frutteto. Le scienze orticole in Toscana nei disegni, tempere e incisioni dal XVI al XVIII secolo", in: *Flora e Pomona. L'orticoltura nei disegni e nelle incisioni dei secoli XVI–XIX*, Ausst. Kat., hrsg. von Lucia Tongiorgi Tomasi und Alessandro Tosi, Florenz 1990, S. 5–29.

Tongiorgi Tomasi 1990a – Tongiorgi Tomasi, Lucia: „The visual arts and the science of horticulture in Tuscany from the 16th to the 18th century", in: *Advances in Horticultural Science*, 4 (1990), S. 3–18.

Tongiorgi Tomasi 1991 – Tongiorgi Tomasi, Lucia: „Arte e natura nel Giardino dei Semplici: dalle origini alla fine dell'età medicea", in: *Giardino dei Semplici. L'Orto botanico di Pisa dal XVI al XX secolo*, hrsg. von Fabio Garbari, Lucia Tongiorgi Tomasi und Alessandro Tosi, Pisa 1991, S. 115–212.

Tongiorgi Tomasi 1993 – Tongiorgi Tomasi, Lucia: *I ritratti di piante di Jacopo Ligozzi*, Pisa 1993.

Tongiorgi Tomasi 1997 – Tongiorgi Tomasi, Lucia: *An Oak Spring Flora. Flower illustration from the fifteenth century to the present time*, Upperville 1997.

Tongiorgi Tomasi 1998 – Tongiorgi Tomasi, Lucia: „Bartolomeo Bimbi pittore eccellente nei fiori, nelle frutte e negli animali e la tradizione toscana dell'immagine naturalistica", in: *Bartolomeo Bimbi. Un pittore di piante e animali alla corte dei Medici*, hrsg. von Silvia Meloni Trkulja und Lucia Tongiorgi Tomasi, Florenz 1998, S. 17–37.

Tongiorgi Tomasi 2000 – Tongiorgi Tomasi, Lucia: „Naturalistic illustrations and collections in Tuscany in the eighteenth century", in: *Science and the visual image in the Enlightenment*, hrsg. von William R. Shea, Canton 2000, S. 111–136.

Tongiorgi Tomasi 2005 – Tongiorgi Tomasi, Lucia: „Gardens of knowledge and the République des Gens de Sciences", in: *Baroque garden cultures: emulation, sublimation, subversion*, hrsg. von Michel Conan, Washington DC 2005, S. 85–129.

Tongiorgi Tomasi 2008 – Tongiorgi Tomasi, Lucia: „La femminil pazienza. Women painters and natural history in the seventeenth and early eighteenth centuries", in: *The art of natural history: illustrated treatises and botanical paintings 1400–1850*, hrsg. von Therese O'Malley, New Haven [u. a.] 2008, S. 158–185.

Tongiorgi Tomasi/Garbari 1991 – Tongiorgi Tomasi, Lucia/Garbari, Fabio: „Carolus Clusius and the botanical garden of Pisa", in: *The authentic garden*, hrsg. von Leslie Tjon Sie Fat und Erik de Jong, Leiden 1991, S. 61–73.

Tongiorgi Tomasi/Garbari 1995 – Tongiorgi Tomasi, Lucia/Garbari, Fabio: *Il Giardiniere del Granduca. Storia e immagini del Codice Casabona*, Pisa 1995.

Tongiorgi Tomasi/Tosi 1985 – Tongiorgi Tomasi, Lucia/Tosi, Alessandro: „Ars naturam fingens. L'Accademia etrusca di Cortona tra interessi scientifici, reperti da collezione, illustrazioni naturalistiche e giardini", in: *L'Accademia etrusca*, Ausst. Kat., hrsg. von Paola Barocchi und Daniela Gallo, Mailand 1985, S. 190–199.

Tongiorgi Tomasi/Tosi 2001 – Tongiorgi Tomasi, Lucia/Tosi, Alessandro: „L'Accademia del Cimento e le arti: tracce di un dialogo", in: *Scienziati a corte. L'arte della sperimentazione nell'Accademia Galileiana del Cimento (1657–1667)*, Ausst. Kat., hrsg. von Paolo Galluzzi, Livorno 2001, S. 59–63.

Tongiorgi Tomasi/Willis 2009 – Tongiorgi Tomasi, Lucia/Willis, Tony: *An Oak Spring Herbaria. Herbs and herbals from the fourteenth to the nineteenth centuries*, Upperville 2009.

Tosi 1984 – Tosi, Alessandro: „Il Giardino e l'Accademia: spunti figurativi nelle Società Botaniche di Cortona e di Firenze", in: *Annuario dell'Accademia Etrusca di Cortona*, 21 (1984), S. 219–239.

Tosi 1993 – Tosi, Alessandro: „Tra scienza, arte e diletto: collezioni naturalistiche in Toscana nell'età di Cosimo III", in: *La Toscana nell'età di Cosimo III*, hrsg. von Franco Angiolini, Vieri Becagli und Marcello Verga, Florenz 1993, S. 377–387.

Tosi 1999 – Tosi, Alessandro: „Vallis ego memor umbrosae. Artisti, poeti e viaggiatori nella Vallombrosa", in: *Vallombrosa. Santo e meraviglioso luogo*, hrsg. von Roberto Paolo Ciardi, Pisa 1999, S. 255–323.

Tribby 1991 – Tribby, Jay: „Cooking (with) Clio and Cleo: eloquence and experiment in seventeenth-century Florence", in: *Journal of the History of Ideas*, 52 (1991), 3, S. 417–439.

Tribby 1995 – Tribby, Jay: „Dante's Restaurant: the cultural work of experiment in early modern Tuscany", in: *The consumption of culture 1600–1800: image, object, text*, hrsg. von Ann Bermingham, London 1995, S. 319–237.

Turin 2012 – Spantigati, Carla Enrica (Hrsg.): *Le raccolte del principe Eugenio condottiero e intellettuale. I quadri del Re: collezionismo tra Vienna, Parigi e Torino nel primo Settecento*, Mailand 2012.

Turin 2016 – Casciu, Stefano/Nepi, Chiara (Hrsg.): *Bartolomeo Bimbi – eccentrica natura*, Mailand 2016.

Ulm 1999 – Stemshorn, Max (Hrsg.): *Der Kunst-Garten. Gartenentwürfe von Joseph Furttenbach. 1591–1667,* Ulm 1999.

Vasaturo 1973 – Vasaturo, R. Nicola [u. a.]: *Vallombrosa nel IX centenario della morte del fondatore Giovanni Gualberto 12 luglio 1073,* Florenz 1973.

Vasić Vatovec 1984 – Vasić Vatovec, Corinna: *L'Ambrogiana: una villa dai Medici ai Lorena,* Florenz 1984.

Vasoli 1980 – Vasoli, Cesare (Hrsg.): *Idee, istituzioni, scienza ed arti nella Firenze dei Medici,* Florenz 1980.

Verga 1985 – Verga, Marcello: „A pubblica utilità della Toscana tutta. L'Accademia Etrusca delle antichità ed inscrizzioni di Cortona nel Settecento", in: *L'Accademia etrusca,* Ausst. Kat., hrsg. von Paola Barocchi und Daniela Gallo, Mailand 1985, S. 23–30.

Versailles 2009 – Milovanovic, Nicolas (Hrsg.): *Louis XIV, l'homme & le roi,* Paris 2009.

Versailles 2010 – Saule, Béatrix/Arminjon, Catherine (Hrsg.): *Sciences & curiosités à la cour de Versailles,* Paris 2010.

Vezin 1990 – Vezin, Luc: *Les artistes au Jardin des Plantes,* Paris 1990.

Warburg 1920 (1979) – Warburg, Aby: „Heidnisch-antike Weissagung in Wort und Bild zu Luthers Zeiten (Heidelberg 1920)", in: *Aby Warburg. Ausgewählte Schriften und Würdigungen,* hrsg. von Dieter Wuttke, Baden-Baden 1979, S. 199–304.

Warnke 1997 – Warnke, Martin: *Nah und Fern zum Bilde. Beiträge zu Kunst- und Kunsttheorie,* hrsg. von Michael Diers, Köln 1997.

Washington 2002 – Tongiorgi Tomasi, Lucia/Hirschauer, Gretchen: *The flowering of Florence. Botanical art for the Medici,* Washington DC 2002.

Weil-Garris/D'Amico 1980 – Weil-Garris, Kathleen/D'Amico, John F.: „The Renaissance Cardinal's ideal palace: A chapter from Cortesi's De Cardinalatu", in: *Memoirs of the American Academy in Rome,* 35 (1980), S. 45–119, 121–123.

Wien 2002 – Seipel, Wilfried/Nitze-Ertz, Christa (Hrsg.): *Das flämische Stillleben, 1550–1680,* Lingen 2002.

Wien 2010 – Husslein-Arco, Agnes (Hrsg.): *Prinz Eugen – Feldherr, Philosoph und Kunstfreund,* München 2010.

Wijnands 1983 – Wijnands, Dirk Onno: *The botany of the Commelins: a taxonomical, nomenclatural and historical account of the plants depicted in the Moninckx Atlas and in the four books by Jan and Caspar Commelin on the plants of the Hortus Medicus Amstelodamensis 1682–1710,* Rotterdam 1983.

Worsley/Souden 2005 – Worsley, Lucy/Souden, David: *Hampton Court Palace. The official illustrated history,* London [u. a.] 2005.

Wright 1996 – Wright, D. R. Edward: „Some Medici gardens of the Florentine Renaissance: an essay in post-aesthetic interpretation", in: *The Italian garden. Art, design and culture,* hrsg. von John Dixon Hunt, Cambridge 1996, S. 34–59.

Wuttke 1979 – Wuttke, Dieter (Hrsg.): *Aby Warburg. Ausgewählte Schriften und Würdigungen,* Baden-Baden 1979.

Wuttke 1994 – Wuttke, Dieter: „Erzaugur des Heiligen Römischen Reiches Deutscher Nation: Sebastian Brant deutet siamesische Tiergeburten", in: *Humanistica Lovaniensia. Journal of Neo-Latin Studies,* 43 (1994), S. 106–131.

Zaugg 2013 – Zaugg, Roberto: „bey den Jtalienern recht sinnreiche Gedancken [...] gespürt: Joseph Furttenbach als kultureller Vermittler", in: *Joseph Furttenbach. Lebenslauff 1652–1664,* hrsg. von Kaspar von Greyerz, Köln [u. a.] 2013, S. 25–43.

Zeri/Porzio 1989 – Zeri, Federico/Porzio, Francesco (Hrsg.): *La natura morta in Italia,* Mailand 1989, 2 Bde.

Zilsel 1976 – Zilsel, Edgar: *Die sozialen Ursprünge der neuzeitlichen Wissenschaft,* hrsg. von Wolfgang Krohn, Frankfurt am Main 1976.

ABKÜRZUNGEN

BB Florenz	Biblioteca Botanica dell'Università di Firenze
BL London	British Library
BNCF	Biblioteca Nazionale Centrale di Firenze
BUB	Biblioteca Universitaria di Bologna
NHM London	Natural History Museum, Library and Archives

DANK

Dieses Buch hätte ohne das Zutun vieler und ganz verschiedener Menschen kaum in der vorliegenden Form entstehen können. Dafür möchte ich meinen herzlichsten Dank aussprechen.

An erster Stelle danke ich Elisabeth Oy-Marra und Volker Remmert, die mein Dissertationsprojekt und somit die Entstehung dieser Arbeit fortwährend unterstützt haben. Danke für die wertvollen Anregungen, den Austausch, das Zuhören und die Ratschläge und nicht zuletzt die Gelegenheit, dieses interdisziplinäre Projekt realisieren zu können.

Eine große Portion Dank gebührt Chiara Nepi, Leiterin der Sezione Botanica des Museo di Storia Naturale dell'Università degli Studi di Firenze, für die freundliche Unterstützung und das Interesse an meiner Arbeit. Grazie mille!

Auch den Mitarbeiterinnen und Mitarbeitern der Biblioteca Botanica im gleichen Hause danke ich herzlich dafür, dass die Handschriften Michelis und viele weitere Materialien stets ohne Probleme für mich zugänglich waren. Darüber hinaus seien die Teams der Sala Manoscritti der Biblioteca Nazionale Centrale di Firenze, des Rare Books & Music Reading Room der British Library in London und der Library and Archives des Natural History Museum ebendort bedacht.

Vor allem der Beginn meiner Recherchen wurde durch ein Kurzstipendium für DoktorandInnen des DAAD und die Arbeit am Kunsthistorischen Institut in Florenz erleichtert und befruchtet. Dafür bedanke ich mich bei allen Beteiligten!

Besonders und persönlich möchte ich mich bei einer ganzen Reihe von Menschen bedanken, die mir mit fachlichem, kollegialem und/oder freundschaftlichem Rat zur Seite standen. Vielen lieben Dank an Arianna Borrelli, Sabina Brevaglieri, Vanessa Cirkel-Bartelt, Florike Egmond, Luciana Fantoni, Claire Farago, Kathrin Gärtig, Marion Heisterberg, Laura Helm, Nicholas Jardine, Louis Klostergaard, Philipp Kranz, Sachiko Kusukawa, Karin Leonhard, Helmut Maier, José Ramón Marcaida, Kathrin Menningen, Dagmar Mrozik, Chandra Mukerji, Claire Neesham, Maria Remenyi, Denis Ribouillault, Antonella Romano, Ursula Schmiedel, Ute Schneider, Jörg Schrimpf (und Manuel!), Lisbet Tarp, Anatole Tchikine, Laura Søvsø Thomasen, Alessandro Tosi, Matteo Valleriani, Daniele Vergari und Heike Weber.

Sollte ich tatsächlich jemanden vergessen haben, der oder die mir mit einem Tipp, einem aufmunternden Wort, einem Schokoriegel oder Kaffee ausgeholfen hat, so danke ich schließlich meinen Kolleginnen und Kollegen am Centre for Science Studies der Aarhus University, am IZWT und am Historischen Seminar der Bergischen Universität Wuppertal sowie am Institut für Kunstgeschichte der Johannes Gutenberg-Universität in Mainz, die mich in den letzten Jahren beruflich begleitet haben. Selbstverständlich gebührt auch meiner Familie sowie meinen Freundinnen und Freunden ein großes Dankeschön!

Nicht zuletzt möchte ich allen Personen und Institutionen, die organisatorisch bzw. finanziell am Publikationsprozess dieses Buches mitgewirkt haben, danken: der Herausgeberin und den Herausgebern der „Phoenix"-Reihe Matthias Müller, Elisabeth Oy-Marra und Gregor Wedekind, Verena Bestle und Katja Richter vom Verlag Walter de Gruyter, den Freunden der Universität Mainz e.V. für die Verleihung des Sonderförderpreises „Schule des Sehens" 2015 (das Preisgeld habe ich in Bildmaterial und -rechte investiert) sowie der Geschwister Boehringer Ingelheim Stiftung für Geisteswissenschaften und dem Förderungsfonds Wissenschaft der VG WORT GmbH für die mir gewährten Druckkostenzuschüsse.

ABBILDUNGSNACHWEISE

Bayerische Staatsbibliothek München

Abb. 86 (4H. nat. 24, urn:nbn:de:bvb:12-bsb10051035-1), 106 (Phyt. 555 pb, urn:nbn:de:bvb:12-bsb10302839-3), 107 (Res/4 Phyt. 291, urn:nbn:de:bvb:12-bsb00024763-8), 115 (Res/2 Phyt. 215-2, urn:nbn:de:bvb:12-bsb10870975-9)

Biblioteca di Scienze dell'Università di Firenze, Sezione Botanica

Abb. 10, 61, 82, 117, 119, Taf. II, V, XVI, XXI, XXIV–XXVII

Biblioteca Universitaria di Bologna

Abb. 55, 57

bpk – Bildagentur für Kunst, Kultur und Geschichte
Archivio fotografico SCALA

Taf. I, III, IV (jeweils Foto Scala, Firenze – su concessione Ministero Beni e Attività Culturali)

bpk – Bildagentur für Kunst, Kultur und Geschichte
rmn – Réunion des Musées Nationaux – L'Agence Photo

Abb. 14, 36 (Fotograf: Gérard Blot), 37 (Fotograf: Jean-Gilles Berizzi), 42 (Fotograf: Gérard Blot), Taf. VIII (Fotograf: Gérard Blot), IX (Fotograf: Jean-Marc Manaï)

British Library London

Abb. 93, 94, 121, Taf. XXII

ETH-Bibliothek Zürich, Alte und seltene Drucke

Abb. 31, 44, 48, 81, 89, 91, 98, 102, 103, 105, 109, 111, 114, 116, 120, 122, 123, 124, Taf. XXIII

Herzog August Bibliothek Wolfenbüttel

Abb. 33, 34, 35

Linda Hall Library, Digital Collections

Abb. 39, 40

Mauritshuis, Den Haag

Taf. X (Dauerleihgabe des Haags Historisch Museum)

Museo di Storia Naturale dell'Università di Firenze, Sezione Botanica
Abb. 53, 62, Taf. VI, VII, XII, XIV, XV, XVII, sowie Einbandabbildung

Natural History Museum London, Library and Archives
Abb. 73, Taf. XVIII–XX

Niedersächsische Staats- und Universitätsbibliothek Göttingen
Abb. 54 (4 ZOOL III, 1408 RARA), 99 (8 BOT I, 2280: 2 [1]), 104 (4 H NAT I, 5830 RARA), 112, 113 (jeweils 4 MAT MED 96/3)

Rijksmuseum Amsterdam
Abb. 7, 28, 43

Sächsische Landesbibliothek – Staats- und Universitätsbibliothek Dresden
Abb. 63 (Botan.221), 100 (Botan.426.g), 118 (Zool.19-1)

Special Collections & University Archives, UCR Library, University of California, Riverside
Abb. 58

Universitätsbibliothek Basel
Abb. 26, 27, 95

Universitätsbibliothek Erlangen-Nürnberg
Abb. 18, 19, 23–25, 29, 30, 32, 50, 51, 65–69, 71, 72, 74–80, 83–85, 87, 88, 90, 96, 97, 101, 108, 110, 125, Taf. XI

Universitätsbibliothek Heidelberg
Abb. 70, 92

Zentralbibliothek Zürich, Graphische Sammlung und Fotoarchiv
Abb. 52, 56, Taf. XIII

Acidini Luchinat, Cristina/Galletti, Giorgio: *Le ville e i giardini di Castello e Petraia a Firenze*, Ospedaletto 1992
Abb. 15 (S. 71), 16 (S. 157), 17 (S. 69), 21 (S. 124)

Barocchi, Paola/Gaeta Bertelà, Giovanna: *Arredi principeschi del Seicento fiorentino. Disegni di Diacinto Maria Marmi*, Turin 1990
Abb. 11 (S. 72), 12 (S. 95)

Bonelli Conenna, Lucia/Brilli, Attilio/Cantelli, Giuseppe (Hrsg.): *Il paesaggio toscano. L'opera dell'uomo e la nascita di un mito*, Siena 2004
Abb. 49 (S. 357)

Casciu, Stefano/Nepi, Chiara (Hrsg.): *Stravaganti e bizzarri. Ortaggi e frutti dipinti da Bartolomeo Bimbi per i Medici*, Ausst. Kat., Florenz 2008
Abb. 1 (S. 16), 5 (S. 69), 8 (S. 26), 9 (S. 30), 20 (S. 49), 60 (S. 51)

Freedberg, David/Baldini, Enrico: *Citrus fruit*, London 1997
Abb. 59 (S. 259)

Hamonou-Mahieu, Aline: *Claude Aubriet. Artiste naturaliste des Lumières*, Paris 2010
Abb. 41 (Tafel IX)

Kliemann, Julian/Rohlmann, Michael: *Wandmalerei in Italien. Die Zeit der Hochrenaissance und des Manierismus. 1510–1600*, München 2004
Abb. 22 (S. 254)

Mabille, Gérard/Pieragnoli, Joan: *La Ménagerie de Versailles*, Arles 2010
Abb. 38 (S. 23)

Meloni Trkulja, Silvia/Fumagalli, Elena: *Giovanna Garzoni. Nature morte*, Mailand 2008
Abb. 46 (S. 83)

Meloni Trkulja, Silvia/Tongiorgi Tomasi, Lucia (Hrsg.): *Bartolomeo Bimbi. Un pittore di piante e animali alla corte dei Medici*, Florenz 1998
Abb. 64 (S. 91)

Sitt, Martina/Gaßner, Hubertus (Hrsg.): *Spiegel geheimer Wünsche. Stillleben aus fünf Jahrhunderten*, Ausst. Kat., München 2008
Abb. 47 (S. 165)

Spinelli, Riccardo: *Giovan Battista Foggini. Architetto Primario della Casa Serenissima dei Medici (1652–1725)*, Florenz 2003
Abb. 2 (S. 97), 3 (S. 98), 4 (S. 96), 6 (S. 101)

Tongiorgi Tomasi, Lucia: *I ritratti di piante di Jacopo Ligozzi*, Pisa 1993
Abb. 45 (keine Seitenangabe)

Vasić Vatovec, Corinna: *L'Ambrogiana: una villa dai Medici ai Lorena*, Florenz 1984
Abb. 13 (S. 43)

REGISTER

A

Albinus, Bernhard Siegfried 300, 305
Albrecht V. Herzog von Bayern 30
Aldino, Tobia 185
Aldrovandi, Ulisse 115, 121, 125, 139, 140–143, 156–158, 264, 311, 318
Alexander der Große 92 f., 96, 264, 317 f.
Allori, Alessandro 19, 54
Ammanati, Bartolomeo 44 f.
Ammirato, Scipione 15
Angennes, Julie d' 100
Ariosto, Ludovico 39 f.
Aristoteles 93, 264, 317 f.
Asplanati, Giovan Domenico 301
Aubriet, Claude 100 f., 152, 231, 322, 326

B

Baldinucci, Filippo 67
Baldinucci, Francesco Saverio 11 f., 14, 23–25, 31, 51, 68, 93, 115, 127, 138, 151 f., 159, 242, 247, 250–261, 267, 271, 273
Bandinelli, Baccio 39
Barrelier, Jacques 285 f., 290, 294
Bassand, Jean Baptiste 307 f., 312–318, 320
Basseporte, Madeleine de 100
Bauhin, Caspar 165, 208, 210, 212, 230, 238, 278
Bauhin, Jean 210, 224, 238
Bazzani, Matteo 304
Bellini, Lorenzo 35
Bellucci, Tommaso 59, 63, 69, 73, 145
Belon, Pierre 48 f., 58, 67, 309
Berger, Thiebolt 139
Bernaerts, Nicasius 94 f., 124, 152
Besler, Basilius 136, 241
Biagi, Biagio 215, 277, 279–281
Bianchini, Giuseppe 243
Bobart d. J., Jacob 290, 292
Boccadiferro, Camillo Antonio 304
Boccone, Paolo 109, 192–195, 203, 220 f., 290, 294
Boerhaave, Hermann 174, 179, 196, 218, 280, 283, 293, 297, 299, 305–308, 313–320
Bonechi, Giovanni 202 f.
Borgaeus, Petrus 54
Borromeo, Federico 120 f.
Bosse, Abraham 101
Bossuet, Jacques Bénigne 20
Botti, Rinaldo 20
Brant, Sebastian 138
Bresciani, Benedetto 281, 302
Brewer, Samuel 297
Breyne, Jacob 203 f., 287 f.
Breyne, Johann Philipp 287 f., 293, 297
Brueghel d. Ä., Jan 120 f.
Buonaiuti, Ottavio Felice 275
Buonarroti, Filippo 83 f., 86, 219, 281 f., 302 f.
Buontalenti, Bernardo 67
Burton, Robert 57

C

Caesar, Gaius Iulius 53
Capponi, Ferrante 86, 302
Capponi, Pietro 302
Capponi, Scipione 302
Capponi, Vincenzo 302
Casabona, Giuseppe 61, 65, 67 f.

Castiglione, Cosimo da 269 f., 281
Cavendish, William 291
Cerchi, Cerchio de' 302
Cesalpino, Andrea 61, 68, 286, 289, 294
Cesi, Federico 232, 235–237
Cesi, Niccolò 304
Chatillon, Louis-Claude de 101
Chellini, Tommaso 175
Civinini, Giovanni Domenico 1–3, 8, 11, 87, 332
Clemens IX. (Giulio Rospigliosi) 253
Clemens VII. (Giulio de' Medici) 53
Clemens VIII. (Ippolito Aldobrandini) 264
Clemens XII. (Lorenzo Corsini) 301
Clusius, Carolus 71, 101, 121, 128–130, 286, 307 f., 312, 315, 317
Cocchi, Antonio 73, 75, 88–91, 98, 247, 267–275, 313, 319, 330
Cochin, Nicolas 136
Coke, Thomas 83 f.
Colbert, Jean-Baptiste 92, 95, 98 f., 104 f., 107, 322, 324
Colonna, Fabio 215
Commelijn, Caspar 79, 176–180, 182, 195, 238, 305–307, 319
Commelijn, Jan 176, 179 f., 182, 238
Consigli, Michelangelo 20
Contant, Paul 132–136
Coppoli, Cammillo 36
Cordero, Ignazio 219
Cortesi, Paolo 111 f., 115
Cospi, Ferdinando 191
Courten, William 116 f.
Cousijns, Stephan 107
Crosten, Vittorio 22, 27 f., 258

D

Dalechamps, Jacques 212 f., 230, 237
Dale, Samuel 291
dall'Ore, Giovan Battista 304
dal Pozzo, Cassiano 115, 126, 143, 147, 158
Dandini, Cesare 149
Dandrige, Joseph 291
Danty d'Isnard, Antoine-Tristan 171 f., 182, 196
de Bry, Theodor 136
de Gheyn II., Jacques 72, 119, 121, 123, 130
de Heem, Jan Davidsz 26
de la Brosse, Guy 99
del Bianco, Baccio 149
del Lapo, Jacopo 35
della Rovere, Vittoria 47, 126
del Migliore, Ferdinando 65, 67, 110
del Papa, Giuseppe 252, 260, 275, 281 f., 286, 301, 320, 322
del Riccio, Agostino 55, 67, 125
del Sarto, Andrea 53
del Turco, Iacopo 254
Dempster, Thomas 83, 241
Dereham, Thomas 291
de Vos, Marten 18
Dillenius, Johann Jacob 203 f., 283, 287 f., 297
Diodoros 272
Dioskurides 68, 174, 269, 275
Dodart, Denis 101, 324
Donnini, Filippo 109
Dubois, Charles 291
Dürer, Albrecht 52, 138
Dyckman, Georg 68

E

Ehret, Georg 121
Ercolani, Pompeo 304
Evelyn, John 58, 59, 62, 67, 116

F
Fabbri, Simone 281
Fagel, Gaspar 107
Fagon, Guy-Crescent 325
Falugi, Virgilio 276–279
Félibien, André 105
Felici, Giovan Battista 302
Ferber, Johann Jacob 62 f., 73
Ferrari, Giovan Battista 137, 139, 143, 152
Foggini, Giovan Battista 16, 18, 27
Fontana, Felice 159
Fontenay, Jean-Baptiste Belin de 106
Fortini, Davide 44
Franceschini, Baldassare (gen. il Volterrano) 144, 148
Franchi, Giovanni Sebastiano 86, 281 f., 302 f.
Frati, Leonardo 87
Froeschl, Daniel 67 f.
Fuchs, Leonhart 63, 69, 139 f., 210, 237
Furttenbach, Joseph 47, 52

G
Gabbiani, Anton Domenico 24, 252
Gabburri, Francesco Maria Niccolò 202, 301
Galilei, Galileo 5, 39 f., 289
Galluzzi, Riguccio 34, 245, 250, 271, 317 f.
Garelli, Pio Nicola 307
Garzoni, Giovanna 124–126, 130, 139, 152
Gessner, Conrad 123
Ghini, Luca 61, 64 f., 68
Giambologna (eigentlich Giovanni da Bologna) 44
Giorgi, Jacopo 149
Goethe, Johann Caspar 73, 190 f.
Gori, Agnolo 254
Gornia, Bartolommeo 302
Grandi, Guido 301
Groeneveld, Joannes 305
Gualberto, Giovanni 276
Gualtieri, Niccolò 86, 183 f., 281, 302, 319
Guiducci, Niccolò 256, 301

H
Habsburg-Lothringen, Leopold von (Pietro Leopoldo) 164
Haelwegh, Adrian 144, 148
Harvey, William 91
Herbert, Thomas 291
Hermann, Paul 282 f.
Heyman, Johannes 305
Hondecoeter, Melchior d' 107
Hotton, Peter 179
Huygens, Christian 96

I
Incontri, Attilio 20

J
Joubert, Jean 100 f.
Jussieu, Antoine de 284 f., 322

K
Karl VI. 303, 307, 316
Kircher, Athanasius 11, 191

L
Lalande, Joseph Jérôme de 73
Landini, Andrea 20
Lanzoni, Giuseppe 35
Latour, Bruno 51, 329, 332
Laurenti, Marco Antonio 303
Le Bouteux, Michel 105

Le Clerc, Sébastien 98
Le Nôtre, André 105
Le Rouge, Georges-Louis 105
Le Vau, Louis 93
Leo X. (Giovanni de' Medici) 53
Ligozzi, Bartolomeo 29
Ligozzi, Jacopo 124–126, 130, 132, 139, 152
Linné, Carl von 121, 230–232, 236, 238 f.
Lippi, Lorenzo 253
Lister, Martin 116
Lobelius, Matthias 123, 212 f., 217, 224
Lothringen, Christina von 19, 47
Lothringen, Franz Stephan von (Francesco II.) 86, 88, 90, 312
Louvois, François Michel Le Tellier de 324
Ludwig XIII. 99 f., 104
Ludwig XIV. 5, 7, 30, 92 f., 96, 98, 100–104, 107 f., 123, 270, 289, 323, 330
Lycosthenes, Conrad 141

M

Maffei, Scipione 304
Magalotti, Lorenzo 144, 148–151, 260, 270, 275, 281, 320
Magnol, Antoine 284 f.
Magnol, Pierre 284
Maintenon, Françoise d'Aubigné, marquise de 105
Malocchi, Francesco 63, 68 f.
Mancini, Giulio 57, 125
Manni, Domenico Maria 145
Manningham, Thomas 291
Marchant, Jean 206, 208–212
Marchant, Nicolas 208, 324
Marinari, Onorio 253
Marmi, Diacinto Maria 27
Marsigli, Luigi Ferdinando 78, 196, 303, 315
Martelli, Niccolò 14
Martellini, Leonardo 279
Martinelli, Cristino 304
Martini, Georg Christoph 62 f., 69
Mary II. von England 107
Mattioli, Pietro Andrea 269, 275 f.
Maximilian II. von Habsburg 317
Maximilian I. von Habsburg 138
Mead, Richard 291
Meaux, Fiacrius von 18–21, 25, 29, 37, 108 f., 140
Medici, Anna Maria Luisa de' 77, 86, 124, 248, 256, 300 f., 312
Medici, Cosimo I. de' 5 f. , 14 f., 42–44, 52–54, 61, 63, 65 f., 81, 83, 123
Medici, Ferdinando de' 5, 77, 124, 254–257
Medici, Ferdinando I. de' 19, 32, 35, 42 f., 47, 61, 125
Medici, Ferdinando II. de' 124, 126, 150, 242–244, 278
Medici, Francesco I. de' 42, 53 f., 125
Medici, Francesco Maria de' 5, 29, 77, 252
Medici, Gian Gastone de' 5, 76 f., 81, 86, 109, 124, 256, 311, 317 f., 320
Medici, Giovan Carlo de' 126, 149 f.
Medici, Leopoldo de' 5, 63, 126, 145, 150, 162, 242–244, 253
Medici, Lorenzo de' 47
Medici, Lorenzo (il Magnifico) de' 53
Medici, Pierfrancesco de' 14
Mentzel, Christian 215
Merian, Matthäus 180
Mogalli, Cosimo 159 f., 162, 164 f., 175
Moniglia, Giuseppe Gaetano 86, 302
Monnoyer, Antoine 106
Montaigne, Michel de 46–48
Montausier, Charles de Sainte-Maure, duc de 100
Montespan, Françoise-Athénaïs, marquise de 105

Monti, Giuseppe 196, 303 f., 315
Morison, Robert 101, 246
Morosini, Giovan Francesco 304

N

Nardi, Francesco 147
Nardi, Stanislao 279
Nati, Pietro 144 f., 148, 151 f.
Nissole, Guillaume 284 f.
Nobili, Leopoldo 289
Noodt, Gerhard 305
Nuzzi, Mario (gen. Mario de' Fiori) 29, 254

O

Oldenburg, Henry 321
Oosterdyk, Hermann 305
Oranien-Nassau, Wilhelm III. von (William III. König von England) 107
Orléans, Gaston d' 100, 104, 116, 136, 325

P

Paaw, Pieter 71–73, 121, 123
Paladini, Filippo 68
Pandolfini, Pandolfo 86, 281, 302
Parenti, Girolamo 279
Parmigianino (eigentlich Girolamo Francesco Maria Mazzola) 39
Pasquali, Girolamo Maria 302
Perrault, Claude 96, 324
Petiver, James 216, 221, 246, 297
Piamontini, Giuseppe 19 f.
Pini, Gerolamo 132, 135 f.
Pius IV. (Giovanni Angelo Medici) 52
Pizzichi, Filizio 255
Plinius der Ältere 264
Plukenet, Leonard 174, 297
Pontchartrain, Louis de 324, 326
Pontedera, Giulio 78, 173, 293, 304
Pontormo, Jacopo 54
Porro, Girolamo 71–73
Pythagoras 273

Q

Quiccheberg, Samuel von 30, 39, 115

R

Rabel, Daniel 136
Raffael (eigentlich Raffaello Sanzio) 24, 253
Ranuzzi Cospi, Ferdinando Vincenzo 304
Ray, John 116, 156, 165, 217 f., 223, 237, 246, 296 f., 311
Raymond, John 62
Redi, Francesco 11 f., 32–36, 54, 57 f., 66, 91, 109, 111, 145–147, 150, 162, 166, 244 f., 278
Régnier-Desmarais, François-Séraphin 260
Reschi, Pandolfo 29
Riccio, Pier Francesco 61
Ricci, Pier Francesco de' 301–303
Richardson, Richard 283, 286, 288, 290–297, 299, 315, 320
Ricoveri , Uberto 26
Ridolfi, Ferdinando 255
Rinaldi, Domenico 175
Riquius, Justus 235
Robert, Nicolas 100 f., 116, 136, 152, 324–326
Robinson, Tancred 116, 291
Rocchi, Giovanni 68
Ruysch, Frederik 305

S

Sadeler, Raphael 18 f.
Saenredam, Pieter 120
Salvini, Anton Maria 281 f., 301
San Casciano, Piero di 45
San Giuseppe, Paolino di 301
Savi, Gaetano 78, 146
Savoyen, Eugen von 248, 300 f., 307–313, 315–317
Scacciati, Andrea 29, 32
Scacciati, Pietro Neri 32
Scali, Tiberio 194
Scheuchzer, Johann Jacob 139
Schmuck, Friedrich Wilhelm 139
Scudéry, Madeleine de 92–95, 108, 152, 159, 318
Segneri, Paolo 38, 140
Serlio, Sebastiano 65
's Gravesande, Willem Jacob 305
Sherard, Jacob 202, 283, 288, 291, 295 f.
Sherard, William 77, 117, 172 f., 202–204, 217 f., 280, 282–300, 304–307, 315, 318, 320 f.
Sloane, Hans 116 f., 291, 296–298, 311
Snyders, Frans 94
Soli, Achille 68
Stancari, Giovan Antonio 304
Stelluti, Francesco 235
Steno, Nicolaus 63
Strozzi, Carlo 86, 302
Strozzi, Leone 148
Suares de la Concha, Giuseppe 302 f.
Susini, Pietro 253
Sweerts, Emanuel 136

T

Tabernaemontanus (eigentlich Jacobus Theodorus) 212 f., 223–225
Tacca, Pietro 52
Targioni, Cipriano Antonio 82, 86, 281 f., 302 f.
Targioni Tozzetti, Adolfo 77–82, 90, 98, 165, 182 f., 185, 199–201, 261, 283, 288 f., 302, 306
Targioni Tozzetti, Antonio 77, 82, 156, 164, 201 f.
Targioni Tozzetti, Giovanni 30–32, 66 f., 69, 73, 75, 77, 79–82, 86, 88–90, 110, 117, 123, 153, 155 f., 158 f., 168, 172–174, 185, 200 f., 242–244, 247, 260 f., 265–267, 270 f., 273, 275–279, 281–284, 288, 290, 293, 296, 298–303, 305, 307, 312–314, 316, 319, 326, 330, 332
Targioni Tozzetti, Ottaviano 200 f.
Tasso, Torquato 39 f.
Tilli, Michelangelo 7, 12, 73, 77–81, 83, 86, 110, 118, 123, 159 f., 165, 172, 174–176, 178–180, 182, 186, 188 f., 191 f., 195 f., 199, 204, 218, 220 f., 230, 238, 241 f., 271, 274, 284, 293 f., 301–304, 306 f., 311, 319, 321 f., 327, 330–332
Titta, Antonio 173
Tizian (eigentlich Tiziano Vecellio) 24, 253
Tofani, Lorenzo Maria 262
Toulouse, Guillaume de 116
Tournefort, Joseph Pitton de 9, 82 f., 100–102, 121, 156 f., 165, 197, 199, 203, 208, 214 f., 226, 228 f., 231, 236 f., 246, 260, 265–267, 270, 272, 279, 282, 285, 322–326, 330
Tozzi, Bruno 82, 173, 215 f., 277–281, 284, 286, 290 f., 302 f., 306 f., 319, 321 f.
Tozzi, Francesco 278
Tribolo (eigentlich Niccolò Pericoli) 43–45, 64 f., 67

U

Ubaldini, Giovanni Battista 254
Urban VIII. (Maffeo Barberini) 235
Utens, Giusto 42, 47, 54 f., 111 f.

V

Vaillant, Sébastien 101, 218, 246, 283–286, 288 f., 291, 293, 298 f., 322
Vallet, Pierre 136, 241
Vallisneri, Antonio 303 f.
Valsalva, Antonio Maria 304
van Aelst, Willem 26
van Bleyswijk, Abraham 305
van de Passe, Crispijn 136
van Kessel, Jan 120
van Meurs, Jacob 180
van Schrieck, Otto Marseus 26, 132
van Sterbeeck, Franciscus 203 f., 286
van Thielen, Jan Philips 128, 132
van Wittel, Gaspar 120
Varchi, Benedetto 15 f., 44
Vasari, Giorgio 43–45, 48, 52–54, 56, 67
Veglia, Pietro Dionisio 63, 73
Vesalius, Andreas 63
Vespasianus, Titus Flavius 264

W

Warburg, Aby 138
Wittich, Jacob 305
Wolf, Caspar 123
Wright, Edward 37

Z

Zannichelli, Gian Girolamo 79, 303 f.